深入理解

Linux

程式設計

從應用到核心

前言

為什麼要寫這本書？

我從事 Linux 環境的開發工作已有近十年的時間，但我一直認為工作時間並不等於經驗，更不等於能力。如何才能把工作時間轉換為自己的經驗和能力呢？我認為無非是多閱讀、多思考、多實踐、多分享。這也是我在 ChinaUnix 上的部落格座右銘，目前我的部落格一共有 247 篇文章，記錄的大都是 Linux 核心網路部分的原始碼分析，以及相關的應用程式設計。機械工業出版社華章公司的 Lisa 正是透過我的部落格找到我的，而這也促成了本書的出版。

其實在 Lisa 之前，就有另外一位編輯與我聊過，但當時我沒有下好決心，認為自己無論是在技術水準，還是時間安排上，都不足以完成一本技術圖書的創作。等到與 Lisa 洽談的時候，我感覺自己的技術已經有了一些沉澱，同時時間也相對比較充裕，因此決定開始撰寫自己技術生涯的第一本書。

對於 Linux 環境的開發人員，《Advanced Programming Unix Environment》（後文均簡稱為 APUE）無疑是最為經典的入門書籍。其作者 Stevens 是我從業以來最崇拜的技術專家。他的 Advanced Programming in the Unix Environment、Unix Network Programming 系列及 TCP/IP Illustrated 系列著作，字字珠璣，本本經典。在我從業的最初幾年，這幾本書每本都閱讀了好幾遍，而這也為我進行 Linux 使用者空間的開發奠定了堅實的基礎。在掌握了這些知識以後，如何繼續提高自己的技能呢？經過一番思考，我選擇了閱讀 Linux 核心原始碼，並嘗試將核心與應用融會貫通。在閱讀了一定量的核心原始碼之後，我才真正理解了 Linux 專家的這句話 "Read the fucking codes"。只有閱讀了核心原始碼，才能真正理解 Linux 核心的原理和運行機制，而此時，我也發現了 Stevens 著作的一個局限—APUE 和 UNP 畢竟是針對 Unix 環境而寫的，Linux 雖然大部分與 Unix 相容，但是在很多行為上與 Unix 還是完全不同的。這就導致了書中的一些內容與 Linux 環境中的實際效果是相互矛盾的。

現在有機會來寫一本技術圖書，我就想在向 Stevens 致敬的同時，寫一本類似於 APUE 風格的技術圖書，同時還要在 Linux 環境下，對 APUE 進行突破。大言不慚地說，我期待這本書可以作為 APUE 的補充，還可以作為 Linux 開發人員的進階讀物。事實上，本書的寫作佈局正是以 APUE 的章節作為參考，針對 Linux 環境，不僅對使用者空間的介面進行闡述，同時還引導讀者分析該介面在核心的原始碼實作，使得讀者不僅可以知道介面怎麼用，同時還可以理解介面是怎麼工作的。對於 Linux 的系統呼叫，做到知其然，知其所以然。

適合的讀者

根據本書的內容，我覺得適合以下幾類讀者：

- 在 Linux 使用者層方面有一定開發經驗的程式師。
- 對 Linux 核心有興趣的程式師。
- 熱愛 Linux 核心和開源專案的技術人員。

如何閱讀本書？

本書定位為 APUE 的補充或進階讀物，所以假設讀者已具備了一定的程式設計基礎，對 Linux 環境也有所瞭解，因此在涉及一些基本概念和知識時，只是蜻蜓點水，簡單略過。因為筆者希望把更多的筆墨放在更為重要的部分，而不是各種相關圖書均有講解的基本概念上。所以如果你是初學者，建議還是先學習 APUE、C 語言程式設計，並且在具有一定的操作系統知識後再來閱讀本書。

Linux 環境程式設計涉及的領域太多，很難有某個人精通 Linux 的每個領域，尤其是已有 APUE 這本經典圖書在前，所以本書是由高峰、李彬兩個人共同完成的。

高峰負責第 0、1、2、3、12、13、14、15 章，李彬負責第 4～11 章。兩位不同的作者，在寫作風格上很難保證一致，如果給各位讀者帶來了不便，在此給各位先道個歉。儘管是由兩個人共同寫作，並且負責的還是我們各自相對擅長的領域，可是在寫作的過程中我們仍然感覺到很吃力，用了將近三年的時間才算完成本書。對比 APUE，本書一方面在深度上還是有所不及，另一方面在廣度上還是沒有涵蓋 APUE 涉及的所有領域，這也讓我們對 Stevens 大師更加敬佩。

本書使用的 Linux 核心原始程式碼版本為 3.2.44，glibc 的原始碼版本為 2.17。

使用範例程式

本書之範例程式碼，可從以下網址下載：*https://github.com/gfreewind/aple_codes*

勘誤和支援

由於作者的水準有限，主題又過於宏大，書中難免會出現一些錯誤或不準確的地方，如有不妥之處，懇請讀者批評指正。如果你發現有什麼問題，或者有什麼疑問，都可以發郵件至我的信箱 gfree.wind@gmail.com，期待您的指導！

致謝

首先要感謝偉大的 Linux 核心創始人 Linus，他開創了一個影響世界的作業系統。

其次要感謝機械工業出版社華章公司的編輯楊繡國老師（Lisa），感謝你的魄力，敢於找新人來寫作，並敢於信任新人，讓其完成這麼大的一個專案。感謝你的耐心，正常的一年半的寫作時間，被我們硬生生地延長到了將近三年的時間，感謝你在寫作過程中對我們的鼓勵和幫助。

然後要感謝我的搭檔李彬，在我加入目前的創業公司後，只有很少的閒置時間和精力來投入寫作。這時，是李彬在更緊迫的時間內，承擔了本書的一半內容。並且其寫作態度極其認真，對品質精益求精。沒有李彬的加入，本書很可能就半途而廢了。再次感謝李彬，我的好搭檔。

最後我要感謝我的親人。感謝我的父母，沒有你們的培養，絕沒有我的今天；感謝我的妻子，沒有你的支援，就沒有我事業上的進步；感謝我的岳父岳母對我女兒的照顧，使我沒有後顧之憂；最後要感謝的是我可愛的女兒高一涵小天使，你的誕生為我帶來了無盡的歡樂和動力！

謹以此書，獻給我最親愛的家人，以及眾多熱愛 Linux 的朋友們。

高　峰
中國 北京

目錄

行程控制：行程的一生

5 行程控制：狀態、排程和優先權

6 信號

7 理解 Linux 執行緒(1)

8 理解 Linux 執行緒(2)

9 行程間通信：管線

10 行程間通信：System V IPC

11 行程間通信：POSIX IPC

⑫ 網路通信： 連接的建立

13 網路通信：資料報文的發送

14 網路通信：資料報文的接收

15 編寫安全無錯程式碼

基礎知識

基礎知識是構建技術大廈不可或缺的穩定基石,因此,本書首先來介紹一下書中所涉及的一些基礎知識。這裡以第 0 章命名,表明我們要注重基礎,從 0 開始,同時也是向偉大的 C 語言致敬。

基礎知識看似簡單,但是想要真正理解它們,是需要花一番功夫的。除了需要積累經驗以外,更需要對它們進行不斷的思考和理解,這樣,才能寫出可靠性高的程式。這些基礎知識很多都可以獨立成文,限於篇幅,這裡只能是簡單的介紹,都是筆者根據自己的經驗和理解進行的總結和概括,相信對讀者會有所幫助。感興趣的朋友可以自己查詢更多的資料,以得到更準確、更細緻的介紹。

 本書中的範例程式為了簡潔明瞭,忽略考慮程式碼的穩健性,例如不檢查函數的回傳值、使用全域變數等。

0.1 一個 Linux 程式的誕生記

一本程式設計書籍如果開頭不寫一個 "hello world" ,就違背 "自古以來" 的傳統了。因此本節也將以 hello world 為例來說明一個 Linux 程式的誕生過程,範例程式如下:

```c
#include <stdio.h>

int main(void)
{
    printf("Hello world!\n");
    return 0;
}
```

下面使用 gcc 生成可執行程式：gcc -g -Wall 0_1_hello_world.c -o hello_world。如此一來，一個 Linux 可執行程式就誕生了。

整個過程看似簡單，其實涉及前處理、編譯、組譯和連結等多個步驟，只不過 gcc 作為一個工具集自動完成了所有的步驟。下面將分別來看看其中所涉及的各個步驟。

首先瞭解一下什麼是前處理。前處理用於處理前處理命令。對於上面的程式碼而言，唯一的前處理命令是#include。它的作用是將標頭檔的內容包含到本檔中。注意，這裡的 "包含" 指的是該標頭檔中的所有程式碼都會在 #include 處展開。可以透過 "gcc -E 0_1_hello_world.c" 在執行完前處理後自動停止後面的操作，並把前處理的結果輸出到標準輸出。因此使用 "gcc -E 0_1_hello_world.c > 0_1_hello_world.i" ，可得到前處理後的檔案。

理解了前處理，在出現一些常見的錯誤時，才能明白其中的原因。比如，為什麼不能在標頭檔中定義全域變數？這是因為定義全域變數的程式碼會存在於所有以#include 包含該標頭檔的檔中，即所有的這些檔案都會定義一個同樣的全域變數，所以會造成重複定義的錯誤。

編譯是指對原始程式碼進行語法分析，優化產出的組語程式碼，最後產生語語檔的過程。同樣地，可以使用 gcc 得到組語程式碼，而非最終的二進位檔案，即 "gcc -S 0_1_hello_world.c -o 0_1_hello_world.s" 。gcc 的-S 選項會讓 gcc 在編譯完成後停止後面的工作，這樣就會產生對應的組語檔。

組譯的過程比較簡單，就是將原始程式碼翻譯成可執行的指令，並生成目的檔案。對應的 gcc 命令為 "gcc -c 0_1_hello_world.c -o 0_1_hello_world.o" 。

連結是生成最終可執行程式的最後一個步驟，也是比較複雜的一步。它的工作就是將各個目的檔案—包括函式庫檔（函式庫檔也是一種目的檔案）連結成一個可執行程式。在這個過程中，涉及的概念比較多，如位址和空間的分配、符號解析、重定位等。在 Linux 環節下，該工作是由 GNU 的連結器 ld 完成的。

實際上我們可以使用-v 選項來查看完整和詳細的 gcc 編譯過程，命令如下。

```
gcc -g -Wall -v 0_1_hello_word.c -o hello_world
```

由於輸出過多，此處就不貼上結果。感興趣的朋友可以自行執行命令，查看輸出。透過-v 選項，可以看到 gcc 在背後實際做了哪些工作。

0.2 程式的構成

Linux 下二進位可執行程式一般為 ELF 格式。以 0.1 節的 hello world 為例，使用 readelf 查看其 ELF 格式，內容如下：

```
ELF Header:
Magic: 7f 45 4c 46 01 01 01 00 00 00 00 00 00 00 00 00
Class: ELF32
Data: 2's complement, little endian
Version: 1 (current)
OS/ABI: UNIX - System V
ABI Version: 0
Type: EXEC (Executable file)
Machine: Intel 80386
Version: 0x1
Entry point address: 0x8048320
Start of program headers: 52 (bytes into file)
Start of section headers: 5148 (bytes into file)
Flags: 0x0
Size of this header: 52 (bytes)
Size of program headers: 32 (bytes)
Number of program headers: 9
Size of section headers: 40 (bytes)
Number of section headers: 36
Section header string table index: 33
Section Headers:
[Nr] Name Type Addr Off Size ES Flg Lk Inf Al
[ 0] NULL 00000000 000000 000000 00 0 0 0
[ 1] .interp PROGBITS 08048154 000154 000013 00 A 0 0 1
[ 2] .note.ABI-tag NOTE 08048168 000168 000020 00 A 0 0 4
[ 3] .note.gnu.build-i NOTE 08048188 000188 000024 00 A 0 0 4
[ 4] .gnu.hash GNU_HASH 080481ac 0001ac 000020 04 A 5 0 4
[ 5] .dynsym DYNSYM 080481cc 0001cc 000050 10 A 6 1 4
[ 6] .dynstr STRTAB 0804821c 00021c 00004a 00 A 0 0 1
[ 7] .gnu.version VERSYM 08048266 000266 00000a 02 A 5 0 2
[ 8] .gnu.version_r VERNEED 08048270 000270 000020 00 A 6 1 4
[ 9] .rel.dyn REL 08048290 000290 000008 08 A 5 0 4
[10] .rel.plt REL 08048298 000298 000018 08 A 5 12 4
[11] .init PROGBITS 080482b0 0002b0 000024 00 AX 0 0 4
[12] .plt PROGBITS 080482e0 0002e0 000040 04 AX 0 0 16
[13] .text PROGBITS 08048320 000320 000188 00 AX 0 0 16
[14] .fini PROGBITS 080484a8 0004a8 000015 00 AX 0 0 4
[15] .rodata PROGBITS 080484c0 0004c0 000015 00 A 0 0 4
[16] .eh_frame_hdr PROGBITS 080484d8 0004d8 000034 00 A 0 0 4
[17] .eh_frame PROGBITS 0804850c 00050c 0000c4 00 A 0 0 4
[18] .init_array INIT_ARRAY 08049f08 000f08 000004 00 WA 0 0 4
[19] .fini_array FINI_ARRAY 08049f0c 000f0c 000004 00 WA 0 0 4
[20] .jcr PROGBITS 08049f10 000f10 000004 00 WA 0 0 4
[21] .dynamic DYNAMIC 08049f14 000f14 0000e8 08 WA 6 0 4
[22] .got PROGBITS 08049ffc 000ffc 000004 04 WA 0 0 4
[23] .got.plt PROGBITS 0804a000 001000 000018 04 WA 0 0 4
[24] .data PROGBITS 0804a018 001018 000008 00 WA 0 0 4
[25] .bss NOBITS 0804a020 001020 000004 00 WA 0 0 4
[26] .comment PROGBITS 00000000 001020 00006b 01 MS 0 0 1
[27] .debug_aranges PROGBITS 00000000 00108b 000020 00 0 0 1
[28] .debug_info PROGBITS 00000000 0010ab 000094 00 0 0 1
[29] .debug_abbrev PROGBITS 00000000 00113f 000044 00 0 0 1
[30] .debug_line PROGBITS 00000000 001183 000043 00 0 0 1
[31] .debug_str PROGBITS 00000000 0011c6 0000cb 01 MS 0 0 1
[32] .debug_loc PROGBITS 00000000 001291 000038 00 0 0 1
[33] .shstrtab STRTAB 00000000 0012c9 000151 00 0 0 1
```

```
[34] .symtab SYMTAB 00000000 0019bc 000490 10 35 51 4
[35] .strtab STRTAB 00000000 001e4c 00025a 00 0 0 1
```

由於輸出過多，後面的結果並沒有完全展示出來。ELF 檔的主要內容就是由各個 section 及 symbol 表組成的。在上面的 section 列表中，大家最熟悉的應該是 text 段、data 段和 bss 段。text 段為程式碼片段，用於保存可執行指令。data 段為資料段，用於保存有非 0 初始值的全域變數和靜態變數。bss 段用於保存沒有初始值或初值為 0 的全域變數和靜態變數，當程式載入時，bss 段中的變數會被初始化為 0。這個段並不佔用實體空間—因為這些變數一致地要把值初始化為 0，所以完全沒必要佔用寶貴的實體空間。

其他段沒有這三個段有名，接著介紹其中一些比較常見的段：

- debug 段：顧名思義，用於保存除錯資訊。
- dynamic 段：用於保存動態連結資訊。
- fini 段：用於保存行程退出時的執行程式。當行程結束時，系統會自動執行這部分程式碼。
- init 段：用於保存行程啟動時的執行程式。當行程啟動時，系統會自動執行這部分程式碼。
- rodata 段：用於保存唯讀資料，如 const 修飾的全域變數、字串常數。
- symtab 段：用於保存符號表。

其中，對於與除錯相關的段，如果不使用 -g 選項，則不會生成，但是與符號相關的段仍然會存在，這時可以使用 strip 去掉符號資訊，感興趣的朋友可以自己參考 strip 的說明進行實驗。一般在嵌入式的產品中，為減少程式佔用的空間，都會使用 strip 去掉非必要的段。

0.3　程式是如何 "跑" 的？

在日常工作中，我們經常會說 "程式 "跑" 起來了"，那麼它到底是怎麼 "跑" 的呢？在 Linux 環境下，可以使用 strace 跟蹤系統呼叫，從而說明自己研究系統程式載入、執行和退出的過程。此處仍然以 hello_world 為例。

```
strace ./hello_world
execve("./hello_world", ["./hello_world"], [/* 59 vars */]) = 0
brk(0) = 0x872a000
access("/etc/ld.so.nohwcap", F_OK) = -1 ENOENT (No such file or directory)
mmap2(NULL, 8192, PROT_READ|PROT_WRITE, MAP_PRIVATE|MAP_ANONYMOUS, -1, 0) =
    0xb7778000
access("/etc/ld.so.preload", R_OK) = -1 ENOENT (No such file or directory)
open("/etc/ld.so.cache", O_RDONLY|O_CLOEXEC) = 3
fstat64(3, {st_mode=S_IFREG|0644, st_size=80063, ...}) = 0
mmap2(NULL, 80063, PROT_READ, MAP_PRIVATE, 3, 0) = 0xb7764000
close(3) = 0
```

```
access("/etc/ld.so.nohwcap", F_OK) = -1 ENOENT (No such file or directory)
open("/lib/i386-linux-gnu/libc.so.6", O_RDONLY|O_CLOEXEC) = 3
read(3, "\177ELF\1\1\1\0\0\0\0\0\0\0\0\0\3\0\3\0\1\0\0\0000\226\1\0004\0\0\0"...,
    512) = 512
fstat64(3, {st_mode=S_IFREG|0755, st_size=1730024, ...}) = 0
mmap2(NULL, 1743580, PROT_READ|PROT_EXEC, MAP_PRIVATE|MAP_DENYWRITE, 3, 0)=
    0xb75ba000
mprotect(0xb775d000, 4096, PROT_NONE) = 0
mmap2(0xb775e000, 12288, PROT_READ|PROT_WRITE, MAP_PRIVATE|MAP_FIXED|MAP_
    DENYWRITE, 3, 0x1a3) = 0xb775e000
mmap2(0xb7761000, 10972, PROT_READ|PROT_WRITE, MAP_PRIVATE|MAP_FIXED|MAP_
    ANONYMOUS, -1, 0) = 0xb7761000
close(3) = 0
mmap2(NULL, 4096, PROT_READ|PROT_WRITE, MAP_PRIVATE|MAP_ANONYMOUS, -1, 0)
    = 0xb75b9000
set_thread_area({entry_number:-1 -> 6, base_addr:0xb75b9900, limit:1048575,
    seg_32bit:1, contents:0, read_exec_only:0, limit_in_pages:1, seg_not_present:0,
    useable:1}) = 0
mprotect(0xb775e000, 8192, PROT_READ) = 0
mprotect(0x8049000, 4096, PROT_READ) = 0
mprotect(0xb779b000, 4096, PROT_READ) = 0
munmap(0xb7764000, 80063) = 0
fstat64(1, {st_mode=S_IFCHR|0620, st_rdev=makedev(136, 3), ...}) = 0
mmap2(NULL, 4096, PROT_READ|PROT_WRITE, MAP_PRIVATE|MAP_ANONYMOUS, -1, 0) =
    0xb7777000
write(1, "Hello world!\n", 13Hello world!
) = 13
exit_group(0) = ?
```

下面針對 strace 輸出說明其含義。在 Linux 環境中，執行一個命令時，首先由 shell 呼叫 fork，然後在子行程中真正執行這個命令（這個過程無法呈現在 strace 的輸出中）。strace 是 hello_world 開始執行後的輸出。首先是呼叫 execve 來載入 hello_world，然後 ld 會分別檢查 *ld.so.nohwcap* 和 *ld.so.preload*。其中，如果 *ld.so.nohwcap* 存在，則 ld 會載入其中未優化版本的函式庫。如果 *ld.so.preload* 存在，則 ld 會載入其中的函式庫—在一些專案中，我們需要攔截或替換系統呼叫或 C 函式庫，此時就會利用這個機制，使用 LD_PRELOAD 來實作。之後利用 mmap 將 *ld.so.cache* 映射到記憶體中，*ld.so.cache* 中保存了函式庫的路徑，這樣就完成所有的準備工作。接著 ld 載入 c 函式庫—*libc.so.6*，利用 mmap 及 mprotect 設置程式的各個記憶體區域，此時，程式執行的環境已經完成。後面的 write 會向檔案控制碼 1（即標準輸出）輸出"Helloworld!\n"，回傳值為 13，表示 write 成功的字元個數。最後呼叫 exit_group 退出程式，此時參數為 0，表示程式退出的狀態—此例中 hello-world 程式回傳 0。

0.4　背景概念介紹

0.4.1　系統呼叫

系統呼叫是作業系統提供的服務，是應用程式與核心通信的介面。在 x86 平臺上，有多種深入核心的途徑，最早是透過 int 0x80 指令來實作的，後來 Intel 增加了一個新的指令 sysenter 來代替 int 0x80—其他 CPU 廠商也增加了類似的指令。新指令 sysenter 的性能消耗大約是 int 0x80 的一半左右。即使是這樣，相對于普通的函式呼叫而言，系統呼叫的性能消耗也是巨大的。所以在追求極致性能的程式中，都在盡力避免系統呼叫，譬如 C 函式庫的 gettimeofday 就避免系統呼叫。

使用者空間的程式預設是透過堆疊來傳遞參數的。對於系統呼叫而言，核心層和使用者層是使用不同的堆疊，這使系統呼叫的參數只能透過暫存器的方式進行傳遞。

細心的讀者可能會想到一個問題：在寫程式碼時，程式師根本不用關心參數是如何傳遞的，編譯器已經默默地為我們做了一切—壓堆疊、出堆疊、保存返回位址等操作，但是編譯器如何知道呼叫的函數是普通函數，還是系統呼叫呢？如果是後者，則編譯器就不能簡單地使用堆疊來傳遞參數。

為了解決這個問題，請看 0.4.2 節介紹的 C 函式庫函數。

0.4.2　C 函式庫函數

0.4.1 節提到 C 函式庫函數為編譯器解決系統呼叫的問題。Linux 環境下，使用的 C 函式庫一般都是 *glibc*，它封裝了幾乎所有的系統呼叫，程式碼中使用的 "系統呼叫"，實際上就是呼叫 C 函式庫中的函數。C 函式庫函數同樣位於使用者層，所以編譯器可以統一處理所有的函式呼叫，而不用分該函數到底是不是系統呼叫。

下面以實際的系統呼叫 open 來看 *glibc* 函式庫如何封裝系統呼叫。在 *glibc* 的程式碼中，使用大量的編譯器特性以及程式設計的技巧，可讀性不高。open 在 *glibc* 中對應的實作函數實際上是 __open_nocancel。至於如何定位到它，感興趣的朋友可以用 __open_nocancel 或 open 作為關鍵字，在 *glibc* 的原始碼中搜索，找出它們之間的關係。

```
int
__open_nocancel (const char *file, int oflag, ...)
{
    int mode = 0;

    if (oflag & O_CREAT)
    {
        va_list arg;
        va_start (arg, oflag);
        mode = va_arg (arg, int);
```

```
        va_end (arg);
    }

    return INLINE_SYSCALL (openat, 4, AT_FDCWD, file, oflag, mode);
}
```

其中 INLINE_SYSCALL 是我們關心的內容，這個巨集完成了對真正系統呼叫的封裝：
INLINE_SYSCALL->INTERNAL_SYSCALL。實作 INTERNAL_SYSCALL 的一個實例如下：

```
# define INTERNAL_SYSCALL(name, err, nr, args...)              \
  ({                                                           \
   register unsigned int resultvar;                            \
   EXTRAVAR_##nr                                               \
   asm volatile (                                              \
   LOADARGS_##nr                                               \
   "movl %1, %%eax\n\t"                                        \
       "int $0x80\n\t"                                         \
   RESTOREARGS_##nr                                            \
   : "=a" (resultvar)                                          \
   : "i" (__NR_##name) ASMFMT_##nr(args) : "memory", "cc");    \
   (int) resultvar; })
```

其中，關鍵的程式碼是用嵌入式組語寫的，在此只做簡單說明。"move %1, %%eax"表
示將第一個參數（即__NR_##name）賦值給暫存器 eax。__NR_##name 為對應的系統呼
叫號，對於本例中的 open 來說，其為 __NR_openat。系統呼叫號在檔案
/usr/include/asm/unitstd_32(64).h 中定義，程式碼如下：

```
[fgao@fgao understanding_apue]#cat /usr/include/asm/unistd_32.h | grep openat
#define __NR_openat 295
```

也就是說，在 Linux 平臺下，系統呼叫的約定是使用暫存器 eax 來傳遞系統呼叫號的。至
於參數的傳遞，在 *glibc* 中也有詳細的說明，參見文件 *sysdeps/unix/sysv/linux/i386/*
sysdep.h。

0.4.3 執行緒安全

執行緒安全，顧名思義是指程式碼可以在多執行緒環境下"安全"地執行。何謂安全？
即符合正確的邏輯結果，是程式師期望的正常執行結果。為了實作執行緒安全，該程式
碼只能使用區域變數或資源，否則就是利用鎖等同步機制，來實作全域變數或資源的串
列存取。

下面是一個經典的多執行緒不安全程式碼：

```
#include <pthread.h>
#include <stdio.h>
#include <stdlib.h>

static int counter = 0;
#define LOOPS       10000000
```

```
static void * thread(void * unused)
{
    int i;

    for (i = 0; i < LOOPS; ++i) {
        ++counter;
    }
    return NULL;
}

int main(void)
{
    pthread_t t1, t2;

    pthread_create(&t1, NULL, thread, NULL);
    pthread_create(&t2, NULL, thread, NULL);

    pthread_join(t1, NULL);
    pthread_join(t2, NULL);

    printf("Counter is %d by threads\n", counter);
    return 0;
}
```

 這裡的 LOOPS 選用一個比較大的數 "10000000" ，是為了保證第一個執行緒不要在第二個執行緒開始執行前就退出。大家可以根據自己的執行環境來修改這個數值。

以上程式碼建立了兩個執行緒，用來實作對同一個全域變數進行自加運算，迴圈次數為一千萬次。請參考下列執行結果：

```
[fgao@fgao chapter0]#./threads_counter
Counter is 10843915 by threads
```

為什麼最後的結果不是期望的 20000000 呢？下面反組譯將來揭開這個秘密—反組譯是理解程式列為的不二利器，因為它更貼近機器語言，即反組譯更貼近 CPU 執行的真相。

下面對執行緒函數 thread 進行反組譯，程式碼如下：

```
080484a4 <thread>:
 80484a4:       55                      push   %ebp
 80484a5:       89 e5                   mov    %esp,%ebp
 80484a7:       83 ec 10                sub    $0x10,%esp
 80484aa:       c7 45 fc 00 00 00 00    movl   $0x0,-0x4(%ebp)
 80484b1:       eb 11                   jmp    80484c4 <thread+0x20>
 80484b3:       a1 94 98 04 08          mov    0x8049894,%eax
 80484b8:       83 c0 01                add    $0x1,%eax
 80484bb:       a3 94 98 04 08          mov    %eax,0x8049894
 80484c0:       83 45 fc 01             addl   $0x1,-0x4(%ebp)
 80484c4:       81 7d fc 7f 96 98 00    cmpl   $0x98967f,-0x4(%ebp)
```

```
80484cb:        7e e6                  jle     80484b3 <thread+0xf>
80484cd:        b8 00 00 00 00         mov     $0x0,%eax
80484d2:        c9                     leave
80484d3:        c3                     ret
```

其中加粗部分對應的是++counter 的組語程式碼，其邏輯如下：

1. 將 counter 的值賦給暫存器 EAX；

2. 對暫存器 EAX 的值加 1；

3. 將 EAX 的值賦給 counter。

假設目前 counter 的值為 0，則當兩個執行緒同時執行++counter 時，會有如下情況（每個執行緒會有獨立的上下文執行環境，所以可視為每個執行緒都有一個 "獨立" 的 EAX）：

```
thread1                            thread2
eax = counter => eax = 0
                                   eax = counter => 0 eax = 0
eax = eax+1 => eax = 1
counter = eax => counter = 1
                                   eax = eax + 1 => eax = 1
                                   counter = eax => counter = 1
```

上面兩個執行緒都對 counter 執行遞增動作，但是最終的結果是 "1" 而不是 "2"。這只是眾多錯誤時序情況中的一種。之所以會產生這樣的錯誤，就是因為++counter 的執行指令並不是原子的，多個執行緒對 counter 的並行存取造成了最後的錯誤結果。利用鎖就可以保證counter 遞增指令的序列化，如下所示：

```
thread1                            thread2
lock
eax = counter => eax = 0
eax = eax +1 => eax = 1
counter = eax => counter = 1
unlock
                                   lock
                                   eax = counter => eax = 1
                                   eax = eax+1 => eax = 2
                                   counter = eax => counter = 2
                                   unlock
```

透過加鎖，可以視 counter 的遞增指令為 "原子指令"(譯按：不可分割的連串指令)，最後的結果終於是期望的答案了。

0.4.4 原子性

以前原子被認為是物質組成的最小單元，所以在電腦領域，就借其不可分割的這層含義作為隱喻。對於電腦科學來說，如果變數是原子的，則這個變數的任何存取和更改都是原子的。如果操作是原子的，則這個操作將是不可分割的，結果若非成功，就是失敗，不會有任何的中間狀態。

列舉一個原子操作的例子，使用者 A 向使用者 B 轉帳 1000 元。簡單來說，這裡最起碼有兩個步驟：

1. 使用者 A 的帳號減少 1000 元；

2. 使用者 B 的帳號增加 1000 元。

如果在上述步驟 1 結束的時候，轉帳發生了故障，比如電力中斷，是否會造成使用者 A 的帳號減少了 1000 元，而使用者 B 的帳號沒有變化呢？這種情況對於原子操作是不會發生的。當電力中斷導致轉帳操作進行到一半就失敗時，使用者 A 的帳號肯定不會減少 1000 元。因為這個操作的原子性，保證了使用者 A 減少 1000 元和使用者 B 增加 1000 元，必須同時成立，而不會存在一個中間結果。至於這個操作是如何做到原子性的，可以參看資料庫的交易是如何實作的—原子性是交易的特性之一。

0.4.5　可重入函數

從字面上理解，可重入就是可重複進入。在程式設計領域，它不僅僅意味著可以重複進入，還要求在進入後能成功執行。這裡的重複進入，是指目前行程已經處於該函數中，這時程序會允許目前行程的某個執行流程再次進入該函數，而不會引發問題。這裡的執行流程不僅僅包括多執行緒，還包括信號處理、longjump 等執行流程。所以，可重入函數一定是執行緒安全的，而執行緒安全函數則不一定是可重入函數。

從以上定義來看，很難說出哪些函數是可重入函數，但是可以很明顯看出哪些函數是不可以重入的函數。當函數使用鎖，尤其是互斥鎖的時候，該函數是不可重入的，否則會造成鎖死。若函數使用了靜態變數，並且其工作相依於這個靜態變數時，該函數也是不可重入的，否則會造成該函數工作不正常。

下面來看一個鎖死的例子程式碼如下：

```c
#include <stdlib.h>
#include <stdio.h>

#include <pthread.h>
#include <unistd.h>
#include <signal.h>
#include <sys/types.h>

static pthread_mutex_t mutex = PTHREAD_MUTEX_INITIALIZER;

static const char * const caller[2] = {"mutex_thread", "signal handler"};
static pthread_t mutex_tid;
static pthread_t sleep_tid;
static volatile int signal_handler_exit = 0;
```

```
static void hold_mutex(int c)
{
    printf("enter hold_mutex [caller %s]\n", caller[c]);

    pthread_mutex_lock(&mutex);

    /* 這裡的迴圈是為了保證鎖不會在信號處理函數退出前被釋放掉*/
    while (!signal_handler_exit && c != 1) {
        sleep(5);
    }

    pthread_mutex_unlock(&mutex);

    printf("leave hold_mutex [caller %s]\n", caller[c]);
}

static void mutex_thread(void *arg)
{
    hold_mutex(0);
    return NULL;
}

static void sleep_thread(void *arg)
{
    sleep(10);
    return NULL;
}

static void signal_handler(int signum)
{
    hold_mutex(1);
    signal_handler_exit = 1;
}

int main()
{
    signal(SIGUSR1, signal_handler);

    pthread_create(&mutex_tid, NULL, mutex_thread, NULL);
    pthread_create(&sleep_tid, NULL, sleep_thread, NULL);

    pthread_kill(sleep_tid, SIGUSR1);
    pthread_join(mutex_tid, NULL);
    pthread_join(sleep_tid, NULL);

    return 0;
}
```

先看看執行結果：

```
[fgao@fgao chapter0]#gcc -g 0_8_signal_mutex.c -o signal_mutex -lpthread
[fgao@fgao chapter0]#./signal_mutex
enter hold_mutex [caller signal handler]
enter hold_mutex [caller mutex_thread]
```

為什麼會鎖死呢？就是因為函數 hold_mutex 是不可重入的函數—其中使用了 pthread_mutex 互斥器。當 mutex_thread 獲得 mutex 時，sleep_thread 就收到了信號，再次呼叫就進入 hold_mutex。結果始終無法取得 mutex，信號處理函數無法返回，正常的程序流程也無法繼續，這就造成了鎖死。

0.4.6　阻塞與非阻塞

這裡的阻塞與非阻塞，都是指 I/O 操作。在 Linux 環境下，所有的 I/O 系統呼叫預設都是阻塞的。那麼何謂阻塞呢？阻塞的系統呼叫是指，當進行系統呼叫時，除非出錯（被信號打斷也視為出錯），行程將會一直留在核心層直到呼叫完成。非阻塞的系統呼叫是指無論 I/O 操作成功與否，呼叫都會立刻返回。

0.4.7　同步與非同步

這裡的同步與非同步，也是指 I/O 操作。當把阻塞、非阻塞、同步和非同步放在一起時，不免會讓人眼花繚亂。同步是否就是阻塞，非同步是否就是非阻塞呢？實際上在 I/O 操作中，它們是不同的概念。同步既可以是阻塞的，也可以是非阻塞的，而常用的 Linux 之 I/O 呼叫實際上都是同步的。這裡的同步和非同步，是指 I/O 資料的複製工作是否同步執行。

以系統呼叫 read 為例。阻塞的 read 會一直留在核心層直到 read 返回；非阻塞的 read 在資料未準備好的情況下，會直接回傳錯誤，而當有資料時，非阻塞的 read 同樣會一直留在核心層，直到 read 完成。這個 read 就是同步的操作，即 I/O 的完成是在目前執行流程下同步完成的。

如果是非同步(即異步)，則 I/O 操作不是隨系統呼叫同步完成。呼叫返回後，I/O 操作並沒有完成，而是由作業系統或某個執行緒負責真正的 I/O 操作，等完成後通知原來的執行緒。

檔案 I/O

檔案 I/O 是作業系統不可或缺的部分,也是實作資料持久化的手段。對於 Linux 來說,其"一切皆是檔案"的概念,更是突顯了檔案在 Linux 核心中的重要地位。本章主要講述 Linux 檔案 I/O 部分的系統呼叫。

 為了分析系統呼叫的實作,從本章開始會涉及 Linux 核心原始碼。但是本書並不是介紹核心原始碼的書籍,所以書中對核心原始碼的分析不會面面俱到。分析核心原始碼的目的,是為了讓讀者更能理解系統呼叫是為應用程式服務的。因此,本書對核心原始碼的追蹤和分析,只是淺嘗輒止。

1.1 Linux 中的檔案

1.1.1 檔案、檔案控制碼和檔案表

Linux 核心將一切視為檔案,那麼 Linux 的檔案是什麼呢?其既可以是真正的實體檔案,也可以是設備、管線,甚至還可以是一塊記憶體。狹義的檔案是指檔案系統中的實體檔案,而廣義的檔案則可以是 Linux 管理的所有物件。這些廣義的檔案利用 VFS 機制,以檔案系統的形式掛載在 Linux 核心中,對外提供一致的檔案操作介面。

從數值上看,檔案控制碼是一個非負整數,其本質就是一個 handle,所以也可以認為檔案控制就是控制一個檔案 handle。那麼 handle 是什麼呢?handle 就是一個使用者看得見的回傳值。使用者層利用檔案控制碼與核心進行互動;而核心拿到檔案控制碼後,可以透過它得到用於管理檔案的真正的資料結構。

使用檔案控制碼(也就是 handle)，有兩個好處：一是增加了安全性，handle 完全隔離使用者，使用者無法透過任何 hacking 的方式，更改控制碼對應的內部結果，比如 Linux 核心的檔案控制碼，只有核心才能透過該值得到對應的檔案結構；二是增加了可擴展性，使用者的程式碼只相依於 handle 的值，這樣實際結構的內容就可以隨時發生變化，與 handle 的映射關係也可以隨時改變，這些變化都不會影響任何現有的使用者程式碼。

Linux 的每個行程都會維護一個檔案表，以便維護該行程打開檔案的資訊，包括打開的檔案個數、每個打開檔案的偏移量等資訊。

1.1.2 核心檔案表的實作

核心中行程對應的結構是 task_struct，行程的檔案表保存在 task_struct->files 中。其結構如下所示。

```
struct files_struct {
    /* count 為檔案 files_struct 的引用計數 */
    atomic_t count;
    /* 檔案控制碼表 */
    /*
    為什麼有兩個 fdtable 呢？這是核心的一種優化策略。fdt 為指標，而 fdtab 為普通變數。一般情況下，
    fdt 是指向 fdtab 的，當需要它的時候，才會真正動態申請記憶體。因為預設大小的檔案表足以應付大多
    數情況，如此一來就可以避免頻繁的記憶體申請。
    這也是核心的常用技巧之一。在建立時，使用普通的變數或者陣列，然後讓指標指向它，作為預設情況使
    用。只有當行程使用量超過預設值時，才會動態申請記憶體。
    */
    struct fdtable __rcu *fdt;
    struct fdtable fdtab;
    /*
    * written part on a separate cache line in SMP
    */
    /* 使用____cacheline_aligned_in_smp 可以保證 file_lock 是以 cache
      line 對齊的，避免了 false sharing */
    spinlock_t file_lock ____cacheline_aligned_in_smp;
    /* 用於查詢下一個空閒的 fd */
    int next_fd;
    /* 保存執行 exec 需要關閉的檔案控制碼串列 */
    struct embedded_fd_set   close_on_exec_init;
    /* 保存打開的檔案控制碼的串列 */
    struct embedded_fd_set open_fds_init;
    /* fd_array 為一個固定大小的 file 控制碼陣列。struct file 是核心用於文件管理的結構。這裡
    使用預設大小的陣列，就是為了可以涵蓋大多數情況，避免動態分配 */
    struct file __rcu * fd_array[NR_OPEN_DEFAULT];
};
```

下面看看 files_struct 是如何使用預設的 fdtab 和 fd_array，init 是 Linux 的第一個行程，它的檔案表是一個全域變數，程式碼如下：

```
struct files_struct init_files = {
    .count      = ATOMIC_INIT(1),
    .fdt        = &init_files.fdtab,
```

```
    .fdtab       = {
        .max_fds     = NR_OPEN_DEFAULT,
        .fd       = &init_files.fd_array[0],
        .close_on_exec = (fd_set *)&init_files.close_on_exec_init,
        .open_fds   = (fd_set *)&init_files.open_fds_init,
    },
    .file_lock = __SPIN_LOCK_UNLOCKED(init_task.file_lock),
};
```

init_files.fdt 和 init_files.fdtab.fd 都分別指向了自己已有的成員變數，並以此作為一個預設值。後面的行程都是從 init 行程 fork 出來的。fork 的時候會呼叫 dup_fd，而在 dup_fd 中其程式碼結構如下：

```
newf = kmem_cache_alloc(files_cachep, GFP_KERNEL);
if (!newf)
    goto out;

atomic_set(&newf->count, 1);

spin_lock_init(&newf->file_lock);
newf->next_fd = 0;
new_fdt = &newf->fdtab;
new_fdt->max_fds = NR_OPEN_DEFAULT;
new_fdt->close_on_exec = (fd_set *)&newf->close_on_exec_init;
new_fdt->open_fds = (fd_set *)&newf->open_fds_init;
new_fdt->fd = &newf->fd_array[0];
new_fdt->next = NULL;
```

初始化 new_fdt，同樣是為了讓 new_fdt 和 new_fdt->fd 指向其本身的成員變數 fdtab 和 fd_array。

 /proc/pid/status 為對應 pid 行程的目前執行狀態，其中 FDSize 值即為目前行程 max_fds 的值。

因此，初始狀態下，files_struct、fdtable 和 files 的關係如圖 1-1 所示。

1.2 打開檔案

1.2.1 open 介紹

open 在說明文件中有兩個函數原型，如下所示：

```
int open(const char *pathname, int flags);
int open(const char *pathname, int flags,
    mode_t mode);
```

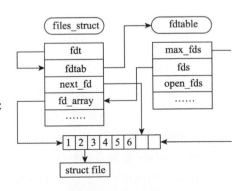

圖 1-1　檔案表、檔案控制碼表及檔案間的結構關係圖

這樣的函數原型有些違背我們的直覺。C 語言是不支援函數多載的，為什麼 open 的系統呼叫可以有兩個這樣的 open 原型呢？核心絕對不可能為這個功能建立兩個系統呼叫。

在 Linux 核心中，實際上只提供了一個系統呼叫，對應的是上述兩個函數原型中的第二個。那麼 open 有兩個函數原型又是怎麼回事呢？當我們呼叫 open 函數時，實際上呼叫的是 glibc 封裝的函數，然後由 glibc 透過插斷指令（譯按：traps），進行真正的系統呼叫，即表示所有的系統呼叫都要先經過 glibc 才會進入作業系統。如此一來，實際上是由 glibc 提供一個可變參數函數 open 來滿足兩個函數原型，然後透過 glibc 的可變參數函數 open 實作真正的系統呼叫來呼叫原型二。

可以透過一個小程式來驗證我們的猜想，程式碼如下：

```c
#include <sys/types.h>
#include <sys/stat.h>
#include <fcntl.h>
#include <unistd.h>

int main(void)
{
    int fd = open("test_open.txt", O_CREAT, 0644, "test");

    close(fd);
    return 0;
}
```

在這個程式中，呼叫 open 時傳入了 4 個參數，如果 open 不是可變參數函數，就會報錯，如 "too many arguments to function'open'"。但請看下面的編譯輸出：

```
[fgao@fgao-ThinkPad-R52 chapter2]#gcc -g -Wall 2_2_1_test_open.c
[fgao@fgao-ThinkPad-R52 chapter2]#
```

沒有任何的警告和錯誤。這就證實了我們的猜想，open 是 glibc 的一個可變參數函數。*fcntl.h* 中 open 函數的宣告也確定了這點：

```
extern int open (__const char *__file, int __oflag, ...) __nonnull ((1));
```

下面來說明一下 open 的參數：

- pathname：表示要打開的檔案路徑。

- flags：用於指示打開檔案的選項，常用的有 O_RDONLY、O_WRONLY 和 O_RDWR。

  這三個選項必須有且只能有一個被指定。為什麼 O_RDWR != O_RDONLY | O_WRONLY 呢？Linux 環境中，O_RDONLY 被定義為 0，O_WRONLY 被定義為 1，而 O_RDWR 卻被定義為 2。之所以有這樣違反常規的設計遺留至今，就是為了相容以前的程式。除了以上三個選項，Linux 平臺還支援更多的選項，APUE 中對此也進行了介紹。

- mode：只在建立檔案時需要，用於指定所建立檔案的許可權（還要受到 umask 環境變數的影響）。

1.2.2 更多選項

除了常用的幾個打開檔案的選項，APUE 還介紹了一些常用的 POSIX 定義的選項。下列為 Linux 平臺支援的大部分選項：

- O_APPEND：每次進行寫操作時，核心都會先定位到檔案結尾，再執行寫操作。

- O_ASYNC：使用非同步 I/O 模式。

- O_CLOEXEC：在打開檔案的時候，就為檔案控制碼設 FD_CLOEXEC 旗標。這是一個新的選項，用於解決在多執行緒下 fork 與用 fcntl 設置 FD_CLOEXEC 的競爭問題。某些應用使用 fork 來執行第三方的任務，為避免洩露已打開檔案的內容，檔案會設置 FD_CLOEXEC 旗標。但是 fork 與 fcntl 是兩次呼叫，在多執行緒下，可能會在 fcntl 呼叫前，就已經 fork 出子行程，從而導致該檔案 handle 暴露給子行程。關於 O_CLOEXEC 的用途，將會在第 4 章詳細講解。

- O_CREAT：當檔案不存在時，就建立檔案。

- O_DIRECT：對該檔案進行直接 I/O，不使用 VFS Cache。

- O_DIRECTORY：要求打開的路徑必須是目錄。

- O_EXCL：該旗標用於確保是此次呼叫建立的檔案，需要與 O_CREAT 同時使用；當檔案已經存在時，open 函數會回傳失敗。

- O_LARGEFILE：表明檔案為大檔案。

- O_NOATIME：讀取檔案時，不更新檔案最後的存取時間。

- O_NONBLOCK、O_NDELAY：將該檔案控制碼設置為非阻塞的（預設都是阻塞的）。

- O_SYNC：設置為 I/O 同步模式，每次進行寫操作時都會將資料同步到磁片，然後 write 才能回傳。

- O_TRUNC：在打開檔案的時候，將檔案長度截斷為 0，需要與 O_RDWR 或 O_WRONLY 同時使用。在寫檔案時，如果是作為新檔案重新寫入，一定要使用 O_TRUNC 旗標，否則可能會造成舊內容依然存在於檔案中的錯誤，如生成設定檔案、pid 檔案等—在第 2 章中，將會例舉一個未使用截斷旗標而導致問題的範例程式。

 並不是所有的檔案系統都支援以上選項。

1.2.3 open 原始碼追蹤

我們經常這樣描述"打開一個檔案",那麼所謂的"打開",究竟"打開"了什麼?核心在這個過程中,又做了哪些事情呢?這一切將透過分析核心原始碼來得到答案。

追蹤核心 open 原始碼 open->do_sys_open,程式碼如下:

```
long do_sys_open(int dfd, const char __user *filename, int flags, int mode)
{
    struct open_flags op;
    /* flags 為使用者層傳遞的參數,核心會對 flags 進行合法性檢查,並根據 mode 生成新的 flags 值賦給
       lookup */
    int lookup = build_open_flags(flags, mode, &op);
    /* 將使用者層的檔名參數複製到核心空間 */
    char *tmp = getname(filename);
    int fd = PTR_ERR(tmp);

    if (!IS_ERR(tmp)) {
        /* 未出錯則申請新的檔案控制碼 */
        fd = get_unused_fd_flags(flags);
        if (fd >= 0) {
            /* 申請新的檔案管理結構 file */
            struct file *f = do_filp_open(dfd, tmp, &op, lookup);
            if (IS_ERR(f)) {
                put_unused_fd(fd);
                fd = PTR_ERR(f);
            } else {
                /* 產生檔案打開的通知事件 */
                fsnotify_open(f);
                /* 將檔案控制碼 fd 與檔案管理結構 file 對應,即安裝 */
                fd_install(fd, f);
            }
        }
        putname(tmp);
    }
    return fd;
}
```

從 do_sys_open 可以看出,打開檔案時,核心主要消耗兩種資源:檔案控制碼與核心管理檔案結構 file。

1.2.4 如何選擇檔案控制碼?

根據 POSIX 標準,當獲取一個新的檔案控制碼時,要回傳最低的未使用檔案控制碼。Linux 是如何實作這一標準的呢?

在 Linux 中,透過 do_sys_open->get_unused_fd_flags->alloc_fd(0, (flags))選擇檔案控制碼,程式碼如下:

```
int alloc_fd(unsigned start, unsigned flags)
{
```

```c
    struct files_struct *files = current->files;
    unsigned int fd;
    int error;
    struct fdtable *fdt;
    /* files 為行程的檔案表，下面需要更改檔案表，所以需要先鎖檔案表 */
    spin_lock(&files->file_lock);
repeat:
    /* 得到檔案控制碼表 */
    fdt = files_fdtable(files);
    /* 從 start 開始，查詢未用的檔案控制碼。在打開檔案時，start 為 0 */
    fd = start;
    /* files->next_fd 為上一次成功找到 fd 的下一個控制碼。使用 next_fd，可以快速找到未用的檔
案控制碼；*/
    if (fd < files->next_fd)
        fd = files->next_fd;

    /*
    當小於目前控制碼表支援的最大檔案控制碼個數時，利用串列找到未用的檔案控制碼。
    如果大於 max_fds 怎麼辦呢？如果大於目前支援的最大檔案控制碼，則肯定是未用
    的，就不需要用串列來確認。
    */
    if (fd < fdt->max_fds)
        fd = find_next_zero_bit(fdt->open_fds->fds_bits,
            fdt->max_fds, fd);
    /* expand 用於在_必 files 要時擴展控制碼表。何時是必要的時候呢？比如目前檔案控制碼已經超過
了目前控制碼表支援的最大值的時候。*/
    error = expand_files(files, fd);
    if (error < 0)
        goto out;

    /*
    * If we needed to expand the fs array we
    * might have blocked - try again.
    */
    if (error)
        goto repeat;

    /* 只有在 start 小於 next_fd 時，才需要更新 next_fd，以儘量保證檔案控制碼的連續性。*/
    if (start <= files->next_fd)
        files->next_fd = fd + 1;

    /* 在已打開文件表 open_fds 中加入 fd 的對應位置 */
    FD_SET(fd, fdt->open_fds);
    /* 根據 flags 是否設置了 O_CLOEXEC，設置或清除 fdt->close_on_exec */
    if (flags & O_CLOEXEC)
        FD_SET(fd, fdt->close_on_exec);
    else
        FD_CLR(fd, fdt->close_on_exec);
    error = fd;
#if 1
    /* Sanity check */
    if (rcu_dereference_raw(fdt->fd[fd]) != NULL) {
        printk(KERN_WARNING "alloc_fd: slot %d not NULL!\n", fd);
        rcu_assign_pointer(fdt->fd[fd], NULL);
    }
```

```
    #endif

out:
    spin_unlock(&files->file_lock);
    return error;
}
```

1.2.5 檔案控制碼 fd 與檔案管理結構 file

前文已經說過，核心使用 fd_install 將檔案管理結構 file 與 fd 組合起來，實際操作請看以下程式碼：

```
void fd_install(unsigned int fd, struct file *file)
{
    struct files_struct *files = current->files;
    struct fdtable *fdt;
    spin_lock(&files->file_lock);
    /* 得到檔案控制碼表 */
    fdt = files_fdtable(files);
    BUG_ON(fdt->fd[fd] != NULL);
    /*
    將檔案控制碼表中 file 類型的指標陣列中對應 fd 的項目指向 file。
    這樣檔案控制碼 fd 與 file 就建立了對應關係
    */
    rcu_assign_pointer(fdt->fd[fd], file);
    spin_unlock(&files->file_lock);
}
```

當使用者使用 fd 與核心互動時，核心可以用 fd 從 fdt->fd[fd] 中得到內部管理檔案的結構 struct file。

1.3 creat 簡介

creat 函數用於建立一個新檔案，它等同於 open (pathname, O_WRONLY | O_CREAT | O_TRUNC, mode)。APUE 介紹了引入 creat 的原因：

由於歷史原因，早期的 Unix 版本中，open 的第二個參數只能是 0、1 或 2，如此一來就沒有辦法打開一個不存在的檔案。因此，一個獨立系統呼叫 creat 被引入，用於建立新文件。現在的 open 函數，透過使用 O_CREAT 和 O_TRUNC 選項，可以實作 creat 的功能，因此當初的系統呼叫 creat 已經不是必要的。

核心 creat 的實作程式碼如下所示：

```
SYSCALL_DEFINE2(creat, const char __user *, pathname, int, mode)
{
    return sys_open(pathname, O_CREAT | O_WRONLY | O_TRUNC, mode);
}
```

這樣就確定了現代 creat 即為 open 的一種封裝實作。

1.4 關閉檔案

1.4.1 close 介紹

close 用於關閉檔案控制碼。而檔案控制碼的對象可以是普通檔案或設備，還可以是 socket。在關閉時，VFS 會根據不同的檔案類型，執行不同的操作。

下面將透過追蹤 close 的核心原始碼來瞭解核心如何針對不同的檔案類型執行不同的操作。

1.4.2 close 原始碼追蹤

首先，來看一下 close 的原始碼實作，程式碼如下：

```
SYSCALL_DEFINE1(close, unsigned int, fd)
{
    struct file * filp;
    /* 得到目前行程的檔案表 */
    struct files_struct *files = current->files;
    struct fdtable *fdt;
    int retval;

    spin_lock(&files->file_lock);
    /* 透過檔案表，取得檔案控制碼表 */
    fdt = files_fdtable(files);
    /* 參數 fd 大於檔案控制碼表記錄的最大數量，那麼它一定是非法的結構 */
    if (fd >= fdt->max_fds)
        goto out_unlock;
    /* 利用 fd 作為索引，得到 file 結構指標 */
    filp = fdt->fd[fd];
    /*
    檢查 filp 是否為 NULL。正常情況下，filp 一定不為 NULL。
    */
    if (!filp)
        goto out_unlock;
    /* 將對應的 filp 設置為 0*/
    rcu_assign_pointer(fdt->fd[fd], NULL);
    /* 清除 fd 在 close_on_exec 串列中的位元*/
    FD_CLR(fd, fdt->close_on_exec);
    /* 釋放該 fd，或者說將其設置為 unused。*/
    __put_unused_fd(files, fd);
    spin_unlock(&files->file_lock);
     /* 關閉 file 結構 */
    retval = filp_close(filp, files);
    /* can't restart close syscall because file table entry was cleared */
    if (unlikely(retval == -ERESTARTSYS ||
            retval == -ERESTARTNOINTR ||
            retval == -ERESTARTNOHAND ||
            retval == -ERESTART_RESTARTBLOCK))
            retval = -EINTR;
```

```
    return retval;

out_unlock:
    spin_unlock(&files->file_lock);
    return -EBADF;
}
EXPORT_SYMBOL(sys_close);
```

`__put_unused_fd` 原始碼如下所示：

```
static void __put_unused_fd(struct files_struct *files, unsigned int fd)
{
    /* 取得檔案控制碼表 */
    struct fdtable *fdt = files_fdtable(files);
    /* 清除 fd 在 open_fds 串列的位子 */
    __FD_CLR(fd, fdt->open_fds);
    /* 如果 fd 小於 next_fd，重置 next_fd 為釋放的 fd */

    if (fd < files->next_fd)
        files->next_fd = fd;
}
```

看到這裡，回顧一下之前分析過的 alloc_fd 函數，就可以歸納出完整的 Linux 文件控制碼選擇策略：

- Linux 選擇檔案控制碼是按從小到大的順序進行尋找的，控制碼表中 next_fd 用於記錄下一次開始尋找的起點。當有空閒的控制碼時，即可分配。

- 當某個檔案控制碼關閉時，如果其小於 next_fd，則 next_fd 重置為這個結構，這樣下一次分配就會立刻重用這個檔案控制碼。

以上的策略，總結成一句話就是 "Linux 檔案控制碼策略永遠選擇最小的可用檔案控制碼"。—這也是 POSIX 標準規定的。

其實我並不喜歡這樣的策略。因為這樣迅速地重用剛剛釋放的檔案控制碼，容易引發難以除錯和定位的 bug—儘管這樣的 bug 是使用者層造成的。比如一個執行緒關閉了某個檔案控制碼，然後又建立一個新的檔案控制碼，這時檔案控制碼就被重新使用，但其值是一樣的。如果有另外一個執行緒保存了之前檔案控制碼的值，它就會再次存取這個檔案控制碼。此時，如果是普通檔案，就會讀錯或寫錯檔案。若是 socket，就會與錯誤的遠端通信。這樣的錯誤發生時，可能並不會被察覺到。即使發現錯誤，要找到根本原因，也非常困難。

如果不重用這個控制碼呢？在檔案控制碼被關閉後，建立新的控制碼且不使用相同的值。這樣再次存取之前的控制碼時，核心可以回傳錯誤，使用者層可以更早地得知錯誤的發生。

雖然造成這樣錯誤的原因是使用者層自己，但是如果核心可以儘早地讓錯誤發生，對於應用開發人員來說，會是一個福音。因為除錯 bug 時，bug 距離造成錯誤的地點越近，時間發生得越早，就越容易找到根本原因。這也是為什麼釋放記憶體以後，要將指標設為 NULL 的原因。

從 __put_unused_fd 退出後，close 會接著呼叫 filp_close，其呼叫路徑為 filp_close->fput。在 fput 中，會對目前檔案 struct file 的引用計數減一併檢查其值是否為 0。當引用計數為 0 時，表示該 struct file 沒有被其他人使用，則可以呼叫__fput 執行真正的檔案釋放操作，然後呼叫要關閉檔案所屬檔案系統的 release 函數，從而實作針對不同的檔案類型來執行不同的關閉操作。

下一節讓我們來看看 Linux 如何針對不同的檔案類型，掛載不同的檔案操作函數 files_operations。

1.4.3 自訂 files_operations

以一般常見的 socket 檔案系統作為範例，說明 Linux 如何掛載檔案系統指定的檔案操作函數 files_operations。

socket.c 中定義了其檔案操作函數 file_operations，程式碼如下：

```
static const struct file_operations socket_file_ops = {
    .owner =      THIS_MODULE,
    .llseek =    no_llseek,
    .aio_read =  sock_aio_read,
    .aio_write =    sock_aio_write,
    .poll =      sock_poll,
    .unlocked_ioctl = sock_ioctl,
#ifdef CONFIG_COMPAT
    .compat_ioctl = compat_sock_ioctl,
#endif
    .mmap =      sock_mmap,
    .open =      sock_no_open,    /* special open code to disallow open via /proc */
    .release =   sock_close,
    .fasync =    sock_fasync,
    .sendpage =  sock_sendpage,
    .splice_write = generic_splice_sendpage,
    .splice_read =  sock_splice_read,
};
```

函數 sock_alloc_file 用於申請 socket 檔案控制碼及檔案管理結構 file 結構。它呼叫 alloc_file 申請管理結構 file，並將 socket_file_ops 作為參數，如下所示：

```
file = alloc_file(&path, FMODE_READ | FMODE_WRITE,
    &socket_file_ops);
```

進入 alloc_file，其程式碼如下：

```
struct file *alloc_file(struct path *path, fmode_t mode,
        const struct file_operations *fop)
{
```

```
    struct file *file;

    /* 申請一個 file */
    file = get_empty_filp();
    if (!file)
        return NULL;

    file->f_path = *path;
    file->f_mapping = path->dentry->d_inode->i_mapping;
    file->f_mode = mode;
    /* 將自訂的檔案操作函數賦值給 file->f_op */
    file->f_op = fop;

    ......
}
```

在初始化 file 結構的時候，socket 檔案系統將其自訂的檔案操作賦給 file->f_op，所以在 VFS 中可以呼叫 socket 檔案系統自訂的操作。

1.4.4 遺忘 close 造成的問題

我們只需要關注 close 檔案的時候核心做了哪些事情，就可以確定遺忘 close 會帶來什麼樣的後果，如下：

- 檔案控制碼始終沒有被釋放。
- 用於檔案管理的某些記憶體結構沒有被釋放。

對於普通行程來說，即使應用忘記關閉檔案，當行程退出時，Linux 核心也會自動關閉檔案，釋放記憶體（詳細過程見後文）。但是對於一個常駐行程來說，問題就變得嚴重了。

先看第一種情況，如果檔案控制碼沒有被釋放，於再次申請新的控制碼時，就不得不擴展目前的控制碼表，程式碼如下：

```
int expand_files(struct files_struct *files, int nr)
{
    struct fdtable *fdt;

    fdt = files_fdtable(files);

    /*
     * N.B. For clone tasks sharing a files structure, this test
     * will limit the total number of files that can be opened.
     */
    if (nr >= rlimit(RLIMIT_NOFILE))
        return -EMFILE;

    /* Do we need to expand? */
    if (nr < fdt->max_fds)
        return 0;
```

```
    /* Can we expand? */
    if (nr >= sysctl_nr_open)
        return -EMFILE;

    /* All good, so we try */
    return expand_fdtable(files, nr);
}
```

從上面的程式碼可以看出，在擴展控制碼表的時候，會檢查打開檔案的個數是否超出系統的限制。如果檔案控制碼始終不釋放，其個數遲早會到達上限，並回傳 EMFILE 錯誤（表示 Too many open files (POSIX.1)）。

再看第二種情況，即檔案管理的某些記憶體結構沒有被釋放。仍然是查看打開檔案的代碼，程式碼如下，get_empty_filp 用於獲得空閒的 file 結構。

```
struct file *get_empty_filp(void)
{
    const struct cred *cred = current_cred();
    static long old_max;
    struct file * f;

    /*
     * Privileged users can go above max_files
     */
    /* 這裡對打開檔的個數進行檢查，非特權使用者不能超過系統的限制 */
    if (get_nr_files() >= files_stat.max_files && !capable(CAP_SYS_ADMIN)) {
    /*
    再次檢查 per cpu 的檔個數之總和，為什麼要做兩次檢查呢？後文會詳細介紹 */
    if (percpu_counter_sum_positive(&nr_files) >= files_stat.max_files)
        goto over;
    }

    /* 未到達上限，申請一個新的 file 結構 */
    f = kmem_cache_zalloc(filp_cachep, GFP_KERNEL);
    if (f == NULL)
        goto fail;


    /* 增加 file 結構計數 */
    percpu_counter_inc(&nr_files);
    f->f_cred = get_cred(cred);
    if (security_file_alloc(f))
        goto fail_sec;

    INIT_LIST_HEAD(&f->f_u.fu_list);
    atomic_long_set(&f->f_count, 1);
    rwlock_init(&f->f_owner.lock);
    spin_lock_init(&f->f_lock);
    eventpoll_init_file(f);
    /* f->f_version: 0 */
    return f;

over:
```

```
    /* 用完了 file 配額，列印 log 報錯 */
    /* Ran out of filps - report that */
    if (get_nr_files() > old_max) {
        pr_info("VFS: file-max limit %lu reached\n", get_max_files());
        old_max = get_nr_files();
    }
    goto fail;

fail_sec:
    file_free(f);
fail:
    return NULL;
}
```

下面將說明為什麼上述的程式碼要做兩次檢查—這也是我們學習核心程式碼的好處之一，可以學到很多的程式設計技巧和設計思路。

關於計算已打開的 file 數量，Linux 核心使用兩種方法來計算，一種是使用全域變數，另外一個是使用 per cpu 變數。更新全域變數時，為了避免競爭，不得不使用鎖，以致增加系統負擔。所以 Linux 使用了一種折衷的解決方法。當 per cpu 變數的值變化不超過正負 percpu_counter_batch（預設是 32）的範圍時，就不更新全域變數。這樣就減少對全域變數的更新動作，但副作用也造成了全域變數的值不準確。於是在全域變數的打開 file 數超過限制時，會再對所有的 per cpu 變數加總求和，然後再次與系統的限制量作比較。想瞭解這個計算方法的詳細資訊，可以閱讀 percpu_counter_add 的相關程式碼。

1.4.5　如何查詢檔案資源洩漏？

在前面的小節中，我們看到了常駐行程忘記關閉檔案的危害。可是，軟體不可能不出現 bug，如果常駐行程程式真的出現這樣的問題，如何才能快速找到根本原因呢？透過檢查打開檔案的程式碼？耗時太長效率低。是否還有其他辦法呢？下面將介紹一種能快速查詢檔案資源洩漏的方法。

首先，建立一個 "錯誤" 的程式，程式碼如下：

```
#include <stdlib.h>
#include <stdio.h>
#include <unistd.h>
#include <sys/types.h>
#include <sys/stat.h>
#include <fcntl.h>

int main(void)
{
    int cnt = 0;

    while (1) {
        char name[64];

        snprintf(name, sizeof(name),"%d.txt", cnt);
```

```
        int fd = creat(name, 644);

        sleep(10);
        ++cnt;
    }

    return 0;
}
```

在這段程式碼的迴圈過程中，打開了一個檔案，但是一直沒有被關閉，以此來類比服務程式的檔案資源洩漏，然後讓程式執行一段時間：

```
[fgao@fgao chapter1]#./hold_file &
[1] 3000
```

接下來請出利器 lsof，查看相關資訊，如下所示：

```
[fgao@fgao chapter1]#lsof -p 3000
COMMAND  PID USER  FD  TYPE  DEVICE SIZE/OFF    NODE NAME
a.out   3000 fgao  cwd  DIR  253,2    4096 1321995 /home/fgao/works/my_git_
    codes/my_books/understanding_apue/sample_codes/chapter1
a.out   3000  fgao  rtd  DIR  253,1    4096       2 /
a.out   3000  fgao  txt  REG  253,1    6115 1308841 /home/fgao/works/my_git_
    codes/my_books/understanding_apue/sample_codes/chapter1/a.out
a.out   3000  fgao  mem  REG  253,1  157200 1443950 /lib/ld-2.14.90.so
a.out   3000  fgao  mem  REG  253,1 2012656 1443951 /lib/libc-2.14.90.so
a.out   3000  fgao   0u  CHR  136,3     0t0       6 /dev/pts/3
a.out   3000  fgao   1u  CHR  136,3     0t0       6 /dev/pts/3
a.out   3000  fgao   2u  CHR  136,3     0t0       6 /dev/pts/3
a.out   3000  fgao   3w  REG  253,2       0 1309088 /home/fgao/works/my_git_codes/
    my_books/understanding_apue/sample_codes/chapter1/0.txt
a.out   3000  fgao   4w  REG  253,2       0 1312921 /home/fgao/works/my_git_
    codes/my_books/understanding_apue/sample_codes/chapter1/1.txt
a.out  3000   fgao   5w  REG  253,2       0 1327890 /home/fgao/works/my_git_
    codes/my_books/understanding_apue/sample_codes/chapter1/2.txt
a.out   3000  fgao   6w  REG  253,2       0 1327891 /home/fgao/works/my_git_
    codes/my_books/understanding_apue/sample_codes/chapter1/3.txt
a.out   3000  fgao   7w  REG  253,2       0 1327892 /home/fgao/works/my_git_
    codes/my_books/understanding_apue/sample_codes/chapter1/4.txt
a.out   3000  fgao   8w  REG  253,2       0 1327893 /home/fgao/works/my_git_
    codes/my_books/understanding_apue/sample_codes/chapter1/5.txt
a.out   3000  fgao   9w  REG  253,2       0 1327894 /home/fgao/works/my_git_
    codes/my_books/understanding_apue/sample_codes/chapter1/6.txt
```

從 lsof 的輸出結果可以清晰地看出，hold_file 打開哪些檔案沒有被關閉。其實從 */proc/3000/fd* 中也可以得到類似的結果。但是 lsof 擁有更多的選項和功能（如指定某個目錄），可以應對更複雜的情況。實際細節請讀者自行閱讀 lsof 的說明檔。

1.5 檔案偏移

檔案偏移是基於某個已打開檔案而言,一般情況下,讀寫操作都會從目前的偏移位置開始讀寫(所以 read 和 write 都沒有明顯地要求傳入偏移量),並且在讀寫結束後更新偏移量。

1.5.1 lseek 簡介

lseek 的原型如下:

```
off_t lseek(int fd, off_t offset, int whence);
```

該函數的功能是將 fd 的檔案偏移量設定為以 whence 為起點,偏移為 offset 的位置。其中 whence 可以為三個值:SEEK_SET、SEEK_CUR 和 SEEK_END,分別表示為 "檔案的起始位置"、"檔案的目前位置" 和 "檔案的末尾",而 offset 的取值正負均可。lseek 執行成功,會回傳新的檔案偏移量。

在 Linux 3.1 以後,Linux 又增加兩個新的值:SEEK_DATA 和 SEEK_HOLE,分別用於查詢檔案中的資料和空洞。

1.5.2 小心 lseek 的回傳值

對於 Linux 中的大部分系統呼叫來說,如果回傳值是負數,則一般都是錯誤的,但是對於 lseek 而言這條規則不適用。且看 lseek 的回傳值說明:

 當 lseek 執行成功時,它會回傳相對於檔案起始位置的偏移量。如果出錯,則回傳-1,同時 errno 也會被設置為對應的錯誤值。

也就是說,一般情況下,對於普通檔案,lseek 都是回傳非負的整數,但是對於某些設備檔案而言,是允許回傳負的偏移量。因此要想判斷 lseek 是否真正出錯,必須在呼叫 lseek 前將 errno 重置為 0,然後再呼叫 lseek,同時檢查回傳值是否為-1 及 errno 的值。只有當兩個同時成立時,才表示 lseek 真正出錯了。

因為這裡的檔案偏移都是核心的概念,所以 lseek 並不會引起任何真正的 I/O 操作。

1.5.3 lseek 原始碼分析

lseek 的原始碼位於 *read_write.c* 中,如下:

```
SYSCALL_DEFINE3(lseek, unsigned int, fd, off_t, offset, unsigned int, origin)
{
    off_t retval;
    struct file * file;
    int fput_needed;
```

```
        retval = -EBADF;
        /* 根據 fd 得到 file 指標 */
        file = fget_light(fd, &fput_needed);
        if (!file)
            goto bad;
        retval = -EINVAL;
        /* 對初始位置進行檢查，目前 linux 核心支援的初始位置有 1.5.1 節中提到的五個值 */
        if (origin <= SEEK_MAX) {
            loff_t res = vfs_llseek(file, offset, origin);
          /* 下面這段程式碼，先使用 res 來給 retval 賦值，然後再次判斷 res
          是否與 retval 相等。為什麼會有這樣的邏輯呢？什麼時候兩者會不相等呢？
          只有在 retval 與 res 的位元數不相等的情況下。
          retval 的類型是 off_t->__kernel_off_t->long；
          而 res 的類型是 loff_t->__kernel_off_t->long long；
          在 32 位元機器上，前者是 32 位，而後者是 64 位。當 res 的值超過 retval
          的範圍時，兩者將會不等。即實際偏移量超過 long 類型的表示範圍。
          */
            retval = res;
            if (res != (loff_t)retval)
                retval = -EOVERFLOW;      /* LFS:should  only  happen  on  32  bit
                    platforms */
        }
        fput_light(file, fput_needed);
    bad:
        return retval;
    }
```

然後進入 vfs_llseek，程式碼如下：

```
loff_t vfs_llseek(struct file *file, loff_t offset, int origin)
{
    loff_t (*fn)(struct file *, loff_t, int);

    /* 預設的 lseek 操作是 no_llseek，當 file 沒有對應的 llseek 實作時，就
    會呼叫 no_llseek，並回傳-ESPIPE 錯誤*/
    fn = no_llseek;
    if (file->f_mode & FMODE_LSEEK) {
        if (file->f_op && file->f_op->llseek)
            fn = file->f_op->llseek;
    }
    return fn(file, offset, origin);
}
```

當 file 支援 llseek 操作時，就會呼叫實際的 llseek 函數。在此，選擇 default_llseek 作為示範，程式碼如下：

```
loff_t default_llseek(struct file *file, loff_t offset, int origin)
{
    struct inode *inode = file->f_path.dentry->d_inode;
    loff_t retval;

    mutex_lock(&inode->i_mutex);
    switch (origin) {
```

```
        case SEEK_END:
          /* 最終偏移等於檔案的大小加上指定的偏移量 */
            offset += i_size_read(inode);
            break;
        case SEEK_CUR:
          /* offset 為 0 時，並不改變目前的偏移量，而是直接回傳目前偏移量 */
            if (offset == 0) {
                retval = file->f_pos;
                goto out;
            }
            /* 若 offset 不為 0，則最終偏移等於指定偏移加上目前偏移 */
            offset += file->f_pos;
            break;
        case SEEK_DATA:
            /*
             * In the generic case the entire file is data, so as
             * long as offset isn't at the end of the file then the
             * offset is data.
             */
            /* 如注釋，對於一般檔案，只要指定偏移不超過檔案大小，則指
            定偏移的位置就是資料位置 */
            if (offset >= inode->i_size) {
                retval = -ENXIO;
                goto out;
            }
            break;
        case SEEK_HOLE:
            /*
             * There is a virtual hole at the end of the file, so
             * as long as offset isn't i_size or larger, return
             * i_size.
             */
            /* 只要指定偏移不超過檔案大小，則下一個空洞位置就是檔案的末尾 */
            if (offset >= inode->i_size) {
                retval = -ENXIO;
                goto out;
            }
            offset = inode->i_size;
            break;
    }
    retval = -EINVAL;
    /* 對於一般檔案來說，最終的 offset 必須大於或等於 0，或者該檔案的模式要求只能產生無符號的偏移
    量。否則就會報錯 */
    if (offset >= 0 || unsigned_offsets(file)) {
        /* 當最終偏移不等於目前位置時，則更新檔案的目前位置 */
        if (offset != file->f_pos) {
            file->f_pos = offset;
            file->f_version = 0;
        }
        retval = offset;
    }
out:
    mutex_unlock(&inode->i_mutex);
    return retval;
}
```

1.6　讀取檔案

Linux 中讀取檔案操作時，最常用的就是 read 函數，其原型如下：

```
ssize_t read(int fd, void *buf, size_t count);
```

read 嘗試從 fd 中讀取 count 個位元組到 buf 中，並回傳成功讀取的位元組數，同時將檔案偏移向前移動相同的位元組數，read 還有可能讀取比 count 小的位元組數，而回傳 0 的時候則表示已經到了 "檔案結尾"。

使用 read 進行資料讀取時，要注意正確地處理錯誤，也是說 read 回傳-1 時，如果 errno 為 EAGAIN、EWOULDBLOCK 或 EINTR，一般情況下都不能將其視為錯誤。因為前兩者是由於目前 fd 為非阻塞且沒有可讀數據時回傳的，後者是由於 read 被信號中所造成的。這兩種情況基本上都可以視為正常情況。

1.6.1　read 原始碼追蹤

先來看看 read 的原始碼，程式碼如下：

```
SYSCALL_DEFINE3(read, unsigned int, fd, char __user *, buf, size_t, count)
{
    struct file *file;
    ssize_t ret = -EBADF;
    int fput_needed;

    /* 透過檔案控制碼 fd 得到管理結構 file */
    file = fget_light(fd, &fput_needed);
    if (file) {
        /* 得到檔案的目前偏移量 */
        loff_t pos = file_pos_read(file);
        /* 利用 vfs 進行真正的 read */
        ret = vfs_read(file, buf, count, &pos);
        /* 更新檔案偏移量 */
        file_pos_write(file, pos);
        /* 歸還管理結構 file，如有必要，就進行引用計數操作*/
        fput_light(file, fput_needed);
    }

    return ret;
}
```

再進入 vfs_read，程式碼如下：

```
ssize_t vfs_read(struct file *file, char __user *buf, , size_t count, loff_t *pos)
{
    ssize_t ret;

    /* 檢查檔案是否為讀取打開 */
    if (!(file->f_mode & FMODE_READ))
        return -EBADF;
```

```
    /* 檢查檔案是否支援讀取操作 */
    if (!file->f_op || (!file->f_op->read && !file->f_op->aio_read))
        return -EINVAL;
    /* 檢查使用者傳遞的參數 buf 的位址是否可寫 */
    if (unlikely(!access_ok(VERIFY_WRITE, buf, count)))
        return -EFAULT;

    /* 檢查要讀取的檔案範圍實際可讀取的位元組數 */
    ret = rw_verify_area(READ, file, pos, count);
    if (ret >= 0) {
        /* 根據上面的結構，調整要讀取的位元組數 */
        count = ret;
        /*
        如果定義 read 操作，則執行定義的 read 操作
        如果沒有定義 read 操作，則呼叫 do_sync_read—其利用非同步 aio_read 來完成同步的 read
        操作。
        */
        if (file->f_op->read)
            ret = file->f_op->read(file, buf, count, pos);
        else
            ret = do_sync_read(file, buf, count, pos);
        if (ret > 0) {
            /* 讀取了一定的位元組數，進行通知操作 */
            fsnotify_access(file);
            /* 增加行程讀取位元組的統計計數 */
            add_rchar(current, ret);
        }
        /* 增加行程系統呼叫的統計計數 */
        inc_syscr(current);
    }

    return ret;
}
```

上面的程式碼為 read 公共部分的原始碼分析，實際的讀取動作是由實際的檔案系統決定的。

1.6.2 部分讀取

前文中介紹 read 可以回傳比指定 count 少的位元組數，那麼什麼時候會發生這種情況呢？最直接的想法是在 fd 中沒有指定 count 大小的資料時。但這種情況下，系統是不是也可以阻塞到滿足 count 個位元組的資料呢？核心到底採取的是哪種策略呢？

讓我們來看看 socket 檔案系統中 UDP 協定的 read 實作：socket 檔案系統只定義了 aio_read 操作，沒有定義普通的 read 函數。根據前文，在這種情況下 do_sync_read 會利用 aio_read 實作同步讀操作。

其呼叫鏈為 sock_aio_read->do_sock_read->__sock_recvmsg->__sock_recvmsg_nose->udp_recvmsg，程式碼如下所示：

```
int udp_recvmsg(struct kiocb *iocb, struct sock *sk, struct msghdr *msg,
        size_t len, int noblock, int flags, int *addr_len)
    ......
    ulen = skb->len - sizeof(struct udphdr);
    copied = len;
    if (copied > ulen)
        copied = ulen;
    ......
```

當 UDP 報文的資料長度小於參數控制碼 len 時，就會只複製真正的資料長度，那麼對於 read 操作而言，回傳的讀取位元組數自然就小於參數 count。

看到這裡，是否已經得到本小節開頭部分問題的答案了呢？當 fd 中的資料不夠 count 大小時，read 會回傳目前可以讀取的位元組數？很可惜，答案是否定的。這種行為完全由實際實作來決定。即使同為 socket 檔案系統，TCP 通訊端的讀取操作也會與 UDP 不同。當 TCP 的 fd 的資料不足時，read 操作極可能會阻塞，而不是直接回傳。注：TCP 是否阻塞，取決於目前緩衝區可用資料多少，要讀取的位元組數，以及通訊端設置的接收低水位大小。

因此在呼叫 read 的時候，只能根據 read 介面的說明，小心處理所有情況，而不能主觀臆測核心的實作。比如本文中的部分讀取情況，阻塞和直接回傳兩種策略同時存在。

1.7　寫入檔案

Linux 中寫入檔案操作，最常用的就是 write 函數，其原型如下：

```
ssize_t write(int fd, const void *buf, size_t count);
```

write 嘗試從 buf 指向的位址，寫入 count 個位元組到檔案控制碼 fd 中，並回傳成功寫入的位元組數，同時將檔案偏移向前移動相同的位元組數。write 有可能寫入比指定 count 少的字節數。

1.7.1　write 原始碼追蹤

write 的原始碼與 read 的很相似，位於 *read_write.c* 中，程式碼如下：

```
SYSCALL_DEFINE3(write, unsigned int, fd, const char __user *, buf,
        size_t, count)
{
    struct file *file;
    ssize_t ret = -EBADF;
    int fput_needed;

    /* 得到 file 管理結構指標 */
    file = fget_light(fd, &fput_needed);
    if (file) {
        /* 得到目前的檔案偏移 */
```

```
        loff_t pos = file_pos_read(file);
        /* 利用 VFS 寫入 */
        ret = vfs_write(file, buf, count, &pos);
        /* 更新檔案偏移量 */
        file_pos_write(file, pos);
        /* 釋放檔案管理指標 file*/
        fput_light(file, fput_needed);
    }

    return ret;
}
```

進入 vfs_write，程式碼如下：

```
ssize_t vfs_write(struct file *file, const char __user *buf, size_t count, loff_t *pos)
{
    ssize_t ret;

    /* 檢查檔案是否為寫入打開 */
    if (!(file->f_mode & FMODE_WRITE))
        return -EBADF;
    /* 檢查檔案是否支援寫操作 */
    if (!file->f_op || (!file->f_op->write && !file->f_op->aio_write))
        return -EINVAL;
    /* 檢查使用者給定的位址範圍是否可讀取 */
    if (unlikely(!access_ok(VERIFY_READ, buf, count)))
        return -EFAULT;

    /*
    驗證檔案從 pos 起始是否可以寫入 count 個位元組數
    並回傳可以寫入的位元組數
    */
    ret = rw_verify_area(WRITE, file, pos, count);
    if (ret >= 0) {
        /* 更新寫入位元組數 */
        count = ret;
        /*
        如果定義 write 操作，則執行定義的 write 操作
        如果沒有定義 write 操作，則呼叫 do_sync_write—其利用非同步
        aio_write 來完成同步的 write 操作
        */
        if (file->f_op->write)
            ret = file->f_op->write(file, buf, count, pos);
        else
            ret = do_sync_write(file, buf, count, pos);
        if (ret > 0) {
            /* 寫入一定的位元組數，進行通知操作 */
            fsnotify_modify(file);
            /* 增加行程讀取位元組的統計計數 */
            add_wchar(current, ret);
        }
        /* 增加行程系統呼叫的統計計數 */
        inc_syscw(current);
    }
```

```
    return ret;
}
```

write 同樣有部分寫入的情況，這個與 read 類似，都是由實際實作來決定的。在此就不再深入探討 write 部分寫入的情況。

1.7.2　追加寫的實作

前面說過，檔案的讀寫操作都是從目前檔案的偏移處開始。這個檔案偏移量保存在控制碼表中，而每個行程都有一個控制碼表。那麼當多個行程同時寫一個檔案時，即使對 write 進行鎖保護，在同步進行寫出操作時，檔案依然不可避免地會被寫亂。根本原因就在於文件偏移量是記錄在行程裡的。

當使用 O_APPEND 以追加的形式來打開檔案時，每次寫操作都會先定位到檔案末尾，然後再執行寫操作。

Linux 下大多數檔案系統都是呼叫 generic_file_aio_write 來實作寫操作的。在 generic_file_aio_write 中，有如下程式碼：

```
mutex_lock(&inode->i_mutex);
blk_start_plug(&plug);
ret = __generic_file_aio_write(iocb, iov, nr_segs, &iocb->ki_pos);
mutex_unlock(&inode->i_mutex);
```

這裡有一個關鍵的語句，就是使用 mutex_lock 對該檔案對應的 inode 進行保護，然後呼叫 __generic_file_aio_write->generic_write_check。其部分程式碼如下：

```
if (file->f_flags & O_APPEND)
*pos = i_size_read(inode);
```

上面的程式碼中，如果發現檔案是以追加方式打開的，則將從 inode 中讀取到的最新檔案大小作為偏移量，然後透過 __generic_file_aio_write 再進行寫操作，這樣就能保證寫操作是在檔案末尾追加的。

1.8　檔案的原子讀寫

使用 O_APPEND 可以實作在檔案的末尾原子追加新資料，Linux 還提供 pread 和 pwrite 從指定偏移位置讀取或寫入資料。

它們的實作很簡單，程式碼如下：

```
SYSCALL_DEFINE(pread64)(unsigned int fd, char __user *buf,
          size_t count, loff_t pos)
{
    struct file *file;
    ssize_t ret = -EBADF;
```

```
    int fput_needed;

    if (pos < 0)
        return -EINVAL;

    file = fget_light(fd, &fput_needed);
    if (file) {
        ret = -ESPIPE;
        if (file->f_mode & FMODE_PREAD)
            ret = vfs_read(file, buf, count, &pos);
        fput_light(file, fput_needed);
    }

    return ret;
}
```

看到這段程式碼,是不是有一種似曾相識的感覺?讓我們再來回顧一下 read 的實作,代碼如下所示。

```
/* 得到檔案的目前偏移量 */

loff_t pos = file_pos_read(file);
/* 利用 vfs 進行真正的 read */
ret = vfs_read(file, buf, count, &pos);
/* 更新檔案偏移量 */
file_pos_write(file, pos);
```

這就是它與 read 的主要區別。pread 不會從控制碼表中獲取目前偏移,而是直接用使用者傳遞的偏移量,並且在讀取完畢後,不會更改目前檔案的偏移量。

pwrite 的實作與 pread 類似,在此就不再重複描述。

1.9 檔案控制碼的複製

Linux 提供三個複製檔案控制碼的系統呼叫,分別為:

```
int dup(int oldfd);
int dup2(int oldfd, int newfd);
int dup3(int oldfd, int newfd, int flags);
```

其中:

- dup 會使用一個最小的未用檔案控制碼作為複製後的檔案控制碼。

- dup2 是透過使用者指定的檔案控制碼 newfd 來複製 oldfd 的。如果 newfd 已經是打開的檔案控制碼,Linux 會先關閉 newfd,然後再複製 oldfd。

- 對於 dup3,只有定義了 feature 巨集 "_GNU_SOURCE" 才可以使用,它比 dup2 多一個參數,可以指定旗標—不過目前僅僅支援 O_CLOEXEC 旗標,可在 newfd 上設置 O_CLOEXEC 旗標。定義 dup3 的原因與 open 類似，可以在進行 dup 操作 的同時原子地將 fd 設置為 O_CLOEXEC，從而避免將檔案內容暴露給子行程。

為什麼會有 dup、dup2、dup3 這種像兄弟一樣的系統呼叫呢？這是因為隨著軟體工程的日益複雜，已有的系統呼叫已經無法滿足需求，或者存在安全隱患，這時，就需要核心針對已有問題推出新的介面。

話說很久以前，程式師在寫 daemon 服務程式時，基本上都有這樣的流程：首先關閉標準輸出 stdout、標準錯誤輸出 stderr，然後進行 dup 操作，將 stdout 或 stderr 重定向。但是在多執行緒程式成為主流以後，由於 close 和 dup 操作不是原子的，這就造成了在某些情況下，重定向會失敗。因此引入 dup2 將 close 和 dup 合為一個系統呼叫，以保證原子性，然而這依然有問題。大家可以回顧 1.2.2 節中對 O_CLOEXEC 的介紹。在多執行緒中進行 fork 操作時，dup2 同樣會有讓相同的檔案控制碼暴露的風險，dup3 也就隨之誕生了。這三個系統呼叫看起來有些冗餘重複，但實際上它們也是軟體工程發展的結果。從這個 dup 的發展過程來看，我們也可以領會到編寫穩健程式碼的不易。正如前文所述，對於一個現代介面，一般都會有一個 flag 旗標參數，這樣既可以保證相容性，還可以透過引用新的旗標來改善或糾正介面的行為。

下面先看 dup 的實作，如下所示：

```
SYSCALL_DEFINE1(dup, unsigned int, fildes)
{
    int ret = -EBADF;
    /* 必須先得到檔案管理結構 file，同時也是對結構 fildes 的檢查 */
    struct file *file = fget_raw(fildes);

    if (file) {
    /* 得到一個未使用的檔案控制碼 */
      ret = get_unused_fd();
      if (ret >= 0) {
          /* 將檔案控制碼與 file 指標關聯起來 */
          fd_install(ret, file);
      }
      else
          fput(file);
    }
    return ret;
}
```

然後，再看看 fd_install 的實作，程式碼如下所示：

```
void fd_install(unsigned int fd, struct file *file)
{
    struct files_struct *files = current->files;
    struct fdtable *fdt;
    /* 對檔案表進行保護 */
    spin_lock(&files->file_lock);
    /* 得到控制碼表 */
    fdt = files_fdtable(files);
```

```
    BUG_ON(fdt->fd[fd] != NULL);
    /* 讓控制碼表中 fd 對應的指標等於該檔案關聯結構 file */
    rcu_assign_pointer(fdt->fd[fd], file);
    spin_unlock(&files->file_lock);
}
```

dup 中呼叫 get_unused_fd，只是得到一個未用的檔案控制碼，應如何實作在 dup 介面中使用最小的未用檔案控制碼呢？這需要回顧 1.4.2 節中總結過的 Linux 檔案控制碼的選擇策略。

Linux 總是嘗試給使用者最小的未用檔案控制碼，所以 get_unused_fd 得到的檔案控制碼始終是最小的可用檔案控制碼。

在 fd_install 中，fd 與 file 的關聯是利用 fd 來作為指標陣列的索引，從而讓對應的指標指向 file。對於 dup 來說，這意味著陣列中兩個指標都指向同一個 file。而 file 是行程中真正的管理檔案的結構，檔案偏移等資訊都是保存在 file 中的。這就意味著，當使用 oldfd 進行讀寫操作時，無論是 oldfd 還是 newfd 的檔案偏移都會發生變化。

再來看一下 dup2 的實作，如下所示：

```
SYSCALL_DEFINE2(dup2, unsigned int, oldfd, unsigned int, newfd)
{
    /* 如果 oldfd 與 newfd 相等，這是一種特殊的情況 */
    if (unlikely(newfd == oldfd)) { /* corner case */
        struct files_struct *files = current->files;
        int retval = oldfd;

        /*
        檢查 oldfd 的合法性，如果是合法的 fd，則直接回傳 oldfd 的值；
        如果是不合法的，則回傳 EBADF
        */
        rcu_read_lock();
        if (!fcheck_files(files, oldfd))
            retval = -EBADF;
        rcu_read_unlock();
        return retval;
    }
    /* 如果 oldfd 與 newfd 不同，則利用 sys_dup3 實作 dup2 */
    return sys_dup3(oldfd, newfd, 0);
}
```

再來查看一下 dup3 的實作程式碼，如下所示：

```
SYSCALL_DEFINE3(dup3, unsigned int, oldfd, unsigned int, newfd, int, flags)
{
    int err = -EBADF;
    struct file * file, *tofree;
    struct files_struct * files = current->files;
    struct fdtable *fdt;

    /* 對旗標 flags 進行檢查，支援 O_CLOEXEC */
    if ((flags & ~O_CLOEXEC) != 0)
```

```
        return -EINVAL;

/* 與 dup2 不同，當 oldfd 與 newfd 相同的時候，dup3 回傳錯誤 */
if (unlikely(oldfd == newfd))
        return -EINVAL;

spin_lock(&files->file_lock);
/* 根據 newfd 決定是否需要擴展控制碼表的大小 */
err = expand_files(files, newfd);
/*
檢查 oldfd，如果是非法的，就直接回傳
不過我更傾向於先檢查 oldfd 後擴展控制碼表，如果是非法的，就不需要擴展控制碼表
*/
file = fcheck(oldfd);
if (unlikely(!file))
        goto Ebadf;
if (unlikely(err < 0)) {
        if (err == -EMFILE)
                goto Ebadf;
        goto out_unlock;
}

err = -EBUSY;
/* 得到控制碼表 */
fdt = files_fdtable(files);
/* 透過 newfd 得到對應的 file 結構 */
tofree = fdt->fd[newfd];
/*
tofree 是 NULL，但是 newfd 已經分配的情況
*/
if (!tofree && FD_ISSET(newfd, fdt->open_fds))
        goto out_unlock;
/* 增加 file 的引用計數 */
get_file(file);
/* 將控制碼表 newfd 對應的指標指向 file */
rcu_assign_pointer(fdt->fd[newfd], file);
/*
將 newfd 加到打開檔案的串列中
如果 newfd 已經是一個合法的 fd，重複設置串列則沒有影響；
如果 newfd 沒有打開，則必須將其加入串列中
為什麼不對 newfd 進行檢查呢？因為檢查比設置串列更消耗 CPU
*/
FD_SET(newfd, fdt->open_fds);
/*
如果 flags 設置了 O_CLOEXEC，則將 newfd 加到 close_on_exec 串列；
如果沒有設置，則清除 close_on_exec 串列中對應的位元
*/
if (flags & O_CLOEXEC)
        FD_SET(newfd, fdt->close_on_exec);
else
        FD_CLR(newfd, fdt->close_on_exec);
spin_unlock(&files->file_lock);

/* 如果 tofree 不為空，則需要關閉 newfd 之前的檔案 */
if (tofree)
```

```
        filp_close(tofree, files);

    return newfd;

Ebadf:
    err = -EBADF;
out_unlock:
    spin_unlock(&files->file_lock);
    return err;
}
```

1.10　檔案資料的同步

為了提高性能，作業系統會對檔案的 I/O 操作進行緩衝處理。對於讀操作，如果要讀取的內容已經存在於檔案緩衝中，就直接讀取檔案緩衝。對於寫操作，會先將修改提交到檔案緩衝中，在合適的時機或者過一段時間後，作業系統才會將改動儲存到磁片上。

Linux 提供三個同步介面：

```
void sync(void);
int fsync(int fd);
int fdatasync(int fd);
```

APUE 上說 sync 只是讓所有修改過的緩衝進入佇列，並不用等待這個工作完成。Linux 說明文件上則表示從 1.3.20 版本開始，Linux 就會一直等待，直到工作完成。

實際情況到底是怎樣呢，讓程式碼告訴我們真相，實際如下：

```
SYSCALL_DEFINE0(sync)
{
    /* 喚醒後臺核心執行緒，將 "髒" 緩衝沖刷到磁片上 */
    wakeup_flusher_threads(0, WB_REASON_SYNC);
    /*
    為什麼要呼叫兩次 sync_filesystems 呢？
    這是一種程式設計技巧，第一次 sync_filesystems(0)，參數 0 表示不等待，可以
    迅速地將沒有上鎖的 inode 同步。第二次 sync_filesystems(1)，參數 1 表示等待。
    對於上鎖的 inode 會等待到解鎖，再執行同步，如此可以提高性能。因為第一次操作
    中，上鎖的 inode 很可能在第一次操作結束後，就已經解鎖，這樣就可避免等待
    */
    sync_filesystems(0);
    sync_filesystems(1); /*
    如果是 laptop 模式，則因為此處剛剛做完同步，因此可以停掉後臺同步計時器
    */
    if (unlikely(laptop_mode))
        laptop_sync_completion();
    return 0;
}
```

再看一下 sync_filesystems -> iterate_supers -> sync_one_sb -> __sync_filesystem，
程式碼如下：

```
static int __sync_filesystem(struct super_block *sb, int wait)
{
    /*
     * This should be safe, as we require bdi backing to actually
     * write out data in the first place
     */
    if (sb->s_bdi == &noop_backing_dev_info)
        return 0;

    /* 磁片配額同步 */
    if (sb->s_qcop && sb->s_qcop->quota_sync)
        sb->s_qcop->quota_sync(sb, -1, wait);

    /*
    如果 wait 為 true，則一直等待直到所有的髒 inode 寫入磁片
    如果 wait 為 false，則啟動髒 inode 回寫工作，但不必等待到結束
    */
    if (wait)
        sync_inodes_sb(sb);
    else
        writeback_inodes_sb(sb, WB_REASON_SYNC);

    /* 如果該檔案系統定義了自己的同步操作，則執行該操作 */
    if (sb->s_op->sync_fs)
        sb->s_op->sync_fs(sb, wait);

    /* 呼叫 block 設備的 flush 操作，真正地將資料寫到設備上 */
    return __sync_blockdev(sb->s_bdev, wait);
}
```

從 sync 的程式碼實作上看，Linux 的 sync 是阻塞呼叫，這裡與 APUE 的說明是不一樣的。下面來看看 fsync 與 fdatasync，fsync 只同步 fd 指定的檔案，並且直到同步完成才回傳。fdatasync 與 fsync 類似，但是它只同步檔案的實際資料內容，和會影響後面資料操作的詮釋資料（譯按：Metadata 一種描述資料的資料）。而 fsync 不僅同步資料，還會同步所有被修改過的檔案詮釋資料，程式碼如下所示：

```
SYSCALL_DEFINE1(fsync, unsigned int, fd)
{
    return do_fsync(fd, 0);
}

SYSCALL_DEFINE1(fdatasync, unsigned int, fd)
{
    return do_fsync(fd, 1);
}
```

事實上，真正進行工作的是 do_fsync，程式碼如下所示：

```
static int do_fsync(unsigned int fd, int datasync)
{
    struct file *file;
    int ret = -EBADF;
    /* 得到 file 管理結構 */
    file = fget(fd);
    if (file) {
        /* 利用 vfs 執行 sync 操作 */
        ret = vfs_fsync(file, datasync);
        fput(file);
    }
    return ret;
}
```

進入 vfs_fsync->vfs_fsync_range，程式碼如下：

```
int vfs_fsync_range(struct file *file, loff_t start, loff_t end, int datasync)
{
    /* 呼叫實際作業系統的同步操作 */
    if (!file->f_op || !file->f_op->fsync)
        return -EINVAL;
    return file->f_op->fsync(file, start, end, datasync);
}
```

真正執行同步操作的 fsync 是由實際的檔案系統的操作函數 file_operations 所決定。下面選擇一個常用的檔案系統同步函數 generic_file_fsync ，程式碼如下。

```
int generic_file_fsync(struct file *file, loff_t start, loff_t end,
                int datasync)
{
    struct inode *inode = file->f_mapping->host;
    int err;
    int ret;

    /* 同步該檔案緩衝中處於 start 到 end 範圍內的髒頁 */
    err = filemap_write_and_wait_range(inode->i_mapping, start, end);
    if (err)
        return err;

    mutex_lock(&inode->i_mutex);
    /* 同步該 inode 對應的緩衝 */
    ret = sync_mapping_buffers(inode->i_mapping);
    /* inode 狀態沒有變化，無需同步，可以直接回傳 */
    if (!(inode->i_state & I_DIRTY))
        goto out;
    /* 如果是 fdatasync 則僅做資料同步，並且若該 inode 沒有影響任何資料方面操作的變化（比如檔
       案長度），則可以直接回傳 */
    if (datasync && !(inode->i_state & I_DIRTY_DATASYNC))
        goto out;

    /*
```

```
      同步 inode 的詮釋資料
      */
      err = sync_inode_metadata(inode, 1);
      if (ret == 0)
          ret = err;
  out:
      mutex_unlock(&inode->i_mutex);
      return ret;
  }
```

從上面的程式碼可以看出，fdatasync 的性能會優於 fsync 。在不需要同步所有詮釋資料的情況下，選擇 fdatasync 會得到更好的性能。只有在 inode 被設置 I_DIRTY_DATASYNC 旗標時，fdatasync 才需要同步 inode 的元數據。那麼 inode 何時會被設置 I_DIRTY_DATASYNC 旗標呢？比如使用檔案截斷 truncate 或 ftruncate 時；透過在原始碼中搜索 I_DIRTY_DATASYNC 或 mark_inode_dirty 時也會給 inode 設置該旗標。而呼叫 mark_inode_dirty 的地方就太多了，這裡就不一一列舉了。

 sync、fsync 和 fdatasync 只能保證 Linux 核心對檔案的緩衝被沖刷了，並不能保證資料被真正寫到磁片上，因為磁片也有自己的緩衝。

1.11 檔案的詮釋資料

1.10 節中我們曾提到檔案詮釋資料，那麼什麼是檔案的詮釋資料呢？其包括檔案的存取權限、上次存取的時間戳記、所有者、所有組、檔案大小等資訊。

1.11.1 獲取檔案的詮釋資料

Linux 環境提供三個獲取檔案資訊的 API：

```
#include <sys/types.h>
#include <sys/stat.h>
#include <unistd.h>

int stat(const char *path, struct stat *buf);
int fstat(int fd, struct stat *buf);
int lstat(const char *path, struct stat *buf);
```

這三個函數都可用於得到檔案的基本資訊，區別在於 stat 得到路徑 path 所指定的檔案基本資訊，fstat 得到檔案控制碼 fd 指定檔案的基本資訊，而 lstat 與 stat 則基本相同，只有當 path 是一個連結檔時，lstat 得到的是連結檔自己本身的基本資訊而不是其指向檔案的資訊。

所得到的檔案基本資訊結果 struct stat 的結構如下：

```
struct stat {
    dev_t       st_dev;     /* ID of device containing file */
    ino_t       st_ino;     /* inode number */
    mode_t      st_mode;    /* protection */
    nlink_t     st_nlink;   /* number of hard links */
    uid_t       st_uid;     /* user ID of owner */
    gid_t       st_gid;     /* group ID of owner */
    dev_t       st_rdev;    /* device ID (if special file) */
    off_t       st_size;    /* total size, in bytes */
    blksize_t   st_blksize; /* blocksize for file system I/O */
    blkcnt_t    st_blocks;  /* number of 512B blocks allocated */
    time_t      st_atime;   /* time of last access */
    time_t      st_mtime;   /* time of last modification */
    time_t      st_ctime;   /* time of last status change */
};
```

Linux 的 man 說明文件對 stat 的各個變數做了註釋，明確指出每個變數的意義。唯一需要說明的是 st_mode，其不僅僅是註釋所說的 "protection" ，即許可權管理，同時也用於表示檔案類型，比如是普通檔案還是目錄。

1.11.2　核心如何維護檔案的詮釋資料？

要搞清楚 Linux 如何維護檔案的詮釋資料，就需要追蹤 stat 的實作，實際程式碼如下：

```
SYSCALL_DEFINE2(stat, const char __user *, filename,
        struct __old_kernel_stat __user *, statbuf)
{
    struct kstat stat;
    int error;

    /* vfs_stat 用於讀取檔案詮釋資料至 stat */
    error = vfs_stat(filename, &stat);
    if (error)
        return error;

    /* 這裡僅是從核心的詮釋資料結構 stat 複製到使用者層的資料結構 statbuf 中 */
    return cp_old_stat(&stat, statbuf);
}
```

進入 vfs_stat->vfs_fstatat->vfs_getattr，程式碼如下：

```
int vfs_getattr(struct vfsmount *mnt, struct dentry *dentry, struct kstat *stat)
{
    struct inode *inode = dentry->d_inode;
    int retval;

    /* 對獲取 inode 屬性操作進行安全性檢查 */
    retval = security_inode_getattr(mnt, dentry);
    if (retval)
        return retval;
```

```
    /* 如果該檔案系統已定義 inode 的自訂操作函數，就執行它 */
    if (inode->i_op->getattr)
        return inode->i_op->getattr(mnt, dentry, stat);

    /* 如果檔案系統沒有定義 inode 的操作函數，則執行通用的函數 */
    generic_fillattr(inode, stat);
    return 0;
}
```

也可以透過查看 generic_fillattr 進一步瞭解，程式碼如下：

```
void generic_fillattr(struct inode *inode, struct kstat *stat)
{
    stat->dev = inode->i_sb->s_dev;
    stat->ino = inode->i_ino;
    stat->mode = inode->i_mode;
    stat->nlink = inode->i_nlink;
    stat->uid = inode->i_uid;
    stat->gid = inode->i_gid;
    stat->rdev = inode->i_rdev;
    stat->size = i_size_read(inode);
    stat->atime = inode->i_atime;
    stat->mtime = inode->i_mtime;
    stat->ctime = inode->i_ctime;
    stat->blksize = (1 << inode->i_blkbits);
    stat->blocks = inode->i_blocks;
}
```

從這裡可以看出，所有的檔案詮釋資料均保存在 inode 中，而 inode 是 Linux 也是所有類 Unix 作業系統中的一個概念。這樣的檔案系統一般將儲存區域分為兩類，一類是保存文件物件的詮釋資訊資料，即 inode 表；另一類是真正保存檔案資料內容的區塊，所有 inode 完全由檔案系統來維護。但是 Linux 也可以掛載非類 Unix 的檔案系統，這些檔案系統本身沒有 inode 的概念，該怎麼辦？Linux 為了讓 VFS 有統一的處理流程和方法，就必須要求沒有 inode 概念的檔案系統，根據自己系統的特點—如何維護檔案詮釋資料，生成 "虛擬的" inode 以供 Linux 核心使用。

1.11.3 許可權解析

在 Linux 環境中，檔案常見的許可權有 r、w 和 x，分別表示可讀、可寫和可執行。下面重點解析三個不常用的旗標位元。

1. SUID 許可權

當檔案設置 SUID 許可權時，就意味著無論是誰執行這個檔案，都會擁有該檔案所有者的許可權。passwd 命令正是利用這個特性，來允許普通使用者修改自己的密碼，因為只有 root 使用者才有修改密碼檔案的許可權。當普通使用者執行 passwd 命令時，就具有了 root 許可權，進而可以修改自己的密碼。

以修改檔案屬性的許可權檢查程式碼為例，inode_change_ok 用於檢查該行程是否有許可權修改 inode 節點的屬性即檔案屬性，範例程式如下：

```
int inode_change_ok(const struct inode *inode, struct iattr *attr)
{
    unsigned int ia_valid = attr->ia_valid;

    ......
    /* Make sure a caller can chown. */
    /* 只有在 uid 和 suid 都不符合條件的情況下，才會回傳許可權不足的錯誤 */
    if ((ia_valid & ATTR_UID) &&
        (current_fsuid() != inode->i_uid ||
         attr->ia_uid != inode->i_uid) && !capable(CAP_CHOWN))
        return -EPERM;

    ......
}
```

2. SGID 許可權

SGID 與 SUID 許可權類似，當設置該許可權時，意味著無論是誰執行該檔案，都會擁有該檔案所有者所在組的許可權。

3. stricky 許可權

stricky 許可權只有搭配在目錄上才有意義。當目錄設定 sticky 許可權時，其效果是即使所有的使用者都擁有寫許可權和執行許可權，該目錄下的檔案也只能被 root 或檔案所有者刪除。

下面來看看核心的實作：

```
static int may_delete(struct inode *dir,struct dentry *victim,int isdir)
{
    ......
    if (check_sticky(dir, victim->d_inode)||
      IS_APPEND(victim->d_inode)||
        IS_IMMUTABLE(victim->d_inode) ||
      IS_SWAPFILE(victim->d_inode))
          return -EPERM;
    ......
}
```

在刪除檔案前，核心要呼叫 may_delete 來判斷該檔案是否可以被刪除。在這個函數中，核心透過呼叫 check_sticky 來檢查檔案的 sticky 旗標，其程式碼如下：

```
static inline int check_sticky(struct inode *dir, struct inode *inode)
{
    /* 得到目前檔案存取權限的 uid */
    uid_t fsuid = current_fsuid();

    /* 判斷目前目錄是否設置 sticky 旗標 */
```

```
    if (!(dir->i_mode & S_ISVTX))
        return 0;
    /* 檢查名稱空間 */
    if (current_user_ns() != inode_userns(inode))
        goto other_userns;
    /* 檢查目前檔案的 uid 是否與目前使用者的 uid 相同 */
    if (inode->i_uid == fsuid)
        return 0;
    /* 檢查檔案所處目錄的 uid 是否與目前使用者的 uid 相同 */
    if (dir->i_uid == fsuid)
        return 0;

    /* 該檔案不屬於目前使用者 */
other_userns:
    return !ns_capable(inode_userns(inode), CAP_FOWNER);
}
```

當檔案所處的目錄設置了 sticky 位元,即使使用者擁有對應的許可權,只要不是目錄或檔案的擁有者,就無法刪除該檔案—除非該使用者擁有 CAP_FOWNER 能力(讀者可以透過 man 7 capabilities 進一步瞭 Linu 中的 capabilities。一般只有 root 使用者才有這樣的能力)。

說明 大家可以使用 chmod 設置檔案或目錄的許可權。

1.12 檔案截斷

1.12.1 truncate 與 ftruncate 的簡單介紹

Linux 提供兩個截斷檔案的 API:

```
#include <unistd.h>
#include <sys/types.h>

int truncate(const char *path, off_t length);
int ftruncate(int fd, off_t length);
```

兩者之間的唯一區別在參數 truncate 截斷的是路徑 path 指定的檔案,ftruncate 截斷的是 fd 引用的檔案。

"截斷" 給人的感覺是將檔案變短,即將檔案大小縮短至 length 長度。實際上,length 可以大於檔案本身的大小,這時檔案長度將變為 length 的大小,擴充的內容均被填充為 0。需要注意的是,儘管 ftruncate 使用的是檔案控制碼,但是其並不會更新目前檔案的偏移。

1.12.2 檔案截斷的核心實作

先來看看 truncate 的核心實作，程式碼如下：

```
SYSCALL_DEFINE2(truncate, const char __user *, path, long, length)
{
    return do_sys_truncate(path, length);
}
```

進入 do_sys_truncate，程式碼如下：

```
static long do_sys_truncate(const char __user *pathname, loff_t length)
{
    struct path path;
    struct inode *inode;
    int error;

    error = -EINVAL;
    /* 長度不能為負數 */
    if (length < 0)
        goto out;

    /* 得到路徑結構 */
    error = user_path(pathname, &path);
    if (error)
        goto out;
    inode = path.dentry->d_inode;

    error = -EISDIR;
    /* 目錄不能被截斷 */
    if (S_ISDIR(inode->i_mode))
        goto dput_and_out;
    error = -EINVAL;
    /* 不是普通檔案不能被截斷 */
    if (!S_ISREG(inode->i_mode))
        goto dput_and_out;

    /* 嘗試獲得檔案系統的寫入許可權 */
    error = mnt_want_write(path.mnt);
    if (error)
        goto dput_and_out;

    /* 檢查是否有檔案寫入許可權 */
    error = inode_permission(inode, MAY_WRITE);
    if (error)
        goto mnt_drop_write_and_out;

    error = -EPERM;
    /*檔案設定了追加屬性，則不能被截斷*/
    (IS_APPEND(inode))
        goto mnt_drop_write_and_out;

    /* 得到 inode 的寫入許可權 */
    error = get_write_access(inode);
```

```
    if (error)
        goto mnt_drop_write_and_out;

    /* 查看是否與檔案 lease 鎖相衝突 */
    error = break_lease(inode, O_WRONLY);
    if (error)
        goto put_write_and_out;

    /* 檢查是否與檔案鎖相衝突 */
    error = locks_verify_truncate(inode, NULL, length);
    if (!error)
        error = security_path_truncate(&path);

    /* 如果沒有錯誤，則進行真正的截斷 */
    if (!error)
        error = do_truncate(path.dentry, length, 0, NULL);

put_write_and_out:
    put_write_access(inode);
mnt_drop_write_and_out:
    mnt_drop_write(path.mnt);
dput_and_out:
    path_put(&path);
out:
    return error;
}
```

再進入 do_truncate，程式碼如下：

```
int do_truncate(struct dentry *dentry, loff_t length, unsigned int time_attrs,
    struct file *filp)
{
    int ret;
    struct iattr newattrs;

    if (length < 0)
    return -EINVAL;

    /* 設置要改變的屬性，對於截斷來說，最重要的是檔案長度 */
    newattrs.ia_size = length;
    newattrs.ia_valid = ATTR_SIZE | time_attrs;
    if (filp) {
        newattrs.ia_file = filp;
        newattrs.ia_valid |= ATTR_FILE;
    }

    /*
    suid 許可權一定會被去掉
    同時設置 sgid 和 xgrp 時，sgid 許可權也會被去掉
    */
    ret = should_remove_suid(dentry);
    if (ret)
        newattrs.ia_valid |= ret | ATTR_FORCE;

    /* 修改 inode 屬性 */
```

```
      mutex_lock(&dentry->d_inode->i_mutex);
      ret = notify_change(dentry, &newattrs);
      mutex_unlock(&dentry->d_inode->i_mutex);
      return ret;
}
```

接下來看 fstrucate 的實作，程式碼如下：

```
SYSCALL_DEFINE2(ftruncate, unsigned int, fd, unsigned long, length)
{
      /* 真正的工作函數 do_sys_ftruncate */
      long ret = do_sys_ftruncate(fd, length, 1);
      /* avoid REGPARM breakage on x86: */
      asmlinkage_protect(2, ret, fd, length);
      return ret;
}
```

最後，進入 do_sys_ftruncate，程式碼如下：

```
static long do_sys_ftruncate(unsigned int fd, loff_t length, int small)
{
      struct inode * inode;
      struct dentry *dentry;
      struct file * file;
      int error;

      error = -EINVAL;
      /* 長度檢查 */
      if (length < 0)
          goto out;
      error = -EBADF;
      /* 從檔案控制碼得到 file 指標 */
      file = fget(fd);
      if (!file)
          goto out;

      /* 如果檔案是以 O_LARGEFILE 選項打開的，則將旗標 small 設置為 0 即假 */
      if (file->f_flags & O_LARGEFILE)
          small = 0;

      dentry = file->f_path.dentry;
      inode = dentry->d_inode;
      error = -EINVAL;
      /* 如果檔案不是普通檔案或檔案不是寫打開，則報錯 */
      if (!S_ISREG(inode->i_mode) || !(file->f_mode & FMODE_WRITE))
          goto out_putf;

      error = -EINVAL;      /* Cannot ftruncate over 2^31 byptes witchout
large file support */
      /* 如果檔案不是以 O_LARGEFILE 打開，長度就不能超過 MAX_NON_LFS */
      if (small && length > MAX_NON_LFS)
          goto out_putf;

      error = -EPERM;
      /* 如果是追加模式打開的，也不能進行截斷 */
```

```
    if (IS_APPEND(inode))
        goto out_putf;
    /* 檢查是否有鎖衝突 */
    error = locks_verify_truncate(inode, file, length);
    if (!error)
        error = security_path_truncate(&file->f_path);
    if (!error) {
        /* 執行截斷操作─前文已經分析過 */
        error = do_truncate(dentry, length, ATTR_MTIME|ATTR_CTIME, file);}
out_putf:
    fput(file);
out:
    return error;
}
```

1.12.3　為什麼需要檔案截斷？

檔案截斷時允許指定比原有檔案長度更長的值，但更常見的是指定的長度比原有長度
短，這主要用於防止檔案內容混雜舊內容的情況。下面以常見的 daemon 程式為例（展示
一個檔案因不截斷而引發的 bug），這種程式往往要將自己的 pid 寫入一個 pid 檔案中。
當 daemon 程式啟動時，最好是將舊的 pid 檔案截斷，然後寫入新的 pid，否則 pid 檔案中
可能會保存錯誤的 pid。

假設目前的 *test.pid* 檔案的內容是上一次的 pid。

```
[fgao@fgao chapter1]#cat test.pid
123456
```

下面的程式是將新的 pid—6789 寫入 *test.pid* 中。

```
#include <sys/types.h>
#include <sys/stat.h>
#include <fcntl.h>
#include <unistd.h>

int main(void)
{
    int fd = open("test.pid", OWRONLY|O_CREAT, 0600)

    write(fd, "6789", sizeof("6789")-1);

    close(fd);

    return 0;
}
```

程式執行完畢，讓我們看看 *test.pid* 的內容：

```
[fgao@fgao chapter1]#cat test.pid
678956
```

這顯然不是我們所期望的結果。為了解決這個問題，可以在打開檔案的同時，指定 O_TRUNC 旗標。

```
int fd = open("test.pid", O_WRONLY | O_TRUNC);
```

或者使用本節介紹的截斷 API，程式碼如下：

```
truncate("test.pid", 0);
int fd = open("test.pid", OWRONLY|O_CREAT, 0600)
```

或者用如下程式碼：

```
int fd = open("test.pid", OWRONLY|O_CREAT, 0600)
ftruncate(fd, 0);
```

這樣，就能保證舊內容不會與最新寫入的內容混雜在一起。

也許有讀者會提出，在上面的例子中寫入 "6789" 就不會有問題了：

```
write(fd, "6789", sizeof("6789"));
```

然而結果仍然是錯的，其結果為：

```
[fgao@ubuntu chapter1]#cat test.pid
67896
```

這裡列舉的例子用的是文字檔案，如果寫入的是一個二進位檔案，當不使用檔案截斷而導致新舊資料混雜在一起時，定位錯誤將更加困難。所以，在我們的日常編碼中，在寫入檔案，如果並不需要舊資料，那麼在打開檔案時就要強制截斷檔案，來提高程式碼的穩健性。

CHAPTER

2

標準 I/O 函式庫

前面的章節介紹的是 Linux 的系統呼叫。本章將從標準 I/O 函式庫開始講解 Linux 環境程式設計中不可或缺的 C 函式庫。在學習和分析標準 I/O 函式庫的同時，與 Linux 的 I/O 系統呼叫進行比較，可以加深對兩者的認識和理解。

2.1　stdin、stdout 和 stderr

當 Linux 新建一個行程時，會自動建立 3 個檔案控制碼 0、1 和 2，分別對應標準輸入、標準輸出和錯誤輸出。C 函式庫中與檔案控制碼對應的是檔案指標，與檔案控制碼 0、1 和 2 類似，我們可以直接使用檔案指標 stdin、stdout 和 stderr。這是否意味著 stdin、stdout 和 stderr 是 "自動打開" 的檔案指標呢？

查看 C 函式庫標頭檔案 stdio.h 中的原始碼：

```
typedef struct _IO_FILE FILE;

/* Standard streams. */              /* Standard input stream. */
extern struct _IO_FILE *stdin;       /* Standard output stream. */
extern struct _IO_FILE *stdout;      /* Standard error output stream. */
extern struct _IO_FILE *stderr;
#ifdef __STDC__
/* C89/C99 say they're macros. Make them happy. */
#define stdin stdin
#define stdout stdout
#define stderr stderr
#endif
```

從上面的原始碼可以看出，stdin、stdout 和 stderr 確實是檔案指標。而 C 標準要求 stdin、stdout 和 stderr 是巨集定義，所以在 C 函式庫的程式碼中又定義了同名巨集。

stdin、stdout 和 stderr 又是如何定義的呢？定義程式碼如下：

```
_IO_FILE *stdin = (FILE *) &_IO_2_1_stdin_;
_IO_FILE *stdout = (FILE *) &_IO_2_1_stdout_;
_IO_FILE *stderr = (FILE *) &_IO_2_1_stderr_;
```

繼續查看_IO_2_1_stdin_等的定義，程式碼如下：

```
DEF_STDFILE(_IO_2_1_stdin_, 0, 0, _IO_NO_WRITES);
DEF_STDFILE(_IO_2_1_stdout_, 1, &_IO_2_1_stdin_, _IO_NO_READS);
DEF_STDFILE(_IO_2_1_stderr_, 2, &_IO_2_1_stdout_, _IO_NO_READS+_IO_UNBUFFERED);
```

DEF_STDFILE 是一個巨集定義，用於初始化 C 函式庫中的 FILE 結構。_IO_2_1_stdin、_IO_2_1_stdout 和 IO_2_1_stderr 這三個 FILE 結構分別用於檔案控制碼 0、1 和 2 的初始化，如此一來，C 函式庫的檔案指標就會與系統的檔案控制碼互相關聯。大家注意最後的旗標位元，stdin 是不可寫的，stdout 是不可讀的，而 stderr 不僅不可讀，還沒有緩衝。

透過上面的分析，可以得到一個結論：stdin、stdout 和 stderr 都是 FILE 類型的檔案指標，是由 C 函式庫靜態定義的，直接與檔案控制碼 0、1 和 2 相關聯，所以應用程式可以直接使用它們。

2.2 I/O 緩衝引出的趣題

C 函式庫的 I/O 介面對檔案 I/O 進行封裝，為了提高性能，其引入緩衝機制，共有三種緩衝機制：全緩衝、行緩衝及無緩衝。

- 全緩衝一般用於存取真正的磁片檔案。C 函式庫會為檔案存取申請一塊記憶體，只有當檔案內容將緩衝填滿或執行沖刷函數 flush 時，C 函式庫才會將緩衝內容寫入核心中。

- 行緩衝一般用於存取終端。當遇到一個分行符號時，就會引發真正的 I/O 操作。需要注意的是，C 函式庫的行緩衝也是固定大小的。因此，當緩衝已滿，即使沒有分行符號時也會引發 I/O 操作。

- 無緩衝，顧名思義，C 函式庫沒有進行任何的緩衝。任何 C 函式庫的 I/O 呼叫都會引發實際的 I/O 操作。

C 函式庫提供介面，用於修改預設的緩衝行為，相關程式碼如下：

```
#include <stdio.h>

void setbuf(FILE *stream, char *buf);
void setbuffer(FILE *stream, char *buf, size_t size);
void setlinebuf(FILE *stream);
int setvbuf(FILE *stream, char *buf, int mode, size_t size);
```

下面看一個跟 C 函式庫緩衝相關的趣題。

```c
#include <stdio.h>

#include <stdlib.h>

#include <unistd.h>

int main(void)
{
    printf("Hello ");

    if (0 == fork()) {
        printf("child\n");
        return 0;
    }
    printf("parent\n");
    return 0;
}
```

其輸出結果是什麼？正確的結果是：

```
Hello parent
Hello child
```

或者：

```
Hello child
Hello parent
```

之所以是這樣的結果，就是因為背後的行緩衝。執行 `printf("Hello")` 時，因為 `printf` 是向標準輸出列印的，因此使用的是行緩衝。字串 Hello 沒有分行符號，所以並沒有真正的 I/O 輸出。當執行 fork 時，子行程會完全複製父行程的記憶體空間，因此字串 Hello 也存在於子行程的行緩衝中。故而最後的輸出結果中，無論是父行程還是子行程都有 Hello 字串。

2.3 fopen 和 open 旗標位元對比

C 函式庫的 fopen 用於打開檔案，其內部實作必然要使用 open 系統呼叫。那麼 fopen 的各個旗標位元又對應 open 的哪些旗標位元呢？請看表 2-1。

表 2-1　fopen 旗標位元和 open 旗標位元對應表

fopen 旗標位元	open 旗標位元	用途
r	O_RDONLY	以唯讀方式打開檔案
r+	O_RDWR	以讀寫方式打開檔案

fopen 旗標位元	open 旗標位元	用途
w	O_WRONLY|O_CREAT|O_TRUNC	以寫方式打開檔案；當檔案存在時，將其大小截斷為 0；當檔案不存在時，建立該檔案
w+	O_RDWR|O_CREAT|O_TRUNC	以讀寫方式打開檔案；當檔案存在時，將其大小截斷為 0；當檔案不存在時，建立該檔案
a	O_WRONLY|O_APPEND|O_CREAT	以追加寫的方式打開檔案，當檔案不存在時，建立該檔案
a+	O_RDWR|O_APPEND|O_CREAT	以追加讀寫的方式打開檔案，當檔案不存在時，建立該檔案

表 2-1 是 fopen 常用的旗標位元，實際上 fopen 還有更多的旗標位元，這也是很多書籍沒有談到的，實際見表 2-2。

表 2-2　更多的 fopen 和 open 旗標位元對應

fopen 旗標位元	open 旗標位元	用途
c	無	該檔案串流在 I/O 操作時不能被取消
e	O_CLOEXEC	當程執行 exec 時，該檔案串流會自動關閉
m	無	該檔案串流透過 mmap 來打開或存取，只支援讀取操作
x	O_EXCL	在建立檔案時，如果檔案已經存在，fopen 會回傳失敗而不是打開這個檔案
b	無	表示打開的檔案是二進制檔而不是文字檔。該旗標目前在 Linux 中是無用的

下面進入 glibc 的原始碼，查看函數 _IO_new_file_fopen 來驗證上面的結論。

```
_IO_FILE *
_IO_new_file_fopen (fp, filename, mode, is32not64)
     _IO_FILE *fp;
     const char *filename;
     const char *mode;
     int is32not64;
{
  int oflags = 0, omode;
  int read_write;
  int oprot = 0666;
  int i;
  _IO_FILE *result;
#ifdef _LIBC
  const char *cs;
  const char *last_recognized;
#endif

  if (_IO_file_is_open (fp))
    return 0;
  switch (*mode)
```

```
      {
    case 'r':
      omode = O_RDONLY;
      read_write = _IO_NO_WRITES;
      break;
    case 'w':
      omode = O_WRONLY;
      oflags = O_CREAT|O_TRUNC;
      read_write = _IO_NO_READS;
      break;
    case 'a':
      omode = O_WRONLY;
      oflags = O_CREAT|O_APPEND;
      read_write = _IO_NO_READS|_IO_IS_APPENDING;
      break;
    default:
      __set_errno (EINVAL);
      return NULL;
      }
#ifdef _LIBC
  last_recognized = mode;
#endif
  for (i = 1; i < 7; ++i)
    {
      switch (*++mode)
      {
    case '\0':
      break;
    case '+':
      omode = O_RDWR;
      read_write &= _IO_IS_APPENDING;
#ifdef _LIBC
      last_recognized = mode;
#endif
      continue;
    case 'x':
      oflags |= O_EXCL;
#ifdef _LIBC
      last_recognized = mode;
#endif
      continue;
    case 'b':
#ifdef _LIBC
      last_recognized = mode;
#endif
      continue;
    case 'm':
      fp->_flags2 |= _IO_FLAGS2_MMAP;
      continue;
    case 'c':
      fp->_flags2 |= _IO_FLAGS2_NOTCANCEL;
      continue;
    case 'e':
#ifdef O_CLOEXEC
      oflags |= O_CLOEXEC;
#endif
```

```
        fp->_flags2 |= _IO_FLAGS2_CLOEXEC;
        continue;
    default:
    /* Ignore. */
    continue;
    }
    break;
  }
  result = _IO_file_open (fp, filename, omode|oflags, oprot, read_write,
            is32not64);
```

上面的原始程式碼非常簡單，很容易理解。每個 mode 都是 switch 述句的一個 case，
oflags 即要傳給 open 的旗標位元，這就驗證了前文的結論。

2.4　fdopen 與 fileno

Linux 提供檔案控制碼，而 C 函式庫提供了檔案串流。在平時的工作中，有時候需要在兩
者之間進行切換，因此 C 函式庫提供了兩個 API：

```
#include <stdio.h>
FILE *fdopen(int fd, const char *mode);
int fileno(FILE *stream);
```

fdopen 用於從檔案控制碼 fd 生成一個檔案串流 FILE，而 fileno 則用於從檔案串流 FILE
得到對應的檔案控制碼。

查看 fdopen 的實作，其基本工作是建立一個新的檔案串流 FILE，並建立檔案串流 FILE
與結構的對應關係。我們以 fileno 的簡單實作，來瞭解檔案串流 FILE 與檔案控制碼 fd 的
關係。因為該函數程式碼較長，在此就不羅列 C 函式庫的程式碼。程式碼如下：

```
int fileno (_IO_FILE* fp)
{
    CHECK_FILE (fp, EOF);

    if (!(fp->_flags & _IO_IS_FILEBUF) || _IO_fileno (fp) < 0)
    {
        __set_errno (EBADF);
        return -1;
    }

    return _IO_fileno (fp);
}

#define _IO_fileno(FP) ((FP)->_fileno)
```

從 fileno 的實作基本上就可以得知檔案串流與檔案控制碼的對應關係。檔案串流 FILE 保
存了檔案控制碼的值。當從檔案串流轉換到檔案控制碼時，可以直接透過目前 FILE 保存
的值_fileno 得到 fd。而從檔案控制碼轉換到檔案串流時，C 函式庫回傳的都是一個重新
申請的檔案串流 FILE，且這個 FILE 的_fileno 保存了檔案控制碼。

因此無論是 fdopen 還是 fileno，關閉檔案時，都要使用 fclose 關閉檔案，而不是用 close。尤於 fclose 是 C 函式庫函數，所以只有採用此方式，才會釋放檔案串流 FILE 佔用的記憶體。

2.5　同時讀寫的痛苦

前面介紹過核心的檔案控制碼實作。在核心中，每一個檔案控制碼 fd 都對應了一個檔案管理結構 struct file—用於維護該檔案控制碼的相關的資訊，如偏移量等。在第 1 章對 read 和 write 的原始碼分析中，可以發現每一次系統呼叫的 read 和 write 成功回傳後，檔案的偏移量都會被更新。

因此，如果程式對同一個檔案控制碼進行讀寫操作，肯定會得到非期望的結果，範例程式如下：

```c
#include <stdio.h>
#include <stdlib.h>
#include <string.h>

int main(void)
{
    char buf[20];
    int ret;

    FILE *fp = fopen("./tmp.txt", "w+");
    if (!fp) {
        printf("Fail to open file\n");
        return -1;
    }

    ret = fwrite("123", sizeof("123"), 1, fp);
    printf("we write %d member\n", ret);

    memset(buf, 0, sizeof(buf));
    ret = fread(buf, 1, 1, fp);
    printf("We read %s, ret is %d\n", buf, ret);

    fwrite("456", sizeof("456"), 1, fp);

    fclose(fp);

    return 0;
}
```

上面的程式碼中，利用 fopen 的讀寫模式打開一個檔案串流，先寫入一個字串 "123"，然後讀取一個位元組，再寫入一個字串 "456"。

大家想想輸出結果會是什麼呢？fread 讀取的字元又會是什麼呢？是否為 "1" 呢？請看下面的結果：

```
[fgao@ubuntu chapter2]#./a.out
we write 1 member
We read , ret is 0
```

為什麼 fread 什麼都沒有讀取到，回傳值是 0 呢？這是因為上面的程式碼中，fwrite 和 fread 操作的是同一個檔案指標 fp，也就是對應的是同一個檔案控制碼。第一次 fwrite 後，在 tmp.txt 中寫入了字串 "123"，同時檔案偏移為 3，也就是到了檔案結尾。進行 fread 操作時，既然操作的是同一個檔案控制碼，自然會共用同一個檔案偏移，那麼，從檔案結尾自然讀取不到任何資料。

2.6　ferror 的回傳值

ferror 用於告訴使用者 C 函式庫的檔案串流 FILE 是否有錯誤發生。當有錯誤發生時，ferror 回傳非零值，反之則回傳 0。那麼 ferror 是否會回傳不同的錯誤呢？讓我們來看看 ferror 的原始碼。

```
weak_alias (_IO_ferror, ferror)
int _IO_ferror (fp)
     _IO_FILE* fp;
{
    int result;
    /*檢查檔案串流的有效性，失敗則回傳 EOF */
    CHECK_FILE (fp, EOF);
    _IO_flockfile (fp);
    result = _IO_ferror_unlocked (fp);
    _IO_funlockfile (fp);
    return result;
}
```

進入_IO_ferror_unlocked，程式碼如下：

```
#define _IO_ferror_unlocked(__fp) (((__fp)->_flags & _IO_ERR_SEEN) != 0)

#define _IO_ERR_SEEN 0x20
```

從原始碼上可以看出 ferror 有兩個回傳值：

- 當檔案串流 FILE* fp 非法時，回傳 EOF（-1）。
- 當檔案串流 FILE* fp 前面的操作發生錯誤時，回傳 1。

並且由於檔案串流的錯誤只是使用一個旗標位元_IO_ERR_SEEN 來表示，因此 ferror 的回傳值就不可能針對不同的錯誤回傳不同的值。

2.7　clearerr 的用途

2.6 節中的 ferror 用於檢測檔案串流是否有錯誤發生，而 clearerr 用於清除檔案串流的檔案結束位元和錯誤位元。

查看 clearerr 的實作，程式碼如下：

```
#define clearerr_unlocked(x) clearerr (x)

void
clearerr_unlocked (fp)
     FILE *fp;
{
     CHECK_FILE (fp, /*nothing*/);
     _IO_clearerr (fp);
}

#define _IO_clearerr(FP) ((FP)->_flags &= ~(_IO_ERR_SEEN|_IO_EOF_SEEN))
```

可見，clearerr 可以清除檔案串流中的檔案結尾旗標和錯誤旗標。

但是清除錯誤旗標又有什麼用處呢？按照某些資料上的描述，當檔案串流讀到檔案結尾時，檔案串流會被設置上 EOF 旗標。如果不使用 clearerr 清除 EOF 旗標，即使有新的資料，也無法讀取成功。

讓我們寫個程式來驗證一下：

```
#include <stdlib.h>
#include <stdio.h>

int main(void)
{
    FILE *fp = fopen("./tmp.txt", "r");
    if (!fp) {
        printf("Fail to fopen\n");
        return -1;
    }

    while (1) {
        int c = getc(fp);

        if (feof(fp)) {
            printf("reach feof\n");
        }
    }

    return 0;

}
```

為了滿足前面所說的測試情況，我們使用 gdb 來控制程式，程式碼如下：

```
31                      int c = getc(fp);
(gdb)
33                      if (feof(fp)) {
(gdb) n
4                           printf("reach feof\n");
```

現在，檔案串流 fp 已經讀到檔案結尾，被設置上 EOF 旗標。接下來向 tmp.txt 追加一個字母 'a'。

```
[fgao@fgao chapter3]#echo "a" >> tmp.txt
```

繼續 gdb，getc 仍然可以繼續讀取，並獲得新資料。

```
(gdb) n
31                      int c = getc(fp);
(gdb)
33                      if (feof(fp)) {
(gdb) p c
$1 = 97
(gdb) p /c c
$2 = 97 'a'
```

繼續下一步：

```
(gdb) n
34                          printf("reach feof\n");
```

我們可以發現雖然此時檔案串流 fp 仍然是被設置 EOF 旗標，但是依然能夠成功讀取數據。這與某些資料的描述不符，這就應了那句老話 "盡信書不如無書"，對於一些資料的結論，不要完全相信，而是要透過自己的實踐來驗證。

下面回到 glibc 的原始碼，查看 _IO_getc，從程式碼中瞭解為什麼是這樣的結果。

```
int
_IO_getc (fp)
    FILE *fp;
{
    int result;
    /*檢查 fp */
    CHECK_FILE (fp, EOF);
    _IO_acquire_lock (fp);
    result = _IO_getc_unlocked (fp);
    _IO_release_lock (fp);
    return result;
}

/*
只有定義了 IO_DEBUG，CHECK_FILE 才會檢查_IO_file 標 flags 志，當其不為 0 時，則回傳錯誤值。對
於 fgetc 即為 EOF
*/
```

```
#ifdef IO_DEBUG
define CHECK_FILE(FILE, RET) \
    if ((FILE) == NULL) { MAYBE_SET_EINVAL; return RET; } \
    else { COERCE_FILE(FILE); \
          if (((FILE)->_IO_file_flags & _IO_MAGIC_MASK) != _IO_MAGIC)\
      { MAYBE_SET_EINVAL; return RET; }}
#else
# define CHECK_FILE(FILE, RET) COERCE_FILE (FILE)
#endif
```

從 glibc 的原始碼中可以發現，檔案串流 FILE 的錯誤旗標位元只有在打開 IO_DEBUG 的情況下才會對後面的 I/O 呼叫產生影響：在有錯誤旗標位元時，後面的 I/O 呼叫都會直接回傳 EOF。而一般情況下，IO_DEBUG 這個巨集是沒有定義的。

2.8 小心 fgetc 和 getc

fgetc 和 getc 是兩個定義得很不友善的函數，其函數名稱中的 getc 很容易讓使用者誤以為其回傳值是 char 字元。實際上兩個函數的介面定義如下：

```
#include <stdio.h>

int fgetc(FILE *stream);
int getc(FILE *stream);
```

兩者的回傳值都是 int 類型。為什麼要用 int 類型作為回傳值呢？因為當檔案串流讀到文件尾時，需要回傳 EOF 值。C99 標準中規定 EOF 為一個 int 類型的負數常數，並沒有規定實際的值。在 glibc 中，EOF 被定義為-1 且 char 為有符號數。但是不能排除某些實作將 EOF 定義為其他負值，甚至可能因為不遵守 C99 標準，EOF 的值有可能超過 char 的表示範圍。因此，為了程式碼的穩健性和可移植性，在使用 fgetc 和 getc 時，應使用 int 類型的變數保存其回傳值。

2.9 注意 fread 和 fwrite 的回傳值

fread 和 fwrite 的程式如下：

```
#include <stdio.h>

size_t fread(void *ptr, size_t size, size_t nmemb, FILE *stream);

size_t fwrite(const void *ptr, size_t size, size_t nmemb, FILE *stream);
```

這兩個函數原型很容易讓人產生誤解。當看到回傳數值型別為 size_t 時，人們很有可能理解為 fread 和 fwrite 會回傳成功讀取或寫入的位元組數，然而實際上其回傳的是成功讀取或寫入的個數，即有多少個 size 大小的對象被成功讀取或寫入。而參數 nmemb 則用於指示 fread 或 fwrite 要執行的物件個數。

看看下面的範例程式：

```c
#include <stdlib.h>
#include <stdio.h>
#include <string.h>

int main(void)
{
    const char str[] = "123456789";
    FILE *fp = fopen("tmp.txt", "w");
    size_t size = fwrite(str, strlen(str), 1, fp);

    printf("size is %d\n", size);

    fclose(fp);
    return 0;
}
```

這段程式碼的輸出為：

```
size is 1
```

結果並不是寫入的字串長度 9，而是回傳寫入的對象個數 1。其原因是參數 ptr 指示的是要寫入物件的位址，size 為每個物件的位元組數，nmemb 為有多少個要寫入的物件。

將上面的程式碼稍微變換一下，把 fwrite 的語句改為：

```c
size_t size = fwrite(str, 1, strlen(str), fp);
```

這時程式的輸出就變為：

```
size is 9
```

其原因在於，參數 size 表示每個物件的位元組數是 1 位元組，nmemb 表示要寫入 9 個物件，因此回傳值就變為 9。

2.10　建立暫存檔案

在專案中經常會需要生成暫存檔案，用於保存臨時資料、建立管線檔案、Unix domain socket 等。為了不與已有的檔案同名，或者避免與其他暫存檔案相衝突，有些朋友可能會選擇利用行程 id、時間戳記等來生成暫存檔案名。其實，C 函式庫已經提供生成暫存檔案的介面。下面對生成暫存檔案的各種方法進行分析對比。先來看看 tmpnam 方式，程式碼如下：

```c
#include <stdio.h>

char *tmpnam(char *s);
```

tmpnam 會回傳一個目前系統不存在的暫存檔案名。當 s 為 NULL 時，回傳的檔案名保存在一個靜態的緩衝中，因此再次呼叫 tmpnam 時，新生成的檔案名會覆蓋上一次的結果。

當 s 不為 NULL 時，生成的暫存檔案名會保存在 s 中，因此要求 s 至少要有 C 函式庫規定的 L_tmpnam 大小。C 函式庫同時還規定 tmpnam 產生的暫存檔案之路徑以 P_tmpdir 開頭—glibc 中 P_tmpdir 定義為*/tmp* 。

從上面的描述中可以清楚地發現 tmpnam 的缺點：

- 當 s 為 NULL 時，tmpnam 不是執行緒安全的。
- tmpnam 生成的暫存檔案名，必須位於固定的路徑下（/tmp）。
- 使用 tmpnam 建立暫存檔案不是一個原子行為，需要先生成暫存檔案名，然後呼叫其他 I/O 函數建立檔案。這有可能會導致在建立檔案時，該檔案已經存在。

再來看看 tmpfile 方式：

```c
#include <stdio.h>

FILE *tmpfile(void);
```

tmpfile 回傳一個以讀寫模式打開的、唯一的暫存檔案串流指標。當檔案指標關閉或程式正常結束時，該暫存檔案會被自動刪除。

tmpfile 直接回傳臨時的檔案串流指標—這個自然避免了 tmpnam 中潛在的執行緒安全問題，同時還避免了將生成檔案名和建立檔案分為兩個步驟來執行的行為。那麼 tmpfile 是否真的實作原子地建立暫存檔案？讓我們看一下 tmpfile 的實作，程式碼如下：

```c
FILE *
tmpfile (void)
{
  char buf[FILENAME_MAX];
  int fd;
  FILE *f;

  if (__path_search (buf, FILENAME_MAX, NULL, "tmpf", 0))
    return NULL;
  int flags = 0;
#ifdef FLAGS
  flags = FLAGS;
#endif
  fd = __gen_tempname (buf, 0, flags, __GT_FILE);
  if (fd < 0)
    return NULL;

  /* Note that this relies on the UNIX semantics that
     a file is not really removed until it is closed. */
  (void) __unlink (buf);

  if ((f = __fdopen (fd, "w+b")) == NULL)
    __close (fd);

  return f;
}
```

乍看之下，tmpfile 是透過__path_search 先產生暫存檔案名，然後再建立該檔案，最後透過檔案控制程式碼生成檔案串流指標。這樣的過程看上去好像並不是原子的。下面，讓我們深入到__gen_tempname 中一探究竟。

```
case __GT_FILE:
  fd = __open (tmpl,
          (flags & ~O_ACCMODE)
          | O_RDWR | O_CREAT | O_EXCL, S_IRUSR | S_IWUSR);
  break;
```

在建立暫存檔案時，C 函式庫使用 open 函數的 O_CREAT 和 O_EXCL 旗標組合，這點保證了檔案的原子性建立，從而使 tmpfile 建立暫存檔案的行為是原子的。但 tmpfile 也有一個缺點，與 tmpnam 相同，這個暫存檔案只能生成在固定的路徑下（/tmp），並且其有可能因為檔案名稱衝突而失敗回傳 NULL。

有沒有可以給暫存檔案指定目錄的方法呢？下面請看 mkstemp，程式碼如下：

```
#include <stdlib.h>

int mkstemp(char *template);
```

mkstemp 會根據 template 建立並打開一個獨一無二的暫存檔案。template 的最後 6 個字符必須是 " XXXXXX "。glibc 函式庫會生成一個獨一無二的尾碼來替換 " XXXXXX "，因此要求 template 必須是可以修改的。

mkstemp 執行成功後會回傳建立的暫存檔案的檔案控制碼，失敗時則回傳-1。下列為 mkstemp 的實作。

```
int mkstemp (template)
    char *template;
{
  return __gen_tempname (template, 0, 0, __GT_FILE);
}
```

進入__gen_tempname 後：

```
int __gen_tempname (char *tmpl, int suffixlen, int flags, int kind)
{
    int len;
    char *XXXXXX;
    static uint64_t value;
    uint64_t random_time_bits;
    unsigned int count;
    int fd = -1;
    int save_errno = errno;
    struct_stat64 st;

#define ATTEMPTS_MIN (62 * 62 * 62)
    /* The number of times to attempt to generate a temporary file. To
     conform to POSIX, this must be no smaller than TMP_MAX. */
```

```
#if ATTEMPTS_MIN < TMP_MAX
    unsigned int attempts = TMP_MAX;
#else
    unsigned int attempts = ATTEMPTS_MIN;
#endif

   /* 檢查 template 的合法性，檢查長度及結尾的 XXXXXX 字元*/
    len = strlen (tmpl);
    if (len < 6 + suffixlen || memcmp (&tmpl[len - 6 - suffixlen], "XXXXXX", 6))
    {
        __set_errno (EINVAL);
        return -1;
    }

    /*得到結尾 XXXXXX 起始位置*/
    XXXXXX = &tmpl[len - 6 - suffixlen];

    /*得到 "隨機" 資料*/
#ifdef RANDOM_BITS
    RANDOM_BITS (random_time_bits);
#else
#if HAVE_GETTIMEOFDAY || _LIBC
    {
        struct timeval tv;
        __gettimeofday (&tv, NULL);
        random_time_bits = ((uint64_t) tv.tv_usec << 16) ^
            tv.tv_sec;
    }
#else
    random_time_bits = time (NULL);
#endif
#endif
    /*根據上面的偽亂數和行程 pid 生成 value */
    value += random_time_bits ^ __getpid ();
    /*
    根據 value 得到唯一的暫存檔案名，如有重複則加上 7777 繼續。
    最多重複 attempts 次。
    */
    for (count = 0; count < attempts; value += 7777, ++count)
    {
        uint64_t v = value;

        /*
        letters 是 26 個英文大小寫加上 10 個阿拉伯數字，為 62 個大小的字元陣列。因此使用 62 作為
        除數，以得到隨機字元。
        */
        XXXXXX[0] = letters[v % 62];
        v /= 62;
        XXXXXX[1] = letters[v % 62];
        v /= 62;
        XXXXXX[2] = letters[v % 62];
        v /= 62;
        XXXXXX[3] = letters[v % 62];
        v /= 62;
        XXXXXX[4] = letters[v % 62];
```

```
            v /= 62;
            XXXXXX[5] = letters[v % 62];

            switch (kind)
            {   case __GT_FILE:
                /*這是 mkstemp 的情況，利用 O_CREAT|O_EXCL 建立唯一檔案*/
                fd = __open (tmpl,
                  (flags & ~O_ACCMODE)
                  | O_RDWR | O_CREAT | O_EXCL, S_IRUSR | S_IWUSR);
                break;
            }

            if (fd >= 0)
            {
                /*成功建立檔案，恢復原來的 errno，並回傳建立的檔案控制碼 fd */
                __set_errno (save_errno);
                return fd;
            }
            else if (errno != EEXIST) {
            /*如失敗的原因不是因為檔案已經存在的時候，則直接回傳*/
                return -1;
            }
        /*如果是其他原因，則會重新生成新的檔案名，並再次嘗試重建*/
        }

        /*將 errno 設置為 EEXIST，即檔案已經存在*/
        __set_errno (EEXIST);
        return -1;
  }
```

綜上所述，在需要使用暫存檔案時，不推薦使用 tmpnam，而要用 tmpfile 和 mkstemp。前者的局限在於不能指定路徑，並且在檔案名稱衝突時會回傳失敗。後者可以由呼叫者指定路徑，並且在檔案名稱衝突時，會自動重新生成並重試。

除了上面介紹的幾種方法，Linux 環境還提供這些介面的一些變種：tempnam、mkostemp、mkstemps 等，分別對其原始形態進行擴展，詳細區別可以直接查看 Linux 說明文件。

行程環境

行程是作業系統執行程式的一個實例,也是作業系統分配資源的單位。在 Linux 環境中,每個行程都有獨立的行程空間,以便對不同的行程進行隔離,使之不會互相影響。深入理解 Linux 下的行程環境,可以說明我們寫出更穩健的程式碼。

3.1　main 是 C 程式的開始嗎?

在編寫 C 程式的時候,都是從 main 函數開始,然而 main 函數真的是 C 程式的入口嗎?
讓我們來看看下面的程式:

```
#include <stdlib.h>
#include <stdio.h>

static void __attribute__ ((constructor)) before_main(void)
{
    printf("Before main...\n");
}

int main(void)
{
    printf("Main!\n");
    return 0;
}
```

其執行結果為:

```
Before main...
Main!
```

從執行結果中，可以發現 before_main 是在進入 main 函數之前被呼叫的，這點對於 C 語言的初學者來說似乎有點難以接受。究竟是誰呼叫的 before_main 呢？怎麼還沒有進入 main 就可以有程式碼被執行呢？

回憶一下第 0 章所講的基礎知識，在編譯的過程中可以使用-v 來詳細地顯示編譯的過程。在此，截取 gcc 4_1_main_stack.c -v 輸出的一部分結果，如下所示：

```
/usr/libexec/gcc/i686-redhat-linux/4.6.3/collect2 --build-id --no-add-needed
    --eh-frame-hdr -m elf_i386 --hash-style=gnu -dynamic-linker /lib/ld-linux.
    so.2 /usr/lib/gcc/i686-redhat-linux/4.6.3/../../../crt1.o /usr/lib/gcc/i686-
    redhat-linux/4.6.3/../../../crti.o /usr/lib/gcc/i686-redhat-linux/4.6.3/
    crtbegin.o -L/usr/lib/gcc/i686-redhat-linux/4.6.3 -L/usr/lib/gcc/i686-
    redhat-linux/4.6.3/../../.. /tmp/cc3tzF7V.o -lgcc --as-needed -lgcc_s --no-
    as-needed -lc -lgcc --as-needed -lgcc_s --no-as-needed /usr/lib/gcc/i686-
    redhat-linux/4.6.3/crtend.o /usr/lib/gcc/i686-redhat-linux/4.6.3/../../../
    crtn.o
```

可以看到，在連結生成最後的可執行檔案時，有大量的 C 函式庫二進位檔案參與進來，如 crt1.o、crti.o 等。可見最終的可執行檔案，除了我們編寫的這個簡單的 C 程式碼以外，還有大量的 C 函式庫檔案參與了連結，並包含在最終的可執行檔案中。這個 "組裝" 的過程，是由連結器 ld 的連結腳本來決定的。在沒有指定連結腳本的情況下，會使用 ld 的預設腳本，可以透過 ld -verbose 來查看，下列為對我們有用的部分輸出：

```
/* Script for -z combreloc: combine and sort reloc sections */
OUTPUT_FORMAT("elf32-i386", "elf32-i386",
              "elf32-i386")
OUTPUT_ARCH(i386)
ENTRY(_start)
```

這裡定義了輸出的檔案格式、目的機器的類型，以及重要的資訊和程式的入口 ENTRY (_start)。

```
.ctors          :
{
  /* gcc uses crtbegin.o to find the start of
     the constructors, so we make sure it is
     first. Because this is a wildcard, it
     doesn't matter if the user does not
     actually link against crtbegin.o; the
     linker won't look for a file to match a
     wildcard. The wildcard also means that it
     doesn't matter which directory crtbegin.o
     is in. */
  KEEP (*crtbegin.o(.ctors))
  KEEP (*crtbegin?.o(.ctors))
  /* We don't want to include the .ctor section from
     the crtend.o file until after the sorted ctors.
     The .ctor section from the crtend file contains the
     end of ctors marker and it must be last */
  KEEP (*(EXCLUDE_FILE (*crtend.o *crtend?.o ) .ctors))
```

```
  KEEP (*(SORT(.ctors.*)))
  KEEP (*(.ctors))
}
```

這裡定義了 .ctors section，而在例子中 before_main 函數使用的 gcc 擴展屬性 __attribute__((constructor))就是將函數對應的指令歸屬於.ctors section 中。

下面我們來追溯一下 Linux 可執行程式完整的啟動過程。前面的連結腳本明確了入口為 _start。在 32 位的 x86 平臺中，_start 位於 sysdeps/i386/start.S 中。

```
      .text
      .globl _start
      .type _start,@function
_start:
      /* Clear the frame pointer. The ABI suggests this be done, to mark
         the outermost frame obviously. */
      xorl %ebp, %ebp

      /* Extract the arguments as encoded on the stack and set up
         the arguments for `main': argc, argv. envp will be determined
         later in __libc_start_main. */
      popl %esi /* Pop the argument count. */
      movl %esp, %ecx /* argv starts just at the current stack top.*/
      /* Before pushing the arguments align the stack to a 16-byte
      (SSE needs 16-byte alignment) boundary to avoid penalties from
      misaligned accesses. Thanks to Edward Seidl <seidl@janed.com>
      for pointing this out. */
      andl $0xfffffff0, %esp
      pushl %eax       /* Push garbage because we allocate
                          28 more bytes. */

      /* Provide the highest stack address to the user code (for stacks
         which grow downwards). */
      pushl %esp

      pushl %edx       /* Push address of the shared library
                          termination function. */
      /* Push address of our own entry points to .fini and .init. */
      pushl $__libc_csu_fini
      pushl $__libc_csu_init

      pushl %ecx       /* Push second argument: argv. */
      pushl %esi       /* Push first argument: argc. */

      pushl $BP_SYM (main)

      /* Call the user's main function, and exit with its value.
         But let the libc call main. */
      call BP_SYM (__libc_start_main)
```

上面列出的雖然是組語程式碼，但是每一行都有清楚的注釋，這段程式碼主要是為程式的執行建立好執行環境，其中需要注意的是__libc_csu_fini 和__libc_csu_init 都被作為參數傳給__libc_start_main。從這兩個函數的名字上可以推測它們是用來處理退出和初始化階段的函數,那麼.ctors section 中的函數很可能就是由__libc_csu_init 來呼叫的。

我們先來關注__libc_csu_init 是在何時被呼叫的,然後再分析其實作。上面的組語代碼將這兩個函數作為參數傳遞給__libc_start_main,然後又呼叫 generic_start_main 函數。這個函數初始化 C 函式庫所需要的環境,如環境變數、函數堆疊、多執行緒環境等,最後呼叫 main 函數——進入普通應用程式的真正入口。而在此之前,以下程式碼先被執行:

```
/* Register the destructor of the program, if any. */
if (fini)
    __cxa_atexit ((void (*) (void *)) fini, NULL, NULL);

if (init)
    (*init) (argc, argv, __environ MAIN_AUXVEC_PARAM);
```

init 即為__libc_csu_init,上面的程式碼保證了__libc_csu_init 在 main 之前被呼叫。那麼.ctors 的函數又是如何被__libc_csu_init 呼叫的呢?篇幅所限,在此我們就不羅列程式碼,只給出其呼叫流程:__libc_csu_init->_init->__libc_global_ctors。

```
Void
__libc_global_ctors (void)
{
    /* Call constructor functions. */
    run_hooks (__CTOR_LIST__);
}

static inline void
run_hooks (void (*const list[]) (void))
{
    while (*++list)
        (**list) ();
}

static void (*const __CTOR_LIST__[1]) (void)
  __attribute__ ((used, section (".ctors")))
  = { (void (*) (void)) -1 };
```

__CTOR_LIST__是一個函數指標陣列,陣列的大小為 1。該陣列使用 gcc 的擴展屬性,使__CTOR_LIST__位於.ctors section 中。因此,在上面的程式碼中,__libc_global_ctors 將__CTOR_LIST__傳遞給 run_hooks,實際上就是將.ctors section 的起始位址傳遞給 run_hooks。而__CTOR_LIST__位於.ctors 的第一個位置,其本身並不是一個真正的.ctors 屬性函數,因此 run_hooks 的 while (*++list)先執行遞增操作,即跳過了__CTOR_LIST__。

可以透過反組譯查看二進位的可執行程式來驗證：

```
080483e4 <before_main>:
80483e4:      55                        push    %ebp
80483e5:      89 e5                     mov     %esp,%ebp
80483e7:      83 ec 18                  sub     $0x18,%esp
80483ea:      c7 04 24 e0 84 04 08      movl    $0x80484e0,(%esp)
80483f1:      e8 22 ff ff ff            call    8048318 <puts@plt>
80483f6:      c9                        leave
80483f7:      c3                        ret
```

可以看到，函數 before_main 的位址為 0x080483e4。然後使用 objdump 查看.ctors section：

```
objdump -s -j .ctors a.out

a.out:     file format elf32-i386

Contents of section .ctors:
8049f08 ffffffff e4830408 00000000              ……
```

可以看到.ctors section 的第一個元素即上文中的 __CTOR_LIST__，第二個元素 before_main—由於 x86 是小端（譯按：little endian）CPU，因此 0xe4830408 實際上表示的位址值為 0x080483e4。

需要注意的是，在新版本的 gcc 中，.ctors 屬性的函數並不會位於.ctors section 中，而是被 gcc 合併到了.init_array section 中。下面來看一下這種情況下的 objdump 輸出：

```
[fgao@fgao chapter3]#objdump -s -j .ctors a.out

a.out: file format elf32-i386

Contents of section .ctors:
 8049600 ffffffff 00000000              ……
```

可以看到，在.ctors section 中，沒有任何有效的.ctors 函數，然後我們來看看.init_array section：

```
[fgao@fgao chapter3]#objdump -s -j .init_array a.out

a.out: file format elf32-i386

Contents of section .init_array:
 80495fc b4830408              ……
```

保存在.init_array section 中的函式呼叫機制與之前分析的.ctors section 機制類似，在此就不再重複。感興趣的朋友可以自行分析。

 與 constructor 屬性對應的，還有 descontructor 屬性。擁有 descontructor 屬性的函數，會在 main 結束之後被呼叫。

3.2　exit

在剛剛學習 C 語言的時候，我們就被告知分配記憶體以後，如果不使用 free 來釋放記憶體，就會造成記憶體的洩漏。同樣，打開檔案以後，如果忘記 close 也會造成資源的洩漏。那麼，在行程退出以後，這些資源是否真的洩漏了呢？

當行程正常退出時，會呼叫 C 函式庫的 exit；而當行程崩潰或被 kill 掉時，C 函式庫的 exit 則不會被呼叫，只會執行核心退出行程的操作。

首先，我們來分析 C 函式庫的退出函數 exit，程式碼如下：

```
void
exit (int status)
{
  __run_exit_handlers (status, &__exit_funcs, true);
}
```

C 函式庫的 exit 主要用來執行所有註冊的退出函數，比如使用 atexit 或 on_exit 註冊的函數。執行完註冊的退出函數後，__run_exit_handlers 會呼叫_exit，程式碼如下：

```
void
_exit (status)
    int status;
{
  while (1)
    {
#ifdef __NR_exit_group
      INLINE_SYSCALL (exit_group, 1, status);
#endif
      INLINE_SYSCALL (exit, 1, status);

#ifdef ABORT_INSTRUCTION
      ABORT_INSTRUCTION;
#endif
    }
}
```

上面的程式碼很簡單，當平臺有 exit_group 時，就呼叫 exit_group，否則就呼叫 exit。從 Linux 核心 2.5.35 版本以後，為了支援執行緒，就有了 exit_group。這個系統呼叫不僅僅是用於退出目前執行緒，還會讓所有執行緒組的執行緒全部退出。

下面來看看系統呼叫 exit_group 的實作：

```
SYSCALL_DEFINE1(exit_group, int, error_code)
{
    /* do_group_exit 做真正的工作*/
    do_group_exit((error_code & 0xff) << 8);
    /* NOTREACHED */
    return 0;
}
```

```
NORET_TYPE void
do_group_exit(int exit_code)
{
    struct signal_struct *sig = current->signal;

    BUG_ON(exit_code & 0x80); /* core dumps don't get here */

    /*檢查該執行緒組是否正在退出，如果條件為真，則不需要設置執行緒組退出的條
    件，直接執行本執行緒 task 退出流程 do_exit 即可*/
    if (signal_group_exit(sig))
        exit_code = sig->group_exit_code;
    else if (!thread_group_empty(current)) { /*執行緒組不為空*/
      struct sighand_struct *const sighand = current->sighand;
        spin_lock_irq(&sighand->siglock);
        /*標準的雙重條件檢查機制。因為第一次檢查 signal_group_exit 時為假，但是另外一個執行
          緒已經拿到鎖，並設置狀態。當拿到鎖的時候，需要再次檢查*/
        if (signal_group_exit(sig)) {
            /* Another thread got here before we took the lock. */
            exit_code = sig->group_exit_code;
        }
        else {
            /*設置執行緒組的退出值和退出狀態*/
            sig->group_exit_code = exit_code;
            sig->flags = SIGNAL_GROUP_EXIT;
            /*使用 SIGKILL "幹掉" 執行緒組的其他執行緒*/
            zap_other_threads(current);
        }
        spin_unlock_irq(&sighand->siglock);
    }

    /*真正的退出動作，退出目前執行緒 task */
    do_exit(exit_code);
    /* NOTREACHED */
}
```

下面來看看 do_exit 的實作：

```
NORET_TYPE void do_exit(long code)
{
    struct task_struct *tsk = current;
    int group_dead;

    profile_task_exit(tsk);

    WARN_ON(blk_needs_flush_plug(tsk));

    /*中斷上下文不能使用退出，因為沒有行程上下文*/
    if (unlikely(in_interrupt()))
        panic("Aiee, killing interrupt handler!");
    /* pid 為 0，即核心的 idle 行程。這個 task 也是不應該退出的*/
    if (unlikely(!tsk->pid))
        panic("Attempted to kill the idle task!");

    /*
```

```
 * If do_exit is called because this processes oopsed, it's possible
 * that get_fs() was left as KERNEL_DS, so reset it to USER_DS before
 * continuing. Amongst other possible reasons, this is to prevent
 * mm_release()->clear_child_tid() from writing to a user-controlled
 * kernel address.
 */
set_fs(USER_DS);

/*如果 task 正在被如 gdb 等工具追蹤，則發送 ptrace 事件*/
ptrace_event(PTRACE_EVENT_EXIT, code);
validate_creds_for_do_exit(tsk);

/*
 * We're taking recursive faults here in do_exit. Safest is to just
 * leave this task alone and wait for reboot.
 */
/*當 task 退出的時候，會被設置 PF_EXITING 旗標。如果發現此時 flags 已經設置該旗標，則
  說明發生了錯誤。此時就要按照注釋所說的，最安全的方法是什麼都不做，通知並等待重啟*/
if (unlikely(tsk->flags & PF_EXITING)) {
    printk(KERN_ALERT
        "Fixing recursive fault but reboot is needed!\n");
    /*
     * We can do this unlocked here. The futex code uses
     * this flag just to verify whether the pi state
     * cleanup has been done or not. In the worst case it
     * loops once more. We pretend that the cleanup was
     * done as there is no way to return. Either the
     * OWNER_DIED bit is set by now or we push the blocked
     * task into the wait for ever nirwana as well.
     */
    tsk->flags |= PF_EXITPIDONE;
    /*將目前 task 設置為不可中斷的狀態，然後放棄 CPU。*/
    set_current_state(TASK_UNINTERRUPTIBLE);
    schedule();
}

/*
如果目前 task 是中斷執行緒，即每個 CPU 中斷由一個執行緒來處理，則設置對應的中斷停止來喚醒本
執行緒。這是一個編譯選項，預設情況下是關閉的。
*/
exit_irq_thread();

/*給 task 設置退出旗標 PF_EXITING */
exit_signals(tsk); /* sets PF_EXITING */

/*
 * tsk->flags are checked in the futex code to protect against
 * an exiting task cleaning up the robust pi futexes.
 */
smp_mb();
raw_spin_unlock_wait(&tsk->pi_lock);

if (unlikely(in_atomic()))
    printk(KERN_INFO "note: %s[%d] exited with preempt_count %d\n",
            current->comm, task_pid_nr(current),
```

```
                preempt_count());

    acct_update_integrals(tsk);

    /* sync mm's RSS info before statistics gathering */
    /*該 task 有自己的記憶體空間*/
    if (tsk->mm)
        sync_mm_rss(tsk, tsk->mm); //更新記憶體統計計數
    /*判斷整個執行緒組是否都已經退出。*/
    group_dead = atomic_dec_and_test(&tsk->signal->live);
    if (group_dead) {
        /*取消高精度計時器*/
        hrtimer_cancel(&tsk->signal->real_timer);
        /*刪除 task 的內部計時器，對應系統呼叫 getitimer 和 setitimer */
        exit_itimers(tsk->signal);
        if (tsk->mm)
            setmax_mm_hiwater_rss(&tsk->signal->maxrss, tsk->mm);
    }
    acct_collect(code, group_dead);

    /*如果整個執行緒組都已經退出，則釋放授權資源*/
    if (group_dead)
        tty_audit_exit();
    if (unlikely(tsk->audit_context))
        audit_free(tsk);

    /*設置 task 的退出值*/
    tsk->exit_code = code;
    /*釋放任務統計資源*/
    taskstats_exit(tsk, group_dead);

    /*
    釋放 task 的記憶體空間。task 使用的所有記憶體頁都由核心來維護。對於使用者程式，如果忘記釋放
    申請的記憶體，則只會造成使用者程式無法再使用該記憶體，因為核心認為該記憶體仍然在被使用者程
    式使用。當 task 退出時，核心會負責釋放所有的記憶體位址。因此當行程退出時，所有申請的記憶體都
    會被釋放，不會有任何的記憶體洩漏。
    */
    exit_mm(tsk);

    if (group_dead)
        acct_process();
    trace_sched_process_exit(tsk);

    /*
    檢查是否已釋放 semphore 資源，如沒有釋放則執行 semphore 的 undo 操作。這點用於保證在行程意
    外退出時，能恢復 semphore 的正確狀態，也可以用於預防錯誤的程式邏輯所導致的 semphore 釋放操
    作遺漏。
    */
    exit_sem(tsk);
    /*釋放共用記憶體*/
    exit_shm(tsk);
    /*
    如果檔案資源沒有被共用，則釋放所有的檔案資源。即使使用者程式有檔案洩漏也不必擔心，一旦 task
    退出，檔案資源都會得到正確的釋放—因為核心維護了所有打開的檔案。
    */
```

```
exit_files(tsk);
/*釋放 task 的檔案系統資源，如目前的目錄、根目錄等*/
exit_fs(tsk);
check_stack_usage();
/*釋放 task 資源，如 TSS 段等*/
exit_thread();
/*
 * Flush inherited counters to the parent - before the parent
 * gets woken up by child-exit notifications.
 *
 * because of cgroup mode, must be called before cgroup_exit()
 */
perf_event_exit_task(tsk);

/*從控制組退出，並釋放相關資源*/
cgroup_exit(tsk, 1);

/*如果執行緒組都已經退出，則斷開控制終端即 tty */
if (group_dead)
    disassociate_ctty(1);

/*後面仍然是一些 task 退出的清理工作，因與本節關係不大，所以在此不再一一列出*/
......
}
```

從 exit 的原始碼可以得知，即使應用程式在使用者層有記憶體洩漏或檔案控制程式碼洩漏也不必擔心，當行程退出時，核心的 exit_group 呼叫將會默默地在後面做著清理工作，釋放所有記憶體、關閉所有檔案，以及其他資源—當然，前提條件是這些資源是該行程獨享的。

3.3 atexit 介紹

3.3.1 使用 atexit

atexit 用於註冊行程正常退出時的回呼函數。若註冊了多個回呼函數，最後的呼叫順序與註冊順序相反，與我們熟悉的堆疊操作類似，先入後出。

```
#include <stdlib.h>

int atexit(void (*function)(void));
```

下面來看一個簡單的例子：

```
#include <stdlib.h>
#include <stdio.h>

static void callback1(void)
{
    printf("callback1\n");
}
```

```
static void callback2(void)
{
    printf("callback2\n");
}

static void callback3(void)
{
    printf("callback3\n");
}

int main(void)
{
    atexit(callback1);
    atexit(callback2);
    atexit(callback3);

    printf("main exit\n");
    return 0;
}
```

它的執行結果如下：

```
main exit
callback3
callback2
callback1
```

從上面的程式碼輸出可以看出，我們順序地註冊 callback1、callback2 和 callback3，當行程退出時，其呼叫順序為 callback3、callback2 和 callback1。

3.3.2　atexit 的局限性

3.3.1 節介紹 atexit 的基本用法時提到過，使用 atexit 註冊的退出函數是在行程正常退出時，才會被呼叫。這裡的正常退出是指，使用 exit 退出或使用 main 中最後的 return 語句退出。若是因為收到信號而導致程式退出，atexit 註冊的退出函數則不會被呼叫。下面我們透過一個測試程式來驗證這一觀點：

```
#include <stdlib.h>
#include <stdio.h>
#include <unistd.h>

static void callback1(void)
{
    printf("callback1\n");
}

int main(void)
{
    atexit(callback1);

    while (1) {
```

```
            sleep(1);
        }

        printf("main exit\n");
        return 0;
    }
```

然後編譯執行，使用另一個控制台給其發送信號：

```
[fgao@fgao ik8]#killall atexit_signal
```

我們會發現 atexit 註冊的退出函數並沒有被呼叫：

```
[fgao@fgao chapter3]#./atexit_signal;
Terminated
```

為什麼只有在正常退出的時候，atexit 註冊的退出函數才能被呼叫呢？下面我們來分析 atexit 的原始碼實作，就可以得到答案。

3.3.3　atexit 的實作機制

讓我們帶著疑問來分析 glibc 中的 atexit 原始碼：

```
int
#ifndef atexit
attribute_hidden
#endif
atexit (void (*func) (void))

{
    /* __dso_handle 是動態共用物件的控制碼，此處可以略過*/
    return __cxa_atexit ((void (*) (void *)) func, NULL,
            &__dso_handle == NULL ? NULL : __dso_handle);
}

int
__cxa_atexit (void (*func) (void *), void *arg, void *d)
{
    /* __exit_funcs 為退出函數的串列*/
    return __internal_atexit (func, arg, d, &__exit_funcs);
}

int attribute_hidden
__internal_atexit (void (*func) (void *), void *arg, void *d,
        struct exit_function_list **listp)
{
    /*在退出函數串列中，得到一個新的節點*/
  struct exit_function *new = __new_exitfn (listp);

  if (new == NULL)
    return -1;

#ifdef PTR_MANGLE
```

```
    PTR_MANGLE (func);
#endif

    /*初始化這個節點，將函數及其參數賦給這個節點*/
    new->func.cxa.fn = (void (*) (void *, int)) func;
    new->func.cxa.arg = arg;
    new->func.cxa.dso_handle = d;
    atomic_write_barrier ();
    new->flavor = ef_cxa;
    return 0;
}
```

上面的程式碼揭示出 atexit 是如何把函數註冊到退出函數串列中的。那麼，這些函數又是何時被呼叫的呢？回憶 atexit 的介紹，退出註冊函數只有在程式正常退出或呼叫 exit 時才會被執行。程式正常退出時，系統就會呼叫 exit。因此，問題的關鍵就在於 exit 函數：

```
void
exit (int status)
{
    __run_exit_handlers (status, &__exit_funcs, true);
}
```

在這裡，__run_exit_handlers 會遍歷__exit_funcs，一一呼叫註冊的退出函數，在此就不再羅列其程式碼。從 atexit 的實作機制上進行分析，我們可以得出 atexit 的實作是相依於 C 函式庫的程式碼的。當行程收到信號時，如果沒有註冊對應的信號處理函數，則核心就會執行信號的預設動作，一般是直接終止行程。這時，行程的退出完全由核心來完成，自然不會呼叫到 C 函式庫的 exit 函數，也就無法呼叫註冊的退出函數。

3.4　小心使用環境變數

Linux 環境下，程式在啟動的時候都會從 shell 環境下繼承目前的環境變數，如 PATH、HOME、TZ 等。我們也可以透過 C 函式庫的介面來增加、修改或刪除目前行程的環境變數，範例如下：

```
#include <stdlib.h>

int putenv(char *string);
```

putenv 用於增加或修改目前的環境變數。string 的格式為 "名字=值"。如果目前環境變數沒有該名稱的環境變數，則增加這個新的環境變數；如果已經存在，則使用新值。看似功能很簡單，但實際上使用這個介面時，卻很容易犯錯。請看下面的程式碼：

```
#include <stdlib.h>
#include <stdio.h>

static void set_env_string(void)
{
    char test_env[] = "test_env=test";
```

```
    if (0 != putenv(test_env)) {
        printf("fail to putenv\n");
    }

    printf("1. The test_evn string is %s\n", getenv("test_env"));
}

static void show_env_string(void)
{
    printf("2. The test_env string is %s\n", getenv("test_env"));
}

int main()
{
    set_env_string();
    show_env_string();

    return 0;
}
```

然後編譯，查看輸出結果：

```
1. The test_evn string is test
2. The test_env string is (null)
```

結果有點出人意料，為什麼在 set_env_string 中可以得到我們設置的環境變數，而在 show_env_string 中卻不行呢？

原因在於使用 putenv 添加環境變數時，參數直接被當作環境變數的一部分。對於本例而言，set_env_string 中的 test_env 陣列直接被環境變數引用。而 test_env 是一個局部變數，在退出 set_env_string 的時候，test_env 已經不存在了，對應堆疊上的記憶體會在後面的函式呼叫中使用，並存入其他值。因此，在進入 show_env_string 的時候，就無法得到正確的值。

筆者曾經修改過一個因為 putenv 引起的 bug，當時也是費很大一番力氣才找到根本原因，所以頗為氣憤當時的開發人員為什麼在使用 putenv 的時候，不認真閱讀該介面的說明。Martin Golding 曾說過一句話 "程式設計的時候，要總是想著那個維護你程式碼的人會是一個知道你住在哪兒的、有暴力傾向的精神病患者"。

如果非要用 putenv 來設置環境變數，就必須要保證參數是一個長期存在的內容。因此，只能選擇全域變數、常數或動態記憶體等。為了避免犯錯，我們應該儘量使用另外一個介面 setenv，程式碼如下：

```
#include <stdlib.h>

int setenv(const char *name, const char *value, int overwrite);
```

參數說明：

- name：要加入的環境變數名稱。

- value：該環境變數的值。

- overwrite：用於指示是否覆蓋已存在的重名環境變數。

還是使用上文的例子，只不過我們將 putenv 換為 setenv，程式碼如下：

```c
#include <stdlib.h>
#include <stdio.h>

static void set_env_string(void)
{
    setenv("test_env", "test", 1);
    printf("1. The test_evn string is %s\n", getenv("test_env"));
}

static void show_env_string(void)
{
    printf("2. The test_env string is %s\n", getenv("test_env"));
}

int main()
{
    set_env_string();

    show_env_string();

    return 0;
}
```

這次的執行結果就是我們預期的結果：

```
1. The test_evn string is test
2. The test_env string is test
```

3.5 使用動態函式庫

在平時的程式設計工作中，除了 C 函式庫，還會用到大量的函式庫檔案，其中絕大部分都是以動態函式庫的方式來提供服務的。

3.5.1 動態函式庫與靜態程式函式庫

一般情況下，函式庫檔案的開發者會同時提供動態函式庫和靜態程式函式庫兩個版本，它們都有各自的優缺點。靜態程式函式庫在連結階段，會被直接連結進最終的二進位檔案中，因此最終生成的二進制檔案體積會比較大，但是可以不再相依於函式庫檔案。而動態函式庫並不是被連結到檔案中的，只是保存相依關係，因此最終生成的二進位檔案體積較小，但是在執行階段需要載入動態函式庫。

3.5.2　編譯生成和使用動態函式庫

首先，我們來編譯並生成一個動態函式庫：

```
#include <stdlib.h>
#include <stdio.h>

void dynamic_lib_call(void)
{
    printf("dynamic lib call\n");
}
```

編譯生成動態函式庫與編譯普通的可執行程式略有不同，如下所示：

```
gcc -Wall -shared 3_5_2_dlib.c -o libdlib.so
```

其中多了一個-shared 選項，該選項用於指示 gcc 生成動態函式庫。

然後再編寫一個簡單例子，來使用這個動態函式庫，程式碼如下：

```
#include <stdlib.h>
#include <stdio.h>

extern void dynamic_lib_call(void);

int main(void)
{
    dynamic_lib_call();

    return 0;
}
```

下面我們利用前面的動態函式庫來生成最終的可執行檔案 gcc -Wall 3_5_2_main.c -o test_dlib -L ./ -ldlib。其中，-l 用於指示生成檔案相依的函式庫，本例相依於 libdlib.so，因此為-ldlib；-L 與-I 類似，-L 用於指示 gcc 在哪個目錄中查詢相依的函式庫檔案。

讓我們執行這個 test_dlib 看看結果如何：

```
[fgao@ubuntu chapter3]#./test_dlib
./test_dlib: error while loading shared libraries: libdlib.so: cannot open shared
    object file: No such file or directory
```

為什麼會報告出錯，找不到這個 libdlib.so 呢？前面明明已經使用-L 指定了函式庫檔案在目前目錄中，並且這個函式庫檔案也確實存在於目前的目錄中啊。這是怎麼回事呢？

讓我們使用 ldd 來查看 test_lib 的相依函式庫，程式碼如下：

```
[fgao@ubuntu chapter3]#ldd test_dlib
        linux-gate.so.1 => (0xb7785000)
        libdlib.so => not found
        libc.so.6 => /lib/i386-linux-gnu/libc.so.6 (0xb75ce000)
        /lib/ld-linux.so.2 (0xb7786000)
```

確實顯示無法找到 libdlib.so。原因在於-L 只是在 gcc 編譯的過程中指示函式庫的位置，而在程式執行的時候，動態函式庫的載入路徑預設為/lib 和/usr/lib。在 Linux 環境下，還可以透過/etc/ld.so.conf 設定檔案和環境變數 LD_LIBRARY_PATH 指示額外的動態函式庫路徑。

為簡單起見，我們在這裡將 libdlib.so 複製到/usr/lib 目錄下，再執行 test_dlib 試試：

```
[root@ubuntu lib]#cp /home/fgao/works/my_git_codes/my_books/understanding_apue/
    sample_codes/chapter3/libdlib.so .
[fgao@ubuntu chapter3]#./test_dlib
dynamic lib call
```

現在./test_dlib 已順利執行，並成功呼叫動態函式庫中的 dynamic_lib_call 函數。

上面的例子中，動態函式庫是由系統自動載入的，所以需要將動態函式庫放在指定的目錄下。然而，C 函式庫還提供 dlopen 等介面來支援手工載入動態函式庫的功能，程式碼如下：

```c
#include <stdlib.h>
#include <stdio.h>
#include <dlfcn.h>

int main()
{
    void *dlib = dlopen("./libdlib.so", RTLD_NOW);
    if (!dlib) {
        printf("dlopen failed\n");
        return -1;
    }

    void (*dfunc) (void) = dlsym(dlib, "dynamic_lib_call");
    if (!dfunc) {
        printf("dlsym failed\n");
        return -1;
    }

    dfunc();

    dlclose(dlib);

    return 0;

}
```

編譯程式碼 gcc -Wall 3_5_2_main_mlib.c -ldl -o test_mlib，需要使用-ldl 選項來指定相依的動態函式庫 libdl.so。

下面來看一下輸出結果：

```
[fgao@ubuntu chapter3]#./test_mlib
dynamic lib call
```

可以看出，我們已經成功地使用手工來載入動態函式庫，並完成動態函式庫中的函式呼叫。

介紹完動態函式庫的兩種載入方法，我們可以對比一下兩者的優缺點。對於自動載入，處理起來比較簡單；而手工載入需要編寫額外的程式碼，但正是這些額外的程式碼提供了更多的動態函式庫的可控性。

3.5.3　程式的 "無縫" 升級

3.5.1 節中，對比了動態函式庫和靜態程式函式庫的優缺點。其中動態函式庫的一個重要優點就是，可執行程式並不包含動態函式庫中的任何指令，而是在執行時載入動態函式庫並完成呼叫。這就提供給我們升級動態函式庫的機會。只要保證介面不變，使用新版本的動態函式庫替換原來的動態函式庫，就能完成動態函式庫的升級。更新完函式庫檔案以後啟動的可執行程式都會使用新的動態函式庫。

這樣的更新方法只能夠影響更新以後啟動的程式，對於正在執行的程式則無法產生效果，因為程式在執行時，舊的動態函式庫檔案已經載入到記憶體中。我們只能更新位於磁片上的動態函式庫的實體檔案，而不能影響已經被載入到記憶體中的函式庫。

我們是否可以做得更好呢？對於服務程式來說，重啟會付出很大的代價並帶來糟糕的體驗。能否讓執行中的服務程式也能在升級函式庫以後使用新的指令，做到 "無縫" 的升級呢？這就需要使用前面介紹的手工載入動態函式庫的方法了。

下面的虛擬碼是一個比較簡單的解決方案。

1. 使用一個結構體來管理動態函式庫的介面：

```
struct dlib_manager {
    void *dlib_handle; //保存動態函式庫的控制碼
    int (service_func) (void *);
    int (service_func2) (void *);
} g_dlib_manager;
/* g_dlib_manager 作為動態函式庫介面的全域變數*/
struct dlib_manager *g_dlib_manager;
```

2. 利用 dlopen、dlsym 等來載入動態函式庫，更新介面、重新申請新的記憶體，來保存新的動態函式庫介面：

```
/*更新動態函式庫介面*/
struct dlib_manager *new_manager = malloc(sizeof(*new_manager));
new_manager->dlib_handle = dlopen("libupgrade.so", RTLD_LAZY);
new_manager->service_func = dlsym(g_dlib_handle, "service_call");
new_manager->service_func2 = dlsym(g_dlib_handle, "service_call2");
/*在多核環境下，使用記憶體保護，以保證在交換 new_manager 和 g_dlib_manager 時，new_manager
已經完成賦值*/
wmb();
/*
交換新指標與目前正在使用的介面指標
因為目前，無論是新指標還是舊指標都是有效的介面，所以並不會對工作產生影響
 */
swap(new_manager, g_dlib_manager);
/*
交換完成以後，新的請求都會交由新介面來處理
由於目前舊介面仍然可能正在使用中，所以要使用延遲釋放或是等待正在服務的介面完成
*/
delay_free(new_manager);
```

3. 在呼叫服務介面時，要利用區域變數保存服務介面：

```
struct dlib_manager *local_dlib_manager = g_dlib_manager;
local_dlib_manager->service_func1(data);
local_dlib_manager->service_func2(data);
```

之所以這裡使用區域變數來進行介面呼叫，是為了避免在呼叫一部分介面後，g_dlib_manager 才發生更新，導致前後的服務介面屬於不同的動態函式庫，造成不可預料的問題。透過臨時變數來保存服務介面，才能確保所有介面的一致性。

4. 釋放舊介面的關鍵在於，要保證沒有舊介面正在被使用。根據自己的工作情況，找到一個時間點—在這個時間點上，所有的執行緒（準確地說是請求流程）都已經服務過一次。這時，新來的請求就會使用新的介面，於是我們也就可以安全地釋放舊介面。

其實整個實作方案是借鑒了 Linux 核心的 RCU 實作方式。透過這種方法，可以進行"無縫"的升級，而不影響執行狀態下的行為功能。

3.6 避免記憶體問題

在程式設計的錯誤中，記憶體問題無疑佔據了很大的比例。而且記憶體問題比較難查，出現問題的"案發現場"與真正的"兇手"往往隔著十萬八千里，甚至完全沒有關係。對於初學者來說，解決這樣的問題往往要浪費大量的時間。因此，我們應該在編寫程式碼的初始階段，就要注意避開某些程式碼"陷阱"。問題發現得越早，代價也就越小。

3.6.1　尷尬的 realloc

對於良好的程式碼風格，有一項很重要的要求是一個函數只專注於做一件事情。如果該函數像瑞士軍刀一樣能實作多個功能，那基本上可以斷言這不是一個設計良好的函數。

C 函式庫中的 realloc 函數就是一個典型的反面教材：

```
#include <stdlib.h>

void *realloc(void *ptr, size_t size);
```

realloc 可以將 ptr 指向的記憶體調整為 size 大小。這個功能看上去很明確，其實則不然，其一共有三種不同的行為：

- 參數 ptr 為 NULL，而 size 不為 0，則等同於 malloc(size)。
- 參數 ptr 不為 NULL，而 size 為 0，則等同於 free(ptr)。
- 參數 ptr 和 size 均不為 0，其行為類似於 free(ptr); malloc(size)。

有著三種不同行為的 realloc，很容易給程式碼引入 bug。下面舉一個例子來說明：

```
void * ptr = realloc(ptr, new_size);
if (!ptr) {
    //錯誤處理
}
```

這裡就會因為 realloc 的第三種行為引入一個 bug。當 realloc 分配記憶體失敗時，ptr 會回傳 NULL。但是這時 ptr 原來指向的記憶體並沒有被釋放，而 ptr 卻已經被賦值為 NULL，這就造成 ptr 原有記憶體洩漏。

正確的做法應該是：

```
void * new_ptr = realloc(ptr, new_size);
if (!new_ptr) {
    //錯誤處理
}
ptr = new_ptr
```

realloc 只有在分配記憶體成功的情況下，才會讓 ptr 等於 new_ptr。如此一來，在分配記憶體失敗的情況下，ptr 指向的記憶體並不會丟失。

realloc 使用不當還會引發其他幾種 bug，在此就不一一羅列。需要吸取的教訓就是，慎用 realloc，甚至最好不用 realloc。如果真的需要使用 realloc，一定要確保在 realloc 的三種行為下程式碼都可以正常工作。

3.6.2 如何防止記憶體越界？

在日常的程式設計中，初學者往往會遇到記憶體越界所引發的問題。其實，透過良好的程式設計習慣基本上是可以避免記憶體越界問題的。防範的根本概念在於在對緩衝區（一般為陣列）進行拷貝前，要保證複製的長度不要超過緩衝區的空間大小。比如在memcpy 前，要檢查目的位址是否有足夠的空間。

使用巨集或 sizeof 可保證緩衝長度的一致性；

```
char dst_buf[64];
memcpy(dst_buf, src_buf,64);
```

當緩衝大小改變為 32 的時候，需要改動兩處程式碼。一旦忘記修改 memcpy 處的拷貝長度，就會造成記憶體越界。

對上面的程式碼進行改善：

```
#define BUF_SIZE 64
char dst_buf[BUF_SIZE];
memcpy(dst_buf, src_buf, BUF_SIZE);
```

或

```
char dst_buf[64];
memcpy(dst_buf, src_buf, sizeof(dst_buf));
```

這樣就可以做到緩衝大小和複製長度的同步修改。使用安全的函式庫函數也可以保證複製的長度不超過緩衝區的空間，下面來介紹 4 種函式庫函數。

1. 使用 strncat 代替 strcat，程式碼如下：

```
#include <string.h>

char *strncat(char *dest, const char *src, size_t n);
```

從 src 中最多追加 n 個字元到 dest 字串的後面。需要注意的是，當 src 包含 n 個以上的字元時，dest 的空間至少為 strlen(dest)+n+1，因為該函數還會追加字串結束符'\0'到 dest 後面。

下面的範例為正確的寫法：

```
char dest[20] = "hello";
strncat(dest, src, sizeof(dest)-strlen(dest)-1);
```

一定要記住給'\0'留下空間。

2. 使用 strncpy 代替 strcpy，程式碼如下：

```
#include <string.h>

char *strncpy(char *dest, const char *src, size_t n);
```

從 src 中最多複製 *n* 個字元到 dest 字串中。與 strncat 相同的是，當 src 包含 *n* 個以上的字元時，dest 的空間需要為 *n* +1，因為該函數還會再複製一個字串結束符'\0'。

下面的範例為正確的寫法：

```
char dest[20];
strncpy(dest, src, sizeof(dest)-1);
```

3. 使用 snprintf 代替 sprintf，程式碼如下：

```
#include <stdio.h>
int snprintf(char *str, size_t size, const char *format, ...);
```

snprintf 比前面兩個函數 strncat 和 strncpy 更為友好，在往 str 中寫資料時，最多會寫入 *n* 位元組，其中已包括字串結束符'\0'。

正確的範例程式如下：

```
char str[20];
snprintf(str, sizeof(str), "%s", dest0);
```

4. 使用 fgets 代替 gets，程式碼如下：

```
#include <stdio.h>

char *fgets(char *s, int size, FILE *stream);
```

危險的 gets 函數從來不檢查緩衝區的大小，並且還是從標準輸入中讀取資料，這是極其危險的行為。再大的緩衝空間也無法滿足永無終止的標準輸入，因此一定要使用 fgets 代替。

fgets 最多會複製 size-1 位元組到緩衝 s 中，並且會在最後一個字元後面追加'\0'。因此如果要讀取標準輸入，正確的範例程式如下：

```
char str[20];
fgets(str, sizeof(str), stdin);
```

由於歷史原因，標準 C 函式庫中還存在其他不安全的介面，不過後來 C 函式庫中也發展了相應的安全介面。在日常的程式設計中，除非特殊情況，都要使用安全函數來替代非安全函數的呼叫。

3.6.3 如何定位記憶體問題？

前文主要介紹如何防範和避免記憶體問題。但是如果程式裡面真的出現了記憶體問題，我們又該如何定位它，如何找到根本原因呢？

工欲善其事，必先利其器。valgrind 作為一個免費且優秀的工具包，提供了很多有用的功能，其中最有名的就是對記憶體問題的檢測和定位。

請看下面的程式碼：

```c
#include <stdlib.h>
#include <stdio.h>
#include <string.h>

static void mem_leak1(void)
{
    char *p = malloc(1);
}

static void mem_leak2(void)
{
    FILE *fp = fopen("test.txt", "w");
}

static void mem_overrun1(void)
{
    char *p = malloc(1);
    *(short*)p = 2;

    free(p);
}

static void mem_overrun2(void)
{
    char array[5];
    strcpy(array, "hello");
}

static void mem_double_free(void)
{
    char *p = malloc(1);
    free(p);
    free(p);
}

static void mem_free_wild_pointer(void)
{
    char *p;
    free(p);
}


int main()
```

```
{
    mem_leak1();
    mem_leak2();
    mem_overrun1();
    mem_overrun2();
    mem_double_free();
    mem_free_wild_pointer();

    return 0;
}
```

上面的程式碼中包含六種常見的記憶體問題：

- 動態記憶體洩漏；

- 資源洩漏，程式碼中以檔案控制碼為例；

- 動態記憶體越界；

- 陣列越界；

- 動態記憶體 double free；

- 使用迷途指標(譯按：Dangling Pointer)。

下面來看看怎樣執行 valgrind 來檢測記憶體錯誤：

```
valgrind --track-fds=yes --leak-check=full --undef-value-errors=yes ./mem_test
```

這段程式碼中各項的實際含義，可以參看 valgrind --help，其中有些 option 預設就是打開的，不過筆者習慣於明確地使用 option，以示清晰。

下面來看看執行後的報告：

```
==2326== Memcheck, a memory error detector
==2326== Copyright (C) 2002-2009, and GNU GPL'd, by Julian Seward et al.
==2326== Using Valgrind-3.5.0 and LibVEX; rerun with -h for copyright info
==2326== Command: ./mem_test
==2326==
/*此處檢測到動態記憶體的越界，提示 Invalid write*/
==2326== Invalid write of size 2
==2326==    at 0x80484B4: mem_overrun1 (in /home/fgao/works/test/a.out)
==2326==    by 0x8048553: main (in /home/fgao/works/test/a.out)
==2326==  Address 0x40211f0 is 0 bytes inside a block of size 1 alloc'd
==2326==    at 0x4005BDC: malloc (vg_replace_malloc.c:195)
==2326==    by 0x80484AD: mem_overrun1 (in /home/fgao/works/test/a.out)
==2326==    by 0x8048553: main (in /home/fgao/works/test/a.out)
==2326==
/*此處檢測到 double free 的問題，提示 Invalid Free */
==2326== Invalid free() / delete / delete[]
==2326==    at 0x40057F6: free (vg_replace_malloc.c:325)
==2326==    by 0x8048514: mem_double_free (in /home/fgao/works/test/a.out)
==2326==    by 0x804855D: main (in /home/fgao/works/test/a.out)
==2326==  Address 0x4021228 is 0 bytes inside a block of size 1 free'd
==2326==    at 0x40057F6: free (vg_replace_malloc.c:325)
```

```
==2326== by 0x8048509: mem_double_free (in /home/fgao/works/test/a.out)
==2326== by 0x804855D: main (in /home/fgao/works/test/a.out)
==2326==
```
/*此處檢測到未初始化變數的問題*/
```
==2326== Conditional jump or move depends on uninitialised value(s)
==2326== at 0x40057B6: free (vg_replace_malloc.c:325)
==2326== by 0x804853C: mem_free_wild_pointer (in /home/fgao/works/test/a.out)
==2326== by 0x8048562: main (in /home/fgao/works/test/a.out)
==2326==
```
/*此處檢測到非法使用野指標*/
```
==2326== Invalid free() / delete / delete[]
==2326== at 0x40057F6: free (vg_replace_malloc.c:325)
==2326== by 0x804853C: mem_free_wild_pointer (in /home/fgao/works/test/a.out)
==2326== by 0x8048562: main (in /home/fgao/works/test/a.out)
==2326== Address 0x4021228 is 0 bytes inside a block of size 1 free'd
==2326== at 0x40057F6: free (vg_replace_malloc.c:325)
==2326== by 0x8048509: mem_double_free (in /home/fgao/works/test/a.out)
==2326== by 0x804855D: main (in /home/fgao/works/test/a.out)
==2326==
==2326==
```
/*
此處檢測到了檔案指標資源的洩漏，下面提示說有 4 個檔案控制碼在退出時仍是打開的，其中標準檔案控制碼
0、1 與 2 不用處理，透過報告，可以明確看到另外一個檔案控制碼是目標程式打開卻沒有關閉的
*/
```
==2326== FILE DESCRIPTORS: 4 open at exit.
==2326== Open file descriptor 3: test.txt
==2326== at 0x68D613: __open_nocancel (in /lib/libc-2.12.so)
==2326== by 0x61F8EC: __fopen_internal (in /lib/libc-2.12.so)
==2326== by 0x61F94B: fopen@@GLIBC_2.1 (in /lib/libc-2.12.so)
==2326== by 0x8048496: mem_leak2 (in /home/fgao/works/test/a.out)
==2326== by 0x804854E: main (in /home/fgao/works/test/a.out)
==2326==
==2326== Open file descriptor 2: /dev/pts/4
==2326== <inherited from parent>
==2326==
==2326== Open file descriptor 1: /dev/pts/4
==2326== <inherited from parent>
==2326==
==2326== Open file descriptor 0: /dev/pts/4
==2326== <inherited from parent>
==2326==
==2326==
```
/* heap 資訊的總結：一共呼叫 4 次 alloc，4 次 free。之所以正好相等，是因為上面有一個函數少了
free，有一個函數正好又多了一個 free */
```
==2326== HEAP SUMMARY:
==2326== in use at exit: 353 bytes in 2 blocks
==2326== total heap usage: 4 allocs, 4 frees, 355 bytes allocated
==2326==
```
/*檢測到一位元組的記憶體洩漏*/
```
==2326== 1 bytes in 1 blocks are definitely lost in loss record 1 of 2
==2326== at 0x4005BDC: malloc (vg_replace_malloc.c:195)
==2326== by 0x8048475: mem_leak1 (in /home/fgao/works/test/a.out)
==2326== by 0x8048549: main (in /home/fgao/works/test/a.out)
==2326==
```
/*記憶體洩漏的總結*/

```
==2326== LEAK SUMMARY:
==2326== definitely lost: 1 bytes in 1 blocks
==2326== indirectly lost: 0 bytes in 0 blocks
==2326== possibly lost: 0 bytes in 0 blocks
==2326== still reachable: 352 bytes in 1 blocks
==2326== suppressed: 0 bytes in 0 blocks
==2326== Reachable blocks (those to which a pointer was found) are not shown.
==2326== To see them, rerun with: --leak-check=full --show-reachable=yes
==2326==
==2326== For counts of detected and suppressed errors, rerun with: -v
==2326== Use --track-origins=yes to see where uninitialised values come from
==2326== ERROR SUMMARY: 5 errors from 5 contexts (suppressed: 12 from 8)
```

這只是一個簡單的範例程式,即使沒有 valgrind,我們也可以很輕易地發現問題。但是在真實的專案中,當程式碼量達到萬行、十萬行,甚至百萬行時,由於申請的記憶體可能不是在一個地方被使用,它不可避免地會被傳來傳去。這時,如果只是靠 review 程式碼來檢查問題,可能很難找到根本原因,而使用 valgrind 則可以很容易地發現問題所在。

當然,valgrind 也不是萬能的。筆者就遇到過 valgrind 無法找到問題,最後是透過不斷地檢查程式碼才找到癥結所在的情況。發現問題,再解決問題,畢竟是次等方法。最好的方法,就是從一開始就不引入問題,防微杜漸。這點可以透過良好的程式碼風格和設計來實作。寫程式碼不是一件容易的事情,要用心,把程式碼當作自己的作品,真心地去寫好它。這樣,自然而然的就會把程式碼寫好。

3.7　"長跳轉" longjmp

C 語言中的 goto 語句由於可以直接跳轉到函數中的任意一行,因此是一個頗受爭議的語句。有人認為它給程式碼帶來了混亂,有人則認為適當地使用 goto 語句可以讓程式碼更簡潔、清晰—比如核心程式碼中就充斥著 goto 語句的使用。關於這點,仁者見仁,智者見智吧。goto 語句已經引發了這麼大的爭議,而 C 函式庫還提供另外一組介面,用於實作"長跳轉"。對比 goto 語句只能在函數內部的"短跳轉",longjmp 可以實作跨函數的"長跳轉"。

下面我們來詳細看看 longjmp 的使用方法。

3.7.1　setjmp 與 longjmp 的使用

我們先來看看 setjmp 的程式碼:

```
#include <setjmp.h>

int setjmp(jmp_buf env);
void longjmp(jmp_buf env, int val);
```

setjmp 用於保存目前堆疊的上下文，將其保存到參數 env 中。若回傳 0 值，則為 setjmp 直接回傳的結果；若回傳非 0 值，則為從 longjmp 恢復堆疊空間時回傳的結果。

longjmp 用於將上下文恢復至 env 保存的狀態，參數 val 用於作為復原點 setjmp 的回傳值。一般情況下，保存的 jmp_buf env 為全域變數。跳轉一次後，保存的 env 上下文環境就會失效。請看下面的範例：

```c
#include <stdlib.h>
#include <stdio.h>
#include <setjmp.h>

static jmp_buf g_stack_env;

static void func1(void);
static void func2(void);

int main(void)
{
    if (0 == setjmp(g_stack_env)) {
        printf("Normal flow\n");
        func1();
    } else {
        printf("Longjump flow\n");
    }

    return 0;
}

static void func1(void)
{
    printf("Enter func1\n");

    func2();
}

static void func2(void)
{
    printf("Enter func2\n");
    longjmp(g_stack_env, 1);
    printf("Leave func2\n");
}
```

其輸出結果為：

```
Normal flow
Enter func1
Enter func2
Longjump flow
```

在 main 函數中，使用 setjmp 將目前的堆疊環境保存到 g_stack_env 中，然後呼叫 func1-> func2，在 func2 中，使用 longjmp 來恢復保存的堆疊環境 g_stack_env，從而完成 "長跳轉"。

3.7.2 "長跳轉"的實作機制

setjmp 和 longjmp 分別用於保存和恢復堆疊的上下文,來實作長跳轉。而堆疊的實作肯定是與平臺相關的,因此 setjmp 和 longjmp 的實作也是與平臺相關的。

先看一下 struct jmp_buf 的定義:

```
/* Calling environment, plus possibly a saved signal mask. */
struct __jmp_buf_tag
  {
    /* NOTE: The machine-dependent definitions of `__sigsetjmp'
        assume that a `jmp_buf' begins with a `__jmp_buf' and that `__mask_was_saved'
            follows it. Do not move these members or add others before it. */
  __jmp_buf __jmpbuf;        /* Calling environment. */
  int __mask_was_saved;      /* Saved the signal mask? */
  __sigset_t __saved_mask;    /* Saved signal mask. */
};
typedef struct __jmp_buf_tag jmp_buf[1];
```

x86 平臺的 __jmp_buf 的定義為:

```
# if __WORDSIZE == 64
typedef long int __jmp_buf[8];
# elif defined __x86_64__
typedef long long int __jmp_buf[8];
# else
typedef int __jmp_buf[6];
# endif
```

x86 平臺的 setjmp 和 longjmp 的實作均位於 glibc-2.17/sysdeps/i386/setjmp.S 中。

```
ENTRY (BP_SYM (__sigsetjmp))
    ENTER

    /*將 jmpbuf 的位址賦給 eax */
    movl JMPBUF(%esp), %eax
    CHECK_BOUNDS_BOTH_WIDE (%eax, JMPBUF(%esp), $JB_SIZE)

    /*保存暫存器*/
    movl %ebx, (JB_BX*4)(%eax)
    movl %esi, (JB_SI*4)(%eax)
    movl %edi, (JB_DI*4)(%eax)
    leal JMPBUF(%esp), %ecx /* Save SP as it will be after we return. */
#ifdef PTR_MANGLE
    PTR_MANGLE (%ecx)
#endif
    movl %ecx, (JB_SP*4)(%eax)
    movl PCOFF(%esp), %ecx /* Save PC we are returning to now. */
    LIBC_PROBE (setjmp, 3, 4@%eax, -4@SIGMSK(%esp), 4@%ecx)
#ifdef PTR_MANGLE
    PTR_MANGLE (%ecx)
#endif
    movl %ecx, (JB_PC*4)(%eax)
```

```
    LEAVE /* pop frame pointer to prepare for tail-call.  */
    movl %ebp, (JB_BP*4)(%eax) /* Save caller's frame pointer.  */

#if defined NOT_IN_libc && defined IS_IN_rtld
    /* In ld.so we never save the signal mask. */
    xorl %eax, %eax
    ret
#else
    /* Make a tail call to __sigjmp_save; it takes the same args. */
    jmp __sigjmp_save
#endif
END (BP_SYM (__sigsetjmp))
```

上面的組語程式碼，主要是將暫存器 EBX、ESI、EDI、ESP、PC 和 EBP 暫存器保存到 jmp_buf 中。回想前面__jmp_buf 的定義，它在 x86 32 位平臺上是大小為 6 的 int 型陣列，正好用於保存這 6 個暫存器。

 細心的讀者會發現這裡的組語是__sigsetjmp 的實作，而不是 setjmp 的實作。那是因為在 glibc 函式庫中，setjmp 是呼叫__sigsetjmp 來實作的。

看完__sigsetjmp 的實作，自然就輪到 longjmp 了：

```
ENTRY (__longjmp)
    movl 4(%esp), %ecx      /* User's jmp_buf in %ecx.  */
    movl 8(%esp), %eax      /* Second argument is return value.  */
    /* Save the return address now.  */
    movl (JB_PC*4)(%ecx), %edx
    LIBC_PROBE (longjmp, 3, 4@%ecx, -4@%eax, 4@%edx)
    /*恢復保存的暫存器*/
    movl (JB_BX*4)(%ecx), %ebx
    movl (JB_SI*4)(%ecx), %esi
    movl (JB_DI*4)(%ecx), %edi
    movl (JB_BP*4)(%ecx), %ebp
    movl (JB_SP*4)(%ecx), %esp
    LIBC_PROBE (longjmp_target, 3, 4@%ecx, -4@%ecx, 4@%edx)

    /* Jump to saved PC. */
    jmp *%edx
END (__longjmp)
```

setjmp 保存暫存器的內容，longjmp 自然是恢復暫存器的內容。上面的程式碼很簡單，把暫存器 PC、EBX、ESI、EDI、EBP 和 ESP 的內容恢復後，將第二個參數 val 保存到 EAX 中，最後跳轉到恢復的 PC 暫存器處—也就是 setjmp 的下一條指令的位置。

3.7.3 "長跳轉"的陷阱

從 3.7.2 節對 setjmp 和 longjmp 實作的分析中，我們可以發現，setjmp 和 longjmp 的實作原理就是對與堆疊相關的暫存器的保存與恢復。那麼，變數的情況又是什麼樣的呢？對於全域變數和 static 變數來說，由於它們都不是保存在堆疊上的，所以在 longjmp 跳轉後，其值不會改變。區域變數的情況又如何呢？

longjmp 的 man 說明文件給出了如下說明：

 當滿足以下條件時，區域變數的值是不能確定的：

- 它們是呼叫 setjmp 所在函數的區域變數。
- 其值在 setjmp 和 longjmp 之間有變化。
- 它們沒有被宣告為 volatile 變數。

我們來做一個試驗：

```c
#include <stdlib.h>
#include <stdio.h>
#include <setjmp.h>

static jmp_buf g_stack_env;
static void func1(int *a, int *b, int *c);

int main(void)
{
    int a = 1;
    int b = 2;
    int c = 3;

    int ret = setjmp(g_stack_env);
    if (0 == ret) {
        printf("Normal flow\n");
        printf("a = %d, b = %d, c = %d\n", a, b, c);
        func1(&a, &b, &c);
    } else {
        printf("Longjump flow\n");
        printf("a = %d, b = %d, c = %d\n", a, b, c);
    }

    return 0;
}

static void func1(int *a, int *b, int *c)
{
    printf("Enter func1\n");

    ++(*a);
    ++(*b);
    ++(*c);

    printf("func1: a = %d, b = %d, c = %d\n", *a, *b, *c);
    longjmp(g_stack_env, 1);

    printf("Leave func1\n");
}
```

然後編譯執行：

```
[fgao@ubuntu chapter3]#gcc 4_7_3_longjmp_var.c -Wall
[fgao@ubuntu chapter3]#./a.out
Normal flow
a = 1, b = 2, c = 3
Enter func1
func1: a = 2, b = 3, c = 4
Longjump flow
a = 2, b = 3, c = 4
```

從結果上看，變數 a、b、c 的值均沒有被恢復。這點符合我們的預期，畢竟 longjmp 只是恢復 6 個暫存器的內容。

然而當我們加上編譯選項 -O2 以後，結果就完全不同了。

```
[fgao@ubuntu chapter3]#gcc 4_7_3_longjmp_var.c -Wall -O2
[fgao@ubuntu chapter3]#./a.out
Normal flow
a = 1, b = 2, c = 3
Enter func1
func1: a = 2, b = 3, c = 4
Longjump flow
a = 1, b = 2, c = 3
```

在 longjmp 跳轉以後，a、b 和 c 的值仍然是原來的值。

除了上面這個缺陷以外，如果我們再仔細思考，還能發現由 longjmp 實作原理引發的其他缺陷。比如因為它不能處理區域變數的問題，因此在 C++ 中區域變數的解構肯定也是有問題的。

請看下面的範例：

```
#include <setjmp.h>
#include <iostream>

using namespace std;

static jmp_buf g_stack_env;

class Test {
public:
    Test() {
        cout << "Constructor" << endl;
    }
    ~Test() {
        cout << "Destructor" << endl;
    }
};

static void func1(void)
{
    Test t;
```

```
        longjmp(g_stack_env, 1);
    }

    int main(void)
    {
        int ret = setjmp(g_stack_env);
        if (0 == ret) {
            cout << "Normal flow" << endl;
            func1();
        } else {
            cout << "Longjump flow" << endl;
    }
    return 0;
    }
```

其輸出結果為：

```
[fgao@ubuntu chapter3]#g++ 4_7_3_longjmp_destructor.cpp -Wall
[fgao@ubuntu chapter3]#./a.out
Normal flow
Enter func1
Constructor
Longjump flow
```

之所以 Test 的解構函數沒有被呼叫，是因為 longjmp 是 glibc 函式庫中的函數，它直接恢復了堆疊的上下文，因此程式不會呼叫 Test 的解構函數。

行程控制：
行程的一生

行程是作業系統的一個核心概念。每個行程都有自己唯一的標示：行程 ID，也有自己的
生命週期。一個典型的行程的生命週期如圖 4-1 所示。

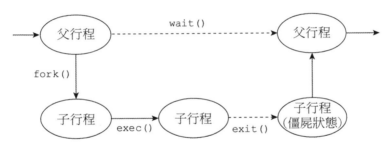

圖 4-1　行程的生命週期

本章將會介紹行程 ID、行程的層次，以及行程生命週期內的各個階段。

4.1　行程 ID

Linux 下每個行程都會有一個非負整數表示的唯一行程 ID，簡稱 pid。Linux 提供 getpid
函數來獲取行程的 pid，同時還提供 getppid 函數來獲取父行程的 pid，相關介面定義如
下：

```
#include <sys/types.h>
#include <unistd.h>

pid_t getpid(void);
pid_t getppid(void);
```

每個行程都有自己的父行程，父行程又會有自己的父行程，最終都會追溯到 1 號行程即 init 行程。這就決定了作業系統上所有的行程必然會組成樹狀結構，就像一個家族的家譜一樣。可以透過 pstree 的命令來查看行程的家族樹。

procfs 檔案系統會在/proc 下為每個行程建立一個目錄，名字是該行程的 pid。目錄下有很多檔案，用於記錄行程的執行情況和統計資訊等，如下所示：

```
ll /proc
總用量0
dr-xr-xr-x   9   root        root         0   4 月   1   06:56  1
dr-xr-xr-x   9   root        root         0   4 月   1   06:56  10
dr-xr-xr-x   9   root        root         0   4 月   1   06:56  100
dr-xr-xr-x   9   root        root         0   4 月   1   06:56  101
dr-xr-xr-x   9   root        root         0   4 月   1   06:56  102
dr-xr-xr-x   9   root        root         0   4 月   1   06:56  103
dr-xr-xr-x   9   root        root         0   4 月   1   06:56  1039
dr-xr-xr-x   9   root        root         0   4 月   1   06:56  104
...
```

因為行程有建立，也有終止，所以/proc/下記錄行程資訊的目錄（以及目錄下的檔案）也會發生變化。

作業系統必須保證在任意時刻都不能出現兩個行程有相同 pid 的情況。雖然行程 ID 是唯一的，但是行程 ID 可以重用。行程退出以後，其行程 ID 還可以再次分配給其他的行程使用。那麼問題就來了，核心是如何分配行程 ID 的？

Linux 分配行程 ID 的演算法與分配檔案控制碼的演算法是不同的，它採用延遲重用的演算法，即分配給新建立行程的 ID 儘量不與最近終止行程的 ID 重複，這樣就可以防止將新建立的行程誤判為使用相同行程 ID 的已經退出的行程。

該如何實作延遲重用呢？核心採用的方法如下：

1. 串列記錄行程 ID 的分配情況（0 為可用，1 為已佔用）。

2. 將上次分配的行程 ID 記錄到 last_pid 中，分配行程 ID 時，從 last_pid+1 開始找起，從串列中尋找可用的 ID。

3. 如果找到串列集合的最後一位仍不可用，則回滾到串列集合的起始位置，從頭開始找。

既然是串列記錄行程 ID 的分配情況，那麼串列的大小就必須要考慮周全。串列的大小直接決定了系統允許同時存在的行程的最大個數，這個最大個數在系統中稱為 pid_max。

上面的第 3 步提到，回繞到串列集合的起始位置，從頭尋找可用的行程 ID。事實上，嚴格說來，這種說法並不正確，回繞時並不是從 0 開始找起，而是從 300 開始找起。核心在 kernel/pid.c 檔案中定義了 RESERVED_PIDS，其值是 300，300 以下的 pid 會被系統占用，而不能分配給使用者行程：

```
define RESERVED_PIDS 300
int pid_max = PID_MAX_DEFAULT;
```

Linux 系統下可以透過 procfs 或 sysctl 命令來查看 id_max 的值：

```
manu@manu-rush:~$ cat /proc/sys/kernel/pid_max
131072
manu@manu-rush:~$ sysctl kernel.pid_max
kernel.pid_max = 131072
```

其實，此上限值是可以調整的，系統管理員可以透過如下方法來修改此上限值：

```
root@manu-rush:~# sysctl -w kernel.pid_max=4194304
kernel.pid_max = 4194304
```

但是核心自己也設置了上限限制，如果嘗試將 pid_max 的值設成一個大於上限限制的值就會失敗，如下所示：

```
root@manu-rush:~# sysctl -w kernel.pid_max=4194305
error: "Invalid argument" setting key "kernel.pid_max"
```

從上面的操作可以看出，Linux 系統將系統行程數的上限限制設置為 4194304（4M）。核心又是如何決定系統行程個數的上限限制的呢？對此，核心定義了如下的巨集：

```
#define PID_MAX_LIMIT (CONFIG_BASE_SMALL ? PAGE_SIZE * 8 : \
    (sizeof(long) > 4 ? 4 * 1024 * 1024 :PID_MAX_DEFAULT))
```

從上面程式碼中可以看出決定系統行程個數上限限制的邏輯為：

- 如果選擇 CONFIG_BASE_SMALL 編譯選項，則為分頁（PAGE_SIZE）的位元數。
- 如果選擇 CONFIG_BASE_FULL 編譯選項，則：
    - 對於 32 位元系統，系統行程個數上限限制為 32768（即 32K）。
    - 對於 64 位元系統，系統行程個數上限限制為 4194304（即 4M）。

透過上面的討論可以看出，在 64 位元系統中，系統容許建立的行程的個數超過 400 萬，這個數字是相當龐大的，足夠使用者層使用。

對於單執行緒的程式，行程 ID 比較好理解，就是唯一標識行程的數位。對於多執行緒的程序，每一個執行緒呼叫 getpid 函數，其回傳值都是一樣的，即行程的 ID。

4.2 行程的層次

每個行程都有父行程，父行程也有父行程，這就形成一個以 init 行程為根的家族樹。除此以外，行程還有其他層次關係：行程、行程組和 session。

行程組和 session 在行程之間形成兩級的層次：行程組是一組相關行程的集合，session 是一組相關行程組的集合。用人來打比方，session 如同一個公司，行程組如同公司裡的部門，行程則如同部門裡的員工。儘管每個員工都有父親，但是不影響員工同時屬於某個公司中的某個部門。

這樣說來，一個行程會有如下 ID：

- PID ：行程的唯一標識。對於多執行緒的行程而言，所有執行緒呼叫 getpid 函數會回傳相同的值。

- PGID ：行程組 ID。每個行程都會有行程組 ID，表示該行程所屬的行程組。預設情況下新建立的行程會繼承父行程的行程組 ID。

- SID：session ID。每個行程也都有 session ID。預設情況下，新建立的行程會繼承父行程的 session ID。

可以呼叫如下指令來查看所有行程的層次關係：

```
ps -ejH
ps axjf
```

對於行程而言，可以透過如下函式呼叫來獲取其行程組 ID 和 session ID。

```
#include <unistd.h>
pid_t getpgrp(void);
pid_t getsid(pid_t pid);
```

前面提到過，新行程預設繼承父行程的行程組 ID 和 session ID，如果都是預設情況話，追根溯源可知，所有的行程應該有共同的行程組 ID 和 session ID。但是呼叫 ps axjf 可以看到，實際情況並非如此，系統中存在很多不同的 session，每個 session 下也有不同的行程組。

為何會如此呢？

就像家族企業一樣，如果從創業之初，所有家族成員都墨守成規，循規蹈矩，預設情況下，就只會有一個公司、一個部門。但是也有些“叛逆”的子弟，願意為家族公司開疆拓土，願意成立新的部門。這些新的部門就是新建立的行程組。如果有子弟“離經叛道”，甚至不願意呆在家族公司裡，他另創了一個公司，則這個新公司就是新建立的 session 組。由此可見，系統必須要有改變和設置行程組 ID 和 session ID 的函數介面，否則，系統中只會存在一個 session、一個行程組。

行程組和 session 是為了支援 shell 作業控制而引入的概念。

當有新的使用者登入 Linux 時，登入行程會為這個使用者建立一個 session。使用者的登入 shell 就是 session 的首行程。session 的首行程 ID 會作為整個 session 的 ID。session 是一個或多個行程組的集合，囊括了登入使用者的所有活動。

在登入 shell 時，使用者可能會使用管線，讓多個行程互相配合完成一項工作，這一組行程屬於同一個行程組。

當使用者透過 SSH 使用者端工具（putty、xshell 等）連入 Linux 時，與上述登入的情景是類似的。

4.2.1 行程組

修改行程組 ID 的介面如下：

```
#include <unistd.h>
int setpgid(pid_t pid, pid_t pgid);
```

這個函數的含義是，找到行程 ID 為 pid 的行程，將其行程組 ID 修改為 pgid，如果 pid 的值為 0，則表示要修改呼叫行程的行程組 ID。該介面一般用來建立一個新的行程組。

下面三個介面含義一致，都是創立新的行程組，並且指定的行程會成為行程組的首行程。如果參數 pid 和 pgid 的值不匹配，那麼 setpgid 函數會將一個行程從原來所屬的行程組遷移到 pgid 對應的行程組。

```
setpgid(0,0)
setpgid(getpid(),0)
setpgid(getpid(),getpid())
```

setpgid 函數有很多限制：

- pid 參數必須指定為呼叫 setpgid 函數的行程或其子行程，不能隨意修改不相關行程的行程組 ID，如果違反這條規則，則回傳-1，並設定 errno 為 ESRCH。
- pid 參數可以指定呼叫行程的子行程，但是子行程如果已經執行 exec 函數，則不能修改子行程的行程組 ID。如果違反這條規則，則回傳-1，並設定 errno 為 EACCESS。
- 在行程組間移動，呼叫行程，pid 指定的行程及目標行程組必須在同一個 session 之內。這個比較好理解，不加入公司（session），就無法加入公司下屬的部門（行程組），否則就是部門要造反了。如果違反這條規則，則回傳-1，並設定 errno 為 EPERM。
- pid 指定的行程，不能是 session 首行程。如果違反這條規則，則回傳-1，並設定 errno 為 EPERM。

有了建立行程組的介面，新建立的行程組就不必繼承父行程的行程組 ID。最常見的建立行程組的場景就是在 shell 中執行管線命令，程式碼如下：

```
cmd1 | cmd2 | cmd3
```

下面用一個最簡單的命令來說明,其行程之間的關係如圖 4-2 所示。

```
ps ax|grep nfsd
```

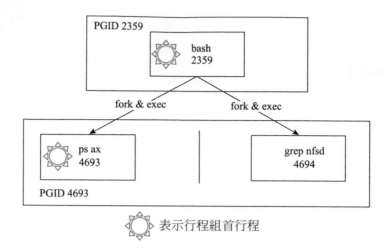

圖 4-2　行程組和行程的關係

ps 行程和 grep 行程都是 bash 建立的子行程,兩者透過管線合作完成一項工作,它們隸屬於同一個行程組,其中 ps 行程是行程組的組長。

行程組的概念並不難理解,可以將人與人之間的關係做類比。一起工作的同事,自然比毫不相干的路人更加親近。shell 中一起工作的行程屬於同一個行程組,就如同一起工作的人屬於同一個部門一樣。

引入行程組的概念,可以更方便地管理這一組行程。比如這項工作放棄了,不必向每個行程一一發送信號,可以直接將信號發送給行程組,行程組內的所有行程都會收到該信號。

前文曾提到過,子行程一旦執行 exec,父行程就無法呼叫 setpgid 函數來設置子行程的行程組 ID,這條規則會影響 shell 的作業控制。出於保險的考慮,一般父行程在呼叫 fork 建立子行程後,會呼叫 setpgid 函數設置子行程的行程組 ID,同時子行程也要呼叫 setpgid 函數來設置自身的行程組 ID。這兩次呼叫有一次是多餘的,但是這樣做能夠保證無論是父行程先執行,還是子行程先執行,子行程一定已經進入指定的行程組中。由於 fork 之後,父子行程的執行順序是不確定的,因此如果不這樣做,就會造成在一定的時間視窗內,無法確定子行程是否進入相應的行程組。

可以透過追蹤 bash 行程的系統呼叫來證明這一點,下面的 2258 行程是 bash,我們在該 bash 上執行 sleep 200,在執行之前,在另一個終端用 strace 追蹤 bash 的系統呼叫,可以看到,父行程和子行程都執行了一遍 setpgid 函數,程式碼如下所示:

```
manu@manu-hacks:~$ sudo strace -f -p 2258
Process 2258 attached
...
/*父行程呼叫 setpgid 函數*/
[pid  2258] setpgid(2509, 2509 <unfinished ...>
...
/*子行程呼叫 setpgid 函數*/
[pid  2509] setpgid(2509, 2509 <unfinished ...>
...
/*子行程執行 execve*/
[pid  2509] execve("/bin/sleep", ["sleep", "200"], [/* 31 vars */]) = 0
...
```

使用者在 shell 中可以同時執行多個命令。對於耗時很久的命令（如編譯大型專案），使用者不必傻傻等待命令執行完畢才執行下一個命令。使用者在執行命令時，可以在命令的結尾添加 " & " 符號，表示將命令放入背景執行。這樣該命令對應的行程組即為背景行程組。在任意時刻，可能同時存在多個背景行程組，但是不管什麼時候都只能有一個前景行程組。只有在前景行程組中行程才能在控制終端讀取輸入。當使用者在終端輸入信號生成終端字元（如 ctrl+c、ctrl+z、ctr+\等）時，對應的信號只會發送給前景行程組。

shell 中可以存在多個行程組，無論是前景行程組還是背景行程組，它們或多或少存在一定的聯繫，為了更好地控制這些行程組（或者稱為作業），系統引入 session 的概念。session 的意義在於將很多的工作囊括在一個終端，選取其中一個作為前景來直接接收終端的輸入及信號，其他的工作則放在背景執行。

4.2.2　session

session 是一個或多個行程組的集合，以使用者登入系統為例，可能存在如圖 4-3 所示的情況。

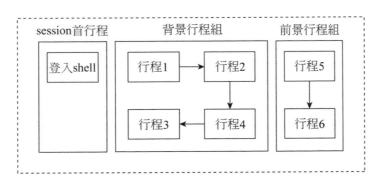

圖 4-3　行程組與 session 的關係

系統提供 setsid 函數來建立 session，其介面定義如下：

```
#include <unistd.h>
pid_t setsid(void);
```

如果呼叫這個函數的行程不是行程組組長，那麼呼叫該函數會發生以下事情：

1. 建立一個新 session，session ID 等於行程 ID，呼叫行程成為 session 的首行程。

2. 建立一個行程組，行程組 ID 等於行程 ID，呼叫行程成為行程組的組長。

3. 該行程沒有控制終端，如果呼叫 setsid 前，該行程有控制終端，這種聯繫就會斷掉。

呼叫 setsid 函數的行程不能是行程組的組長，否則呼叫會失敗，回傳-1，並設定 errno 為 EPERM。

這個限制的存在是合理的，如果允許行程組組長遷移到新的 session，而行程組的其他成員仍然在老的 session 中，則會出現同一個行程組的行程分屬不同的 session 之中的情況，這就破壞了行程組和 session 的嚴格的層次關係。

Linux 提供 setsid 命令，可以在新的 session 中執行命令，透過該命令可以很容易地驗證上面提到的三點：

```
manu@manu-hacks:~$ setsid sleep 100
manu@manu-hacks:~$ ps ajxf
 PPID   PID  PGID   SID TTY        TPGID STAT    UID   TIME COMMAND
 …
 1      4469  4469  4469 ?            -1  Ss     1000   0:00 sleep 100
```

從輸出中可以看出，系統建立新的 session 4469，新的 session 下又建立了新的行程組，session ID 和行程組 ID 都等於行程 ID，而該行程已經不再擁有任何控制終端（TTY 對應的值為 "？" 表示行程沒有控制終端）。

常用的呼叫 setsid 函數的場景是 login 和 shell。除此以外建立 daemon 行程也要呼叫 setsid 函數。

4.3　行程的建立之 fork()

Linux 系統下，行程可以呼叫 fork 函數來建立新的行程。呼叫行程為父行程，被建立的行程為子行程。

fork 函數的介面定義如下：

```
#include <unistd.h>
pid_t fork(void);
```

與普通函數不同，fork 函數會回傳兩次。一般說來，建立兩個完全相同的行程並沒有太多的價值。大部分情況下，父子行程會執行不同的程式碼分支。fork 函數的回傳值就成為區分父子行程的關鍵。fork 函數向子行程回傳 0，並將子行程的行程 ID 返給父行程。當然了，如果 fork 失敗，該函數則回傳-1，並設置 errno。

常見的出錯情景如表 4-1 所示。

表 4-1　fork 函數可能的 errno

Errno	說明
EAGAIN	超出了使用者容許建立的行程上限，也可能是超出系統容許的行程個數的上限
ENOMEM	無法分配相應的核心結構，記憶體緊張的情況下，可能發生該錯誤
ENOSYS	平臺不支援 fork

所以一般而言，呼叫 fork 的程式，大多會如此處理：

```
ret = fork();
if(ret == 0)
{
    …//此處是子行程的程式碼分支
}
else if(ret > 0)
{
    …//此處是父行程的程式碼分支
}
else
{
    …// fork 失敗，執行 error handle
}
```

 fork 可能失敗。檢查回傳值進行正確的出錯處理，是一個非常重要的習慣。設想如果 fork 回傳-1，而程式沒有判斷回傳值，直接將-1 當成子行程的行程號，則後面的程式碼執行 kill (child_pid, 9)就相當於執行 kill (-1, 9)。這會發生什麼？後果是慘重的，它將殺死除了 init 以外的所有行程，只要它有許可權。讀者可以透過 man 2 kill 來查看 kill(-1, 9)的含義。

fork 之後，對於父子行程，誰先獲得 CPU 資源，而率先執行呢？

從核心 2.6.32 開始，在預設情況下，父行程將成為 fork 之後優先調度的對象。採取這種策略的原因是：fork 之後，父行程在 CPU 中處於活躍的狀態，並且其記憶體管理資訊也被置於硬體記憶體管理單元的轉譯後備緩衝器（TLB），所以先調度父行程能提升性能。

從 2.6.24 起，Linux 採用完全公平調度（Completely Fair Scheduler，CFS）。使用者建立的普通行程，都採用 CFS 調度策略。對於 CFS 調度策略，procfs 提供了如下控制選項：

```
/proc/sys/kernel/sched_child_runs_first
```

該值預設是 0，表示父行程優先獲得調度。如果將該值改成 1，則子行程會優先獲得調度。

POSIX 標準和 Linux 都沒有保證會優先調度父行程。因此在應用中，決不能對父子行程的執行順序做任何的假設。如果確實需要某一特定執行的順序，那麼需要使用行程間同步的手段。

4.3.1　fork 之後父子行程的記憶體關係

fork 之後的子行程完全拷貝了父行程的位址空間，包括堆疊、heap、程式碼片段等。透過下面的範例程式，我們一起來查看父子行程的記憶體關係：

```c
#include <stdio.h>
#include <stdlib.h>
#include <unistd.h>
#include <string.h>
#include <errno.h>
#include <sys/types.h>
#include <wait.h>

int g_int = 1;
int main()
{
    int local_int = 1;
    int *malloc_int = malloc(sizeof(int));

    *malloc_int = 1;
    pid_t pid = fork();

    if(pid == 0) /*子行程*/
    {
        local_int = 0;
        g_int = 0;
        *malloc_int = 0;

        fprintf(stderr,"[CHILD ] child change local global malloc value to 0\n");
        free(malloc_int);

        sleep(10);
        fprintf(stderr,"[CHILD ] child exit\n");
        exit(0);
    }
    else if(pid < 0)
    {
        printf("fork failed (%s)",strerror(errno));
        return 1;
    }

    fprintf(stderr,"[PARENT] wait child exit\n");
    waitpid(pid,NULL,0);
    fprintf(stderr,"[PARENT] child have exit\n");
```

```
        printf("[PARENT] g_int = %d\n",g_int);
        printf("[PARENT] local_int = %d\n",local_int);
        printf("[PARENT] malloc_int = %d\n",local_int);

        free(malloc_int);
        return 0;
}
```

這裡刻意定義了三個變數，一個是位於資料段（data sectoin）的全域變數，一個是位於 heap 上的區域變數，還有一個是透過 malloc 動態分配位於堆疊上的變數，三者的初始值都是 1。然後呼叫 fork 建立子行程，子行程將三個變數的值都改成了 0。

按照 fork 的語義，子行程完全拷貝了父行程的資料段、堆疊和 heap 的記憶體，如果父子行程對相應的資料進行修改，那麼兩個行程是並行不悖、互不影響的。因此，在上面範例代碼中，儘管子行程將三個變數的值都改成 0，對父行程而言這三個值都沒有變化，仍然是 1，程式碼的輸出也證實了這一點。

```
[PARENT] wait child exit
[CHILD ] child change local global malloc value to 0
[CHILD ] child exit
[PARENT] child have exit
[PARENT] g_int = 1
[PARENT] local_int = 1
[PARENT] malloc_int = 1
```

前文提到過，子行程和父行程執行一模一樣的程式碼的情形比較少見。Linux 提供 execve 系統呼叫，構建在該系統呼叫之上，glibc 提供了 exec 系列函數。這個系列函數會丟棄現存的程式碼段，並構建新的資料段、堆疊及 heap。呼叫 fork 之後，子行程幾乎總是透過呼叫 exec 系列函數，來執行新的程式。

在這種背景下，fork 時子行程完全拷貝父行程的資料段、堆疊和 heap 的做法是不明智的，因為接下來的 exec 系列函數會毫不留情地拋棄剛剛辛苦拷貝的記憶體。為了解決這個問題，Linux 引入寫時拷貝（copy-on-write）的技術。

寫時拷貝是指子行程的分頁表項目指向與父行程相同的實體記憶體頁，這樣只拷貝父行程的分頁表項目就可以了，當然要把這些頁面標記成唯讀（如圖 4-4 所示）。如果父子行程都不修改記憶體的內容，大家便相安無事，共用一份實體記憶體頁。但是一旦父子行程中有任何一方嘗試修改，就會引發缺頁異常（page fault）。此時，核心會嘗試為該頁面建立一個新的實體頁面，並將內容真正地複製到新的實體頁面中，讓父子行程真正地各自擁有自己的實體記憶體頁，然後將分頁表中相應的表項標記為可寫。

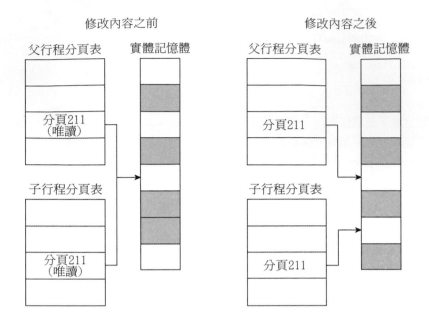

修改內容之前　　　　　　　　　　修改內容之後

父行程分頁表　實體記憶體　　　　父行程分頁表　實體記憶體

分頁211
（唯讀）　　　　　　　　分頁211

子行程分頁表　　　　　　　　　　子行程分頁表

分頁211
（唯讀）　　　　　　　　分頁211

圖 4-4　寫時拷貝

從上面的描述可以看出，對於沒有修改的頁面，核心並沒有真正地複製實體記憶體頁，僅僅是複製了父行程的分頁表。這種機制的引入提升了 fork 的性能，從而使核心可以快速地建立一個新的行程。

從核心程式碼層面來講，其呼叫關係如圖 4-5 所示。

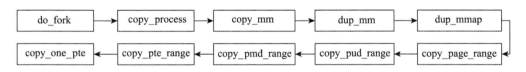

圖 4-5　fork 複製核心分頁表流程

Linux 的記憶體管理使用的是四級分頁表，如圖 4-6 所示，看了四級分頁表的名字，也就不難推測圖 4-5 中那些函數的作用了。

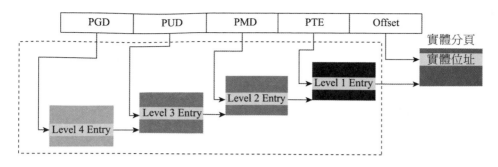

圖 4-6　分頁的複製示意圖

在最後的 copy_one_pte 函數中有如下程式碼：

```
/*如果是寫時拷貝，那麼無論是初始分頁表，還是拷貝的分頁表，都已設定防寫
 *後面無論父子行程，修改分頁表對應位置的記憶體時，都會觸發 page fault
 */

if (is_cow_mapping(vm_flags)) {
        ptep_set_wrprotect(src_mm, addr, src_pte);
        pte = pte_wrprotect(pte);
}
```

該程式碼將分頁設置成防寫，父子行程中任意一個行程嘗試修改防寫的頁面時，都會引發缺頁中斷(page fault)，核心會走向 do_wp_page 函數，該函數會負責建立副本，即真正的拷貝。

寫時拷貝技術極大地提升 fork 的性能，在一定程度上讓 vfork 成為雞肋。

4.3.2　fork 之後父子行程與檔案的關係

執行 fork 函數，核心會複製父行程所有的檔案控制碼。對於父行程打開的所有文件，子行程也是可以操作的。那麼父子行程同時操作同一個檔案是可以並行的，還是互相影響的呢？

下面透過對一個例子的討論來說明這個問題。read 函數並沒有將偏移量作為參數傳入，但是每次呼叫 read 函數或 write 函數時，卻能夠接著上次讀寫的位置繼續讀寫。原因是核心已經將偏移量的資訊記錄在與檔案控制碼相關的資料結構裡。那麼問題來了，父子行程是共用一個檔案偏移量還是各有各的檔案偏移量呢？

```
/*read 和 write 都沒有將 pos 資訊作為輸入參數*/
ssize_t read(int fd, void *buf, size_t count);
ssize_t write(int fd, const void *buf, size_t count);
```

我們用事實說話，請看下面的例子：

```c
#include <stdio.h>
#include <string.h>
#include <strings.h>
#include <unistd.h>
#include <sys/types.h>
#include <sys/stat.h>
#include <fcntl.h>
#include <errno.h>

#define INFILE  "./in.txt"
#define OUTFILE "./out.txt"
#define MODE    S_IRUSR |S_IWUSR|S_IRGRP|S_IWGRP|S_IROTH

int main(void)
{
    int fd_in,fd_out;
    char buf[1024];

    memset(buf, 0, 1024);
    fd_in = open(INFILE, O_RDONLY);
    if(fd_in < 0 )
    {
        fprintf(stderr,"failed to open %s, reason(%s)\n",
INFILE,strerror(errno));
        return 1;
    }
    fd_out = open(OUTFILE,O_WRONLY|O_CREAT|O_TRUNC,MODE);
    if(fd_out < 0)
    {
        fprintf(stderr,"failed to open %s, reason(%s)\n",
                OUTFILE,strerror(errno));
        return 1;
    }

    fork();/*此處忽略錯誤檢查*/

    while(read(fd_in, buf, 2) > 0)
    {

        printf("%d: %s",getpid(),buf);
        sprintf(buf, "%d Hello,World!\n",getpid());
        write(fd_out,buf,strlen(buf));
        sleep(1);
        memset(buf, 0, 1024);
    }
}
```

INFILE 的內容是：

```
1
2
3
4
5
6
```

上面的程式中，父子行程都會去讀 INFILE，如果父子行程各維護各的檔案偏移量，則父子行程都會列印出 1～6。

事實如何呢？請看輸出內容：

```
manu@manu-hacks:~/code/self/c/fork$ ./fork_file
6602: 1
6603: 2
6602: 3
6603: 4
6602: 5
6603: 6
```

當然，有時候輸出如下所示：

```
manu@manu-hacks:~/code/self/c/fork$ ./fork_file
6610: 1
6611: 2
6610: 3
6611: 4
6610: 5
6611: 5
6610: 6
```

如果父子行程各自維護自己的檔案偏移量，則一定是列印出兩套 1～6，但是事實並非如此。無論父行程還是子行程呼叫 read 函數導致檔案偏移量後移都會被對方獲知，這表明父子行程共用了一套檔案偏移量。

對於第二個輸出，為什麼父子行程都列印 5 呢？這是因為我的機器是多核的，父子行程同時執行，發現目前檔案偏移量是 4*2，然後各自去讀取第 8 和第 9 位元組，也就是 "5\n"。

寫檔案也是一樣，如果 fork 之前打開了某檔案，之後父子行程寫入同一個檔案控制碼而又不採取任何同步的手段，則會因為共用檔案偏移量而使輸出相互混合，不可閱讀。

檔案控制碼還有一個檔案控制碼旗標（file descriptor flag）。目前只定義了一個旗標位元：FD_CLOSEXEC，這是 close_on_exec 旗標位元。細心閱讀 open 函數說明文件會發現，open 函數也有一個類似的旗標位元，即 O_CLOSEXEC，該旗標位元也是用於設置檔案控制碼旗標的。

這個旗標位元到底有什麼作用呢？如果檔案控制碼中將這個旗標位置位元，則呼叫 exec 時會自動關閉對應的檔案。

可是為什麼需要這個旗標位元呢？主要是出於安全的考慮。

對於 fork 之後子行程執行 exec 這種場景，如果子行可以操作父行程打開的檔案，就會帶來嚴重的安全隱憂。[1]一般而言，呼叫 exec 的子行程時，因為它會另起爐灶，因此父行程打開的檔案控制碼也應該一併關閉，但事實上核心並沒有主動這樣做。試想如下場景，Webserver 首先以 root 許可權啟動，打開只有擁有 root 許可權才能打開的埠和日誌等檔案，再降到普通使用者，fork 出一些 worker 行程，在行程中進行解析腳本、寫日誌、輸出結果等操作。由於子行程完全可以操作父行程打開的檔案，因此子行程中的腳本只要繼續操作這些檔案控制碼，就能越權操作 root 使用者才能操作的檔案。

為了解決這個問題，Linux 引入 close on exec 機制。設置 FD_CLOSEXEC 旗標位元的檔案，在子行程呼叫 exec 家族函數時會將相應的檔案關閉。而設置該旗標位元的方法有兩種：

- open 時，帶上 O_CLOSEXEC 旗標位元。

- open 時如果未設置，那就在後面呼叫 fcntl 函數的 F_SETFD 操作來設置。

建議使用第一種方法。原因是第二種方法在某些時序條件下並不那麼絕對的安全。考慮圖 4-7 的場景：Thread 1 還沒來得及將 FD_CLOSEXEC 設定好，由於 Thread 2 已經執行過 fork，這時候 fork 出來的子行程就不會關閉相應的檔案。儘管 Thread1 後來呼叫 fcntl 的 F_SETFD 操作，但是為時已晚，檔案已經洩露。

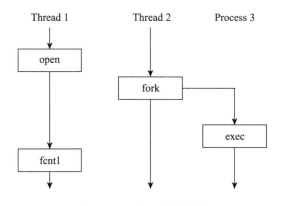

圖 4-7　未及時 fcntl 導致檔案控制碼的洩露

 圖 4-7 中，多執行緒程式執行了 fork，僅僅是為了示意，實際中並不鼓勵這種做法。相反地，這種做法是十分危險的。多執行緒程式不應該呼叫 fork 來建立子行程，第 8 章會分析實際原因。

---

[1]　Linux 系統檔案控制碼繼承帶來的危害請參看：*http://www.80sec.com/security-issue-on-linux-fd-inheritance.html*。

前面提到，執行 fork 時，子行程會獲取父行程所有檔案控制碼的副本，但是測試結果表明，父子行程共用了檔案的很多屬性。這到底是怎麼回事？讓我們深入核心一探究竟。

4.3.3 檔案控制碼複製的核心實作

在核心的行程結構 task_struct 結構體中，與打開檔案相關的變數如下所示：

```
struct task_struct {
    ...
    struct files_struct *files;
    ...
}
```

呼叫 fork 時，核心會在 copy_files 函數中處理拷貝父行程打開的檔案的相關事宜：

```
static int copy_files(unsigned long clone_flags,
                      struct task_struct *tsk)
{
    struct files_struct *oldf, *newf;
    int error = 0;

    oldf = current->files;
    if (!oldf)
        goto out;
/*建立執行緒和 vfork，都不用複製父行程的檔案控制碼，增加引用計數即可*/
    if (clone_flags & CLONE_FILES) {
        atomic_inc(&oldf->count);
        goto out;
    }
    /*對於 fork 而言，需要複製父行程的檔案控制碼*/
    newf = dup_fd(oldf, &error);
    if (!newf)
        goto out;

    tsk->files = newf;
    error = 0;
out:
    return error;
}
```

CLONE_FILES 旗標用來控制是否共用父行程的檔案控制碼。如果設定了該旗標值，則表示不必費勁複製一份父行程的檔案控制碼，增加引用計數，直接共用一份就可以了。對於 vfork 函數和建立執行緒的 pthread_create 函數來說都是如此。但是 fork 函數卻不同，呼叫 fork 函數時，該旗標位元為 0，表示需要為子行程拷貝一份父行程的檔案控制碼。檔案控制碼的拷貝是透過核心的 dup_fd 函數來完成的。

```
struct files_struct *dup_fd(struct files_struct *oldf,
                            int *errorp)
{
    struct files_struct *newf;
    struct file **old_fds, **new_fds;
```

```
    int open_files, size, i;
    struct fdtable *old_fdt, *new_fdt;

    *errorp = -ENOMEM;
    newf = kmem_cache_alloc(files_cachep, GFP_KERNEL);
    if (!newf)
            goto out;
```

dup_fd 函數首先會給子行程分配一個 file_struct 結構體，然後做一些賦值操作。這個結構
體是行程結構中與打開檔案相關的資料結構，每一個打開的檔案都會記錄在該結構體
中。其定義程式碼如下：

```
struct files_struct {
    atomic_t count;
    struct fdtable __rcu *fdt;
    struct fdtable fdtab;

    spinlock_t file_lock ____cacheline_aligned_in_smp;
    int next_fd;
    struct embedded_fd_set close_on_exec_init;
    struct embedded_fd_set open_fds_init;
    struct file __rcu * fd_array[NR_OPEN_DEFAULT];
};

struct fdtable
{
    unsigned int max_fds;
    struct file __rcu **fd;      /* current fd array */
    fd_set *close_on_exec;
    fd_set *open_fds;
    struct rcu_head rcu;
    struct fdtable *next;
};
struct embedded_fd_set {
    unsigned long fds_bits[1];
};
```

初看之下 struct fdtable 的內容與 struct files_struct 的內容有頗多重複之處，包括
close_on_exec 檔案控制碼串列、打開檔案控制碼串列及 file 指標陣列等，但事實上並非
如此。struct files_struct 中的成員是相應資料結構的實例，而 struct fdtable 中的成員是相
應的指標。

Linux 系統假設大多數的行程打開的檔案不會太多。於是 Linux 以經驗值選擇了一個 long
類型的位數（32 位元系統下為 32 位元，64 位元系統下為 64 位）作為經驗值。

以 64 位元系統為例，file_struct 結構體自帶可以容納 64 個 struct file 類型指標的陣列
fd_array，也自帶兩個大小為 64 的串列，其中 open_fds_init 串列用於記錄檔案的打開情
況，close_on_exec_init 串列用於記錄檔案控制碼的 FD_CLOSEXCE 旗標位元是否被設
定。只要行程打開的檔案個數小於 64，file_struct 結構體內的指標陣列和兩個串列就足以

滿足需要。因此在分配了 file_struct 結構體後，核心會初始化 file_struct 自帶的 fdtable，
程式碼如下所示：

```
atomic_set(&newf->count, 1);

spin_lock_init(&newf->file_lock);
newf->next_fd = 0;
new_fdt = &newf->fdtab;
new_fdt->max_fds = NR_OPEN_DEFAULT;
new_fdt->close_on_exec = (fd_set *)&newf->close_on_exec_init;
new_fdt->open_fds = (fd_set *)&newf->open_fds_init;
new_fdt->fd = &newf->fd_array[0];
new_fdt->next = NULL;
```

初始化之後，子行程的 file_struct 的情況如圖 4-8 所示。注意，此時 file_struct 結構體中的
fdt 指標並未指向 file_struct 內的 struct fdtable 類型的 fdtab 變數。原因很簡單，因為此時
核心還沒有檢查父行程打開檔案的個數，因此並不確定內建的結構體能否滿足需要。

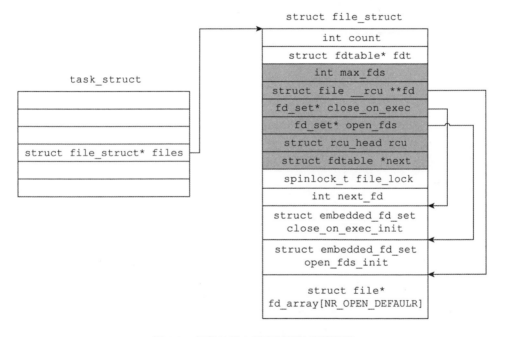

圖 4-8　行程結構中檔案相關的資料結構

接下來，核心會檢查父行程打開檔案的個數。如果父行程打開的檔案超過了 64 個，struct
files_struct 中的陣列和串列就不能滿足需要了。這種情況下核心會分配一個新的 struct
fdtable，預設的程式碼如下：

```
spin_lock(&oldf->file_lock);
old_fdt = files_fdtable(oldf);
open_files = count_open_files(old_fdt);
```

```
/*如果父行程打開檔案的個數超過NR_OPEN_DEFAULT*/
while (unlikely(open_files > new_fdt->max_fds)) {
    spin_unlock(&oldf->file_lock);
    /*如果不是內建的 fdtable 而是曾經分配的 fdtable，則需要先釋放*/
    if (new_fdt != &newf->fdtab)
        __free_fdtable(new_fdt);

    /*建立新的 fdtable*/
    new_fdt = alloc_fdtable(open_files - 1);
    if (!new_fdt) {
        *errorp = -ENOMEM;
        goto out_release;
    }

    /*如果超出系統限制，則回傳 EMFILE*/

    if (unlikely(new_fdt->max_fds < open_files)) {
        __free_fdtable(new_fdt);
        *errorp = -EMFILE;
        goto out_release;
    }

    spin_lock(&oldf->file_lock);
    old_fdt = files_fdtable(oldf);
    open_files = count_open_files(old_fdt);
}
```

alloc_fdtable 所做的事情，不過是分配 fdtable 結構體本身，以及分配一個指標陣列和兩個串列（如圖 4-9 所示）。分配之前會根據父行程打開檔案的數目，計算出一個合理的值 nr，以確保分配的陣列和串列能夠滿足需要。

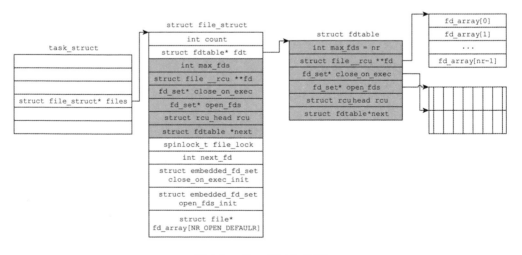

圖 4-9　alloc_fdtable 原理

無論是使用 file_struct 結構體中的 fdtable，還是使用 alloc_fdtable 分配的 fdtable，接下來要做的事情都一樣，即將父行程的兩個串列資訊和打開檔案的 struct file 類型指標拷貝到子行程的對應資料結構中，程式碼如下：

```
old_fds = old_fdt->fd; /*父行程的 struct file 指標陣列*/
new_fds = new_fdt->fd; /*子行程的 struct file 指標陣列*/
/*拷貝打開檔案串列*/
memcpy(new_fdt->open_fds->fds_bits,
old_fdt->open_fds->fds_bits, open_files/8);
/*拷貝 close_on_exec 串列*/
memcpy(new_fdt->close_on_exec->fds_bits,
old_fdt->close_on_exec->fds_bits, open_files/8);

for (i = open_files; i != 0; i--) {
    struct file *f = *old_fds++;
    if (f) {
        get_file(f); /* f 對應的檔案的引用計數加 1 */
    } else {
        FD_CLR(open_files - i, new_fdt->open_fds);
    }
    /*子行程的 struct file 類型指標，
     *指向和父行程相同的 struct file 結構體*/
    rcu_assign_pointer(*new_fds++, f);
    }
spin_unlock(&oldf->file_lock);

/* compute the remainder to be cleared */
size = (new_fdt->max_fds - open_files) * sizeof(struct file *);
/*將尚未分配到的 struct 結 file 構的指標歸零*/
memset(new_fds, 0, size);
/*將尚未分配到的串列區域歸零*/
if (new_fdt->max_fds > open_files) {
    int left = (new_fdt->max_fds-open_files)/8;
    int start = open_files / (8 * sizeof(unsigned long));

    memset(&new_fdt->open_fds->fds_bits[start], 0, left);
    memset(&new_fdt->close_on_exec->fds_bits[start], 0, left);
}

rcu_assign_pointer(newf->fdt, new_fdt);

return newf;
out_release:
kmem_cache_free(files_cachep, newf);
out:
return NULL;
}
```

procfs 的/proc/PID/status 中的 FDSize，記錄了目前 fdtable 的大小：

```
manu@manu-hacks:~$ cat /proc/1/status
FDSize: 128
```

當然了，FDSize 記錄的是目前 fdtable 能容納的 struct file 指標，而不是已經打開的檔案個數，已經打開的檔案記錄在/proc/PID/fd 中。

透過對上述流程的整理，不難看出，父子行程之間拷貝的是 struct file 的指標，而不是 struct file 的實例，父子行程的 struct file 類型指標，都指向同一個 struct file 實例。fork 之後，父子行程的檔案控制碼關係如圖 4-10 所示。

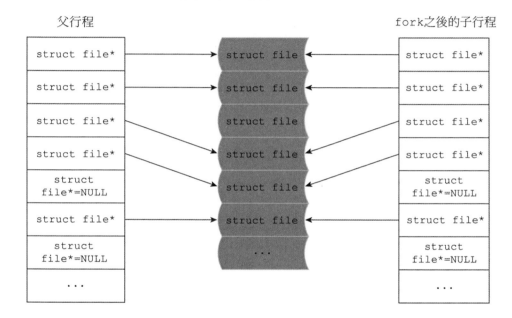

圖 4-10　fork 之後，父子行程的檔案控制碼關係

下面來看看 struct file 成員變數：

```
struct file{
    ...
    unsigned int        f_flags
    fmode_t             f_mode
    loff_t              f_pos;/*檔案位置指標的目前值，即檔案偏移量*/
    ...
}
```

看到此處，就不難理解父子行程是如何共用檔案偏移量，那是因為父子行程的指標都指向同一個 struct file 結構體。

4.4　行程的建立之 vfork()

在早期的實作中，fork 沒有實作寫時拷貝機制，而是直接對父行程的資料段、heap 和堆疊進行完全拷貝，效率十分低下。很多程式在 fork 一個子行程後，會緊接著執行 exec 家族函數，這更是一種浪費。所以 BSD 引入 vfork。既然 fork 之後會執行 exec 函數，拷貝父行程的記憶體資料就變成一種無意義的行為，所以引入的 vfork 壓根就不會拷貝父行程的記憶體資料，而是直接共用。再後來 Linux 引入寫時拷貝的機制，其效率提高了很多，這樣一來，vfork 其實就可以退出歷史舞臺了。除了一些需要將性能優化到極致的場景，大部分情況下不需要再使用 vfork 函數。

vfork 會建立一個子行程，該子行程會共用父行程的記憶體資料，而且系統將保證子行程先于父行程獲得調度。子行程也會共用父行程的位址空間，而父行程將被一直 suspend，直到子行程退出或執行 exec。

注意，vfork 之後，子行程如果回傳，則不要呼叫 return，而應該使用_exit 函數。如果使用 return，就會出現詭異的錯誤[2]。請看下面的範例程式：

```c
#include <stdio.h>
#include <stdlib.h>
#include <unistd.h>

int glob = 88 ;
int main(void) {
    int var;
    var = 88;
    pid_t pid;

    if ((pid = vfork()) < 0) {
        printf("vfork error");
        exit(-1);
    } else if (pid == 0) { /*子行程*/
        var++;
        glob++;
        return 0;
    }

    printf("pid=%d, glob=%d, var=%d\n",
            getpid(), glob, var);
    return 0;
}
```

呼叫子行程，如果使用 return 回傳，就意味著 main 函數回傳了，因為堆疊是父子行程共享的，所以程式的函數堆疊發生變化。main 函數 return 之後，通常會呼叫 exit 系的函數，父行程收到子行程的 exit 之後，就會開始從 vfork 回傳，但是這時整個 main 函數的

---

[2]　請參考著名程式師陳皓的《vfork 挂掉的一个问题》一文。

堆疊都已經不復存在，所以父行程壓根無法執行。於是會回傳一個詭異的堆疊位址，對於在某些核心版本中，行程會直接報堆疊錯誤然後退出，但是在某些核心版本中，有可能就會再次進出 main，於是進入一個無限迴圈，直到 vfork 回傳錯誤。筆者的 Ubuntu 版本就是後者。

一般來說，vfork 建立的子行程會執行 exec，執行完 exec 後應該呼叫_exit 回傳。注意，是_exit 而不是 exit。因為 exit 會導致父行程 stdio 緩衝區的沖刷和關閉。我們會在後面說明 exit 和_exit 的區別。

4.5　daemon 行程的建立

daemon 行程又被稱為守護行程，一般來說它有以下兩個特點：

- 生命週期很長，一旦啟動，正常情況下不會終止，一直執行到系統退出。但凡事無絕對：daemon 行程其實也是可以停止的，如很多 daemon 提供了 stop 命令，執行 stop 命令就可以終止 daemon，或者透過發送信號將其殺死，又或者因為 daemon 行程程式碼存在 bug 而異常退出。這些退出一般都是由手工操作或因異常引發的。

- 在背景執行，並且不與任何控制終端相關聯。即使 daemon 行程是從終端命令列啟動的，終端相關的信號如 SIGINT、SIGQUIT 和 SIGTSTP，以及關閉終端，都不會影響到 daemon 行程的繼續執行。

習慣上 daemon 行程的名字通常以 d 結尾，如 sshd、rsyslogd 等。但這僅僅是習慣，並非一定要如此。

如何使一個行程變成 daemon 行程，或者說編寫 daemon 行程，需要遵循哪些規則或步驟呢？

一般而言，建立一個 daemon 行程的步驟被概括地稱為 double-fork magic。細細說來，需要以下步驟。

1. 執行 fork()函數，父行程退出，子行程繼續

執行這一步，原因有二：

- 父行程有可能是行程組的組長（在命令列啟動的情況下），所以不能夠執行後面要執行的 setsid 函數，子行程繼承了父行程的行程組 ID，並且擁有自己的行程 ID，一定不會是行程組的組長，所以子行程一定可以執行後面要執行的 setsid 函數。

- 如果 daemon 是從終端命令列啟動的，那麼父行程退出會被 shell 檢測到，shell 會顯示 shell 提示符，讓子行程在背景執行。

2. 子行程執行如下三個步驟，以擺脫與環境的關係

1. 修改行程的目前的目錄為根目錄（/）。

這樣做是有原因的，因為 daemon 一直在執行，如果目前工作路徑上包含有根檔案系統以外的其他檔案系統，則這些檔案系統目錄將無法卸載。因此，一般習慣是將目前工作目錄切換成根目錄，當然也可以是其他目錄，只要確保該目錄所在的檔案系統不會被卸載即可。

```
chdir("/")
```

2. 呼叫 setsid 函數。這個函數的目的是切斷與控制終端的所有關係，並且建立一個新的 session。

這一步比較關鍵，因為這一步確保了子行程不再歸屬於控制終端所關聯的 session。因此無論終端是否發送 SIGINT、SIGQUIT 或 SIGTSTP 信號，也無論終端是否斷開，都與要建立的 daemon 行程無關，不會影響到 daemon 行程的繼續執行。

3. 設置檔案模式建立遮罩為 0。

```
umask(0)
```

這一步的目的是讓 daemon 行程建立檔案的許可權屬性與 shell 脫離關係。因為預設情況下，行程的 umask 來源於父行程 shell 的 umask。如果不執行 umask(0)，則父行程 shell 的 umask 就會影響到 daemon 行程的 umask。如果使用者改變 shell 的 umask，那麼也就相當於改變 daemon 的 umask，就會造成 daemon 行程每次執行的 umask 資訊可能會不一致。

3. 再次執行 fork，父行程退出，子行程繼續

執行完前面兩步之後，可以說幾乎已經功德圓滿：新建 session，行程是 session 的首行程，也是行程組的首行程。行程 ID、行程組 ID 和 session ID，三者的值相同，行程和終端無關聯。那麼這裡為何還要再執行一次 fork 函數呢？

原因是，daemon 行程有可能會打開一個終端設備，即 daemon 行程可能會根據需要，執行類似如下的程式碼：

```
int fd = open("/dev/console", O_RDWR);
```

這個打開的終端設備是否會成為 daemon 行程的控制終端，取決於兩點：

- daemon 行程是不是 session 的首行程。
- 系統實作。（BSD 風格的實作不會成為 daemon 行程的控制終端，但是 POSIX 標準說這由實際實作來決定）。

既然如此，為了確保萬無一失，只有確保 daemon 行程不是 session 的首行程，才能保證打開的終端設備不會自動成為控制終端。因此，不得不執行第二次 fork，fork 之後，

父行程退出，子行程繼續。這時，子行程不再是 session 的首行程，也不是行程組的首行程。

4. 關閉標準輸入（stdin）、標準輸出（stdout）和標準錯誤（stderr）

因為檔案控制碼 0、1 和 2 指向的就是控制終端。daemon 行程已經不再與控制終端相關聯，因此這三者都沒有意義。一般而言，關閉之後，會打開/dev/null，並執行 dup2 函數，將 0、1 和 2 重定向到/dev/null。這個重定向是有意義的，防止後面的程式在檔案控制碼 0、1 和 2 上執行 I/O 函式庫函數而導致報錯。

至此，即完成 daemon 行程的建立，行程可以開始自己真正的工作了。

上述步驟比較繁瑣，對於 C 語言而言，glibc 提供 daemon 函數，從而幫我們將程式轉化成 daemon 行程。

```
#include <unistd.h>
int daemon(int nochdir, int noclose);
```

該函數有兩個輸入參數，分別控制兩種行為，實際如下。

其中的 nochdir，用來控制是否將目前工作目錄切換到根目錄。

- 0：將目前工作目錄切換到/。
- 1：保持目前工作目錄不變。

而 noclose，用來控制是否將標準輸入、標準輸出和標準錯誤重定向到*/dev/null*。

- 0：將標準輸入、標準輸出和標準錯誤重定向到*/dev/null*。
- 1：保持標準輸入、標準輸出和標準錯誤不變。

一般情況下，這兩個參數都要為 0。

```
ret = daemon(0,0)
```

成功時，daemon 函數回傳 0；失敗時，回傳-1，並設定 errno。因為 daemon 函數內部會呼叫 fork 函數和 setsid 函數，所以出錯時 errno 可以查看 fork 函數和 setsid 函數的出錯情形。

glibc 的 daemon 函數做的事情，和前面討論的大體一致，但是做得並不徹底，沒有執行第二次的 fork。

4.6　行程的終止

在不考慮執行緒的情況下，行程的退出有以下 5 種方式。正常退出有 3 種：

- 從 main 函數 return 回傳

- 呼叫 exit

- 呼叫 _exit

異常退出有 2 種：

- 呼叫 abort

- 接收到信號，由信號終止

4.6.1　_exit 函數

_exit 函數的介面定義如下：

```
#include <unistd.h>
void _exit(int status);
```

_exit 函數中 status 參數定義了行程的終止狀態，父行程可以透過 wait() 來獲取該狀態值。

需要注意的是回傳值，雖然 status 是 int 型，但是僅有最低 8 位元可以被父行程所用。所以寫 exit(-1) 結束行程時，在終端執行 "$?" 會發現回傳值是 255。

如果是 shell 相關的程式設計，shell 可能需要獲取行程的退出值，那麼退出值最好不要大於 128。如果退出值大於 128，會給 shell 帶來困擾。POSIX 標準規定的退出狀態及其含義如表 4-2 所示。

表 4-2　shell 程式設計中退出狀態及其含義

值	含義
0	命令成功執行並退出
1～125	命令未成功地退出，實際含義由各自的命令定義
126	命令找到了，檔案無法執行
127	命令找不到
>128	命令因收到信號而死亡

下面的命令被 SIGINT 信號（signo=2）中斷，回傳了 130。如程式透過 exit 回傳 130，與其配合工作的 shell 就可能會誤判為收到信號而退出。

```
manu@manu-hacks:~/code/me/exit$ sleep 10000
^C
```

```
manu@manu-hacks:~/code/me/exit$ $?
130：未找到命令
```

使用者呼叫_exit 函數，本質上是呼叫 exit_group 系統呼叫。這點在前面已經詳細介紹過，在此就不再贅述。

4.6.2 exit 函數

exit 函數更常見一些，其介面定義如下：

```
#include <stdlib.h>
void exit(int status);
```

exit()函數的最後也會呼叫_exit()函數，但是 exit 在呼叫_exit 之前，還做了其他工作：

1. 執行使用者透過呼叫 atexit 函數或 on_exit 定義的清理函數。

2. 關閉所有打開的串流（stream），所有緩衝的資料均被寫入（flush），透過 tmpfile 建立的暫存檔案都會被刪除。

3. 呼叫_exit。

圖 4-11 展示出 exit 函數和_exit 函數的差異。

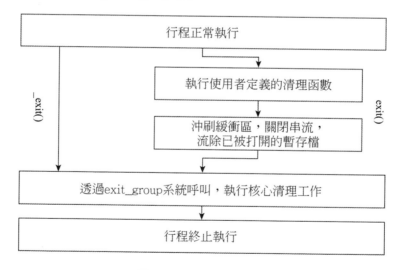

圖 4-11　exit 和_exit 比較

下面介紹 exit 函數和_exit 函數的不同之處。

首先是 exit 函數會執行使用者註冊的清理函數。使用者可以透過呼叫 atexit()函數或 on_exit()函數來定義清理函數。這些清理函數在呼叫 return 或呼叫 exit 時會被執行。執行順序與函數註冊的順序相反。當行程收到致命信號而退出時，註冊的清理函數不會被執行；當行程呼叫_exit 退出時，註冊的清理函數不會被執行；當執行到某個清理函數時，若收到致命信號或清理函式呼叫了_exit()函數，則該清理函數不會回傳，從而導致排在後面的需要執行的清理函數都會被丟棄。

其次是 exit 函數會沖刷（flush）標準 I/O 函式庫的緩衝並關閉串流。glibc 提供的很多與 I/O 相關的函數都提供了緩衝區，用於緩衝大量資料。

緩衝有三種方式：無緩衝（_IONBF）、行緩衝（_IOLBF）和全緩衝（_IOFBF）。

- 無緩衝：就是沒有緩衝區，每次呼叫 stdio 函式庫函數都會立刻呼叫 read/write 系統呼叫。

- 行緩衝：對於輸出串流，收到分行符號之前，一律做資料緩衝，除非緩衝區滿了。對於輸入串流，每次讀取一行資料。

- 全緩衝：就是緩衝區滿之前，不會呼叫 read/write 系統呼叫來進行讀寫操作。

對於後兩種緩衝，可能會出現這種情況：行程退出時，緩衝區裡面可能還有未沖刷的資料。如果不沖刷緩衝區，緩衝區的資料就會丟失。比如行緩衝遲遲沒有等到分行符號，又或者全緩衝沒有等到緩衝區滿。尤其是後者，很容易出現，因為 glibc 的緩衝區預設是 8192 位元組。exit 函數在關閉串流之前，會沖刷緩衝區的資料，確保緩衝區裡的資料不會遺失。

```c
#include <stdio.h>
#include <stdlib.h>
#include <unistd.h>

void foo()
{
    fprintf(stderr,"foo says bye.\n");
}
void bar()
{
    fprintf(stderr,"bar says bye.\n");
}

int main(int argc, char **argv)
{
    atexit(foo);
    atexit(bar);

    fprintf(stdout,"Oops ... forgot a newline!");

    sleep(2);

    if (argc > 1 && strcmp(argv[1],"exit") == 0)
        exit(0);

    if (argc > 1 && strcmp(argv[1],"_exit") == 0)
        _exit(0);
```

```
        return 0;
}
```

注意上面的範例程式，fprintf 列印的字串是沒有分行符號的，對於標準輸出串流 stdout，採用的是行緩衝，收到分行符號之前是不會有輸出的。輸出情況如下：

```
manu@manu-hacks:exit$ ./test exit
bar says bye.
foo says bye.
Oops ... forgot a newline!manu@manu-hacks:exit$
manu@manu-hacks:exit$
manu@manu-hacks:exit$ ./test
bar says bye.
foo says bye.
Oops ... forgot a newline!manu@manu-hacks:exit$
manu@manu-hacks:exit$
manu@manu-hacks:exit$ ./test _exit
manu@manu-hacks:~/code/self/c/exit$
```

儘管緩衝區裡的資料沒有等到分行符號，但是無論是呼叫 return 回傳還是呼叫 exit 回傳，緩衝區裡的資料都會被沖刷，"Oops ... forgot a newline!"都會被輸出。因為 exit()函數會負責此事。從測試程式碼的輸出也可以看出，exit()函數首先執行的是使用者註冊的清理函數，然後才執行緩衝區的沖刷。

第三，若有暫存檔案存在，exit 函數會負責將暫存檔案刪除，這點在第 3 章中已經介紹過，此處就不再贅述。

exit 函數的最後呼叫了_exit()函數，最終殊途同歸，走向核心清理。

4.6.3　return 退出

return 是一種更常見的終止行程的方法。執行 return(n)等同於執行 exit(n)，因為呼叫 main()的執行時函數會將 main 的回傳值當作 exit 的參數。

4.7　等待子行程

4.7.1　僵屍行程

行程就像一個生命體，透過 fork()函數，子行程呱呱墜地。有的子行程子承父業，繼續執行與父行程一樣的程式（相同的程式碼片段，儘管可能是不同的程式分支），有的子行程則比較叛逆，透過 exec 離家出走，走向與父行程完全不同的道路。

令人悲傷的是，如同所有的生命體一樣，行程也會消亡。行程退出時會進行核心清理，基本就是釋放行程所有的資源，這些資源包括記憶體資源、檔案資源、同步訊號資源、共用記憶體資源，可能使引用計數減一，或者徹底釋放。不過，行程的退出其實並沒有將所有的資源完全釋放，仍保留了少量的資源，比如行程的 PID 依然被佔用著，不可被系統分配。此時的行程不可執行，事實上也沒有位址空間讓其執行，行程進入僵屍狀態。

為什麼行程退出之後不將所有的資源釋放，從此灰飛煙滅，一了百了，反而非要保留少量資源，進入僵屍狀態呢？看看僵屍行程依然佔有的系統資源，我們就能獲得答案。僵屍行程依然保留的資源有行程控制結構 task_struct、核心堆疊等。這些資源不釋放是為了提供一些重要的資訊，比如行程為何退出，是收到信號退出還是正常退出，行程退出碼是多少，行程一共消耗多少系統 CPU 時間，多少使用者 CPU 時間，收到多少信號，發生多少次行程轉換（context switch），最大記憶體駐留集（resident size）是多少，產生多少缺頁（page fault）中斷？等等。這些資訊，就像墓誌銘，總結了行程的一生。如果沒有這個僵屍狀態，行程的這些資訊也會隨之流逝，系統也將再也沒有機會獲知該行程的相關資訊。因此行程退出後，會保留少量的資源，等待父行程前來收集這些資訊。一旦父行程收集了這些資訊之後（透過呼叫下面提到的 wait/waitpid 等函數），這些殘存的資源完成了它的使命，就可以釋放，行程就脫離僵屍狀態，徹底消失。

從上面的討論可以看出，製造一個僵屍行程是一件很容易的事情，只要父行程呼叫 fork 建立子行程，子行程退出後，父行程如果不呼叫 wait 或 waitpid 來獲取子行程的退出信息，子行程就會淪為僵屍行程。範例程式如下：

```c
#include <stdio.h>
#include <stdlib.h>
#include <sys/types.h>
#include <unistd.h>

int main()
{
    pid_t pid;
    pid=fork();
    if(pid<0)
    {
        /*如果出錯*/
        printf("error occurred!\n");
    }
    else if(pid==0)
    {
        /*子行程*/
        exit(0);
    }
    else
    {
        /*父行程*/
        sleep(300); /*休眠 300 秒*/
        wait(NULL); /*獲取僵屍行程的退出資訊*/
    }

    return 0;
}
```

上面的例子中父行程休眠 300 秒後才會呼叫 wait 來獲取子行程的退出資訊。而子行程退出之後會變成僵屍狀態，苦苦等待父行程來獲取退出資訊。在這 300 秒左右的時間裡，子行程就是一個僵屍行程。

如何查詢一個行程是否處於僵屍狀態呢？ ps 命令輸出的行程狀態 Z，就表示行程處於僵屍狀態，另外 procfs 提供的 status 資訊中的 State 給出的值是 Z(zombie)，也表明行程處於僵屍狀態。

```
ps ax
......
3940 pts/10   S      0:00 ./zombie
3941 pts/10   Z      0:00 [zombie] <defunct>

cat /proc/3941/status
Name:      zombie
State:     Z (zombie)
Tgid:      3941
Ngid:      0
Pid:       3941
PPid:      3940
.......
```

行程一旦進入僵屍狀態，就進入一種刀槍不入的狀態，"殺人不眨眼"的 kill -9 命令也無能為力，因為誰也沒有辦法殺死一個已經死去的行程。

清除僵屍行程有以下兩種方法：

• 父行程呼叫 wait 函數，為子行程"收屍"。

• 父行程退出，init 行程會為子行程"收屍"。

一般而言，系統不希望大量行程長期處於僵屍狀態，因為會浪費系統資源。除了少量的記憶體資源外，比較重要的是行程 ID。僵屍行程並沒有將自己的行程 ID 歸還給系統，而是依然佔有這個行程 ID，因此系統不能將該 ID 分配給其他行程。

對於程式設計來說，如何防範僵屍行程的產生呢？答案是實際情況實際分析。

如果我們不關心子行程的退出狀態，就應該將父行程對 SIGCHLD 的處理函數設置為 SIG_IGN，或者在呼叫 sigaction 函數時設置 SA_NOCLDWAIT 旗標位元。這兩者都會明確告訴子行程，父行程很"絕情"，不會為子行程"收屍"。子行程退出的時候，核心會檢查父行程的 SIGCHLD 信號處理結構體是否設置 SA_NOCLDWAIT 旗標位元，或者是否將信號處理函數設為 SIG_IGN。如果是，則 autoreap 為 true，子行程發現 autoreap 為 true 也就"死心"了，不會進入僵屍狀態，而是呼叫 release_task 函數"自行了斷"。

如果父行程關心子行程的退出資訊，則應該在流程上妥善設計，能夠及時地呼叫 wait，使子行程處於僵屍狀態的時間不會太久。

對於建立了很多子行程的應用而言，知道子行程的回傳值是有意義的。比如說父行程維護一個行程池，透過行程池裡的子行程來提供服務。當子行程退出的時候，父行程需要瞭解子行程的回傳值來確定子行程的 "死因"，從而採取更有針對性的措施。

4.7.2 等待子行程之 wait()

Linux 提供 wait()函數來獲取子行程的退出狀態：

```
include <sys/wait.h>
pid_t wait(int *status);
```

成功時，回傳已退出子行程的行程 ID ；失敗時，則回傳-1 並設置 errno，常見的 errno 及說明見表 4-3。

表 4-3　wait 函數的出錯情況

errno	說明
ECHLD	呼叫行程時發現並沒有子行程需要等待
EINTR	函數被信號中斷

注意父子行程是兩個行程，子行程退出和父行程呼叫 wait()函數來獲取子行程的退出狀態在時間上是獨立的事件，因此會出現以下兩種情況：

- 子行程先退出，父行程後呼叫 wait()函數。
- 父行程先呼叫 wait()函數，子行程後退出。

對於第一種情況，子行程幾乎已經銷毀自己所有的資源，只留下少量的資訊，苦苦等待父行程來 "收屍"。當父行程呼叫 wait()函數的時候，苦守寒窯十八載的子行程終於等到了父行程來 "收屍"，這種情況下，父行程獲取到子行程的狀態資訊，wait 函數立刻回傳。

對於第二種情況，父行程先呼叫 wait()函數，呼叫時並無子行程退出，該函式呼叫就會深入阻塞狀態，直到某個子行程退出。

wait()函數等待的是任意一個子行程，任何一個子行程退出，都可以讓其回傳。當多個子行程都處於僵屍狀態，wait()函數獲取到其中一個行程的資訊後立刻回傳。由於 wait()函數不會接受 pid_t 類型的輸入參數，所以它無法明確地等待特定的子行程。

一個行程如何等待所有的子行程退出呢？ wait()函數回傳有三種可能性：

- 等到了子行程退出，獲取其退出資訊，回傳子行程的行程 ID。

- 等待過程中，收到信號，信號打斷了系統呼叫，並且註冊信號處理函數時並沒有設置 SA_RESTART 旗標位元，系統呼叫不會被重啟，wait()函數回傳-1，並且將 errno 設置為 EINTR。

- 已經成功地等待所有子行程，沒有子行程的退出資訊需要接收，在這種情況下，wait()函數回傳-1，errno 為 ECHILD。

《The Linux Programming Interface: A Linux and UNIX System Programming Handbook》給出下面的程式碼來等待所有子行程的退出：

```
while((childPid = wait(NULL)) != -1)
    continue;
if(errno !=ECHILD)
    errExit("wait");
```

這種方法並不完全，因為這裡忽略了 wait()函數被信號中斷這種情況，如果 wait()函數被信號中斷，上面的程式碼並不能成功地等待所有子行程退出。

若將上面的 wait()函數封裝一下，使其在信號中斷後，自動重啟 wait 就完備了。程式碼如下：

```
pid_t r_wait(int *stat_loc)
{
    int retval;
    while(((retval = wait(stat_loc)) == -1 &&
        (errno == EINTR))
        ;
    return retval;
}

while((childPid = r_wait(NULL)) != -1)
    continue;
If(errno != ECHILD)
{
    /*some error happened*/
}
```

如果父行程呼叫 wait()函數時，已經有多個子行程退出且都處於僵屍狀態，那麼哪一個子行程會被先處理是不一定的（標準並未規定處理的順序）。

透過上面的討論，可以看出 wait()函數存在一定的局限性：

- 不能等待特定的子行程。如果行程存在多個子行程，而它只想獲取某個子行程的退出狀態，並不關心其他子行程的退出狀態，此時 wait()只能一一等待，透過查看回傳值來判斷是否為關心的子行程。

- 如果沒有任何子行程退出，wait()只能阻塞等待。有些時候，僅僅是想嘗試獲取退出子行程的退出狀態，如果不存在子行程退出就立刻回傳，不需要阻塞等待，類似於 trywait 的概念。wait()函數沒有提供 trywait 的介面。

- wait()函數只能發現子行程的終止事件，如果子行程因某信號而停止，或者停止的子行程收到 SIGCONT 信號又恢復執行，這些事件 wait()函數是無法獲知的。換言之，wait()能夠探知子行程的死亡，卻不能探知子行程的昏迷（暫停），也無法探知子行程從昏迷中蘇醒（恢復執行）。

由於上述三個缺點的存在，所以 Linux 又引入 waitpid()函數。

4.7.3 等待子行程之 waitpid()

waitpid()函數介面如下：

```
#include <sys/wait.h>
pid_t waitpid(pid_t pid, int *status, int options);
```

先說說 waitpid()與 wait()函數相同的地方：

- 回傳值的含義相同，都是終止子行程或因信號停止或因信號恢復而執行的子行程的行程 ID。

- status 的含義相同，都是用來記錄子行程的相關事件，後面一節將會詳細介紹。

接下來介紹 waitpid()函數特有的功能。

其第一個參數是 pid_t 類型，有了此值，不難看出 waitpid 函數肯定具備了精確打擊的能力。waitpid 函數可以明確指定要等待哪一個子行程的退出（以及停止和恢復執行）。事實上，擴展的功能不僅僅如此：

- pid＞0：表示等待行程 ID 為 pid 的子行程，也就是上文提到的精確打擊的對象。

- pid＝0 ：表示等待與呼叫行程同一個行程組的任意子行程；因為子行程可以設置自己的行程組，所以某些子行程不一定和父行程歸屬于同一個行程組，這類型的子行程，waitpid 函數就不會去關心。

- pid＝-1：表示等待任意子行程，同 wait 類似。waitpid(-1, &status, 0)與 wait(&status)完全等價。

- pid＜-1：等待所有子行程中，行程組 ID 與 pid 絕對值相等的所有子行程。

核心之中，wait 函數和 waitpid 函式呼叫的都是 wait4 系統呼叫。下面是 wait4 系統呼叫的實作。函數的中間部分，根據 pid 的正負或是否為 0 和-1 來定義 wait_opts 類型的變量 wo，後面會根據 wo 來控制到底關心哪些行程的事件。

```
SYSCALL_DEFINE4(wait4, pid_t, upid, int __user *, stat_addr,
            int, options, struct rusage __user *, ru)
{
    struct wait_opts wo;
    struct pid *pid = NULL;
    enum pid_type type;
```

```
        long ret;

        if (options & ~(WNOHANG|WUNTRACED|WCONTINUED|
                        __WNOTHREAD|__WCLONE|__WALL))
                return -EINVAL;

        if (upid == -1)
                type = PIDTYPE_MAX; /*任意子行程*/
        else if (upid < 0) {
                type = PIDTYPE_PGID;
                pid = find_get_pid(-upid);
        } else if (upid == 0) {
                type = PIDTYPE_PGID;
                pid = get_task_pid(current, PIDTYPE_PGID);
        } else /* upid > 0 */ {
                type = PIDTYPE_PID;
                pid = find_get_pid(upid);
        }

        wo.wo_type      = type;
        wo.wo_pid       = pid;
        wo.wo_flags     = options | WEXITED;
        wo.wo_info      = NULL;
        wo.wo_stat      = stat_addr;
        wo.wo_rusage    = ru;
        ret = do_wait(&wo);
        put_pid(pid);

        /* avoid REGPARM breakage on x86: */
        asmlinkage_protect(4, ret, upid, stat_addr, options, ru);
        return ret;
}
```

可以看到，核心的 do_wait 函數會根據 wait_opts 類型的 wo 變數來控制到底要等待哪些子行程的狀態。

目前行程中的每一個執行緒（在核心層，執行緒就是行程，每個執行緒都有獨立的 task_struct），都會遍歷其子行程。在核心中，task_struct 中的 children 成員變數是個串列頭，該行程的所有子行程都會鏈結進入該串列，遍歷起來比較方便。程式碼如下：

```
static int do_wait_thread(struct wait_opts *wo, struct task_struct *tsk)
{
    struct task_struct *p;
    list_for_each_entry(p, &tsk->children, sibling) {
            /*遍歷行程所有的子行程*/
            int ret = wait_consider_task(wo, 0, p);
            if (ret)
                return ret;
    }

    return 0;
}
```

但是我們並不一定關心所有的子行程。當 wait()函數或 waitpid()函數的第一個參數 pid 等於-1 的時候，表示任意子行程我們都關心。但是如果是 waitpid()函數的其他情況，則表示我們只關心其中的某些子行程或某個子行程。核心需要對所有的子行程進行過濾，找到關心的子行程。這個過濾的環節是在核心的 eligible_pid 函數中完成的。

```
/*當 waitpid 的第一個參數為-1 時，wo->wo_type 賦值為 PIDTYPE_MAX
 * 其他三種情況 task_pid_type(p, wo->wo_type)== wo->wo_pid 檢驗
 * 或者檢查 pid 是否相等，或者檢查行程組 ID 是否等於指定值
 */
static int eligible_pid(struct wait_opts *wo, struct task_struct *p)
{
    return wo->wo_type == PIDTYPE_MAX ||
            task_pid_type(p, wo->wo_type) == wo->wo_pid;
}
```

waitpid 函數的第三個參數 options 是一個位遮罩（bit mask），可以同時存在多個旗標。當 options 沒有設置任何旗標位元時，其行為與 wait 類似，即阻塞等待與 pid 匹配的子行程退出。

options 的旗標位元可以是如下旗標位元的組合：

- WUNTRACE ：除了關心終止子行程的資訊，也關心因信號而停止的子行程資訊。

- WCONTINUED ：除了關心終止子行程的資訊，也關心因收到信號而恢復執行的子行程的狀態資訊。

- WNOHANG ：指定的子行程並未發生狀態變化，立刻回傳，不會阻塞。這種情況下回傳值是 0。如果呼叫行程並沒有與 pid 匹配的子行程，則回傳-1，並設置 errno 為 ECHILD，根據回傳值和 errno 可以區分這兩種情況。

傳統的 wait 函數只關注子行程的終止，而 waitpid 函數則可以透過前兩個旗標位元來檢測子行程的停止和從停止中恢復這兩個事件。

講到這裡，需要解釋一下什麼是"使行程停止"、什麼是"使行程繼續"，以及為什麼需要這些。設想如下的場景，正在某機器上編譯一個大型專案，編譯過程需要消耗很多 CPU 資源和磁片 I/O 資源，並且耗時很久。如果我暫時需要用機器做其他事情，雖然可能只需要佔用幾分鐘時間。但這會使這幾分鐘內的使用者體驗非常糟糕，該怎麼辦？當然，殺掉編譯行程是一個選擇，但是這個方案並不好。因為編譯耗時很久，貿然殺死行程，你將不得不從頭編譯起。這時候，我們需要的僅僅是讓編譯大型工程的行程停下來，把 CPU 資源和 I/O 資源讓給我，讓我從容地做自己想做的事情，幾分鐘後，我用完了，讓編譯的行程繼續工作就行了。

Linux 提供 SIGSTOP（信號值 19）和 SIGCONT（信號值 18）兩個信號，來完成暫停和恢復的動作，可以透過執行 kill -SIGSTOP 或 kill -19 來暫停一個行程的執行，透過執行 kill -SIGCONT 或 kill -18 來讓一個暫停的行程恢復執行。

waitpid()函數可以透過 WUNTRACE 旗標位元關注停止的事件，如果有子行程收到信號處於暫停狀態，waitpid 就可以回傳。

同樣的道理，透過 WCONTINUED 旗標位元可以關注恢復執行的事件，如果有子行程收到 SIGCONT 信號而恢復執行，waitpid 就可以回傳。

但是上述兩個事件和子行程的終止事件是並列的關係，waitpid 成功回傳的時候，可能是等到子行程的終止事件，也可能是等到了暫停或恢復執行的事件。這時就需要透過 status 的值來作區分。

那麼，現在應該分析 status 的值了。

4.7.4　等待子行程之等候狀態值

無論是 wait()函數還是 waitpid()函數，都有一個 status 變數。這個變數是一個 int 型指標。可以傳遞 NULL，表示不關心子行程的狀態資訊。如果不為空，則根據填充的 status 值，可以獲取到子行程的很多資訊，如圖 4-12 所示。

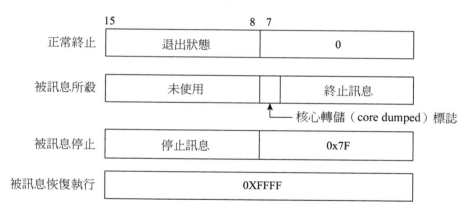

圖 4-12　wait 回傳的子行程的狀態資訊

根據圖 4-12 可知，直接根據 status 值可以獲得行程的退出方式，但是為了保證可移植性，不應該直接解析 status 值來獲取退出狀態。因此系統提供相應的巨集（macro），用來解析回傳值。下面分別介紹各種情況。

1. 行程是正常退出的

有兩個巨集與正常退出相關，見表 4-4。

表 4-4 與行程正常退出相關的巨集

巨集	說明
WIFEXITED(status)	如果子行程正常退出，則回傳 true，否則回傳 false
WEXITSTATUS(status)	如果子行程正常退出，則本巨集用來獲取行程的退出狀態

所謂截取退出狀態 8～15 位的值，也就是 exit_group 系統呼叫使用者傳入的 int 型的值。當然只有最低的 8 位：

```
#define __WEXITSTATUS(status) (((status) & 0xff00) >> 8)
```

2. 行程收到信號，導致退出

有三個巨集與這種情況相關，見表 4-5。

表 4-5 與行程收到信號導致退出相關的巨集

巨集	說明
WIFSIGNALED(status)	如果行程是被信號殺死的，則回傳 true，否則回傳 false
WTREMSIG(status)	如果行程是被信號殺死的，則回傳殺死行程的信號的值
WCOREDUMP(status)	如果子行程產生 core dump，則回傳 true，否則回傳 false

3. 行程收到信號，被停止

有兩個巨集與這種情況相關，見表 4-6。

表 4-6 與行程收到信號被停止相關的巨集

巨集	說明
WIFSTOPPED(status)	如果子行程因收到相關信號，暫停執行，處於停止狀態，則回傳 true，否則回傳 fasle
WSTOPSIG(status)	如果子行程處於停止狀態，這個巨集回傳導致子行程停止的信號的值

之所以需要 WSTOPSIG 巨集來回傳導致子行程停止的信號值，是因為不只一個信號可以導致子行程停止：SIGSTOP、SIGTSTP、SIGTTIN、SIGTTOU，都可以使行程停止。

4. 子行程恢復執行

有一個巨集與這種情況相關，見表 4-7。

表 4-7　與子行程恢復執行相關的巨集

巨集	說明
WIFCONTINUED(status)	如果由於 SIGCONT 信號的遞送，子行程恢復執行，則回傳 true，否則回傳 false

為何沒有回傳使子行程恢復的信號值的巨集？原因是只有 SIGCONT 信號能夠使子行程從停止狀態中恢復過來。如果子行程恢復執行，只可能是收到 SIGCONT 信號，所以不需要巨集來取信號的值。

下面給出了判斷子行程終止的範例程式。等待子行程暫停或恢復執行的情況，可以根據下面的範例程式自行實作。

```c
void print_wait_exit(int status)
{
    printf("status = %d\n",status);
    if(WIFEXITED(status))
    {
        printf("normal termination,exit status = %d\n",
               WEXITSTATUS(status));
    }
    else if(WIFSIGNALED(status))
    {
        printf("abnormal termination,signal number =%d%s\n",WTERMSIG(status),
#ifdef WCOREDUMP
               WCOREDUMP(status)?"core file generated" : "");
#else
        "");
#endif
    }
}
```

儘管 waitpid 函數對 wait 函數做了很多的擴展，但 waitpid 函數還是存在不足之處：waitpid 固然透過 WUNTRACE 和 WCONTINUED 旗標位元，增加對子行程停止事件和子行程恢復執行事件的支援，但是這種支援並不完美，這兩種事件都和子行程的終止事件混在一起。

wait 和 waitpid 函數都會呼叫 wait4 系統呼叫，無論使用者傳遞的參數為何，總會添上 WEXITED 事件，如下所示：

```c
wo.wo_flags = options | WEXITED;
```

如果使用者不關心子行程的終止事件，只關心子行程的停止事件，能否使用 waitpid() 明確做到？答案是不行。當 waitpid 回傳時，可能是因為子行程終止，也可能是因為子行程停止。這是 waitpid 和 wait 的致命缺陷。

為了解決這個缺陷，wait 家族的最重要成員，waitid() 函數就要閃亮登場了。

4.7.5　等待子行程之 waitid()

前面提到過，waitpid 函數是 wait 函數的超集合，wait 函數能做的事情，waitpid 函數都能做到。但是 waitpid 函數的控制還是不太精確，無論使用者是否關心相關子行程的終止事件，終止事件都可能會回傳給使用者。因此 Linux 提供 waitid 系統呼叫。glibc 封裝 waitid 系統呼叫從而實作 waitid 函數。儘管目前普遍使用的是 wait 和 waitpid 兩個函數，但是 waitid 函數的設計顯然更加合理。

waitid 函數的介面定義如下：

```
#include <sys/wait.h>
int waitid(idtype_t idtype, id_t id,siginfo_t *infop, int options);
```

該函數的第一個輸入參數 idtype 和第二個輸入參數 id 用於選擇使用者關心的子行程。

- idtype == P_PID：精確打擊，等待行程 ID 等於 id 的行程。
- idtype == P_PGID：在所有子行程中等待行程組 ID 等於 id 的行程。
- idtype == P_ALL：等待任意子行程，第二個參數 id 被忽略。

waitid 函數的改進在於第四個參數 options。options 參數是下面旗標位元的按位元或：

- WEXITED：等待子行程的終止事件。
- WSTOPPED：等待被信號暫停的子行程事件。
- WCONTINUED：等待先前被暫停，但是被 SIGCONT 信號恢復執行的子行程。

這三個旗標位元互相獨立，因此能解決 waitpid 的致命缺陷，兩個函數的旗標位元關係如表 4-8 所示。

表 4-8　waitpid 函數和 waitid 函數的旗標位元關係

waitpid 的旗標位元	等價之 waitid 的旗標位元
WUNTRACED	WEXITED | WSTOPPED
WCONTINUCED	WEXITED | WCONTINUED

waitid 函數還支援其他的旗標位元。

WNOHANG：這個旗標位元是老朋友了，語義與 waitpid 一致，與 id 匹配的子行程若並無狀態資訊需要回傳，則不阻塞，立刻回傳，回傳值是 0。如果呼叫行程並無子行程與 id 匹配，則回傳-1，並且設置 errno 為 ECHILD。

WNOWAIT：這個旗標位元是 waitid 的獨門絕技，waitpid 和 wait 函數都不支援。透過前面的討論可以知道 wait 並不僅僅是獲取子行程的狀態資訊，它還會改變子行程的狀態。最典型的是子行程的退出。wait 函數回傳之前，子行程處於僵屍狀態，取走資訊之後，核心負責呼叫 release_task 函數來將僵屍子行程的最後殘存資源釋放掉，子行程徹底消失。WNOWAIT 旗標位元指示核心，只負責獲取資訊，不要改變子行程的狀態。帶有 WNOWAIT 旗標位元呼叫 waitid 函數，稍後還可以呼叫 wait 或 waitpid 或 waitid 再次獲得同樣的資訊。

第三個參數 infop 其實是個回傳值，系統呼叫負責將子行程的相關資訊填充到 infop 指向的結構中。如果成功獲取到資訊，下面的欄位將會被填值：

- si_pid：子行程的行程 ID，相當於 wait 和 waitpid 成功時的回傳值。
- si_uid：子行程真正的使用者 ID。
- si_signo：該欄位總被填成 SIGCHLD。
- si_code：指示子行程發生的事件，該欄位可能的值是：
    - CLD_EXIT（子行程正常退出）
    - CLD_KILLED（子行程被信號殺死）
    - CLD_DUMPED（子行程被信號殺死，並且產生 core dump）
    - CLD_STOPPED（子行程被信號暫停）
    - CLD_CONTINUED（子行程被 SIGCONT 信號恢復執行）
    - CLD_TRAPPED（子行程被卡住）
- si_status：status 值的語義與 wait 函數及 waitpid 函數一致。

對於回傳值，在兩種情況下會回傳 0：

- 成功等到子行程的變化，並取回相應的資訊。
- 設置 WNOHANG 旗標位元，並且子行程狀態無變化。

如何區分這兩種情況呢？

解決的方法就是判斷回傳的 siginfo_t 結構體中的 si_pid，如果是因為子行程的狀態變化而導致的回傳，則 si_pid 必不等於 0，而是等於子行程的行程 ID ；若子行程狀態沒有變化，則 si_pid 等於 0。但是標準並沒有規定，waitid 函數負責將 siginfo_t 結構的內容清為零，所以為了正確區分這兩種情況，唯一安全的做法就是首先將 siginfo_t 結構清為零，回傳後，透過判斷 si_pid 是否為 0 來分辨這兩種情況。範例程式如下：

```
siginfo_t info ;
memset(&info,0,sizeof(siginfo_t));
if(waitpid(idtype,id,&info,options | WNOHANG) == -1)
{
    /*發生錯誤*/
}
else if(info.si_pid == 0)
```

```
{
    /*子行程沒有發生變化*/
}
else
{
    /*若有子行程狀態發生變化，則進一步處理之*/
}
```

4.7.6 行程退出和等待的核心實作

Linux 引入多執行緒之後，為了支援行程的所有執行緒能夠整體退出，核心引入 exit_group 系統呼叫。對於行程而言，無論是呼叫 exit()函數、_exit()函數還是在 main 函數中 return，最終都會呼叫 exit_group 系統呼叫。

對於單執行緒的行程，從 do_exit_group 直接呼叫 do_exit 就退出了。但是對於多執行緒的行程，如果某一個執行緒呼叫 exit_group 系統呼叫，則該執行緒在呼叫 do_exit 之前，會透過 zap_other_threads 函數，給每一個兄弟執行緒送出一個 SIGKILL 信號。核心在嘗試遞送信號給兄弟行程時（透過 get_signal_to_deliver 函數），會在掛起信號中發現 SIGKILL 信號。核心會直接呼叫 do_group_exit 函數讓該執行緒也退出（如圖 4-13 所示）。這個過程在第 3 章中已經詳細分析過。

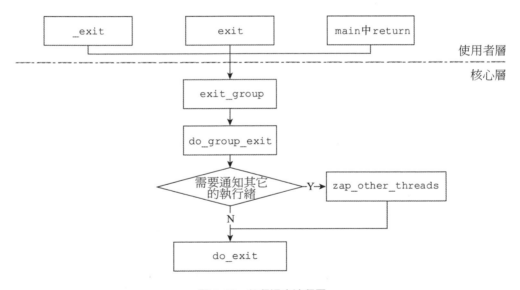

圖 4-13　行程退出流程圖

do_exit 函數中，行程會釋放幾乎所有的資源（檔案、共用記憶體、信號等）。該行程並不甘心，因為它還有兩樁心願未了：

- 作為父行程，它可能還有子行程，行程退出以後，將來誰為它的子行程收屍。

- 作為子行程，它需要通知它的父行程來為自己收屍。

這兩件事情是由 exit_notify 來負責完成的，實際來說 forget_original_parent 函數和 do_notify_parent 函數各自負責一件事，如表4-9所示。

表 4-9 exit_notify 中兩個函數及其負責的工作

函數名	說明
forget_original_parent	負責給退出行程的子行程尋找新的父行程
do_notify_parent	負責通知退出行程的父行程

forget_original_parent()，多麼"悲傷"的函數名。顧名思義，該函數用來給自己的子行程安排新的父行程。

給自己的子行程安排新的父行程，細分下來，是兩件事情：

1. 為子行程尋找新的父行程。

2. 將子行程的父行程設置為第 1. 步中找到的新的父親。

為子行程尋找父行程，是由 find_new_reaper()函數完成的。如果退出的行程是多執行緒行程，則可以將子行程託付給自己的兄弟執行緒。如果沒有這樣的執行緒，就"託孤"給 init 行程。

為自己的子行程找到新的父親之後，核心會遍歷退出行程的所有子行程，將新的父親設置為子行程的父親。

```
static void forget_original_parent(struct task_struct *father)
{
    struct task_struct *p, *n, *reaper;
    LIST_HEAD(dead_children);

    write_lock_irq(&tasklist_lock);
    /*
     * Note that exit_ptrace() and find_new_reaper() might
     * drop tasklist_lock and reacquire it.
     */
    exit_ptrace(father);
    reaper = find_new_reaper(father);

    list_for_each_entry_safe(p, n, &father->children, sibling) {
        struct task_struct *t = p;
        do {
            t->real_parent = reaper;
            if (t->parent == father) {
                BUG_ON(t->ptrace);
                t->parent = t->real_parent;
            }
            /*核心提供了機制，允許父行程退出時向子行程發送信號*/
            if (t->pdeath_signal)
```

```
            group_send_sig_info(t->pdeath_signal,
                    SEND_SIG_NOINFO, t);
        } while_each_thread(p, t);
        reparent_leader(father, p, &dead_children);
    }
    write_unlock_irq(&tasklist_lock);

    BUG_ON(!list_empty(&father->children));

    list_for_each_entry_safe(p, n, &dead_children, sibling) {
        list_del_init(&p->sibling);
        release_task(p);
    }
}
```

這部分程式碼比較容易引起困擾的是下面這行，我們都知道，子行程 "死" 的時候，會向父行程發送信號 SIGCHLD，Linux 也提供了一種機制，允許父行程 "死" 的時候向子行程發送信號。

```
if (t->pdeath_signal)
    group_send_sig_info(t->pdeath_signal,
            SEND_SIG_NOINFO, t);
```

讀者可以透過 man prctl，查看 PR_SET_PDEATHSIG 旗標位元部分。如果應用程式透過 prctl 函數設置了父行程 "死" 時要向子行程發送信號，就會執行到這部分核心程式碼，以通知其子行程。

接下來是第二樁未了的心願：想辦法通知父行程為自己 "收屍" 。

對於單執行緒的程式來說完成這樁心願比較簡單，但是多執行緒的情況就複雜些。只有執行緒組的主執行緒才有資格通知父行程，執行緒組的其他執行緒終止的時候，不需要通知父行程，也沒必要保留最後的資源並深入僵屍態，直接呼叫 release_task 函數釋放所有資源就好。

為什麼要這樣設計？細細想來，這麼做是合理的。父行程建立子行程時，只有子行程的主執行緒是父行程親自建立出來的，是父行程的親生兒子，父行程也只關心它，至於子行程呼叫 pthread_create 產生的其他執行緒，父行程壓根就不關心。

由於父行程只認子行程的主執行緒，所以在執行緒組中，主執行緒一定要挺住。在應用層面，可以呼叫 pthread_exit 讓主執行緒先 "死" ，但是在核心層中，主執行緒的 task_struct 一定要挺住，哪怕變成僵屍，也不能釋放資源。

生命就是兩個字 "折騰" ，如果主執行緒率先退出，而其他執行緒還在正常工作，核心又將如何處理？

```
else if (thread_group_leader(tsk)) {
    /*執行緒組組長只有在全部執行緒都已退出的情況下，
     *才能呼叫 do_notify_parent 通知父行程*/
```

```
    autoreap = thread_group_empty(tsk) &&
    do_notify_parent(tsk, tsk->exit_signal);
} else {
    /*如果是執行緒組的非組長執行緒，可以立即呼叫 release_task，
     *釋放殘餘的資源，因為通知父行程這件事和它沒有關係*/
    autoreap = true;
}
```

上面的程式碼給出了答案，如果退出的行程是執行緒組的主執行緒，但是執行緒組中還有其他執行緒尚未終止（thread_group_empty 函數回傳 false），那麼 autoreap 就等於 false，也就不會呼叫 do_notify_parent 向父行程發送信號。

因為子行程的執行緒組中有其他執行緒還活著，因此子行程的主執行緒退出時不能通知父行程，錯過呼叫 do_notify_parent 的機會，那麼父行程如何才能知道子行程已經退出了呢？答案會在最後一個執行緒退出時揭曉。此答案就藏在核心的 release_task 函數中：

```
leader = p->group_leader;
if ( leader != p && thread_group_empty(leader) && leader->exit_state == EXIT_
    ZOMBIE) {
        zap_leader = do_notify_parent(leader, leader->exit_signal);
        if (zap_leader)
            leader->exit_state = EXIT_DEAD;
}
```

當執行緒組的最後一個執行緒退出時，如果發現：

- 該執行緒不是執行緒組的主執行緒。

- 執行緒組的主執行緒已經退出，且處於僵屍狀態。

- 自己是最後一個執行緒。

同時滿足這三個條件的時候，該子行程就需要冒充執行緒組的組長，即以子行程的主線程的身分來通知父行程。

上面討論了一種比較少見又比較折騰的場景，正常的多執行緒程式設計應該不會如此安排。對於多執行緒的行程，一般情況下會等所有其他執行緒退出後，主執行緒才退出。這時，主執行緒會在 exit_notify 函數中發現自己是組長，執行緒組裡所有成員均已退出，然後它呼叫 do_notify_parent 函數來通知父行程。

無論怎樣，子行程都走到了 do_notify_parent 函數這一步。該函數是完成父子行程之間互動的主要函數。

```
bool do_notify_parent(struct task_struct *tsk, int sig)
{
    struct siginfo info;
    unsigned long flags;
    struct sighand_struct *psig;
    bool autoreap = false;
```

```
BUG_ON(sig == -1);

/* do_notify_parent_cldstop should have been called instead. */
BUG_ON(task_is_stopped_or_traced(tsk));

BUG_ON(!tsk->ptrace &&
        (tsk->group_leader != tsk || !thread_group_empty(tsk)));

if (sig != SIGCHLD) {
    /*
     * This is only possible if parent == real_parent.
     * Check if it has changed security domain.
     */
    if (tsk->parent_exec_id != tsk->parent->self_exec_id)
        sig = SIGCHLD;
}

info.si_signo = sig;
info.si_errno = 0;

rcu_read_lock();
info.si_pid = task_pid_nr_ns(tsk, tsk->parent->nsproxy->pid_ns);
info.si_uid = __task_cred(tsk)->uid;
rcu_read_unlock();

info.si_utime = cputime_to_clock_t(cputime_add(tsk->utime,
            tsk->signal->utime));
info.si_stime = cputime_to_clock_t(cputime_add(tsk->stime,
            tsk->signal->stime));

info.si_status = tsk->exit_code & 0x7f;
if (tsk->exit_code & 0x80)
    info.si_code = CLD_DUMPED;
else if (tsk->exit_code & 0x7f)
    info.si_code = CLD_KILLED;
else {
    info.si_code = CLD_EXITED;
    info.si_status = tsk->exit_code >> 8;
}

psig = tsk->parent->sighand;
spin_lock_irqsave(&psig->siglock, flags);
if (!tsk->ptrace && sig == SIGCHLD &&
        (psig->action[SIGCHLD-1].sa.sa_handler == SIG_IGN ||
         (psig->action[SIGCHLD-1].sa.sa_flags & SA_NOCLDWAIT))) {
    autoreap = true;
    if (psig->action[SIGCHLD-1].sa.sa_handler == SIG_IGN)
        sig = 0;
}
/*子行程向父行程發送信號*/
if (valid_signal(sig) && sig)
    __group_send_sig_info(sig, &info, tsk->parent);
/*子行程嘗試喚醒父行程，如果父行程正在等待其終止*/
__wake_up_parent(tsk, tsk->parent);
spin_unlock_irqrestore(&psig->siglock, flags);
```

```
    return autoreap;
}
```

父子行程之間的互動有兩種方式：

- 子行程向父行程發送信號 SIGCHLD。
- 子行程喚醒父行程。

對於這兩種方法，我們分別展開討論。

1. 父子行程互動之 SIGCHLD 信號

父行程可能並不知道子行程是何時退出的，如果呼叫 wait 函數等待子行程退出，又會導致父行程深入阻塞，無法執行其他任務。有沒有一種辦法，讓子行程退出的時候，採用異步通知父行程呢？答案是肯定的。當子行程退出時，會向父行程發送 SIGCHLD 信號。

父行程收到該信號，預設行為是置之不理。在這種情況下，子行程就會深入僵屍狀態，而這又會浪費系統資源，該狀態會維持到父行程退出，子行程被 init 行程接管，init 行程會等待僵屍行程，使僵屍行程釋放資源。

如果父行程不太關心子行程的退出事件，放任不管可不是好辦法，可以採取以下辦法：

- 父行程呼叫 signal 函數或 sigaction 函數，將 SIGCHLD 信號的處理函數設置為 SIG_IGN。
- 父行程呼叫 sigaction 函數，設置旗標位元時設定 SA_NOCLDWAIT 旗標位元（如果不關心子行程的暫停和恢復執行，則設定上 SA_NOCLDSTOP 旗標位元）。

從核心程式碼來看，如果父行程的 SIGCHLD 的信號處理函數為 SIG_IGN 或 sa_flags 中被設置上 SA_NOCLDWAIT 位元，子行程執行到此處時就知道了，父行程並不關心自己的退出資訊，do_notify_parent 函數就會回傳 true。在外層的 exit_notify 函數發現回傳值是 true，就會呼叫 release_task 函數，釋放殘餘的資源，自行了斷，子行程也就不會進入僵屍狀態了。

如果父行程關心子行程的退出，情況就不同了。父行程除了呼叫 wait 函數之外，還有了另外的選擇，即註冊 SIGCHLD 信號處理函數，在信號處理函數中處理子行程的退出事件。

為 SIGCHLD 寫信號處理函數並不簡單，原因是 SIGCHLD 是傳統的不可靠信號。信號處理函數執行期間，會將不會處理其它的信號（除非指定了 SA_NODEFER 旗標位元），在這期間收到的 SIGCHLD 之類的傳統信號，都不會進入佇列。因此，如果在處理 SIGCHLD 信號時，有多個子行程退出，產生多個 SIGCHLD 信號，但父行程只能收到一個。如果在信號處理函數中，只呼叫一次 wait 或 waitpid，則會造成某些僵屍行程成為漏網之魚。

正確的寫法是，信號處理函數內，帶著 NOHANG 旗標位元迴圈呼叫 waitpid。如果回傳值大於 0，則表示不斷等待子行程退出，回傳 0 則表示，目前沒有僵屍子行程，回傳-1 則表示出錯，最大的可能就是 errno 等於 ECHLD，表示所有子行程都已退出。

```
while(waitpid(-1,&status,WNOHANG) > 0)
{
        /*此處處理回傳資訊*/
        continue;
}
```

信號處理函數中的 waitpid 可能會失敗，從而改變全域的 errno 的值，當主程序檢查 errno 時，就有可能發生衝突，所以進入信號處理函數前要現保存 errno 到區域變數，信號處理函數退出前，再恢復 errno。

2. 父子行程互動之等待佇列

上一種方法可以稱之為信號通知。另一種情況是父行程呼叫 wait 主動等待。如果父行程呼叫 wait 深入阻塞，當子行程退出時，又該如何及時喚醒父行程呢？

前面曾經提到，子行程會呼叫__wake_up_parent 函數，來及時喚醒父行程。事實上，前提條件是父行程確實在等待子行程的退出。如果父行程並沒有呼叫 wait 系列函數等待子行程的退出，則等待佇列為空，子行程的__wake_up_parent 對父行程並無任何影響。

```
void __wake_up_parent(struct task_struct *p, struct task_struct *parent)
{
    __wake_up_sync_key(&parent->signal->wait_chldexit,
            TASK_INTERRUPTIBLE, 1, p);
}
```

父行程的行程結構的 signal 結構體中有 wait_childexit 變數，這個變數是等待佇列頭。父行程呼叫 wait 系列函數時，會建立一個 wait_opts 結構體，並把該結構體掛入等待佇列中。

```
static long do_wait(struct wait_opts *wo)
{
    struct task_struct *tsk;
    int retval;

    trace_sched_process_wait(wo->wo_pid);
    /*加入等待佇列*/
    init_waitqueue_func_entry(&wo->child_wait, child_wait_callback);
    wo->child_wait.private = current;
    add_wait_queue(&current->signal->wait_chldexit, &wo->child_wait);
repeat:
    /**/
    wo->notask_error = -ECHILD;
```

```
        if ((wo->wo_type < PIDTYPE_MAX) &&
                (!wo->wo_pid || hlist_empty(&wo->wo_pid->tasks[wo->wo_type])))
            goto notask;

        set_current_state(TASK_INTERRUPTIBLE);
        read_lock(&tasklist_lock);
        tsk = current;
        do {
            retval = do_wait_thread(wo, tsk);
            if (retval)
                goto end;

            retval = ptrace_do_wait(wo, tsk);
            if (retval)
                goto end;

            if (wo->wo_flags & __WNOTHREAD)
                break;
        } while_each_thread(current, tsk);
        read_unlock(&tasklist_lock);

/*找了一圈，沒有找到滿足等待條件的的子行程，下一步的行為將取決於 WNOHANG 旗標位元
 *如果有設定 WNOHANG 旗標，則表示不等了，直接退出，
 *如果沒有設定，則讓出 CPU，醒來後繼續再找一圈*/
notask:
        retval = wo->notask_error;
        if (!retval && !(wo->wo_flags & WNOHANG)) {
            retval = -ERESTARTSYS;
            if (!signal_pending(current)) {
                schedule();
                goto repeat;
            }
        }
end:
        __set_current_state(TASK_RUNNING);
        remove_wait_queue(&current->signal->wait_chldexit, &wo->child_wait);
        return retval;
}
```

父行程先把自己設置成 TASK_INTERRUPTIBLE 狀態，然後開始尋找滿足等待條件的子
行程。如果找到了，則將自己重置成 TASK_RUNNING 狀態，歡樂回傳；如果沒找到，
就要根據 WNOHANG 旗標位元來決定等不等待子行程。如果沒有 WNOHANG 旗標位
元，則父行程就會讓出 CPU 資源，等待別人將它喚醒。

回到另一頭，子行程退出的時候，會呼叫__wake_up_parent，喚醒父行程，父行程醒來以
後，回到 repeat，再次掃描。這樣做，子行程的退出就能及時通知到父行程，從而使父行
程的 wait 系列函數可以及時回傳。

4.8 exec 家族

前面討論了行程的建立和退出，exec 家族函數在其中猶抱琵琶半遮面，現在是時候讓 exec 家族函數登臺亮相了。

整個 exec 家族有 6 個函數，這些函數都是構建在 execve 系統呼叫之上的。該系統呼叫的作用是，將新程式載入到行程的位址空間，丟棄舊有的程式，行程的堆疊、資料段、堆積(heap)等會被新程式替換。

基於 execve 系統呼叫的 6 個 exec 函數，介面雖然各異，實作的功能卻是相同的，首先我們來講述與系統呼叫同名的 execve 函數。

4.8.1 execve 函數

execve 函數的介面定義如下：

```
#include <unistd.h>
int execve(const char *filename, char *const argv[],
           char *const envp[]);
```

其中，參數 filename 是準備執行的新程式的路徑名，可以是絕對路徑，也可以是相對於目前工作目錄的相對路徑。

後面的第二個參數很容易讓我們聯想到 C 語言的 main()函數的第二個參數，事實上格式也是一樣的：字串指標組成的陣列，以 NULL 結束。argv[0]一般對應可執行檔案的文件名，也就是 filename 中的 basename（路徑名最後一個/後面的部分）。當然如果 argv[0]不遵循這個約定也無妨，因為 execve 可以從第一個參數獲取到要執行檔案的路徑，只要不是 NULL 即可。

第三個參數與 C 語言的 main 函數中的第三個參數 envp 一樣，也是字串指標陣列，以 NULL 結束，指標指向的字串的格式為 name=value。

一般來說，execve()函數總是緊隨 fork 函數之後。父行程呼叫 fork 之後，子行程執行 execve 函數，拋棄父行程的程式段，和父行程分道揚鑣，從此天各一方，各走各路。但是也可以不執行 fork，單獨呼叫 execve 函數：

```
#include <unistd.h>
#include <stdlib.h>
#include <stdio.h>

int main(void)
{
    char *args[] = {"/bin/ls", "-l",NULL};
    if(execve("/bin/ls",args, NULL) == -1) {
        perror("execve");
        exit(EXIT_FAILURE);
    }
```

```
    puts("Never get here");
    exit(EXIT_SUCCESS);
}
```

本著"貴在折騰"的原則,上面寫了一個不 fork 直接呼叫 execve 的程式。呼叫 execve 後,程式就變成了/bin/sh -l。這個程式的輸出如下:

```
total 16
-rwxr-xr-x 1 root root 8672 Dec 27 20:40 exec_no_fork
-rw-r--r-- 1 root root  288 Dec 27 20:40 exec_no_fork.c
```

我們可以看到,程式碼片段最後的 Never get here 沒有被列印出來,這是因為 execve 函數的回傳是特殊的。如果失敗,則會回傳-1,但是如果成功,則永不回傳,這是可以理解的。execve 做的就是斬斷過去,奔向新生活的事情,如果成功,自然不可能再回傳來,再次執行老程式的程式碼。

所以無須檢查 execve 的回傳值,只要回傳,就必然是-1。可以從 errno 判斷出出錯的原因。出錯的可能性非常多,說明文件提供 19 種不同的 errno,羅列 22 種失敗的情景。很難記住,好在大部分都不常見,常見的情況有以下幾種:

- EACCESS :這個是我們最容易想到的,就是第一個參數 filename,不是個普通檔案,或者該檔案沒有賦予可執行的許可權,或者目錄結構中某一級目錄不可搜索,或者檔案所在的檔案系統掛載時帶有 MS_NOEXEC 旗標。

- ENOENT :檔案不存在。

- ETXTBSY :存在其他行程嘗試修改 filename 所指的檔案。

- ENOEXEC :這個錯誤其實是比較高級的一種錯誤,檔案存在,也有執行權限,但是無法執行,比如說,Windows 下的可執行程式,拿到 Linux 下,呼叫 execve 來執行,檔案的格式不對,就會回傳這種錯誤。

上面提到的 ENOEXEC 錯誤碼,其實已經觸及 execve 函數的核心,即哪些檔案是可以執行的,execve 系統呼叫又是如何執行的呢?這些會在核心 execve 系統呼叫中詳細介紹。

4.8.2 exec 家族

從核心的角度來說,提供 execve 系統呼叫就已足夠,但是從使用者層程式設計的角度來講,execve 函數就不是那麼好用了:

- 第一個參數必須是絕對路徑或是相對於目前工作目錄的相對路徑。習慣在 shell 下工作的使用者會覺得不太方便,因為日常工作都是寫 ls 和 mkdir 之類命令的,沒有人會寫/bin/ls 或/bin/mkdir。也因為 shell 提供了環境變數 PATH,即可執行程式的查詢路徑，對於位於查詢路徑裡的可執行程式，我們不必寫出完整的路徑，很方便，而 execve 函數享受不到這個福利，因此使用不便。

* execve 函數的第三個參數是環境變數指標陣列，使用者使用 execve 程式設計時不得不自己負責環境變數，也就是寫大量的 "key=value"，但大部分情況下並不需要自定環境變數，只需要使用目前的環境變數即可。

正是為了提供相應的便利，所以使用者層提供 6 個函數，當然，這些函數本質上都是呼叫 execve 系統呼叫，只是使用的方法略有不同，程式碼如下：

```
#include <unistd.h>

extern char **environ;

int execl(const char *path, const char *arg, ...);
int execlp(const char *file, const char *arg, ...);
int execle(const char *path, const char *arg,
                ..., char * const envp[]);
int execv(const char *path, char *const argv[]);
int execvp(const char *file, char *const argv[]);
int execve(const char *path, char *const argv[],
                char *const envp[]);
```

上述 6 個函數分成上下兩個半區。分類的依據是參數採用列表（1，表示 list）還是陣列（v，表示 vector）。上半區採用列表，它們會羅列所有的參數，下半區採用陣列。

在每個半區之中，帶 p 的表示可以使用環境變數 PATH，帶 e 的表示必須要自己維護環境變數，而不使用目前環境變數，實際見表 4-10。

表 4-10　exec 家族函數

函數名	參數格式	是否自動搜索 PATH	是否使用目前環境變數
execl	列表	不是	是
execlp	列表	是	是
execle	列表	不是	不是，須自己組裝環境變數
execv	陣列	不是	是
execvp	陣列	是	是
execve	陣列	不是	不是，須自己組裝環境變數

舉個例子來加深記憶：

```
#include <unistd.h>

char *const ps_argv[] = {"ps","-ax",NULL};
char *const ps_envp[] = {"PATH=/bin:/usr/bin","TERM=console",NULL};

execl("/bin/ps","ps","-ax",NULL);
```

```
/*帶 p 的,可以使用環境變數 PATH,無須寫全路徑*/

execlp("ps","ps","-ax",NULL);
 /*帶 e 的需要自己組拼環境變數*/
execle("/bin/ps","ps","-ax",NULL,ps_envp);

execv("/bin/ps",ps_argv);

/*帶 p 的,可以使用環境變數 PATH,無須寫全路徑*/
execvp("ps",ps_argv);

/*帶 e 的需要自己組拼環境變數*/
execve("/bin/ps",ps_argv,ps_envp);
```

4.8.3　execve 系統呼叫的核心實作

前面提到的 ENOEXEC 錯誤表示核心不知道如何執行對應的可執行檔案。Linux 支援很多種可執行檔案的格式,有漸漸退出歷史舞臺的 a.out 格式,有比較通用的 ELF 格式的文件,還有 shell 指令檔案、python 腳本、java 檔案、php 檔案等。對於這些形形色色的可執行檔案,核心該如何正確地執行呢?直接將 Windows 平臺上的可執行檔案拷貝到 Linux 下,Linux 為什麼不能執行(假設沒有 wine 這個執行 Windows 程式的工具)?這是本節需要解決問題。要解決上述問題,首先還是需要深入核心。

execve 是平臺相關的系統呼叫,刨去我們不太關心的平臺差異,核心都會走到 do_execve_common 函數這一步。

```
static int do_execve_common(const char *filename,
        struct user_arg_ptr argv,
        struct user_arg_ptr envp,
        struct pt_regs *regs)
{
    struct linux_binprm *bprm;
    struct file *file;
    struct files_struct *displaced;
    bool clear_in_exec;
    int retval;
    const struct cred *cred = current_cred();

    if ((current->flags & PF_NPROC_EXCEEDED) &&
            atomic_read(&cred->user->processes) > rlimit(RLIMIT_NPROC)) {
        retval = -EAGAIN;
        goto out_ret;
    }

    /* We're below the limit (still or again), so we don't want to make
     * further execve() calls fail. */
    current->flags &= ~PF_NPROC_EXCEEDED;

    retval = unshare_files(&displaced);
    if (retval)
```

```
        goto out_ret;

retval = -ENOMEM;

bprm = kzalloc(sizeof(*bprm), GFP_KERNEL);
if (!bprm)
    goto out_files;

retval = prepare_bprm_creds(bprm);
if (retval)
    goto out_free;

retval = check_unsafe_exec(bprm);
    if (retval < 0)
    goto out_free;
clear_in_exec = retval;
current->in_execve = 1;

/*讀取可執行檔案*/
file = open_exec(filename);
retval = PTR_ERR(file);
if (IS_ERR(file))
    goto out_unmark;

/*選擇負載最小的CPU來執行新程式*/
sched_exec();

bprm->file = file;
bprm->filename = filename;
bprm->interp = filename;

retval = bprm_mm_init(bprm);
if (retval)
    goto out_file;

bprm->argc = count(argv, MAX_ARG_STRINGS);
if ((retval = bprm->argc) < 0)
    goto out;

bprm->envc = count(envp, MAX_ARG_STRINGS);
if ((retval = bprm->envc) < 0)
    goto out;

/*填充linux_binprm資料結構*/
retval = prepare_binprm(bprm);
if (retval < 0)
    goto out;

/*接下來的3個copy用來拷貝檔案名、命令列參數和環境變數*/
retval = copy_strings_kernel(1, &bprm->filename, bprm);
if (retval < 0)
    goto out;

bprm->exec = bprm->p;
retval = copy_strings(bprm->envc, envp, bprm);
```

```
    if (retval < 0)
        goto out;

    retval = copy_strings(bprm->argc, argv, bprm);
    if (retval < 0)
        goto out;

    /*核心部分，遍歷 formats 串列，嘗試每個 load_binary 函數*/
    retval = search_binary_handler(bprm,regs);
    if (retval < 0)
        goto out;

    /* execve succeeded */
    current->fs->in_exec = 0;
    current->in_execve = 0;
    acct_update_integrals(current);
    free_bprm(bprm);
    if (displaced)
        put_files_struct(displaced);
    return retval;

out:
    if (bprm->mm) {
        acct_arg_size(bprm, 0);
        mmput(bprm->mm);
    }

out_file:
    if (bprm->file) {
        allow_write_access(bprm->file);
        fput(bprm->file);
    }

out_unmark:
    if (clear_in_exec)
        current->fs->in_exec = 0;
    current->in_execve = 0;

out_free:
    free_bprm(bprm);

out_files:
    if (displaced)
        reset_files_struct(displaced);
out_ret:
    return retval;
}
```

其中，linux_binprm 是重要的結構體，它與稍後提到的 linux_binfmt 聯手，支援 Linux 下多種可執行檔案的格式。首先，核心會將程式執行需要的參數 argv 和環境變數搜集到 linux_binprm 結構體中，比較關鍵的一步是：

```
retval = prepare_binprm(bprm);
```

在 prepare_binprm 函數中讀取可執行檔案開頭的 128 個位元組，存放在 linux_binprm 結構體的 buf[BINPRM_BUF_SIZE]中。我們知道日常寫 shell 腳本、python 腳本的時候，總是會在第一行寫下如下語句：

```
#! /bin/bash
#! /usr/bin/python
#! /usr/bin/env python
```

開頭的 #! 被稱為 shebang，又被稱為 sha-bang、hashbang 等，指的就是腳本中開始的字元。在類 Unix 作業系統中，執行這種程式，需要相應的解譯器。使用哪種解譯器，取決於 shebang 後面的路徑。#! 後面跟隨的一般是解譯器的絕對路徑，或者是相對於目前工作目錄的相對路徑。格式如下所示：

```
#! interpreter [optional-arg]
```

解譯器是絕對路徑或是相對於目前工作目錄的相對路徑，這就給腳本的可移植性帶來了挑戰。以 python 的解譯器為例，python 可能位於/usr/bin/python，也可能位於/usr/local/bin/python，甚至有的還位於/home/username/bin/python。這樣編寫的腳本在新的環境裡面執行時，使用者就不得不修改腳本了，當大量的腳本移植到新環境中執行時，修改量是巨大的。為了解決這個問題，系統又引入如下格式：

```
#!/usr/bin/env python
```

在執行時，這種格式會從環境變數$PATH 中查詢 python 解譯器。如果存在多個版本的解譯器，則會按照$PATH 中查詢路徑的順序來查詢。

```
manu@manu-hacks:~$ echo $PATH
/home/manu/bin:/usr/local/bin:/usr/local/sbin:/usr/local/bin:/usr/sbin:/usr/
    bin:/sbin:/bin:/usr/games:/usr/local/games
```

如果執行方式是./python_script 的方式，就會優先查詢/home/manu/bin/python，/usr/local/bin/python次之……如下所示：

```
execve("/home/manu/bin/python", ["python", "./hello.py"], [/* 25 vars */]) = -1
    ENOENT (No such file or directory)
execve("/usr/local/bin/python", ["python", "./hello.py"], [/* 25 vars */]) = -1
    ENOENT (No such file or directory)
execve("/usr/local/sbin/python", ["python", "./hello.py"], [/* 25 vars */]) = -1
    ENOENT (No such file or directory)
execve("/usr/local/bin/python", ["python", "./hello.py"], [/* 25 vars */]) = -1
    ENOENT (No such file or directory)
execve("/usr/sbin/python", ["python", "./hello.py"], [/* 25 vars */]) = -1
    ENOENT(No such file or directory)
execve("/usr/bin/python", ["python", "./hello.py"], [/* 25 vars */]) = 0
```

上面提到的是指令檔案，除此以外，還有其他格式的檔案。Linux 平臺上最主要的可執行檔案格式是 ELF 格式，當然還有出現較早，逐漸退出歷史舞臺的的 a.out 格式，這些檔案

的特點是最初的 128 位元組中都包含可執行檔案的屬性之重要資訊。比如圖 4-14 中 ELF
格式的可執行檔案，開頭 4 位元組為 7F 45（E）4C（L）46（F）。

```
manu@manu-hacks:~$ file hello
hello: ELF 64-bit LSB executable, x86-64, version 1 (SYSV), dynamically linked
    (uses shared libs), for GNU/Linux 2.6.24, BuildID[sha1]=657d5ef3eab6741481bb
    219ef6c2fb21f8e91b51, not stripped
```

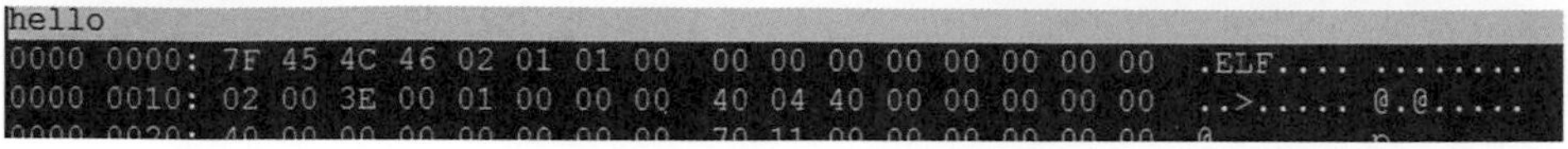

圖 4-14　ELF 檔案的頭部資訊

prepare_binprm 函數將檔案開始的 128 位元組存入 linux_binprm，是為了讓後面的程式根
據檔案開頭的 magic number 選擇正確的處理方式。

做完準備工作後，開始執行，核心程式碼位於 search_binary_handler()函數中。核心之中
存在一個全域串列，名叫 formats，掛到此串列的資料結構為 struct linux_binfmt：

```
struct linux_binfmt {
    struct list_head lh;
    struct module *module;
    int (*load_binary)(struct linux_binprm *, struct pt_regs * regs);
    int (*load_shlib)(struct file *);
    int (*core_dump)(struct coredump_params *cprm);
    unsigned long min_coredump; /* minimal dump size */
};
```

作業系統啟動的時候，每種可執行檔案的 "代理人" 都會在核心中呼叫 register_binfmt
函數來註冊，把自己掛到 formats 串列中。每個成員代表一種可執行檔案的代理人，前
面提到過，會將可執行檔案開頭的 128 位元組放到 linux_binprm 的 buf 中，同時會將
執行時的參數和環境變數也存放到 linux_binprm 的相關結構中。formats 串列中的成員依
次前來認領，如果是自己代表的可執行檔案的格式，後面執行的事情，就委託給該 "代
理人"。

如果遍歷了串列，所有的 linux_binfmt 都表示不認識該可執行檔案，那又該如何呢？這種
情況要根據執行檔開頭的資訊，查看是否有為該格式設計的，可動態安裝 "代理人" 的
模組存在。如果有，就把該模組安裝進來，掛入全域的 formats 串列之中，然後讓
formats 串列中的所有成員再試一次。

上述邏輯位於 search_binary_handler 函數之中：

```
int search_binary_handler(struct linux_binprm *bprm,struct pt_regs *regs)
{
    unsigned int depth = bprm->recursion_depth;
    int try,retval;
    struct linux_binfmt *fmt;
```

```
pid_t old_pid;

/* This allows 4 levels of binfmt rewrites before failing hard. */
if (depth > 5)
    return -ELOOP;

retval = security_bprm_check(bprm);
if (retval)
    return retval;
retval = audit_bprm(bprm);
if (retval)
    return retval;

/* Need to fetch pid before load_binary changes it */
rcu_read_lock();
old_pid = task_pid_nr_ns(current, task_active_pid_ns(current->parent));
rcu_read_unlock();

retval = -ENOENT;
/*最多嘗試兩次，第一次遍歷 formats 串列中的所有成員，
 *若沒找到，則嘗試載入動態模組，再次遍歷*/
for (try=0; try<2; try++) {
    read_lock(&binfmt_lock);
    list_for_each_entry(fmt, &formats, lh) {
        int (*fn)(struct linux_binprm *, struct pt_regs *) = fmt->load_
            binary;
        if (!fn)
            continue;
        if (!try_module_get(fmt->module))
            continue;
        read_unlock(&binfmt_lock);
        bprm->recursion_depth = depth + 1;
        retval = fn(bprm, regs);
        bprm->recursion_depth = depth;
        if (retval >= 0) {
            if (depth == 0)
                ptrace_event(PTRACE_EVENT_EXEC,
                        old_pid);
            put_binfmt(fmt);
            allow_write_access(bprm->file);
            if (bprm->file)
                fput(bprm->file);
            bprm->file = NULL;
            current->did_exec = 1;
            proc_exec_connector(current);
            return retval;
        }
        read_lock(&binfmt_lock);
        put_binfmt(fmt);
        if (retval != -ENOEXEC || bprm->mm == NULL)
            break;
        if (!bprm->file) {
            read_unlock(&binfmt_lock);
            return retval;
        }
```

```
        }
        read_unlock(&binfmt_lock);
#ifdef CONFIG_MODULES
        if (retval != -ENOEXEC || bprm->mm == NULL) {
            break;
        } else {
#define printable(c) (((c)=='\t') || ((c)=='\n') || (0x20<=(c) && (c)<=0x7e))
            if (printable(bprm->buf[0]) &&
                printable(bprm->buf[1]) &&
                printable(bprm->buf[2]) &&
                printable(bprm->buf[3]))
                break; /* -ENOEXEC */
            if (try)
                break; /* -ENOEXEC */
            request_module("binfmt-%04x", *(unsigned short *)(&bprm->buf[2]));
        }
#else
        break;
#endif
    }
    return retval;
}
```

我們可以透過下面的方式來查看自己機器的編譯選項，從而得知支援的可執行檔案的類型：

```
grep BINFMT /boot/config-3.13.0-43-generic
CONFIG_BINFMT_ELF=y
CONFIG_COMPAT_BINFMT_ELF=y
CONFIG_ARCH_BINFMT_ELF_RANDOMIZE_PIE=y
CONFIG_BINFMT_SCRIPT=y
CONFIG_BINFMT_MISC=m
```

在核心程式碼樹中 fs 目錄下，Makefile 記錄支援的格式，在 fs 目錄下，每一種支援的格式 xx 都有一個 binfmt_xx.c 檔案。

binfmt_aout.c 是對應 a.out 類型的可執行檔案，這種檔案格式是早期 Unix 系統使用的可執行檔案的格式，由 AT&T 設計，今天已經退出了歷史舞臺。

binfmt_elf.c 對應的是 ELF 格式的可執行檔案。ELF 最早由 Unix 系統實驗室（Unix SYSTEM Laboratories USL）開發，目的是取代傳統的 a.out 格式。1994 年 6 月 ELF 格式出現在 Linux 系統上，目前，ELF 格式已經成為 Linux 下最主要的可執行檔案格式。

binfmt_script 對應的是 script 格式的可執行檔案，這種格式的可執行檔案一般以 " #! " 開頭，查詢相應的解譯器來執行腳本。比如 python 腳本、shell 腳本和 perl 腳本等。

早期的核心之中，曾經為 Java 格式提供專門的 binfmt 結構，後來取消了，原因是 Java 並不特殊，不值得為其提供專門的 binfmt 結構。如果專門為 Java 提供，其他語言就會有意見，沒有做到一視同仁。但是需要支援的可執行檔案的格式越來越多，大家都可能有自己的解譯器，核心支援也不可能無限地增加 binfmt 結構，這時候，binfmt_misc 就出現了。binfmt 把這個功能開放給使用者層，使用者可以引入自己的可執行檔案格式，只要你能定義好 magic number，識別出檔案是不是自己的這種格式，另外自己定義好解譯器就可以了。

binfmt_misc 這個機制非常好，提供了支援額外可執行格式的可擴展方法。舉例來講，如果想在 Linux 下執行 Windows 的.exe 檔案，Wine 軟體可以在 Linux 下執行 Windows 的 exe 檔案。

```
wine application.exe
```

我們可以將 Windows exe 檔案註冊到 binfmt_misc，直接使用如下方法即可執行 exe 檔案：

```
./application.exe
```

方法就是：

```
echo ':Wine:M::MZ::/usr/bin/wine:' > /proc/sys/fs/binfmt_misc/register
```

如果/proc/sys/fs/binfmt_misc 目錄並不存在，則表明 binfmt_misc 並沒掛載，就需要：

```
mount -t binfmt_misc binfmt_misc /proc/sys/fs/binfmt_misc
```

或者在/etc/fstab 中添加如下行：

```
binfmt_misc /proc/sys/fs/binfmt_misc binfmt_misc defaults 0 0
```

註冊某種可執行檔案到 binfmt_misc 的格式時，echo 的內容如下所示：

```
:Name:Type:Offset:String:Mask:Interpreter:Flags
```

其中各個欄位的含義是：

- Name：產生在/proc/sys/fs/binfmt_misc 目錄下的檔案名，代表一種可執行檔案。
- Type：表示識別類型，M 表示用 magic numer 來識別，E 表示擴展。
- Offset：magic number 數在檔案中的起始偏移量。
- String：以 magic number 或以副檔案名匹配的字串。
- Mask：用來遮罩 String 中的一些位元的字串。
- Interpret：解釋程式的完整路徑名。
- Flags：可選旗標，控制必須怎樣呼叫解釋程式。

根據這個解釋，我們 echo 語句的含義是：Windows 可執行檔案的前兩個位元組是 magic number，值為 MZ，由解釋程式/usr/bin/wine 執行這個可執行檔案。

從表面來看，有很多種類型的檔案，但是最終都會歸結到 ELF 格式，這是因為那些腳本的解譯器是 ELF 格式。限於篇幅，這裡就不介紹核心如何載入執行 ELF 格式的可執行程序了。毛德操前輩的《Linux 内核情景分析》一書中詳細分析 a.out 類型的可執行檔案的載入執行；王柏生前輩的《深入探索 Linux 操作系統》一書中詳細介紹了 ELF 類型的可執行檔案的載入執行，感興趣的朋友可以參看其中的內容。

4.8.4　exec 與信號

exec 系列函數，會將現有行程的所有程式段（text section）拋棄，直接奔向新生活。呼叫 exec 之前，行程可能執行過 signal 或 sigaction，為某些信號註冊新的信號處理函數。一旦決裂，就找不到這些新的信號處理函數了。所以核心會為那些曾經改變信號處理函數的信號負責，將它們的處理函數重新設置為 SIG_DFL。

這裡有一個特例，就是將處理函式設置為忽略(SIG_IGN)的 SIGCHLD 信號。呼叫 exec 之後，SIGCHLD 的信號處理函數是保持為 SIG_IGN 還是重置成 SIG_DFL，在 SUSv3 中沒說清楚，所以取決於作業系統。對於 Linux 系統而言，採用的是前者：即保持為 SIG_IGN。

4.8.5　執行 exec 之後行程繼承的屬性

執行 exec 的行程，其個性雖然叛逆，與過去做了決裂，但是也繼承過去的一些屬性。exec 執行之後，與行程相關的 ID 都保持不變。如果行程在執行 exec 之前，設置了警告（如呼叫 alarm 函數），則在警告時間到時，它仍然會產生一個信號。在執行 exec 後，佇列中信號依然保留。建立檔案時，遮罩 umask 和執行 exec 之前一樣。表 4-11 列出執行 exec 之後行程繼承的屬性。

表 4-11　呼叫 exec 之後行程保持的屬性

屬性	相關的函數	屬性	相關的函數
行程 ID	getpid	根目錄	
父行程 ID	getppid	檔案模式建立遮罩	umask
行程組 ID	getpgid	檔案鎖和記錄鎖	flock 和 fcntl
session ID	getsid	行程信號遮罩	sigprocmask
控制終端	tcgetpgrp	行程掛起的信號	sigpending
真實使用者 ID	getsid	已用的時間	times
真實組 ID	getgid	資源限制	getrlimit、setrlimit
附加組 ID	getgroups	nice 值	nice
告警剩餘時間	alarm	semadj 值	semop
目前工作目錄	getcwd		

透過 fork 建立的子行程繼承的屬性和執行 exec 之後行程保持的屬性，兩相比較，差異不小。對於 fork 而言：

- 警告剩餘時間：不僅僅是警告剩餘時間，還有其他計時器（setitimer、timer_create 等），fork 建立的子行程都不繼承。

- 行程信號：子行程會將掛起信號初始化為空。

- 信號量調整值 semadj ：子行程不繼承父行程的該值，詳情請見行程間通信的相關章節。

- 記錄鎖（fcntl）：子行程不繼承父行程的記錄鎖。比較有意思的地方是子行程是會繼承檔案鎖 flock 的。

- 已用的時間 times：子行程將該值初始化成 0。

4.9　system 函數

前面提到了 fork 函數、exec 系列函數、wait 系列函數。函式庫將這些介面揉合在一起，提供了一個 system 函數。程式可以透過呼叫 system 函數，來執行任意的 shell 命令。相信很多程式師都用過 system 函數，因為它提供一種粘合劑的作用，可以讓 C 程式很方便地呼叫其他語言編寫的程式。同時，相信有很多程式師被 system 函數折磨過，當出現錯誤時，如何根據 system 函數的回傳值，找到失敗的原因是個比較頭疼的問題。下面我們來細細展開。

4.9.1　system 函數介面

system 函數的介面定義如下：

```
#include <stdlib.h>
int system(const char *command);
```

這裡將需要執行的命令作為 command 參數，傳給 system 函數，該函數就幫你執行該命令。這樣看來 system 最大的好處就在於使用方便。不需要自己來呼叫 fork、exec 和 waitpid，也不需要自己處理錯誤，處理信號，方便省心。

但是 system 函數的缺點也是很明顯的。首先是效率，使用 system 執行命令時，一般要建立兩個行程，一個是 shell 行程，另外一個或多個是用於 shell 所執行的命令。如果對效率要求比較高，最好是自己直接呼叫 fork 和 exec 來執行想執行的程式。

從行程的角度來看，呼叫 system 的函數，首先會建立一個子行程 shell，然後 shell 會建立子行程來執行 command，如圖 4-15 所示。

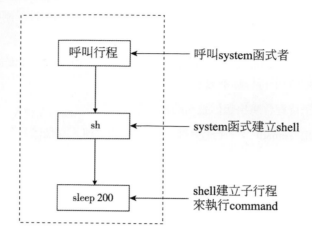

圖 4-15　system 函數的實作

呼叫 system 函數後，命令是否執行成功是我們最關心的事情。但是 system 的回傳值比較複雜，下面透過一個簡化過（沒有處理信號）的 system 實作來講述 system 函數的回傳值，程式碼如下：

```c
#include<unistd.h>
#include<sys/wait.h>
#include<sys/types.h>

int system(char* command)
{
    int status ;
    pid_t child;

    switch(child = fork())
    {
        case -1:
            return -1;
        case 0:
            execl("/bin/sh),"sh","-c",command,NULL);
            _exit(127);
        default:
            while(waitpid(child,&status,0) < 0)
            {
                /*如果系統呼叫被中斷，則重啟系統呼叫*/
                if(errno != EINTR)
                {
                    status = -1;
                    break;
                }
            }
            else
                return status;
    }
}
```

下面我們來分別講述 system 函數的回傳值。

1. 當 command 為 NULL 時，回傳 0 或 1

正常情況下，不會這樣用 system。但是 command 為 NULL 是有用的，使用者可以透過呼叫 system(NULL)來探測 shell 是否可用。如果 shell 存在並且可用，則回傳 1，如果系統裡面壓根就沒有 shell，這種情況下，shell 就是不可用的，回傳 0。在何種情況下 shell 不可用呢？比如 system 函數執行在非 Unix 系統上，再比如程式呼叫 system 之前，執行過了 chroot，這些情況下 shell 都可能無法使用。

command 為 NULL 的情況從簡化版的程式碼片段中看不出來，但是從 glibc 的 system 函數原始碼中可以看出端倪：

```
glibc-2.17/sysdeps/posix/system.c
-------------------------------
int
__libc_system (const char *line)
{
  if (line == NULL)
    return do_system ("exit 0") == 0;
    ......

}
weak_alias (__libc_system, system)
```

2. 建立行程（fork）失敗，或者獲取子行程終止狀態（waitpid）失敗，則回傳-1

建立行程失敗的情況比較少見，比較容易想到的也就是建立了太多的行程，超出了系統的限制。但是等待子行程終止狀態失敗，是比較容易造出來的。

前面講過，子行程退出的時候，如果 SIGCHLD 的信號處理函數是 SIG_IGN 或使用者設置了 SA_NOCLDWAIT 旗標位元，則子行程就不進入僵屍狀態等待父行程 wait，直接自行了斷。但是 system 函數的內部實作會呼叫 waitpid 來獲取子行程的退出狀態。這就是父子之前沒有協調好造成的錯誤。這種情況下，system 回傳-1，errno 為 ECHLD。

這種錯誤的示範程式碼如下：

```
signal(SIGCHLD,SIG_IGN);/*回傳-1 的根源在於此處*/

if((status = system(command) )<0)
{
    fprintf(stderr,"system return %d (%s)\n",
status,strerror(errno));
    return -2;
}
```

這種情況下，總是回傳-1，錯誤碼是 ECHLD，如下所示：

```
manu@manu-hacks:~$ ./t_sys_err "ls"
system_return.c t_sys t_sys_err t_sys_null t_system.c t_system_null.c
system return -1 (No child processes)
```

所以需要呼叫 system 函數的時候，先要確認 SIGCHLD 是否被設為 SIG_IGN。如果是，system 就會回傳-1，而無法判斷 command 執行成功與否。

3. 如果子行程不能執行 shell，那麼 system 回傳值會與_exit(127)終止時一樣範例程式如下：

```
case 0:
    execl("/bin/sh),"sh","-c",command,NULL);
    _exit(127);
```

這裡如果執行 execl 失敗，就會執行到_exit(127)，否則不會執行到_exit(127)。

4. 如果所有的系統呼叫都執行成功，system 函數就會回傳執行 command 的子 shell 的終止狀態

因為 shell 的終止狀態是其執行最後一條命令的退出狀態。這種情況下就和獲取子行程的退出狀態相同。前文詳細提到過，可以根據下面的介面來判斷：

```
WIFEXITED(status)
WEXITSTATUS(status)
WIFSIGNALED(status)
WTERMSIG(status)
WCOREDUMP(status)
```

綜上所述，在 command 不等於 NULL 的情況下，正確判斷 system 回傳值的方法如下：

```
if((status = system(command) ) == -1)
{
        fprintf(stderr,"system() function return -1 (%s)\n",
                strerror(errno));
}
else if(WIFEXITED(status) && WEXITSTATUS(status) == 127)
{
    fprintf(stderr,"cannot invoke shell to exec command(%s)\n",command);
}
else
    print_wait_exit(status);
```

其中 print_wait_exit 函數就是前文介紹的透過巨集來判斷行程的終止狀態。

可以測試一下上面的方法。下面的 t_sys 可執行程式是筆者用 C 寫的一個工具，該工具的執行需要 1 個參數，argv[1]用於接受要執行的 command，這裡將用上面提到的方法來判斷 command 的執行情況：

```
./t_sys "ls"
system_return.c  t_sys     t_sys_err  t_sys_null  t_system.c  t_system_null.c
status = 0
normal termination,exit status = 0

./t_sys "sleep 100" /*在另一終端向 sleep 行程發送 SIGINT 信號*/
status = 2
abnormal termination,signal number =2

./t_sys "nosuchcmd" /*執行一個不存在的命令*/
sh: 1: nosuchcmd: not found
cannot invoke shell to exec command(nosuchcmd)
```

4.9.2 system 函數與信號

4.9.1 節介紹了 system 函數的用法，並且使用了一個 system 函數的簡單化實作。之所以說是簡化的，是因為沒有考慮信號。正確地處理信號，將會給 system 的實作帶來複雜度。

首先要考慮 SIGCHLD。如果呼叫 system 函數的行程還存在其他子行程，並且對 SIGCHLD 信號的處理函數也執行了 wait()。在這種情況下，由 system()建立的子行程退出並產生 SIGCHLD 信號時，主程序的信號處理函數就可能先被執行，導致 system 函數內部的 waitpid 無法等待子行程的退出，這就產生了競爭。這種競爭帶來的危害是雙方面的：

- 程式會誤認為自己呼叫 fork 建立的子行程已退出。

- system 函數內部的 waitpid 回傳失敗，無法獲取內部子行程的終止狀態。

鑒於上述原因，system 執行期間必須要暫時阻塞 SIGCHLD 信號。

其他需要考慮的信號還有由終端的中斷操作（一般是 ctrl+c）和退出操作（一般是 ctrl+\）產生的 SIGINT 信號和 SIGQUIT 信號。

呼叫 system 函數會建立 shell 子行程，然後由 shell 子行程再建立子行程來執行 command。那麼這三個行程又是如何應對的呢？SUSv3 標準規定：

- 呼叫 system 函數的行程，需要忽略 SIGINT 和 SIGQUIT 信號。

- system 函數內部建立的行程，要恢復對 SIGINT 和 SIGQUIT 的預設處理。

從邏輯上講，當命令傳入給 system 開始執行時，呼叫 system 函數的行程，其實已經放棄了控制權。所以呼叫 system 函數的行程不應該回應 SIGINT 信號和 SIGQUIT 信號，而應該由 system 內部建立的子行程來負責回應。考慮到 system 函數執行的可能是互動式應用，交給 system 建立的子行程來回應 SIGINT 和 SIGQUIT 信號更合情合理。

用更通俗的話來講，就是呼叫 system 函數，在 system 回傳之前會忽略 SIGINT 和 SIGQUIT，無論是呼叫採用終端的操作（ctrl+c 或 ctrl+\），還是採用 kill 來發送 SIGINT 或 SIGQUIT 信號，呼叫 system 函數的行程都會不動如山。但是 system 內部建立的執行

command 的子行程，對 SIGINT 和 SIGQUIT 的回應是預設值，也就是說會殺掉回應的子行程而導致 system 函數的回傳。

相對於 glibc 的 system 函數實作，《The Linux Programming Interface: A Linux and UNIX System Programming Handbook》提供一個可讀性更好的版本，對實作感興趣的朋友，可以參閱該書裡面的實作。

可以驗證一下 system 對 SIGINT 及 SIGQUIT 信號的行為模式是否如前所述。對 t_sys 對應的行程執行 kill -SIGINT，行程 t_sys 無動於衷。但是在另一終端，對 sleep 1000 對應的行程發送 SIGINT 信號，立刻就會出現如下列印：

```
./t_sys "sleep 1000"
status = 2
abnormal termination,signal number =2
```

4.10　總結

行程是作業系統非常重要的概念。和程式相比，行程是有生命的，是流動的。本章介紹了行程的一生，從行程被建立到呼叫 exec 奔向新生活，從行程退出到父行程等待子行程，另外還介紹了集合上述各項行為的 system 函數，以及透過 system 函數來執行程式。

CHAPTER

5

行程控制：狀態、
排程和優先權

第 4 章介紹了行程的一生，從建立（fork 或 vfork）到走向新的征程（exec），從退出（exit 或 _exit）到被父行程或 init 行程 "收屍"（wait）。

本章將介紹行程的其他方面，主要包括：

- 行程在其或長或短的一生中可能處於的狀態。

- 核心如何排程行程使用 CPU 資源。

- 行程如何調整優先權，以求獲得更多或更少的 CPU 資源。

- 對於有即時性要求的行程如何設定排程策略以滿足其要求。

- 如何把行程綁定到某個或某些 CPU 上執行。

5.1　行程的狀態

故飄風不終朝，驟雨不終日。孰為此者？天地。天地尚不能久，而況於人乎？

—老子《道德經》

就像人不可能一刻不停地工作一樣，行程也無法始終佔有 CPU 執行。原因有三：

- 行程可能需要等待某種外部條件的滿足，在條件滿足之前，行程是無法繼續執行的。這種情況下，該行程繼續佔有 CPU 就是對 CPU 資源的浪費。

- Linux 是多使用者多工的作業系統，可能同時存在多個可以執行的行程，行程個數可能遠遠多於 CPU 的個數。一個行程始終佔有 CPU 對其他行程來說是不公平的，行程排程器會在合適的時機，選擇合適的行程使用 CPU 資源。

- Linux 行程支援軟即時(soft real time)，即時行程的優先權高於普通行程，即時行程之間也有優先權的差別。軟即時行程進入可執行狀態的時候，可能會發生搶佔，搶佔目前執行的行程。

首先，來討論一下行程的狀態。

5.1.1 行程狀態概述

Linux 下，行程的狀態有以下 7 種，見表 5-1。

表 5-1　行程的 7 種狀態

行程狀態	說明
TASK_RUNNING	可執行狀態。但未必正在使用 CPU，也許在等待排程
TASK_INTERRUPTIBLE	可中斷的休眠狀態。在等待某個條件的完成
TASK_UNINTERRUPTIBLE	不可中斷的休眠狀態。與可中斷的休眠狀態類似，但是不會被信號中斷
TASK_STOPPED	暫停狀態。行程收到某信號，執行被停止
TASK_TRACED	被追蹤狀態。和暫停狀態有些類似，行程被停止，被另一個行程追蹤
EXIT_ZOMBIE	僵屍狀態。行程已經退出，但是尚未被父行程或 init 行程 "收屍"
EXIT_DEAD	真正死亡的狀態。行程停留在該狀態的時間極短，很難觀察到

1. 可執行狀態

首先是可執行狀態。該狀態的名稱為 TASK_RUNNING，嚴格來說這個名字是不準確的，因為該狀態的確切含義是可執行狀態，並非一定是在佔有 CPU 執行，將該狀態稱為 TASK_RUNABLE 會更準確。

人說 Linux 行程有 8 種狀態，這種說法也是對的。因為 TASK_RUNNIING 可以據是否在 CPU 上運行，進一步細分成 RUNNING 和 READY 兩種狀態（如圖 5-1 所示）。處於 READY 狀態的行程表示，它們隨時可以投入執行，只不過由於 CPU 資源有限，排程器暫時並未選中它執行。

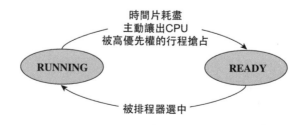

圖 5-1　READY 和 RUNNING 狀態之間的切換

處於可執行狀態的行程是進行排程的對象。如果行程並不處於可執行狀態，行程排程器就不會選擇它投入執行。在 Linux 中，每一個 CPU 都有自己的執行佇列，事實上還不止一個，根據行程所屬排程類別的不同，可執行狀態的行程也會位於不同的佇列上：如果是即時行程（屬於即時排程類），則根據優先權的情況，落在相應的優先權的佇列上；如果是普通行程（屬於完全公平排程類），則根據虛擬執行時間的大小，落在紅黑樹的相應位置上。這樣行程排程器就可以根據一定的演算法從執行佇列上挑選合適的行程來使用 CPU 資源。

處於 RUNNING 狀態的行程，可能正在執行使用者模式（user-mode）程式碼，也可能正在執行核心層（kernel-mode）程式碼，核心提供了進一步的區分和統計。Linux 提供的 time 命令可以統計行程在使用者模式和核心層消耗的 CPU 時間：

```
manu@manu-rush:~$ time sleep 2
real      0m2.009
suser     0m0.001
ssys      0m0.002s
```

time 命令統計了三種時間：實際時間、使用者 CPU 時間和系統 CPU 時間。其中實際時間最好理解，就是日常生活中的時間（牆上時間，wall clock time），即行程從開始到終止，一共執行多久。user 一行統計的是行程執行使用者模式程式碼消耗的 CPU 時間；sys 一行統計的是行程在核心層執行所消耗的 CPU 時間。

如何區分使用者模式 CPU 時間和核心層 CPU 時間呢？我們舉例來說明。如果行程在執行加減乘除或浮點數計算或排序等操作時，儘管這些操作正在消耗 CPU 資源，但是和核心並沒有太多的關係，CPU 大部分時間都在執行使用者模式的指令。這種場景下，我們稱 CPU 時間消耗在使用者模式。如果行程頻繁地執行建立行程、銷毀行程、分配記憶體、操作檔案等操作，則行程不得不頻繁地進入核心執行系統呼叫，這些時間都累加在行程的核心層 CPU 時間。

對於這三種時間，最容易產生的誤解是 real time = user time + sys time。這種想法是錯誤的。在單核心系統上，real time 總是不小於 user time 與 sys time 的總和。但是在多核心系統上，user time 與 sys time 的總和可以大於 real time。利用這三個時間，我們可以計算出程序的 CPU 使用率：

```
cpu_usage = ((user time) + (sys time))/(real time)
```

在多核心處理器情況下，cpu_usage 如果大於 1，則表示該行程是計算密集型（CPU bound）的行程，且 cpu_usage 的值越大，表示越充分地利用多處理器的並行執行優勢；如果 cpu_usage 的值小於 1，則表示行程為 I/O 密集型（I/O bound）的行程，多核並行的優勢並不明顯。

time 命令的問題在於要等行程執行完畢後，才能獲取到行程的統計資訊，正所謂蓋棺定論。有些時候，我們需要瞭解正在執行的行程：它執行了多久，核心層 CPU 時間和使用者模式 CPU 時間分別是多少？ procfs 在 */proc/PID/stat* 中提供了相關的資訊：

```
manu@manu-rush:~$ cat /proc/8283/stat
8283 (stress) R 8282 8282 7015 34817 8282 4218944 35 0 0 0 15988 35 0 0 20 0 1
    0 3551036 7405568 24 18446744073709551615 4194304 4213100 140736349760736
    140736349760296 139793990053869 0 0 0 0 0 0 17 0 0 0 0 0 6311448 6312216
    17915904 140736349767962 140736349767974 140736349767974 140736349769704 0
```

上面的一堆數字中每個數字都有自己獨特的含義。如果從 0 開始計數，那麼欄位 13 對應的是行程消耗的使用者模式 CPU 時間，欄位 14 記錄的是行程消耗的核心層 CPU 時間。兩者的單位是時鐘滴答（clock tick）。

一個時鐘滴答是多久？可以透過如下命令來獲取：

```
grep CONFIG_HZ /boot/config-`uname -r`
CONFIG_HZ_250=y
CONFIG_HZ=250
```

當設定核心的時候，有 100Hz、250Hz、300Hz 和 1000Hz 這 4 個選項。如果設定的頻率為 250Hz，那麼 1 秒鐘就有 250 個時鐘滴答，即每過 4ms，增加一個時鐘滴答（核心的 jiffies++）。

系統提供了 pidstat 命令，透過該命令也可以獲取到各個行程的 CPU 使用情況，如圖 5-2 所示。

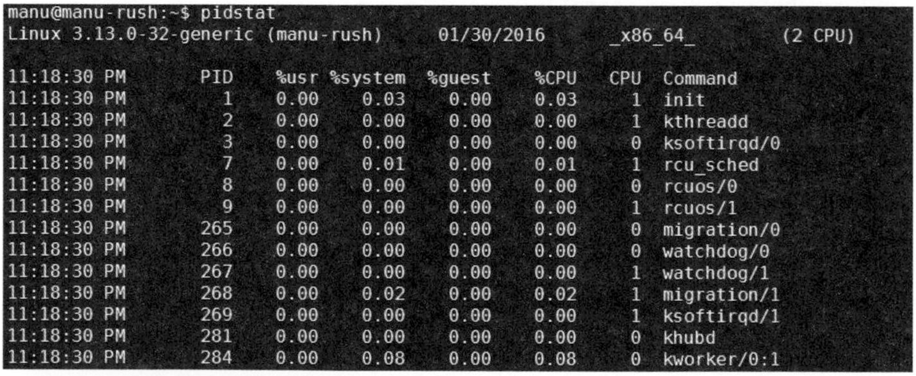

圖 5-2　使用 pidstat 觀察 CPU 的使用情況

pidstat 可以透過 -p 參數指定觀察的行程，從而可以獲取到該行程的 CPU 使用情況，包括使用者模式 CPU 時間和核心層 CPU 時間，如圖 5-3 所示。

```
manu@manu-rush:~$ pidstat -p 3107 2
Linux 3.13.0-32-generic (manu-rush)        01/30/2016      _x86_64_      (2 CPU)

11:22:01 PM       PID   %usr %system  %guest    %CPU   CPU  Command
11:22:03 PM      3107  99.00    0.50    0.00   99.50     1  stress
11:22:05 PM      3107  99.00    1.00    0.00  100.00     1  stress
11:22:07 PM      3107  99.00    0.50    0.00   99.50     1  stress
11:22:09 PM      3107  99.50    1.00    0.00  100.50     1  stress
```

圖 5-3　使用 pidstat 觀察特定行程的 CPU 使用情況

如何獲得行程的實際執行時間呢？透過 ps 命令的 etime（elapsed time 的縮寫）可以獲取
該值：

```
manu@manu-rush:~$ ps -p 8283 -o etime,cmd,pid
    ELAPSED CMD                          PID
      02:39 stress -c 1                 8283
```

2. 可中斷休眠狀態和不可中斷休眠狀態

行程並不總是處於可執行的狀態。有些行程需要和慢速設備打交道。比如行程和磁片進
行互動，相關的系統呼叫消耗的時間是非常長的（可能在毫秒等級甚至會更久），行程
需要等待這些操作完成才可以執行接下來的指令。有些行程需要等待某種特定條件（比
如行程等待子行程退出、等待 socket 連接、嘗試獲得鎖、等待信號量等）得到滿足後方
可以執行，而等待的時間往往是不可預估的。在這種情況下，行程依然佔用 CPU 就不合
適了，對 CPU 資源而言，這是一種極大的浪費。因此核心會將該行程的狀態改變成其他
狀態，將其從 CPU 的執行佇列中移除，同時排程器選擇其他的行程來使用 CPU 資源。

Linux 的行程存在兩種休眠的狀態：可中斷的休眠狀態（TASK_INTERRUPTIBLE）和不
可中斷的休眠狀態（TASK_UNINTERRUPTIBLE）。這兩種休眠狀態是很類似的。兩者
的區別就在於能否回應收到的信號。

處於可中斷的休眠狀態的行程，回傳到可執行的狀態有以下兩種可能性：

- 等待的事件發生了，繼續執行的條件已滿足。

- 收到未被遮罩的信號。

當處於可中斷休眠狀態的行程收到信號時，會回傳 EINTR 給使用者層。程式師需要檢測
回傳值，並做出正確的處理。

但是對於不可中斷的休眠狀態，只有一種可能性能使其回傳到可執行的狀態，即等待的
事件發生了，繼續執行的條件滿足了（如圖 5-4 所示）。

圖 5-4　可執行狀態與休眠狀態之間的切換

TASK_UNINTERRUPTIBLE 狀態存在的意義在於，核心中某些處理流程是不應該被打斷的，如果回應非同步信號，程式的執行流程中就會插入一段用於處理非同步信號的流程，原有的流程就被中斷。因此當行程在對某些硬體進行某些操作時（比如行程呼叫 read 系統呼叫對某個檔案進行讀操作，read 系統呼叫最終執行對應裝置驅動的程式碼，並與對應的實體裝置互動），需要使用 TASK_UNINTERRUPTIBLE 狀態把行程保護起來，以避免行程與設備的互動過程被打斷，致使裝置深入不可控制的狀態。

TASK_UNINTERRUPTIBLE 是一種很危險的狀態，因為行程進入該狀態後，刀槍不入，任何信號都無法打斷它。我們無法透過信號殺死一個處於不可中斷的休眠狀態的行程，SIGKILL 信號也不行。

正常情況下，行程處於 TASK_UNINTERRUPTIBLE 狀態的時間會非常短暫，行程不應該長時間處於不可中斷的休眠狀態，但是這種情況確實可能會發生（核心程式碼流程中可能有 bug，或者使用者核心模組中的相關機制不合理都會導致某些行程長時間處於該狀態）。舉例來講，當透過 NFS 存取遠端目錄時，異地檔案系統的異常可能會使行程進入該狀態。如果遠端的檔案系統始終異常，使行程的 I/O 請求得不到滿足，該行程會一直處於 TASK_UNINTERRUPTIBLE 狀態，無法殺死，除了重啟 Linux 機器之外，無藥可救。

核心提供 hung task 檢測機制，它會啟動一個名為 khungtaskd 的核心執行緒來檢測處於 TASK_UNINTERRUPTIBLE 狀態的行程是否已經失控。khungtaskd 定期被喚醒（預設是 120 秒），它會遍歷所有處於 TASK_UNINTERRUPTIBLE 狀態的行程進行檢查，如果某行程超過 120 秒未獲得排程，核心就會列印出警告資訊和該行程的堆疊資訊。

120 秒這個時間是可以定制的，核心提供了控制選項：

```
root@manu-rush:~# sysctl kernel.hung_task_timeout_secs
kernel.hung_task_timeout_secs = 120
```

關於 khungtaskd 的更多細節，可以閱讀核心 kernel/hung_task.c 程式碼。無論行程處於可中斷的休眠狀態，還是不可中斷的休眠狀態，我們都可能會希望瞭解行程停在什麼位置或在等待什麼資源。procfs 的 wchan 提供這方面的資訊，wchan 是 wait channel 的含義。ps 命令也可以透過 wchan 獲得該資訊：

```
manu@manu-rush:~$ echo $$
3828
manu@manu-rush:~$ cat /proc/3828/wchan
do_wait
manu@manu-rush:~$ ps -p 3828 -o pid,wchan,cmd
   PID WCHAN   CMD
  3828 wait    -bash
```

另外一種方法是查看行程的 stack 資訊，方法如下所示：

```
manu@manu-rush:~$ sudo cat /proc/3828/stack
[<ffffffff8106d2c4>] do_wait+0x1e4/0x260
[<ffffffff8106e213>] SyS_wait4+0xa3/0x100
[<ffffffff8176847f>] tracesys+0xe1/0xe6
[<ffffffffffffffff>] 0xffffffffffffffff
```

透過 procfs 的 wchan 和 stack，不難看出，目前的 bash 正在等待子行程的退出。

3. 休眠行程和等待佇列

行程無論是處於可中斷的休眠狀態還是不可中斷的休眠狀態，有一個資料結構是繞不開的：等待佇列（wait queue）。因為行程需要休眠的原因，必然是等待某種資源或等待某個事件，核心必須想辦法將行程和它等待的資源（或事件）關聯起來，當等待的資源可用或等待的事件已發生時，可以及時地喚醒相關的行程。核心採用的方法是等待佇列。

等待佇列是 Linux 核心中的基礎資料結構，它和行程排程緊密地結合在一起。當行程需要等待特定事件時，就將其放置在合適的等待佇列上，因此等待佇列對應的是一組進入休眠狀態的行程，當等待的事件發生時（或者說等待的條件滿足時），這組行程會被喚醒，這類事件通常包括：中斷（比如 DISK I/O 完成）、行程同步、休眠時間到期等。

核心使用雙向串列來實作等待佇列，每個等待佇列都可以用等待佇列頭來標識，等待佇列頭的定義如下：

```
struct __wait_queue_head {
    spinlock_t lock;
    struct list_head task_list;
};
typedef struct __wait_queue_head wait_queue_head_t;
```

行程需要休眠的時候，需要定義一個等待佇列元素，將該元素掛入合適的等待佇列，等待佇列元素的定義如下：

```
typedef struct __wait_queue wait_queue_t;
struct __wait_queue {
    unsigned int flags;
#define WQ_FLAG_EXCLUSIVE 0x01
    void *private;
    wait_queue_func_t func;
    struct list_head task_list;
};
```

等待佇列上的每個等待佇列元素，都對應於一個處於休眠狀態的行程（如圖 5-5 所示）。

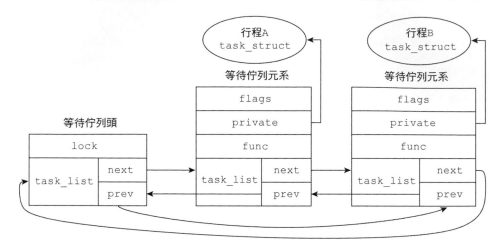

圖 5-5　休眠行程與等待佇列

核心如何使用等待佇列完成休眠，以及條件滿足之後如何喚醒對應的行程呢？

首先要定義和初始化等待佇列頭部。等待佇列頭部相當於一隻大旗，沒有這隻大旗，將來的等待佇列元素將成為"孤魂野鬼"，無處安放。核心提供了 init_waitqueue_head 和 DECLARE_WAIT_QUEUE_HEAD 兩個巨集，用來初始化等待佇列頭部。

其次，當行程需要休眠時，需要定義等待佇列元素。核心提供 init_waitqueue_entry 函數和 init_waitqueue_func_entry 函數來完成等待佇列元素的初始化：

```
static inline void init_waitqueue_entry(wait_queue_t *q, struct task_struct *p)
{
    q->flags = 0;
    q->private = p;
    q->func = default_wake_function;/*通用的喚醒回呼函數*/
}

static inline void init_waitqueue_func_entry(wait_queue_t *q,
                    wait_queue_func_t func)
{
    q->flags = 0;
    q->private = NULL;
    q->func = func;
}
```

除此以外，核心還提供了巨集 DECLARE_WAITQUEUE，也可用來初始化等待佇列元素：

```
#define __WAITQUEUE_INITIALIZER(name, tsk) {                    \
    .private    = tsk,                          \
    .func       = default_wake_function,            \
    .task_list  = { NULL, NULL } }
```

```
#define DECLARE_WAITQUEUE(name, tsk)                          \
    wait_queue_t name = __WAITQUEUE_INITIALIZER(name, tsk)
```

從等待佇列元素的初始化函數或初始化巨集不難看出，等待佇列元素的 private 成員變數指向行程的行程結構 task_struct，因此就有了等待佇列元素，就可以將行程掛入對應的等待佇列。

第三步是將等待佇列元素（即休眠行程）放入合適的等待佇列中。核心同時提供 add_wait_queue 和 add_wait_queue_exclusive 兩個函數來把等待佇列元素添加到等待佇列頭部指向的雙向串列，程式碼如下：

```
void add_wait_queue(wait_queue_head_t *q, wait_queue_t *wait)
{
    unsigned long flags;

    wait->flags &= ~WQ_FLAG_EXCLUSIVE;
    spin_lock_irqsave(&q->lock, flags);
    __add_wait_queue(q, wait);
    spin_unlock_irqrestore(&q->lock, flags);
}

void add_wait_queue_exclusive(wait_queue_head_t *q, wait_queue_t *wait)
{
    unsigned long flags;

    wait->flags |= WQ_FLAG_EXCLUSIVE;
    spin_lock_irqsave(&q->lock, flags);
    __add_wait_queue_tail(q, wait);
    spin_unlock_irqrestore(&q->lock, flags);
}
```

這兩個函數的區別在於：

- 一個等待佇列元素設定了 WQ_FLAG_EXCLUSIVE 旗標位元，而另一個則沒有。

- 一個等待佇列元素放到等待佇列的尾部，而另一個則放到等待佇列的頭部。

同樣是添加到等待佇列，為何同時提供兩個函數，WQ_FLAG_EXCLUSIVE 旗標位元到底有什麼作用？

不妨來思考如下問題：如果存在多個行程在等待同一個條件滿足或同一個事件發生（即等待佇列上有多個等待佇列元素），當條件滿足時，應該把所有行程一併喚醒還是只喚醒某一個或某幾個行程？

答案要依實際情況分析。有時候需要喚醒等待佇列上的所有行程，但又有些時候喚醒操作需要具有排他性（EXCLUSIVE）。比如多個行程等待臨界區資源，當鎖的持有者釋放鎖時，如果核心將所有等待在該鎖上的行程一起喚醒，則最終也只能有一個行程競爭到鎖資源，而大多數的競爭者，不過是從休眠中醒來，然後繼續休眠，這會浪費

CPU 資源，如果等待佇列中的行程數目很大，還會嚴重影響性能。這就是所謂的驚群效應（thundering herd problem）。因此核心提供 WQ_FLAG_EXCLUSEVE 旗標位元來實作互斥等待，add_wait_queue_exclusive 函數會將帶有該旗標位元的等待佇列元素添加到等待佇列的尾部。當核心喚醒等待佇列上的行程時，等待佇列元素中的 WQ_FLAG_EXCLUSEVE 旗標位元會影響喚醒行為，比如 wake_up 巨集，它喚醒第一個帶有 WQ_FLAG_EXCLUSEVE 旗標位元的行程後就會停止。

事實上，當核心需要等待某個條件滿足而不得不休眠（或是可中斷的休眠，或是不可中斷的休眠）時，核心封裝了一些巨集來完成前面提到的流程。這些巨集包括：

```
wait_event(wq, condition)
wait_event_timeout(wq, condition, timeout)
wait_event_interruptible(wq, condition)
wait_event_interruptible_timeout(wq, condition, timeout)
```

第一個參數指向的是等待佇列頭部，表示行程會休眠在該等佇列上。行程醒來時，condition 需要得到滿足，否則繼續阻塞。其中 wait_event 和 wait_event_interruptible 的區別在於，休眠過程中，前者的行程狀態是不可中斷的休眠狀態，不能被信號中斷，而後者是可中斷的休眠狀態，可以被信號中斷。名字中帶有_timeout 的巨集意味著阻塞等待的超時時間，以 jiffy 為單位，當超時時間到達時，無論 condition 是否滿足，均回傳。

我們不妨以 wait_event 巨集為例，欣賞一下核心是如何使用等待佇列，等待某個條件的滿足的：

```
#define wait_event(wq, condition)                          \
do {                                           \
    if (condition)                         \
        break;                             \
    __wait_event(wq, condition);                    \
} while (0)

#define __wait_event(wq, condition)                    \
do {                                  \
    DEFINE_WAIT(__wait);                       \
                                          \
    for (;;) {                        \
        prepare_to_wait(&wq, &__wait, TASK_UNINTERRUPTIBLE);    \
        if (condition)                \
            break;                \
        schedule();               \
    }                              \
    finish_wait(&wq, &__wait);                  \
} while (0)
void
prepare_to_wait(wait_queue_head_t *q, wait_queue_t *wait, int state)
{
    unsigned long flags;

    wait->flags &= ~WQ_FLAG_EXCLUSIVE;
    spin_lock_irqsave(&q->lock, flags);
```

```
        if (list_empty(&wait->task_list))
            __add_wait_queue(q, wait);
        set_current_state(state);
        spin_unlock_irqrestore(&q->lock, flags);
    }
```

prepare_to_wait 函數負責將等待佇列元素添加到對應的等待佇列，同時將行程的狀態設定成 TASK_UNINTERRUPTIBLE，完成 prepare_to_wait 的工作後，會檢查條件是否滿足條件，如果條件不滿足，則呼叫 schedule()函數，主動讓出 CPU 使用權，等待被喚醒。

有休眠就要有喚醒，有 wait_event 系列的巨集，與之對應的，就要有 wake_up 系列的巨集，它們必須成對出現。這一組巨集有：

```
wake_up(x)
wake_up_nr(x, nr)
wake_up_all(x)
wake_up_interruptible(x)
wake_up_interruptible_nr(x, nr)
wake_up_interruptible_all(x)
```

這些巨集和前面 wait_event 系列巨集的配對使用情況如圖 5-6 所示。

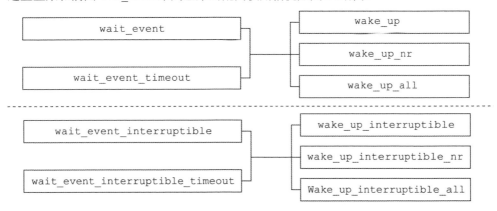

圖 5-6　wake_event 和 wake_up 配對使用情況

其中該系列巨集中，名字裡帶_interruptible 的巨集只能喚醒處於 TASK_INTERRUPTIBLE 狀態的行程，而名字中不帶_interruptible 的巨集，既可以喚醒 TASK_INTERRUPTIBLE 狀態的行程，也可以喚醒 TASK_UNINTERRUPTIBLE 狀態的行程。

wake_up 系列函數中為什麼有些函數後面有_nr 和_all 這樣的尾碼？其實不難猜到這些尾碼的含義：不帶尾碼的表示最多只能喚醒一個帶有 WQ_FLAG_EXCLUSIVE 旗標位元的行程，帶_nr 的表示可以喚醒 nr 個帶有 WQ_FLAG_EXCLUSIVE 旗標位元的行程，而帶_all 後綴的則表示喚醒等待佇列上的所有行程。

這些 wake_up 系列的巨集，其實作部分最終都是透過__wake_up 函數的簡單封裝來實作的，如圖 5-7 所示。

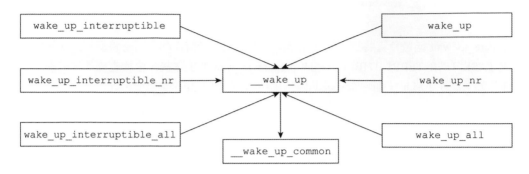

圖 5-7　wake_up 系列函數

下面來分析下__wake_up 函數，看看核心是如何喚醒休眠在等待佇列上的行程的，代碼如下：

```
void __wake_up(wait_queue_head_t *q, unsigned int mode,
          int nr_exclusive, void *key)
{
    unsigned  long  flags;

    spin_lock_irqsave(&q->lock, flags);
    __wake_up_common(q, mode, nr_exclusive, 0, key);
    spin_unlock_irqrestore(&q->lock, flags);
}
static void __wake_up_common(wait_queue_head_t *q, unsigned int mode,
          int nr_exclusive, int wake_flags, void *key)
{
    wait_queue_t *curr, *next;

    /*遍歷等待佇列頭部對應的雙向串列*/
    list_for_each_entry_safe(curr, next, &q->task_list, task_list) {
        unsigned flags = curr->flags;
        /*最多喚醒nr 設定了排他性旗標位元的等待行程，以防止驚群*/
        if (curr->func(curr, mode, wake_flags, key) &&
                (flags & WQ_FLAG_EXCLUSIVE) && !--nr_exclusive)
            break;
    }
}
```

注意，遍歷等待佇列上的所有等待佇列元素時，對於每一個需要喚醒的行程，執行的是等待佇列元素中定義的 func，最多喚醒 nr_exclusive 個帶有 WQ_FLAG_EXCLUSIVE 的等待佇列元素。

在初始化等待佇列元素的時候，需要註冊回呼函數 func。當核心喚醒該行程時，就會執行等待佇列元素中的回呼函數。

等待佇列元素最常用的回呼函數是 default_wake_function，就像它的名字一樣，是默認的喚醒回呼函數。無論是 DECLARE_WAITQUEUE 還是 init_waitqueue_entry，都將等待佇列元素的 func 指向 default_wake_function。而 default_wake_function 僅僅是大名鼎鼎的 try_to_wake_up 函數的簡單封裝，程式碼如下：

```
int default_wake_function(wait_queue_t *curr, unsigned mode, int wake_flags,
          void *key)
{
    return try_to_wake_up(curr->private, mode, wake_flags);
}
```

try_to_wake_up 是行程排程裡非常重要的一個函數，它負責將休眠的行程喚醒，並將醒來的行程放置到 CPU 的執行佇列中，然後並設定行程的狀態為 TASK_RUNNING。在本章的後面會對該函數進行詳細的分析。

4. TASK_KILLABLE 狀態

很多文章在介紹 TASK_UNINTERRUPTIBLE 狀態時，都喜歡透過下面的例子來建立一個處於 TASK_UNINTERRUPTIBLE 狀態的行程：

```
#include<stdio.h>

int main()
{
    if(!vfork())
    {
        sleep(100);
        printf("hello \n");
    }
}
```

執行上述程式碼編出的程式：

```
root@manu-rush:~# ps ax |grep state_d
5880 pts/2      D+     0:00 ./state_d
5881 pts/2      S+     0:00 ./state_d
```

很多文章認為，呼叫 vfork 函數建立子行程時，子行程在呼叫 exec 函數或退出之前，父行程始終處於 TASK_UNINTERRUPTIBLE 的狀態。其實這種說法是錯誤的。因為很明顯，父行程可以輕易地被信號殺死，這證明父行程並不是處於 TASK_UNINTERRUPTIBLE 的狀態。

```
root@manu-hacks:~# ps ax |grep state_d |grep -v grep
  6787 pts/2      D+     0:00 ./state_d
  6788 pts/2      S+     0:00 ./state_d
root@manu-hacks:~# kill -9 6787
root@manu-hacks:~# ps ax |grep state_d |grep -v grep
  6788 pts/2      S      0:00 ./state_d
```

而在程式執行的終端則顯示

```
manu@manu-hacks:~/code/me/c$ ./state_d
Killed
```

為什麼行程的狀態顯示的是 D+，按照 ps 命令的說法應該是處於不可中斷的休眠狀態，可為什麼仍然會被信號殺死呢？這好像和前面的講述並不一致。

事實上，ps 命令輸出的 D 狀態不能簡單地理解成 UNINTERRUPTIBLE 狀態。核心自 2.6.25 版本起引入一種新的狀態即 TASK_KILLABLE 狀態[3]。可中斷的休眠狀態太容易被信號打斷，與之對應，不可中斷的休眠狀態完全不可以被信號打斷，又容易失控，兩者都失之極端。而核心新引入的 TASK_KILLABLE 狀態則介於兩者之間，是一種調和狀態。該狀態行為上類似於 TASK_UNINTERRUPTIBLE 狀態，但是行程收到致命信號（即殺死一個行程的信號）時，行程會被喚醒。

上面的例子中 vfork 建立子行程之後，ps 顯示父行程處於 D 的狀態，卻依然可以被殺死的原因就是行程並不是處於不可中斷的休眠狀態，而是處於 TASK_KILLABLE 狀態。而這種狀態，是可以回應致命信號的。

有了該狀態，wait_event 系列巨集也增加了 killable 的變體，即 wait_event_killable 巨集。該巨集會將行程置為 TASK_KILLABLE 狀態，同時休眠在等待佇列上。致命信號 SIGKILL 可以將其喚醒。

5. TASK_STOPPED 狀態和 TASK_TRACED 狀態

TASK_STOPPED 狀態是一種比較特殊的狀態。在第 4 章曾經提到過，SIGSTOP、SIGTSTP、SIGTTIN 和 SIGTTOU 等信號會將行程暫時停止，停止後行程就會進入到該狀態。上述 4 種信號中的 SIGSTOP 具有和 SIGKILL 類似的屬性，即不能忽略，不能安裝新的信號處理函數，不能遮罩等。當處於 TASK_STOPPED 狀態的行程收到 SIGCONT 信號後，可以恢復行程的執行（如圖 5-8 所示）。

圖 5-8　可執行狀態和暫停狀態的切換

TASK_TRACED 是被追蹤的狀態，行程會停下來等待追蹤它的行程對它進行進一步的操作。如何才能製造出處於 TASK_TRACED 狀態的行程呢？最簡單的例子是用 gdb 除錯程序，當行程在中斷點處停下來時，此時行程處於該狀態。

---

[3]　TASK_KILLABLE 的資料請參見 *http://lwn.net/Articles/288056/*。

下面用一個最簡單的 hello 程式來驗證 gdb 停下的程式的確處於 TASK_TRACED 的狀態。在一個終端，gdb 將程式停下，停在中斷點處：

```
Breakpoint 1, main () at hello.c:
6          printf("hello world\n");
```

在另一個終端查看行程的狀態：

```
manu@manu-hacks:~$ ps ax |grep hello
  3768 pts/2    S+     0:00 gdb ./hello
  3770 pts/2    t      0:00 /home/manu/code/me/c/hello

manu@manu-hacks:~$ cat /proc/3770/status
Name:       hello
State:      t (tracing stop)
```

TASK_TRACED 和 TASK_STOPPED 狀態的類似之處是都處於暫停狀態，不同之處是 TASK_TRACED 不會被 SIGCONT 信號喚醒。只有除錯行程透過 ptrace 系統呼叫，下達 PTRACE_CONT、PTRACE_DETACH 等指令，或者除錯行程退出，被除錯的行程才能恢復 TASK_RUNNING 的狀態。

6. EXIT_ZOMBIE 狀態和 EXIT_DEAD 狀態

EXIT_ZOMBIE 和 EXIT_DEAD 是兩種退出狀態，嚴格說來，它們並不是執行狀態。當行程處於這兩種狀態中的任何一種時，它其實已經死去。核心會將這兩種狀態記錄在行程結構的 exit_state 中，不過不想細分的話，可以籠統地說行程處於 TASK_DEAD 狀態。

兩種狀態的區別在於，如果父行程沒有將 SIGCHLD 信號的處理函數重設為 SIG_IGN，或者沒有為 SIGCHLD 設定 SA_NOCLDWAIT 旗標位元，則於子行程退出後，會進入僵屍狀態等待父行程或 init 行程來收屍，否則直接進入 EXIT_DEAD。如果不停留在僵屍狀態，行程的退出是非常快的，因此很難觀察到一個行程是否處於 EXIT_DEAD 狀態。

5.1.2　觀察行程狀態

5.1.1 節介紹了行程的狀態，本節將介紹如何觀察行程目前所處的狀態。

在 proc 檔案系統的 */proc/PID/status* 中，記錄了 PID 對應行程的狀態資訊。其中 State 項記錄了該行程的暫態狀態。因為行程狀態是不斷遷移變化的，所以讀出來的結果是暫態的值。

```
manu@manu-rush:~$ cat /proc/1/status
Name:       init
State:      S (sleeping)
```

procfs 中，行程的狀態有幾種可能的值呢？一起去查看核心的原始碼。在 fs/proc/array.c 中，定義了所有可能的值，定義如下：

```
static const char * const task_state_array[] = {
    "R (running)",      /*    0 */
    "S (sleeping)",       /*    1 */
    "D (disk sleep)",   /*    2 */
    "T (stopped)",        /*    4 */
    "t (tracing stop)", /*    8 */
    "Z (zombie)",         /*   16 */
    "X (dead)",        /* 32 */
    "x (dead)",        /* 64 */
    "K (wakekill)",    /* 128 */
    "W (waking)",       /* 256 */
};
```

這幾種狀態都會從 procfs 中出現嗎？並非如此。

```
static inline const char *get_task_state(struct task_struct *tsk)
{
    unsigned int state = (tsk->state & TASK_REPORT) | tsk->exit_state;
    const char * const *p = &task_state_array[0];

    BUILD_BUG_ON(1 + ilog2(TASK_STATE_MAX) != ARRAY_SIZE(task_state_array));

    while (state) {
        p++;
        state >>= 1;
    }
    return *p;
}
```

只有在 TASK_REPORT 巨集出現的狀態加上兩個退出狀態時，才能出現在 procfs 中：

```
#define TASK_REPORT  (TASK_RUNNING | TASK_INTERRUPTIBLE | \
            TASK_UNINTERRUPTIBLE | __TASK_STOPPED | \
            __TASK_TRACED)
```

從 TASK_REPORT 巨集中可以看出，並沒有 TASK_DEAD、TASK_WAKEKILL 和 TASK_WAKING，也就是說在 procfs 中，無法觀察到下面這三個值，它們從不出現：

```
"x (dead)",          /*  64 */
"K (wakekill)",      /* 128 */
"W (waking)",        /* 256 */
```

在 vfork 那個例子中，在 procfs 中查詢行程狀態時，父行程處於 D（disk sleep）狀態，而並沒有出現 K（wakekill），原因就在於此。

那麼是時候記住，會在 procfs 中出現的行程狀態了：

```
"R (running)",
"S (sleeping)",
```

```
"D (disk sleep)",
"T (stopped)",
"t (tracing stop)",
"Z (zombie)",
"X (dead)",
```

這就是傳統的行程 7 狀態，如表 5-2 所示。

表 5-2　procfs 中的行程狀態

procfs 中的值	行程狀態
R (running)	TASK_RUNNING
S (sleeping)	TASK_INTERRUPTIBLE
D (disk sleep)	TASK_UNINTERRUPTIBLE
T (stopped)	TASK_STOPPED[4]
t (tracing stop)	TASK_TRACED[5]
Z (zombie)	EXIT_ZOMBIE
X (dead)	EXIT_DEAD

5.2　行程排程概述

行程排程，是任何一個現代作業系統都要解決的問題，它是作業系統相當重要的一個組成部分。首先需要理解的一點是，行程排程器是對處於可執行（TASK_RUNNING）狀態的行程進行排程，如果行程並非 TASK_RUNNING 的狀態，則該行程和行程排程是沒有關係的。

Linux 是多工的作業系統，所謂多工是指系統能夠同時並行地執行多個行程，哪怕是單一處理器系統。在單一處理器系統上支援多工，會給使用者多個行程同時跑的幻覺，事實上多個行程僅僅是輪流使用 CPU 資源。只有在多處理器系統中，多個行程才能真正地做到同時、並行地執行。

多工系統可以根據是否支援搶佔分成兩類：非搶佔式多工和搶佔式多工。在非搶佔式多工的系統中，下一個任務被排程的前提是目前行程主動讓出 CPU 的使用權，因此非搶佔式多工又稱為合作型多工。而搶佔式多工由作業系統來決定行程排程，在某些時間點上，作業系統可以將正在執行的行程排程出去，選擇其他行程來執行。毫無疑問，Linux 屬於搶佔式多工系統。事實上，大多數的現代作業系統都是搶佔式的多工系統。

---

[4]　在此處，TASK_STOPPED 應為 __TASK_STOPPED，為了防止產生不必要的困擾，不做嚴格區分。

[5]　在此處，TASK_TRACED 應為 __TASK_TRACED，為了防止產生不必要的困擾，不做嚴格區分。

CPU 是一種關鍵的系統資源。在普通 PC 上 CPU 的核數不過 4 核心、8 核心等，在伺服器上可能有 16 核心、32 核心，甚至更多。在系統負載始終比較輕（即可執行狀態的行程不多）的情況下，行程排程的重要性並不大。但是如果系統的負載很高，有幾百上千的行程處於可運行的狀態，那麼一套合理高效的排程演算法就非常重要了。

此外，不同的行程之間，其行為模式可能存在著巨大的差異。行程的行為模式可以粗略地分成兩類：CPU 消耗型（CPU bound）和 I/O 消耗型（I/O bound）。所謂 CPU 消耗型是指行程因為沒有太多的 I/O 需求，始終處於可執行的狀態，始終在執行指令。而 I/O 消耗型是指行程會有大量 I/O 請求（比如等待鍵盤鍵入、讀寫區塊設備上的檔案、等待網路 I/O 等），它處於可執行狀態的時間不多，而是將更多的時間耗費在等待上。當然這種劃分方法並非絕對的，可能有些行程某段時間表現出 CPU 消耗型的特徵，另一段時間又表現出 I/O 消耗型的特徵。

還有另外一種行程分類的方法，如下。

- 互動型行程：這種類型的行程有很多的人機互動，行程會不斷地深入休眠狀態，等待鍵盤和滑鼠的輸入。但是這種行程對系統的回應時間要求非常高，使用者輸入之後，行程必須被及時喚醒，否則使用者就會覺得系統反應遲鈍。比較典型的例子是文本編輯程式和圖形處理常式等。

- 批次處理型行程：這類行程和互動型的行程相反，它不需要和使用者互動，通常在背景執行。這樣的行程不需要及時的回應。比較典型的例子是編譯、大規模科學計算等，一般來說，這種行程總是 "被侮辱的和被損害的"。

- 即時行程：這類行程優先權比較高，不應該被普通行程和優先權比它低的行程阻塞，一般需要比較短的回應時間。

系統之中，有很多性格各異的行程，這就增加了設計排程器的難度。有一個很有意思的比喻來描述排程器的困境[6]：Linux 核心排程器就像處境尷尬的主婦，滿足孩子對晚餐的要求便有可能會傷害到老人的食欲，做出一桌讓男女老少都滿意的飯菜實在是太難了。

設計一個優秀的行程排程器絕不是一件容易的事情，它還有很多事情需要考慮，很多目標需要達成：

- 公平：每一個行程都可以獲得排程的機會，不能出現 "餓死" 的現象。

- 良好的排程延遲：儘量確保行程在一定的時間範圍內，總能夠獲得排程的機會。

- 差異化：允許重要的行程獲得更多的執行時間。

- 支援軟即時行程：軟即時行程，比普通行程具有更高的優先權。

---

[6]　參考資料見：劉明 Linux 排程器 BFS 簡介 BFS vs CFS *https://www.ibm.com/developerworks/cn/linux/l-cn-bfs/*。

- 負載均衡:多個 CPU 之間的負載要均衡,不能出現一些 CPU 很忙,而另一些 CPU 很空閒的情況。

- 高輸送量:單位時間內完成的行程個數盡可能多。

- 簡單高效:排程演算法要高效。不應該在排程上花費太長的時間。

- 低耗電量:在系統並不繁忙的情況下,降低系統的耗電量。

在對稱多處理器(SMP)的系統上,存在著多個處理器,那麼所有處於可執行狀態的行程是應該位於一個佇列上,還是每個處理器都要有自己的佇列?這大概是行程排程首先要解決的問題。

目前 Linux 採用的是每個 CPU 都要有自己的執行佇列,即 per cpu run queue。每個 CPU 去自己的執行佇列中選擇行程,這樣就降低了競爭。這種方案還有另外一個好處:記憶體重利用。某個行程位於這個 CPU 的執行佇列上,經過多次排程之後,核心趨於選擇相同的 CPU 執行該行程。這種情況下上次執行的變數很可能仍然在 CPU 的緩衝中,這樣就提升了效率。

所有的 CPU 共用一個執行佇列這種方案的弊端是顯而易見的,尤其是在 CPU 數目很多的情況下。我們可以想像一下如果存在 1024 個 CPU,都要去同一個執行佇列取下一個排程的行程,這種競爭無疑會降低排程器的性能。

但是凡事無絕對,沒有最好的,只有最適合的。對於 CPU 核數比較少的桌面應用來說,只有一個執行佇列的 Brain Fuck Scheduler(腦殘排程器)卻表現的異常出色。[7][8]

Linux 選擇了每一個 CPU 都有自己的執行佇列這種解決方案。這種選擇也帶來一種風險:CPU 之間負載不均衡,可能出現一些 CPU 閒著而另外一些 CPU 忙不過來的情況。為了解決這個問題,load_balance 就閃亮登場了。load_balance 的任務就是在一定的時機下,透過將任務從一個 CPU 的執行佇列遷移到另一個 CPU 的執行佇列,來保持 CPU 之間的負載均衡。

行程排程實際要做哪些事情呢?概括地說,行程排程的職責是挑選下一個執行的行程,如果下一個被排程到的行程和排程前執行的行程不是同一個,則執行上下文切換,將新選擇的行程投入執行。

下面根據排程的入口點函數 schedule()來看下行程排程做了哪些事情,程式碼如下:

```
asmlinkage void __sched schedule(void)
{
    struct task_struct *tsk = current;
```

---

[7] BFS 簡介,Linux 桌面的極速未來?

[8] BFS vs CFS –Scheduler Comparsion:*http://cs.unm.edu/~eschulte/classes/cs587/data/bfs-v-cfs_groves-knockel-schulte.pdf*。

```
        sched_submit_work(tsk);
        __schedule();
}
static void __sched __schedule(void)
{
        struct task_struct *prev, *next;
        unsigned long *switch_count;
        struct rq *rq;
        int cpu;

need_resched:
        preempt_disable();
        cpu = smp_processor_id();
        rq = cpu_rq(cpu);
        rcu_note_context_switch(cpu);
        prev = rq->curr;

        schedule_debug(prev);

        if (sched_feat(HRTICK))
            hrtick_clear(rq);

        raw_spin_lock_irq(&rq->lock);

        switch_count = &prev->nivcsw;
        if (prev->state && !(preempt_count() & PREEMPT_ACTIVE)) {
            if (unlikely(signal_pending_state(prev->state, prev))) {
                prev->state = TASK_RUNNING;
            } else {
                /*先前的行程不再處於可執行狀態，需要將其從執行佇列中移除出去*/
                deactivate_task(rq, prev, DEQUEUE_SLEEP);
                prev->on_rq = 0;

                if (prev->flags & PF_WQ_WORKER) {
                    struct task_struct *to_wakeup;

                    to_wakeup = wq_worker_sleeping(prev, cpu);
                    if (to_wakeup)
                        try_to_wake_up_local(to_wakeup);
                }
            }
            switch_count = &prev->nvcsw;
        }
        /*排程之前的準備工作*/
        pre_schedule(rq, prev);

        /*目前 CPU 執行佇列上沒有可執行的行程，太閒了，需要負載均衡*/
        if (unlikely(!rq->nr_running))
            idle_balance(cpu, rq);
        /*將被搶佔的行程放入指定的合適的位置*/
        put_prev_task(rq, prev);
        /*挑選下一個執行的行程*/
        next = pick_next_task(rq);
        /*清除被搶佔行程的需要排程的旗標位元*/
```

```
    clear_tsk_need_resched(prev);
    rq->skip_clock_update = 0;

    /*如果選中的行程與原行程不是同一個行程，則需要上下文切換*/
    if (likely(prev != next)) {
        rq->nr_switches++;
        rq->curr = next;
        ++*switch_count;

        /*上下文切換，切換之後，新選中的行程投入執行*/
        context_switch(rq, prev, next);
        cpu = smp_processor_id();
        rq = cpu_rq(cpu);
    } else
        raw_spin_unlock_irq(&rq->lock);

    post_schedule(rq);

    preempt_enable_no_resched();
    if (need_resched())
        goto need_resched;
}
```

Linux 是可搶佔式核心（Preemptive Kernel），從核心 2.6 版本開始，Linux 不僅支援使用者模式搶佔，也開始支援核心層搶佔。可搶佔式核心的優勢在於可以保證系統的回應時間。當高優先權的任務一旦就緒，總能及時得到 CPU 的控制權。但是很明顯，核心搶佔不能隨意發生，某些情況下是不允許發生核心搶佔的。因此為了更好地支援核心搶佔，核心為每一個行程的 thread_info 引入了 preempt_count 計數器，數值為 0 時表示可以搶佔，當該計數器的值不為 0 時，表示禁止搶佔。

並不是所有的時機都允許發生核心搶佔。以自旋鎖為例，在核心可搶佔的系統中，自旋鎖持有期間不允許發生核心搶佔，否則可能會導致其他 CPU 長期不能獲得鎖而死等。因此在 spin_lock 函數中（透過__raw_spin_lock），會呼叫 preempt_disable 巨集，而該巨集會將行程 preempt_count 計數器的值加 1，表示不允許搶佔。同樣的道理，解鎖的時候，會將 preempt_count 的值減 1（透過 preempt_enable 巨集）。

```
static inline void __raw_spin_lock(raw_spinlock_t *lock)
{
    preempt_disable();
    spin_acquire(&lock->dep_map, 0, 0, _RET_IP_);
    LOCK_CONTENDED(lock, do_raw_spin_trylock, do_raw_spin_lock);
}
```

preempt_count 的 Bit 28 是一個很重要的旗標位元，即 PREEMPT_ACTIVE。該旗標位元用來標記是否正在進行核心搶佔。很明顯，設定該旗標位元之後，preempt_count 就不再為 0，因此也就不允許再次發生核心搶佔，從而使得正在執行搶佔工作的程式碼不會再次被搶佔。

核心的 preempt_schedule 函數是核心搶佔時呼叫排程器的入口，它會呼叫 __schedule 函數發起排程。在呼叫 __schedule 函數之前，會設定行程的 PREEMPT_ACTIVE 旗標位元，表示這是從搶佔過程中進入 __schedule 函數的。

```
asmlinkage void __sched notrace preempt_schedule(void)
{
    struct thread_info *ti = current_thread_info();

    if (likely(ti->preempt_count || irqs_disabled()))
        return;

    do {
        add_preempt_count_notrace(PREEMPT_ACTIVE);
        __schedule();
        sub_preempt_count_notrace(PREEMPT_ACTIVE);

        barrier();
    } while (need_resched());
}
```

在 __schedule 函數中，核心會檢查行程的 PREEMPT_ACTIVE 旗標位元，如果發現該旗標位置位元，就不會呼叫 deactivate_task 函數將其從執行佇列中移除。

PREEMPT_ACTIVE 旗標位元有一個非常重要的作用，即防止不處於 TASK_RUNNING 狀態的行程被搶佔過程錯誤地從執行佇列中移除。這句話非常地繞口，我們結合 __schedule 函數的對應程式碼來分析該旗標位元的作用。

```
if (prev->state && !(preempt_count() & PREEMPT_ACTIVE)) {
    if (unlikely(signal_pending_state(prev->state, prev))) {
        prev->state = TASK_RUNNING;
    } else {
        deactivate_task(rq, prev, DEQUEUE_SLEEP);
        ...
    }
    ...
}
```

如果行程設定 PREEMPT_ACTIVE 旗標位元，上述程式碼最外層的條件就不會得到滿足。這麼做的用意是：如果行程是被搶佔而進入 schedule 函數，則即使它不處於 TASK_RUNNING 狀態，也不能把它從執行佇列中移除。

為什麼這麼做？從執行佇列中移除不處於 TASK_RUNNING 狀態的行程是 schedule 函數份內之事，為什麼設定了 PREEMPT_ACTIVE 旗標位元就不能移除呢？

原因是行程從 TASK_RUNNING 變成其他狀態，是一個過程，在這個過程中可能發生搶佔。試想如下場景：一個行程剛把自己設定成 TASK_INTERRUPTIBLE，它就被搶佔了。因為這時候它還沒來得及呼叫 schedule() 主動交出 CPU 控制權，仍然在 CPU 上執行，這就是非 TASK_RUNNING 狀態的行程也會被搶佔的場景。對於這種場景，搶佔流程不應擅自將其從執行佇列中移除，因為它的切換過程並未完成。

下面的程式碼在 wait_event 系列巨集中不斷出現，我們以它為例分析上面提到的問題：

```
for (;;) {
    prepare_to_wait(&wq, &__wait, TASK_UNINTERRUPTIBLE);
    if (condition)
        break;
    schedule();
}
```

執行完 prepare_to_wait 語句，本來是要檢查條件是否滿足的，如果這時候被搶佔，假如沒有 PREEMPT_ACTIVE 旗標位元，那麼搶佔過程中呼叫的 __schedule 函數就會將行程從執行佇列中移除。如果本來 condition 條件被滿足，就會錯過了喚醒的機會，也許就會永遠休眠。正確的做法是，繼續保留在執行佇列中，後面還有機會被排程到繼續執行，恢復執行後繼續判斷條件是否滿足。

上面討論了搶佔的情況，如果行程不處於 TASK_RUNNING 的狀態，並且沒有設定 PREEMPT_ACTIVE 旗標，就有可能會呼叫 deactivate_task 函數將其從執行佇列中移除。這裡說可能是因為，該行程可能存在尚未處理的信號，如果是這種情況它並不會被移除出執行佇列，相反會被再次設定成 TASK_RUNNING 的狀態，獲得再次被排程到的機會。

__schdule 函數的基本流程如圖 5-9 所示。流程圖中帶有背景色的部分都是排程框架裡的 hook 點。核心的行程排程是模組化的，實作一個新的排程演算法，只需要實作一組框架需要的鉤子函數即可，核心將會在合適的時機呼叫這些函數。

不妨以 deactivate_task 為例，來看下排程框架與實際排程演算法中的函數之間的關係。deactivate_task 函數的職責可以顧名思義，即行程不再處於 TASK_RUNNING 的狀態，需要將其從對應的執行佇列中移除。因此其實作為：

```
static void deactivate_task(struct rq *rq, struct task_struct *p, int flags)
{
    if (task_contributes_to_load(p))
        rq->nr_uninterruptible++;

    dequeue_task(rq, p, flags);
}
static void dequeue_task(struct rq *rq, struct task_struct *p, int flags)
{
    update_rq_clock(rq);
    sched_info_dequeued(p);
    p->sched_class->dequeue_task(rq, p, flags);
}
```

核心會呼叫行程所屬排程類的 dequeue_task 函數，至於排程類的 dequeue_task 函數具體做了哪些事情，完全由實際的排程類決定。

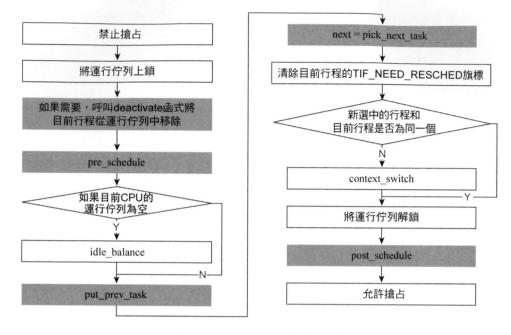

圖 5-9 schedule 函數的基本流程

呼叫 schedule 函數時，目前行程可能仍然處於可執行的狀態（主動讓出 CPU 或被其他行程搶佔），因此選擇下一個佔用 CPU 的行程之前，需要呼叫 put_prev_task 函數。該函數的目的是，目前行程被排程出去之前，留給實際排程演算法一個時機來更新內部的狀態（如圖 5-9 所示）。和 deactivate_task 函數一樣，根據目前行程所屬的排程類，呼叫實際的 put_prev_task 函數。

```
static void put_prev_task(struct rq *rq, struct task_struct *prev)
{
    if (prev->on_rq || rq->skip_clock_update < 0)
        update_rq_clock(rq);
    prev->sched_class->put_prev_task(rq, prev);
}
```

Linux 核心實作如下 4 種排程類：

- stop_sched_class：停止類

- rt_sched_class：即時類

- fair_sched_class：完全公平排程類

- idle_sched_class：空閒類

4 種排程類是按照優先權順序排列的，停止類（stop_sched_class）具有最高的排程優先權，與之對應的是空閒類（idle_sched_class）具有最低的排程優先權。行程排程器挑選下一個執行的行程時，會首先從停止類中挑選行程，如果停止類中沒有挑選到可執行的行程，再從即時類中挑選行程，依此類推。

pick_next_task 函數負責挑選下一個執行的行程，從其實作邏輯中可以看出，系統是按照優先權順序從排程類中挑選行程的（如圖 5-10 所示）。

```
static inline struct task_struct *
pick_next_task(struct rq *rq)
{
    const struct sched_class *class;
    struct task_struct *p;

    /*此處是優化，若所有任務都屬於公平類，則直接從公平類中挑選下一個類*/
    if (likely(rq->nr_running == rq->cfs.h_nr_running)) {
        p = fair_sched_class.pick_next_task(rq);
        if (likely(p))
            return p;
    }
    /*按照排程類的優先權，從高到低挑選下一個行程，直到挑選到為止*/
    for_each_class(class) {
        p = class->pick_next_task(rq);
            if (p)
                return p;
    }
    ...
}
```

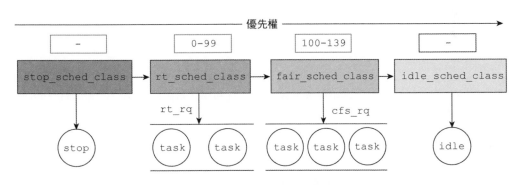

圖 5-10　行程排程類優先權次序

優先權最高的停止類行程，主要用於多個 CPU 之間的負載均衡和 CPU 的熱插拔，它所做的事情就是停止正在執行的 CPU，以進行任務的遷移或插拔 CPU。優先權最低的空閒類，負責將 CPU 置於停機狀態，直到有中斷將其喚醒。idle_sched_class 類的空閒任務只有在沒有其他任務的時候才能被執行。

每一個 CPU 只有一個停止任務和一個空閒任務。從上面的職責描述也可以看出，這兩種排程類屬於諸神之戰，和使用者層的關係並不大。使用者層無法將行程設定成停止類行程或空閒類行程。

和使用者層關係比較密切的兩種排程類是即時類和完全公平排程類，尤其是完全公平排程類。

5.3　普通行程的優先權

本節將停留在行程排程版圖中的完全公平排程類（Completely Fair Scheduler，簡稱 CFS）上。事實上，除非將 Linux 用在特定的領域，否則在大部分時間裡所有可執行的行程都屬於完全公平排程類。從核心程式碼 pick_next_task 函數（該函數負責挑選下一個行程放到 CPU 上執行）中所做的優化可見一斑。

Linux 是多工系統，存在多個可執行行程的情況下，系統不能放任目前行程始終占著 CPU。每個行程執行多長時間，是任何一個排程演算法都不能回避的問題。傳統的排程算法面臨著一種困境，那就是時間片到底多大才合適？如果時間片太大，行程執行前需要等待的時間就會變長，當 CPU 執行佇列上可執行行程的個數比較多的時候尤為明顯，使用者可能會感覺到明顯的延遲。如果時間片太短，行程排程的頻率就會增加，考慮到上下文切換也需要花費時間，可以想見，大量的時間都浪費到行程排程上。

完全公平排程，使用了一種動態時間片的演算法。它為每個行程分配使用 CPU 的時間比例。行程排程設計上，有一個很重要的指標是排程延遲，即保證每一個可執行的行程都至少執行一次的時間間隔。比如排程延遲是 20 毫秒，如果執行佇列上只有 2 個同等優先權的行程，則可以允許每個行程執行 10 毫秒，如果執行佇列上是 4 個同等優先權的行程，則每個行程可以執行 5 毫秒。

如果可執行的行程比較少，採用這種演算法則沒有問題。可是如果執行佇列上有 200 個同等優先權的行程怎麼辦？每個行程執行 0.1 毫秒？這可不是個好主意。因為時間片太小，行程排程過於頻繁，上下文切換的開銷就不能忽視。

為了應對這種情況，完全公平排程提供另一種控制方法：排程最小細微性。排程最小細微性指的是任一行程所執行的時間長度的基準值。任何一個行程，只要分配到 CPU 資源，都至少會執行排程最小細微性的時間，除非行程在執行過程中執行阻塞型的系統呼叫或主動讓出 CPU 資源（透過 sched_yield 呼叫）。

在 Linux 作業系統中，排程延遲被稱為 sysctl_sched_latency，記錄在 */proc/sys/kernel/sched_latency_ns* 中，而排程最小細微性被稱為 sysctl_sched_min_granularity，記錄在 */proc/sys/kernel/sched_min_granularity_ns* 中，兩者的單位都是奈秒。

```
cat /proc/sys/kernel/sched_latency_ns
12000000
cat /proc/sys/kernel/sched_min_granularity_ns
1500000
```

排程延遲和排程最小細微性綜合起來看是比較有意思的，它反映了在排程延遲內允許的最大活動行程數目。這個值被稱為 sched_nr_latency。如果執行佇列上可執行狀態的行程太多，超出該值，排程最小細微性和排程延遲兩個目標則不可能被同時實作。

核心並沒有提供參數來指定 sched_nr_latency，它的值完全是由排程延遲和排程最小粒度來決定的。計算公式如下：

$$sched\_nr\_latency = \frac{sysctl\_sched\_latency}{sysctl\_sched\_min\_granularity}$$

因此排程延遲是一個盡力而為的目標。當可執行的行程個數小於 sched_nr_latency 的時候，排程週期總是等於排程延遲（sysctl_sched_latency）。但是如果可執行的行程個數超過了 sched_nr_latency，系統就會放棄排程延遲的承諾，轉而保證排程最小細微性。在這種情況下排程週期等於最小細微性乘以可執行行程的個數，程式碼如下所示：

```
static u64 __sched_period(unsigned long nr_running)
{
    u64 period = sysctl_sched_latency;
    unsigned long nr_latency = sched_nr_latency;
    /*行程個數過多，無法保證排程延遲，只能保證排程最小細微性*/
    if (unlikely(nr_running > nr_latency)) {
        period = sysctl_sched_min_granularity;
        period *= nr_running;
    }

    return period;
}
```

上述函數並不難理解：

- 若執行佇列中行程個數小於或等於 sched_nr_latency，則排程週期等於排程延遲。

- 若執行佇列中行程個數大於 sched_nr_latency，則排程週期則等於可執行行程個數與排程最小細微性的乘積。

有了排程週期，我們就可以計算分配給行程的執行時間：

分配給行程的執行時間＝排程週期*1/執行佇列上行程個數

到目前為止，所有的討論都是基於執行佇列上所有的行程都有相同的優先權這個假設。但真實情況並非如此，有些任務優先權比較高，理應獲得更多的執行時間。考慮到這種情況，完全公平排程又引入優先權的概念。

完全公平排程透過引入排程權重來實作優先權,行程之間按照權重的比例,分配 CPU 時間。引入權重後,排程週期內分配給行程的執行時間的計算公式如下:

分配給行程的執行時間＝排程週期*行程權重/執行佇列所有行程權重之和

Linux 下每一個行程都有一個 nice 值,該值的取值範圍是[-20,19],其中 nice 值越高,表示優先權越低。預設的優先權是 0。

 nice 的英文含義是友好,nice 值越高,表示越友好,越謙讓,即優先權越低。實際來說就是同等情況下,佔有的 CPU 資源越少。

核心定義了一個陣列,來表述每個不同 nice 值對應的權重:

```
static const int prio_to_weight[40] = {
/* -20 */       88761,     71755,     56483,     46273,     36291,
 /* -15 */      29154,     23254,     18705,     14949,     11916,
 /* -10 */       9548,      7620,      6100,      4904,      3906,
 /*  -5 */       3121,      2501,      1991,      1586,      1277,
 /*   0 */       1024,       820,       655,       526,       423,
 /*   5 */        335,       272,       215,       172,       137,
 /*  10 */        110,        87,        70,        56,        45,
 /*  15 */         36,        29,        23,        18,        15,
};
```

這個陣列基本是透過如下公式來獲得的:

```
weight = 1024 / (1.25 ^ nice_value)
```

其中普通行程的 nice 值等於 0,其權重為基準的 1024。nice 值為 0 的行程權重被稱為 NICE_0_LOAD。當 nice 值為 1 時,權重等於 1024/1.25,約等於 820,當 nice 值為 2 時,權重等於 1024/(1.25^2)。

 很有意思的是計算公式中的 1.25 是怎麼來的?一般的概念是,行程每降低一個 nice 值,將多獲得 10%的 CPU 時間。如果執行佇列裡有兩個行程,一個 nice 值為 0,另一個 nice 值為-1。那麼按照約定,nice 值為 0 的應該獲得 45%的 CPU 時間,而 nice 值為-1 的應該獲得 55%的 CPU 時間。如此一來,兩者的權重比例應該是多少?

$$\frac{1}{1+x}＝0.45$$

根據上面的計算公式,很容易算出該值約等於 1.222 左右。核心計算時,選擇該值為 1.25。實際可閱讀 prio_to_weight 定義出的注釋。

Linux 提供如下函數來獲取和修改行程的 nice 值：

```
#include <sys/time.h>
#include <sys/resource.h>

int getpriority(int which, int who);
int setpriority(int which, int who, int prio);
```

兩個系統呼叫的頭兩個參數都是 which 和 who，這兩個參數用於標識需要讀取和修改優先權的行程。who 參數如何解釋，取決於 which 參數的值，實際如下：

- PRIO_PROCESS ：操作行程 ID 為 who 的行程，如果 who 為 0，則使用呼叫者的行程 ID。

- PRIO_PGRP ：操作行程組 ID 為 who 的行程組的所有成員。如果 who 等於 0，則使用呼叫者的行程組 ID。

- PRIO_USER ：操作所有真實使用者 ID 為 who 的行程。如果 who 等於 0，則使用呼叫者的真實使用者 ID。

getpriority 函數回傳 which 和 who 指定行程的 nice 值。如果存在多個行程符合指定的標準，則回傳優先權最高的 nice 值（即 nice 值最小的那個）。

因為行程優先權的範圍為[-20,19]，所以成功的時候，回傳值也可能是-1。因此，不能用回傳值是不是-1 來判斷呼叫是成功還是失敗。正確的方法是，呼叫前將 errno 設定成 0，然後呼叫 getpriority 函數。如果回傳值是-1，並且 errno 不是 0，才能確定呼叫失敗。否則，呼叫成功。

```
errno = 0 ;
prio = getpriority(which,who);
if(prio == -1 && errno != 0)
{
    /*error handle*/
}
```

setpriority 函數的回傳值並不存在 getpriority 函數的困境。其成功時回傳 0，失敗時回傳-1，並設定 errno。常見的 errno 見表 5-3。

表 5-3　setpriority 函數的出錯情況及說明

errno	說明
EACCESS	嘗試獲取更高的優先權（更低的 prio 值），但是沒有 CAP_SYS_NICE 許可權
EINVAL	which 的值不是 PRIO_PROCESS、PRIO_PGRP 或 PRIO_USER
ESRCH	which 和 who 指定的行程不存在
EPERM	指定行程的有效使用者 ID 和呼叫行程的有效使用者 ID 不一致，且呼叫行程沒有 CAP_SYS_NICE

對於其中的 EACCESS 錯誤碼，這裡仔細說明一下。在早期版本的 Linux 中非特權行程不能提升優先權，只能降低優先權。但在現在的 Linux 中，非特權行程也能適當地提升行程的優先權。Linux 提供 RLIMIT_NICE 資源限制。如果一個行程的 RLIMIT_NICE 限制為 25，則其 nice 值可以提升到 20 – 25＝ -5。詳情可以查看 getrlimit 函數的說明文件。

調整行程的優先權會有什麼影響？完全公平排程演算法裡，優先權比較高（nice 值比較低）的行程會獲得更多的 CPU 時間。

比如，有兩個行程位於 CPU 的執行佇列上，一個 nice 值是 0（權重是 1024），另外一個 nice 值是 5（權重是 335），按照前面的權重可以推算出，nice 值為 0 的行程獲得 CPU 的時間應該是 nice 值為 5 的 3 倍。

可以透過一個簡單的測試來驗證這個結論：

```c
#define _GNU_SOURCE

#include <stdio.h>
#include <stdlib.h>
#include <math.h>
#include <unistd.h>
#include <sched.h>
#include <string.h>
#include <errno.h>
#include <sys/time.h>
#include <sys/resource.h>
#include <sched.h>

int heavy_work()
{
    double sum = 0.0;
    unsigned long long i = 0;
    while(1)
    {
        sum = sum + sin(i++);
    }
    return 0;
}

int main(int argc,char* argv[])
{

    cpu_set_t set ;
    CPU_ZERO(&set);
    CPU_SET(0,&set);

    int ret = sched_setaffinity(0,sizeof(cpu_set_t),&set);
    if(ret != 0 )
    {
        fprintf(stderr,"failed to bind the process to cpu 0 (%s)\n",
                strerror(errno));
```

```
        exit(1);
    }

    ret = fork();
    if(ret == 0)
    {
        errno = 0;
        ret = setpriority(PRIO_PROCESS,0,5);
        if(ret == -1 && errno != 0)
        {
            fprintf(stderr,"[%d] failed to change nice value (%s)\n",
                    getpid(),strerror(errno));
            exit(1);
        }
    }

    heavy_work();
    return 0;
}
```

上面的程式設定行程的 CPU 親和力，父子行程都將執行在 CPU 0 上，不過，子行程首先呼叫 setpriority 函數將自己的 nice 值設定為 5，而父行程的 nice 值是預設值 0。父子行程都是 CPU bound 型的程式，始終處於可執行狀態。

```
manu@manu-rush:~$ ps -C nice_test -o pid,ppid,cmd,etime,nice,pri,psr
   PID   PPID CMD                        ELAPSED NI  PRI PSR
   3885   2695 ./nice_test                 35:02  0   19  0
   3886   3885 ./nice_test                 35:02  5   14  0
```

透過 NI 這一列可以看出，父行程的 nice 值是 0，而子行程的 nice 值是 5。父行程佔用的 CPU 時間應該是子行程的三倍左右。透過*/proc/PID/sched* 可以查看這些排程的資訊，其中 se_sum_exec_runtime 的含義是累計執行的實際時間。

```
父行程                                    :        1584276.837760
se.sum_exec_runtime
子行程                                    :         518296.243156
se.sum_exec_runtime
```

我們將其比較一下：

$$1024 \div 335 \approx 3.0567$$
$$1584276.837760 \div 518296.243156 \approx 3.0567$$

從執行時間上可以看出，執行時間幾乎完美地符合權重比。原因就是決定每個行程運行時間片的時候，是根據權重來計算的。

有意思的是，如果 CPU 執行佇列上的兩個行程的 nice 值分別是 10 和 15，則兩者占用的 CPU 時間的比例依然約等於 3:1。原因是絕對的 nice 值並不影響排程決策，而是執行佇列上行程間的優先權相對值，影響了 CPU 時間的分配。

5.4 完全公平排程的實作

上一節的全部內容，歸納起來就是下面這個公式：

分配給行程的執行時間＝排程週期*行程權重/所有行程權重之和

但是上一節並沒有介紹完全公平排程的演算法實作，本節將嘗試介紹完全公平排程的內容。完全公平排程的演算法概念比較簡單，按照 CFS 作者 Ingo Molnar 的總結：CFS 百分之八十的工作可以用一句話來概括，那就是 CFS 在真實的硬體上類比了完全理想的多工處理器。

5.4.1 時間片和虛擬執行時間

在 Linux 作業系統中，每個 CPU 都維護有執行佇列。在該佇列上可能存在多個行程處於可執行狀態，那麼哪個行程應該先獲得排程呢？

這個問題和生活中的某些問題很像。比如一個遊戲機，5 個小孩玩，當一個小孩玩完自己的時間片後，該由哪個小孩接著來玩呢？肯定有一個小孩跳出來說：我玩的時間最短，應該是由我來玩。這是非常簡單的概念，為每個小朋友玩的時間記帳，玩的時間最短的小朋友將獲得下一個玩的機會。

在行程優先權都相等的情況下，時間記帳是一個非常好的方法，但是優先權的存在，給時間記帳帶來了一定的麻煩。有些行程優先權比較高，理應獲得更多的 CPU 時間，這種情況下如何進行時間記帳？

Linux 引入虛擬執行時間來解決這個記帳的問題。假設 CPU 執行佇列上有兩個行程需要排程，nice 值分別為 0 和 5，兩者的權重比是 3 ：1，排程週期為 20 毫秒。那麼按照公式，第一個行程應該執行 15 毫秒，接著第二個行程執行 5 毫秒。儘管兩個行程在排程週期內的實際執行時間不同，但是我們希望第一個行程的 15 毫秒和第二個行程的 5 毫秒，時間記帳是相等的。即：

第一個行程 15 毫秒的記帳值＝第二個行程的 5 毫秒的記帳值

這樣兩個行程就能根據時間記帳值的大小交替執行。這種時間加權記帳的概念就是完全公平排程的核心。

Linux 核心定義了排程實體結構體，程式碼如下：

```
struct sched_entity {
    struct load_weight    load;
    struct rb_node        run_node;
    struct list_head      group_node;
    unsigned int          on_rq;

    u64          exec_start;
    u64          sum_exec_runtime;
```

```
u64         vruntime;
u64         prev_sum_exec_runtime;

u64         nr_migrations;
...
}
```

上述結構中，sum_exec_runtime 維護的是真實時間記帳資訊。而 vruntime 維護的則是加權過的時間記帳，即虛擬執行時間。

如何根據真實的時間計算出虛擬的執行時間，作為加權過的時間記帳？公式如下。

$$加權執行時間＝真實執行時間 \times \frac{NICE\_0\_LOAD}{行程權重}$$

在該公式中，NICE_0_LOAD 的值是 nice 值為 0 的行程之權重，即 1024。前面的例子中，nice 值為 0 的行程執行了 15 毫秒，因為其權重為 1024，故其虛擬執行時間也為 15 毫秒；nice 值為 5 的行程執行時間為 5 毫秒，因為其權重為 335，所以記帳時其虛擬執行時間為：

$$5 \times \frac{1024}{335} \approx 15$$

核心的 sched_slice 函數負責計算行程在本輪排程週期應分得的真實執行時間，其實作程式碼如下：

```
static u64 sched_slice(struct cfs_rq *cfs_rq, struct sched_entity *se)
{
    /*本輪排程週期的時間長度*/
    u64 slice = __sched_period(cfs_rq->nr_running + !se->on_rq);

    /*Linux 支援組排程，所以此處有一個迴圈，
     *如果不考慮組排程，將排程實體簡化成行程，會更好理解*/
    for_each_sched_entity(se) {
        struct load_weight *load;
        struct load_weight lw;

        cfs_rq = cfs_rq_of(se);
        load = &cfs_rq->load;

        if (unlikely(!se->on_rq)) {
            lw = cfs_rq->load;

            update_load_add(&lw, se->load.weight);
            load = &lw;
        }
        /*根據排程實體所占的權重，分配時間片的大小*/
        slice = calc_delta_mine(slice, se->load.weight, load);
    }
    return slice;
}
```

在這個函數中，calc_delta_mine 函數就是用來計算分配這個排程實體的時間片長度：

分配給行程的執行時間=排程週期*行程權重/所有行程權重之和
slice = calc_delta_mine(slice, se->load.weight, load);

在下一節中可以看到，核心會週期性地檢查行程是不是已經耗完了自己的時間片，檢查的方法就是判斷行程本輪執行時間是否已經超過 sched_slice 計算出來的時片。如果超過，則表示執行時間足夠久，應該發生一次搶佔。

更新行程虛擬執行時間的邏輯位於核心的 __update_curr 函數，該函數裡更新了目前行程的真實執行時間和虛擬執行時間，同時也更新了 CFS 執行佇列的最小虛擬執行時間。

```
static inline void
__update_curr(struct cfs_rq *cfs_rq, struct sched_entity *curr,
        unsigned long delta_exec)
{
    unsigned long delta_exec_weighted;

    schedstat_set(curr->statistics.exec_max,
            max((u64)delta_exec, curr->statistics.exec_max));

    /*更新行程的真實執行時間*/
    curr->sum_exec_runtime += delta_exec;
    schedstat_add(cfs_rq, exec_clock, delta_exec);

    /*calc_delta_fair 用來計算加權後的執行時間*/
    delta_exec_weighted = calc_delta_fair(delta_exec, curr);
    /*更新行程的虛擬執行時間*/
    curr->vruntime += delta_exec_weighted;
    /*更新執行佇列的最小虛擬執行時間*/
    update_min_vruntime(cfs_rq);

#if defined CONFIG_SMP && defined CONFIG_FAIR_GROUP_SCHED
    cfs_rq->load_unacc_exec_time += delta_exec;
#endif
}
```

執行佇列的最小虛擬執行時間是什麼？為什麼需要它？

執行佇列上存在多個行程，隨著時間的流逝，每個行程的虛擬時間各不相同，核心會將所有行程中虛擬執行時間的最小值記錄到執行佇列的最小虛擬執行時間（vruntime）中。當然執行佇列的最小虛擬執行時間是奔流向前的，只會增大，絕不會減小。

為什麼要維護這個值？CFS 演算法可確保佇列上的所有行程步調一致地輪流執行，虛擬執行時間不斷增大，大部分行程的虛擬執行時間相差也不會太遠。但是記錄下佇列虛擬執行時間的最小值仍然是有意義的。比如新加入一個行程，應該給它的虛擬執行時間賦初始值，初始值應是多少？再比如行程深入了漫長的休眠，醒來時已經滄海桑田，相對其他行程，它的虛擬執行時間已經大幅落後。核心應該將該行程的虛擬執行時間調整成何值？又比如核心不得不將某個行程從一個 CPU 的執行佇列拉到另一個 CPU 的執行佇列中，該行程的虛擬執行時間該如何調整？此時，維護執行佇列的最小虛擬執行時間的意義就彰顯出來了。執行佇列的最小虛擬執行時間給我們一個基準，根據這個基準值可以知道，該 CPU 執行佇列上的大部分行程的虛擬執行時間就在該值附近，且大於該值。在後面分析新建立的行程和喚醒休眠行程時，會分析核心如何調整這些行程的虛擬執行時間。

行程有了虛擬執行時間，完全公平排程器挑選下一個執行程式時就變得非常簡單，只需要挑選具有最小虛擬執行時間（vruntime）的行程投入執行即可。這就是完全公平排程演算法的核心所在。

核心為了加速挑選具有最小虛擬執行時間的行程，使用紅黑樹資料結構。運行佇列上的所有排程實體都是紅黑樹的節點。紅黑樹是平衡二元樹的一種，排程實體的虛擬執行時間是紅黑樹的鍵值。虛擬執行時間最小的排程實體，位於紅黑樹的最左端。因此挑選下一個執行程式，就簡化成從紅黑樹上取出最左端的節點（如圖 5-11 所示）。

維護行程的虛擬執行時間就成了排程演算法的關鍵。問題是何時會更新行程的虛擬執行時間呢？可以查看核心程式碼中所有呼叫 update_curr 的函數。核心會週期性地更新行程的虛擬執行時間，也會在某些合適的時間點呼叫 update_curr 更新。我們暫時強忍好奇，繼續探索。在探索的過程中，會多次遇到呼叫 update_curr 的函數。

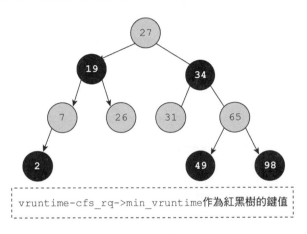

vruntime-cfs_rq->min_vruntime 作為紅黑樹的鍵值

圖 5-11　排程器根據虛擬執行時間（vruntime）將行程在紅黑樹中排序

5.4.2　週期性排程任務

週期性排程任務是排程框架中很重要的一個部分。因為 Linux 是搶佔式多工，系統需要週期性地檢查，目前執行的行程是不是已經耗盡它的時間片，是不是應該發起一次搶佔了。這就是週期性排程任務的職責。

當時鐘發生中斷時，首先呼叫的是 tick_handle_peroid 函數。該函數會呼叫 scheduler_tick 函數，而 scheduler_tick 函數是行程排程框架中的重要函數，負責處理行程排程相關的週期性任務，如圖 5-12 所示。

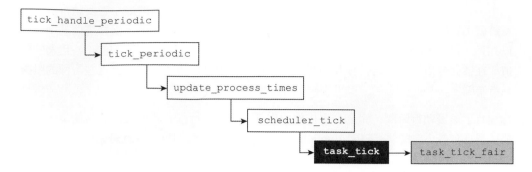

圖 5-12　scheduler_tick 函數的呼叫堆疊關係

scheduler_tick 函數中一個非常重要的呼叫是：

```
curr->sched_class->task_tick(rq, curr, 0);
```

在 Linux 的實作中排程器採用模組化的實作，任何一個排程類，都要實作 task_tick 函數。task_tick 函數要完成哪些使命呢？主要的工作是更新目前執行行程排程相關的統計資訊，以及判斷是否需要發生排程。

對於完全公平的排程而言，task_tick 函數為：

```
.task_tick        = task_tick_fair,
```

在 task_tick_fair 函數中，核心更新正在執行行程的時間統計，包括真實執行時間和虛擬執行時間，程式碼如下：

```
static void task_tick_fair(struct rq *rq, struct task_struct *curr, int queued)
{
    struct cfs_rq *cfs_rq;
    struct sched_entity *se = &curr->se;
    /*為了支援組排程，引入排程實體的概念*/
    for_each_sched_entity(se) {
        cfs_rq = cfs_rq_of(se);
            entity_tick(cfs_rq, se, queued);
        }
    }

    static void
    entity_tick(struct cfs_rq *cfs_rq, struct sched_entity *curr, int queued)
    {
        /*更新正在執行行程的統計資訊*/
        update_curr(cfs_rq);

        update_entity_shares_tick(cfs_rq);

        ...
        /*如果可執行狀態的行程個數大於 1，檢查是否可以搶佔目前行程*/
```

```
        if (cfs_rq->nr_running > 1)
            check_preempt_tick(cfs_rq, curr);
}
```

在我們探索的第一站就遇到更新 updat_curr 的地方。時鐘中斷觸發了週期性的排程任務，其中一項重要的任務就是透過 updat_curr 函數更新排程的統計資訊。它隨著時鐘中斷處理函數週期性地執行，更新行程的虛擬執行時間、真實執行時間和執行佇列的最小虛擬執行時間等。

核心需要知道在什麼時候呼叫 schedule 函數，而不能僅僅依靠使用者程式呼叫 schedule 函數。如果將 schedule 函數的發起完全委託給使用者程式，則使用者程式可能會無止盡地執行下去，而導致其他行程餓死。核心提供一個 need_resched 旗標位元來表明是否需要重新執行一次排程。很明顯，伴隨著時鐘中斷發生的週期性排程任務是一個非常好的時機來判斷目前行程是否應該被搶佔（另一個時機是行程從休眠狀態醒來時，try_to_wake_up 函數也會判斷是否需要設定 need_resched 旗標位元來搶佔目前的行程）。

當執行佇列上處於可執行狀態的行程不止一個時，核心會呼叫 check_preempt_tick 函數來檢查是否應該發生搶佔。當該函數確保目前行程使用完自己的時間片後，可以及時地讓出 CPU，程式碼如下：

```
static void
check_preempt_tick(struct cfs_rq *cfs_rq, struct sched_entity *curr)
{
    unsigned long ideal_runtime, delta_exec;
    struct sched_entity *se;
    s64 delta;
    /*ideal_runtime 記錄行程應該執行的時間*/
    ideal_runtime = sched_slice(cfs_rq, curr);
    /* delta_exec 記錄行程真實執行的時間*/
    delta_exec = curr->sum_exec_runtime - curr->prev_sum_exec_runtime;
    /*如果實際執行時間超過了應該執行的時間，則需要排程出去，被搶佔*/
    if (delta_exec > ideal_runtime) {
        /*resched_task 會負責設定 need_resched 旗標位元*/
        resched_task(rq_of(cfs_rq)->curr);

        clear_buddies(cfs_rq, curr);
        return;
    }
    ...
    /*如果目前行程執行時間低於排程的最小細微性，則不允許發生搶佔*/
    if (delta_exec < sysctl_sched_min_granularity)
        return;
    ...
}
```

在 check_preempt_tick 中可以看出，行程有自己的完美執行時間，即本輪排程週期應得的時間片。如果本輪執行時間已經超出時間片，就會執行 resched_task 函數，在該函數中會透過 set_tsk_need_resched 函數設定 need_resched 旗標位元，告訴核心請儘快呼叫 schedule 函數。如果行程的本輪執行時間小於排程最小細微性，則不允許發生搶佔。

resched_task 函數僅僅是設定旗標位元，並沒有真正地執行行程切換。行程排程發生的時機之一是發生在中斷回傳時，check_preempt_tick 函數是 scheduler_tick 函數的一部分，而 scheduler_tick 函數是中斷處理常式的一部分。執行完中斷處理，會檢查 need_resched 旗標位元是否已被設定，如果已被設定，就自然會呼叫 schedule 函數來執行切換。

5.4.3 新行程的加入

剛建立的普通行程，它的虛擬執行時間是 0 嗎？這個問題的答案很明顯，如果新建立行程的 vruntime 是 0，它的值會比已經長時間執行行程的虛擬執行時間小很多。它會在相當長的時間內保持著排程的優勢，一直運行。這顯然是不合理的。

為了系統地回答上面的問題，我們追蹤下新行程出生之後，發生了哪些事情，圖 5-13 是在建立新行程的過程中與行程排程有關係的流程。

首先分析一下 sched_fork 的核心程式碼：

```
void sched_fork(struct task_struct *p)
{
    unsigned long flags;
    int cpu = get_cpu();

    /*初始化排程相關的值，如排程實體、執行時間、虛擬執行時間等*/
    __sched_fork(p);
    /*設定成 TASK_RUNNING,其實新建立的行程並沒有真正地在 CPU 上執行，
     *此舉的目的是防止外部信號和時間將其喚醒，之後插入執行佇列*/
    p->state = TASK_RUNNING;

    p->prio = current->normal_prio;

    /*如果設定了 sched_reset_on_fork 旗標位元，後面會討論*/
    if (unlikely(p->sched_reset_on_fork)) {
        if (task_has_rt_policy(p)) {
            p->policy = SCHED_NORMAL;
            p->static_prio = NICE_TO_PRIO(0);
            p->rt_priority = 0;
        } else if (PRIO_TO_NICE(p->static_prio) < 0)
            p->static_prio = NICE_TO_PRIO(0);

        p->prio = p->normal_prio = __normal_prio(p);
        set_load_weight(p);

        p->sched_reset_on_fork = 0;
    }
    /*如果不是即時行程，則排程類為完全公平排程類*/
    if (!rt_prio(p->prio))
        p->sched_class = &fair_sched_class;
    /*如果排程類實作了 task_fork 函數，則呼叫該函數*/
```

```
    if (p->sched_class->task_fork)
        p->sched_class->task_fork(p);
    ...
}
```

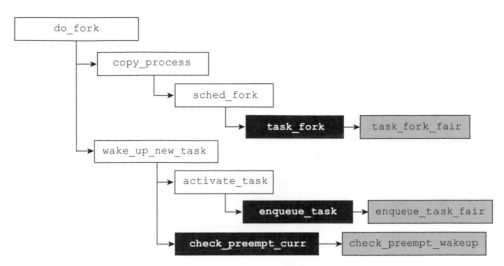

圖 5-13　建立新行程中與排程相關的函數

sched_fork 函數的主要工作是初始化行程的與排程相關的變數，確定行程所屬的排程類及優先權設定。根據行程所屬的排程類，執行與排程類相關的函數。

排程類需要實作 task_fork 這個 hook 函數。該函數用於處理與新建立的行程相關的初始化事宜。對於完全公平排程類，該函數的實作為：

```
  .task_fork      = task_fork_fair,
```

下面一起走進 task_fork_fair 函數來看一下完全公平排程類是如何處理新建立的行程：

```
static void task_fork_fair(struct task_struct *p)
{
    struct cfs_rq *cfs_rq = task_cfs_rq(current);
    struct sched_entity *se = &p->se, *curr = cfs_rq->curr;
    int this_cpu = smp_processor_id();
    struct rq *rq = this_rq();
    unsigned long flags;

    raw_spin_lock_irqsave(&rq->lock, flags);

    update_rq_clock(rq);

    if (unlikely(task_cpu(p) != this_cpu)) {
        rcu_read_lock();
        __set_task_cpu(p, this_cpu);
        rcu_read_unlock();
    }
```

```
/*更新 CFS 排程類的佇列,包括執行__update_curr 更新目前行程統計*/
update_curr(cfs_rq);

/*新建立行程的 vruntime 初始化成父行程的 vruntime,
 *緊隨其後的 place_entity 函數會負責調整新建立行程的 vruntime*/
if (curr)
    se->vruntime = curr->vruntime;
place_entity(cfs_rq, se, 1);

/*如果設定由子行程先執行,並且父行程的 vruntime 小於子行程,則交換彼此的 vruntime,確保子
    行程先執行*/
if (sysctl_sched_child_runs_first && curr && entity_before(curr, se)) {
    swap(curr->vruntime, se->vruntime);
    resched_task(rq->curr);
}
/*此處減去目前執行佇列的最小虛擬執行時間,
 *真正進入執行佇列,即執行 enqueue_entity 時,
 *行程的 vruntime 會加上 cfs_rq->vruntime*/
se->vruntime -= cfs_rq->min_vruntime;

raw_spin_unlock_irqrestore(&rq->lock, flags);
}
```

關於新行程,在行程排程領域有兩大懸疑:

- 新行程的虛擬執行時間到底是多少?

- 父子行程中哪個先執行?

下面將分別進行分析。

1. 新建立行程的虛擬執行時間初始值

task_fork_fair 函數中有以下內容:

```
if (curr)
    se->vruntime = curr->vruntime;
place_entity(cfs_rq, se, 1);
```

從上面的函數中可以看出,新建立子行程的虛擬執行時間首先被初始化成父行程的虛擬執行時間,接下來會呼叫 place_entity 函數,而 place_entity 函數會調整新建立行程的虛擬執行時間。

"place_entity",直白的翻譯就是放置排程實體的意思,即把排程實體放置到合適的位置。如何才能決定排程實體的位置呢?毫無疑問,只能透過調整排程實體的虛擬執行時間來實作。

place_entity 函數用來處理兩種比較特殊的情況:

- 調整新建立行程的虛擬執行時間。

- 調整從休眠中喚醒行程的虛擬執行時間。

這兩種情況根據該函數的第三個參數 initial 來區分。initial 等於 1 則表示調整新建立行程的虛擬執行時間。

下面來看看 place_entity 函數是如何調整新建立行程的虛擬執行時間的，程式碼如下：

```
static void
place_entity(struct cfs_rq *cfs_rq, struct sched_entity *se, int initial)
{
    u64 vruntime = cfs_rq->min_vruntime;

    if (initial && sched_feat(START_DEBIT))
        vruntime += sched_vslice(cfs_rq, se);
    ...
    vruntime = max_vruntime(se->vruntime, vruntime);

    se->vruntime = vruntime;
}

static u64 sched_vslice(struct cfs_rq *cfs_rq, struct sched_entity *se)
{
    return calc_delta_fair(sched_slice(cfs_rq, se), se);
}
```

完全公平排程類的執行佇列 cfs_rq 中維護有成員變數 min_vruntime，該變數存放的是此執行佇列中的最小虛擬執行時間。就像前面所說的，它提供了一個基準值，透過它我們無須遍歷佇列上所有行程的虛擬執行時間，就可以得知該執行佇列的整體情況。大多數行程的虛擬值在該值附近，且略大於該值。

核心提供很多排程的特性，記錄在*/sys/kernel/debug/sched_features* 中，如下所示：

```
cat /sys/kernel/debug/sched_features
GENT LE_FAIR_SLEEPERS START_DEBIT NO_NEXT_BUDDY LAST_BUDDY CACHE_HOT_BUDDY WAKEUP_
    PREEMPTION ARCH_POWER NO_HRTICK NO_DOUBLE_TICK LB_BIAS NONTASK_POWER TTWU_
    QUEUE NO_FORCE_SD_OVERLAP RT_RUNTIME_SHARE NO_LB_MIN NUMA NUMA_FAVOUR_HIGHER
    NO_NUMA_RESIST_LOWER
```

其中 START_DEBIT 特性是用來給新建立的行程略加懲罰的。如果沒有 START_DEBIT 選項，子行程的虛擬執行時間為：

max（父行程的虛擬執行時間，CFS 執行佇列的最小執行時間）

這個值通常比較小，其意味著子行程很快就能獲得排程的機會，因此也就給了惡意行程可乘之機。因為惡意行程可以透過不停地 fork 來獲得更多的 CPU 時間。如果設定了 START_DEBIT 選項，會透過增大子行程的虛擬執行時間來懲罰新建立的行程，使新建立的行程晚一點才能獲得被排程的機會。

虛擬執行時間會增大多少呢？看看下面的語句：

```
vruntime += sched_vslice(cfs_rq, se);
```

前面介紹過 sched_slice 函數是用來計算行程的時間片的,那麼 sched_vslice 函數又是何意呢?

```
static u64 sched_vslice(struct cfs_rq *cfs_rq, struct sched_entity *se)
{
    return calc_delta_fair(sched_slice(cfs_rq, se), se);
}
```

sched_vslice 函數是根據時間片的值來計算對應的虛擬時間片的值。即根據行程的優先權來調整。調整的演算法前面已經提到過。

打開了 START_DEBIT 特性,子行程的虛擬執行時間就會被初始化成:

max(父行程的虛擬執行時間,CFS 執行佇列的最小執行時間+行程虛擬時間片)

2. 父子行程誰先執行

另一大懸案是父子行程哪個會先執行?核心提供設定選項 sched_child_runs_first,該值記錄在:

/proc/sys/kernel/sched_child_runs_first

若設定為 1,fork 之後子行程將優先獲得排程,如果是 0,父行程將優先獲得排程。核心版本自 2.6.32 開始,該值預設是 0,即父行程優先執行。

task_fork_fair 函數中有以下程式碼:

```
if (sysctl_sched_child_runs_first && curr && entity_before(curr, se)) {
    swap(curr->vruntime, se->vruntime);
    resched_task(rq->curr);
}
```

如果要設定子行程優先獲得排程,則會透過 entity_before 函數來比較父子行程的 vruntime,如果父行程的 vruntime 小,則需要和子行程互換 vruntime 以確保子行程優先獲得排程。

但是正如 Linus 在郵件[9]中提到的,無論是父行程先執行還是子行程先執行,核心控制選項提供的是一種傾向或偏好(preference),而不是一種保證(guarantees)[10]。在編寫應用程式時,無論核心參數 sched_child_runs_first 為何值,都不能作為作為父行程或子行程先執行的保證,如果需要保證執行次序,程式需要使用其他同步方法來確保執行的次序。

---

[9] Re: [GIT PULL] sched/core for v2.6.32: *http://thread.gmane.org/gmane.linux.kernel/888423/focus=888543*。

[10] *http://stackoverflow.com/questions/17391201/does-proc-sys-kernel-sched-child-runs-first-work*。

分析完兩大懸疑，繼續分析 task_fork_fair 函數。在該函數中有一條語句非常奇怪，該語句程式碼如下：

```
se->vruntime -= cfs_rq->min_vruntime;
```

為何要減掉執行佇列的最小虛擬執行時間？繼續向下看就可以恍然大悟。因為在 do_fork 的末尾會呼叫 wake_up_new_task 函數（如圖 5-14 所示）。事實上在對稱多處理器結構上，新建立的行程和父行程不一定在同一個 CPU 上執行。行程剛剛建立好，尚未執行，這是多個 CPU 之間負載均衡的一個良機。Linux 也是這麼做的，在 wake_up_new_task 函數中會首先呼叫如下語句，選擇一個合適的 CPU：

```
set_task_cpu(p, select_task_rq(p, SD_BALANCE_FORK, 0));
```

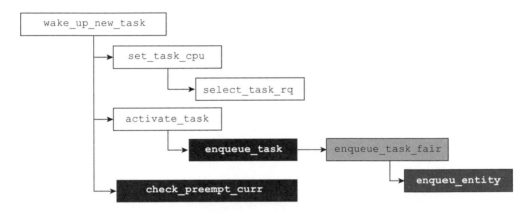

圖 5-14　wake_up_new_task 函數

很不幸的是，不同的 CPU 之間負載並不完全相同，有的 CPU 更忙一些，而且每個 CPU 都有自己的執行佇列 cfs_rq，不同的 CPU 執行佇列的最小虛擬執行時間 min_vruntime 並不相同。如果新建立的行程從一個 CPU 的執行佇列遷移到另外一個 CPU 的執行佇列，就可能會產生問題。比如新建立的行程從 min_vruntime 小的 CPU A 跳到 min_vruntime 非常大的 CPU B，它就會佔便宜，因為它的虛擬執行時間會在相當長的時間範圍內都是最小的，從而產生排程的不公平。

解決的方法非常簡單：

　　遷移前：
　　行程的虛擬執行時間−=遷移前所在 CPU 執行佇列的最小虛擬執行時間
　　遷移後：
　　行程的虛擬執行時間+=遷移後所在 CPU 執行佇列的最小虛擬執行時間

enqueue_task 也是排程類的 hook 函數，每一個排程類都要實作該函數，對於完全公平的
排程而言：

```
.enqueue_task            = enqueue_task_fair,
```

在 enqueue_task_fair 函數中，會呼叫 enqueue_entity 函數，在該函數中有以下語句和
task_fork_fair 函數相呼應：

```
static void task_fork_fair(struct task_struct *p)
{
  se->vruntime -= cfs_rq->min_vruntime;
}

static void
enqueue_entity(struct cfs_rq *cfs_rq, struct sched_entity *se, int flags)
{
    ...
    if (!(flags & ENQUEUE_WAKEUP) || (flags & ENQUEUE_WAKING))
        se->vruntime += cfs_rq->min_vruntime;
    ...
}
```

事實上該解決方案不僅僅只是用於新建立的行程這一個場景。Linux 支援 CPU 之間的負
載均衡，可以將行程從一個 CPU 遷移到另外一個 CPU，為了防止不公平的產生，也採用
上述的解決方案。

```
static void
dequeue_entity(struct cfs_rq *cfs_rq, struct sched_entity *se, int flags)
{
    ...
    if (!(flags & DEQUEUE_SLEEP))
        se->vruntime -= cfs_rq->min_vruntime;
    ...
}

static void
enqueue_entity(struct cfs_rq *cfs_rq, struct sched_entity *se, int flags)
{
    ...
if (!(flags & ENQUEUE_WAKEUP) || (flags & ENQUEUE_WAKING))
        se->vruntime += cfs_rq->min_vruntime;
    ...
}
```

建立新的行程不僅是 CPU 之間負載均衡的良機，也是檢測是否可以發生搶佔的良機。因
此，wake_up_new_task 在最後會呼叫 check_preempt_curr 函數。該函數會負責檢查可否搶
佔目前的執行行程。這個函數的詳細內容，將放到下一節來分析。

5.4.4 休眠行程醒來

休眠行程的虛擬執行時間會保持不變嗎？

如何對待休眠行程也是排程器需要解決的問題。因為互動型的行程會不斷深入休眠狀態中，並等待使用者的輸入。雖然這類行程對 CPU 的整體消耗並不大，但是要求回應必須及時，否則使用者會感覺到系統卡頓，使用者體驗就會很糟糕。

對 CFS 之前的 O(1)排程器而言，互動型行程堪稱其阿基里斯之踵（譯按：最大弱點的意思）該排程演算法的互動行程識別啟發式演算法異常複雜，該啟發式演算法融入了休眠時間作為考量的標準，但是對於一些特殊的情況，經常判斷不准，而且經常是改完一種情況又發現另一種特殊情況。

CFS 排程演算法並沒有刻意地區分互動型行程和批次處理型行程，依然漂亮地滿足了互動型行程需要及時回應的需求。CFS 演算法是如何做到的呢，對於從休眠中醒來的行程，CFS 進行了哪些處理呢？這是本節要介紹的內容。

休眠行程和等待佇列的關係在 5.1 節已經介紹過。當核心呼叫 wake_up 系列巨集時，會執行執行佇列元素中指定的回呼函數，而回呼函數通常是 default_wake_function。該函數是 try_to_wake_up 的簡單封裝，因此當行程被核心喚醒時，核心通常會執行 try_to_wake_up 函數。

概括地講，try_to_wake_up 函數的職責是：

1. 把從休眠中醒來的行程放到合適的執行佇列。

2. 將行程的狀態設定為 TASK_RUN-NING。

3. 判斷醒來的行程是否應該搶佔目前正在執行的行程，如果是，則設定 need_resched 旗標位元。try_to_wake_up 的部分流程如圖 5-15 所示。

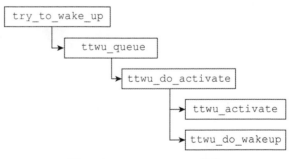

圖 5-15　try_to_wake_up 函數

前面提到的 try_to_wake_up 負責的三件事，分別由以下函數負責完成，如表 5-4 所示。

表 5-4　try_to_wake_up 三個主要任務及對應的負責函數

事件	相關函數
將醒來的行程放入合適的執行佇列中	ttwu_activate
設定行程狀態為 TASK_RUNNING	ttwu_do_wakeup
判斷喚醒行程能否搶佔目前的行程，是則設置 need_resched	ttwu_do_wakeup

首先來看看 ttwu_active 函數的相關內容：

```
static void ttwu_activate(struct rq *rq, struct task_struct *p, int en_flags)
{
    activate_task(rq, p, en_flags);
    p->on_rq = 1;

    /* if a worker is waking up, notify workqueue */
    if (p->flags & PF_WQ_WORKER)
        wq_worker_waking_up(p, cpu_of(rq));
}

static void activate_task(struct rq *rq, struct task_struct *p, int flags)
{
    if (task_contributes_to_load(p))
        rq->nr_uninterruptible--;
    /*將行程插入執行佇列，enqueue_task 是排程類 hook 函數*/
    enqueue_task(rq, p, flags);
}
static void enqueue_task(struct rq *rq, struct task_struct *p, int flags)
{
    update_rq_clock(rq);
    sched_info_queued(p);
    /*根據行程所屬的排程類，執行相應的 enqueue_task 函數*/
    p->sched_class->enqueue_task(rq, p, flags);
}
```

其執行脈絡如圖 5-16 所示。

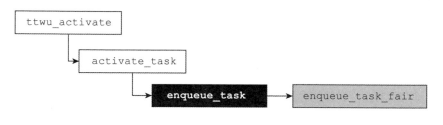

圖 5-16　ttwu_activate 函數

activate_task 函數和 deactivate_task 函數一樣，都是排程框架內的重要函數，並且兩者是一對，就好像 wake_up 和 wait_event 是一對一樣。當行程呼叫 wait_event 時，行程從可執行狀態變成休眠狀態，因此需要透過 deactivate_task 函數將行程從執行佇列中移除，與此對應的，當核心呼叫 wake_up 函數把行程從休眠狀態喚醒時，核心需要透過 activate_task 函數將行程放入執行佇列中。如果對 5.4.3 節建立新行程還有印象，可以看到無論是建立新行程，還是喚醒休眠行程，都會執行到該函數，如圖 5-17 所示。

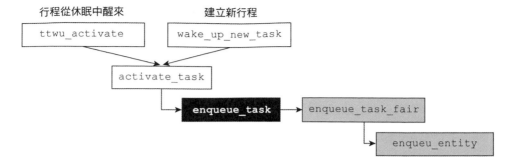

圖 5-17 activate 函數相關流程

其中 enqueue_task 函數是排程類的 hook 函數，每個排程類都需要實作該函數。其含義顧名思義，即將行程放入執行佇列。對於完全公平排程類而言，該函數指標指向的是enqueue_task_fair，程式碼如下：

```
.enqueue_task       = enqueue_task_fair,
```

enqueue_task_fair 很大部分的工作是更新排程相關的統計，其中有一支程式碼路徑非常有意思（如圖 5-18 所示），下面將重點介紹。

這條路徑之所以很重要，是因為它決定了休眠行程醒來後的虛擬執行時間。回到本節開頭的問題：休眠行程的虛擬執行時間會保持不變嗎？答案是否定的。很多行程可能會長時間地休眠，在這個過程中，如果虛擬執行時間 vruntime 保持不變，一旦該行程醒來，它的 vruntime 就會比執行佇列上的其他行程小很多，因為會長時間保持排程的優勢。這顯然是不合理的。對於這種情況，完全公平排程的做法

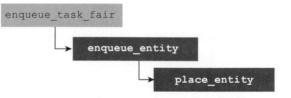

圖 5-18 CFS 的 enqueue_task_fair 函數

是，以執行佇列的 min_vruntime 為基礎，給予一定的補償。

補償多少？這就又要去看看我們的老朋友 place_entity 函數。在建立新行程時，曾經走到過該函數，那時該函數負責決定新行程的虛擬執行時間。下面來看看對於被喚醒的休眠行程，該函數是如何決定行程的虛擬執行時間的：

```
static void
place_entity(struct cfs_rq *cfs_rq, struct sched_entity *se, int initial)
{
    u64 vruntime = cfs_rq->min_vruntime;
    ...
    /*從休眠中醒來*/
    if (!initial) {
        /*補償一個排程週期*/
        unsigned long thresh = sysctl_sched_latency;
```

```
                    /*如果設定了 GENTLE_FAIR_SLEEPERS，則補償半個排程週期*/
                    if (sched_feat(GENTLE_FAIR_SLEEPERS))
                        thresh >>= 1;

                    vruntime -= thresh;
                }

                vruntime = max_vruntime(se->vruntime, vruntime);

                se->vruntime = vruntime;
            }
```

當 initial 等於 0 時，表示正在處理從休眠中醒來的行程。如果沒有設定 GENTLE_FAIR_SLEEPERS 特性，則在佇列最小虛擬執行時間的基礎上，補償 1 個排程延遲，如果設定了 GENTLE_FAIR_SLEEPERS，則補償減半，即補償半個排程延遲。預設情況下，GENTLE_FAIR_SLEEPER 的特性是打開的。

但休眠行程醒來後的虛擬執行時間並非只是簡單粗暴地設定成佇列的最小執行時間減掉補償值。影響因素還有行程原本的虛擬執行時間，如下所示：

```
    vruntime = max_vruntime(se->vruntime, vruntime);
```

如果休眠行程的休眠時間非常短，很有可能行程原本的虛擬執行時間要大於上述計算得到的值，此時，休眠行程的虛擬執行時間不變，即為休眠前的值。如果休眠行程的休眠時間特別久，醒來時已經滄海桑田，那麼就將虛擬執行時間設定為所在執行佇列的最小虛擬執行時間減去補償量。

從上面的程式碼可以看出，從長時間休眠中醒來的行程，因為其虛擬執行時間較小（比佇列的最小虛擬執行時間還小），所以會獲得優先的排程，從而使互動型行程得到及時的回應。

這種對休眠行程進行獎勵的做法，在行程排程設計領域存在一定的爭議。核心行程排程領域的高手 Con Kolivas 就堅持認為，排程器只需要向前看，而不應該考慮一個行程的過去。在早期的 CFS 排程演算法（版本 2.6.23）中，CFS 會負責記錄行程的 sleep time，2.6.24 版本之後的核心，就不再考慮行程過去的休眠時間了。

但是 CFS 做得並不徹底，在 place_entity 函數中，對休眠行程進行了補償。在 CFS 早期的版本中，sleeper fairness 的特性會導致在一些情況下出現嚴重的排程延遲。在 Jens Axboe 的測試中[11]，甚至會出現 10 秒的延遲，也有客戶報告在編譯核心時，音訊視頻會有嚴重的停頓。上面程式碼中的 GENTLE_FAIR_SLEEPER 特性就是作者 Ingo 給出的 Patch，這個特性解決了 10 秒的延遲和其他滑鼠遲滯、影像停頓等互動性的問題。

---

[11] Re：BFS vs. mainline scheduler benchmarks and measures：*http://lwn.net/Articles/352875/*。

5.4.5 喚醒搶佔

無論是 try_to_wake_up 喚醒休眠的行程還是 wake_up_new_task 喚醒新建立的行程，核心都會使用 check_preempt_curr 函數來檢查新喚醒的行程或新建立行程是否可以搶佔目前執行的行程，如圖 5-19 所示。

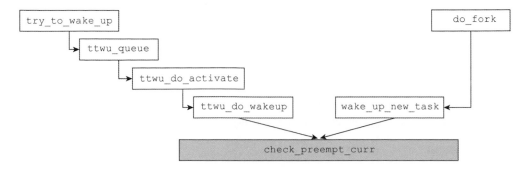

圖 5-19　喚醒搶佔

判斷是否應該搶佔的這份工作，被委託給 check_preempt_curr 函數來完成。

```
static void check_preempt_curr(struct rq *rq, struct task_struct *p, int flags)
{
    const struct sched_class *class;

    if (p->sched_class == rq->curr->sched_class) {
        rq->curr->sched_class->check_preempt_curr(rq, p, flags);
    } else {
        /*for_each_class，從高優先權的排程類到低優先權的排程類*/
        for_each_class(class) {
        /*如果候選行程的排程類低於目前行程所屬的排程類，就直接跳出。
          不許低優先權的排程類搶佔高優先權的排程類*/
            if (class == rq->curr->sched_class)
                break;
        /*如果候選行程所屬的排程類優先權高於目前行程的排程類，
          則透過執行 resched_task 函數，設定 need_resched 旗標位元*/
            if (class == p->sched_class) {
                resched_task(rq->curr);
                break;
            }
        }
    }

    if (rq->curr->on_rq && test_tsk_need_resched(rq->curr))
        rq->skip_clock_update = 1;
}
```

判斷能否發生搶佔的邏輯異常簡單，也是符合正常人思維的：

- 如果候選行程和正在執行的行程屬於同一個排程類，則排程類內部提供方法解決。

- 如果候選行程和正在執行的行程屬於不同的排程類，候選行程所屬排程類的優先權高於正在執行行程的排程類的優先權，則可以搶佔，否則不可以。

注意新喚醒的行程不一定是普通行程，也可能是即時行程。如果喚醒的行程是即時行程而目前執行的行程為普通行程，則會設定 need_resched 旗標位元，因為即時行程總是會搶佔 CFS 排程域的普通行程。

每一種排程類都應該實作自己的 check_preempt_cur 函數來判斷是否需要發生搶佔，對於完全公平排程類，check_preempt_cur 的實作為 check_preempt_wakeup 函數。

```
.check_preempt_curr = check_preempt_wakeup,
```

如果候選行程和正在執行的行程都屬於完全公平排程類，候選行程到底會不會搶佔目前執行的行程呢？哪些因素會影響到搶佔行為呢？

如果被喚醒的行程的休眠時間非常久（上百毫秒、幾百毫秒、幾秒，甚至更久），前面的 place_entity 函數會將休眠行程的虛擬執行時間設定為佇列的最小虛擬執行時間減掉補償的半個排程週期，這會使休眠行程的虛擬執行時間非常的小，醒來時幾乎總是會搶佔目前的行程，這種行為也是期待的行為，因為它可以保證互動型行程的回應時間。

但是也有很多行程的休眠時間非常短暫（比如只有幾毫秒甚至更短），醒來之後透過 place_entity 函數計算得出的虛擬執行時間值仍然是自己本來的虛擬執行時間值。如果僅僅比較醒來的行程和目前執行行程的虛擬執行時間來決定是否搶佔，很可能會使得搶佔過於頻繁[12]。因此 Linux 引入喚醒搶佔細微性 sched_wakeup_granularity_ns，可以透過如下方法來查看系統的喚醒搶佔細微性 sched_wakeup_granularity_ns 的值：

```
cat /proc/sys/kernel/sched_wakeup_granularity_ns
2000000
```

引入該最小細微性後，喚醒行程搶佔目前行程的條件是：只有當喚醒行程的 vruntime 小，並且兩者的差值 vdiff 大於 sched_wakeup_granularity_ns 時，才能搶佔。實際的演算法實作如下：

```
static int
wakeup_preempt_entity(struct sched_entity *curr, struct sched_entity *se)
{
    s64 gran, vdiff = curr->vruntime - se->vruntime;

    if (vdiff <= 0)
```

---

[12]　從幾個問題開始理解 CFS 排程器：*http://linuxperf.com/?p=42*。

```
            return -1;

    gran = wakeup_gran(curr, se);
    if (vdiff > gran)
        return 1;

    return 0;
}

static unsigned long
wakeup_gran(struct sched_entity *curr, struct sched_entity *se)
{

    unsigned long gran = sysctl_sched_wakeup_granularity;

    return calc_delta_fair(gran, se);
}
```

如果系統的喚醒搶佔太過頻繁，大量的上下文切換會影響系統的整體性能。這種情況下可以透過調整 sched_wakeup_granularity_ns 的值來解決，sched_wakeup_granularity_ns 的值越大，發生喚醒搶佔就越不容易。注意 sched_wakeup_granularity_ns 的值不要超過排程週期 sched_latency_ns 的一半，否則就相當於禁止喚醒搶佔了。

5.5 普通行程的組排程

完全公平排程演算法會盡力在行程之間保證公平。如果有 50 個優先權相同的行程，CFS 會努力讓每個行程獲得的 CPU 時間為 2%，以確保公平。

可是考慮一下如圖 5-20 所示的場景。

表面看每個行程都被行程排程器公平對待，即 4 個行程每個都獲得 25%的 CPU 時間。但是其中的使用者 B 並沒有得到公平的對待。我們將情況考慮得再極端一點：系統上存在 50 個行程，其中 49 個都屬於使用者 A，而使用者 B 只有 1 個行程。那麼對於使用者 B 而言，它只能使用 2%的 CPU 資源，這顯然是不公平的。

比較合理的做法是，首先確保組間的公平，然後才是組內行程之間的公平，如圖 5-21 所示。

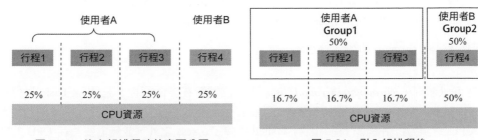

圖 5-20 沒有組排程時的表面公平　　　圖 5-21 引入組排程後

Linux 核心實作了 cgroups（control groups 的縮寫）功能，該功能用來限制、記錄和隔離一個行程組群所使用的實際資源（如 CPU、記憶體、磁片 IO、網路等）。為了管理不同的資源，cgroups 提供一系列子系統，本節將要介紹的 cpu 和後面 CPU 親和力一節介紹的 cpuset 都屬於 cgroups 的子系統。cpu 子系統只用於限制行程的 CPU 使用率。接下來介紹如何使用 cgroups 的 cpu 子系統來建立組（task group）及按組來分配 CPU 資源。

首先需要掛載和安裝 cgroup 檔案系統，掛載時需要啟用 CPU 資源控制：

```
mount -t cgroup -o cpu none /cgroup/cpu/
```

在/cgroup/cpu 目錄下建立兩個目錄：GroupA 和 GroupB，這樣就會建立兩個行程組群。

```
mkdir /cgroup/cpu/GroupA
mkdir /cgroup/cpu/GroupB
```

目錄建立完畢後，可以看到/cgroup/cpu/GroupA 和/cgroup/cpu/GroupB 目錄下都已經存在了很多檔案，如圖 5-22 所示。

```
root@manu-rush:/cgroup/cpu/GroupA# ll
total 0
drwxr-xr-x 2 root root 0 Jan 24 21:43 ./
drwxr-xr-x 4 root root 0 Jan 24 16:38 ../
-rw-r--r-- 1 root root 0 Jan 24 21:43 cgroup.clone_children
--w--w--w- 1 root root 0 Jan 24 21:43 cgroup.event_control
-rw-r--r-- 1 root root 0 Jan 24 21:43 cgroup.procs
-rw-r--r-- 1 root root 0 Jan 24 21:43 cpu.cfs_period_us
-rw-r--r-- 1 root root 0 Jan 24 21:43 cpu.cfs_quota_us
-rw-r--r-- 1 root root 0 Jan 24 21:43 cpu.shares
-r--r--r-- 1 root root 0 Jan 24 21:43 cpu.stat
-rw-r--r-- 1 root root 0 Jan 24 21:43 notify_on_release
-rw-r--r-- 1 root root 0 Jan 24 21:43 tasks
root@manu-rush:/cgroup/cpu/GroupA#
```

圖 5-22　task group 下的設定檔案

只需要向 GroupA 的 tasks 檔案中寫入行程 ID，該行程就成為 GroupA 的成員，當該行程建立子行程時，子行程也會自動成為 GroupA 中的成員。下面進行一個簡單的實驗，使用 cgroups 的 cpu 子系統來實作分組之間公平地使用 CPU 資源。

首先打開一個終端，將 shell 行程的 PID 寫入 GroupA 的 tasks 檔案中，在該終端上透過 stress 命令，喚起 4 個行程執行封閉迴圈，消耗 CPU 資源。

```
echo $$ > /cgroup/cpu/GroupA/tasks
stress -c 4
```

此時可以看到，/cgroup/cpu/GroupA/tasks 中，已經存在多個行程，它們是 bash 行程和 stress 行程。其中 stress 行程有 5 個：1 個幾乎不消耗 CPU 資源的管理行程和 4 個消耗大量 CPU 資源的封閉迴圈行程。因為該 shell 中除了 stress 之外，並無需要消耗 CPU 的其他行程，所以 4 個 stress 行程消耗了幾乎所有它能使用的 CPU 資源。

同時在另一個終端上，將 shell 行程的 PID 寫入 GroupB，同時透過 stress 命令，喚起兩個行程執行封閉迴圈消耗 CPU 資源，方法如下：

```
echo $$ > /cgroup/cpu/GroupB/tasks
stress -c 2
```

透過 ps 命令查看 stress 相關行程消耗 CPU 的情況，如圖 5-23 所示。

```
root@manu-rush:~# ps -C stress -o pid,cgroup,%cpu,cmd
  PID CGROUP                      %CPU CMD
 2917 2:cpu:/GroupB               0.0 stress -c 2
 2918 2:cpu:/GroupB              50.5 stress -c 2
 2919 2:cpu:/GroupB              50.1 stress -c 2
 2920 2:cpu:/GroupA               0.0 stress -c 4
 2921 2:cpu:/GroupA              24.3 stress -c 4
 2922 2:cpu:/GroupA              24.5 stress -c 4
 2923 2:cpu:/GroupA              24.6 stress -c 4
 2924 2:cpu:/GroupA              24.4 stress -c 4
root@manu-rush:~#
```

圖 5-23　GroupA 和 GroupB 下行程的 CPU 使用情況（1）

可以看到一共有 6 個消耗 CPU 的 stress 行程，共有 2 個 CPU 核。平均來說，每個 stress 行程的使用率應該在 33%左右，但是事實並非如此，GroupB 的 2 個行程共消耗約 100% 的 CPU 資源，同時 GroupA 的 4 個行程共消耗約 100%的 CPU 資源。真正做到兼顧組間公平和組內公平。

在討論完全公平排程時，說過行程有優先權，高優先權的行程享有更多的 CPU 時間。能否讓組與組之間也存在優先權差異，比如 GroupB 佔用的 CPU 時間是 GroupA 的 2 倍？

答案是肯定的。每一個組內都有 cpu.shares 檔案，cpu.shares 的值預設是 1024，和普通行程預設優先權對應的權重（NICE_0_LOAD）是一樣的。這說明行程排程會將整個組看成是 1 個普通行程來分配 CPU 資源。

下面調整 GroupB 的 cpu.shares 的值，將其調整為 2048（GroupA cpu.shares 值的兩倍），然後重複上面的實驗，結果如圖 5-24 所示。

可以看出 GroupB 中的兩個封閉迴圈消耗 133%的 CPU，而 GroupA 中的 4 個封閉迴圈只消耗了 66%左右的 CPU，兩者的比例約等於 2：1，符合 cpu.shares 中的比例。

cpu.shares 的預設值是 1024，此時系統將整個組內的所有行程視為一個普通行程。如果系統記憶體在大量 CPU 消耗型普通行程，它們不在任何組內，而組內的行程數又很多，那麼組內的行程其實處於被損害的地位。此時需要妥善調整 cpu.shares 的值。

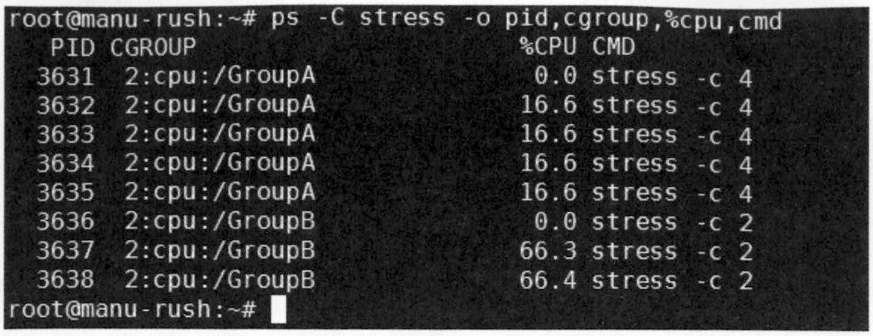

```
root@manu-rush:~# ps -C stress -o pid,cgroup,%cpu,cmd
  PID CGROUP                        %CPU CMD
 3631 2:cpu:/GroupA                  0.0 stress -c 4
 3632 2:cpu:/GroupA                 16.6 stress -c 4
 3633 2:cpu:/GroupA                 16.6 stress -c 4
 3634 2:cpu:/GroupA                 16.6 stress -c 4
 3635 2:cpu:/GroupA                 16.6 stress -c 4
 3636 2:cpu:/GroupB                  0.0 stress -c 2
 3637 2:cpu:/GroupB                 66.3 stress -c 2
 3638 2:cpu:/GroupB                 66.4 stress -c 2
root@manu-rush:~#
```

圖 5-24　GroupA 和 GroupB 下行程的 CPU 使用情況（2）

5.6　即時行程

對於普通行程來說，完全公平排程已經能夠提供足夠好的性能和回應體驗。但是某些行程對即時性的要求更高。嚴格說來即時系統可以分成兩類：硬即時行程和軟即時行程。

硬即時行程對回應時間的要求非常嚴格，必須保證在一定的時間內完成，超過時間限制就會失敗，而且後果非常嚴重。這類應用典型的例子有軍用武器系統、航空航太系統、交通導航系統、醫療設備等。硬即時的關鍵特徵是任務必須在可保證的時間範圍內得到處理。當然這並不意味所要求的時間範圍特別短，而是系統必須保證絕不會超過某一時間範圍，無論當時系統的負載如何。主流核心的 Linux 並不支援硬即時行程，當然有些修改版本提供了該特性。

軟即時行程是硬即時的一種弱化形式。儘管軟即時行程仍然需要快速回應和要在規定的時間內完成，但是超過時間的範圍也不會有什麼災難性的後果。比較典型的例子是影像處理應用，如果超過操作時限，則會影響使用者體驗，但是少量的掉幀還是可以忍受的。

5.6.1　即時排程策略和優先權

Linux 提供兩種即時排程的策略：先進先出（SCHED_FIFO）策略和時間片輪轉（SCHED_RR）策略。無論行程使用哪種即時策略，其優先權都會高於前面介紹的採用完全公平排程的普通行程。

即時行程也有一個優先權的範圍。SUSv3 要求至少要為即時策略實作 32 個離散的優先權。Linux 中為即時行程提供了 99 個即時優先權。從核心層面看，從 0 到 99 範圍內的優先權屬於即時排程範圍，從 100 到 139 共 40 個等級屬於前面討論過的完全公平排程的優先權。其中建立普通行程的時候，其優先權的值為完全公平排程中的中間值 120。從整體來看，優先權的值越低，其優先權就越高。

事實上每個 CPU 都有即時執行佇列。根據 99 種離散的優先權可知，共有 99 個佇列。具有相同優先權的即時行程都保存在一個佇列之中。這使得在即時排程類中選擇下一個運行的行程比較簡單，按照優先權從高到低的順序，選擇存在可執行行程的最高優先權佇列中的第一個行程即可（如圖 5-25 所示）。事實上核心中還維護有串列來顯示哪個優先級的執行佇列有可執行的行程，相關結構體定義如下：

```
struct rt_prio_array {
    DECLARE_BITMAP(bitmap, MAX_RT_PRIO+1); /* include 1 bit for delimiter */
    struct list_head queue[MAX_RT_PRIO];
};

struct rt_rq {
        struct rt_prio_array active;
}
```

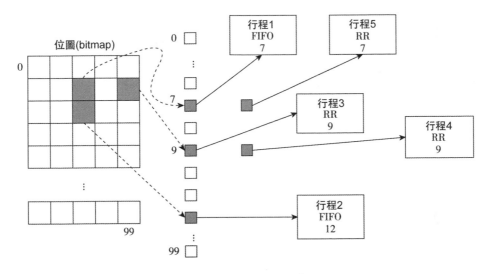

圖 5-25　即時行程的優先權佇列

 對於即時行程而言，核心層的優先權和使用者行程透過 sched_setscheduler 或 sched_setparam 系統呼叫設定的優先權並不相同：對於核心層而言，優先權的值越小，優先級就越高，而使用者行程透過系統呼叫設定的優先權正好相反，優先權的值越大，優先權越高。兩者的換算關係是：

$$核心層優先權＝MAX\_RT\_PRIO－1－使用者模式優先權$$

其中 MAX_RT_PRIO 的值為 100。

1. SCHED_FIFO 策略

SCHED_FIFO 策略是一種比較簡單的策略，即先進先出，它沒有時間片的概念，只要沒有更高優先權的行程就緒，使用該排程策略的行程就會一直執行。一旦一個排程策略為

SCHED_FIFO 的行程獲得 CPU 控制權，它就會始終佔有 CPU 資源直到下面的某種情況發生：

- 自動放棄 CPU 資源，如執行一個阻塞型的系統呼叫或呼叫了 sched_yield 系統呼叫，行程不再處於可執行狀態。

- 行程終止了。

- 被一個優先權更高的行程搶佔。

如果 FIFO 類型的行程透過 sched_yield 系統呼叫主動讓出 CPU，則核心會將該行程放到對應佇列的尾部；如果行程被更高優先權的行程搶佔，則該行程在佇列中的位置不變，一旦高優先權的行程停止執行，被搶佔的 FIFO 類型的行程會繼續執行。

2. SCHED_RR 策略

在時間片輪轉的策略中，具有相同優先權的行程輪流執行，行程每次使用 CPU 的時間為一個固定長度的時間片。使用 SCHED_RR 策略的實施行程一旦被排程器選中，就會一直佔有 CPU 資源，直到下面的某種情況發生：

- 時間片耗盡。

- 行程自動放棄 CPU ：或者執行阻塞式的系統呼叫，或者主動執行 sched_yield 函數讓出 CPU 資源。

- 行程終止了。

- 被更高優先權的行程搶佔。

前兩種情況下，SCHED_RR 策略的行程會被放到其優先權執行佇列的隊尾。最後一種情況下，被搶佔的 SCHED_RR 策略的實施行程仍然位於其執行佇列的頭部，在更高優先權的行程執行結束後，被搶佔的行程會繼續執行，直到其時間片的剩餘部分耗光為止。

在時間片輪轉策略中，時間片的長度是一個關鍵的參數。POSIX 定義了介面來查詢 SCHED_RR 策略的時間片長度：

```
#include <sched.h>
int sched_rr_get_interval(pid_t pid, struct timespec * tp);
```

預設情況下，SCHED_RR 類型行程的時間片總是 100 毫秒。核心版本 3.9 之後，時間片的大小可以透過調整*proc/sys/kernel/sched_rr_timeslice_ms* 的值來調整[13]。

伴隨著時鐘中斷處理常式，**scheduler_tick** 函數會根據目前行程的排程類執行對應的 **task_tick** 函數，如下所示：

```
curr->sched_class->task_tick(rq, curr, 0);
```

---

[13] *http://kernelnewbies.org/Linux_3.9*。

即時排程類的 task_tick 函數為 task_tick_rt，該函數的實作程式碼如下所示：

```
static void task_tick_rt(struct rq *rq, struct task_struct*p, int queued)
{
    update_curr_rt(rq);

    watchdog(rq, p);
    /*FIFO 類型沒有時間片的概念，不會因為執行時間足夠長而被搶佔*/
    if (p->policy != SCHED_RR)
        return;

    /*如果時間片還沒到，就直接回傳*/

    if (--p->rt.time_slice)
        return;

    /*時間片已經耗盡，先將行程的時間片重新初始化為預設時間片*/
    p->rt.time_slice = DEF_TIMESLICE;
    /*如果佇列上存在其他行程，則將自身移到佇列的尾部，
     *並且設定 need_resched 旗標位元*/
    if (p->rt.run_list.prev != p->rt.run_list.next) {
        requeue_task_rt(rq, p, 0);
        set_tsk_need_resched(p);
    }
}
```

從上面的程式碼不難看出，採用 SCHED_RR 排程策略的即時行程，時間片大小為時鐘滴答的整數倍。如果系統 CONFIG_HZ 為 250，則每 4 毫秒一個時鐘滴答，即時間片大小總是 4 毫秒的整數倍。

現在的伺服器上一般不止一個 CPU，在多 CPU 系統上即時行程的負載均衡是需要解決的問題。嚴格來講，對於具有 N 個 CPU 的系統，N 個最高優先權的可執行狀態的即時行程（如果存在大於等於 N 個即時行程的話）應該佔據 N 個 CPU 核。若對即時行程負載均衡這個話題感興趣，可以閱讀《 Process Scheduling in Linux 》[14]這篇文獻，限於篇幅，此話題不再展開論述。

3. SCHED_OTHER 策略

SCHED_OTHER 策略不屬於實時排程的範疇。SCHED_OTHER 和下面要討論的 SCHED_BATCH、SCHED_IDLE 策略同屬於完全公平排程的範疇。事實上，我們遇到的大多數行程都是屬於 SCHED_OTHER 的排程策略。

前面討論的是 nice 值在-20～19 範圍內的行程，都是屬於 SCHED_OTHER 的排程策略。在這種排程策略下，不同的 nice 值，意味著不同的時間片權重。優先權越高的普通行程，將獲得越多的 CPU 時間。

---

[14] *https://criticalblue.com/news/wp-content/uploads/2013/12/linux_scheduler_notes_final.pdf*。

4. SCHED_BATCH 策略

儘管可以透過 POSIX 即時排程的 API 設定行程的策略為 SCHED_BATCH，但是 SCHED_BATCH 策略並不屬於即時排程的策略。

SCHED_BATCH 策略是在 Linux 2.6.16 的核心中加入的。最初引入這個策略的目的是告知核心，指定這個策略的行程並非互動型的行程，不需要根據休眠時間更改優先權。

這個策略主要用於早期的 O(1)排程器，對於完全公平的排程，SCHED_BATCH 策略和 SCHED_OTHER 策略幾乎一樣。

5. SCHED_IDLE 策略

SCHED_IDLE 策略也隸屬于完全公平排程的範疇。採取 SCHED_IDLE 排程策略的行程擁有非常低的優先權，比 nice 值為 19 的行程之優先權還要低（nice 值是 19 的行程，其權重是 15，採用 SCHED_IDLE 排程策略的行程其權重是 3）。一般來說，該策略用於執行優先權非常低的行程，通常在系統中沒有其他任務需要使用 CPU 時這些任務才會執行。

完全公平排程類中負責檢查是否應該喚醒搶佔的 check_preempt_wakeup 函數中有如下的語句：

```
if (unlikely(curr->policy == SCHED_IDLE) &&
    likely(p->policy != SCHED_IDLE))
    goto preempt;
```

這段程式碼表明，在 CFS 排程域內，如果醒來的候選行程採用的不是 SCHED_IDLE 策略，而目前執行的行程採用的排程策略是 SCHED_IDLE，那麼搶佔總是會發生。

5.6.2 即時排程相關 API

Linux 下可以透過 sched_setscheduler 函數來修改行程的排程策略及優先權，其介面定義如下：

```
#include <sched.h>

int sched_setscheduler(pid_t pid, int policy,
                       const struct sched_param *param);

struct sched_param {
    ...
    int sched_priority;
    ...
}
```

該介面用於修改 pid 對應行程的排程策略和優先權。當 pid 等於 0 時，修改函式呼叫行程的排程策略和優先權。策略和優先權的有效值如表 5-5 所示。

表 5-5　排程策略

策略	描述	sched_param.sched_priority
SCHED_FIFO	即時行程，先進先出的策略	1～99
SCHED_RR	即時行程，時間片輪轉的策略	1～99
SCHED_OTHER	普通行程，非即時行程的預設排程策略	0
SCHED_BATCH	普通行程，批次處理	0
SCHED_IDLE	比 nice 值為 19 的普通行程優先權還要低	0

sched_setscheduler 函式呼叫成功時回傳 0，失敗時回傳-1，並設定 errno。

設定行程排程策略和優先權的方法如下面的程式碼所示。下面的程式碼將行程的排程策略設定成了 SCHED_RR，並且其優先權為 99，即即時行程中的最低優先權。

```
struct sched_param sp = { .sched_priority = 99 };
ret = sched_setscheduler(0, SCHED_RR, &sp);
if (ret == -1)
{
        /*error handler*/
}
```

透過 fork 建立的子行程會保持父行程的排程策略和優先權。有些時候，不希望子行程繼承父行程的排程策略和優先權，尤其是父行程是即時行程或 nice 值是負值的時候。Linux 自 2.6.32 版本開始，提供 SCHED_RESET_ON_FORK 選項，一旦設定該選項，子行程就不會繼承父行程的排程策略或 nice 值。可透過如下程式碼設定該旗標位元：

```
ret = sched_setscheduler(0, SCHED_RR |SCHED_RESET_ON_FORK, &sp);
```

- 如果呼叫行程的排程策略是 SCHED_FIFO 或 SCHED_RR，則將 fork 建立出來的子行程排程策略重設成 SCHED_OTHER。

- 如果呼叫行程的 nice 值是負值，則將 fork 建立出來的行程之 nice 值重新設定成 0。

如何查看行程的排程策略及排程參數？可使用如下語句：

```
int sched_getscheduler(pid_t pid);
int sched_getparam(pid_t pid, struct sched_param *param);
```

sched_getscheduler 函數可以回傳行程的排程策略，但是無法回傳行程的排程參數。

```
int policy = sched_getscheduler(0);
switch(policy)
{
    case SCHED_OTHER:
        /**/
    case SCHED_FIFO:
```

```
        /**/
    case SCHED_RR:
        /**/
    ...
}
```

對於即時行程，可以呼叫 sched_getparam 函數來獲得其優先權，程式碼如下所示：

```
struct sched_param sp ;
int ret ;
ret = sched_getparam(0,&sp);
if(ret == -1)
{
    /*error handle here*/
}
printf("process priority is %d\n",sp.sched_priority);
```

sched_setscheduler 函數用來同時設定排程策略和排程參數。除了該介面外，Linux 還提供一個功能弱化的函數即 sched_setparam，該函數可以用來調整行程的排程參數，定義如下：

```
#include <sched.h>
int sched_setparam(pid_t pid, const struct sched_param *param);
```

透過該介面，可以調整即時行程的優先權，使用方法如下：

```
struct sched_param sp ;
sp.sched_priority = 15;
ret = sched_setparam(0,&sp);
if(ret == -1)
{
    /*error handler*/
}
```

可以透過 ps 命令的輸出查看行程的排程策略和優先權：

```
manu@manu-rush:~$ ps -p 7110 -o pid,cmd,sched,rtprio,pri
    PID CMD                     SCH RTPRIO PRI
   7110 sleep 100                 2     99 139
```

在 sched 參數中 SCHED_OTHER、SCHED_FIFO、SCHED_RR、SCHED_BATCH 和 SCHED_IDLE 對應的值分別為 0、1、2、3 和 5。

除了 ps 命令外，util-linux 包中提供了 chrt 工具，可以查看和修改行程的排程策略和優先權。

查看行程的排程策略和優先權的方法如下：

```
manu@manu-rush:~$ chrt -p 7125
pid 7125's current scheduling policy: SCHED_RR
pid 7125's current scheduling priority: 77
manu@manu-rush:~$ chrt -p 1
```

```
pid 1's current scheduling policy: SCHED_OTHER
pid 1's current scheduling priority: 0
```

修改行程的排程策略和優先權的方法如下：

```
/*7135 行程最初是普通行程，排程策略為 SCHED_OTHER*/
root@manu-rush:~# chrt -p 7135
pid 7135's current scheduling policy: SCHED_OTHER
pid 7135's current scheduling priority: 0

/*-r 表示修改排程策略為 SCHED_RR，40 表示修改優先權為 40*/
root@manu-rush:~# chrt -p -r 40 7135
root@manu-rush:~# chrt -p 7135
pid 7135's current scheduling policy: SCHED_RR
pid 7135's current scheduling priority: 40

/*-f 表示修改排程策略為 SCHED_FIFO，20 表示修改優先權為 20*/
root@manu-rush:~# chrt -p -f 20 7135
root@manu-rush:~# chrt -p 7135
pid 7135's current scheduling policy: SCHED_FIFO
pid 7135's current scheduling priority: 20
```

5.6.3 限制即時行程執行時間

即時行程的優先權高於普通行程，如果即時行程處於可執行的狀態，則普通行程無法獲得 CPU 資源。如果使用即時排程策略的行程出現 bug，始終處於可執行的狀態，系統將不會排程其他普通行程。這種情況是非常危險的，系統很可能會失去控制，而使用者甚至超級使用者也無能為力。

為了防止出現這種情況，系統做了改進，縱然始終存在可以執行的即時行程，仍然允許普通行程獲得一定的 CPU 時間。

系統提供控制選項來控制單位時間內最多分配多少 CPU 時間給即時行程。在 Linux 中，這兩個控制參數為：

```
sysctl -n kernel.sched_rt_period_us
1000000
sysctl -n kernel.sched_rt_runtime_us
950000
```

這兩個參數的含義是在以 sched_rt_period_us 為一個週期的時間內，所有即時行程執行的時間總和不超過 sched_rt_runtime_us。這兩個設定項的預設值為 1 秒和 0.95 秒，表示每秒鐘為一個週期，所有即時行程執行的總時間不超過 0.95 秒，剩下的 0.05 秒留給普通行程。有了這個機制，哪怕始終有即時行程處於 TASK_RUNNING 狀態，普通行程也能獲得執行的機會。

如果在一個週期的時間內，即時行程對 CPU 的需求不足 0.95 秒，那麼剩餘的時間都會分配給普通的行程。而如果即時行程對 CPU 的需求大於 0.95 秒，它也只能夠執行 0.95

秒，剩下的 0.05 秒留給其他普通行程。但是如果 0.05 秒內並沒有任何普通行程處於可執行狀態，即時行程能否執行超過 0.95 秒嗎？答案還是不能，核心寧可讓 CPU 閒著，也不給即時行程使用。

但是前面討論的場景都是單 CPU 的場景，如果存在 N 個 CPU，則所有 CPU 上的所有即時行程佔有 CPU 的上限應該為 N*sched_rt_runtime_us/sched_rt_period_us。有的 CPU 上即時行程對 CPU 的需求超過 sched_rt_runtime_us，而有的 CPU 上即時行程對 CPU 的需求不足 sched_rt_runtime_us，因此核心允許 CPU 之間互相拆借。若即時行程在 CPU 上佔用的時間超過了 sched_rt_runtime_us，則該即時行程會嘗試去跟其他 CPU 借時間，將其他 CPU 剩餘的時間借過來。這樣做的好處是避免行程在 CPU 之間遷移導致的上下文切換、緩衝失效等開銷。這部分邏輯出現在 kernel/sched_rt.c 中的 sched_rt_runtime_exceeded 函數，該函數會透過 balance_runtime 函數向其他 CPU 借用時間[15]。

事實上，即時行程也支援組排程，可以控制一組即時行程（task_group）佔用的 CPU 時間，將 CPU 佔用的管理分配得更加細緻[16]。

5.7　CPU 的親和力

在對稱多處理器（SMP）環境中，一個行程被重新排程時，不一定是在上次執行的 CPU 上執行。

同一個行程在不同 CPU 之間遷移會帶來性能的損失，損失的主要原因在於記憶體。在行程遷移到新的處理器上後寫入新資料到記憶體時，原有處理器的記憶體就過期了。當行程在不同處理器之間遷移時，會帶來兩方面的性能損失：

- 行程不能存取老的記憶體資料；
- 原處理器中記憶體中的資料必須標記為無效。

查看行程目前執行在哪個 CPU 上？可以透過 ps 命令的 PSR 欄位查看行程目前執行或上一次執行時所在的 CPU 編號。因為行程排程並不保證行程總是固定在某個 CPU 上，所以多次查看行程的 PSR，其值可能會發生變化。

```
root@manu-rush:~# ps -p 7214 -o pid,cmd,psr
   PID CMD                         PSR
  7214 sleep 1000                    0
```

有時候需要把行程綁定到某個或某幾個 CPU 上執行。這就需要設定行程的 CPU 硬親和力了。Linux 提供非標準的系統呼叫來獲取和修改行程的硬親和力：即 sched_setaffinity 函數和 sched_getaffinity 函數。

---

[15]　Linux 行程組排程機制分析：*http://www.oenhan.com/task-group-sched#toc-4*。

[16]　Linux 組排程淺析：*http://kouucocu.lofter.com/post/1cdb8c4b_50f6314*。

sched_setaffinity 函數用來設定 pid 指定行程的 CPU 親和力，如果 pid 的值為 0，則該函數用來修改呼叫行程的 CPU 親和力。函數介面定義如下：

```
#define _GNU_SOURCE
#include <sched.h>
int sched_setaffinity(pid_t pid, size_t cpusetsize,
                      cpu_set_t *mask);
```

cpu_set_t 資料結構是位元遮罩，但是不應該直接操作 cpu_set_t 類型的變數。Linux 提供一組巨集來操作 cpu_set_t 類型的變數：

```
/*將 set 初始化為空*/
void CPU_ZERO(cpu_set_t *set);

/*將 cpu 指定的 CPU 添加到 set 中*/
void CPU_SET(int cpu, cpu_set_t *set);

/*從 set 中刪除 CPU cpu*/
void CPU_CLR(int cpu, cpu_set_t *set);

/*判斷 CPU cpu 是否 set 中的成員*/
int  CPU_ISSET(int cpu, cpu_set_t *set);
```

CPU 集合中的編號從 0 開始。一般在呼叫 CPU_XXX 系列函數之前，需要對系統中的 CPU 核數了然於胸，才能放手去做。指定 cpu 的值比系統中的最大 CPU 編號還大是沒有意義的。nproc 命令和 lscpu 命令都可以獲取系統的 CPU 核數，程式碼如下：

```
manu@manu-rush:~$ nproc
2
manu@manu-rush:~$ lscpu
Architecture:          x86_64
CPU op-mode(s):        32-bit, 64-bit
Byte Order:            Little Endian
CPU(s):                2
O n-line CPU(s) list:  0,1
```

透過 proc 檔案系統的/proc/cpuinfo 也可以獲取 CPU 的核數。可以透過下面的程式碼將某行程遷移到 CPU 1 上：

```
cpu_set_t set;
/*必須首先呼叫 CPU_ZERO 清空，不可理所當然地認為是空*/
CPU_ZERO(&set);
CPU_SET(1,&set);
sched_setaffinity(pid,sizeof(cpu_set_t),&set);
```

Linux 提供 sched_getaffinity 介面來查看行程的 CPU 親和力：

```
#define _GNU_SOURCE
#include <sched.h>
int sched_getaffinity(pid_t pid, size_t cpusetsize,
                      cpu_set_t *set);
```

呼叫 sched_getaffinity 之前，需要先呼叫 CPU_ZERO 將 set 清空。函式呼叫成功時，會將結果記錄在 set 中，但是不要直接操作 set 來判斷哪些 CPU 在集合中，而是應該用 CPU_ISSET 來判斷。

核心如何保證行程只會在某些 CPU 上執行？核心中的行程對應的行程結構中有個 cpumask_t 類型的成員變數 cpus_allowed，該成員變數會記住行程允許的 CPU。核心在排程的時候會透過 select_task_rq 來選擇 CPU，只會選擇出允許的 CPU。

```
static inline
int select_task_rq(struct task_struct *p, int sd_flags, int wake_flags)
{

    int cpu = p->sched_class->select_task_rq(p, sd_flags, wake_flags);

    if (unlikely(!cpumask_test_cpu(cpu, tsk_cpus_allowed(p)) ||
             !cpu_online(cpu)))
        cpu = select_fallback_rq(task_cpu(p), p);

    return cpu;
}
```

有個很有意思的話題是核心呼叫 select_task_rq 的時機：當新的行程建立出來時、當行程呼叫 exec 時、當行程從休眠中醒來時，都是呼叫 select_task_rq 的好時機（如圖 5-26 所示），可以透過這些時機來實作各個 CPU 之間的負載均衡。

除了程式設計介面可以獲取和修改行程的親和力之外，Linux 的 util-linux 包中還提供 tasket 工具以命令列的方式做同樣的事情。它查詢行程的 CPU 親和力的方法如下：

```
manu@manu-rush:~$ taskset -p 1
pid 1's current affinity mask: 3
```

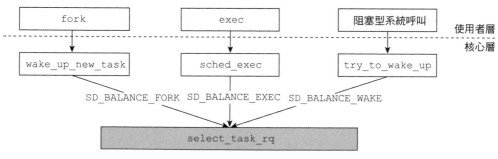

圖 5-26　呼叫 select_task_rq 的時機

行程 1 的 mask 為 3=0x11，即允許在 CPU 0 和 CPU 1 上執行。

修改行程的 CPU 親和力的方法如下：

```
/*允許行程 700 執行在 CPU0,CPU3,CPU7,CPU8,CPU9,CPU10,CPU11 上*/
taskset -pc 0,3,7-11 700

manu@manu-rush:~$ sudo taskset -pc 1 2000
pid 2000's current affinity list: 0,1
pid 2000's new affinity list: 1
```

除了 tasket 工具外，cpuset 也可以用來設定 CPU 親和力。cpuset 是 Linux 控制組（control groups）中的一個子系統，該子系統的用途是管理行程可以使用的 CPU 核心和記憶體節點。使用 cpuset 之前，首先要確認核心是否已經提供對 cpuset 功能的支援：

```
root@manu-rush:/boot# grep "CONFIG_CPUSETS" config-3.13.0-32-generic
CONFIG_CPUSETS=y
```

Linux 將 cgroups 實作成檔案系統。在較新的 Linux 發行版本本中（如 Ubuntu 14.04），系統已經掛載所有的 cgroup 子系統，透過 mount -t cgroup 命令來查看。如果作業系統並沒有掛載 cpuset 子系統，那麼可以透過如下命令手工掛載：

```
mkdir /dev/cpuset
mount -t cgroup -o cpuset none /dev/cpuset
```

執行完掛載後，透過 mount 命令可以看到一個新的 cpuset 類型的檔案系統掛載到 */dev/cpuset* 目錄下：

```
none on /dev/cpuset type cgroup (rw,cpuset)
```

我們可以建立一個新的 CPU 分配組，比如 GroupA，方法很簡單，就是在*/cgroup* 下建立一個目錄，方法如下：

```
mkdir /dev/cpuset/GroupA
```

在 cpuset 中設定新的群組之後，該群組的目錄下有很多的檔案，對應不同的設定項，如圖 5-27 所示。大部分設定項都是可選的，但 cpuset.cpus 和 cpuset.mems 這兩項分別用來指定群組允許使用的 CPU 核心和記憶體節點，是必要設定項，必須要指定。

```
root@manu-rush:/dev/cpuset/GroupA# ll
total 0
drwxr-xr-x 2 root root 0 Jan 24 23:55 ./
drwxr-xr-x 3 root root 0 Jan 24 23:54 ../
-rw-r--r-- 1 root root 0 Jan 24 23:55 cgroup.clone_children
--w--w--w- 1 root root 0 Jan 24 23:55 cgroup.event_control
-rw-r--r-- 1 root root 0 Jan 24 23:55 cgroup.procs
-rw-r--r-- 1 root root 0 Jan 24 23:55 cpuset.cpu_exclusive
-rw-r--r-- 1 root root 0 Jan 24 23:55 cpuset.cpus
-rw-r--r-- 1 root root 0 Jan 24 23:55 cpuset.mem_exclusive
-rw-r--r-- 1 root root 0 Jan 24 23:55 cpuset.mem_hardwall
-rw-r--r-- 1 root root 0 Jan 24 23:55 cpuset.memory_migrate
-r--r--r-- 1 root root 0 Jan 24 23:55 cpuset.memory_pressure
-rw-r--r-- 1 root root 0 Jan 24 23:55 cpuset.memory_spread_page
-rw-r--r-- 1 root root 0 Jan 24 23:55 cpuset.memory_spread_slab
-rw-r--r-- 1 root root 0 Jan 24 23:55 cpuset.mems
-rw-r--r-- 1 root root 0 Jan 24 23:55 cpuset.sched_load_balance
-rw-r--r-- 1 root root 0 Jan 24 23:55 cpuset.sched_relax_domain_level
-rw-r--r-- 1 root root 0 Jan 24 23:55 notify_on_release
-rw-r--r-- 1 root root 0 Jan 24 23:55 tasks
root@manu-rush:/dev/cpuset/GroupA#
```

圖 5-27 cpuset 子系統下 task group 的設定檔案

下面我們透過如下語句將 GroupA 中所有的行程限制在 CPU 1 上：

```
echo "1" > /dev/cpuset/GroupA/cpuset.cpus
echo "0" > /dev/cpuset/GroupA/cpuset.mems
```

設定好 GroupA 允許使用的 CPU 後，就可以將某些行程放入 GroupA 中，按照設定，這些行程只會使用 CPU 1。比如將 shell 本身的 PID 歸於 GroupA，這樣在該 shell 上啟動的所有行程都會歸於這個 GroupA 下：

```
echo $$ > /dev/cpuset/GroupA/tasks
```

在該 shell 上透過 stress -c 4 命令，啟動 4 個行程執行封閉迴圈，消耗大量的 CPU 資源，透過 ps 命令可以看到，這 4 個行程總是執行在 CPU 1 上，如圖 5-28 所示。

```
manu@manu-rush:~$ ps -C stress -o pid,psr,cmd,etime,cgroup,%cpu
  PID PSR CMD                     ELAPSED CGROUP               %CPU
 3795   1 stress -c 4               01:25 2:cpuset:/GroupA       0.0
 3796   1 stress -c 4               01:25 2:cpuset:/GroupA      24.9
 3797   1 stress -c 4               01:25 2:cpuset:/GroupA      24.9
 3798   1 stress -c 4               01:25 2:cpuset:/GroupA      24.9
 3799   1 stress -c 4               01:25 2:cpuset:/GroupA      24.9
manu@manu-rush:~$
```

圖 5-28 透過 cpuset 綁定到 CPU 1 上執行的行程 ps 的輸出

CHAPTER

6

信號

信號是一種軟體中斷，用來處理非同步事件。核心遞送這些非同步事件到某個行程，告訴行程某個特殊事件發生了。這些非同步事件，可能來自硬體，比如存取非法的記憶體位址，或者除以 0 了；可能來自使用者的輸入，比如 shell 終端上使用者在鍵盤上敲擊了 Ctrl+C；還可能來自另一個行程，甚至有些來自行程自身。

信號的本質是一種行程之間的通信，一個行程向另一個行程發送信號，核心至少傳遞了信號值這個欄位。實際上，通信的內容不止是信號值。

信號機制是 Unix 家族裡一個古老的通信機制。傳統的信號機制有一些弊端，更為嚴重的是，信號處理函數的執行流和正常的執行流同時存在，給程式設計帶來很多的麻煩和困擾，一不小心就可能掉入陷阱。本章將會介紹使用信號的各種考量，包括傳統信號的弊端、Linux 對信號機制的改進，以及信號機制裡面的陷阱，希望對讀者能有所幫助。

6.1　信號的完整生命週期

前文提到過，信號的本質是一種行程之間的通信。行程之間約定好：如果發生了某件事情 T（trigger），就向目標行程（destination process）發送某特定信號 X，而目標行程看到 X，就意識到 T 事件發生了，目標行程就會執行相應的動作 A（action）。

接下來以設定檔改變為例，來描述整個過程。很多應用都使用設定檔，如果設定檔發生改變，需要通知行程重新載入設定。一般而言，程式會預設採用 SIGHUP 信號來通知目標行程重新載入設定檔。

目標行程首先約定，只要收到 SIGHUP，就執行重新載入設定檔的動作。這個行為稱為信號的安裝（installation），或者信號處理函數的註冊。安裝好了之後，因為信號是異步事件，不知道何時會發生，所以目標行程依然正常地做自己的事情。某年某月的某一天，管理員突然改變了設定檔，想通知這個目標行程，於是就向目標行程發送信號。他可能在終端執行 kill -SIGHUP 命令，也可能呼叫了 C 的 API，不管怎樣，信號產生了。這時候，Linux 核心收到產生的信號，然後就在目標行程的行程結構裡記錄了一筆：收到信號 SIGHUP 一枚。Linux 核心會在適當的時機，將信號遞送（deliver）給行程。在核心收到信號，但是還沒有遞送給目標行程的這一段時間裡，信號處於掛起狀態，被稱為掛起（pending）信號，也稱為未決信號。核心將信號遞送給行程，行程就會暫停目前的控制流，轉而去執行信號處理函數。這就是一個信號的完整生命週期。

一個典型的信號會按照上面所述的流程來處理，但是實際情況要複雜得多，還有很多場景需要考慮，比如：

- 目標行程正在執行關鍵程式碼，不能被信號中斷，需要阻塞某些信號，那麼在這期間，信號就不允許被遞送到行程，直到目標行程解除阻塞。

- 核心發現同一個信號已經存在，那麼它該如何處理這種重複的信號，是排隊還是丟棄？

- 核心遞送信號時，發現已有多個不同的信號被掛起，那它應該優先遞送哪個信號？

- 對於多執行緒的行程，如果向該行程發送信號，應該由哪個執行緒來負責回應？

這些問題，在接下來的章節中會逐一得到解決。

6.2　信號的產生

作為行程間通信的一種手段，行程之間可以互相發送信號，然而發給行程的信號，通常源於核心，包括：

- 硬體異常。
- 終端相關的信號。
- 軟體事件相關的信號。

6.2.1　硬體異常

硬體檢測到錯誤並通知核心，由核心發送相應的信號給相關行程。和硬體異常相關的信號見表 6-1。

表 6-1　與硬體異常有關的信號

信號	值	說明
SIGBUS	7	匯流排錯誤，表示發生了記憶體存取錯誤
SIGFPE	8	表示發生了算術錯誤，儘管 FPE 是浮點異常的縮寫

信號	值	說明
SIGILL	9	行程嘗試執行非法的機器語言指令
SIGSEGV	11	記憶體區段錯誤，表示應用程式存取了無效位址

常見的能觸發 SIGBUS 信號的場景有：

- 變數位址未對齊：很多架構存取資料時有對齊的要求。比如 int 型變數佔用 4 個字節，因此架構要求 int 變數的位址必須為 4 位元組對齊，否則就會觸發 SIGBUS 信號。

- mmap 映射檔案：使用 mmap 將檔案映射入記憶體，如果檔案大小被其他行程截短，則在存取超過檔案大小的記憶體時，會觸發 SIGBUS 信號。

雖然 SIGFPE 的尾碼 FPE 是浮點異常（Float Point Exception）的含義，但是該異常並不限於浮點運算，常見的算數運算錯誤也會引發 SIGFPE 信號。最常見的就是 "整數除以 0" 的例子。

SIGILL 的含義是非法指令（illegal instruction）。一般表示行程執行了錯誤的機器指令。下面來看一段範例程式：

```
typedef void(*FUNC)(void);

int main(void)
{
    const static unsigned char insn[4] = { 0xff, 0xff, 0xff, 0xff };
    FUNC function = (FUNC) insn;
    function();
}
```

上述程式碼中，因為函數位址不是合法有效的值，所以觸發了 SIGILL 錯誤。發生這種錯誤，一般是函數指標遭到破壞，當執行函數指標指向的函數時，就會觸發 SIGILL 信號。另外也可能是由指令集的演進所引起。比如很多在新的體系結構中編譯出來的可執行程式，在老機器上可能會無法執行，故而在老機器上執行時，也可能產生 SIGILL 信號。

SIGSEGV 是所有 C 程式師的噩夢。沒經歷幾個刻骨銘心的記憶體區段錯誤，很難成長為合格的 C 程式師。由於 C 語言可以直接操作指標，就像時常行走在河邊的頑童很難避免弄濕鞋子一樣，程式師很難避免記憶體區段錯誤，沒有經驗的程式師更是如此。常見的情況有：

- 存取未初始化的指標或 NULL 指標指向的位址。
- 行程企圖在使用者模式存取核心部分的位址。
- 行程嘗試去修改唯讀的記憶體位址。

當然，程式師不會直接去做這種傻事，一般來說是由於程式的錯誤，導致原本存放的指標被篡改成錯亂值，因而在存取指標指向的變數時，觸發了 SIGSEGV 信號。

前面所講的這四種硬體異常，一般是由程式自身引發的，不是由其他行程發送的信號所引發，並且這些異常都比較致命，以至於行程無法繼續下去。所以這些信號產生之後，會立刻遞送給行程。預設情況下，這四種信號都會使行程終止，並且產生 core dump 檔案以供除錯。對於這些信號，行程既不能忽略，也不能阻塞。

6.2.2 終端相關的信號

對於 Linux 程式師而言，終端操作是免不了的。終端有很多的設定，可以透過執行如下指令來查看：

```
stty -a
```

很重要的是，終端定義如下幾種信號生成字元：

* Ctrl+C：產生 SIGINT 信號。
* Ctrl+\：產生 SIGQUIT 信號。
* Ctrl+Z：產生 SIGTSTP 信號。

鍵入這些信號生成字元，相當於向前景行程組發送了對應的信號。

另一個和終端關係比較密切的信號是 SIGHUP 信號。很多程式師都遇到過這種問題：使用 ssh 登入到遠端的 Linux 伺服器，執行比較耗時的操作（如編譯專案程式碼），卻因為網絡不穩定，或者需要關機回家，ssh 連接被斷開，最終導致操作中途被放棄而失敗。

之所以會如此，是因為一個控制行程在失去其終端之後，核心會負責向其發送一個 SIGHUP 信號。在登入 session 中，shell 通常是終端的控制行程，控制行程收到 SIGHUP 信號後，會引發如下的連鎖反應。

shell 收到 SIGHUP 後會終止，但是在終止之前，會向由 shell 建立的前景行程組和背景行程組發送 SIGHUP 信號，為了防止處於停止狀態的任務接收不到 SIGHUP 信號，通常會在 SIGHUP 信號之後，發送 SIGCONT 信號，喚醒處於停止狀態的任務。前景行程組和後台行程組的行程收到 SIGHUP 信號，預設的行為是終止行程，這也是前面提到的耗時任務會中途失敗的原因。

注意，單純地將命令放入背景執行（透過&符號，如下所示），並不能擺脫被 SIGHUP 信號追殺的命運。

```
command &
```

那麼如何讓行程在背景穩定地執行而不受終端連接斷開的影響呢？可以採用如下方法。

1. nohup

可以使用如下方式執行命令：

```
nohup command
```

標準輸入會重定向到/dev/null，標準輸出和標準錯誤會重定向到 nohup.out，如果無權限寫入目前的目錄下的 nohup.out，則會寫入 home 目錄下的 nohup.out。

2. setsid

使用如下方式執行命令：

```
setsid command
```

這種方式和 nohup 的原理不太一樣。nohup 僅僅是使啟動的行程不再回應 SIGHUP 信號，但是 setsid 則完全不屬於 shell 所在的 session，並且其父行程也已經不是 shell 而是 init 行程。

```
manu@manu-hacks:~$ nohup sleep 200 &
[1] 11686
nohup:忽略輸入並把輸出追加到"nohup.out"
manu@manu-hacks:~$ps -o cmd,pid,ppid,pgid,sid,etime
CMD                             PID PPID  PGID   SID  ELAPSED
-bash                         11365 11364 11365 11365   03:59
sleep 200                     11686 11365 11686 11365   00:30
ps -o cmd,pid,ppid,pgid,sid   11750 11365 11750 11365   00:00

manu@manu-hacks:~$setsid sleep 300 &
[1] 11910
[1]+   已完成                  setsid sleep 300
manu@manu-hacks:~$ps -p 11912 -ocmd,pid,ppid,pgid,sid,etime
CMD                             PID  PPID  PGID   SID  ELAPSED
Sleep 300                     11912    1  11912 11912   00:48
```

3. disown

很多情況下，啟動命令時，忘記使用 nohup 或 setsid，是否還有辦法亡羊補牢？答案是使用作業控制裡面的 disown，方法如下：

```
manu@manu-hacks:~$ sleep 1004 &
[1] 13861
manu@manu-hacks:~$ jobs -l
[1]+ 13861 執行中                 sleep 1004 &
manu@manu-hacks:~$ disown %1
manu@manu-hacks:~$ jobs -l
manu@manu-hacks:~$ exit
```

使用 disown 之後，shell 退出時，就不會向這些行程發送 SIGHUP 信號了。在另一個終端上，仍然可以看到 sleep 1004 在執行：

```
manu@manu-hacks:~$ ps -ef|grep sleep
manu     13861     1  0 12:42 ?        00:00:00 sleep 1004
```

當然，還有其他的方法可以做到這點，如 screen 命名。對這個感興趣的朋友可以閱讀網路上的參考資料[17]。

6.2.3　軟體事件相關的信號

軟體事件觸發信號產生的情況也比較多：

- 子行程退出，核心可能會向父行程發送 SIGCHLD 信號。

- 父行程退出，核心可能會給子行程發送信號。

- 計時器到期，給行程發送信號。

我們已熟知子行程退出時會向父行程發送 SIGCHLD 信號。這點在第 4 章中已經做了很詳細的分析。

與子行程退出向父行程發送信號相反，有時候，行程希望父行程退出時向自己發送信號，從而可以得知父行程的退出事件。Linux 也提供了這種機制。

每一個行程的行程結構 task_struct 中都存在如下成員變數：

```
int pdeath_signal; /* The signal sent when the parent dies */
```

如果父行程退出，子行程希望收到通知，那麼子行程可以透過執行如下程式碼來做到：

```
prctl(PR_SET_PDEATHSIG, sig);
```

父行程退出時，會遍歷其子行程，發現有子行程很關心自己的退出，就會向該子行程發送子行程希望收到的信號。

很多計時器相關的函數，背後都牽扯到信號，實際見表 6-2。

表 6-2　計時器相關的信號

函數	相關信號
alarm	SIGALRM (14)
ualarm	SIGALRM (14)
setitimer: ITIMER_REAL	SIGALRM (14)

---

[17]　Linux 技巧：讓行程在背景可靠執行的幾種方法，*https://www.ibm.com/developerworks/cn/linux/l-cn-nohup/*。

函數	相關信號
setitimer: ITIMER_VIRTUAL	SIGVTALRM (26)
setitimer: ITIMER_PROF	SIGPROF (27)
timer_create	可以由使用者來指定

6.3 信號的預設處理函數

從上一節可以看出，信號產生的源頭有很多。那麼核心將信號遞送給行程後，行程會執行什麼操作呢？

很多信號尤其是傳統的信號，都會有預設的信號處理方式。如果我們不改變信號的處理函數，那麼收到信號之後，就會執行預設的操作。

信號的預設操作有以下幾種：

- 忽略信號：即核心將會丟棄該信號，信號不會對目標行程產生任何影響。
- 終止行程：很多信號的預設處理是終止行程，即將行程殺死。
- 生成核心轉儲檔案並終止行程：行程被殺死，並且產生核心轉儲檔案。核心轉儲檔案記錄了行程死亡現場的資訊。使用者可以使用核心轉儲檔案來除錯，分析行程死亡的原因。
- 停止行程：停止行程不同於終止行程，終止行程是行程已經死亡，但是停止行程僅僅是使行程暫停，將行程的狀態設定成 TASK_STOPPED，一旦收到恢復執行的信號，行程還可以繼續執行。
- 恢復行程的執行：和停止行程相對應，某些信號可以使行程恢復執行。

5 種行為的簡單標記如下：

- ignore
- terminate
- core
- stop
- continue

事實上，根據信號的預設操作，可以將傳統信號分成 5 派，實際見表 6-3 到表 6-7。

表 6-3　ignore 派的信號

信號	值	說明
SIGCHLD	17	子行程終止、停止或恢復執行
SIGURG	23	通訊端上的緊急資料
SIGWINCH	28	終端視窗大小發生變化

表 6-4　terminate 派的信號

信號	值	說明
SIGHUP	1	掛斷（hangup），多用於終端斷開
SIGINT	2	終端中斷
SIGKILL	9	殺死行程，該信號不能被忽略、不能被遮蔽，使用者不能將信號處理函數改寫成使用者定義的函數
SIGUSR1	10	使用者自訂信號 1
SIGUSR2	12	使用者自訂信號 2
SIGPIPE	13	管線斷開，多見於 socket 通信
SIGALRM	14	計時器到期，該信號多用於實作計時器
SIGTERM	15	終止行程。因為 SIGKILL 過於殘暴，行程終止時，可能需要先執行一些操作來保存現場資訊，所以合理地殺死行程的方法是先發送 SIGTERM 信號，稍等片刻後，再發送 SIGKILL 信號
SIGSTKFLT	16	輔助處理器堆疊錯誤，Linux 並未使用該信號
SIGVTALRM	26	虛擬計時器過期，setitimer 函數的 ITIMER_VIRTUAL 模式
SIGPROF	27	性能分析計時器過期，setitimer 函數的 ITIMER_PROF 模式
SIGIO	29	I/O 時可能發生
SIGPWR	30	電量將要耗盡

表 6-5　core 派的系統呼叫

信號	值	說明
SIGQUIT	3	終端 Ctrl+\可產生該信號
SIGILL	4	非法的指令
SIGTRAP	5	追蹤/中斷點陷阱，gdb/strace 一類工具會使用該信號[18]。這類工具會攔截或修改 SIGTRAP 信號的信號處理函數
SIGABRT	6	行程中止，行程呼叫 abort 函數會向自身發送 SIGABRT 信號，此外如果使用 assert，assert 失敗時也會產生 SIGABRT 信號

---

[18] ptrace/SIGTRAP/int3 的關聯，*http://blog.linux.org.tw/~jserv/archives/2010/08/ptrace_sigtrap.html*。

信號	值	說明
SIGBUS	7	匯流排錯誤
SIGFPE	8	算術異常
SIGSEGV	11	記憶體區段錯誤，存取了非法的位址
SIGXCPU	24	超過 CPU 時間的限制
SIGXFSZ	25	超過檔案大小的限制
SIGSYS	31	無效的系統呼叫

表 6-6　stop 派的信號

信號	值	說明
SIGSTOP	19	確保行程會停止，該信號不能被忽略，不能將信號處理函數改寫成使用者指定的函數
SIGTSTP	20	終端停止信號，和 SIGSTOP 功能類似，但是可以被行程忽略，可以執行使用者指定的信號處理函數
SIGTTIN	21	用於作業控制，如果背景行程組嘗試對終端執行 read 操作，終端驅動程式就會向該行程組發送 SIGTTIN 信號
SIGTTOU	22	如果終端啟用了 TOSTOP（如透過 stty tostop 命令）即不允許背景行程向終端寫入，而某一背景行程嘗試寫入終端時，終端驅動程式就會向行程組發送 SIGTTOU 信號

表 6-7　continue 派的信號

信號	值	說明
SIGCONT	18	如果目標行程處於停止狀態，則恢復執行

信號的這些預設行為是非常有用的。比如停止行為和恢復執行。系統可能有一些備份的工作，這些工作優先權並不高，但是卻消耗了大量的 I/O 資源，甚至是 CPU 資源（比如需要先壓縮再備份）。這樣的工作一般是在夜深人靜，業務稀少的時候進行的。在業務比較繁忙的情況下，如果備份工作還在進行，則可能會影響到業務，這時候停止和恢復就非常有用。在業務繁忙之前，可以透過 SIGSTOP 信號將備份行程暫停，在幾乎沒有什麼業務的時候，透過 SIGCONT 信號使備份行程恢復執行。

很多信號產生核心轉儲檔案也是非常有意義的。一般而言，程式出錯才會導致 SIGSEGV、SIGBUS、SIGFPE、SIGILL 及 SIGABRT 等信號的產生。生成的核心轉儲檔案保留行程死亡的現場，提供大量的資訊供程式師除錯、分析錯誤產生的原因。核心轉儲檔案的作用有點類似于航空中的黑盒子，可以幫助程式師還原事故現場，找到程式漏洞。

很多情況下，預設的信號處理函數，可能並不能滿足實際的需要，這時需要修改信號的信號處理函數。信號發生時，不執行預設的信號處理函數，改而執行使用者自訂的信號處理函數。為信號指定新的信號處理函數的動作，被稱為信號的安裝。glibc 提供 signal 函數和 sigaction 函數來完成信號的安裝。signal 出現得比較早，介面也比較簡單，sigaction 則提供精確的控制。

6.4　信號的分類

在 Linux 的 shell 終端，執行 kill -l，可以看到所有的信號：

```
 1) SIGHUP       2) SIGINT       3) SIGQUIT      4) SIGILL       5) SIGTRAP
 6) SIGABRT      7) SIGBUS       8) SIGFPE       9) SIGKILL     10) SIGUSR1
11) SIGSEGV     12) SIGUSR2     13) SIGPIPE     14) SIGALRM     15) SIGTERM
16) SIGSTKFLT   17) SIGCHLD     18) SIGCONT     19) SIGSTOP     20) SIGTSTP
21) SIGTTIN     22) SIGTTOU     23) SIGURG      24) SIGXCPU     25) SIGXFSZ
26) SIGVTALRM   27) SIGPROF     28) SIGWINCH    29) SIGIO       30) SIGPWR
31) SIGSYS      34) SIGRTMIN    35) SIGRTMIN+1  36) SIGRTMIN+2  37) SIGRTMIN+3
38) SIGRTMIN+4  39) SIGRTMIN+5  40) SIGRTMIN+6  41) SIGRTMIN+7  42) SIGRTMIN+8
43) SIGRTMIN+9  44) SIGRTMIN+10 45) SIGRTMIN+11 46) SIGRTMIN+12 47) SIGRTMIN+13
48) SIGRTMIN+14 49) SIGRTMIN+15 50) SIGRTMAX-14 51) SIGRTMAX-13 52) SIGRTMAX-12
53) SIGRTMAX-11 54) SIGRTMAX-10 55) SIGRTMAX-9  56) SIGRTMAX-8  57) SIGRTMAX-7
58) SIGRTMAX-6  59) SIGRTMAX-5  60) SIGRTMAX-4  61) SIGRTMAX-3  62) SIGRTMAX-2
63) SIGRTMAX-1  64) SIGRTMAX
```

這些信號可以分成兩類：

- 可靠信號。

- 不可靠信號。

信號值在[1，31]之間的所有信號，都被稱為不可靠信號；在[SIGRTMIN, SIGRTMAX]之間的信號，被稱為可靠信號。

不可靠信號是從傳統的 Unix 繼承而來的。早期 Unix 系統信號的機制並不完備，在實踐過程中暴露了很多弊端，因此把這些早期出現的信號值在[1, 31]之間的信號稱之為不可靠信號。所謂不可靠，指的是發送的信號，核心不一定能成功遞送信號給目標行程，信號可能會丟失。

隨著時間的流逝，人們意識到原有的信號機制存在弊端。但是[1, 31]之間的信號存在已久，在很多應用中被廣泛使用，出於相容性的考慮，不能改變這些信號的行為模式，所以只能新增信號。新增的信號就是我們今天看到的在[SIGRTMIN,SIGRTMAX]範圍內的信號，它們被稱為可靠信號。

對信號有了初步瞭解後，知道 signal 和 sigaction 函數介面的讀者可能會產生誤解，認為用 signal 函數安裝、用 kill 函數（或者 tkill 函數）發送的信號，就是不可靠信號；用

sigaction 函數安裝、用 sigqueue 函數發送的信號，就是可靠信號。這種理解是錯誤的。信號的可靠與否，完全取決於信號的值，而與採用哪種方式安裝或發送無關。

說了這麼多，不可靠信號和可靠信號的根本差異到底在哪裡？根本差異在於收到信號後，核心有不同的處理方式。

對於不可靠信號，核心用串列來記錄該信號是否處於掛起狀態。如果收到某不可靠信號，核心在未決狀態中發現同樣的信號，就會簡單地丟棄該信號。因此發送不可靠信號，信號可能會丟失，即核心遞送給目標行程的次數，可能小於信號發送的次數。

對於可靠信號，核心內部有佇列來維護，如果收到可靠信號，核心會將信號掛到相應的佇列中，因此不會丟失。嚴格說來，核心也設有上限，掛起信號的個數也不能無限制地增大，因此只能說，在一定範圍之內，可靠信號不會被丟棄。

 如果細心觀察從 kill -l 列出的信號，可以看出，其中少了 32 號信號和 33 號信號。這兩個信號（SIGCANCEL 和 SIGSETXID）被 NPTL 這個執行緒函式庫徵用了，用來實作執行緒的取消。從核心層來說，32 號信號應該是最小的即時信號（SIGRTMIN），但是由於 32 號和 33 號被 glibc 內部徵用，所以 glibc 將 SIGRTMIN 設定成了 34 號信號。

6.5 傳統信號的特點

前文提到過，signal 是一個古老的機制，早期的信號在使用過程中，暴露出了一些弊端，那麼早期的信號機制有什麼弊端，表現出什麼樣的行為模式呢？今天 Linux 下的 glibc 提供的信號函數是否解決了這些弊端，它又表現出什麼樣的行為模式呢？下面來一探究竟。

傳統的 signal 機制，分為 System V 風格和 BSD 風格的 signal。

glibc 提供 signal 函數來註冊使用者定義的信號處理函數，程式碼如下：

```
#include <signal.h>
typedef void (*sighandler_t)(int);
sighandler_t signal(int signum, sighandler_t handler);
```

除此以外，Linux 還提供下列兩個介面函式供我們“考古”，下面來探查一下 signal 機制的演化：

```
#include <signal.h>

typedef void (*sighandler_t)(int);
sighandler_t sysv_signal(int signum, sighandler_t handler);
sighandler_t bsd_signal(int signum, sighandler_t handler)
```

從介面上看，存在 4 種 signal 函數，見表 6-8。

表 6-8　四種 signal 函數

函數	說明
syscall(SYS_signal,signo,func)	signal 系統呼叫
signal()	glibc 的 signal 函數
sysv_signal()	System V 風格的 signal 函數
bsd_signal()	BSD 風格的 signal 函數

接下來用實驗的方法，測試各種不同的信號機製表現出來的行為模式，幫助大家體會傳統信號的特點和弊端，以及學習 Linux 下 glibc 提供的 signal 函數的行為特性：

```
#include <stdio.h>
#include <stdlib.h>
#include <signal.h>
#include <string.h>
#include <errno.h>
#include <sys/syscall.h>

#define MSG "OMG , I catch the signal SIGINT\n"
#define MSG_END "OK,finished process signal SIGINT\n"
int do_heavy_work()
{
    int i ;
    int k;
    srand(time(NULL));

    for(i = 0 ; i < 100000000;i++)
    {
            k = rand()%1234589;}
    return 0;
}

void signal_handler(int signo)
{
    write(2,MSG,strlen(MSG));
     do_heavy_work();
    write(2,MSG_END,strlen(MSG_END));
}

int main()
{
    char input[1024] = {0};
#if defined SYSCALL_SIGNAL_API
    if(syscall(SYS_signal ,SIGINT,signal_handler) == -1)
#elif defined SYSV_SIGNAL_API
    if(sysv_signal(SIGINT,signal_handler) == SIGERR)
#elif defined BSD_SIGNAL_API
    if(bsd_signal(SIGINT,signal_handler) == SIGERR)
#else
    if(signal(SIGINT,signal_handler) == SIG_ERR)
#endif
```

```
    {
        fprintf(stderr,"signal failed\n");
        return -1;
    }

    printf("input a string:\n");
    if(fgets(input,sizeof(input),stdin)== NULL)
    {
        fprintf(stderr,"fgets failed(%s)\n",strerror(errno));
        return -2;
    }
    else
    {
        printf("you entered:%s",input);
    }

    return 0;
}
```

斜體的地方是這個測試程式的核心，這個函數分別採用 Linux 作業系統提供的 signal 系統
呼叫、System V 風格的 sysv_signal、BSD 風格的 bsd_signal，還有 glibc 提供的標準 API
signal 函數。下面來分別體會它們之間的不同之處。

```
gcc -o systemcall_signal -DSYSCALL_SIGNAL_API    signal_comp.c
gcc -o sysv_signal       -DSYSV_SIGNAL_API       signal_comp.c
gcc -o bsd_signal        -DBSD_SIGNAL_API         signal_comp.c
gcc -o glibc_signal                               signal_comp.c
```

這裡分別生成了 4 種風格的測試程式，接下來就可以驗證它們的特性了。

 因為在 x86_64 位元系統上，glibc 的標頭檔案並沒有宣告 signal 系統呼叫，因
此，無法使用 syscall 函數來呼叫 signal 系統呼叫。詳情可以參閱 bits/syscall.h。
不得已，只能在 32 位機器上做測試，比較四種函數語義上的差別。後面的輸出
都是在 32 位機器上的輸出，希望不會給大家帶來困擾。

6.5.1 信號的 ONESHOT 特性

傳統的 System V 風格的 signal，其註冊的信號處理函數只能執行一次，信號遞送給目標
行程之後，信號處理函數會變成預設值 SIG_DFL。

```
manu@manu-hacks:~/code/c/self/signal$ ./sysv_signal
input a string:
hello
you entered:hello
manu@manu-hacks:~/code/c/self/signal$ ./sysv_signal
input a string:
hello^COMG , I catch the signal SIGINT
^C
manu@manu-hacks:~/code/c/self/signal$
```

可以看到第一次實驗的時候，輸入一個字串，敲擊 Enter 後，正常顯示了輸入的字元串。第二次輸入結束之前，按 Ctrl+C 鍵，系統會向行程發送 SIGINT 信號，行程收到信號後，執行了信號處理函數（列印出了 OMG，I catch the signal SIGINT），再次向行程發送 SIGINT 信號，行程就退出了。

可見，在 System V 風格的信號處理機制中，安裝的信號處理函數只執行一次，核心把信號遞送出去後，信號處理函數恢復成預設值 SIG_DFL。因為 SIGINT 信號的預設處理是終止行程，所以行程就退出了。

Linux 系統呼叫也是如此，信號處理函數同樣每次註冊後只能執行一次：

```
manu@manu-hacks:signal$ ./systemcall_signal
input a string:
hello
you entered:hello
manu@manu-hacks:signal$ ./systemcall_signal
input a string:
hello^COMG , I catch the signal SIGINT
^C
manu@manu-hacks:signal$
```

對於這種風格，核心中有個很具象的巨集來描述這種行為模式，即 SA_ONESHOT。

System V 風格的 singal 處理機制就像圖 6-1 中這種老式的單發手槍，每次射擊完之後，都要重新上子彈，即信號處理函數觸發之後，要想重複觸發，必須再次安裝信號處理函數。

圖 6-1　單發手槍，發射完畢後需要重新添加子彈

對於信號而言，是用旗標位元來控制信號的 ONESHOT 行為模式的，這個旗標位元是：

```
/*架構相關，對於x86 平臺*/
#define SA_RESETHAND 0x80000000u
#define SA_ONESHOT SA_RESETHAND
```

當核心遞送信號給行程時，如果發現同時滿足以下兩個條件，則會將信號處理函數恢複成預設函數：

• 信號處理函數不是預設值。

• 信號處理函數的旗標位元中，設定了 SA_ONESHOT 旗標位元。

這部分控制邏輯，在核心的 get_signal_to_deliver 函數中：

```
int get_signal_to_deliver(siginfo_t *info, struct k_sigaction *return_ka,
           struct pt_regs *regs, void *cookie)
{
       ...
       if (ka->sa.sa_handler == SIG_IGN) /* Do nothing. */
           continue;
       if (ka->sa.sa_handler != SIG_DFL) {
           /* Run the handler. */
           *return_ka = *ka;

           if (ka->sa.sa_flags & SA_ONESHOT)
               ka->sa.sa_handler = SIG_DFL;

           break; /* will return non-zero "signr" value */
       }
       ...
}
```

使用 strace 來追蹤 sysv_signal 的執行，可以看到有如下的系統呼叫：

```
rt_sigaction(SIGINT, {0x8048756, [], SA_INTERRUPT|SA_NODEFER|SA_RESETHAND}, {SIG_
    DFL, [], 0}, 8) = 0
```

BSD 風格的 signal 和 glibc 的 signal 函數已經不存在 ONESHOT 的問題，程式碼如下所示：

```
manu@manu-hacks:signal$ ./bsd_signal
input a string:
hello^COMG , I catch the signal SIGINT
^COK,finished process signal SIGINT
OMG , I catch the signal SIGINT
OK,finished process signal SIGINT
^COMG , I catch the signal SIGINT
OK,finished process signal SIGINT

manu@manu-hacks:signal$ ./glibc_signal
input a string:
hello^COMG , I catch the signal SIGINT
^COK,finished process signal SIGINT
OMG , I catch the signal SIGINT
^COK,finished process signal SIGINT
OMG , I catch the signal SIGINT
OK,finished process signal SIGINT
```

透過 strace 追蹤 bsd_signal 和 glibc_signal 執行的系統呼叫可以看到，兩者呼叫 rt_sigaction 系統呼叫時都沒有設定 SA_ONESHOT 的旗標位元。

```
rt_sigaction(SIGINT, {0x8048736, [INT], SA_RESTART}, {SIG_DFL, [], 0}, 8) = 0
```

透過 strace 追蹤 bsd_signal 和 glibc_signal 可以看出，兩者都呼叫了 rt_sigaction 系統呼叫，並且參數完全一致，表明在我的機器上，glibc 的 signal 函數使用了 BSD signal 的語義。但是由於 signal 函數歷史悠久，源遠流長，在不同的平臺上 signal 函數的語義可能並不相同。在相同的 Linux 平臺上，由於 glibc 版本的差異，提供的 signal 函數的語義也有差異。在早期的 libc4 和 libc5 中，signal 函數的語義是 Syetem V 風格的。因此，從可移植的角度來看，不應該使用 signal 函數。

6.5.2 信號執行時遮蔽自身的特性

在執行信號處理函數期間，很有可能會收到其他的信號，當然也有可能再次收到正在處理的信號。如果在處理 A 信號期間再次收到 A 信號，會發生什麼呢？

對於傳統的 System V 信號機制，在信號處理期間，不會遮蔽對應的信號，而這就會引起信號處理函數的重入。這算是傳統的 System V 信號機制的另一個弊端了。BSD 信號處理機制修正了這個缺陷。當然，BSD 信號處理機制只是遮蔽了目前信號，並沒有遮蔽目前信號以外的其他信號。

來比較下 System V 和 BSD signal 機制的區別。

System V 風格的系統呼叫：

```
rt_sigaction(SIGINT, {0x8048756, [], SA_INTERRUPT|SA_NODEFER|SA_RESETHAND}, {SIG_
    DFL, [], 0}, 8) = 0
```

BSD 風格的系統呼叫：

```
rt_sigaction(SIGINT, {0x8048736, [INT], SA_RESTART}, {SIG_DFL, [], 0}, 8) = 0
```

在上面的輸出中，中括弧內的是信號執行期間需要暫時遮蔽的信號。

BSD 風格的信號處理機制，在安裝信號的時候，會將自身這個信號添加到信號處理函數的遮蔽集合中。如果在執行 A 信號的信號處理函數期間，再次收到 A 信號，那麼目前的 A 信號處理流程則不會被新來 A 信號打斷。簡單地說，就是不會形成巢狀中斷。

System V 風格的信號，在其信號處理期間沒有遮蔽任何信號，換句話說，執行信號處理函數期間，處理流程可以被任意信號中斷，包括正在處理的信號。

從前面的實驗可以看出，BSD 風格的信號處理函數 " OMG，I catch the signal SIGINT "，以及 " OK, finished process signal SIGINT " 總是成對出現的，不可能連續出現兩個 " OMG, I catch the signal SIGINT "，原因就是 SIGINT 信號在信號處理函數執行期間被暫時遮蔽了。

核心是如何做到這一點的？

完整的信號遞送流程大致如此：核心首先呼叫 get_signal_to_deliver，在掛起的信號集合中選擇一個信號，遞送給行程，選擇完畢後，呼叫 handler_signal 函數。handler_signal 函數的作用是為執行信號處理函數做準備。

```
void handler_signal(int sig, siginfo_t *info, struct k_sigaction *ka,
           struct pt_regs *regs, int stepping)
{
    sigset_t blocked;
    ...
    clear_restore_sigmask();
    sigorsets(&blocked, &current->blocked, &ka->sa.sa_mask);
    if (!(ka->sa.sa_flags & SA_NODEFER))
        sigaddset(&blocked, sig);
    set_current_blocked(&blocked);
    tracehook_signal_handler(sig, info, ka, regs, stepping);
}
```

從上面程式碼中不難看出，如果信號沒有設定 SA_NODEFER 旗標位元，正在處理的信號就必須在信號處理常式執行期間被阻塞。

System V 風格的 signal 機制為何會出現不遮蔽自身信號的情況？原因就是 sysv_signal 函數，在呼叫 rt_sigaction 系統呼叫時加上了 SA_NODEFER 旗標位元，如下：

```
rt_sigaction(SIGINT, {0x8048756, [], SA_INTERRUPT|SA_NODEFER|SA_RESETHAND}, {SIG_
    DFL, [], 0}, 8) = 0
```

6.5.3 信號中斷系統呼叫的重啟特性

系統呼叫在執行期間，很可能會收到信號，此時行程可能不得不從系統呼叫中回傳，去執行信號處理函數。對於執行時間比較久的系統呼叫（如 wait、read 等）被信號中斷的可能性會大大增加。系統呼叫被中斷後，一般會回傳失敗，並設定錯誤碼為 EINTR。

如果程式師希望處理完信號之後，被中斷的系統呼叫能夠重啟，則需要透過判斷 errno 的值來解決，即如果發現錯誤碼是 EINTR，就重新呼叫系統呼叫。來看下面的例子：

```
manu@manu-hacks:~/code/c/self/signal$ ./sysv_signal
input a string:
^COMG , I catch the signal SIGINT
OK,finished process signal SIGINT
fgets failed(Interrupted system call)
```

透過 strace 可以看到，fgets 呼叫 read 系統呼叫，而 read 系統呼叫因為等待使用者輸入而深入長時間的阻塞。在阻塞過程中，收到了一個 SIGINT 信號，導致 read 系統呼叫被中斷，回傳了錯誤碼 EINTR。

Linux 世界中的很多系統呼叫都會遭遇這種情景，尤其是 read、wait 這種可能比較耗時的系統呼叫。《Practical UNIX Programming: A Guide to Communication, Concurrency and Multithreading》一書中存在很多類似的例子：

```
pid_t r_wait(int *stat_loc)
{
    int retval;
    while(((retval = wait(stat_loc)) ==-1 && (errno == EINTR))
    {
            ;
    return retval;
    }
)
```

這種模型就是用來應對系統呼叫被信號中斷的情況的。當系統呼叫被信號中斷時，程序並不認為這是一種無法處理的錯誤，相反，程式完全可以透過重新呼叫系統呼叫，來完成想做的事情。

在 System V 信號機制下，系統呼叫如果被信號中斷，則會回傳-1，並設 errno 為 EINTR，而不會主動重啟被信號中斷的系統呼叫。

細細想來，如果所有的系統呼叫都要判斷回傳值是否為 EINTR，若是，則重啟系統呼叫，那麼程式師就太累了。BSD 風格的 signal 機制提供了另外一種思路，即如果系統呼叫被信號中斷，核心會在信號處理函數結束之後自動重啟系統呼叫，無須程式師再次執行系統呼叫。

Linux 作業系統提供一個旗標位元 SA_RESTART 來告訴核心，被信號中斷後是否要重啟系統呼叫。如果該旗標位元為 1，則表示如果系統呼叫被信號中斷，那麼核心會自動重啟系統呼叫。

BSD 風格的 signal 函數和 glibc 的函數，毫無意外地都帶有該旗標位元：

```
rt_sigaction(SIGINT, {0x8048736, [INT], SA_RESTART}, {SIG_DFL, [], 0}, 8) = 0
```

由於 BSD 風格的 signal 存在這個旗標 SA_RESTART，因此 fgets 不會像 System V 的 signal 一樣，回傳錯誤碼：

```
manu@manu-hacks:~/code/c/self/signal$ ./bsd_signal
input a string:
hello^COMG , I catch the signal SIGINT
OK,finished process signal SIGINT
^COMG , I catch the signal SIGINT
OK,finished process signal SIGINT
```

非常不幸的是，並不是所有的系統呼叫對信號中斷都表現出同樣的行為。某些系統呼叫，即使是設定了 SA_RESTART 的旗標位元，也絕不會自動重啟。

那麼問題就來了，在 Linux 下，如果信號處理函數設定了 SA_RESTART，哪些阻塞型的系統呼叫遭到信號中斷後，可以自動重啟？哪些系統呼叫又是無論如何也無法自動重啟的呢？

表 6-9 中列出設定 SA_RESTART 旗標位元後，可以自動重啟的阻塞型系統呼叫。

表 6-9　設定了 SA_RESTART 旗標位元，中斷後可以自動重啟的系統呼叫

read	write	readv	writev
ioctl	open	wait	waitpid
waitid	accept（沒有設定超時）	Connect（沒有設定超時）	recv（沒有設定超時）
Recvfrom（沒有設定超時）	recvmsg（沒有設定超時）	send（沒有設定超時）	sendto（沒有設定超時）
Sendmsg（沒有設定超時）	flock	fcntl: F_SETLKW	mq_receive
mq_timedreceive	mq_send	mq_timedsend	futex: FUTEX_WAIT

表 6-10 是設定了 SA_RESTART 旗標位元，也不會重啟的系統呼叫。

表 6-10　設定了 SA_RESTART 旗標位元，中斷後也無法自動重啟的系統呼叫

poll	epoll	select	pselect
epoll_wait	epoll_pwait	msgrcv	msgsnd
semop	semtimedop	clock_nanosleep	nanosleep
usleep	accept（有設定超時）	connect（有設定超時）	recv（有設定超時）
recvfrom（有設定超時）	recvmsg（有設定超時）	send（有設定超時）	sendto（有設定超時）
sendmsg（有設定超時）			

太多了，記不住怎麼辦？man 來幫忙。透過 man 7 signal 就可以獲得這些資訊。透過前面三節的測試，可以得到表 6-11 中的結論。

表 6-11　4 種信號函數的不同表現

信號機制	是否有 ONESHOT 特性	執行期間是否遮蔽自身信號	是否重啟系統呼叫
System V	YES	NO	NO
BSD	NO	YES	YES
system call	YES	NO	NO
glibc signal	NO	YES	YES

說明文件明確表示 bsd_signal 沒有 ONESHOT 特性，信號處理函數不會 reset 成預設值，無須重複安裝信號處理函數；信號處理函數期間，自身信號會被遮蔽；系統呼叫被中斷，會重啟系統呼叫。這三個特性都是可以保證的，但是 glibc 下 signal 函數就不一定了，這要取決於作業系統，取決於 glibc 的版本。這是 signal 函數被人詬病的一個重要原因。簡言之，就是其歷史負擔太重。

透過前面的討論可以發現，Linux 系統會透過一些旗標位元和遮蔽信號集合來完成對某些特性的控制。

- SA_ONESHOT（或 SA_RESERTHAND）：將信號處理函數恢復成預設值。

- SA_NODEFER（或 SA_NOMASK）：告訴核心，不要將目在處理的信號值添加進阻塞信號集合中。

- SA_RESTART：將中斷的系統呼叫重啟，而不是回傳錯誤碼 EINTR。

6.6　信號的可靠性

6.4 節講信號的分類時提到過，傳統的信號存在信號丟失的問題，因此被稱為不可靠信號。為了對傳統的不可靠信號有更直接的認識，下面來做一個簡單的實驗，讓事實來說話。我們可以瘋狂地向某個行程發送信號，然後透過比較信號發送的次數和信號處理函數執行的次數來驗證是否存在信號丟失的問題。

6.6.1　信號的可靠性實驗

信號作為一種行程間的通信方式，通常會期望發射 N 次信號，那麼目標行程就執行信號處理函數 N 次。對於傳統信號而言，實際情況又是如何呢？來看看下面的範例程式：

```c
#include <stdio.h>
#include <stdlib.h>
#include <unistd.h>
#include <signal.h>
#include <string.h>
#include <errno.h>

static int sig_cnt[NSIG];
static volatile sig_atomic_t get_SIGINT = 0;

void handler(int signo)
{
    if(signo == SIGINT)
        get_SIGINT = 1;
    else
        sig_cnt[signo]++;
}

int main(int argc,char* argv[])
{
    int i = 0;
    sigset_t blockall_mask ;
    sigset_t empty_mask ;
    printf("%s:PID is %d\n",argv[0],getpid());

    for(i = 1; i < NSIG; i++)
    {
        if(i == SIGKILL || i == SIGSTOP ||
```

```
                i== 32 || i== 33)
                 continue;

            if(signal(i,&handler) == SIG_ERR)
            {
                fprintf(stderr,"signal for signo(%d) failed (%s)\n",
                        i,strerror(errno));
            }
        }

        if(argc > 1)
        {
            int sleep_time = atoi(argv[1]);
            sigfillset(&blockall_mask);

            if(sigprocmask(SIG_SETMASK,&blockall_mask,NULL) == -1)
            {
                fprintf(stderr,"setprocmask to block all signal failed(%s)\n",
                    strerror(errno));
                return -2;
            }

            printf("I will sleep %d second\n",sleep_time);

            sleep(sleep_time);

            sigemptyset(&empty_mask);
            if(sigprocmask(SIG_SETMASK,&empty_mask,NULL) == -1)
            {
                fprintf(stderr,"setprocmask to release all signal failed(%s)\n",
                    strerror(errno));
                return -3; }
            }
        }

        while(!get_SIGINT)
            continue ;

        printf("%-10s%-10s\n","signo","times");
        printf("----------------------\n");
        for(i = 1; i < NSIG ; i++)
        {
            if(sig_cnt[i] != 0 )
            {
                printf("%-10d%-10d\n",i,sig_cnt[i]);
            }
        }
        return 0;
}
```

下面來簡單講述這個程式。

如果執行時不帶參數，那麼行程會原地迴圈，直到收到 SIGINT 信號為止。在這期間，信號處理函數每執行一次，都會將收到信號的次數加 1，行程結束前，會將各種信號收到的次數列印出來。

如果執行時帶一個參數，那麼這個參數的含義是遮蔽信號的時間 N，首先將能夠阻塞的信號全部阻塞，在信號阻塞期間，雖然會有行程向 signal_receiver 行程發送信號，但是核心並不會立即將收到的信號遞送給行程。在沉睡 N 秒之後，解除阻塞，核心開始向 signal_receiver 行程遞送信號。

再準備一個發送信號的程式：

```c
#include <stdio.h>
#include <stdlib.h>
#include <getopt.h>
#include <signal.h>
#include <string.h>
#include <errno.h>

void usage()
{
    fprintf(stderr,"USAGE:\n");
    fprintf(stderr,"-------------------------------\n");
    fprintf(stderr,"signal_sender pid signo times\n");
}

int main(int argc,char* argv[])
{

    pid_t pid = -1 ;
    int signo = -1;
    int times = -1;
    int i ;

    if(argc < 4 )
    {
        usage();
        return -1;
    }

    pid = atol(argv[1]);
    signo = atoi(argv[2]);
    times = atoi(argv[3]);

    if(pid <= 0 || times < 0 || signo <1 ||
       signo >=64 ||signo == 32 || signo ==33)
    {
        usage();
        return -1;
    }

    printf("pid = %d,signo = %d,times = %d\n",pid,signo,times);

    for( i = 0 ; i < times ; i++)
```

```
    {
        if(kill(pid,signo) == -1)
        {
            fprintf(stderr, "send signo(%d) to pid(%d) failed,reason(%s)\n",
                signo,pid,strerror(errno));
            return -2;
        }
    }
    fprintf(stdout,"done\n");
    return 0;
}
```

程式比較簡單，接受三個參數：目標行程號、信號值和發送次數。有了這個工具，我們可以向目標行程 signal_receiver 連續發送任意次數的信號 X。

首先，signal_receiver 不帶參數執行（即 signal_receiver 行程不會讓信號阻塞一段時間），向 signal_receiver 連續發送信號，看看目標行程 signal_receiver 一共收到多少次信號：

```
終端 1：
manu@manu-hacks:signal$ ./signal_receiver
./signal_receiver:PID is 9937
```

向 9937 行程發送信號 SIGUSR2 10000 次，然後發送 SIGINT 信號 1 次來結束 signal_receiver 行程，下面查看 signal_receiver 行程一共收到多少次信號：

```
終端 2
manu@manu-hacks:signal$ ./signal_sender 9937 12 10000
pid = 9937,signo = 12,times = 10000
done
manu@manu-hacks:signal$ ./signal_sender 9937 2 1
pid = 9937,signo = 2,times = 1
done
```

signal_receiver 行程列印結果為：

```
終端 1
signo    times
-----------------------
12       2488
```

可以看到我們發送 12 號信號 10000 次，可是 signal_receiver 只收到 2488 次，這個 2488 也不是固定的，如果多執行幾次，你會看到每次收到的信號次數均不相同，如下：

```
signo    times
-----------------------
12       2352
signo    times
-----------------------
12       2403
```

可以看到收到信號的次數是不一定的，但是都不等於發送信號的次數。再進一步，讓信號接收行程遮蔽信號一段時間，在這段時間內，發送信號，查詢信號處理函數被觸發的次數：

```
終端1
manu@manu-hacks:signal$ ./signal_receiver 30
./signal_receiver:PID is 27639
I will sleep 30 second

終端2
manu@manu-hacks:signal$ ./signal_sender 27639 10 10000
pid = 27639,signo = 10,times = 10000
done
manu@manu-hacks:signal$ ./signal_sender 27639 36 10000
pid = 27639,signo = 36,times = 10000
done

終端1
signo    times
-----------------------
10       1
36       10000
```

從上面的例子可以看出，如果行程將信號遮蔽一段時間，在此期間向目標行程發送 SIGUSR2 信號 10000 次，在解除遮蔽之後，信號處理函數只觸發了一次。

那麼可靠信號的表現又如何呢？實驗中發送即時信號 36 共計 10000 次，解除遮蔽後信號處理函數共觸發 10000 次，沒有丟失信號，所有信號都成功遞送給行程進行處理了。

6.6.2　信號可靠性差異的根源

從上面的實驗可以看出可靠信號和不可靠信號存在著不小的差異。不可靠信號，不能可靠地被傳遞給行程處理，核心可能會丟棄部分信號。會不會丟棄以及丟棄多少，取決於信號到來和信號遞送給行程的時序。而可靠信號，基本不會丟失信號。

之所以存在這種差異，是因為重複的信號到來時，核心採取了不同的處理方式。從核心收到發給某行程的信號，到核心將信號遞送給該行程，中間有個時間視窗（time window）。在這個時間視窗內，核心會負責記錄收到的信號資訊，這些信號被稱為掛起信號或未決信號。但是對於可靠信號和不可靠信號，核心採取了不同的記錄方式。

核心中負責記錄掛起信號的資料結構為 sigpending 結構，定義程式碼如下：

```
struct sigpending {
        struct list_head list;
        sigset_t signal;
};

#define _NSIG           64
#define _NSIG_BPW       64
#define _NSIG_WORDS     (_NSIG / _NSIG_BPW)
```

```
typedef struct {
        unsigned long sig[_NSIG_WORDS];
} sigset_t;
```

sigpending 結構中，sigset_t 類型的成員變數 signal 本質上是一個位圖，用一個位元來記錄在與該位置對應的信號，是否處於未決的狀態。根據位圖可以有效地判斷某信號是否已經存在未決信號。因為共有 64 種不同的信號，因此對於 64 位元的作業系統，一個不帶號的長整型就足以描述所有信號的掛起情況了。

sigpending 結構體中，第一個成員變數是個串列頭。核心定義了結構 sigqueue，程式碼如下：

```
struct sigqueue {
        struct list_head list;
        int flags;
        siginfo_t info;
        struct user_struct *user;
};
```

該結構體中 info 成員變數詳細記錄了信號的資訊。如果核心收到發給某行程的信號，則會分配一個 sigqueue 結構，並將該結構加入以 list 為開頭的串列之中，list 為 sigpending 中第一個成員變數。

綜上所述，核心的行程結構提供了兩套機制來記錄掛起信號：串列和佇列。可能有讀者會問，存在兩套機制，尤其是存在佇列，不應該搞丟信號啊！正常來講，出現一個信號時，只須將信號的相關資訊加入佇列之中，就可以確保不搞丟信號。的確如此，但是實際上，可靠信號和不可靠信號的處理方式不同，不可靠信號並沒有執行完整的佇列行為來確保信號不被搞丟。

核心收到不可靠信號時，會檢查串列中對應位置是否已經是 1，如果不是 1，則表示尚無該信號處於掛起狀態，然後會分配 sigqueue 結構體，並將信號加入串列之中，同時將串列對應位設定為 1。但是如果串列顯示已經存在該不可靠信號，那麼核心會直接丟棄本次收到的信號。換句話說，核心的 sigpending 串列之中，最多只會存在一個不可靠信號的 sigqueue 結構體。

核心收到可靠信號時，不論是否已經存在該信號處於掛起狀態，都會為該信號分配一個 sigqueue 結構體，並將 sigqueue 結構體加入 sigpending 的串列之中，以確保不會丟失信號。

那麼可靠信號是不是可以無限制地加入佇列呢？也不是。實際上核心也做了限制，一個行程預設掛起信號的個數是有限的，超過限制，可靠信號也會變得沒那麼可靠，也會丟失信號。讓我們看看核心程式碼：

```
static struct sigqueue *
__sigqueue_alloc(int sig, struct task_struct *t, gfp_t flags, int override_rlimit)
{
    struct sigqueue *q = NULL;
    struct user_struct *user;
    ......
    rcu_read_lock();
    user = get_uid(__task_cred(t)->user);
    atomic_inc(&user->sigpending);
    rcu_read_unlock();

    if (override_rlimit ||
        atomic_read(&user->sigpending) <=
            task_rlimit(t, RLIMIT_SIGPENDING)) {
        q = kmem_cache_alloc(sigqueue_cachep, flags);
    } else {
        print_dropped_signal(sig);
    }

    if (unlikely(q == NULL)) {
        atomic_dec(&user->sigpending);
        free_uid(user);
    } else {
        INIT_LIST_HEAD(&q->list);
        q->flags = 0;
        q->user = user;
    }

    return q;
}
```

加粗部分的邏輯，決定了即時信號也不能被無限制地掛起。該限制屬於資源限制的範疇，該限制項（RLIMIT_SIGPENDING）限制了目標行程所屬的真實使用者 ID 信號佇列中所能掛起信號的總數。

可以透過如下命令來查詢系統的限制：

```
manu@manu-hacks:~$ ulimit -a
...
pending signals                 (-i) 15144
...
```

用上面的測試程式測試一下，看看即時信號是否也會丟失信號：

```
終端 1
manu@manu-hacks:signal$ ./signal_receiver  30
./signal_receiver:PID is 14699
I will sleep 30 second

終端 2
manu@manu-hacks:signal$ ./signal_sender 14699 36 20000
pid = 14699,signo = 36,times = 20000
done
manu@manu-hacks:signal$ ./signal_sender 14699 2 1
```

```
pid = 14699,signo = 2,times = 1
done
manu@manu-hacks:signal$

終端 1
signo      times
-----------------------
36         15144
```

和預期的一樣，向目標行程發送即時信號 36 共計 20000 次，但目標行程只收到了 15144 次，超出限制的部分都被丟棄。

這個掛起信號的上限值是可以修改的，可以用 ulimit -i unlimited 這個命令將行程掛起信號的最大值設為無窮大，從而確保核心不會主動丟棄即時信號。

6.7 信號的安裝

前面講了傳統信號的很多弊端、說明 signal 的相容性問題，有問題就會有解決方案。對此，Linux 提供新的信號安裝方法：sigaction 函數。和 signal 函數相比，這個函數的優點在於語義明確，可以提供更精確的控制。

先來看一下 sigaction 函數的定義：

```
#include <signal.h>
int sigaction(int signum, const struct sigaction *act,
              struct sigaction *oldact);

struct sigaction {
      void     (*sa_handler)(int);
      void     (*sa_sigaction)(int, siginfo_t *, void *);
      sigset_t  sa_mask;
      int       sa_flags;
      void     (*sa_restorer)(void);
};
```

上面給出的 sigaction 結構體的定義並非真實的定義，只是說明結構內必須要有上述的成員變數，實際的成員變數定義取決於實作。

顧名思義，sa_mask 就是信號處理函數執行期間的遮蔽信號集合。前文介紹 bsd_signal 的時候曾提到，為 SIGINT 安裝處理函數時，核心會自動將 SIGINT 添加入遮蔽信號集合，在 SIGINT 信號處理函數執行期間，SIGINT 信號不會被遞送給行程。但是，也僅僅是 SIGINT，如果執行 SIGINT 信號處理函數期間，需要遮蔽 SIGHUP、SIGUSR1 等其他信號，那 bsd_signal 函數就愛莫能助了。這個遮蔽其他信號的需求對 sigaction 函數而言，根本就不是問題，只需如下程式碼即可做到：

```
struct sigaction sa ;
sa.sa_mask = SIGHUP|SIGUSR1|SIGINT;
```

需要特別指出的是，並不是所有的信號都能被遮蔽。對於 SIGKILL 和 SIGSTOP，不可以為它們安裝信號處理函數，也不能遮蔽掉這些信號。原因是，系統總要控制某些行程，如果行程可以自行設計所有信號的處理函數，則作業系統可能無法控制這些行程。換言之，作業系統是終極 boss，需要殺死某些行程的時候，要能夠做到，SIGKILL 和 SIGSTOP 不能被遮蔽，就是為了防止出現行程無法無天而作業系統無可奈何的困境。

 SIGKILL 和 SIGSTOP 也不是萬能的。如果行程處於 TASK_UNINTERRUPTIBLE 的狀態，行程就不會處理信號。如果行程失控，長期處於該狀態，SIGKILL 也無法殺死該行程。詳情可以回顧第 5 章。

若透過 sigaction 強行給 SIGKILL 或 SIGSTOP 註冊信號處理函數，則會回傳-1，並設定 errno 為 EINVAL。

在 sigaction 函數介面中，比較有意思的是 sa_flags。sigaction 函數之所以可以提供更精確的控制，大部分都是該參數的功勞。下面簡要介紹一下 sa_flags 的含義，其中很多旗標並不是新面孔，前面已經討論過了。

1. SA_NOCLDSTOP
- 這個旗標位元只用於 SIGCHLD 信號。4.7 節 "等待子行程" 中曾經提到過，父行程可以監測子行程的三種事件：
- 子行程終止（即子行程死亡）
- 子行程停止（即子行程暫停）
- 子行程恢復（即子行程從暫停中恢復執行）

其中 SA_NOCLDSTOP 旗標位元是用來控制第二種和第三種事件的。即一旦父行程為 SIGCHLD 信號設定了這個旗標位元，那麼子行程停止和子行程恢復這兩件事情，就無須向父行程發送 SIGCHLD 信號。

2. SA_NOCLDWAIT

這個旗標只用於 SIGCHLD 信號，它可控制上面提到的子行程終止時的行為。如果父行程為 SIGCHLD 設定 SA_NOCLDWAIT 旗標位元，那麼子行程退出時，就不會進入僵屍狀態，而是直接自行了斷。但是子行程還會不會向父行程發送 SIGCHLD 信號呢？這取決於實際的實作。對於 Linux 而言，仍然會發送 SIGCHLD 信號。這點和上面的 SA_NOCLDSTOP 略有不同。

3. SA_ONESHOT 和 SA_RESETHAND

這兩個旗標位元的本質是一樣的，表示信號處理函數只能用一次，信號遞送出去之後，信號處理函數便恢復成預設值 SIG_DFL。

4. SA_NODEFER 和 SA_NOMASK

這兩個旗標位元的作用是一樣的，在信號處理函數執行期間，不阻塞目前信號。

5. SA_RESTART

這個旗標位元表示，如果系統呼叫被信號中斷，則不回傳錯誤，而是自動重啟系統呼叫。

6. SA_SIGINFO

這個旗標位元表示信號發送者會提供額外的資訊。這種情況下，信號處理函數應該為三參數的函數，程式碼如下：

```
void handle(int, siginfo_t *, void *);
```

此處重點講述一下帶 SA_SIGINFO 旗標位元的信號安裝方式。本章引言中提到過，signal 的本質是一種行程間的通信。一個行程向另外一個行程發送信號，能夠傳遞的資訊，不僅僅是 signo，它還可以發送更多的資訊，而接收行程也能獲取到發送行程的 PID、UID 及發送的額外信息。

來看下面的例子：

```c
#include<stdio.h>
#include<stdlib.h>
#include<signal.h>

void sig_handler(int signo,siginfo_t *info,void *context)
{
    printf("\nget signal:%d\n",signo);
    printf("signal number is %d\n",info->si_signo);
    printf("pid=%d\n",info->si_pid);
    printf("sigval = %d\n",info->si_value.sival_int);
}

int main(void)
{
    struct sigaction new_action;

    sigemptyset(&new_action.sa_mask);
    new_action.sa_sigaction = sig_handler;
    new_action.sa_flags |= SA_SIGINFO|SA_RESTART;

    if(sigaction(36,&new_action,NULL)==-1){
        printf("set signal process mode\n");
        exit(1);
    }

    while(1)
        pause();
```

```
        printf("Done\n");
        exit(0);
}
```

這個例子比較簡單，為 36 號信號註冊了信號處理函數。因為 sa_flags 設定了 SA_SIGINFO 旗標位元，所以必須使用三參數的信號處理函數。

```
void sig_handler(int signo,siginfo_t *info,void *context)
```

本例中的信號處理函數中，info->si_pid 記錄著信號發送者的 PID，info->si_value. sival_int 是信號發送行程時額外發送的 int 值。發送行程和接收行程約定好，發送者使用 sigqueue 發送信號，同時帶上 int 型的額外資訊，接收行程就能獲得發送行程的 PID 及 int 型的額外資訊。

如果呼叫 sigaction 函數時，sa_flags 帶了 SIGINFO 旗標位元，那麼行程可以獲得哪些信息？6.8.3 小節介紹 sigqueue 函數時，會展開說明。

6.8　信號的發送

6.8.1　kill、tkill 和 tgkill

kill 函數的介面定義如下：

```
#include <sys/types.h>
#include <signal.h>
int kill(pid_t pid, int sig);
```

注意，不能望文生義，以為 kill 函數的作用是殺死行程。其實 kill 函數的作用是發送信號。kill 函數不僅可以向特定行程發送信號，也可以向特定行程組發送信號。第一個參數 pid 的值，決定 kill 函數要作的功能，實際來講，可以分成以下幾種情況。

- pid＞0：發送信號給行程 ID 等於 pid 的行程。
- pid＝0：發送信號給呼叫行程所在的同一個行程組的每一個行程。
- pid＝-1：有許可權向呼叫行程發送信號的所有行程發出信號，init 行程和行程自身除外。
- pid＜-1：向行程組-pid 發送信號。

當函數成功時，回傳 0，失敗時，回傳-1，並設定 errno。常見的出錯情況見表 6-12。

表 6-12　kill 函數的錯誤碼及說明

errno	說明
EINVAL	無效的信號值
EPERM	該行程沒有許可權發送信號給目標行程
ESRCH	目標行程或行程組不存在

有一種情況很有意思，即呼叫 kill 函數時，第二個參數 signo 的值為 0。眾所周知，沒有一個信號的值是為 0 的，這種情況下，kill 函數其實並不是真的向目標行程或行程組發送信號，而是用來檢測目標行程或行程組是否存在。如果 kill 函數回傳-1 且 errno 為 ESRCH，則可以斷定我們想檢測的行程或行程組並不存在。

發送信號的典型方法如下：

```
if(kill(3423,SIGUSR1) == -1)
{
    /*error handler*/
}
```

如何向執行緒發送信號？

Linux 提供了 tkill 和 tgkill 兩個系統呼叫來向某個執行緒發送信號：

```
int tkill(int tid, int sig);
int tgkill(int tgid, int tid, int sig);
```

這兩個都是核心提供的系統呼叫，glibc 並沒有提供對這兩個系統呼叫的封裝，所以如果想使用這兩個函數，需要採用 syscall 的方式，如下：

```
ret = syscall(SYS_tkill,tid,sig)
ret = syscall(SYS_tgkill,tgid,tid,sig)
```

等一下，為什麼有了 tkill，還要引入 tgkill ？

實際上，tkill 是一個過時的介面，並不推薦使用它來向執行緒發送信號。相比之下，tgkill 介面更加安全。tgkill 系統呼叫的第一個參數 tgid，為執行緒組中主執行緒的執行緒 ID，或者稱為行程號。這個參數表面看起來是多餘的，其實它能起到保護的作用，防止向錯誤的執行緒發送信號。行程 ID 或執行緒 ID 這種資源是由核心負責管理的，行程（或執行緒）有自己的生命週期，比如向執行緒 ID 為 1234 的執行緒發送信號時，很可能執行緒 1234 早就退出了，而執行緒 ID 1234 恰好被核心分配給了另一個不相干的行程。這種情況下，如果直接呼叫 tkill，就會將信號發送到不相干的行程上。為了防止出現這種情況，於是核心引入了 tgkill 系統呼叫，含義是向執行緒組 ID 是 tgid、執行緒 ID 為 tid 的執行緒發送信號。這樣，出現誤傳的可能就幾乎不存在了。

這兩個函數都是 Linux 特有的，要注意可移植性的問題。

6.8.2　raise 函數

Linux 提供向行程自身發送信號的介面：raise 函數，其定義如下：

```
#include <signal.h>
int raise(int sig);
```

這個介面對於單執行緒的程式而言，就相當於執行如下語句：

```
kill(getpid(),sig)
```

這個介面對於多執行緒的程式而言，就相當於執行如下語句：

```
pthread_kill(pthread_self(),sig)
```

執行成功的時候，回傳 0，否則回傳非零的值，並設定 errno。如果 sig 的值是無效的，raise 函數就將 errno 置為 EINVAL。

值得注意的是，信號處理函數執行完畢之後，raise 才能回傳。

6.8.3　sigqueue 函數

在信號發送的方式當中，sigqueue 算是後起之秀，傳統的信號多用 signal/kill 這兩個函數搭配，完成信號處理函數的安裝和信號的發送。後來因為 signal 函數的表達力有限，控制不夠精准，所以引入了 sigaction 函數來負責信號的安裝，與其對應的是，引入了 sigqueue 函數來完成即時信號的發送。當然，sigqueue 函數也能發送非即時信號。

sigqueue 函數的介面定義如下：

```
#include <signal.h>
int sigqueue(pid_t pid, int sig, const union sigval value);
```

sigqueue 函數擁有和 kill 函數類似的語義，也可以發送空信號（信號 0）來檢查行程是否存在。和 kill 函數不同的地方在於，它不能透過將 pid 指定為負值而向整個行程組發送信號。

比較有意思的是函數的第三個輸入參數，它指定了信號的伴隨資料（或者稱為有效載荷，payload），該參數的資料類型是一個聯合體（union），定義程式碼如下：

```
union sigval {
    int    sival_int;
    void *sival_ptr;
};
```

透過指定 sigqueue 函數的第三個參數，可以傳遞一個 int 值或指標給目標行程。考慮到不同的行程有各自獨立的位址空間，傳遞指標到另一個行程幾乎沒有任何意義。因此 sigqueue 函數很少傳遞指標（sival_ptr），大多是傳遞整型（sival_int）。

> 儘管跨行程使用 sigval 中的指標 sival_ptr 沒有任何意義，但 sival_ptr 欄位並非完全無用。該欄位可用於使用 sigval 聯合體的其他函數中，如 POSIX 計時器的 timer_create 函數和 POSIX 訊息佇列中的 mq_notify 函數。

sigval 聯合體的存在，擴展了信號的通信能力。一些簡單的訊息傳遞完全可以使用 sigqueue 函數來進行。比如，通信雙方事先定義某些事件為不同的 int 值，透過 sigval 聯合體，將事件發送給目標行程。目標行程根據聯合體中的 int 值來區分不同的事件，做出不同的回應。但是這種方法傳遞的訊息內容受到限制，不容易擴展，所以不宜作為常規的通訊手段。

下面的例子會使用 sigqueue 函數向目標行程發送信號，其中目標行程、信號值和發送次數都可指定，發送信號的同時，也發送了伴隨資料。

```c
#include <signal.h>
#include <sys/types.h>
#include <unistd.h>
#include <string.h>
#include <errno.h>
#include <stdio.h>
#include <stdlib.h>

void usage()
{
    fprintf(stderr,"sigqueue_send sig pid [times]\n");
}


int main(int argc,char* argv[])
{
    pid_t pid;
    int sig;
    int times = 0;
    union sigval mysigval ;

    if(argc < 3)
    {
        usage();
        return -1;
    }

    pid = atoi(argv[1]);
    sig = atoi(argv[2]);
    if(argc >= 4)
    {
        times = atoi(argv[3]);
    }

    mysigval.sival_int = 123;

    if(sig < 0 || sig >64 ||times < 0)
    {
```

```
        usage();
        return -2;
    }

    int i = 0;
    for(i = 0 ; i< times; i++)
    {
        if(sigqueue(pid,sig,mysigval) != 0)
        {
            fprintf(stderr,"sigqueue failed (%s)\n",
                    strerror(errno));
            return -3;
        }
    }
    return 0;
}
```

一般來說，sigqueue 函數的黃金搭檔案是 sigaction 函數。在使用 sigaction 函數時，只要給成員變數 sa_flags 置上 SA_SIGINFO 的旗標位元，就可以使用三參數的信號處理函數來處理即時信號。

```
struct sigaction act ;
act.sa_flags |= SA_SIGINFO;
```

三參數的信號處理函數如下：

```
void handle(int, siginfo_t *info, void *ucontext);
```

siginfo_t 結構體存在以下成員：

```
siginfo_t {
        int      si_signo;
        int      si_errno;
        int      si_code;
        int      si_trapno;
        pid_t    si_pid;
        uid_t    si_uid;
        union sigval si_value;
        void     *si_addr
        ...
}
```

這個結構體包含很多資訊，目標行程可以透過該資料結構獲取到如下的資訊：

- si_signo：信號的值。
- si_code：信號來源，可以透過這個值來判斷信號的來源，實際見表 6-13。

表 6-13　si_code 的值及其含義

si_code	信號來源
SI_USER	呼叫 kill 或 raise 的使用者行程
SI_TKILL	呼叫 tkill 或 tgkill 的使用者行程
SI_QUEUE	呼叫 sigqueue 函數的使用者行程
SI_MESGQ	訊息到達 POSIX 訊息佇列
SI_KERNEL	核心產生的信號
SI_ASYNCIO	非同步 I/O 操作完成
SI_TIMER	POSIX 計時器到期

除此之外，一些特殊的信號會產生一些獨特的 si_code，來表示信號產生的根源或來源。

例如，如果無效位址對齊引發 SIGBUS 信號，si_code 就會被置為 BUS_ADRALN 等。想進一步瞭解詳情，可以查看 glibc 的 bits/siginfo.h 標頭檔案。

- si_value：sigqueue 函數發送信號時所帶的伴隨資料。

- si_pid：信號發送行程的行程 ID。

- si_uid：信號發送行程的真實使用者 ID。

- si_addr ：僅針對硬體產生的信號 SIGBUS、SIGFPE、SIGILL 和 SIGSEGV 設定該欄位，該欄位表示無效的記憶體位址（SIGBUS 和 SIGSEGV）或導致信號產生的程式的指令位址（SIGFPE 和 SIGILL）。

三參數信號處理函數的第三個參數是 void*類型的，其實它是一個 ucontext_t 類型的變數。

```
typedef struct ucontext
{
    unsigned long int uc_flags;
    struct ucontext *uc_link;
    stack_t uc_stack;
    mcontext_t uc_mcontext;
    __sigset_t uc_sigmask;
    struct _libc_fpstate __fpregs_mem;
} ucontext_t;
```

這個結構體提供了行程上下文的資訊，用於描述行程執行信號處理函數之前行程所處的狀態。通常情況下信號處理函數很少會用到這個變數，但是該變數也有很精妙的應用，如下面的例子。

對於 C 程式師而言，基本每個人都會遇到記憶體區段錯誤。一般情況下，記憶體區段錯誤出現的原因是程式存取了非法的記憶體位址。當記憶體區段錯誤發生時，作業系統會發送一個 SIGSEGV 信號給行程，導致行程產生核心轉儲檔案並且退出。如何才能讓行程先捕捉 SIGSEGV 信號，列印出有用的方便定位問題的資訊，然後再優雅地退出呢？可以透過給 SIGSEGV 註冊信號處理函數來實作，程式碼如下所示：

```c
#ifndef _GNU_SOURCE
#define _GNU_SOURCE
#endif
#ifndef __USE_GNU
#define __USE_GNU
#endif

#include <execinfo.h>
#include <signal.h>
#include <stdio.h>
#include <stdlib.h>
#include <string.h>
#include <ucontext.h>
#include <unistd.h>

typedef struct _sig_ucontext {
    unsigned long       uc_flags;
    struct ucontext     *uc_link;
    stack_t             uc_stack;
    struct sigcontext   uc_mcontext;
    sigset_t            uc_sigmask;
} sig_ucontext_t;

void crit_err_hdlr(int sig_num, siginfo_t * info, void * ucontext)
{
    void *          array[50];
    void *          caller_address;
    char **         messages;
    int             size, i;
    sig_ucontext_t *    uc;

    uc = (sig_ucontext_t *)ucontext;

    caller_address = (void *) uc->uc_mcontext.rip;

    fprintf(stderr, "signal %d (%s), address is %p from %p\n",
            sig_num, strsignal(sig_num), info->si_addr,
            (void *)caller_address);

    size = backtrace(array, 50);

    array[1] = caller_address;

    messages = backtrace_symbols(array, size);

    /*跳過第一個堆疊*/
    for (i = 1; i < size && messages != NULL; ++i)
    {
        fprintf(stderr, "[bt]: (%d) %s\n", i, messages[i]);
    }
```

```
    free(messages);

    exit(EXIT_FAILURE);
}

int crash()
{
    char * p = NULL;
    *p = 0;
    return 0;
}

int foo4()
{
    crash();
    return 0;
}

int foo3()
{
    foo4();
    return 0;
}

int foo2()
{
    foo3();
    return 0;
}

int foo1()
{
    foo2();
    return 0;
}

int main(int argc, char ** argv)
{
    struct sigaction sigact;

    sigact.sa_sigaction = crit_err_hdlr;
    sigact.sa_flags = SA_RESTART | SA_SIGINFO;

    if (sigaction(SIGSEGV, &sigact, (struct sigaction *)NULL) != 0)
    {
        fprintf(stderr, "error setting signal handler for %d (%s)\n",
                SIGSEGV, strsignal(SIGSEGV));

        exit(EXIT_FAILURE);
    }

    foo1();
    exit(EXIT_SUCCESS);
}
```

上面的函數利用第三個參數裡面的 ucontext->uc_mcontext.rip 欄位，取得收到信號前 EIP 暫存器的值，根據該值，可以將堆疊資訊列印出來，輸出如下：

```
manu@manu-hacks:~/code/me/aple/chapter_05$ ./print_bt
signal 11 (Segmentation fault), address is (nil) from 0x40089d
[bt]: (1) ./print_bt() [0x40089d]
[bt]: (2) ./print_bt() [0x40089d]
[bt]: (3) ./print_bt() [0x4008b5]
[bt]: (4) ./print_bt() [0x4008ca]
[bt]: (5) ./print_bt() [0x4008df]
[bt]: (6) ./print_bt() [0x4008f4]
[bt]: (7) ./print_bt() [0x400984]
[bt]: (8) /lib/x86_64-linux-gnu/libc.so.6(__libc_start_main+0xf5) [0x7f6a8fa88ec5]
[bt]: (9) ./print_bt() [0x400679]
```

缺點是沒有列印出函數名，只列印指令的位址。我們固然可以使用 objdump 得到組語檔案，根據位址查詢到各自的函數名，但是手工干預太多，效率太低。如果在編譯的時候，帶上-rdynamic 選項，就可列印出函數的位址了，程式碼如下所示：

```
root@manu-hacks:~/code/c/self/signal# gcc -o print_bt print_core.c -rdynamic
manu@manu-hacks:~/code/me/aple/chapter_05$ ./print_bt
signal 11 (Segmentation fault), address is (nil) from 0x400c0d
[bt]: (1) ./print_bt(crash+0x10) [0x400c0d]
[bt]: (2) ./print_bt(crash+0x10) [0x400c0d]
[bt]: (3) ./print_bt(foo4+0xe) [0x400c25]
[bt]: (4) ./print_bt(foo3+0xe) [0x400c3a]
[bt]: (5) ./print_bt(foo2+0xe) [0x400c4f]
[bt]: (6) ./print_bt(foo1+0xe) [0x400c64]
[bt]: (7) ./print_bt(main+0x89) [0x400cf4]
[bt]: (8) /lib/x86_64-linux-gnu/libc.so.6(__libc_start_main+0xf5) [0x7efe7d126ec5]
[bt]: (9) ./print_bt() [0x4009e9]
```

這樣就可以很清楚地看到堆疊呼叫的關係，方便進一步定位問題。

6.9　信號與執行緒的關係

前面也曾簡單提到過多執行緒，比方如何向多執行緒中的某個執行緒發送信號，本節就來重點講述多執行緒與信號的關係。

提到執行緒與信號的關係，必須先介紹下 POSIX 標準，POSIX 標準對多執行緒情況下的信號機制提出一些要求：

- 信號處理函數必須在多執行緒行程的所有執行緒之間共用，但是每個執行緒要有自己的掛起信號集合和阻塞信號遮蔽。

- POSIX 函數 kill/sigqueue 的對象必須是行程，而不是行程下的某個特定的執行緒。

- 每個發給多執行緒應用的信號僅遞送給一個執行緒，這個執行緒是由核心從不會阻塞該信號的執行緒中隨意選出來的。

- 如果發送一個致命信號到多執行緒，那麼核心將殺死該應用的所有執行緒，而不僅僅是接收信號的那個執行緒。

這些就是 POSIX 標準提出的要求，Linux 也要遵循這些要求，那它是怎麼做到的呢？

6.9.1 執行緒之間共用信號處理函數

對於行程下的多個執行緒來說，信號處理函數是共用的。

在 Linux 核心實作中，同一個執行緒組裡的所有執行緒都共用一個 struct sighand 結構。該結構中存在一個 action 陣列，陣列共 64 項，每一個成員都是 k_sigaction 結構體類型，一個 k_sigaction 結構體對應一個信號的信號處理函數。

相關資料結構定義如下（這與架構相關，這裡給出的是 x86_64 位下的定義）：

```
struct sigaction {
        __sighandler_t sa_handler;
        unsigned long sa_flags;
        __sigrestore_t sa_restorer;
        sigset_t sa_mask;
};

struct k_sigaction {
        struct sigaction sa;
};

struct sighand_struct {
    atomic_t         count;
    struct k_sigaction  action[_NSIG];
    spinlock_t       siglock;
    wait_queue_head_t   signalfd_wqh;
};

struct task_struct{
    ...
    struct sighand_struct *sighand;
    ...
}
```

多執行緒的行程中，信號處理函數相關的資料結構如圖 6-2 所示。

核心中 k_sigaction 結構的定義和 glibc 中 sigaction 函數中用到的 struct sigaction 結構體的定義幾乎是一樣的。透過 sigaction 函數安裝信號處理函數，最終會影響到行程結構中的 sighand 指標指向的 sighand_struct 結構體對應位置上的 action 成員變數。

在建立執行緒時，最終會執行核心的 do_fork 函數，由 do_fork 函數走進 copy_sighand 來實作執行緒組內信號處理函數的共用。建立執行緒時，已設定 CLONE_SIGHAND 旗標位元了。建立執行緒組的主執行緒時，核心會分配 sighand_struct 結構體；建立執行緒組內的其他執行緒時，並不會另起爐灶，而是共用主執行緒的 sighand_struct 結構體，只須增加引用計數而已。

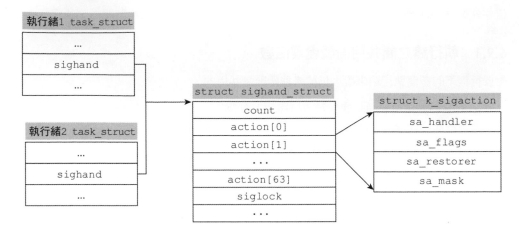

圖 6-2　同一行程裡的多個執行緒共用信號處理函數

```
static int copy_sighand(unsigned long clone_flags,
                        struct task_struct *tsk)
{
    struct sighand_struct *sig;

    if (clone_flags & CLONE_SIGHAND) {
        //如果發現是執行緒，則直接將引用計數++，無須分配 sighand_struct 結構
        atomic_inc(&current->sighand->count);
        return 0;
    }
    sig = kmem_cache_alloc(sighand_cachep, GFP_KERNEL);
    rcu_assign_pointer(tsk->sighand, sig);
    if (!sig)
        return -ENOMEM;
    atomic_set(&sig->count, 1);
    memcpy(sig->action, current->sighand->action, sizeof(sig->action));
    return 0;
}
```

6.9.2 執行緒有獨立的阻塞信號遮蔽

每個執行緒都擁有獨立的阻塞信號遮蔽。在介紹這個特性之前，首先需要介紹什麼是阻塞信號遮蔽。

就像我們開重要會議時要關閉手機一樣，行程在執行某些重要操作時，不希望核心遞送某些信號，阻塞信號遮蔽就是用來實作該功能的。如果行程將某信號添加進了阻塞信號遮蔽，縱然核心收到該信號，甚至該信號在掛起佇列中已經存在相當長的時間，核心也不會將信號遞送給行程，直到行程解除對該信號的阻塞為止。

開會時關閉手機是一種比較極端的例子。更合理的做法是暫時遮蔽部分人的電話。對於某些重要的電話，比如兒子老師的電話、父母的電話或老闆的電話，是不希望被遮蔽的。信號也是如此。行程在執行某些操作的時候，可能只需要遮蔽一部分信號，而不是所有信號。

為了實作遮蔽的功能，Linux 提供一種新的資料結構：信號集合。多個信號組成的集合被稱為信號集合，其資料類型為 sigset_t。在 Linux 的實作中，sigset_t 的類型是位元旗標，每一個位元代表一個信號。

Linux 提供了兩個函數來初始化信號集合，如下：

```
#include<signal.h>
int sigemptyset(sigset_t *set);
int sigfillset(sigset_t *set);
```

sigemptyset 函數用來初始化一個空的未包含任何信號的信號集合，而 sigfillset 函數則會初始化一個包含所有信號的信號集合。

必須要呼叫這兩個初始化函數中的一個來初始化信號集合，對於宣告 sigset_t 類型的變數，不能一廂情願地假設它是空集合，也不能呼叫 memset 函數，或者用給值為 0 的方式來進行初始化工作。

初始化信號之後，Linux 提供 sigaddset 函數，功能是向信號集合添加一個信號，同時還提供 sigdelset 函數來移除一個信號：

```
int sigaddset(sigset_t *set, int signum);
int sigdelset(sigset_t *set, int signum);
```

為了判斷某一個信號是否屬於信號集合，Linux 提供了 sigismember 函數：

```
int sigismember(const sigset_t *set, int signum);
```

如果 signum 屬於信號集合，則回傳 1，否則回傳 0。出錯的時候，回傳-1。

有了信號集合，就可以使用信號集合來設定行程的阻塞信號遮蔽了。Linux 提供 sigprocmask 函數來做這件事情：

```
#include <signal.h>
int sigprocmask(int how, const sigset_t *set, sigset_t *oldset);
```

sigprocmask 根據 how 的值，提供三種用於改變行程的阻塞信號遮蔽的方式，見表 6-14。

表 6-14　sigprocmask 函數中 how 的含義

how 參數	含義
SIG_BLOCK	新的行程信號遮蔽是目前信號遮蔽與 set 所指信號集合的聯集，相當於在目前信號遮蔽中增加 set 中的信號

how 參數	含義
SIG_UNBLOCK	新的行程信號遮蔽是目前信號遮蔽與 set 所指信號集合的補集作交集，相當於從目前信號遮蔽中刪除 set 中的信號，解除對其的遮蔽
SIG_SETMASK	直接把行程的信號遮蔽設定成 set 所指的信號集合

 我們知道 SIGKILL 信號和 SIGSTOP 信號不能阻塞，可是如果呼叫 sigprocmask 函數時，將 SIGKILL 信號和 SIGSTOP 信號添加進阻塞信號集合中，會怎麼樣？

答案是不會怎麼樣。sigprocmask 函數不會報錯，但是也不會將 SIGKILL 和 SIGSTOP 真的添加進阻塞信號集合中。

對應的 rt_sigprocmask 系統呼叫會執行如下語句，剔除掉集合中的 SIGKILL 和 SIGSTOP：

```
sigdelsetmask(&new_set, sigmask(SIGKILL)|sigmask(SIGSTOP));
```

對於多執行緒的行程而言，每一個執行緒都有自己的阻塞信號集合：

```
struct task_struct{
    sigset_t blocked;
}
```

sigprocmask 函數改變的是呼叫執行緒的阻塞信號遮蔽，而不是整個行程。sigprocmask 出現得比較早，它出現在執行緒尚未引入 Linux 的時代。在單執行緒的時代，行程的阻塞信號遮蔽和執行緒的阻塞信號遮蔽是一樣的，但是引入多執行緒之後，sigprocmask 的語義就變成了設定當下呼叫執行緒的阻塞信號遮蔽。

為了更明確地設定執行緒的阻塞信號遮蔽，執行緒函式庫提供 pthread_sigmask 函數來設定執行緒的阻塞信號遮蔽：

```
#include <signal.h>
int pthread_sigmask(int how, const sigset_t *set, sigset_t *oldset);
```

事實上 pthread_sigmask 函數和 sigprocmask 函數的行為是一樣的。

6.9.3　私有掛起信號和共用掛起信號

POSIX 標準中有如下要求：對於多執行緒的行程，kill 和 sigqueue 發送的信號時，對象是所有的執行緒，而不是某個執行緒，核心是如何做到的呢？而系統呼叫 tkill 和 tgkill 發送的信號，又必須遞送給行程下某個特定的執行緒。核心又是如何做到的呢？

前面簡單提到過核心維護掛起佇列，尚未遞送給行程的信號可以加入掛起佇列中。有意思的是，核心的行程結構 task_struct 之中，維護了兩套 sigpending，程式碼如下所示：

```
struct task_struct{
    ...
    struct signal_struct *signal;
    struct sighand_struct *sighand;
    struct sigpending pending;
        ...
}
struct signal_struct {
    ...
    struct sigpending        shared_pending;
    ...
}
```

結構如圖 6-3 所示。

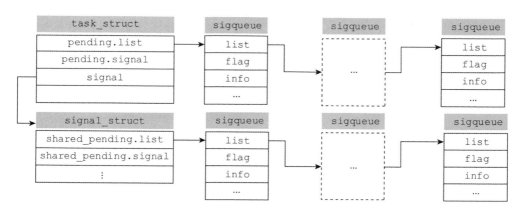

圖 6-3　信號掛起佇列相關的資料結構

核心就是靠這兩個掛起佇列實作了 POSIX 標準的要求。在 Linux 實作中，執行緒作為獨立的排程實體也有自己的行程結構。Linux 下既可以向行程發送信號，也可以向行程中的特定執行緒發送信號。因此行程結構中需要有兩套 sigpending 結構。其中 task_struct 結構體中的 pending，記錄的是發送給執行緒的未決信號；而透過 signal 指標指向 signal_struct 結構體的 shared_pending，記錄的是發送給行程的未決信號。每個執行緒都有自己的私有掛起佇列（pending），但是行程裡的所有執行緒都會共用一個公有的掛起佇列（shared_pending）。

圖 6-4 描述的是透過 kill、sigqueue、tkill 和 tgkill 發送信號後，核心的相關處理流程。

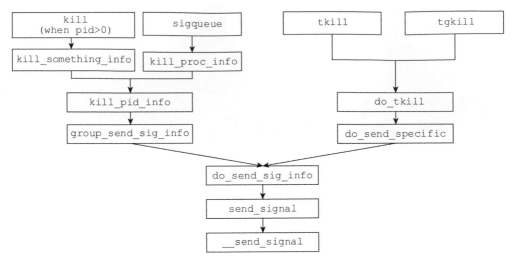

圖 6-4　發送信號相關的核心處理流程

從圖 6-4 中可以看出，向行程發送信號也好，向執行緒發送信號也罷，最終都殊途同歸，在 do_send_sig_info 函數處會師。儘管會師在一處，卻還是存在不同。不同的地方在於，到底將信號放入哪個掛起佇列。

在 __send_signal 函數中，透過 group 輸入參數的值來判斷需要將信號放入哪個掛起佇列（如果需要進佇列的話）。

```
static int __send_signal(int sig, struct siginfo *info, struct task_struct *t,
           int group, int from_ancestor_ns)
{
    ...
    pending = group ? &t->signal->shared_pending : &t->pending;
    ...
}
```

如果使用者呼叫的是 kill 或 sigqueue，那麼 group 就是 1 ；如果使用者呼叫的是 tkill 或 tgkill，那麼 group 參數就是 0。核心就是以此來區分該信號是發給行程的還是發給某個特定執行緒的，如表 6-15 所示。

表 6-15　各種發送信號的函數與信號掛起佇列的關係

函數	group 的值	說明
kill/sigqueue	1	需要的話，將信號加入多個執行緒共用的 signal->shared_pending
tkill/tgkill	0	需要的話，將信號加入執行緒私有的掛起佇列 pending

上述情景並不難理解。多執行緒的行程就像是一個班級，行程下的每一個執行緒就像是班級的成員。kill 和 sigqueue 函數發送的信號是給行程的，就像是優秀班集體的榮譽是頒

發給整個班級的；tkill 和 tgkill 發送的信號是給特定執行緒的，就像是模範生的榮譽是頒發給學生個人的。

另一個需要解決的問題是，多執行緒情況下發送給行程的信號，到底由哪個執行緒來負責處理？這個問題就和高二（五）班榮獲優秀班級獎，由誰負責上臺領獎一樣。

核心是不是一定會將信號遞送給行程的主執行緒？

答案是不一定。儘管如此，Linux 還是採取盡力而為的策略，儘量地尊重函式呼叫者的意願，如果行程的主執行緒方便，則優先選擇主執行緒來處理信號；如果主執行緒確實不方便，那就有可能由執行緒組裡的其他執行緒來負責處理信號。

使用者在呼叫 kill/sigqueue 函數之後，核心最終會走到 __send_signal 函數。在該函數的最後，由 complete_signal 函數負責尋找合適的執行緒來處理該信號。因為主執行緒的執行緒 ID 等於行程 ID，所以該函數會優先查詢行程的主執行緒是否方便處理信號。如果主執行緒不方便，則會遍歷執行緒組中的其他執行緒。如果找到了方便處理信號的執行緒，就呼叫 signal_wake_up 函數，喚醒該執行緒去處理信號。

```
signal_wake_up(t, sig == SIGKILL);
```

如果執行緒組內全都不方便處理信號，complete 函數也就當即回傳了。

如何判斷方便不方便？核心透過 wants_signal 函數來判斷某個排程實體是否方便處理某信號：

```
static inline int wants_signal(int sig, struct task_struct *p)
{
    if (sigismember(&p->blocked, sig))/*位於阻塞信號集合，不方便*/
        return 0;
    if (p->flags & PF_EXITING)/*正在退出，不方便*/
        return 0;
    if (sig == SIGKILL)/*SIGKILL 信號，必須處理*/
        return 1;
    if (task_is_stopped_or_traced(p))/*被除錯或被暫停，不方便*/
        return 0;
    return task_curr(p) || !signal_pending(p);
}
```

glibc 提供了一個 API 來獲取目前執行緒的阻塞掛起信號，如下：

```
#include <signal.h>
int sigpending(sigset_t *set);
```

該函數很容易產生誤解，很多人認為該介面回傳的是執行緒的掛起信號，也就是還沒有來得及處理的信號，這種理解其實是錯誤的。

嚴格來講，回傳的信號集合中的信號必須同時滿足以下兩個條件：

- 處於掛起狀態。

- 信號屬於執行緒的阻塞信號集合。

看下核心的 do_sigpending 函數的內容就不難理解 sigpending 函數的含義了：

```
spin_lock_irq(&current->sighand->siglock);
sigorsets(&pending, &current->pending.signal,
    &current->signal->shared_pending.signal);
spin_unlock_irq(&current->sighand->siglock);

sigandsets(&pending, &current->blocked, &pending);

error = -EFAULT;
if (!copy_to_user(set, &pending, sigsetsize))
    error = 0;
```

因此，回傳的掛起阻塞信號集合的計算方式是：

1. 行程共用的掛起信號和執行緒私有的掛起信號取聯集，得到集合 1。

2. 對集合 1 和執行緒的阻塞信號集合取交集，以獲得最終的結果。

從此處可以看出，sigprocmask 函數會影響到 sigpendig 函數的輸出結果。

6.9.4　致命信號下，行程組全體退出

關於行程的退出，前面已經有所提及，Linux 為了應對多執行緒，提供 exit_group 系統呼叫，確保多個執行緒一起退出。對於執行緒收到致命信號的這種情況，操作是類似的。可以透過給每個排程實體的 pending 上掛上一個 SIGKILL 信號以確保每個執行緒都會退出。此處就不再贅述。

6.10　等待信號

有時候，需要等待某種信號的發生。POSIX 中的 pause、sigsuspend 和 sigwait 函數提供三種方法，可以將行程暫時掛起，等待信號來臨。

6.10.1　pause 函數

pause 函數將呼叫執行緒掛起，使行程進入可中斷的休眠狀態，直到傳遞了一個信號為止。這個信號的動作或者是執行使用者定義的信號處理函數，或者是終止行程。如果是執行使用者自訂的信號處理函數，那麼 pause 會在信號處理函數執行完畢後回傳；如果是終止行程，pause 函數就不回傳了。如果核心發出的信號被忽略，那麼行程就不會被喚醒。

pause 函數的定義如下：

```
#include <unistd.h>
int pause (void);
```

比較有意思的是，pause 函數如果可以回傳，那它總是回傳-1，並且 errno 為 EINTR。

如果希望 pause 函數等待某個特定的信號，就必須確定哪個信號會讓 pause 回傳。事實上，pause 並不能主動區分使 pause 回傳的信號是不是正在等待的信號，我們必須自已完成這個任務。

常用的方法是，在期待的特定信號的信號處理函數中，將某變數的值設定為 1，待 pause 回傳後，透過查看該變數的值是否為 1 來判定等待的特定信號是否發生，方法如下面的程式碼所示：

```
static volatile sig_atomic_t sig_received_flag = 0;
while(sig_received_flag == 0)
    pause();
```

如果只有等待的那個信號的處理函數會將 sig_received_flag 置成 1，那麼行程就會一直阻塞，直到接收到特定的信號為止。

看起來很美好，可是上面的邏輯是有漏洞的。檢查 sig_received_flag== 0 和呼叫 pause 之間存在一個時間視窗，如果在該時間視窗內收到信號，並且信號處理函數將 sig_received_flag 置 1，那麼主控制流根本就不知道這件事情，行程就會依然阻塞。也就是說，等待的信號已經到來，但是行程錯過了。在收到下一個信號之前，pause 函數不會回傳，行程也就沒有機會發現其實在等待的信號早就已經收到了。

因為檢查和 pause 之間存在時間視窗，所以就有了錯失信號的情況，如表 6-16 所示。

表 6-16　錯失等待信號的時序條件

時間	sig_received_flag	程式控制流	信號處理函數
0	0	sig_received_flag == 0	
1	0		sig_received_flag = 1
2	1	pause	

下面透過另一個例子來描述一下 pause 的困境。程式執行過程中，關鍵部分不期望被信號打斷，於是臨時阻塞信號，關鍵部分完成之後，就解除信號的阻塞，然後暫停執行直到有信號到達為止：

```
/*關鍵程式碼結束*/
sigprocmask(SIG_SETMASK,&orig_mask,NULL);
/*此處信號可能已經遞送給行程了，導致 pause 無法回傳*/
pause();
```

可以看到解除對特定信號的阻塞之後，呼叫 pause 之前，信號已經被遞送給行程，這個信號已經錯失了，pause 無法等到這個信號，直到下一個信號遞送給行程為止，pause 函數都無法回傳。這就違背了程式碼的本意：解除對信號的阻塞並且等待該信號的第一次出現。

要避免這種情況，必須將解除信號阻塞和掛起行程等待信號這兩個動作封裝成一個原子操作。這就是引入 sigsuspend 系統呼叫的原因。

6.10.2　sigsuspend 函數

在 pause 之前傳遞信號是 Linux 早期遇到的一個困境，並沒有好辦法來解決這個問題。從本質上講，必須將解除對信號的阻塞和掛起行程以等待信號的形式封裝成一個原子操作，才能解決該問題，而 sigsuspend 函數就是為了解決這個難題而生的。

sigsuspend 函數的定義如下：

```
#include <signal.h>
int sigsuspend(const sigset_t *mask);
```

如果信號終止了行程，那麼 sigsuspend 函數不會回傳。如果核心將信號遞送給行程，並執行了信號處理函數，那麼 sigsuspend 函數回傳-1，並設定 errno 為 EINTR。如果 mask 指標指向的位址不是合法位址，那麼 sigsuspend 函數回傳-1，並設定 errno 為 EFAULT。

sigsuspend 函數用 mask 指向的遮蔽來設定行程的阻塞遮蔽，並將行程掛起，直到行程捕捉到信號為止。一旦從信號處理函數中回傳，sigsuspend 函數就會把行程的阻塞遮蔽恢復為呼叫之前的老的阻塞遮蔽值。

簡單地說，sigsuspend 相當於以不可中斷的方式執行下面的操作：

```
sigprocmask(SIG_SETMASK,&mask,&old_mask);
pause();
sigprocmask(SIG_SETMASK,&old_mask,NULL);
```

有了 sigsuspend 函數，就可以完成上一節 pause 完成不了的任務了。

```
static volatile sig_atomic_t sig_received_flag = 0;
sigset_t mask_all, mask_most, mask_old;
int signum = SIGUSR1;

sigfillset(&mask_all);
sigfillset(&mask_most);
sigdelset(&mask_most,signum);
sigprocmask(SIG_SETMASK,&mask_all,&mask_old);

/*不要忘記先判斷，因為在 sigprocmask 阻塞所有信號之前，SIGUSR1 可能已先被遞送*/
if(sig_received_flag == 0)
    sigsuspend(&mask_most);
sigprocmask(SIG_SETMASK,&mask_old,NULL);
```

假定等待特定信號 SIGUSR1，首先要將所有的信號遮蔽掉，如果遮蔽信號之前，已經收到了 SIGUSR1，那麼 sig_received_flag 會被設定為 1，此時就不需要再呼叫 sigsuspend了，我們已經等到了要等的信號 SIGUSR1。如果沒收到，則呼叫 sigsuspend，將阻塞遮蔽設為 mask_most，即將所有信號都遮蔽，只有 SIGUSR1 未被遮蔽。sigsuspend 回傳時，我們就可以確定，收到了信號 SIGUSR1。此時，阻塞遮蔽也已經恢復成呼叫sigsuspend 之前的 mask_all，然後將阻塞遮蔽恢復成預設的阻塞遮蔽 mask_old。

等一等，類似於上一節的程式碼，在判斷之後、pause 之前，有信號遞送，會導致信號錯失，那麼在上面的程式碼中，判斷 sig_received_flag==1 之後，呼叫 sigsuspend 函數之前，是否會有 SIGUSR1 被遞送給行程，再次導致錯失信號一次？答案是否定的，因為我們已經透過 setprocmask 函數阻塞所有的信號，因此 SIGUSR1 沒有機會被遞送給行程。

上面的程式碼雖然完成了等待某特定信號的任務，但是它也有副作用，就是在等待特定信號期間，所有的其他信號都不能遞送，原因是 sigsuspend 的 mask 阻塞了 SIGUSR1 以外的所有信號，導致其他信號無法正常遞送。

下面的程式碼對這種情況做了改進：

```
static volatile sig_atomic_t sig_received_flag = 0;
sigset_t mask_blocked, mask_old, mask_unblocked;
int signum = SIGUSR1;

sigprocmask(SIGSETMASK,NULL,&mask_blocked);
sigprocmask(SIGSETMASK,NULL,&mask_unblocked);

sigaddset(&mask_blocked,signum);
sigdelset(&mask_unblocked,signum);

/*將 SIGUSR1 添加到阻塞遮蔽中，確保下面判斷 sig_received_flag 和 sigsuspend 之間不會收到
SIGUSR1 信號，從而導致 SIGUSR1 錯失*/
sigprocmask(SIG_BLOCK,&mask_blocked,&mask_old);

/*sigsuspend 回傳，可能是由其他信號引起的，
 *因此需要再次判斷 sig_received_flag 是否置 1*/
while(sig_received_flag == 0)
    sigsuspend(&mask_unblocked);

/*將信號恢復成預設值*/
sigprocmask(SIG_SETMASK,&mask_old,NULL);
```

上面的例子不僅做到等待特定信號 SIGUSR1，而且期間如果有其他信號，也不會影響其他信號的遞送。至此等待特定信號的任務算是圓滿地解決了。

6.10.3　sigwait 函數和 sigwaitinfo 函數

sigsuspend 函數可以實作等待特定信號的任務，但是上面的範例過於繁複，不夠直接。sigwait 系列函數就可以比較優雅地等待某個特定信號的到來。sigwait 系列函數提供了一種同步接收信號的機制，程式碼如下：

```
#include <signal.h>
int sigwait(const sigset_t *set, int *sig);
int sigwaitinfo(const sigset_t *set, siginfo_t *info);
int sigtimedwait(const sigset_t *set, siginfo_t *info,
                 const struct timespec *timeout);
```

這三個函數雖然介面上有差異，但是總體來說做的事情是一樣的。信號集合 set 裡面的信號是行程關心的信號。當呼叫 sigwait 系列函數中的任何一個時，核心會查看行程的信號掛起佇列（包括私有掛起佇列和執行緒組共用的掛起佇列），檢查 set 中是否有信號處於掛起狀態。如果有，那麼 sigwait 相關的函數會立刻回傳，並將信號從相應的掛起佇列中移除；如果沒有，則行程就會深入阻塞，進入可中斷的休眠狀態，直到行程醒來，再次檢查掛起佇列。

上面是這三個函數的共同之處，不過它們在介面設計上有些許差異。

對於 sigwait 函數，成功回傳時，回傳值是 0，並將導致函數回傳的信號記錄在 sig 指向的位址中。如果 sigwait 呼叫失敗，則回傳值不是-1，而是直接將 errno 回傳。

sigwaitinfo 函數是升級加強版的 sigwait，透過它可以獲取到信號相關的更多資訊。當第二個 siginfo_t 結構體類型的指標 info 不是 NULL 時，核心會將信號相關的資訊填入該指標指向的位址，從而獲得導致函數回傳的信號的詳細資訊。和 sigwait 函數不同，如果 sigwaitinfo 函數成功回傳，那麼回傳值則是導致函數回傳的信號的值（signo），而不是0；如果 sigwaitinfo 函數失敗，則會回傳-1，並設定 errno。

sigtimedwait 函數和 sigwaitinfo 函數幾乎是一樣的，除了前者約定了一個 timeout 時間之外。如果到了 timeout 時間，還未等到 set 中的信號，sigtimedwait 就不再繼續等待，而是回傳-1，並設定 errno 為 EAGAIN。

sigwait 系列函數的本質是同步等待信號的到達，所以不需要編寫信號處理函數。需要提醒的是，縱然某信號遭到了阻塞，sigwaitinfo 依然可以獲取等待信號。

看到這裡，不知道讀者有沒有意識到，引入 sigwait 系列函數之後，其實也引入了競爭關係。正常的信號處理流程，會從信號掛起佇列中取得信號遞送給行程，而 sigwait 函數也會從信號掛起佇列中取得信號，回傳給呼叫行程，兩者成了搶生意的關係，如圖6-5 所示。

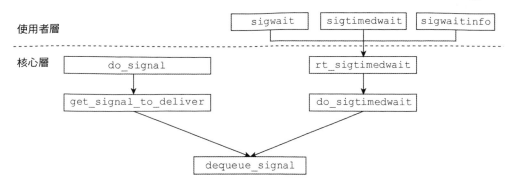

圖 6-5 sigwait 和核心遞送信號的競爭關係

所以在呼叫 sigwait 系列函數之前,首先需要將 set 中的信號阻塞,並將 set 中信號的獨家經營權拿到手,否則,如果呼叫 sigwaitinfo 之前或兩次 sigwaitinfo 之間有信號到達,很有可能會被正常地遞送給行程,進而執行註冊的信號處理函數(如果有的話)或執行預設操作 SIG_DFL。

sigwait 系列函數的典型使用方式如下:

```
int sigusr1 = 0;
sigemptyset(&mask_sigusr1);
sigaddset(&mask_sigusr1,SIGUSR1);
sigprocmask(SIG_SETMASK,&mask_sigusr1,NULL);
while(1)
{
    sig = sigwaitinfo(&mask_sigusr1,&si);
    if(sig != -1)
    {
        sigusr1_count++;
    }
}
```

上面這個例子是統計收到 SIGUSR1 的次數。在呼叫 sigwaitinfo 之前,需要先呼叫 sigprocmask 將等待的信號遮蔽。

sigtimedwait 函數的用法和 sigwaitinfo 函數類似,只不過 timeout 參數指定了最大的等待時長。如果呼叫超時卻沒有等到任何信號,那麼 sigtimedwait 就回傳 -1,並且設 errno 為 EAGAIN。

最後,SIGKILL 和 SIGSTOP 不能等待,嘗試等待 SIGKILL 和 SIGSTOP 會被忽略。原因和無法更改 SIGKILL 和 SIGSTOP 信號的信號處理函數一樣。

6.11　透過檔案控制碼來獲取信號

從核心 2.6.22 版本開始，Linux 提供了另外一種機制來接收信號：透過檔案控制碼來獲取信號即 signalfd 機制。

這個機制和 sigwaitinfo 非常地類似，都屬於同步等待信號的範疇，都需要首先呼叫 sigprocmask 將目標信號遮蔽，以防止被信號處理函數劫走。不同之處在於，檔案控制碼方法提供了檔案系統的介面，可以透過 select、poll 和 epoll 來監控這些檔案控制碼。

signalfd 介面的定義如下：

```
#include <sys/signalfd.h>
int signalfd(int fd, const sigset_t *mask, int flags);
```

其中，mask 參數是信號集合，表示關注信號的集合。這些信號的集合應該在呼叫 signalfd 函數之前，先呼叫 sigprocmask 函數阻塞這些信號，以防止被信號處理函數劫走。

首次建立時 fd 參數應該為-1，該函數會建立一個檔案控制碼，用於讀取 mask 中到來的信號。如果 fd 不是-1，則表示是修改操作，一般是修改 mask 的值，此時 fd 是之前呼叫 signalfd 時回傳的值。

第三個參數 flags 用來控制行為，目前支援的旗標位元如下。

- SFD_CLOEXEC ：和普通檔案的 O_CLOEXEC 一樣，呼叫 exec 函數時，檔案控制碼會被關閉。

- SFD_NONBLOCK ：控制將來的讀取操作，如果執行 read 操作時，並沒有信號到來，則立刻回傳失敗，並設定 errno 為 EAGAIN。

建立檔案控制碼後，可以使用 read 函數來讀取到來的信號。提供的記憶體區塊大小要足以放下一個 signalfd_siginfo 結構，該結構一般包括如下成員變數：

```
struct signalfd_siginfo {
    uint32_t ssi_signo;
    int32_t  ssi_errno;
    int32_t  ssi_code;
    uint32_t ssi_pid;
    uint32_t ssi_uid;
    int32_t  ssi_fd;
    uint32_t ssi_tid;
    uint32_t ssi_band;
    uint32_t ssi_overrun;
    uint32_t ssi_trapno;
    int32_t  ssi_status;
    int32_t  ssi_int;
    uint64_t ssi_ptr;
    uint64_t ssi_utime;
    uint64_t ssi_stime;
    uint64_t ssi_addr;
```

```
        uint8_t pad[X];
};
```

這個結構和前面提到的 siginfo_t 結構幾乎可以一一對應。含義和 siginfo_t 中的成員也一樣，在此就不再贅述了。

使用 signalfd 來接收信號的方法如下（此處忽略了一些異常處理）：

```
sigprocmask(SIG_BLOCK,&mask,NULL);
sfd = signalfd(-1,&mask,NULL);
for(;;)
{
    n = read(sfd,&fd_siginfo,sizeof(struct signalfd_siginfo));
    if(n != sizeof(struct signalfd_siginfo))
    {
            /*error handle*/
    }
    else
    {
    /*process the signal*/
    }
}
```

比較推薦的做法是用檔案控制碼 signalfd 和 sigwaitinfo 兩種方法來處理信號，使用傳統信號處理函數會因為非同步帶來很多問題，大量的函數因不是非同步信號安全的，而無法用於信號處理函數。本節介紹的 signalfd 方法更加值得推薦，因為方法簡單，且可以和 select、poll 和 epoll 函數配合使用，非常靈活。

6.12　信號遞送的順序

有一個非常有意思的話題，當有多個處於掛起狀態的信號時，信號遞送的順序又是如何的呢？

信號實質上是一種軟中斷，中斷有優先權，信號也有優先權。如果一個行程有多個未決信號，那麼對於同一個未決的即時信號，核心將按照發送的順序來遞送信號。如果存在多個未決的即時信號，那麼值（或者說編號）越小的越優先被遞送。如果同時存在不可靠信號，也存在可靠信號（即時信號），雖然 POSIX 對這一情況沒有明確規定，但 Linux 系統和大多數遵循 POSIX 標準的作業系統一樣，即將優先遞送不可靠信號。

雖然是優先遞送不可靠信號，但在不可靠信號中，不同信號的優先權又是如何的呢？核心如何實作這些這些優先權的順序呢？

核心選擇信號遞送給行程的流程如圖 6-6 所示。

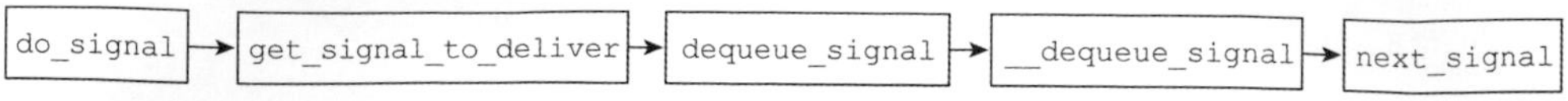

圖 6-6　核心選擇信號的流程

下面來分析相關的程式碼：

```
int dequeue_signal(struct task_struct *tsk,
                          sigset_t *mask, siginfo_t *info)
{
    int signr;

    /* We only dequeue private signals from ourselves, we don't let
     * signalfd steal them
     */
    /*執行緒私有的掛起信號佇列優先*/
    signr = __dequeue_signal(&tsk->pending, mask, info);
    if (!signr) {
        signr = __dequeue_signal(&tsk->signal->shared_pending,
                mask, info);
        ...
    }
```

前文講過，執行緒的掛起信號佇列有兩個：執行緒私有的掛起佇列（pending）和整個執行緒組共用的掛起佇列（signal->shared_pending）。如上面的程式碼所示，選擇信號的順序是優先從私有的掛起佇列中選擇，如果沒有找到，則從執行緒組共用的掛起佇列中選擇信號遞送給執行緒。當然選擇的時候需要考慮執行緒的阻塞遮蔽，屬於阻塞遮蔽集中的信號不會被選出。

在掛起信號佇列（無論是共用掛起佇列還是私有掛起佇列）中，選擇信號的工作交給了next_signal 函數，其邏輯如下：

```
int next_signal(struct sigpending *pending, sigset_t *mask)
{
    unsigned long i, *s, *m, x;
    int sig = 0;

    s = pending->signal.sig;
    m = mask->sig;

    /*
     * Handle the first word specially: it contains the
     * synchronous signals that need to be dequeued first.
     */
    x = *s &~ *m;
    if (x) {
        /*優先選擇同步信號，所謂同步信號集合就是 SIGSEGV、SIGBUS 等六種信號*/
        if (x & SYNCHRONOUS_MASK)
            x &= SYNCHRONOUS_MASK;
        /*小信號值優先遞送的演算法*/
        sig = ffz(~x) + 1;
        return sig;
```

```
    }

    switch (_NSIG_WORDS) {
    default:
        for (i = 1; i < _NSIG_WORDS; ++i) {
            x = *++s &~ *++m;
            if (!x)
                continue;
            sig = ffz(~x) + i*_NSIG_BPW + 1;
            break;
        }
        break;

    case 2:
        x = s[1] &~ m[1];
        if (!x)
            break;
        sig = ffz(~x) + _NSIG_BPW + 1;
        break;

    case 1:
        /* Nothing to do */
        break;
    }

    return sig;
}

#define SYNCHRONOUS_MASK \
    (sigmask(SIGSEGV) | sigmask(SIGBUS) | sigmask(SIGILL) | \
     sigmask(SIGTRAP) | sigmask(SIGFPE) | sigmask(SIGSYS))
```

由於不同平臺 long 的長度不同,所以演算法略有不同,但是概念是一樣的,如下。

1. 出現在阻塞遮蔽集中的信號不能被選出。

2. 優先選擇同步信號,所謂同步信號指的是以下 6 種信號:

{SIGSEGV,SIGBUS,SIGILL,SIGTRAP,SIGFPE,SIGSYS},

這 6 種信號都是與硬體相關的信號。

3. 如果沒有上面 6 種信號,非即時信號優先;如果存在多種非即時信號,小信號值的信號優先。

4. 如果沒有非即時信號,那麼即時信號按照信號值遞送,小信號值的信號優先遞送。
    透過下面的測試程式來驗證是否如此:

```
#include <stdio.h>
#include <stdlib.h>
#include <unistd.h>
#include <signal.h>
#include <string.h>
#include <errno.h>

static int sig_cnt[NSIG];
```

```c
static number= 0 ;
int sigorder[128]= {0};

#define MSG "#%d:receiver signal %d\n"

void handler(int signo)
{
    /*此處最好判斷一下number的值，不要超出陣列的長度*/
    sigorder[number++] = signo;
}

int main(int argc,char* argv[])
{
    int i = 0;
    int k = 0;
    sigset_t blockall_mask ;
    sigset_t pending_mask ;
    sigset_t empty_mask ;
    struct sigaction sa ;


    sigfillset(&blockall_mask);
#ifdef USE_SIGACTION
    sa.sa_handler = handler;
    sa.sa_mask = blockall_mask ;
    sa.sa_flags = SA_RESTART ;
#endif


    printf("%s:PID is %d\n",argv[0],getpid());

    for(i = 1; i < NSIG; i++)
    {
        if(i == SIGKILL || i == SIGSTOP)
            continue;
#ifdef USE_SIGACTION
        if(sigaction(i,&sa, NULL)!=0)
#else
        if(signal(i,handler)== SIG_ERR)
#endif
        {
            fprintf(stderr,"sigaction for signo(%d) failed (%s)\n",i, strerror(errno));
            //        return -1;
        }
    }

    int sleep_time = atoi(argv[1]);

    if(sigprocmask(SIG_SETMASK,&blockall_mask,NULL) == -1)
    {
        fprintf(stderr,"setprocmask to block all signal failed(%s)\n",strerror(errno));
        return -2;
    }

    printf("I will sleep %d second\n",sleep_time);

    sleep(sleep_time);
```

```
    sigemptyset(&empty_mask);
    if(sigprocmask(SIG_SETMASK,&empty_mask,NULL) == -1)
    {
        fprintf(stderr,"setprocmask to release all signal failed(%s)\n",strerror(errno));
        return -3;
    }

    sleep(3)
    for(i = 0 ; i< number ; i++)
    {
        if(sigorder[i] != 0)
        {
            printf("#%d: signo=%d\n",i,sigorder[i]);
        }
    }

    return 0;
}
```

注意上面的程式碼必須要定義 USE_SIGACTION 巨集，因為在執行信號處理函數期間，需要遮蔽掉其他信號，否則信號處理函數被其他信號打斷，會導致無法得到信號的真實遞送順序。

上述程式首先會安裝所有信號的信號處理函數（SIGKILL 和 SIGSTOP 除外），然後阻塞所有信號，之後休眠一段時間，在這段時間內，透過命令向行程發送各種信號，一旦休眠結束，解除阻塞，信號就會被遞送給行程，行程就會執行信號處理函數。信號處理函數是精心定制的，按照遞送的順序，被記錄在靜態陣列中。只要按順序列印出信號的值，就可獲得信號的遞送順序：

```
gcc -o sigaction_delivery_order -DUSE_SIGACTION signal_delivery_order.c
```

向行程發送信號的腳本如下：

```
#!/bin/bash

./sigaction_delivery_order 30 &
signal_pid=$!

sleep 2
kill -10 $signal_pid
kill -3  $signal_pid
kill -12 $signal_pid
kill -11 $signal_pid
kill -39 $signal_pid
kill -2  $signal_pid
kill -5  $signal_pid
kill -4  $signal_pid
kill -36 $signal_pid
kill -24 $signal_pid
kill -38 $signal_pid
kill -37 $signal_pid
kill -31 $signal_pid
```

```
kill -8  $signal_pid
kill -7  $signal_pid
./tkill -p $signal_pid -s 44
```

tkill 是發給實際執行緒的，信號會掛在執行緒私有的掛起信號佇列上，所以會優先遞送，因此 44 號信號應該第一個被遞送；其他的信號中 4=SIGILL、5=SIGTRAP、7=SIGBUS、 8=SIGFPE、11=SIGSEGV、31=SIGSYS，這些都屬於同步信號集合；緊隨 44 號信號之後，按照從小到大的順序遞送；2、3、10、12、24 作為非即時信號，再隨其後被遞送；最後是即時信號，按照從小到大的順序（即 36、37、38、39），依次遞送給行程。

測試的輸出結果如下所示：

```
root@manu-hacks:~/code/c/self/signal# ./test_order.sh
./sigaction_delivery_order:PID is 21897
sigaction for signo(32) failed (Invalid argument)
sigaction for signo(33) failed (Invalid argument)
I will sleep 30 second
root@manu-hacks:~/code/c/self/signal# #0: signo=44
#1: signo=4
#2: signo=5
#3: signo=7
#4: signo=8
#5: signo=11
#6: signo=31
#7: signo=2
#8: signo=3
#9: signo=10
#10: signo=12
#11: signo=24
#12: signo=36
#13: signo=37
#14: signo=38
#15: signo=39
```

和預想的一樣，信號就是按照這四個優先權遞送給行程的。

6.13　非同步信號安全

設計信號處理函數是一件很頭疼的事情，原因就藏在圖 6-7 中。當核心遞送信號給行程時，行程正在執行的指令序列就會被中斷，轉而執行信號處理函數。待信號處理函數執行完畢回傳（如果可以回傳的話），則繼續執行被中斷的正常指令序列。此時，問題就來了，同一個行程中出現了兩條執行流，而兩條執行流正是信號機制眾多問題的根源。

在信號處理函數中有很多函數都不可以使用，原因就是它們並不是非同步安全的，強行使用這些不安全的函數隱患重重，還可能帶來很詭異的 bug。

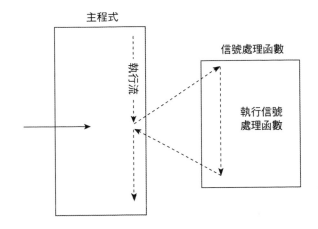

圖 6-7　行程收到信號的處理流程

引入多執行緒後，很多函式庫函數為了保證執行緒安全，不得不使用鎖來保護臨界區（見表 6-17）。比如 malloc 就是一種典型的情況。

表 6-17　加鎖來保證執行緒安全

時間	執行緒 1 執行流	執行緒 2 執行流
0	Lock	Lock
1	臨界區	
2	Unlock	
3		臨界區
4		Unlock

加鎖保護臨界區的方法，雖然不可重入，卻是實作執行緒安全的一種選擇。但是這種方法無法保證非同步信號的安全，見表 6-18。

表 6-18　鎖無法保證非同步信號安全

時間	主程序執行流	信號處理函數執行流
0	Lock	
2	臨界區	Lock ←鎖死
3	Unlock	

還是以 malloc 為例，如果主程序執行流呼叫 malloc 已經持有了鎖，但是尚未完成臨界區的操作，這時候被信號中斷，轉而執行信號處理函數，如果信號處理函數中再次呼叫 malloc 加鎖，就會發生鎖死。

從上面的討論可以看出，非同步信號安全是一個很苛刻的條件。事實上只有非常有限的函數才能保證非同步信號安全。

一般說來，不安全的函數大抵上可以分為以下幾種情況：

- 使用了靜態變數，典型的是 strtok、localtime 等函數。
- 使用了 malloc 或 free 函數。
- 標準 I/O 函數，如 printf。

讀者可以透過 man 7 signal 的 Async-signal-safe functions 小節查看非同步信號安全的函數清單，在此就不羅列了。本書中有很多地方在信號處理函數中呼叫了 printf 函數，其實這是不對的，在真正實作程式碼中，是不允許非同步信號安全的函數出現在信號處理函數中的。

在正常程式流裡面工作得很正常的函數，在非同步信號的條件下，會出現很詭異的 bug。這種 bug 的觸發，經常相依信號到達的時間、行程排程等不可控制的時序條件，很難重現。因此編寫信號處理函數就像將船駛入暗礁叢生的海域，不可不小心。

既然陷阱重重，那該如何使用信號機制呢？

1. 羽量級信號處理函數

這是一種比較常見的做法，就是信號處理函數非常短，基本就是設定旗標位元，然後由主程序執行流根據旗標位元來獲知信號已經到達。

這種做法若用虛擬程式碼（pseudo code）的形式表示，就會如下：

```
volatile sig_atomic_t get_SIGINT = 0;

/*信號處理函數*/
void sigint_handler(int sig)
{
    switch(sig)
    {
        case SIGINT:
            get_SIGINT = 1;
            break;
        ...
    }
}
/*主程序流是一個迴圈*/
while(true)
{

    if(get_SIGINT==1)
    {
        /*在主程序流中處理 SIGINT*/
    }
    job = get_next_job();
```

```
        do_single_job(job);
    }
```

這是一種常見的設計，信號處理函數非常簡單，非常輕量，僅僅是設定了一個旗標位元。程式的主流程會週期性地檢查旗標，以此來判斷是否收到某信號。若收到信號，則執行相應的操作，通常也會將旗標重新清為零。

一般而言定義旗標的時候，會將旗標的類型定義成：

```
    volatile sig_atomic_t flag;
```

sig_atomic_t 是 C 語言旗標定義的一種資料類型，該資料類型可以保證讀寫操作的原子性。而 volatile 關鍵字則是告訴編譯器，flag 的值是易變的，每次使用它的時候，都要到 flag 的記憶體位址取得。之所以這麼做，是因為編譯器會做優化，編譯器如果發現兩次取 flag 值之間，並沒有程式碼修改過 flag，就有可能將上一次的 flag 值拿來用。而由於主程序和信號處理不在一個控制流之中，因此編譯器幾乎總是會做這種優化，這就違背了設計的本意。因此使用 volatile 來保證主程序流能夠看到信號處理函數對 flag 的修改。

2. 化非同步為同步

由於信號處理函數的存在，行程會同時存在兩條執行流，這帶來了很多問題，因此操作系統也想了一些辦法，就是前面提到的 sigwait 和 signalfd 機制。

sigwait 的設計本意是同步地等待信號。在執行流中，執行 sigwait 函數會深入阻塞，直到等待的信號降臨。一般而言，sigwait 用在多執行緒的程式中，而等待信號降臨的使命，一般落在主執行緒身上。實際做法如下：

```
    sigfillset(&set_all);
    sigprocmask(SIG_SETMASK,&set_all,NULL);

    for(;;)
    {
        ret = sigwait(&set_all,&signo);
        /*處理收到的signo*/
    }
```

sigwait 雖然化非同步為同步，但是也廢掉了一條執行流。signalfd 機制則提供另外一種思路：

```
    #include <sys/signalfd.h>
    int signalfd(int fd, const sigset_t *mask, int flags);
```

實際步驟如下：

1. 將關心的信號放入集合。

2. 呼叫 sigprocmask 函數，阻塞關心的信號。

3. 呼叫 signalfd 函數，回傳一個檔案控制碼。

有了檔案控制碼，就可以使用 select/poll/epoll 等 I/O 多工函數來監控它。這樣，當信號來臨時，就可以透過 read 介面來獲取到信號的相關資訊：

```
struct signalfd_info signalfd_info;
read(signal_fd,&signalfd_info,sizeof(struct signalfd_info));
```

在引入 signalfd 機制以前，有一種很有意思的化非同步為同步的方式被廣泛使用。這種技術被稱為 " self-pipe trick "。簡單地講，就是打開一個無名管線，在信號處理函數中向管線寫入一個位元組（write 函數是非同步信號安全的），而主程序從無名管線中讀取一個位元組。透過這種方式也做到了在主程序流中處理信號的目的。

《Linux 高性能服務器編程》一書中，在 "統一事件源" 一節中詳細介紹了這個技術。不過使用的不是無名管線，而是 socketpair 函數。

```
static int pipefd[2]
/*信號處理函數中，向 socketpair 中寫入 1 個位元組，即信號值*/
void sig_handler(int sig)
{
    int save_errno = errno ;
    int msg = sig;
    send(pipefd[1],(char*)&msg,1,0);
    errno = save_errno ;
}

ret = socketpair(PF_UNIX,SOCK_STREAM,0,pipefd);

/*當 I/O 多工函數，偵測到 pipefd[0]，有內容到來時，則使用 recv 讀取*/
char signals[1024];
ret = recv(pipefd[0],signals,sizeof(signals),0);
```

將 socketpair 的一端置於 select/poll/epoll 等函數的監控下，當信號到達的時候，信號處理函數會往 socketpair 的另一端寫入 1 個位元組，即信號的值。此時，主程序的 select/poll/epoll 函數就能偵測到此事，對 socketpair 執行 recv 操作，獲取到信號處理函數寫入的信號值，進行相應的處理。

6.14 總結

Linux 的 signal 機制是一種原始的行程間通信機制，傳遞的資訊有限，很難傳遞複雜的訊息，加上信號處理函數和行程處於兩條執行邏輯流，會帶來函數的重入問題，因此 signal 機制不適合作為行程間通信的主要手段。但是信號又不是完全無用的，對於某些不頻繁發生的非同步事件，還是可以使用 signal 來通知行程。

理解 Linux 執行緒(1)

相對於 Unix 作業系統 40 多年的光輝歷史，執行緒算是出現得比較晚的。在 20 世紀 90 年代執行緒才慢慢流行起來，而 POSIX threads 標準的確立已經是 1995 年的事情了。

Unix 原本是不支援執行緒的，執行緒概念的引入給 Unix 家族帶來了一些麻煩，很多函數都不是執行緒安全（thread-safe）的，需要重新定義，信號機制在執行緒加入以後也變得更加複雜了。

在單核 CPU 時代，多執行緒的需求並沒有那麼強烈，但是隨著時間的流逝，事情發生了變化。2005 年 3 月，Herb Sutter 在 Dobb's Journal 上發表《The Free Lunch is over：A Fundamental Turn Toward Concurrency in Software 》一文，文章分析處理器廠商改善 CPU 性能的傳統方法，如提升時脈速度和指令輸送量，基本上已經走到盡頭，處理器開始向超執行緒和多核架構靠攏，多核的時代已然來臨。為了讓程式碼執行得更快，單純地相依更快的硬體已經無法滿足要求。程式師需要編寫並行程式碼，以便充分發揮多核處理器的強大功能，並且使程式的性能得到提升。

7.1　執行緒與行程

在 Linux 下，程式或可執行檔案是一個靜態的實體，它只是一組指令的集合，沒有執行的含義。行程是一個動態的實體，有自己的生命週期。執行緒是作業系統行程排程器可以排程的最小執行單元。行程和執行緒的關係如圖 7-1 所示。

一個行程可能包含多個執行緒，傳統意義上的行程，不過是多執行緒的一種特例，即該行程只包含一個執行緒。

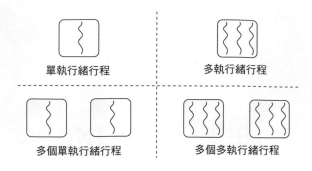

圖 7-1 執行緒和行程的關係

為什麼要有多執行緒？

舉個生活中的例子，這就好比去銀行辦理業務。到達銀行後，首先找到取號機領取一個號碼，然後坐下來安心等待。這時候你一定希望，辦理業務的窗口越多越好。如果把整個營業大廳當成一個行程，則每一個窗口就是一個工作執行緒。

這種場景在 Linux 中屢見不鮮。程式設計的概念（如圖 7-2 所示）和生活中解決問題的想法總是類似的。

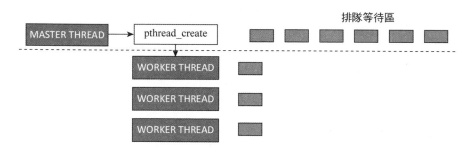

圖 7-2 Master-Worker 並行模型

有人說不必非要使用執行緒，多個行程也能做到這點。的確如此。Unix/Linux 原本的設計是沒有執行緒的，類 Unix 系統包括 Linux 從設計上更傾向於使用行程，反倒是 Windows 因為建立行程的開銷巨大，而更加鍾愛執行緒。

那麼，執行緒是不是一種多餘的設計呢？其實不是這樣的。

行程之間，彼此的位址空間是獨立的，但執行緒會共用記憶體位址空間（如圖 7-3 所示）。同一個行程的多個執行緒共用一份全域記憶體區域，包括初始化資料段、未初始化資料段和動態分配的 heap 記憶體段。

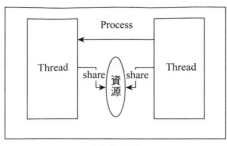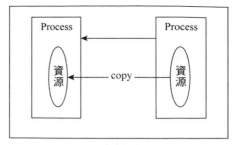

圖 7-3　執行緒之間共用資源

這種共用給執行緒帶來很多的優勢：

* 建立執行緒花費的時間要少於建立行程花費的時間。
* 終止執行緒花費的時間要少於終止行程花費的時間。
* 執行緒之間上下文切換的開銷，要小於行程之間的上下文切換。
* 執行緒之間資料的共用比行程之間的共用簡單。

接下來用一個簡單的實驗，來比較建立 10 萬個行程和 10 萬個執行緒各別的開銷。

建立行程的測試程式將會執行如下操作：

1. 呼叫 fork 函數建立子行程，子行程無實際操作，呼叫 exit 函數立刻退出，父行程等待子行程退出。

2. 重複執行步驟 1，共執行 10 萬次。

建立執行緒的測試程式則執行如下操作：

1. 呼叫 pthread_create 建立執行緒，執行緒無實際操作；呼叫 pthread_exit 函數，立刻退出；主執行緒呼叫 pthread_join 函數等待中的執行緒退出。

2. 重複執行步驟 1，共執行 10 萬次。

伺服器 CPU 的情況為：Intel 2.1GHz Xeon E5-2620（24 核），測試結果請見表 7-1。

表 7-1　建立執行緒或子行程之前無記憶體分配，程式耗時比較

行程測試			執行緒測試		
real	user	sys	real	user	sys
9.598s	0.140s	10.327s	2.128s	0.512s	1.805s

從測試結果上看，建立執行緒花費的時間約是建立行程花費時間的五分之一。

在上述測試中，呼叫 fork 函數和 pthread_create 函數之前，並沒有分配大塊記憶體。一旦分配大塊記憶體，考慮到建立行程需要拷貝，而建立執行緒不需要，則兩者之間效率上的差距會進一步拉大，見表 7-2。

表 7-2　建立執行緒或子行程之前，heap 上分配了 40MB 空間

行程測試			執行緒測試		
real	user	sys	real	user	sys
100.631s	0.502s	101.898s	2.304s	0.567s	1.926s

執行緒間的上下文切換，指的是同一個行程裡不同執行緒之間發生的上下文切換。由於執行緒原本就屬於同一個行程，它們會共用位址空間，大量資源分享，切換的代價小於行程之間的切換是自然而然的事情。

執行緒之間通信的代價低於行程之間通信的代價。從生活的角度來打比方，部門內的合作總是要比跨部門的合作來得容易。執行緒共用位址空間的設計，讓多個執行緒之間的通信變得非常簡單。一個行程內的多個執行緒，就像一個軟體研發小組內部的不同員工，共用程式碼、伺服器、印表機、資料，彼此之間有分工合作，溝通合作成本比較低。行程之間的通信代價則要高很多。行程之間不得不採用一些行程間通信的手段（如管線、共用記憶體及信號量等）來合作。

前面是從作業系統的角度來分析執行緒優勢的，從使用者或應用的視角來分析，多執行緒的程式也有很多的優勢。

1. 發揮多核優勢，充分利用 CPU 資源

CPU 是一種資源，如果一方面 CPU 資源大量閒置，處於 IDLE 的狀態，另一方面很多任務得不到及時的處理，處於排隊等待的狀態，這就表明資源沒有得到有效的利用，本質上是一種浪費。

可以想像如下場景：你在火車站買票，10 個售票視窗，有 9 個視窗的售票員暫停服務，但是這 9 個售票員卻在嗑瓜子、玩手機，大廳裡有幾百人在排隊。

你排在最後!!!

你是不是很憤怒。是的，程式設計領域也一樣，如果存在多個相同的任務，彼此之間並行不悖，互不相依（或者相依性很小），那麼啟動多個執行緒並列執行，是一個不錯的選擇（如圖 7-4 所示）。雖然對每個任務而言，處理的時間並沒有縮短，但是在相同時間內，處理了更多的任務。

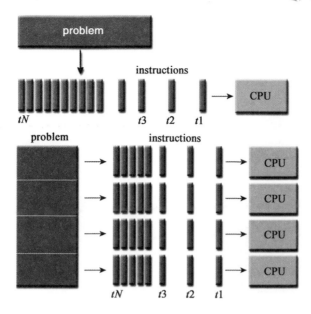

圖 7-4　並列執行，充分利用 CPU 資源

2. 更自然的程式設計模型

有很多程式，天生就適合用多執行緒。將工作切分成多個模組，並為每個模組分配一個或多個執行單元，更符合人類解決問題的思路。

以文書編輯程式為例，使用者的輸入需要及時回應，必須要有執行緒來監控滑鼠和鍵盤；如果使用者刪除了第一頁的某一行，後面很多頁的格式都會受到影響，這時就需要有文書格式化執行緒在背景執行格式處理；很多文書編輯軟體都有自動保存的功能，第三個執行緒會周期性地將檔案內容寫入磁片；很多文書編輯軟體都有檢測拼寫錯誤的功能，或許我們需要第四個執行緒……

上述的分工是很自然的事情，想像一下如果將所有工作都放在一個單執行緒的行程裡面，那麼該行程是不是就不得不處理龐雜而又繁蕪的事情？程式結構也就會變得異常複雜。

沒有銀彈（引述 *No Silver Bullet—Essence and Accidents of Software Engineering*）。多執行緒帶來優勢的同時，也存在一些弊端。

1. 多執行緒的行程，因位址空間的共用讓該行程變得更加脆弱

多個執行緒之中，只要有一個執行緒不夠穩健存在 bug（如：存取非法位址引發的記憶體區段錯誤），就會導致行程內的所有執行緒一起完蛋。正所謂：

> 覆巢之下，安有完卵
> 城門失火，殃及池魚

相比之下，行程的位址空間互相獨立，彼此隔離得更加徹底。多個行程之間互相合作，一個行程存在 bug 導致異常退出，不會影響到其他行程。

2. 執行緒模型作為一種並列執行的程式設計模型，效率並沒有想像的那麼高，會出現複雜度高、易出錯、難以測試和定位的問題

目前存在的並列執行程式設計，基本可以分成兩類：

- 共用狀態式
- 訊息傳遞式

執行緒模型採用的是第一種。從現在開始，停止幻想，歡迎來到真實的世界。

一個程式師碰到了一個問題，他決定用多執行緒來解決。現在兩個他問題了有[19]。

—關於執行緒的冷笑話

在真實的場景中，多執行緒程式設計是很複雜的。前面所說的多個任務並行不悖，互不相依，在大多數情況下只是一種美好的幻想。

首先，多個執行緒之間，存在負載均衡的問題，現實中很難將全部任務等分給每個執行緒。想像一下，如果存在 10 個執行緒，一個執行緒承擔 90%的任務，9 個執行緒承擔 10%的任務，整體的效率立刻就降了下來。

有人說，怎麼會有這麼愚蠢的設計呢。試想如下場景：你需要用支援 10 個並行執行緒的伺服器去計算 $1\sim10^{10}$ 以內的所有質數，要怎麼設計？首先進入腦海的第一反應是不是將 $1\sim10^{10}$ 這個範圍平均分成 10 份，每一份有 10^9 個數，10 個執行緒分別查詢範圍內的質數？這就是糟糕的設計，儘管每個執行緒負責的範圍是相同的，但是每個執行緒的負載並不均勻，因為判斷一個較大的數是不是質數，通常要比判斷較小的數所花費的時間更長。當然這個例子有比較妥善的解決方案，但是在很多情況下，很難將負載均勻地分配給各個執行緒。

其次，多個執行緒的任務之間還可能存在順序相依的關係，一個執行緒未能完成某些操作之前，其他執行緒不能或不應該執行。

多個執行緒之間需要同步。想像如下場景：你和你的朋友合租一套公寓，這套公寓只有 1 個廁所。當你朋友正在使用廁所的時候，你就無法使用了。多執行緒也會遇到類似的問題。多個執行緒生活在行程位址空間這同一個屋簷下，若存在多個執行緒操作共用資源，則需要同步，否則可能會出現結果錯誤、資料結構遭到破壞甚至是程式崩潰等後果。因此多執行緒程式設計中存在臨界區的概念，臨界區的程式碼只允許一個執行緒執行，執行緒提供鎖機制來保護臨界區。當其他執行緒來到臨界區卻無法申請到鎖時，就

---

[19] 此處的語序混亂是故意的，暗諷由於執行緒、多條控制流、時序失去控制，導致混亂。

可能深入阻塞，不再處於可執行狀態，執行緒可能不得不讓出 CPU 資源。如果設計不合理，臨界區非常多，執行緒之間的競爭異常激烈，頻繁地上下文切換也會導致性能急劇惡化。

上面兩種情況的存在，決定了多執行緒並非總是處於並列執行的狀態，加速也並非線性的。4 個工作執行緒未必能帶來 4 倍的效率，加速比率取決於可以串列執行的部分在全部工作中所占的比例。

有人曾經打比方：多行程屬於立體交通系統，雖然造價高、上坡下坡比較耗油，但是塞車少；多執行緒屬於平面交通系統，造價低，但是紅綠燈太多，老是塞車。個人覺得這個比方是很有道理的。

多執行緒模型的複雜度更是不容小覷。很多人詬病多執行緒模型，就在於它不符合人的心智模型。俗語道，一心不可兩用，人很難同時控制多條走走停停，彼此又有互動和同步的控制流。由於行程排程的無序性，嚴格來說多執行緒程式的每次執行其實並不一樣，很難窮舉所有的時序組合，所以我們永遠無法宣稱多執行緒的程式經過了充分的測試。在某些特殊時序的條件下，bug 可能會出現，這種 bug 難以重置，而且難以排除查詢。所以程式設計時，需要謹慎地設計，以確保程式能夠在所有的時序條件下正常執行。

對於多執行緒程式設計，還存在四大陷阱，一不小心就可能落入陷阱之中。這四個陷阱分別是：

- 鎖死（Dead Lock）
- 餓死（Starvation）
- 活鎖（Live Lock）
- 競態條件（Race Condition）

客觀地說，多執行緒程式設計的難度要更大一些，需要程式師更加小心，更加謹慎。當你需要使用多執行緒的時候，一定要花費足夠的時間小心地規劃每個執行緒的分工，盡可能地減少執行緒之間的相依。良好的設計，合理的分工是多執行緒程式設計至關重要的環節。若初期隨意地設計執行緒的分工，那麼在最後，你很有可能不得不花費大量的時間來優化性能、定位 bug，甚至不得不推倒重來。

7.2 行程 ID 和執行緒 ID

在 Linux 中，目前的執行緒實作是 Nati ve POSIX Thread Library，簡稱 NPTL。在這種實現下，執行緒又被稱為羽量級行程（Light Weighted Process），每一個使用者模式的執行緒，在核心之中都對應一個排程實體，也擁有自己的行程結構（task_struct 結構）。

沒有執行緒之前，一個行程對應核心裡的一個行程結構，對應一個行程 ID。但是引入執行緒的概念之後，情況就發生了變化，一個使用者行程下管轄 N 個使用者模式執行緒，每個執行緒作為一個獨立的排程實體在核心層都有自己的行程結構，行程和核心的行程結構一下子就變成了 1：N 的關係，POSIX 標準又要求行程內的所有執行緒呼叫 getpid 函數時回傳相同的行程 ID。如何解決上述問題呢？

核心引入了執行緒組（Thread Group）的概念。

```
struct task_struct {
    ...
    pid_t pid;
    pid_t tgid
    ...
    struct task_struct *group_leader;
    ...
    struct list_head thread_group;
    ...
}
```

多執行緒的行程，又被稱為執行緒組，執行緒組內的每一個執行緒在核心之中都存在一個行程結構（task_struct）與之對應。行程結構結構中的 pid，表面上看對應的是行程 ID，其實不然，它對應的是執行緒 ID；行程結構中的 tgid，含義是 Thread Group ID，該值對應的是使用者層面的行程 ID，實際見表 7-3。

表 7-3　執行緒 ID 和行程 ID 的值

使用者層	系統呼叫	核心行程結構中對應的結構
執行緒 ID	pid_t gettid(void);	pid_t pid
行程 ID	pid_t getpid(void);	pid_t tgid

本節介紹的執行緒 ID，不同於後面會講到 pthread_t 類型的執行緒 ID，和行程 ID 一樣，執行緒 ID 是 pid_t 類型的變數，而且是用來唯一標識執行緒的一個整數型態變數。該如何查看一個執行緒的 ID 呢？

```
manu@manu-hacks:~$ ps -eLf
...
UID       PID  PPID  LWP C NLWP STIME TTY          TIME CMD
syslog    837     1  837 0    4 22:20 ?        00:00:00 rsyslogd
syslog    837     1  838 0    4 22:20 ?        00:00:00 rsyslogd
syslog    837     1  839 0    4 22:20 ?        00:00:00 rsyslogd
syslog    837     1  840 0    4 22:20 ?        00:00:00 rsyslogd
...
```

ps 命令中的-L 選項，會顯示出執行緒的如下資訊。

- LWP：執行緒 ID，即 gettid()系統呼叫的回傳值。
- NLWP：執行緒組內執行緒的個數。

所以從上面可以看出 rsyslogd 行程是多執行緒的，行程 ID 為 837，行程內有 4 個執行緒，執行緒 ID 分別為 837、838、839 和 840（如圖 7-5 所示）。

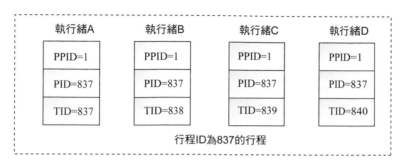

圖 7-5　行程 ID 和執行緒 ID（排程域）

已知某行程的行程 ID，該如何查看該行程內執行緒的個數及其執行緒 ID 呢？其實可以透過/proc/PID/task/目錄下的子目錄來查看，如下。因為 procfs 在 task 下會給行程的每個執行緒建立一個子目錄，目錄名為執行緒 ID。

```
manu@manu-hacks:~$ ll /proc/837/task/

總用量 0
dr-xr-xr-x 6 syslog syslog 0  4 月 16 22:32 ./
dr-xr-xr-x 9 syslog syslog 0  4 月 16 22:20 ../
dr-xr-xr-x 6 syslog syslog 0  4 月 16 22:32 837/
dr-xr-xr-x 6 syslog syslog 0  4 月 16 22:32 838/
dr-xr-xr-x 6 syslog syslog 0  4 月 16 22:32 839/
dr-xr-xr-x 6 syslog syslog 0  4 月 16 22:32 840/
```

對於執行緒，Linux 提供 gettid 系統呼叫來回傳其執行緒 ID，可惜的是 glibc 並沒有將該系統呼叫封裝起來，再開放出介面來供程式師使用。如果確實需要獲取執行緒 ID，可以採用如下方法：

```
#include <sys/syscall.h>
int TID = syscall(SYS_gettid);
```

從上面的範例來看，rsyslogd 是個多執行緒的行程，行程 ID 為 837，下面有一個執行緒的 ID 也是 837，這不是巧合。執行緒組內的第一個執行緒，在使用者模式被稱為主執行緒（main thread），在核心中被稱為 Group Leader。核心在建立第一個執行緒時，會將執行緒組 ID 的值設定成第一個執行緒的執行緒 ID，group_leader 指標則指向自身，即主執行緒的行程結構，如下。

```
/*執行緒組 ID 等於主執行緒的 ID，group_leader 指向自身*/
p->tgid = p->pid;
p->group_leader = p;
INIT_LIST_HEAD(&p->thread_group);
```

所以可以看到，執行緒組內存在一個執行緒 ID 等於行程 ID，而該執行緒即為執行緒組的主執行緒。

至於執行緒組其他執行緒的 ID 則由核心負責分配，其執行緒組 ID 總是和主執行緒的執行緒組 ID 一致，無論是主執行緒直接建立的執行緒，還是建立出來的執行緒再次建立的執行緒，都是這樣。

```
if (clone_flags & CLONE_THREAD)
        p->tgid = current->tgid;

if (clone_flags & CLONE_THREAD) {
    p->group_leader = current->group_leader;
    list_add_tail_rcu(&p->thread_group, &p->group_leader->thread_group);
}
```

透過 group_leader 指標，每個執行緒都能找到主執行緒。主執行緒存在一個串列頭，後面建立的每一個執行緒都會加入到該雙向串列中。

利用上述的結構，每個執行緒都可以輕鬆地找到其執行緒組的主執行緒（透過 group_leader 指標），另一方面，透過執行緒組的主執行緒，也可以輕鬆地遍歷其所有的組內執行緒（透過串列）。

需要強調的一點是，執行緒和行程不一樣，行程有父行程的概念，但在執行緒組裡面，所有的執行緒都是對等的關係（如圖 7-6 所示）。

- 並不是只有主執行緒才能建立執行緒，被建立出來的執行緒同樣可以建立執行緒。

- 不存在類似於 fork 函數那樣的父子關係，大家都歸屬於同一個執行緒組，行程 ID 都相等，group_leader 都指向主執行緒，而且各有各的執行緒 ID。

- 並非只有主執行緒才能呼叫 pthread_join 連接其他執行緒，同一執行緒組內的任意執行緒都可以對某執行緒執行 pthread_join 函數。

- 並非只有主執行緒才能呼叫 pthread_detach 函數，其實任意執行緒都可以對同一執行緒組內的執行緒執行分離操作。

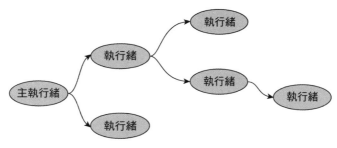

同一執行緒組內的執行緒，沒有層次關係

圖 7-6　執行緒的對等關係

7.3　pthread 函式庫介面介紹

1995 年，POSIX.1c 標準對 POSIX 執行緒 API 進行標準化，這就是我們今天看到的 pthread 函式庫的介面。

這些介面包括執行緒的建立、退出、取消和分離，以及連接已經終止的執行緒、互斥器、讀寫鎖、執行緒的條件等待等（如表 7-4 所示）。

表 7-4　POSIX 執行緒函式庫的介面

POSIX 函數	函數功能描述
pthread_create	建立一個執行緒
pthread_exit	退出執行緒
pthread_self	獲取執行緒 ID
pthread_equal	檢查兩個執行緒 ID 是否相等
pthread_join	等待中的執行緒退出
pthread_detach	設定執行緒狀態為分離狀態
pthread_cancel	執行緒的取消（將於第 8 章介紹）
pthread_cleanup_push pthread_cleanup_pop	執行緒退出，清理函數註冊和執行

上面提到的函數清單是 pthread 的基本介面，接下來的章節，將分別介紹這些介面。

7.4　執行緒的建立和標識

首先要介紹的介面是建立執行緒的介面，即 pthread_create 函數。程式開始啟動的時候，產生的行程只有一個執行緒，我們稱之為主執行緒或初始執行緒。對於單執行緒的行程而言，只存在主執行緒一個執行緒。如果想在主執行緒之外，再建立一個或多個執行緒，就需要用到這個介面了。

7.4.1 pthread_create 函數

pthread 函式庫提供如下介面來建立執行緒：

```
#include <pthread.h>

int pthread_create(pthread_t *restrict thread,
                   const pthread_attr_t *restrict attr,
                   void *(*start_routine)(void*),
                   void *restrict arg);
```

pthread_create 函數的第一個參數是 pthread_t 類型的指標，若執行緒建立成功，會將分配的執行緒 ID 填入該指標指向的位址。執行緒的後續操作將使用該值作為執行緒的唯一標識。

第二個參數是 pthread_attr_t 類型，透過該參數可以定制執行緒的屬性，比如可以指定新建執行緒堆疊的大小、排程策略等。如果建立執行緒無特殊的要求，該值也可以是 NULL，表示採用預設屬性。

第三個參數是執行緒需要執行的函數。建立執行緒，是為了讓執行緒執行特定的任務。執行緒建立成功之後，該執行緒就會執行 start_routine 函數，該函數之於執行緒，就如同 main 函數之於主執行緒。

第四個參數是新建執行緒執行的 start_routine 函數的輸入參數。

新建執行緒如果想要正常工作，則可能需要輸入參數，那麼主執行緒在呼叫 pthread_create 時，就可以將輸入參數的指標放入第四個參數以傳遞給新建執行緒。

如果執行緒的執行函數 start_routine 需要很多輸入參數，傳遞一個指標就能提供足夠的資訊嗎？答案是能。執行緒建立者（一般是主執行緒）和執行緒約定一個結構體，建立者便把資訊填入該結構體，再將結構體的指標傳遞給子行程，子行程只要解析該結構體，就能取出需要的資訊。

如果成功，則 pthread_create 回傳 0 ；如果不成功，則 pthread_create 回傳一個非 0 的錯誤碼。常見的錯誤碼如表 7-5 所示。

表 7-5　pthread_create 的錯誤碼及描述

回傳值	描述
EAGAIN	系統資源不夠，或者建立執行緒的個數超過系統對一個行程中執行緒總數的限制
EINVAL	第二個參數 attr 值不合法
EPERM	沒有合適的許可權來設定排程策略或參數

pthread_create 函數的回傳情況有些特殊，通常情況下，函式呼叫失敗，則回傳-1，並且設定 errno。pthread_create 函數則不同，它會將 errno 作為回傳值，而不是一個負值。

```
void * thread_worker(void *)
{
    printf( "I am thread worker" );
    pthread_exit(NULL)
}

pthread_t tid ;
int ret = 0;
ret = pthread_create(&tid,NULL,&thread_worker,NULL);
if(ret != 0)/*注意此處，不能用 ret < 0 作為出錯判斷*/
{
    /*ret is the errno*/
    /*error handler*/
}
```

7.4.2 執行緒 ID 及行程位址空間佈局

pthread_create 函數，會產生一個執行緒 ID，存放在第一個參數指向的位址中。該執行緒 ID 和 7.2 節分析的執行緒 ID 是一回事嗎？

答案是否定的。

7.2 節提到的執行緒 ID，屬於行程排程的範疇。因為執行緒是羽量級行程，是作業系統排程器的最小單位，所以需要一個數值來唯一標示該執行緒。

pthread_create 函數產生並記錄在第一個參數指向位址的執行緒 ID 中，屬於 NPTL 執行緒函式庫的範疇，執行緒函式庫的後續操作，就是根據該執行緒 ID 來操作執行緒的。

執行緒函式庫 NPTL 提供 pthread_self 函數，可以獲取到執行緒自身的 ID：

```
#include <pthread.h>
pthread_t pthread_self(void);
```

在同一個執行緒組內，執行緒函式庫提供介面，可以判斷兩個執行緒 ID 是否對應著同一個執行緒：

```
#include <pthread.h>
int pthread_equal(pthread_t t1, pthread_t t2);
```

回傳值是 0 時，表示兩個執行緒是同一個執行緒，非零值則表示不是同一個執行緒。

pthread_t 到底是什麼樣的資料結構呢？因為 POSIX 標準並沒有限制 pthread_t 的資料類型，所以該類型取決於實作。對於 Linux 目前使用的 NPTL 實作而言，pthread_t 類型的執行緒 ID，本質就是一個行程位址空間上的一個位址。

是時候看一下行程位址空間的佈局了。在 x86_64 平臺上，使用者位址空間約為 128TB，對於位址空間的佈局，系統有如下控制選項：

```
cat /proc/sys/vm/legacy_va_layout
0
```

該選項影響位址空間的佈局，主要是影響 mmap 區域的基底位址位置，以及 mmap 是向上還是向下增長。如果該值為 1，則 mmap 的基底位址 mmap_base 變小（約在 128T 的三分之一處），mmap 區域從低位址向高位址擴展。如果該值為 0，則 mmap 區域的基底位址在堆疊的下面（約在 128T 空間處），mmap 區域從高位址向低位址擴展。預設值為 0，佈局如圖 7-7 所示。

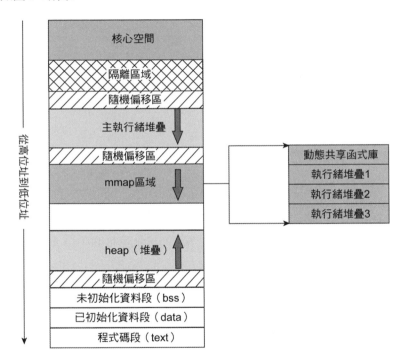

圖 7-7　多執行緒行程的位址空間

可以透過 procfs 或 pmap 命令來查看行程的位址空間的情況：

```
pmap PID
```

或者

```
cat /proc/PID/maps
```

在接近 128TB 的巨大位址空間裡面，程式碼片段、已初始化資料段、未初始化資料段，以及主執行緒的堆疊，所佔用的空間非常小，都是 KB、MB 這個數量等級的，如下：

```
manu@manu-hacks:~$ pmap 3706
3706:   ./process_map
0000000000400000      4K r-x-- process_map
0000000000601000      4K r---- process_map
0000000000602000      4K rw--- process_map
...
00007ffdd5f68000   5128K rw---    [ stack ]   /*堆疊在 128T 位置附近*/
```

由於主執行緒的堆疊大小並不是固定的,要在執行時才能確定大小(上限大概在 8MB 左右),因此,在堆疊中不能存在巨大的區域變數,另外編寫遞迴函數時一定要小心,遞迴不能太深,否則很可能耗盡堆疊空間。

如下列例子所示,無盡地遞迴,很輕易就耗盡了堆疊的空間:

```
int i = 0;

void func()
{
    int buffer[256];
    printf("i = %d\n",i);
    i++;
    func();
}

int main()
{
    func();
     sleep(100);
}
```

上面程式碼的遞迴永不停息,每次遞迴,都會消耗約 1KB(256 個 int 型為 1KB)的堆疊空間。透過執行可以看出,主執行緒堆疊最大也就在 8MB 左右:

```
i = 8053
i = 8054
i = 8055
記憶體區段錯誤(核心已轉儲)
```

行程位址空間之中,最大的兩塊位址空間是記憶體映射區域(譯按:即 mmap)和 heap。heap 的起始位址特別低,向上擴展,mmap 區域的起始位址特別高,向下擴展。

使用者呼叫 pthread_create 函數時,glibc 首先要為執行緒分配執行緒堆疊,而執行緒堆疊的位置就落在 mmap 區域。glibc 會呼叫 mmap 函數為執行緒分配堆疊空間。pthread_create 函數分配的 pthread_t 類型的執行緒 ID,不過是分配出來的空間裡的一個位址,更確切地說是一個結構的指標,如圖 7-8 所示。

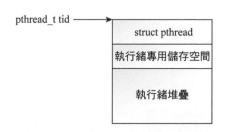

圖 7-8　執行緒 ID 其實是記憶體位址

建立兩個執行緒，將其 pthread_self() 的回傳值列印出來，輸出如下：

```
address of tid in thread-1 = 0x7f011ca12700
address of tid in thread-2 = 0x7f011c211700
```

執行緒 ID 是行程位址空間內的一個位址，要在同一個執行緒組內進行執行緒之間的比較才有意義。不同執行緒組內的兩個執行緒，哪怕兩者的 pthread_t 值是一樣的，也不是同一個執行緒，這是顯而易見的。

很有意思的一點是，pthread_t 類型的執行緒 ID 很有可能會被重複再使用。在滿足下列條件時，執行緒 ID 就有可能會被重複使用：

1. 執行緒退出。

2. 執行緒組的其他執行緒對該執行緒執行了 pthread_join，或者執行緒退出前將分離狀態設定為已分離。

3. 再次呼叫 pthread_create 建立執行緒。

為什麼 pthread_t 類型的執行緒 ID 會被重複使用呢？這點將在後面進行分析。下面透過測試來證明一下：

```
/*省略了error handler*/
void* thread_work(void* param)
{
    int TID = syscall(SYS_gettid);
    printf("thread-%d: gettid return %d\n",TID,TID);
    printf("thread-%d: pthread_self return %p\n",
            TID,(void *)pthread_self());
    printf("thread-%d: I will exit now\n",TID);

    pthread_exit(NULL);
    return NULL;
}

int main(int argc ,char* argv[])
{
    pthread_t tid = 0;
        int ret
    ret = pthread_create(&tid,NULL,thread_work,NULL);
    ret = pthread_join(tid,NULL);
    ret = pthread_create(&tid,NULL,thread_work,NULL);
    ret = pthread_join(tid,NULL);
    return 0;
}
```

輸出結果如下：

```
thread-4158: gettid return 4158
thread-4158: pthread_self return 0x7f43a27d0700
thread-4158: I will exit now
thread-4159: gettid return 4159
```

```
thread-4159: pthread_self return 0x7f43a27d0700
thread-4159: I will exit now
```

從輸出結果上看，對於 pthread_t 類型的執行緒 ID，雖然在同一時刻不會存在兩個執行緒的 ID 值相同，但是如果執行緒退出了，重新建立的執行緒很可能重複使用同一個 pthread_t 類型的 ID。從這個角度看，如果要設計除錯日誌，用 pthread_t 類型的執行緒 ID 來標識行程就不太合適了。用 pid_t 類型的執行緒 ID 則是一個比較不錯的選擇。

```
#include <sys/syscall.h>
int TID = syscall(SYS_gettid);
```

採用 pid_t 類型的執行緒 ID 來當作唯一標識有以下優勢：

- 回傳類型是 pid_t 類型，行程之間不會存在重複的執行緒 ID，而且不同執行緒之間也不會重複，在任意時刻都是全域唯一的值。

- procfs 中記錄執行緒的相關資訊，可以方便地查看/proc/pid/task/tid 來獲取執行緒對應的資訊。

- ps 命令提供查看執行緒資訊的-L 選項，可以透過輸出中的 LWP 和 NLWP，來查看同一個執行緒組的執行緒個數及執行緒 ID 的信息。

另外一個比較有意思的功能是我們可以給執行緒起一個有意義的名字，命名以後，既可以從 procfs 中獲取到執行緒的名字，也可以從 ps 命令中得到執行緒的名字，這樣就可以更好地辨識不同的執行緒。

Linux 提供 prctl 系統呼叫：

```
#include <sys/prctl.h>
int  prctl(int  option,  unsigned  long arg2,
            unsigned long arg3 , unsigned long arg4,
            unsigned long arg5)
```

這個系統呼叫和 ioctl 非常類似，透過 option 來控制系統呼叫的行為。當需要給執行緒設定名字的時候，只需要將 option 設為 PR_SET_NAME，同時將執行緒的名字作為 arg2 傳遞給 prctl 系統呼叫即可，這樣就能給執行緒命名了。

下面是範例程式：

```
void thread_setnamev(const char* namefmt, va_list args)
{
    char name[17];
    vsnprintf(name, sizeof(name), namefmt, args);
    prctl(PR_SET_NAME, name, NULL, NULL, NULL);
}

void thread_setname(const char* namefmt, ...)
{
    va_list args;
    va_start(args, namefmt);
```

```
    thread_setnamev(namefmt, args);
    va_end(args);
}

    thread_setname("BEAN-%d",num);
```

這裡共建立了四個執行緒，按照呼叫 pthread_create 的順序，將 0、1、2、3 作為參數傳遞給執行緒，然後呼叫 prctl 給每個執行緒起名字：分別為 BEAN-0、BEAN-1、BEAN-2 和 BEAN-3。命名以後可以透過 ps 命令來查看執行緒的名字：

```
manu@manu-hacks:~$ ps -L -p 3454
PID    LWP TTY          TIME CMD
3454  3454 pts/0    00:00:00 pthread_tid
3454  3455 pts/0    00:00:00 BEAN-0
3454  3456 pts/0    00:00:00 BEAN-1
3454  3457 pts/0    00:00:00 BEAN-2
3454  3458 pts/0    00:00:00 BEAN-3
manu@manu-hacks:~$ cat /proc/3454/task/3457/status
Name:       BEAN-2
State:      S (sleeping)
Tgid:       3454
```

這是一個很有用的技巧。給執行緒命名，就可以很直接地區分各個執行緒，尤其是當下執行緒比較多，且其分工不同的情況下。

7.4.3 執行緒建立的預設屬性

執行緒建立的第二個參數是 pthread_attr_t 類型的指標，pthread_attr_init 函數會將執行緒的屬性重置成預設值。

```
pthread_attr_t    attr;
pthread_attr_init(&attr);
```

在建立執行緒時，透過重置屬性，或者傳遞 NULL，都可以建立一個具有預設屬性的執行緒，見表 7-6。

表 7-6　執行緒的屬性及預設值

屬性	預設值	說明
contentionscope	PTHREAD_SCOPE_SYSTEM	行程排程相關，NPTL 實作中，執行緒只支援在作業系統範圍內競爭 CPU 資源
detachstate	PTHREAD_CREATE_JOINABLE	可分離狀態，詳情請見 pthread_join 章節（7.6.1 節）
stackaddr	NULL	不指定執行緒堆疊的基址，由系統決定堆疊基址
stacksize	8196(KB)	預設執行緒堆疊大小為 8MB（ulimit -s 查看）
guardsize	PAGESIZE	警戒緩衝區

屬性	預設值	說明
priority	0	行程排程相關,優先權為 0
policy	SCHED_OTHER	行程排程相關,排程策略為 SCHED_OTHER
inheritsched	PTHREAD_INHERIT_SCHED	行程排程相關,繼承啟動行程的排程策略

說明文件中有一個如何顯示執行緒屬性的例子,若你需要顯示執行緒的屬性,則可以參考說明文件。

本節現在來介紹執行緒堆疊的基底位址和大小。預設情況下,執行緒堆疊的大小為 8MB:

```
manu@manu-hacks:~$ ulimit -s
8192
```

呼叫 pthread_attr_getstack 函數可以回傳執行緒堆疊的基底位址和堆疊的大小。出於可移植性的考慮不建議指定執行緒堆疊的基底位址。但是有時候會有修改執行緒堆疊的大小的需要。

一個執行緒需要分配 8MB 左右的堆疊空間,就決定了不可能無限地建立執行緒,在行程位址空間受限的 32 位元系統裡尤為如此。在 32 位元系統下,3GB 的使用者位址空間決定了能建立執行緒的個數不會太多。如果確實需要很多的執行緒,可以呼叫介面來調整執行緒堆疊的大小:

```
#include <pthread.h>
int pthread_attr_setstacksize(pthread_attr_t *attr,
                              size_t stacksize);
int pthread_attr_getstacksize(pthread_attr_t *attr,
                              size_t *stacksize);
```

7.5　執行緒的退出

有生就有滅,執行緒執行完任務,也需要終止。

下面的三種方法中,執行緒會終止,但是行程不會終止(如果執行緒不是行程裡的最後一個執行緒的話):

- 建立執行緒時的 start_routine 函數執行了 return,並且回傳指定值。
- 執行緒呼叫 pthread_exit。
- 其他執行緒呼叫 pthread_cancel 函數取消了該執行緒(詳見第 8 章)。

如果執行緒組中的任何一個執行緒呼叫 exit 函數,或者主執行緒在 main 函數中執行 return 語句,那麼整個執行緒組內的所有執行緒都會終止。

值得注意的是，pthread_exit 和執行緒啟動函數（start_routine）執行 return 是有區別的。在 start_routine 中呼叫的任何層級的函數執行 pthread_exit() 都會引發執行緒退出，而 return，只能是在 start_routine 函數內執行才能導致執行緒退出。

```
void* start_routine(void* param)
{
    …
    foo();
    bar();
    return NULL;
}
void foo()
{
    ...
    pthread_exit(NULL);
}
```

如果 foo 函數執行 pthread_exit 函數，則執行緒會立刻退出，後面的 bar 就會沒有機會執行。

下面來看看 pthread_exit 函數的定義：

```
#include <pthread.h>
void pthread_exit(void *value_ptr);
```

value_ptr 是一個指標，存放執行緒的 "臨終遺言"。執行緒組內的其他執行緒可以透過呼叫 pthread_join 函數接收這個位址，從而獲取到退出執行緒的臨終遺言。如果執行緒退出時沒有什麼遺言，則可以直接傳遞 NULL 指標，如下所示：

```
pthread_exit(NULL);
```

但是這裡有一個問題，就是不能將遺言存放到執行緒的區域變數裡，因為如果使用者寫的執行緒函數退出了，執行緒函數堆疊上的區域變數可能就不復存在，執行緒的臨終遺言也就無法被接收者讀到，範例如下。

```
void* thread_work(void* param)
{
    int ret = -1;
    ret = whatever();
    pthread_exit(&ret);
}
```

上述用法是一種典型的錯誤用法，因為當執行緒退出時，執行緒堆疊已經不復存在，上面的 ret 變數也已經無法存取。那我們應該如何正確地傳遞回傳值呢？

- 如果是 int 型的變數，則可以使用 "pthread_exit((int*) ret);"。
- 使用全域變數回傳。

- 將回傳值填入到用 malloc 在 heap 上分配的空間裡。

- 使用字串常數，如 pthread_exit("hello,world")。

第一種是 tricky 的做法，我們將回傳值 ret 進行強制類型轉換（int*(ret)），再透過 pthread_exit 傳遞出去，而接受方收到以後，不應將收到的值作為位址使用，而是再把回傳值強制轉換還原成 int，從而獲得返回值 ret。這種方法雖然可行，但是太 tricky，所以不推薦使用這種方法。而且 C 標准沒有承諾將 int 型強制轉換成指標，或是指標強制轉換成 int 型，資料會一直保持不變。

對指針用法不熟的初學者，第一種方案並不好理解，我以間諜電影中常用的橋段來打個比方。

如果通訊的雙方知道已被敵人監控，信件隨時會被敵人截獲和篡改，那麼通訊的雙方經常約定，如果信封上寫著 "李彬吾兄 親啟"，那麼行動計畫取消，如果信封上寫著 "李彬吾弟 親啟"，那麼行動計畫照舊，至於信件裡面的內容，並不重要。

對應我們第一種用法，位址本身即返回值（如同例子中的信封本身即為傳遞的資訊），至於指標指向的物件的值（信封裡面的信件內容），接收者並不會去獲取和查看。

第二種方法使用全域變數，其他執行緒呼叫 pthread_join 時也可見這個變數。

第三種方法是用 malloc，在 heap 上分配空間，然後將回傳值填入其中。因為 heap 上的空間不會隨著執行緒的退出而釋放，所以 pthread_join 可以取出回傳值。切莫忘記釋放該空間，否則會引起記憶體洩漏。

第四種方法之所以可行，是因為字串常數有靜態常數的生存期限。

傳遞執行緒的回傳值，除了 pthread_exit 函數可以做到，執行緒的啟動函數（start_routine 函數）return 也可以做到，兩者的資料類型要保持一致，都是 void *類型。這也解釋了為什麼執行緒的啟動函數 start_routine 的回傳值總是 void *類型，如下：

```
void pthread_exit(void *retval);
void * start_routine(void *param)
```

執行緒退出有一種比較有意思的場景，即執行緒組的其他執行緒仍在執行的情況下，主執行緒卻呼叫 pthread_exit 函數退出。這會發生什麼事情？

首先要說明的是這不是常規的做法，但是如果真的這樣做，則主執行緒將進入僵屍狀態，而其他執行緒則不受影響，會繼續執行，如下。第 4 章曾經分析過這種場景。

```
root@newtest-1:~# ps -eL |grep thread_id
  62404   62404 pts/1    00:00:00 thread_id <defunct>
  62404   62405 pts/1    00:00:00 thread_id
  62404   62406 pts/1    00:00:00 thread_id
```

7.6 執行緒的連接與分離

7.6.1 執行緒的連接

7.5 節提到過執行緒退出時是可以有回傳值的，那麼如何取到執行緒退出時的回傳值呢？執行緒函式庫提供 pthread_join 函數，用來等待某執行緒的退出並接收它的回傳值。這種操作被稱為連接（joining）。

相關函數的介面定義如下：

```
#include <pthread.h>

int pthread_join(pthread_t thread, void **retval);
```

該函數第一個參數為要等待的執行緒的執行緒 ID，第二個參數用來接收回傳值。根據等待的執行緒是否退出，可得到如下兩種情況：

- 等待的執行緒尚未退出，則 pthread_join 的呼叫執行緒就會深入阻塞。
- 等待的執行緒已經退出，則 pthread_join 函數會將執行緒的退出值（void *類型）存放到 retval 指標指向的位置。

執行緒的連接（join）操作有點類似於行程等待子行程退出的等待（wait）操作，但細細想來，還是有不同之處：

第一點不同之處是行程之間的等待只能是父行程等待子行程，而執行緒則不然。執行緒組內的成員是對等的關係，只要是在一個執行緒組內，就可以對另外一個執行緒執行連接（join）操作。如圖 7-9 所示，執行緒 F 一樣可以連接執行緒 A。

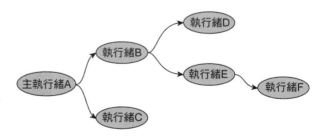

圖 7-9　執行緒的連接無等級關係

第二點不同之處是行程可以等待任一子行程的退出（用下面的程式碼不難做到），但是執行緒的連接操作沒有類似的介面，即不能連接執行緒組內的任一執行緒，必須明確指明要連接的執行緒的執行緒 ID。

```
wait(&status);
waitpid(-1,&status,optioins)
```

pthread_join 不能連接執行緒組內任意執行緒的做法，並不是 NPTL 執行緒函式庫設計上的瑕疵，而是有意為之的。如果聽任執行緒連接執行緒組內的任意執行緒，那麼所謂的任意執行緒就會包括其他函式庫函數私自建立的執行緒，當函式庫函數嘗試連接（join）私自建立的執行緒時，發現已經被連接過，就會回傳 EINVAL 錯誤。如果函式庫函數需要根據回傳值來確定接下來的流程，這會引發嚴重的問題。正確的做法是，連接已知執行緒 ID 的執行緒，就像 pthread_join 函數那樣。

下面來分析出錯的情況，當呼叫失敗時，和 pthread_create 函數一樣，errno 作為回傳值回傳。錯誤碼的情況見表 7-7。

表 7-7　pthread_join 的錯誤碼和說明

回傳值	說明
ESRCH	傳入的執行緒 ID 不存在，查無此執行緒
EINVAL	執行緒不是一個可連接（joinable）的執行緒
EINVAL	已經有其他執行緒捷足先登，連接目標執行緒
EDEADLK	鎖死，如自己連接自己，或者 A 連接 B，B 又連接 A

pthread_join 函數之所以能夠判斷是否鎖死和連接操作是否被其他執行緒捷足先登，是因為目標執行緒的控制結構體 struct pthread 中，存在如下成員變數，記錄了該執行緒的連接者。

```
struct pthread *joinid;
```

該指標存在三種可能，如下。

- NULL：執行緒是可連接的，但是尚沒有其他執行緒呼叫 pthread_join 來連接它。

- 指向執行緒自身的 struct pthread ：表示該執行緒屬於自我了斷型，執行過分離操作，或者建立執行緒時，設定的分離屬性為 PTHREAD_CREATE_DETACHED，一旦退出，則自動釋放所有資源，無需其他執行緒來連接。

- 指向執行緒組內其他執行緒的 struct pthread：表示 joinid 對應的執行緒會負責連接。

因為有了該成員變數來記錄執行緒的連接者，所以可以判斷如下場景，如圖 7-10 所示。

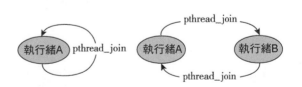

圖 7-10　可能回傳 EDEADLK 的場景

第一種場景，執行緒 A 連接執行緒 A，pthread_join 函數一定會回傳 EDEADLK。但是第二種場景，大部分情況下會回傳 EDEADLK，不過也有例外。不論如何，不建議兩個執行緒互相連接。

如果兩個執行緒幾乎同時對處於可連接狀態的執行緒執行連接操作會怎麼樣？

答案是只有一個執行緒能夠成功，另一個則回傳 EINVAL。

NPTL 提供原子性的保證：

```
(atomic_compare_and_exchange_bool_acq(&pd->joined,self,NULL)
```

- 如果是 NULL，則設定成呼叫執行緒的執行緒 ID，CAS 操作（Compare And Swap）是原子操作，不可分割，決定了只有一個執行緒能成功。
- 如果 joinid 不是 NULL，表示該執行緒已經被別的執行緒連接，或者正處於已分離的狀態，在這兩種情況下，都會回傳 EINVAL。

7.6.2 為什麼要連接執行緒？

不連接執行緒會怎麼樣？

如果不連接執行緒，會導致執行緒退出後資源無法釋放。所謂資源指的又是什麼呢？

下面透過一個測試來讓事實說話。測試類比下面兩種情況：

- 主執行緒並不執行連接操作，待確定建立的第一個執行緒退出後，再建立第二個執行緒。
- 主執行緒執行連接操作，等到第一個執行緒退出後，再建立第二個執行緒。

按照時間線來發展，如圖 7-11 所示。

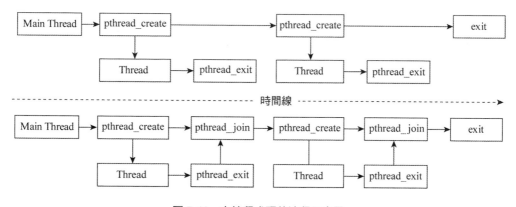

圖 7-11　本節程式碼的流程示意圖

下面是程式碼部分，為了簡化程式和便於理解，使用 sleep 操作來確保建立的第一個執行緒退出後，再來建立第二個執行緒。須知 sleep 並不是用來實作同步安全的，在真正的專案程式碼中，用 sleep 函數來同步執行緒是不可原諒的。

```
#define _GNU_SOURCE

#include <stdio.h>
```

```c
#include <stdlib.h>
#include <unistd.h>
#include <pthread.h>
#include <string.h>
#include <errno.h>
#include <sys/syscall.h>
#include <sys/types.h>

#define NR_THREAD 1
#define ERRBUF_LEN 4096

void* thread_work(void* param)
{

    int TID = syscall(SYS_gettid);

    printf("thread-%d IN \n",TID);
    printf("thread-%d pthread_self return %p \n",TID,(void*)pthread_self());

    sleep(60);

    printf("thread-%d EXIT \n",TID);

    return NULL;
}

int main(int argc ,char* argv[])
{
    pthread_t tid[NR_THREAD];
    pthread_t tid_2[NR_THREAD];
    char errbuf[ERRBUF_LEN];
    int i, ret;

    for(i = 0 ; i < NR_THREAD ; i++)
    {

        ret = pthread_create(&tid[i],NULL,thread_work,NULL);
        if(ret != 0)
        {
            fprintf(stderr,"create thread failed ,return %d (%s)\n",ret,strerror_r
                (ret,errbuf,sizeof(errbuf)));
        }
    }

#ifdef NO_JOIN
    sleep(100);/*sleep 是為了確保執行緒退出之後，再來重新建立執行緒*/
#else
    printf("join thread Begin\n");
    for(i = 0 ; i < NR_THREAD; i++)
    {
        pthread_join(tid[i],NULL);
    }
#endif
```

```
    for(i = 0 ; i < NR_THREAD ; i++)
    {
        ret = pthread_create(&tid_2[i],NULL,thread_work,NULL);
        if(ret != 0)
        {
            fprintf(stderr,"create thread failed ,return %d (%s)\n",ret,strerror_r
                (ret,errbuf,sizeof(errbuf)));
        }
    }

    sleep(1000);
    exit(0);
}
```

根據編譯選項 NO_JOIN，將程式編譯成以下兩種情況：

- 編譯加上–DNO_JOIN ：主線不執行 pthread_join，主執行緒透過 sleep 足夠的時間，來確保第一個執行緒退出以後，再建立第二個執行緒。

- 不加 NO_JOIN 編譯選項：主執行緒負責連接執行緒，第一個執行緒退出以後，再來建立第二個執行緒。

下面按照編譯選項，分別編出 pthread_no_join 和 pthread_has_join 兩個程式：

```
gcc -o pthread_no_join pthread_join_cmp.c -DNO_JOIN -lpthread
gcc -o pthread_has_join pthread_join_cmp.c          -lpthread
```

首先說說 pthread_no_join 的情況，當建立了第一個執行緒時：

```
manu@manu-hacks:~/code/me/thread$ ./pthread_no_join
thread-12876 IN
thread-12876 pthread_self return 0x7fe0c842b700
```

從輸出可以看到，建立了第一個執行緒，其執行緒 ID 為 12876，透過 pmap 和 procfs 可以看到系統為該執行緒分配了 8MB 的位址空間：

```
manu@manu-hacks:~$ pmap 12875
00007fe0c7c2b000      4K -----    [ anon ]
00007fe0c7c2c000   8192K rw---    [ anon ]

manu@manu-hacks:~$ cat /proc/12875/maps
7fe0c7c2b000-7fe0c7c2c000 ---p 00000000 00:00 0
7fe0c7c2c000-7fe0c842c000 rw-p 00000000 00:00 0                    [stack:12876]
```

當執行緒 12876 退出，建立新的執行緒時：

```
thread-12876 EXIT
thread-13391 IN
thread-13391 pthread_self return 0x7fe0c7c2a700
```

此時查看行程的位址空間：

```
00007fe0c742a000      4K -----     [ anon ]
00007fe0c742b000   8192K rw---     [ anon ]
00007fe0c7c2b000      4K -----     [ anon ]
00007fe0c7c2c000   8192K rw---     [ anon ]

7fe0c742a000-7fe0c742b000 ---p 00000000 00:00 0
7fe0c742b000-7fe0c7c2b000 rw-p 00000000 00:00 0                    [stack:13391]
7fe0c7c2b000-7fe0c7c2c000 ---p 00000000 00:00 0
7fe0c7c2c000-7fe0c842c000 rw-p 00000000 00:00 0
```

從上面的輸出可以看出兩點：

1. 已經退出的執行緒，其空間沒有被釋放，仍然在行程的位址空間之內。

2. 新建立的執行緒，沒有重複使用剛才退出的執行緒的位址空間。

如果僅僅是情況 1，尚可以理解，但是 1 和 2 同時發生，既不釋放，也不重複再使用，這就不能忍受，因為這已經屬於記憶體洩漏。試想如下場景：FTP Server 採用 thread per connection 的模型，每接受一個連接就建立一個執行緒為之服務，服務結束後，連接斷開，執行緒退出。但執行緒退出，執行緒堆疊消耗的空間仍不能釋放，不能重複使用，久而久之，記憶體耗盡，再也不能建立執行緒，也無法再提供 FTP 服務。

之所以不能重複使用，原因就在於沒有對退出的執行緒執行連接操作。接下來看看主執行緒呼叫 pthread_join 的情況：

```
manu@manu-hacks:~/code/me/thread$ ./pthread_has_join
join thread Begin
thread-14581 IN
thread-14581 pthread_self return 0x7f726020f700
thread-14581 EXIT
thread-14871 IN
thread-14871 pthread_self return 0x7f726020f700
thread-14871 EXIT
```

兩次建立的執行緒，pthread_t 類型的執行緒 ID 完全相同，看起來好像前面退出的堆疊空間被重複使用，事實也的確如此：

```
manu@manu-hacks:~$ cat /proc/14580/maps
7f725fa0f000-7f725fa10000 ---p 00000000 00:00 0
7f725fa10000-7f7260210000 rw-p 00000000 00:00 0                    [stack:14581]
```

12581 退出後，執行緒堆疊被後建立的執行緒重複使用：

```
manu@manu-hacks:~$ cat /proc/14580/maps
7f725fa0f000-7f725fa10000 ---p 00000000 00:00 0
7f725fa10000-7f7260210000 rw-p 00000000 00:00 0                    [stack:14871]
[stack:14871]
```

透過前面的比較，可以看出執行連接操作的重要性：如果不執行連接操作，執行緒的資源就不能被釋放，也不能被重複使用，這就造成資源的洩漏。

當執行緒組內的其他執行緒呼叫 pthread_join 連接退出執行緒時，內部會呼叫 __free_tcb 函數，該函數會負責釋放退出執行緒的資源。

值得一提的是，縱然呼叫 pthread_join，也並沒有立即呼叫 munmap 來釋放掉退出執行緒的堆疊，它們是被後建的執行緒重複使用，這是 NPTL 執行緒函式庫的設計。釋放執行緒資源的時候，NPTL 認為行程可能再次建立執行緒，而頻繁地 munmap 和 mmap 會影響性能，所以 NPTL 將該堆疊緩衝起來，放到一個串列之中，如果有新的建立執行緒的請求，NPTL 會首先在堆疊緩衝串列中尋找空間合適的堆疊，若有，直接將該堆疊分配給新建立的執行緒。

始終不將執行緒堆疊歸還給系統也不合適，所以緩衝的堆疊大小有上限，預設是 40MB，如果緩衝的執行緒堆疊空間總和大於 40MB，NPTL 就會掃描串列中的執行緒堆疊，呼叫 munmap 將一部分空間歸還給系統。

7.6.3　執行緒的分離

預設情況下，新建立的執行緒處於可連接（Joinable）的狀態，可連接狀態的執行緒退出後，仍需要對其執行連接操作，否則執行緒資源無法釋放，從而造成資源洩漏。

如果其他執行緒並不關心執行緒的回傳值，那麼連接操作就會變成一種負擔：你不需要它，但是不去執行連接操作又會造成資源洩漏。這時候你想要的只是：執行緒退出時，系統自動將執行緒相關的資源釋放掉，無須等待連接。

NPTL 提供 pthread_detach 函數來將執行緒設定成已分離（detached）的狀態，如果執行緒處於已分離的狀態，則執行緒退出時，系統將負責回收執行緒的資源，如下：

```
#include <pthread.h>
int pthread_detach(pthread_t thread);
```

可以是執行緒組內其他執行緒對目標執行緒進行分離，也可以是執行緒自己執行 pthread_detach 函數，將自身設定成已分離的狀態，如下：

```
pthread_detach(pthread_self())
```

執行緒的狀態之中，可連接狀態和已分離狀態是衝突的，一個執行緒不能既是可連接的，又是已分離的。因此，如果執行緒處於已分離的狀態，其他執行緒嘗試連接執行緒時，會回傳 EINVAL 錯誤。

pthread_detach 出錯的情況如表 7-8 所示。

表 7-8 pthread_detach 的錯誤碼和說明

回傳值	說明
ESRCH	傳入的執行緒 ID 不存在，查無此執行緒
EINVAL	執行緒不是一個可連接（joinable）的執行緒，已經處於已分離狀態

需要強調的是，不要誤解已分離狀態的內涵。所謂已分離，並不是指執行緒失去控制，不歸執行緒組管理，而是指執行緒退出後，系統會自動釋放執行緒資源。若執行緒組內的任意執行緒執行 exit 函數，即使是已分離的執行緒，也仍然會受到影響，一併退出。

將執行緒設定成已分離狀態，並非只有 pthread_detach 一種方法。另一種方法是在建立執行緒時，將執行緒的屬性設定為已分離：

```
#include <pthread.h>

int pthread_attr_setdetachstate(pthread_attr_t *attr,
                                int detachstate);
int pthread_attr_getdetachstate(pthread_attr_t *attr,
                                int *detachstate);
```

其中 detachstate 的可能值如表 7-9 所示。

表 7-9 分離狀態的合法值

分離狀態的可選值	說明
PTHREAD_CREATE_JOINABLE	預設情況，表示建立出來的執行緒會處於可連接的狀態
PTHREAD_CREATE_DETACHED	表示建立出來的執行緒，會處於已分離的狀態

有了這個，如果確實不關心執行緒的回傳值，可以在建立執行緒之初，就指定其分離屬性為 PTHREAD_CREATE_DETACHED。

7.7 互斥器

7.7.1 為什麼需要互斥器？

大部分情況下，執行緒使用的資料都是區域變數，變數的位址在執行緒堆疊空間內，這種情況下，變數歸屬於單一執行緒，其他執行緒無法獲取到這種變數。

如果所有的變數都是如此，將會省去無數的麻煩。但實際的情況是，很多變數都是多個執行緒共用的，這樣的變數稱為共用變數（shared variable）。可以透過資料的共用，完成多個執行緒之間的互動。

但是多個執行緒可能同時操作共用變數，會帶來一些問題。

下面來看一個例子，如圖 7-12 所示。

如果存在 4 個執行緒，不加任何同步措施，共同操作一個全域變數 global_cnt，假設每個執行緒執行 1000 萬次自加操作，將會發生什麼事情呢？4 個執行緒結束時，global_cnt 等於幾？

這個問題看起來是小學題目，當然是 4000 萬，但實際結果又如何呢？

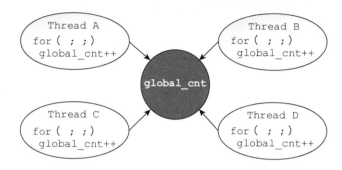

圖 7-12　多執行緒操作全域變數

```c
#define _GNU_SOURCE

#include <stdio.h>
#include <stdlib.h>
#include <unistd.h>
#include <pthread.h>
#include <string.h>
#include <errno.h>
#include <sys/types.h>

#define LOOP_TIMES 10000000
#define NR_THREAD  4

pthread_rwlock_t rwlock;
int global_cnt = 0;

void* thread_work(void* param)
{
    int i;

    pthread_rwlock_rdlock(&rwlock);
    for(i = 0 ; i < LOOP_TIMES; i++ )
    {
        global_cnt++;
    }
    pthread_rwlock_unlock(&rwlock);

    return NULL;
}
```

```c
int main(int argc ,char* argv[])
{
    pthread_t tid[NR_THREAD];
    char err_buf[1024];
    int i, ret;

    ret = pthread_rwlock_init(&rwlock,NULL);
    if(ret)
    {
        fprintf(stderr,"init rw lock failed (%s)\n",strerror_r(ret,err_buf,
            sizeof(err_buf)));
        exit(1);
    }

    pthread_rwlock_wrlock(&rwlock);

    for(i = 0 ; i < NR_THREAD ; i++)
    {

        ret = pthread_create(&tid[i],NULL,thread_work,NULL);
        if(ret != 0)
        {
            fprintf(stderr,"create thread failed ,return %d (%s)\n",
                ret,strerror_r(ret,err_buf,sizeof(err_buf)));

        }
    }

    pthread_rwlock_unlock(&rwlock);

    for(i = 0 ; i < NR_THREAD; i++)
    {
        pthread_join(tid[i],NULL);
    }

    pthread_rwlock_destroy(&rwlock);

    printf("thread num       : %d\n",NR_THREAD);
    printf("loops per thread : %d\n",LOOP_TIMES);
    printf("expect result    : %d\n",LOOP_TIMES*NR_THREAD);
    printf("actual result    : %d\n",global_cnt);

    exit(0);

}
```

上面的程式碼中，引入讀寫鎖來確保執行緒位於同一起跑線，同時開始執行自加操作，不受執行緒建立先後順序的影響。建立 4 個執行緒之前，主執行緒先占住讀寫鎖的寫鎖，任一執行緒建立好之後，要先申請讀鎖，申請成功方能執行 global_cnt++，但是寫鎖已經被主執行緒佔據，所以無法執行。待 4 個執行緒都建立成功後，主執行緒會釋放寫鎖，從而保證4個執行緒一起執行。

執行結果又如何呢？來看看：

```
thread num        : 4
loops per thread  : 10000000
expect result     : 40000000
actual result     : 11115156
```

結果並不是期待的 4000 萬，而是 11115156，一個很奇怪的數字。而且每次執行，最後的結果都不相同。

為什麼無法獲得正確的結果？

看一下組語程式碼，先透過如下指令讀取到組語程式碼：

```
objdump -d pthread_no_sync > pthread_no_sync.objdump
```

然後在組語程式碼中取出 global_cnt++ 這部分程式碼相關的組語程式碼，如下指令：

```
40098c:   8b 05 1a 07 20 00    mov    0x20071a(%rip),%eax   # 6010ac <global_cnt>
400992:   83 c0 01             add    $0x1,%eax
400995:   89 05 11 07 20 00    mov    %eax,0x200711(%rip)   # 6010ac <global_cnt>
```

++操作，並不是一個原子操作（atomic operation），而是對應如下三條組語指令。

- Load：將共用變數 global_cnt 從記憶體載入進暫存器，簡稱 L。
- Update：更新暫存器裡面的 global_cnt 值，執行加 1 操作，簡稱 U。
- Store：將新的值，從暫存器寫回到共用變數 global_cnt 的記憶體位址，簡稱為 S。

將上述情況用虛擬碼表示，即如下情況：

```
L 操作：register = global_cnt
U 操作：register = register + 1
S 操作：global_cnt = register
```

以兩個執行緒為例，如果兩個執行緒的執行如圖 7-13 所示，就會引發結果不一致：執行兩次++操作，最終的結果卻只加了 1。

上面的例子表明，應該避免多個執行緒同時操作共用變數，對於共用變數的存取，包括讀取和寫入，都必須被限制為每次只有一個執行緒來執行。

用更詳細的語言來描述，解決方案需要能夠做到以下三點。

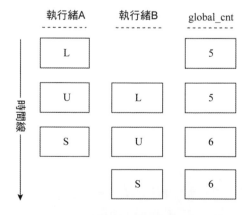

圖 7-13　多執行緒操作全域變數結果出錯的原因

1. 程式碼必須要有互斥的行為：當一個執行緒正在臨界區中執行時，不允許其他執行緒進入該臨界區中。

2. 如果多個執行緒同時要求執行臨界區的程式碼，並且目前臨界區並沒有執行緒在執行，則只能允許一個執行緒進入該臨界區。

3. 如果執行緒不在臨界區中執行，則該執行緒不能阻止其他執行緒進入臨界區。

上面說了這麼多，其實就是一句話，我們需要一把鎖（如圖 7-14 所示）。

鎖是一個很普遍的需求，當然使用者可以自行實作鎖來保護臨界區。但是實作一個正確並且高效的鎖非常困難。縱然拋下高效不談，讓使用者從零開始實作一個正確的鎖也並不容易。正是因為這種需求具有普遍性，所以 Linux 提供了互斥器。

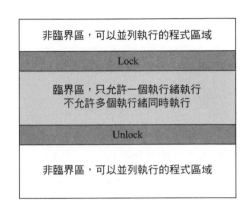

圖 7-14　用鎖來保護臨界區

7.7.2　互斥器的介面

1. 互斥器的初始化

互斥器採用的是英文 mutual exclusive（互相排斥之意）的縮寫，即 mutex。

正確地使用互斥器來保護共用資料，首先要定義和初始化互斥器。POSIX 提供了兩種初始化互斥器的方法。

第一種方法是將 PTHREAD_MUTEX_INITIALIZER 賦值給定義的互斥器，如下：

```
#include <pthread.h>
pthread_mutex_t mutex = PTHREAD_MUTEX_INITIALIZER;
```

如果互斥器是動態分配的，或者需要設定互斥器的屬性，則上述靜態初始化的方法就不適用。NPTL 提供另外的函數 pthread_mutex_init() 對互斥器進行動態的初始化：

```
int pthread_mutex_init(pthread_mutex_t *restrict mutex,
                  const pthread_mutexattr_t *restrict attr);
```

第二個 pthread_mutexattr_t 指標的輸入參數，是用來設定互斥器的屬性的。大部分情況下，並不需要設定互斥器的屬性，傳遞 NULL 即可，表示使用互斥器的預設屬性。

呼叫 pthread_mutex_init() 之後，互斥器處於沒有加鎖的狀態。

2. 互斥器的銷毀

在確定不再需要互斥器時，就要銷毀它。在銷毀之前，有三點需要注意：

- 使用 PTHREAD_MUTEX_INITIALIZER 初始化的互斥器無須銷毀。

- 不要銷毀一個已加鎖的互斥器，或者是正在配合條件變數使用的互斥器。

- 已經銷毀的互斥器，要確保後面不會有執行緒再嘗試加鎖。

銷毀互斥器的介面如下：

```
int pthread_mutex_destroy(pthread_mutex_t *mutex);
```

當互斥器處於已加鎖的狀態，或者正在和條件變數配合使用，呼叫 pthread_mutex_destroy 函數會回傳 EBUSY 錯誤碼。

3. 互斥器的加鎖和解鎖

POSIX 提供如下介面：

```
int pthread_mutex_lock(pthread_mutex_t *mutex);
int pthread_mutex_trylock(pthread_mutex_t *mutex);
int pthread_mutex_unlock(pthread_mutex_t *mutex);
```

在呼叫 pthread_lock() 的時候，可能會遭遇以下幾種情況：

- 互斥器處於未鎖定的狀態，該函數會將互斥器鎖定，同時回傳成功。

- 發起函式呼叫時，其他執行緒已鎖定互斥器，或者存在其他執行緒同時申請互斥器，但沒有競爭到互斥器，則 pthread_lock() 呼叫會深入阻塞，等待互斥器解鎖。

在等待的過程中，如果已持有互斥器的執行緒，進行互斥器解鎖，可能會發生如下事件：

  - 執行緒是唯一等待者，獲得互斥器，成功回傳。

  - 執行緒不是唯一等待者，但成功獲得互斥器，回傳。

  - 執行緒不是唯一等待者，沒能獲得互斥器，繼續阻塞，等待下一輪。

- 如果在呼叫 pthread_lock() 執行緒時，之前已經呼叫過 pthread_lock() 且已經持有互斥器，則根據互斥鎖的類型，存在以下三種可能。

  - PTHREAD_MUTEX_NORMAL ：這是預設類型的互斥鎖，這種情況下會發生鎖死，呼叫執行緒永久阻塞，執行緒組的其他執行緒也無法申請到該互斥器。

  - PTHREAD_MUTEX_ERRORCHECK ：第二次呼叫 pthread_mutex_lock 函數時回傳 EDEADLK。

  - PTHREAD_MUTEX_RECURSIVE ：這種類型的互斥鎖內部維護有引用計數，允許鎖的持有者再次呼叫加鎖操作。

有了互斥器，重新執行 7.7.1 節的程式，將 global_cnt++ 改寫成：

```
pthread_mutex_lock(&mutex);
global_cnt++;
pthread_mutex_lock(&mutex);
```

使用互斥器之後，程式獲取正確的執行結果：

```
thread num       : 4
loops per thread : 10000000
expect result    : 40000000
actual result    : 40000000
```

7.7.3 臨界區的大小

現在，我們已經意識到需要用鎖來保護共用變數。不過還有另一個需要注意的事項，即合理地設定臨界區的範圍。

第一臨界區的範圍不能太小，如果太小，可能達不到保護的目的。考慮如下場景，如果雜湊表中不存在某元素，則向雜湊表中插入某元素，程式碼如下：

```
if(!htable_contain(hashtable,elem.key))
{
    pthread_mutex_lock(&mutex);
    htable_insert(hashtable,&elem);
    pthread_mutex_lock(&mutex);
}
```

表面上看，共用變數 hashtable 得到保護，在插入時有鎖保護，但是結果卻不是我們想要的。上面的程式不希望雜湊表中有重複的元素，但是其臨界區太小，多執行緒條件下可能達不到預設的效果。

如果時序如圖 7-15 所示，則會有重複的元素被插入雜湊表中，沒有達到最初的目的。探究其原因，就是臨界區小，沒有將判斷部分加入臨界區以內。

臨界區也不能太大，臨界區的程式碼不能被同時執行，如果臨界區太大，就無法充分利用多處理器發揮多執行緒的優勢。對於被互斥器保護的臨界區內的程式碼，一定要好好審視，不要將不相干的（特別是可能深入阻塞的）程式碼放入臨界區內執行。

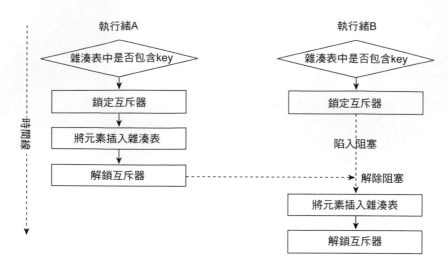

圖 7-15 臨界區太小，未能解決競爭，重複插入了某元素

7.7.4 互斥器的性能

還是以前面的例子為例進行說明，4 個執行緒分別對全域變數累加 1000 萬次，使用互斥量版本的程式和不使用互斥器的版本相比，會消耗更多的時間，如表 7-10 所示。

表 7-10　加鎖版本和無鎖版本的性能比較

無互斥器的版本			使用互斥器的版本		
real	user	sys	real	user	sys
0.126s	0.402s	0.027s	4.360s	4.617s	11.433s

互斥器版本需要消耗更長的時間，其原因有以下三點：

1. 對互斥器的加鎖和解鎖操作，本身有一定的開銷。

2. 臨界區的程式碼不能並列執行。

3. 進入臨界區的次數過於頻繁，執行緒之間對臨界區的爭奪太過激烈，若執行緒競爭互斥量失敗，就會深入阻塞，讓出 CPU，所以執行上下文切換的次數要遠遠多於不使用互斥器的版本。

看到這個結果，又有一個疑問湧上心頭，互斥器的性能如何？

Linux 下，互斥器的實作採用了 futex（fast user space mutex）機制。傳統的同步手段，進入臨界區之前會申請鎖，而此時不得不執行系統呼叫，查看是否存在競爭；當離開臨界區釋放鎖的時候，需要再次執行系統呼叫，查看是否需要喚醒正在等待鎖的行程。但是在競爭並不激烈的情況下，加鎖和解鎖的過程中可能會出現以下兩種情況：

- 申請鎖時，執行系統呼叫，從使用者模式進入核心模式，卻發現並無競爭。

- 釋放鎖時，執行系統呼叫，從使用者模式進入核心模式，嘗試喚醒正在等待鎖的行程，卻發現並沒有行程正在等待鎖的釋放。

考慮到系統呼叫的開銷，這兩種情況耗資靡費，卻勞而無功。

futex 機制的出現有效地解決這兩個問題。futex 的全稱是 fast userspace mutex，中文名為快速使用者層互斥器，它是一種使用者模式和核心層協同工作的同步機制。glibc 使用核心提供的 futex 系統呼叫實作了互斥器。

glibc 的互斥器實作，含有大量的組語程式碼，不易讀懂，下面用虛擬碼描述互斥器的加鎖和解鎖操作：

```
void lock(mutex* lock)
{
    int c;
    if(c = cmpxchg(lock,0,1) != 0)
    // 如果原始值是 0，則表示處於沒加鎖的狀態，將 lock 改成 1，直接回傳
    // 如果原始值不是 0，則表示互斥器已被加鎖，需要繼續執行
    do
    {
/*此處有以下可能性：
  1) c==2 表示已被加鎖，並且有其他正在等待的執行緒,應立即呼叫 futex_wait
  2)原子地檢查 lock 是否為 1，
  如果是，則將 lock 改成 2，然後呼叫 futex_wait
  如果不是，則表示其他執行緒釋放了鎖，將 lock 改成了 0，需要執行 while 語句爭奪鎖
        */
        if (c == 2 || cmpxchg(lock, 1, 2) != 0)
        {
            //如果執行 futex_wait 時，lock 已經被改寫，不等於 2，則當即回傳
            futex_wait(lock, 2);
        }
    } while ((c = cmpxchg(lock, 0, 2)) != 0);
    //表示有執行緒 unlock，但是不知道解鎖後是 1 還是 2，保險起見，寫成 2
}

void unlock(mutex* lock)
{
    //atomic_dec 的作用是減 1 並回傳原始值
    if (atomic_dec(lock) != 1)
    {
        // 原始值是 2，有執行緒等待互斥器，才會進入
        // 如果原始值是 1，則表示沒有執行緒等待，沒必要 futex_wake
        lock = 0;
        futex_wake(lock, 1);
    }
}
```

上面的 cmpxchg 和 atomic_dec 都是原子操作。

- cmpxchg(lock,a,b) ：表示如果 lock 的值等於 a，則將 lock 改為 b，並將原始值回傳，否則直接將原始值回傳。

- atomic_dec(lock)：表示將 lock 的值減去 1，並且回傳原始值。

glibc 的互斥器中維護了一個值 lock，該值有以下三種情況。

- 0：表示互斥器並未上鎖。

- 1：表示互斥器已經上鎖，但是並沒有執行緒正在等待該鎖。

- 2：表示互斥器已經上鎖，並且有執行緒正在等待該鎖。

加鎖時，如果發現該值是 0，則直接將該值改為 1，無須執行任何系統呼叫，因為並沒有執行緒持有該鎖，無須等待；

解鎖時，如果發現該值是 1，直接將該值改成 0，無須執行任何系統呼叫，因為並沒有執行緒正在等待該鎖，無須喚醒。

當然，在這兩種情況下，比較和修改操作（Compare And Swap）必須是原子操作，否則會出現問題。如果無競爭，可以看出，互斥器的加鎖和解鎖非常羽量級。

用一個簡單的實驗也可以證明，無競爭條件下，加鎖解鎖的操作是很羽量級的。下列用一個迴圈執行加鎖和解鎖操作 1000 萬次，統計下加鎖解鎖一次消耗的平均時間，即：

```
clock_gettime(CLOCK_MONOTONIC,&start);
for (int i = 0; i < TIMES; ++i) {
    pthread_mutex_lock(&lock);
    pthread_mutex_unlock(&lock);
}
clock_gettime(CLOCK_MONOTONIC,&end);
```

在筆者用的 2.13GHz i3 處理器的 Ubuntu 上，加鎖解鎖一次，平均消耗 24 奈秒左右，證明在無競爭的條件下，互斥器的加鎖和解鎖操作的確是十分羽量級的。

接下來考慮存在競爭的情況，這時候就需要核心來參與。

核心提供 futex_wait 和 futex_wake 兩個操作（futex 系統呼叫支援的兩個命令）：

```
int futex_wait(int *uaddr, int val);
int futex_wake(int *uaddr, int n);
```

futex_wait 是用來協助加鎖操作的。執行緒呼叫 pthread_mutex_lock，如果發現鎖的值不是 0，就會呼叫 futex_wait，告知核心，執行緒須要等待在 uaddr 對應的鎖上，請將執行緒掛起。核心會建立與 uaddr 位址對應的等待佇列。

為什麼需要核心維護等待佇列？因為一旦持有互斥器的執行緒釋放互斥器，就需要及時通知等待在該互斥器上的執行緒。如果沒有等待佇列，核心將無法通知到正陷入阻塞的執行緒。

如果整個系統有很多這種互斥器，是不是需要為每個 uaddr 位址建立一個等待佇列呢？事實上不需要。理論上講，futex 只需要在核心之中維護一個佇列就夠了，當執行緒釋放互斥量時，可能會呼叫 futex_wake，此時會將 uaddr 傳進來，核心會去遍歷該佇列，查詢等待在該 uaddr 位址上的執行緒，並將相應的執行緒喚醒。

但是只有一個佇列查詢效率有點低，作為優化，核心實作了多個佇列。插入等待佇列時，會先計算 hash 值，然後根據 hash 插入到對應的串列之中，如圖 7-16 所示。

值得一提的是，futex_wait 操作需要的 val 輸入參數，乍看之下好像沒什麼用處。事實上並非如此。從使用者程式判斷鎖的值，到呼叫 futex_wait 操作是有時間視窗的，在這個時間視窗之內，有可能發生執行緒解鎖的操作，從而可能無須等待。因此 futex_wait 操作會檢查 uaddr 對應的鎖的值是否等於 val 的值，只有在等於 val 的情況下，核心才會讓執行緒等待在對應的佇列上，否則會立刻回傳，讓使用者程式再次申請鎖。

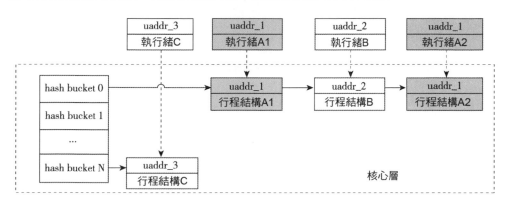

圖 7-16　futex 機制中核心的等待佇列

futex_wake 操作是用來實作解鎖操作的。glibc 就是使用該操作來實作互斥器的解鎖函數 pthread_mutex_unlock 的。當執行緒執行完臨界區程式碼，解鎖時，核心需要通知正在等待該鎖的執行緒。這時候就需要發揮 futex_wake 操作的作用了。futex_wake 的第二個參數 n，對於互斥器而言，該值總是 1，表示喚醒 1 個執行緒。當然，也可以喚醒所有正在等待該鎖的執行緒，但是這樣做並無好處，因為被喚醒的多個執行緒會再次競爭，卻只能有一個執行緒搶到鎖，這時其他執行緒不得不再次睡去，徒增很多開銷。

使用 strace 追蹤系統呼叫的時候，看不到 futex_wait 和 futex_wake 兩個系統呼叫，看到的是 futex 系統呼叫，如下。

```
#include <linux/futex.h>
#include <sys/time.h>

int futex(int *uaddr, int op, int val,
          const struct timespec *timeout,int *uaddr2, int val3);
```

該系統呼叫是一個綜合的系統呼叫,根據第二個參數 op 來決定實際的行為。當 op 為 FUTEX_WAIT 時,對應的是前面討論的 futex_wait 操作,當 op 為 FUTEX_WAKE 時,對應的是前面討論的 futex_wake 操作。

若是細心,可以發現,互斥器加鎖和解鎖時,呼叫 futex 的 op 參數並非 FUTEX_WAIT 和 FUTEX_WAKE,而是 FUTEX_WAIT_PRIVATE 和 FUTEX_WAKE_PRIVATE,這是為了改進 futex 的性能而進行的優化。因為 futex 也可以用在不同的行程之間,加上尾碼 _PRIVATE 是為了明確告知核心,互斥的行為是用在執行緒之間的。

從上面的角度分析,當存在競爭時,如果執行緒申請不到互斥器,就會讓出 CPU,系統會發生上下文切換。在執行緒個數眾多,臨界區競爭異常激烈的情況下,上下文切換會是一筆不小的開銷。

如果臨界區非常小,執行緒之間對臨界區的競爭並不激烈,只會偶爾發生,這種情況下,忙-等待的策略要優於互斥器的 "讓出 CPU,深入阻塞,等待喚醒" 的策略。採用忙-等待策略的鎖為自旋鎖。

關於 futex 的原理,Ulrich Drepper《Futexes Are Tricky》[20]一文就是非常好的參考文獻。

7.7.5 互斥鎖的公平性

互斥鎖是公平的嗎?

首先要定義什麼是公平(fairness)。對於鎖而言,如果 A 在 B 之前呼叫 lock()方法,那麼 A 應該先於 B 獲得鎖,進入臨界區。多處理器條件下,很難確定是哪個執行緒率先呼叫的 lock()方法。縱然能判定是哪個執行緒率先呼叫的 lock()方法,要實作指令級的公平也是很難的。常見的判斷鎖公平性的方法是,將鎖的實作程式碼分成如下兩個部分:

- 門廊區
- 等待區

門廊區必須在有限的操作內完成,等待區則可能有無窮的步驟,它們會深入未知結束時間的等待中。

如果鎖能滿足以下條件,就稱鎖是先來先服務(FCFS)的:

> 如果執行緒 A 門廊區的結束在執行緒 B 門廊區的開始之前,則執行緒 A 一定不會被執行緒 B 超越。

互斥器也有門廊區和等待區,就像 7.7.4 節分析的,如果沒有競爭,執行緒執行幾個指令就加鎖成功,順利回傳了。在這種情況下,互斥器在門廊區就解決了所有的需要。但是

---

[20] Ulrich Drepper 的《Futexes Are Tricky》,詳見 *http://www.akkadia.org/drepper/futex.pdf*。

如果有競爭，互斥鎖在門廊區判斷出存在競爭，執行緒取不到鎖，就不得不執行 futex_wait，讓核心將其掛起，並記錄在等待佇列上。需要等待多久？不知道。

從表面上看，核心會將等待互斥器的執行緒放入佇列，每來一個等待中的執行緒，就把執行緒記錄在佇列的尾部，當互斥器的持有執行緒解鎖時，核心只會喚醒一個執行緒，而喚醒的正是隊列中等待該互斥器的第一個等待者。佇列的先入先出（FIFO），看起來已經保證互斥器的公平性。但是，這樣就能確保公平嗎？

答案是否定的，互斥鎖並沒有做到先來先服務。

根據 7.7.4 節的虛擬碼可知，當互斥器的 lock 的值是 2，或者嘗試呼叫 CAS 操作將 lock 從 1 改成 2 並且成功時，執行緒會呼叫 futex_wait 深入阻塞。值得一提的是，CAS 操作在嘗試將 1 改成 2 時，也可能存在競爭，比如其他執行緒有解鎖操作，lock 值已經被改成 0，而這時候恰好存在另外一個執行緒剛剛呼叫加鎖操作，這時就會發生門廊區的爭奪，對於這種情況不做詳細分析。假設加鎖呼叫 futex_wait，核心將執行緒掛起在等待佇列上，從那時起，執行緒就進入了漫長的等待區。

如果互斥器的持有執行緒解鎖，會首先將互斥器的 lock 值設定成 0，然後喚醒核心等待佇列中等待在該位址上的第一個執行緒。看起來比較公平，但是問題就出在此處，被喚醒的執行緒並不是自動就持有互斥鎖，反而須要執行 while()中包裹的 cmpxchg 操作，再次競爭互斥器。如果競爭失敗，則被另外一個初來乍到的執行緒將 0 改成 1，那麼執行緒剛剛醒來就不得不再次執行 futex_wait，再次沉睡。這次競爭失敗的代價是巨大的，因為 futex_wait 操作會將執行緒掛載到等待佇列的隊尾。

由上面的分析可以得出如下結論：

- 執行緒可能多次呼叫 futex_wait 進入等待區，在執行緒被 futex_wait 喚醒後，並不會自動擁有互斥器，而是再次進入門廊區，和其他執行緒爭奪鎖。

- 在已經有很多執行緒處於核心等待佇列的情況下，新來的加鎖請求可能會後發先至，率先獲得鎖。

- futex_wait 喚醒的執行緒如果沒有競爭到鎖，則會再次呼叫 futex_wait 函數，深入休眠，不過核心會將其放入等待佇列的隊尾，這種行為加劇了不公平性。

所以，綜合上面的討論，互斥器不是一個公平的鎖，沒有做到先來先服務。關於 futex 的早期論文《 Fuss, Futexes and Furwocks: Fast Userlevel Locking in Linux 》，已經指出了這個問題。futex_up_fair 系統呼叫嘗試解決這個不公平的問題，但是最終沒有進入核心主線。

為什麼開發者並不在意這種不公平性？因為要實作這種公平性會犧牲性能，而這種犧牲並無必要。絕大多數情況下，由於排程的原因，使用者根本無法判斷哪個執行緒會優先呼叫加鎖操作，那麼核心或 glibc 維持這種先來先服務（FCFS）就變得毫無意義。

如果可以在不犧牲性能的情況下做到公平，自然最好，但是實際情況並非如此。實作這種公平，對性能的傷害很大。就像 Ulrich Drepple 在 Thread starvation with mutex 的回復中所說的：

```
Is there a reason why NPTL does not use this "fair" method?
It's slow and unnecessary.
```

綜上所述，結論如下：核心維護等待佇列，互斥器實作了大體上的公平；由於等待執行緒被喚醒後，並不自動持有互斥器，需要和剛進入門廊區的執行緒競爭，所以互斥器並沒有做到先來先服務。

7.7.6 互斥鎖的類型

前面討論的都是預設類型的互斥鎖，除預設類型外，互斥鎖還有幾個變種，它們的行為模式和預設互斥鎖有一定的差異。

互斥器有以下 4 種類型：

- PTHREAD_MUTEX_TIMED_NP

- PTHREAD_MUTEX_RECURSIVE

- PTHREAD_MUTEX_ERRORCHECK

- PTHREAD_MUTEX_ADAPTIVE_NP

glibc 提供介面來查詢和設定互斥鎖的類型：

```
#include <pthread.h>
int pthread_mutexattr_gettype(const pthread_mutexattr_t *restrict attr,int *restrict
    type);
int pthread_mutexattr_settype(pthread_mutexattr_t *attr,int type);
```

可以仿照如下程式碼來設定互斥器的類型：

```
/*忽略了出錯判斷，真實程式碼中需要判斷error*/
pthread_mutex mtx;
pthread_mutexattr_t mtxAttr;

pthread_mutexattr_init(&mtxAttr);
pthread_mutexattr_settype(&mtxAttr,PTHREAD_MUTEX_ADAPTIVE_NP);

pthread_mutex_init(&mtx,&mtxAttr);
```

其中 manual 給出 4 種類型，但並非前面提到的這 4 種類型，略有差異，差異在於：manual 中存在 PTHREAD_MUTEX_DEFAULT 類型，而少了一個 PTHREAD_MUTEX_ADAPTIVE_NP 類型。manual 中給出的是標準 unix 98 定義的 4 種類型。

對於 NPTL 的實作，實際如下：

```
PTHREAD_MUTEX_NORMAL = PTHREAD_MUTEX_TIMED_NP,
PTHREAD_MUTEX_DEFAULT = PTHREAD_MUTEX_NORMAL;
```

所以，glibc 的實作比標準的 Unix 98 多了一個 PTHREAD_MUTEX_ADAPTIVE_NP 類型，下面來分別介紹這幾個互斥器的特點。

- PTHREAD_MUTEX_NORMAL ：最普通的一種互斥鎖。前文討論的就是這種類型的鎖。它不具備鎖死檢測功能，如執行緒對自己鎖定的互斥器再次加鎖，則會發生鎖死。

- PTHREAD_MUTEX_RECURSIVE_NP ：支援遞迴的一種互斥鎖，該互斥器的內部維護有互斥鎖的所有者和一個鎖計數器。當執行緒第一次取到互斥鎖時，會將鎖計數器置 1，後續同一個執行緒再次執行加鎖操作時，會遞增該鎖計數器的值。解鎖則遞減該鎖計數器的值，直到降至 0，才會真正釋放該互斥器，此時其他執行緒才能獲取到該互斥器。解鎖時，如果互斥器的所有者不是呼叫解鎖的執行緒，則會回傳 EPERM。

- PTHREAD_MUTEX_ERRORCHECK_NP ：支援鎖死檢測的互斥鎖。互斥器的內部會記錄互斥鎖的目前所有者的執行緒 ID（排程域的執行緒 ID）。如果互斥器的持有執行緒再次呼叫加鎖操作，則會回傳 EDEADLK。解鎖時，如果發現呼叫解鎖操作的執行緒並不是互斥鎖的持有者，則會回傳 EPERM。

終於輪到 PTHREAD_MUTEX_ADAPTIVE_NP 這種類型了。這種類型堪稱互斥鎖中的戰鬥機，特點就是一個字—快，libc 的文檔案裡面直接將其稱為 fast mutex。那麼它和普通的互斥器相比有何差異，它是如何快速實作的呢？

所有鎖的實作都會面臨一個相同的問題：加鎖時競爭失敗了該怎麼辦？普通互斥器的做法是立刻呼叫 futex_wait，深入阻塞，讓出 CPU，安靜地等待核心將其喚醒。在臨界區非常小且很少發生競爭的情況下，這種策略並不算好，因為如果該執行緒肯自旋，很可能只需要極短的時間，它就能等到鎖的持有執行緒解鎖，繼續執行。而呼叫 futex_wait，執行系統呼叫和上下文切換的開銷可能遠大於自旋。

出於這種考慮，glibc 引入執行緒自旋鎖。自旋鎖採用和互斥器完全不同的策略，自旋鎖加鎖失敗，並不會讓出 CPU，而是不停地嘗試加鎖，直到成功為止。這種機制在臨界區非常小且對臨界區的爭奪並不激烈的場景下，效果非常好，如下。

```
#include <pthread.h>

int pthread_spin_destroy(pthread_spinlock_t *lock);
int pthread_spin_init(pthread_spinlock_t *lock, int pshared);
int pthread_spin_lock(pthread_spinlock_t *lock);
int pthread_spin_trylock(pthread_spinlock_t *lock);
int pthread_spin_unlock(pthread_spinlock_t *lock);
```

自旋鎖的效果好，但是副作用也大，如果使用不當，自旋鎖的持有者遲遲無法釋放鎖，那麼，自旋接近於封閉迴圈，會消耗大量的 CPU 資源，造成 CPU 使用率飆高。因此，使用自旋鎖時，一定要確保臨界區盡可能地小，不要有系統呼叫，不要呼叫 sleep。使用 strcpy/ memcpy 等函數也需要謹慎判斷操作記憶體的大小，以及是否會引起缺頁中斷。

自旋鎖副作用大，而互斥器在某些情況下效率可能不夠高，有沒有一種方法能夠結合兩種方法的長處呢？

答案是肯定的。這就是 PTHREAD_MUTEX_ADAPTIVE_NP 類型的互斥器，也被稱為自我調整鎖。大多數作業系統（Solaris、Mac OS X、FreeBSD）都有類似的介面，如果競爭鎖失敗，首先與自旋鎖一樣，持續嘗試獲取，但過了一定時間仍然不能申請到鎖，就放棄嘗試，讓出 CPU 並等待。PTHREAD_MUTEX_ADAPTIVE_NP 類型的互斥器，採用的就是這種機制，如下：

```
if (LLL_MUTEX_TRYLOCK (mutex) != 0)
{
    int cnt = 0;
    int max_cnt = MIN (MAX_ADAPTIVE_COUNT,
            mutex->__data.__spins * 2 + 10);
    do
    {
        if (cnt++ >= max_cnt)
        {
            /*自旋也沒有等到鎖，只能睡去*/
            LLL_MUTEX_LOCK (mutex);
            break;
        }
#ifdef BUSY_WAIT_NOP
        BUSY_WAIT_NOP;
#endif
    }
    while (LLL_MUTEX_TRYLOCK (mutex) != 0);

    mutex->__data.__spins += (cnt - mutex->__data.__spins) / 8;
}
```

到底等待多長時間才合適呢？這種互斥器定義了一個名為 __spins 的變數，該值和 MAX_ADAPTIVE_COUNT 共同決定自旋多久。該類型之所以叫自我調整（ADAPTIVE）是因為帶有回饋機制，它會根據實際情況，智慧地調整 __spins 的值。

```
mutex->__data.__spins += (cnt - mutex->__data.__spins) / 8;
```

當然自旋也不能無止境的向上增長，MAX_ADAPTIVE_COUNT 決定了上限，即呼叫 BUSY_WAIT_NOP 的最大次數：

```
# define MAX_ADAPTIVE_COUNT 100
```

對於 7.7.1 節中對 global_cnt 自加 1000 萬次的程式,如果把 for 循環體內的鎖換成自適應互斥鎖,會比普通的互斥器更快嗎?答案是否定的,在這種時時刻刻要加鎖和解鎖的激烈競爭下,讓其他執行緒睡去,利用上下文切換的時間間隔,讓一個執行緒飛快地自加,執行時間反而是最短的。

但是,真實場景下臨界區的爭奪不可能激烈到這種程度,如果競爭真的激烈到這種程度,那首先需要反省的是設計問題。在臨界區非常小,偶爾發生競爭的情況下,自我調整互斥鎖的性能要優於普通的互斥鎖。

7.7.7 死鎖和活鎖

對於互斥器而言,可能引起的最大問題就是死鎖(dead lock)了。最簡單、最好構造的鎖死就是圖 7-17 所示的這種場景。

執行緒 1 已經成功拿到互斥器 1,正在申請互斥器 2,而同時在另一個 CPU 上,執行緒 2 已

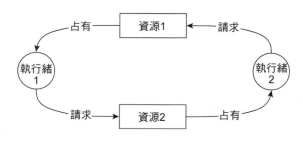

圖 7-17　鎖死的產生(簡單場景)

經拿到互斥器 2,正在申請互斥器 1。彼此占有對方正在申請的互斥器,結局就是誰也沒辦法拿到想要的互斥器,於是死鎖就發生了。

上面的例子比較簡單,但實際工程中鎖死可能會發生在複雜的函式呼叫之中。可以想像隨著程式複雜度的增加,很多死鎖並不像上述的例子一樣一目了然,如圖 7-18 所示。

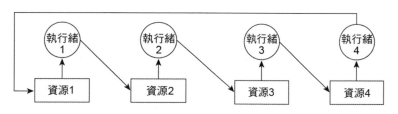

圖 7-18　死鎖的產生(複雜場景)

在多執行緒程式中,如果存在多個互斥器,一定要小心防範死鎖的形成。

存在多個互斥器的情況下,避免死鎖最簡單的方法就是總是按照一定的先後順序申請這些互斥器。還是以剛才的例子為例,如果每個執行緒都按照先申請互斥器 1,再申請互斥器 2 的循序執行,死鎖就不會發生。有些互斥器有明顯的層級關係,但是也有一些互斥器原本就沒有特定的層級關係,不過沒有關係,可以人為干預,讓所有的執行緒必須遵循同樣的順序來申請互斥器。

另一種方法是嘗試一下，如果取不到鎖就回傳。Linux 提供如下介面來表達這種概念：

```
int pthread_mutex_trylock(pthread_mutex_t *mutex);

int pthread_mutex_timedlock(pthread_mutex_t?*restrict mutex,
                const struct timespec *restrict abs_timeout);
```

這兩個函數反應出這種嘗試一下，不行就算了的概念。

對於 pthread_mutex_trylock()介面，如果互斥器已然被鎖定，則當即回傳 EBUSY 錯誤，而不像 pthread_mutex_lock()介面一樣深入阻塞。

對於 pthread_mutex_timedlock()介面，提供一個時間參數 abs_timeout，如果申請互斥量時互斥器已被鎖定，則等待；如果到了 abs_timeout 指定的時間，仍然沒有申請到互斥器，則回傳 ETIMEOUT 錯誤。

除此以外，這兩個介面的表現與 pthread_mutex_lock 是一致的。在實際的應用中，這兩個介面使用的頻率遠低於 pthread_mutex_lock 函數。

trylock 不行就退回的概念有可能會引發活鎖（live lock）。生活中也經常遇到兩個人迎面走來，雙方都想給對方讓路，但是讓的方向卻不協調，反而互相堵住的情況（如圖 7-19 所示）。活鎖現象與這種場景有點類似。

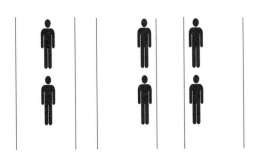

考慮下面兩個執行緒，執行緒 1 首先申請鎖 mutex_a，之後嘗試申請 mutex_b，失敗以後，釋放 mutex_a 進入下一輪迴

圖 7-19　讓路總讓到一起，變成堵路

圈，同時執行緒 2 會因為嘗試申請 mutex_a 失敗，而釋放 mutex_b。如果兩個執行緒恰好一直保持這種節奏，就可能在很長的時間內兩者都一次次地擦肩而過。當然這畢竟不是死鎖，終究會有一個執行緒同時持有兩把鎖而結束這種情況。儘管如此，活鎖的確會降低性能。這種情況的範例程式如下：

```
//執行緒 1
void func1()
{
    int done = 0;
    while(!done)
    {
        pthread_mutex_lock(&mutex_a);
        if (pthread_mutex_trylock (&mutex_b))
          {
            counter++;
            pthread_mutex_unlock(&mutex_b);
            pthread_mutex_unlock(&mutex_a);
            done = 1;
```

```
    }
    else
        {
            pthread_mutex_unlock(&mutex_a);
        }
    }
}

//執行緒 2
void func2()
{
    int done = 0;
    while(!done)
    {
        pthread_mutex_lock (&mutex_b);
        if (pthread_mutex_trylock (&mutex_a))
        {
            counter++;
            pthread_mutex_unlock (&mutex_a);
            pthread_mutex_unlock (&mutex_b);
            done = 1;
        }
        else
        {
            pthread_mutex_unlock (&mutex_b);
        }
    }
}
```

7.8 讀寫鎖

很多時候，對共用變數的存取有以下特點：大多數情況下執行緒只是讀取共用變數的值，並不修改，只有極少數情況下，執行緒才會真正地修改共用變數的值。

對於這種情況，讀請求之間是無需同步的，它們之間的並列存取是安全的。然而寫請求必須鎖住讀請求和其他寫請求。

這種情況在實際中是存在的，比如設定項。大多數時間內，設定是不會發生變化的，偶爾會出現修改設定的情況。如果使用互斥器，完全阻止讀請求的並列執行，則會造成性能的損失。

出於這種考慮，POSIX 引入讀寫鎖。

讀寫鎖比較簡單，從表 7-11 可以看出，對於這種情況，讀寫鎖進行優化，允許大家一起讀。

表 7-11　讀寫鎖的行為

目前鎖狀態	讀鎖請求	寫鎖請求
無鎖	OK	OK
讀鎖	OK	阻塞
寫鎖	阻塞	阻塞

7.8.1　讀寫鎖的介面

1. 建立和銷毀讀寫鎖

NPTL 提供 pthread_rwlock_t 類型來表示讀寫鎖。和互斥器一樣，它也提供了兩種初始化的方法：

```
#include <pthread.h>

int pthread_rwlock_init(pthread_rwlock_t *rwlock,
                        const pthread_rwlockattr_t *attr);
int pthread_rwlock_destroy(pthread_rwlock_t *rwlock);

pthread_rwlock_t rwlock=PTHREAD_RWLOCK_INITIALIZER;
```

對於靜態變數，可以採用 PTHREAD_RWLOCK_INITIALIZER 賦值的方式初始化，對於動態分配的讀寫鎖，或者非預設屬性的讀寫鎖，需要用 pthread_rwlock_init 函數進行初始化。如果第二個屬性的參數為 NULL，則採用預設屬性。

讀寫鎖的預設屬性如表 7-12 所示。

表 7-12　讀寫鎖的預設屬性

屬性	值	說明
競爭範圍	PTHREAD_PROCESS_PRIVATE	行程內部競爭讀寫鎖
策略	PTHREAD_RWLOCK_PREFER_READER_NP	讀者優先

所謂讀者優先的策略，是指目前鎖的狀態是讀鎖，如果執行緒申請讀鎖，此時縱然有寫鎖在等待佇列上，仍然允許申請者獲得讀鎖，而不是被寫鎖阻塞。後面會詳細討論讀者優先和寫者優先對讀寫鎖的影響。

對於呼叫 pthread_rwlock_init 初始化的讀寫鎖，在不需要讀寫鎖時，需要呼叫 pthread_rwlock_destroy 銷毀，如下：

```
#include <pthread.h>

int pthread_rwlock_destroy(pthread_rwlock_t *rwlock);
```

2. 讀寫鎖的加鎖和解鎖

讀寫鎖又稱共用-獨佔鎖，有共用，也有獨佔。

下面是三個讀鎖上鎖的介面：

```
int pthread_rwlock_rdlock(pthread_rwlock_t *rwlock);
int pthread_rwlock_tryrdlock(pthread_rwlock_t *rwlock);
int pthread_rwlock_timedrdlock(pthread_rwlock_t *rwlock,
                 const struct timespec *abstime);
```

而下面三個是寫鎖上鎖的介面：

```
int pthread_rwlock_wrlock(pthread_rwlock_t *rwlock);
int pthread_rwlock_trywrlock(pthread_rwlock_t *rwlock);
int pthread_rwlock_timedwrlock(pthread_rwlock_t *rwlock,
                 const struct timespec *abstime);
```

讀鎖用於共用模式。如果目前讀寫鎖已經被某執行緒以讀模式佔有，則其他執行緒呼叫 pthread_rwlock_rdlock 會立刻獲得讀鎖；如果目前讀寫鎖已經被某執行緒以寫模式佔有，則呼叫 pthread_rwlock_rdlock 會深入阻塞。

寫鎖用的是獨佔模式。如果目前讀寫鎖被某執行緒以寫模式佔有，則不允許任何讀鎖請求透過，也不允許任何寫鎖請求透過，讀鎖請求和寫鎖請求都要深入阻塞，直到執行緒釋放寫鎖。

無論是讀鎖還是寫鎖，鎖的釋放都是同一個介面：

```
int pthread_rwlock_unlock (pthread_rwlock_t *rwlock);
```

無論是讀鎖還是寫鎖，都提供了 trylock 的功能，當不能獲得讀鎖或寫鎖時，呼叫執行緒不會阻塞，而會立即回傳，錯誤碼是 EBUSY。

無論是讀鎖還是寫鎖都提供了限時等待，如果不能獲取讀寫鎖，則會深入阻塞，最多等待到 abstime，如果仍然無法獲得鎖，則回傳，錯誤碼是 ETIMEOUT。

從表面上看，讀寫鎖介紹到此處就可以打完收工，其實不然，讀寫鎖是兩種類型的鎖，當它們都存在時，它們之間的競爭關係如何？如果同時到來一大堆讀鎖請求和寫鎖請求，它們之間的回應又有什麼特點？事實上，這些是由讀寫鎖的策略決定的。

7.8.2　讀寫鎖的競爭策略

讀寫鎖的屬性是 pthread_rwlockattr_t 類型，屬性中有兩個部分：lockkind 和 pshared。本節只講 lockkind。

所謂 lockkind，表示讀寫鎖表現出什麼樣的行為藝術。對於讀寫鎖，目前有兩種策略，一是讀者優先，一是寫者優先。

glibc引入如下介面來查詢和改變讀寫鎖的類型：

```
int pthread_rwlockattr_getkind_np(const pthread_rwlockattr_t * attr, int * pref);
int pthread_rwlockattr_setkind_np(pthread_rwlockattr_t * attr, int * pref);
```

其中，讀寫鎖類型的可能值有如下幾種：

```
enum
{
  PTHREAD_RWLOCK_PREFER_READER_NP, //讀者優先
  PTHREAD_RWLOCK_PREFER_WRITER_NP, //很唬人，但是也是讀者優先
  PTHREAD_RWLOCK_PREFER_WRITER_NONRECURSIVE_NP, //寫者優先
  PTHREAD_RWLOCK_DEFAULT_NP = PTHREAD_RWLOCK_PREFER_READER_NP
};
```

前兩個都是讀者優先的策略，尤其要注意其中的第二個，名字取得很"變態"，名為 PREFER_WRITE 卻做著"掛羊頭賣狗肉"的勾當。只有第三個是寫者優先的策略。從 pthread_rwlock_init 函數中可以看出端倪：

```
rwlock->__data.__flags
   = iattr->lockkind == PTHREAD_RWLOCK_PREFER_WRITER_NONRECURSIVE_NP;
```

可以看到，只有 PTHREAD_RWLOCK_PREFER_WRITER_NONRECURSIVE_NP 是寫者優先，其他一律都是讀者優先。讀寫鎖的預設行為是讀者優先。

那麼，什麼是讀者優先呢？

如果目前鎖的狀態是讀鎖，並存在寫鎖請求被阻塞，則在寫鎖後面到來的讀鎖請求該如何處理就成了問題的關鍵。

如果在寫鎖請求後面到來的讀鎖請求不被寫鎖請求阻塞，就可以立即回應，寫鎖的下場可能會比較悲慘。如果讀鎖請求前赴後繼源源不斷地到來，只要有一個讀鎖沒完成，寫鎖就沒份。這就是所謂的讀者優先。

從圖 7-20 可以看出，這種策略是不公平的，極端情況下，寫請求很可能被餓死。這就是多執行緒中的饑餓（Starvation）現象，即某些執行緒總是得不到鎖資源。

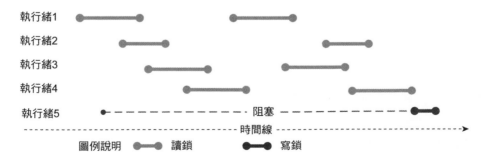

圖 7-20　較早到的寫鎖請求被餓死

晚於寫鎖請求到來的讀鎖請求不排隊亂插隊的行為引起寫鎖申請者的強烈不滿：憑什麼僅僅因為目前是讀鎖，比我晚來的讀鎖申請者就不用排隊，直接回應？鑒於此，glibc 又實作了寫者優先的策略。

所謂寫者優先是指，如果目前是讀鎖，有很多執行緒在共用讀鎖，這是允許的，但是一旦執行緒申請寫鎖，在寫鎖請求後面到來的讀鎖請求就會統統被阻塞，不能先於寫請求拿到鎖。

glibc 是如何做到這點的？它引入了表 7-13 中的變數。

表 7-13　讀寫鎖實作中的變數及含義

變數	說明
__lock	管理讀寫鎖全域競爭的鎖，無論是讀鎖寫鎖還是解鎖，都會執行互斥
__writer	寫鎖持有者的執行緒 ID，如果為 0 則表示目前無執行緒持有寫鎖
__nr_readers	讀鎖持有執行緒的個數
__nr_readers_queued	讀鎖的排隊等待中的執行緒的個數
__nr_writers_queued	寫鎖的排隊等待中的執行緒的個數

無論是申請讀鎖、申請寫鎖，還是解鎖，都至少會做一次全域互斥鎖（對應 __lock）的加鎖和解鎖，若不考慮阻塞，單單考慮操作本身的開銷，讀寫鎖的加解鎖開銷是互斥鎖的兩倍。當然，函數結束前或進入阻塞之前，會將全域的互斥鎖釋放。下面的討論先暫時忽略該全域的互斥鎖。

對於讀鎖請求而言，如果：

- 無執行緒持有寫鎖，即 __writer == 0。
- 採用的是讀者優先策略或沒有寫鎖等待者（__nr_writers_queued = 0）。

當滿足這兩個條件時，讀鎖請求都可以立刻獲得讀鎖，回傳之前執行 __nr_readers++，表示多了一個執行緒佔有讀鎖。

若不滿足，則執行 __nr_readers_queued++，表示增加一個讀鎖等待者，然後呼叫 futex，深入阻塞。醒來之後，會先執行 __nr_readers_queued--，然後再次判斷是否同時滿足條件 1 和 2。

對於寫請求而言，如果：

- 無執行緒持有寫鎖，即 __writer == 0。
- 沒有執行緒持有讀鎖，即 __nr_readers == 0。

只要滿足上述條件，就會立刻拿到寫鎖，將 __writer 置為執行緒的 ID（排程域）。

如果不滿足，那麼執行__nr_writers_queued++，表示增加一個寫鎖等待者執行緒，然後執行 futex 深入等待。醒來後，限制性__nr_writers_queued--，然後重新判斷條件 1 和 2。

對於解鎖而言，如果目前鎖是寫鎖，則執行如下操作：

1. 執行__writer = 0，表示釋放寫鎖。

2. 根據__nr_writers_queued 判斷有沒有寫鎖等待者，如果有，則喚醒一個寫鎖等待者。

如果沒有寫鎖等待者，則判斷有沒有讀鎖等待者；如果有，則將所有的讀鎖等待者一起喚醒。

如果目前鎖是讀鎖，則執行如下操作：

1. 執行__nr_readers--，表示讀鎖佔有者少了一個。

2. 判斷__nr_readers 是否等於 0，是的話則表示自己是最後一個讀鎖佔有者，需要喚醒寫鎖等待者或讀鎖等待者：

- 根據__nr_writers_queued 判斷是否存在寫鎖等待者，若有，則喚醒一個寫鎖等待中的執行緒。

- 如果沒有寫鎖等待者，判斷是否存在讀鎖等待者，若有，則喚醒所有的讀鎖等待者。

從上面的流程可以看出，寫者優先也存在自私的傾向，因為寫鎖解鎖的時候，首先會去查詢有沒有阻塞的寫鎖請求，如果有，先喚醒寫鎖請求執行緒。因此如果目前讀寫鎖狀態是寫鎖，同時到來很多寫請求和讀請求，那它將總是優先處理寫請求。如果寫鎖請求源源不斷地到來，那它一樣會將讀鎖請求餓死。

透過上面的分析可以看到，如果存在大量的讀寫請求，競爭非常激烈的條件下，讀寫鎖存在很大的慣性，如果目前鎖的狀態是讀鎖狀態，在讀者優先的策略下，幾乎總是讀鎖請求先得到回應，寫鎖被阻塞，因此會出現寫請求被餓死的情況。解決的方法是設定成寫者優先。如果目前鎖的狀態是寫鎖，而寫鎖也源源不斷地到來，這時候，讀請求就會被餓死。

下面是一個讀寫鎖的程式，用來驗證這種慣性：

```c
#include <stdio.h>
#include <stdlib.h>
#include <pthread.h>

#define N_THREAD 100

static int share_cnt = 0;
static pthread_rwlock_t rwlock ;

void *reader(void *param)
```

```
{
    int i = (int) param;

    while(1)
    {
        pthread_rwlock_rdlock(&rwlock) ;
        fprintf(stderr,"reader-%d: the share_cnt = %d\n",i,share_cnt);
        pthread_rwlock_unlock(&rwlock);
    }

    return NULL;

}

void *writer(void *param)
{
    int i = (int) param;
    while(1)
    {
        pthread_rwlock_wrlock(&rwlock) ;
        share_cnt++;
        fprintf(stderr,"writer-%d: the share_cnt = %d\n",i,share_cnt);
        pthread_rwlock_unlock(&rwlock);
        //      sleep(1);
    }

    return NULL;
}

int main()
{
    pthread_t tid[N_THREAD] ;
    pthread_rwlockattr_t rwlock_attr ;
    pthread_rwlockattr_init(&rwlock_attr);

#ifdef WRITE_FIRST
    pthread_rwlockattr_setkind_np(&rwlock_attr,PTHREAD_RWLOCK_PREFER_WRITER_
        NONRECURSIVE_NP);
#endif

    pthread_rwlock_init(&rwlock,&rwlock_attr);

    int i = 0;
    int ret = 0;
    pthread_rwlock_rdlock(&rwlock);
    for(i = 0;i < N_THREAD; i++)
    {
        if(i%2 == 0)
        {
            ret = pthread_create(&tid[i],NULL,reader,(void*)i);
        }
        else
        {

            ret = pthread_create(&tid[i],NULL,writer,(void*)i);
        }
```

```
        if(ret != 0)
        {
            fprintf(stderr,"create thread %d failed \n",i);
            break;
        }
    }

    pthread_rwlock_unlock(&rwlock);

    while(i-- >0)
    {
        pthread_join(tid[i],NULL);
    }

    pthread_rwlockattr_destroy(&rwlock_attr);
    pthread_rwlock_destroy(&rwlock);

    return ret ;

}
```

建立 100 個執行緒（50 個讀執行緒和 50 個寫執行緒），讀執行緒唯讀取 share_cnt 的值，而寫執行緒會將 share_cnt 的值自加。由於是 while 迴圈，所以屬於讀寫競爭非常激烈的情況。建立執行緒之前，主執行緒會持有讀寫鎖，直到所有執行緒建立完畢，然後主執行緒解鎖，開閘放水，放任 100 個執行緒激烈地競爭讀寫鎖。

如果採用讀者優先的策略，則會看到由於讀執行緒源源不斷地申請讀鎖，寫鎖被活活餓死，寫執行緒根本撈不到機會執行。執行 N 秒之後，share_cnt 仍然是 0。

如果我們採用寫者優先的策略，情況就完全相反，自從第一個寫鎖請求拿到鎖之後，讀鎖請求就再也拿不到鎖，原因是總是有寫鎖請求，而寫鎖釋放的時候，總是先喚醒寫鎖，表現出來很強大的慣性。

那麼能否實作一款公平的讀寫鎖呢？答案是肯定的。Locklessinc.com 中有一篇題為《 Sleeping Read-Write Locks 》[21]，在分析 glibc 實作的基礎上，給出了一種公平的實作讀寫鎖的方法，測試下來效率很不錯。對鎖的實作感興趣的話，可以閱讀該文章。

7.8.3 讀寫鎖總結

從巨集觀意義上看，讀寫鎖要比互斥器更能作並列執行，因為讀寫鎖在更多的時間區域內允許並列執行。

如果認為讀寫鎖是完美的，以至於認為互斥鎖沒有存在的必要，那就是 too young、too simple、sometimes naive 了。Bryan Cantrill 和 Jeff Bonwick 在《 Real-world Concurrency 》

---

[21]　《Sleeping Reader-Writer Lock 》，請參見 *http://locklessinc.com/articles/sleeping_rwlocks/*。

中提出的並列執行程式設計的建議裡提到要警惕讀寫鎖（Be wary of readers-writer locks）。讀寫鎖存在的短處如下：

- 性能：如果臨界區比較大，讀寫鎖高並列執行的優勢就會顯現出來，但是如果臨界區非常小，讀寫鎖的影響性能缺點就會暴露出來。由於讀寫鎖無論是加鎖還是解鎖，首先都會執行互斥操作，加上讀寫鎖還需要維護目前讀者執行緒的個數、寫鎖等待中的執行緒的個數、讀鎖等待中的執行緒的個數，因此這就決定了讀寫鎖的開銷不會小於互斥器。

- 餓死：互斥器雖然不是絕對意義上的公正，但是執行緒不會餓死。但是如上一小節的討論，讀者優先的策略下，寫執行緒可能會餓死。寫者優先的情況下，讀執行緒可能會餓死。

- 鎖死：讀鎖是可重入的，這就可能會引發鎖死。考慮如下場景，讀寫鎖採用寫者優先的策略，A 執行緒已經持有讀鎖，B 執行緒申請寫鎖，正處於等候狀態，而持有讀鎖的 A 執行緒再次申請讀鎖，就會發生鎖死。

比較適合讀寫鎖的場景是：臨界區的大小比較可觀，絕大多數情況下是讀，只有非常少的寫。

7.9　性能殺手：假共用

透過對互斥器和讀寫鎖的討論，我們已經有這種意識：對於共用資料的讀寫，要加鎖保護。臨界區的存在，導致多個執行緒不能並行，造成性能下降。臨界區越大，多個執行緒出入臨界區越頻繁，對性能的傷害也就越大。

這種情況下對性能的傷害是比較明顯的。多執行緒情況下，還有一種情況對性能的損害是比較大的，卻不像臨界區這麼明顯。這就是有名的假共用問題。

根據局部性原理，記憶體是分層的，如圖 7-21 所示。從距離 CPU 最近的暫存器到主記憶體，依次為 CPU 暫存器、L1 快取（Cache）、L2 快取、L3 快取和主記憶體。從高層往底層走，儲存設備變得更慢，容量更大，單位位元組也更便宜。最高層是很少量的暫存器，通常可以在 1 個時鐘週期內存取到它們，而接下來的 L1 快取通常可以在 4 個時鐘週期內存取到，L2 快取通常需要 10 個時鐘週期才能存取到，而到了主記憶體，通常需要幾百個時鐘週期才能存取得到，若對這個延遲數字感興趣，可以閱讀一下相關文獻[22][23]。

在這種分層的記憶體結構中，對於每一個 k，位於 k 層的更快更小的記憶體被作為位於 k+1 層更大更慢的存放裝置之緩衝。換句話說更快更小的存放裝置之資料來自更慢更大的低一級存放裝置。存取的資料在快取記憶體中，被稱為緩衝命中，這種情況下存取速度

---

[22]　*http://www.sisoftware.net/?d=qa&f=ben_mem_latency*。

[23]　Latency Number Every Programmer Should Know。

比較快。如果存取的資料 d 在 k 級緩衝中不存在，就不得不從 k +1 級中取出包含 d 的那個區塊（block）。如果 k 級緩衝已經滿了，就可能會覆蓋現存的一個區塊。

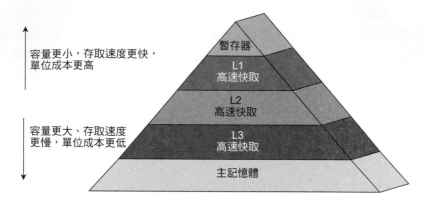

圖 7-21　記憶體的層次結構

由於高一級緩衝的性能遠遠超過低一級的記憶體，所以一旦緩衝不命中（Cache miss），對性能的損害就會是比較大的。

在典型的多核心架構中，每個 CPU 都有自己的快取。如果一個記憶體中的變數在多個 CPU 快取中都有副本，則需要保證變數的快取的一致性。現在大多數的架構實作快取一致性都是採用 MESI 協定。若對快取一致性協定感興趣，可以閱讀《計算機体系结构：量化研究方法》這本經典之作。此外，Paul E. McKenney 的《Is Parallel Programming Hard, And, If so, What Can You Do About It》一書中也有很詳盡的介紹。

需要注意的是，CPU 快取是以緩衝線（Cache line）為單位進行讀寫的。通常來說，一條緩衝線的大小為 64 位元組。換言之，就是存取 1 位元組的資料，系統也會將該位元組所在的整條緩衝線的資料都搬到快取中。

因為 CPU 快取具有以緩衝線為單位進行讀寫的性質，所以在多執行緒程式設計中，稍有不慎，就會掉入假共用的陷阱，造成性能惡化。

可以參考下如下程式碼：

```
int sum1;
int sum2;

void thread1(int v[], int v_count) {
    sum1 = 0;
    for (int i = 0; i < v_count; i++)
            sum1 += v[i];
}

void thread2(int v[], int v_count) {
    sum2 = 0;
    for (int i = 0; i < v_count; i++)
```

```
            sum2 += v[i];
    }
```

這部分程式碼定義了兩個全域變數 sum1 和 sum2，兩個執行緒分別將計算結果放入各自的全域變數中，看起來並行不悖。但是由於這兩個全域變數緊挨著定義，編譯器給這兩個變量分配的記憶體幾乎總是緊挨著的，因此這兩個變數很可能在同一條緩衝線中。

如圖 7-22 所示，儘管執行緒 1 所在的 CPU 並不需要 sum2 的值，但是由於 sum2 和 sum1 在同一條 Cache line 中，因此 sum2 的值也隨同 sum1 一併被載入到 thread1 所在 CPU 的 Cache 中。

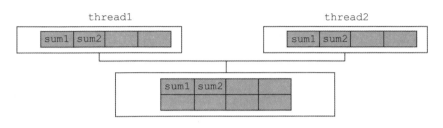

圖 7-22　假共用

thread1 修改 sum1 的值時，儘管並未更新 sum2 的值，但影響的是整條緩衝線，它會將 thread2 所在 CPU 對應的緩衝線置為 Invalidate。如果 thread2 嘗試更新 sum2，會觸發緩衝不命中。反過來，thread2 修改 sum2 時，也會影響到 sum1 的緩衝命中。

可以想見，就因為兩個值彼此毗鄰，落在同一條緩衝線中，會導致大量的緩衝不命中，從而影響性能。

下面透過一個例子，來看假共用給性能帶來的影響。

計算圓周率 π 有一種方法是數值積分法：

$$\pi = \int_0^1 \frac{4}{1+x^2} dx$$

可以透過基於中點矩形的數值積分方法來求解上述積分，如下：

```
static long num_rect = 400000000;
double mid = 0.0;
double height = 0.0;
double width = 1.0/((double)num_rect);

int cur ;
for(cur = 0;cur < num_rect; cur += 1)
{
  mid = (cur+0.5)*width;
  height = 4.0/(1 + mid*mid);
  sum += height;
```

```
}

sum *= width;
```

這是典型的計算密集型程式，因此我們採用多執行緒來分工合作，程式碼如下：

```c
#include <stdlib.h>
#include <stdio.h>
#include <pthread.h>

#define NR_THREAD 1

static long num_rect = 400000000;

typedef struct sum_struct {
    double sum ;
    //char padding[8];
} sum_struct;

struct sum_struct __sum[NR_THREAD];

void* calc_pi(void* ptr)
{
    int index = (int)ptr;

    double mid = 0.0;
    double height = 0.0;
    double width = 1.0/((double)num_rect);

    int cur = index;
    for(;cur < num_rect; cur += NR_THREAD)
    {
        mid = (cur+0.5)*width;
        height = 4.0/(1 + mid*mid);
        __sum[index].sum += height;
    }

    __sum[index].sum *= width;
}

int main()
{
    int i = 0;
    int ret ;
    double result = 0.0;
    pthread_t tid[NR_THREAD];

    fprintf(stdout,"the size of struct sum_struct = %ld\n",sizeof(struct sum_struct));
    for( i = 0 ; i < NR_THREAD; i++)
    {
        __sum[i].sum = 0.0;

        ret = pthread_create(&tid[i],NULL,calc_pi,(void*) i);
        if(ret != 0)
```

```
        {
            /*error handle here*/
            exit(1)
        }

    }

    for( i = 0; i < NR_THREAD ; i++)
    {
        pthread_join(tid[i],NULL);
        result += __sum[i].sum;
    }

    fprintf(stdout,"the PI = %.32f\n",result);
    return 0;
}
```

因為 num_rect 等於 4 億，因此要計算 4 億次，可以透過修改 NR_THREAD 的值，讓 8 個
執行緒合作計算，最後將結果累加到一起得到正確的值，希望這樣能將執行時間縮短為
單執行緒的 1/8，如圖 7-23 所示。

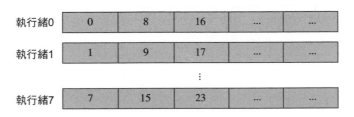

圖 7-23 8 個執行緒並列計算 π 的值

因為每個執行緒都要負責往__sum 對應的位置更新結果。因此這個陣列很容易觸發前面
提到的假共用陷阱。當 sum_struct 結構沒有填補位元組時，該結構佔據 8 位元組，當 8 個
執行緒並列執行時，__sum 陣列很可能在同一個緩衝線中，這時候性能必然會受到影
響。為了避開 false sharing 這個陷阱，測試程式採用加填充位元組的方法。如果給
sum_struct 結構體加上 56 個填充位元組，每個 sum_struct 佔據 1 條緩衝線的大小，則可
以確保它們之間不會互相影響。

```
typedef struct sum_struct {
    double sum ;
    /*padding 56 位元組，占滿 1 條 Cache line*/
    //char  padding[56];
} sum_struct;

struct sum_struct __sum[NR_THREAD];
```

在 24 核心的伺服器上執行，結果如表 7-14 所示。

表 7-14　假共用測試程式碼的執行結果

測試場景	運行時間		
	real	user	sys
1 個執行緒	0m10.306s	0m10.308s	0m0.004s
8 個執行緒（沒有 padding）	0m6.663s	0m49.976s	0m0.004s
8 個執行緒（padding 56 位元組）	0m1.297s	0m10.324s	0m0.008s

可以看出，如果不加 56 位元組的填充，由於假共用引起的大量緩衝不命中，8 個執行沒有帶來 8 倍的效率提升。透過填充位元組解決假共用的問題之後，效率線性地提升了 8 倍。

7.10　條件等待

條件等待是執行緒間同步的另一種方法。

執行緒經常遇到這種情況：要想繼續執行，可能要相依某種條件。如果條件不滿足，它能做的事情就是等待，等到條件滿足為止。通常條件的達成，很可能取決於另一個執行緒，比如生產者－消費者模型。當另外一個執行緒發現條件符合的時候，它會選擇一個時機去通知等待在這個條件上的執行緒。有兩種可能性，一種是喚醒一個執行緒，一種是廣播，喚醒其他執行緒。

就像工廠裡生產車間沒有原料了，所有生產車間都停工了，工人們都在車間睡覺。突然進來一批原料，如果原料充足，你會發廣播給所有車間，原料來了，快來開工吧。如果進來的原料很少，只夠一個車間開工的，你可能只會通知一個車間開工。

為什麼要有條件等待？考慮生產者－消費者模型，如果任務佇列處於空的狀態，那麼消費者執行緒就應該停工等待，一直等到佇列不空為止。如果沒有條件等待，那麼消費者執行緒的程式碼可能會寫成這樣：

```
pthread_mutex_t m = PTHREAD_MUTEX_INITIALIZER;
int WaitForTrue()
{
    pthread_mutex_lock(&m);
    while (condition is false)//條件不滿足
    {
        pthread_mutex_unlock(&m);//解鎖等待其他執行緒改變共用資料
        sleep(n);//休眠 n 秒後再次加鎖驗證條件是否滿足
        pthread_mutex_lock(&m);
    }
}
```

如果條件不滿足，就只能休眠。上面的程式碼雖然也能滿足這個要求，但存在嚴重的效率問題。考慮如下場景：解鎖之後，sleep 之前，等待的條件突然滿足了，但很不幸，該執行緒仍然會休眠 n 秒。

很自然需要這麼一種機制：執行緒在條件不滿足的情況下，主動讓出互斥器，讓其他執行緒去折騰，執行緒在此處等待，等待條件的滿足；一旦條件滿足，執行緒就可以立刻被喚醒。執行緒之所以可以安心等待，相依的是其他執行緒的合作，它確信會有一個執行緒在發現條件滿足以後，將向它發送信號，並且讓出互斥器。如果其他執行緒不配合（不發信號、不讓出互斥量），這個主動讓出互斥器並等待事件發生的執行緒就真的要等到花兒都謝了。

7.10.1　條件變數的建立和銷毀

NPTL 使用 pthread_cond_t 類型的變數來表示條件變數。條件變數不是一個值，我們無法給條件變數賦值。一個執行緒如果要等待某個事件的發生，或者某個條件的滿足，則這個執行緒需要的是條件變數：執行緒等待在條件變數上。

和互斥鎖一樣，條件變數在使用之前要先初始化。互斥鎖有靜態初始化，條件變數也一樣。簡單地把 PTHREAD_COND_INITIALIZER 賦值給 pthread_cond_t 類型的變數就可完成條件變數的初始化：

```
pthread_cond_t cond = PTHREAD_COND_INITIALIZER;
```

動態分配條件變數，或者對條件變數的屬性有所定制，都需要用 pthread_cond_init 進行初始化：

```
int pthread_cond_init(pthread_cond_t *cond,
                      const pthread_condattr_t *attr);
```

如果採用預設屬性，可以將 NULL 作為第二個參數。

對於 pthread_cond_init 初始化的條件變數，不要忘記呼叫 pthread_cond_destroy 來銷毀。其介面定義如下：

```
int pthread_cond_destroy(pthread_cond_t *cond);
```

對於條件變數的初始化和銷毀，需要注意以下幾點：

- 永遠不要用一個條件變數對另一個條件變數賦值，即 pthread_cond_t cond_b = cond_a 不合法，這種行為是未定義的。
- 使用 PTHREAD_COND_INITIALIZE 靜態初始化的條件變數，不需要被銷毀。
- 要呼叫 pthread_cond_destroy 銷毀的條件變數可以呼叫 pthread_cond_init 重新進行初始化。

- 不要引用已經銷毀的條件變數，這種行為是未定義的。

有了條件變數的初始化和銷毀，就可以進入正題了。接下來看看如何使用條件變數。

7.10.2 條件變數的使用

條件變數，天生就是與條件的滿足與否相伴而生的。通常，執行緒會對一個條件進行測試，如果條件不滿足，就等待（pthread_cond_wait），或者等待一段有限的時間（pthread_cond_timedwait）。相關函數的定義如下：

```
int pthread_cond_wait(pthread_cond_t *restrict cond,
      pthread_mutex_t *restrict mutex);

int pthread_cond_timedwait(pthread_cond_t *restrict cond,
      pthread_mutex_t *restrict mutex,
      const struct timespec *restrict abstime);
```

從介面上可以看出，條件等待總是和互斥器綁定在一起的。為什麼要這樣設計？

條件等待是執行緒間同步的一種手段，如果只有一個執行緒，條件不滿足，則等待千年也是枉然，所以必須要有一個執行緒透過某些操作，改變共用資料，使原先不滿足的條件變得滿足了，並且友好地通知等待在條件變數上的執行緒。

條件不會無緣無故地突然變得滿足，必然會牽扯到共用資料的變化。所以一定要有互斥鎖來保護。沒有互斥鎖，就無法安全地獲取和修改共用資料。

好吧，就算如此，先呼叫 pthread_mutex_lock，發現條件不滿足，解鎖，然後在條件上等待就行了，為什麼還要把互斥鎖作為參數傳給 pthread_cond_wait 呢？如下面所示的程式碼使用不可以嗎？

```
//錯誤的設計
pthread_mutex_lock(&m)
while(condition_is_false)
{
    pthread_mutex_unlock(&m);
//解鎖之後，等待之前，可能條件已經滿足，信號已經發出，但是該信號可能會被錯過
    cond_wait(&cv);
    pthread_mutex_lock(&m);
}
```

原因在於，上面的解鎖和等待不是原子操作。解鎖以後，呼叫 cond_wait 之前，如果已經有其他執行緒獲取到互斥器，並且滿足條件，同時發出通知信號，那麼 cond_wait 將錯過這個信號，可能會導致執行緒永遠處於阻塞狀態。所以解鎖加等待必須是一個原子性的操作，以確保已經註冊到事件的等待佇列之前，不會有其他執行緒可以獲得互斥器。

那先註冊等待事件，後釋放鎖不行嗎？注意，條件等待是個阻塞型的介面，不單單是註冊在事件的等待佇列上，執行緒也會因此阻塞於此，從而導致互斥器無法釋放，其他執行緒獲取不到互斥器，也就無法透過改變共用資料使等待的條件得到滿足，因此這就造成了鎖死。

下面的虛擬碼顯示了 POSIX 如何使用條件變數 v 和互斥器 m 來等待條件的發生：

```
pthread_mutex_lock(&m);
while(condition_is_false)
    pthread_cond_wait(&v,&m);//此處會阻塞

/*如果程式碼執行到此處，則表示我們等待的條件已經被滿足
 *並且在此持有互斥器*/
/*在滿足條件的情況下，做你想做的事情*/
pthread_mutex_unlock(&m);
```

pthread_cond_wait 函數只能由擁有互斥器的執行緒來呼叫，當該函數回傳時，系統會確保該執行緒再次持有互斥器，所以這個介面容易給人一種誤解，就是該執行緒一直在持有互斥器。事實上並非如此。這個介面向系統宣告我的心在等待，永遠在等待之後，就把互斥器給釋放了。這樣其他執行緒就有機會持有互斥器，操作共用資料，觸發變化，使執行緒等待的條件得到滿足。

既然互斥器和條件變數關係如此緊密，為什麼不乾脆將互斥器變成條件變數的一部分呢？原因是，同一個互斥器上可能有不同的條件變數，比如說，有的執行緒希望佇列不空的時候發送信號，有的執行緒希望佇列滿的時候發送通知給它（為了建立更多的執行緒做消費者或其他目的）。

pthread_cond_timedwait 函數與 pthread_cond_wait 的工作方式幾乎是一樣的，只是呼叫時需要指定一個超時的時間。注意這個時間是絕對時間，而不是相對時間。如果最多等待 2 分鐘，則這個值應該是目前時間加上 2 分鐘。

上面將互斥器和條件變數配合使用的示範程式碼中有個很有意思的地方，就是用了 while 語句，醒來之後要再次判斷條件是否滿足。

```
while(condition_is_false)
    pthread_cond_wait(&v,&m);//此處會阻塞
```

為什麼不寫成：

```
if(condition_is_false)
pthread_cond_wait(&v,&m);//此處會阻塞
```

喚醒以後，再次檢查條件是否滿足，是不是多此一舉？

答案是不得不如此。因為喚醒中存在虛假喚醒（spurious wakeup），換言之，條件尚未滿足，pthread_cond_wait 就已經回傳。在一些實作中，即使沒有其他執行緒向條件變數發送信號，等待此條件變數的執行緒也有可能會醒來。

看起來這像是個 bug，但它確實是存在的。為什麼會存在虛假喚醒？一個原因是pthread_cond_wait 是 futex 系統呼叫，屬於阻塞型的系統呼叫，當系統呼叫被信號中斷的時候，會回傳-1，並且把 errno 置為 EINTR。很多這種系統呼叫為了防止被信號中斷都會重啟系統呼叫，程式碼如下：

```
pid_t r_wait(int *stat_loc)
{
    int retval;
    while(((retval = wait(stat_loc)) ==-1 && (errno == EINTR)));
    return retval;
}
```

但是 futex 不一樣，在 futex 回傳之後，到重啟系統呼叫之前，可能已經呼叫過pthread_cond_signal 或 pthread_cond_broadcast。一旦錯失，再次呼叫 pthread_cond_wait 可能就會導致無限制地等待下去。為了防止這種情況，寧可虛假喚醒，也不能再次呼叫pthread_cond_wait，以免深入無窮的等待中。

除了上面的信號因素外，還存在以下情況：條件滿足後發送信號，但等到呼叫pthread_cond_wait 的執行緒得到 CPU 資源時，條件又再次不滿足。好在無論是哪種情況，醒來之後再次測試條件是否滿足就可以解決虛假等待的問題。

條件等待，等於把控制權交給別的執行緒，它信任別的執行緒會在合適的時機通知它，這是多大的信任啊。如果其他執行緒忘記發送信號，則條件等待的執行緒就徹底"悲劇"了。

如何發送信號來通知等待的執行緒呢？POSIX 提供如下兩個介面：

```
int pthread_cond_signal(pthread_cond_t *cond);
int pthread_cond_broadcast(pthread_cond_t *cond);
```

pthread_cond_signal 負責喚醒等待在條件變數上的一個執行緒，pthread_cond_broadcast，顧名思義，就是廣播喚醒等待在條件變數上的所有執行緒。

等一下，剛才講解 pthread_cond_wait 的時候曾提到過，執行緒醒來時會確保持有互斥器，為何廣播還能喚醒等待在條件變數上的所有執行緒呢，這不是前後矛盾嗎？

答案是不矛盾，所有的執行緒被廣播喚醒之後，集體爭奪互斥鎖，沒搶到的繼續睡。從核心中醒來，然後繼續睡去，是一種性能的浪費。

使用通知機制來完成執行緒同步，程式碼範例如下：

```
//為讓流程更加清晰，此處忽略 error handle
pthread_mutex_lock(&m);
/*一些對共用資料的操作，會導致另一個執行緒等待的條件滿足*/

//此處也可以是 pthread_cond_broadcast 函數
pthread_cond_signal(&cond);
pthread_mutex_unlock(&m);
```

發送信號，通知等待在條件上的執行緒，然後解鎖互斥器。

注意範例程式碼中先發送信號，然後解鎖互斥器，這個順序不是必須的，也可以顛倒。

標準允許任意循序執行這兩個呼叫。

有什麼區別嗎？

先通知條件變數、後解鎖互斥器，效率會比先解鎖、後通知條件變數低。因為先通知後解鎖，執行 pthread_cond_wait 的執行緒可能在互斥器已然處於加鎖狀態的時候醒來，發現互斥器仍然沒有解鎖，就會再次休眠，從而導致多餘的上下文切換。某些實作使用等待變形（wait morphing）來優化這個問題：並不真正地喚醒執行 pthread_cond_wait 的執行緒，而是將執行緒從條件變數的等待佇列轉移到互斥器的等待佇列上，從而消除無謂的上下文切換。

glibc 對 pthread_cond_broadcast 做了類似的優化，即只喚醒一個執行緒，將其他執行緒從條件變數的等待佇列搬移到互斥器的等待佇列中。對實作細節感興趣的可以參閱 Ulrich Drepper 的《Futexes Are Tricky》。

先解鎖、後通知條件變數雖然可能會有性能上的優勢，但是也會帶來其他的問題。如果存在一個高優先權的執行緒，既等待在互斥器上，也等待在條件變數上；同時還存在一個低優先權的執行緒，只等待在互斥器上。一旦先解鎖互斥器，低優先權的行程就可能會搶先獲得互斥器，待呼叫 pthread_cond_signal 之後，高優先權的行程會發現互斥器已經被低優先權的行程搶走。

理解 Linux 執行緒(2)

第 7 章介紹了執行緒的基本介面,這些基本介面非常重要,掌握這些基本介面,就能應對絕大多數的應用場景。本章將介紹一些執行緒相關的其他內容。

8.1 執行緒取消

執行緒可以透過呼叫 pthread_cancel 函數來請求取消同一行程中的其他執行緒。

從程式設計的角度來講,不建議使用這個介面。筆者對該介面的評價不高,該介面實作了一個似是而非的功能,卻引入一堆問題。陳碩在《Linux 多線程服務器編程》一書中也提到過,不建議使用取消介面來使執行緒退出,個人表示十分贊同。

8.1.1 函數取消介面

Linux 提供如下函數來控制執行緒的取消:

```
int pthread_cancel(pthread_t thread);
```

一個執行緒可以透過呼叫該函數向另一個執行緒發送取消請求。這不是個阻塞型介面,發出請求後,函數就立刻回傳,而不會等待目標執行緒退出之後才回傳。

如果成功,該函數回傳 0,否則將回傳錯誤碼。

對於 glibc 實作而言,呼叫 pthread_cancel 時,會向目標執行緒發送一個 SIGCANCEL 的信號,該信號就是 6.4 節 "信號的分類" 中提到的被 NPTL 使用的 32 號信號。

執行緒收到取消請求後，會採取什麼行動呢？這取決於該執行緒的設定。NPTL 提供函數來設定執行緒是否允許取消，以及在允許取消的情況下如何取消。

pthread_setcancelstate 函數用來設定執行緒是否允許取消，函式定義如下：

```
int pthread_setcancelstate(int state, int *oldstate);
```

state 參數有兩種可能的值：

- PTHREAD_CANCEL_ENABLE
- PTHREAD_CANCEL_DISABLE

如果取消狀態是 PTHREAD_CANCEL_DISABLE，則表示執行緒不理會取消請求，取消請求會被暫時掛起，不予處理。

執行緒的預設取消狀態是 PTHREAD_CANCEL_ENABLE。如果 state 是 PTHREAD_CANCEL_ENABLE，於收到取消請求後，會發生什麼？這取決於執行緒的取消類型。pthread_setcanceltype 函數用來設定執行緒的取消類型，其定義如下：

```
int pthread_setcanceltype(int type, int *oldtype);
```

取消類型有兩種值：

- PTHREAD_CANCEL_DEFERRED
- PTHREAD_CANCEL_ASYNCHRONOUS

PTHREAD_CANCEL_ASYNCHRONOUS 為非同步取消，即執行緒可能在任何時間點（可能是立即取消，但也不一定）取消執行緒。這種取消方式的最大問題在於，你不知道取消時執行緒執行到了哪一步。所以，這種取消方式太粗暴，很容易造成後續的混亂。因此不建議使用該取消方式。

PTHREAD_CANCEL_DEFERRED 是延遲取消，執行緒會一直執行，直到遇到一個取消點，這種方式也是新建執行緒的預設取消類型。

什麼是取消點？就是對於某些函數，如果執行緒允許取消且取消類型是延遲取消，並且執行緒也收到取消請求，則當執行到這些函數的時候，執行緒就可以退出。

標準規定了很多函數必須是取消點，由於太多（有好幾十個之多）就不一一羅列了，透過 man pthreads 可以查詢到這些取消點函數。

執行緒執行到取消點，會自動處理取消請求，但是如果執行緒沒有用到任何取消點函數該怎麼辦，如何回應取消請求？

為了應對這種場景，系統引入 pthread_testcancel 函數，該函數一定是取消點。所以程式設計者可以週期性地呼叫該函數，只要有取消請求，執行緒就能回應。該函式定義如下：

```
void pthread_testcancel(void);
```

如果執行緒被取消，並且其分離狀態是可連接的，則需要由其他執行緒對其進行連接。連接之後，pthread_join 函數的第二個參數會被置成 PTHREAD_CANCELED，透過該值可以知道執行緒並不是"壽終正寢"，而是被其他執行緒取消而導致的退出。

介面都介紹完了，是時候討論執行緒取消的弊端了。執行緒取消是一種在執行緒的外部強行終止執行緒的執行做法，由於無法預知目標執行緒內部的情況，尤其是第一種非同步取消類型，因此可能會帶來毀滅性的結果。

目標執行緒可能會持有互斥器、信號量或其他類型的鎖，這時候如果收到取消請求，並且取消類型是非同步取消，有可能是目標執行緒掌握的資源還沒有來得及釋放就被迫退出了，這可能會為其他執行緒帶來不可恢復的後果，比如鎖死（其他執行緒再也無法獲得資源）。

即使執行非同步取消也安然無恙的函數稱為非同步取消安全函數（async-cancel-safe function），說明文件中提到只有下述三個函數是非同步取消安全函數，所以對於其他函數，一律都不是非同步取消安全函數。

```
pthread_cancel()
pthread_setcancelstate()
pthread_setcanceltype()
```

所以對程式設計人員而言，應該遵循以下原則：

- 第一，輕易不要呼叫 pthread_cancel 函數，在外部殺死執行緒是很糟糕的做法，畢竟如果想通知目標執行緒退出，還可以採取其他方法。

- 第二，如果不得不允許執行緒取消，在某些非常關鍵不容有失的程式碼區域中暫時將執行緒設定成不可取消狀態，退出關鍵區域之後，再恢復成可以取消的狀態。

- 第三，在非關鍵的區域，也要將執行緒設定成延遲取消，永遠不要設定成非同步取消。

8.1.2 執行緒清理函數

假設遇到取消請求，執行緒執行到了取消點，卻沒有來得及做清理動作（如動態申請的記憶體沒有釋放、申請的互斥器沒有解鎖等），可能會導致錯誤的產生，比如鎖死，甚至是行程崩潰。

下面來看一個簡單的例子：

```
void* cancel_unsafe(void*) {
    static pthread_mutex_t mutex = PTHREAD_MUTEX_INITIALIZER;
    pthread_mutex_lock(&mutex);          //此處不是撤銷點
    struct timespec ts = {3, 0};
    nanosleep(&ts, 0);                      //是撤銷點
    pthread_mutex_unlock(&mutex);        //此處不是撤銷點
    return 0;
}

int main(void) {
    pthread_t t;

    pthread_create(&t, 0, cancel_unsafe, 0);
    pthread_cancel(t);
    pthread_join(t, 0);
    cancel_unsafe(0); //發生鎖死！
    return 0;
}
```

在上面的例子中，nanosleep 是取消點，如果執行緒執行到此處時被其他執行緒取消，就會出現以下情況：互斥器還沒有解鎖，但持有鎖的執行緒已不復存在。這種情況下其他執行緒再也無法申請到互斥器，很有可能在某處就會深入鎖死的境地。

為了避免這種情況，執行緒可以設定一個或多個清理函數，執行緒取消或退出時，會自動執行這些清理函數，以確保資源處於一致的狀態。其相關介面定義如下：

```
void pthread_cleanup_push(void (*routine)(void *),void *arg);
void pthread_cleanup_pop(int execute);
```

標準允許用巨集（macro）來實作這兩個介面，Linux 就是用巨集來實作的。這意味著這兩個函數必須同時出現，並且屬於同一個程式區塊。

何為同一個程式區塊？這比較難解釋，我嘗試以反面來解釋它。如果兩個函數在不同的函數中出現，它們就不是處於同一個程式區塊。範例程式如下：

```
void foo()
{
    .....
    pthread_cleanup_pop(0)
    .....
}
void *thread_work(void *arg)
{
    ......
    pthread_cleanup_push(clean,clean_arg);
    ......
    foo()
    ......
}
```

這個例子比較簡單，因為 pthread_cleanup_push 在執行緒的主函數裡面，而 pthread_cleanup_pop 在另外一個函數裡面，這一對函數明顯不在一個程式區塊裡面。

上面這種錯誤是很好防範的，比較難防範的是下面這種：

```
pthread_cleanup_push(clean_func,clean_arg);
......
if(cond)
{
    pthread_cleanup_pop(0);
}
```

在日常編碼中很容易犯上述這種錯誤。因為 pthread_cleanup_push 和 phtread_cleanup_pop 的實作中包含{和}，所以將 pop 放入 if{}的程式碼塊中，會導致括弧匹配錯亂，最終會引發編譯錯誤。

第二個需要注意的是，可以註冊多個清理函數，如下所示：

```
pthread_cleanup_push(clean_func_1,clean_arg_1)
pthread_cleanup_push(clean_func_2,clean_arg_2)
...
pthread_cleanup_pop(execute_2);
pthread_cleanup_pop(execute_1);
```

從 push 和 pop 的名字可以看出，這是堆疊的風格，後入先出，就是後註冊的清理函數會先執行。

其中 pthread_cleanup_pop 的用處是，刪除註冊的清理函數。如果參數是非 0 值，則執行一次，再刪除清理函數。否則就直接刪除清理函數。

第三個問題最關鍵，何時會觸發註冊的清理函數：

• 當執行緒的主函數是呼叫 pthread_exit 回傳的，清理函數總是會被執行。

• 當執行緒是被其他執行緒呼叫 pthread_cancel 取消的，清理函數總是會被執行。

• 當執行緒的主函數是透過 return 回傳的，並且 pthread_cleanup_pop 的唯一參數 execute 是 0 時，清理函數不會被執行。

• 當執行緒的主函數是透過 return 返回的，並且 pthread_cleanup_pop 的唯一參數 execute 是非零值時，清理函數會執行一次。

下面是範例程式：

```
#include<stdio.h>
#include<stdlib.h>
#include<pthread.h>
#include<string.h>

void clean(void* arg)
{
```

```
        printf("CLEAN_UP:%s\n",(char*)arg);
}

void *thread(void *param)
{
    int input = (int)param;
    printf("thread start\n");

    pthread_cleanup_push(clean,"first cleanup handler");
    pthread_cleanup_push(clean,"second cleanup handler");

    /*work logic here*/

    if(input != 0)
    {
        /*pthread_exit 退出，清理函數總會被執行*/
        pthread_exit((void*)1);
    }

    pthread_cleanup_pop(0);
    pthread_cleanup_pop(0);

    /*return 回傳，如果上面 pop 函數的參數是 0，則不會執行清理函數*/
    return ((void *)0);
}

int main()
{
    pthread_t tid ;
    void *res ;
    int ret ;
    ret = pthread_create(&tid,NULL,thread,(void*)0);
    if(ret != 0)
    {
        /*error handle here*/
        return -1;
    }

    pthread_join(tid,&res);
    printf("first thread exit,return code is %d\n",(int)res);

    ret = pthread_create(&tid,NULL,thread,(void*)1);
    if(ret != 0)
    {
        /*error handle here*/
        return -1
    }

    pthread_join(tid,&res);
    printf("second thread exit,return code is %d\n",(int)res);

    return 0;
}
```

當執行緒用 return 退出，並且 pthread_cleanup_pop 的參數是 0 時，那麼註冊的清理函數不被執行：

```
thread startfirst
thread exit,return code is 0
thread start
CLEAN_UP:second cleanup handler
CLEAN_UP:first cleanup handler
second thread exit,return code is 1
```

如果將上面範例程式中的 pthread_cleanup_pop 的參數改成 1，就會發現，無論是呼叫 pthread_exit 函數回傳，還是在執行緒的主函數中呼叫 return 回傳，都會呼叫清理函數：

```
thread start
CLEAN_UP:second cleanup handler
CLEAN_UP:first cleanup handler
first thread exit,return code is 0
thread start
CLEAN_UP:second cleanup handler
CLEAN_UP:first cleanup handler
second thread exit,return code is 1
```

有了清理函數，本節開頭處提到的例子就可以改進為如下形式：

```
void cleanup(void* mutex) {
    pthread_mutex_unlock((pthread_mutex_t*)mutex);
}


void* cancel_unsafe(void*) {
    static pthread_mutex_t mutex = PTHREAD_MUTEX_INITIALIZER;
    pthread_cleanup_push(cleanup, &mutex);
    pthread_mutex_lock(&mutex);
    struct timespec ts = {3, 0};
    nanosleep(&ts, 0);
    pthread_mutex_unlock(&mutex);
    pthread_cleanup_pop(0);
    return 0;
}
```

在這種情況下，如果執行緒被取消，清理函數則會負責解鎖操作。

8.2 執行緒局部儲存

errno 變數是執行緒局部儲存的典型案例。我們可以透過該案例來理解引入執行緒局部儲存的意義。

在多執行緒引入之前，由於行程只有一條控制流（暫不考慮信號處理函數），因此當函數呼叫出錯時，可以透過設定全域的 errno 來提示遇到的錯誤類型。程式碼如下所示：

```
int f = open (...);
if (f < 0)
    printf ("error %d encountered\n", errno);
```

但是自從引入多執行緒之後，情況就發生了變化。如果 errno 仍然是行程內的全域變數，就會引起混亂。考慮如下兩個執行緒分別執行如下程式碼：

```
執行緒 1
int f = open (...);
if (f < 0)
    printf ("error %d encountered\n", errno);

執行緒 2
int s = socket (...);
if (s < 0)
    printf ("error %d encountered\n", errno);
```

當兩個執行緒同時執行這兩部分程式碼並且幾乎同時出錯時，後一個出錯時設定的 errno 的值會覆蓋前一個出錯時設定的 errno。因此至少有一個輸出的 errno 是不對的。

對於這個問題，一種解決的方法是這樣的：

```
int local_errno
int f = open(...,&local_errno)
if (f < 0)
    printf ("error %d encountered\n", local_errno);
```

這種方法固然可以做到對多執行緒的支援，但是在現實中不具備可操作性。大量的函數介面已經存在很久，改變介面意味著不相容歷史程式碼。對 errno 而言，比較好的方案是既要能應對多執行緒，又不需要改變既有的介面。

這時候，執行緒局部儲存就橫空出世了。使用執行緒局部儲存（Thread Local Storage）技術就能滿足上述的需求。該技術為每一個執行緒都分別維護一個變數的副本，儘管名字相同卻分別儲存，並行不悖。

在 Linux 下有兩種方法可以實作執行緒局部儲存：

- 使用 NPTL 提供的函數。
- 使用編譯器擴展的 __thread 關鍵字。

8.2.1　使用 NPTL 函式庫函數實作執行緒局部儲存

NPTL 提供一個函數介面來實作執行緒局部儲存的功能：

```
int pthread_key_create(pthread_key_t *key,
                       void (*destructor)(void*));
int pthread_key_delete(pthread_key_t key);

int pthread_setspecific(pthread_key_t key, const void *value);
```

```
void *pthread_getspecific(pthread_key_t key);
```

其中，pthread_key_create 函數會為執行緒局部儲存建立一個新鍵，並透過給 key 賦值，回傳給使用者使用。

因為行程中的所有執行緒都可以使用回傳的鍵，所以參數 key 應該指向一個全域變數。

參數 destructor 指向一個自訂的函數：

```
void * destructor(void *value)
{
    /*大多是為了釋放 value 指標指向的資源*/
}
```

執行緒終止時，如果 key 關聯的值不是 NULL，NPTL 會自動執行定義的 destructor 函數。如果無須解構，可以將 destructor 設定為 NULL。

這幾個介面比較晦澀，很難從介面上想到如何使用執行緒局部儲存。將透過一個例子來說明如何使用這些介面。在下面的範例中，程式希望每一個執行緒將自己的 log 輸出到各自獨立的檔案。

```
#include <malloc.h>
#include <pthread.h>
#include <stdio.h>
#include <stdlib.h>

/*用於為每個執行緒保存檔案指標的 TSD 鍵值,根據鍵值可以找到執行緒各自的 Data。*/
static pthread_key_t    thread_log_key;

void write_to_thread_log(const char *message)
{
    FILE* thread_log=(FILE*)pthread_getspecific(thread_log_key);
    fprintf(thread_log, "%s\n", message);
}

void fn_close_thread_log(void *thread_log)
{
    fclose((FILE *)thread_log);
}

void *thread_function(void *args)
{
    char thread_log_filename[128];
    FILE *thread_log;

    sprintf(thread_log_filename, "thread%ld.log",
            unsigned long)pthread_self());
    thread_log = fopen(thread_log_filename, "w");
    /*將檔案指標保存在 thread_log_key 標識的 TSD 中。*/
    pthread_setspecific(thread_log_key,thread_log);

    write_to_thread_log("Thread starting.");
```

```
        return NULL;
    }

    int main()
    {
        int i;
        pthread_t threads[5];

        /*建立一個鍵值，用於將執行緒日誌檔案指標保存在 TSD 中。
         *呼叫 close_thread_log 以關閉這些檔案指標。*/
        pthread_key_create(&thread_log_key, fn_close_thread_log);
        for(i = 0; i < 5; ++i)
            pthread_create(&(threads[i]), NULL, thread_function, NULL);

        for(i = 0; i < 5; ++i)
            pthread_join(threads[i], NULL);

        return 0;

    }
```

上述的程式首先呼叫 pthread_key_create 函數來申請一個位置。在 NPTL 實作下，pthread_key_t 是無符號整數型態，pthread_key_create 呼叫成功時會將一個小於 1024 的值填入第一個輸入參數指向的 pthread_key_t 類型的變數中。

為什麼鍵值總是要小於 1024 ？是因為 NPTL 實作一共提供了 1024 個位置。如圖 8-1 所示，記錄位置分配情況的資料結構 pthread_keys 是行程唯一的。對於上面的範例程式碼而言，第一次呼叫 pthread_key_create 毫無疑問會領到 slot 0。即 thread_log_key 的值為 0，表示佔用了 0 號位置，如圖 8-1 所示。

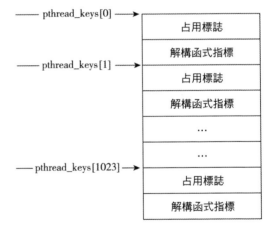

圖 8-1　pthread_keys 與位置分配

目前，各個執行緒還沒有資料和該 key 相關聯。接下來執行緒函數透過呼叫 pthread_setspecific 函數，將 key 分別與各自的執行緒資料關聯起來。

```
    pthread_setspecific(thread_log_key,thread_log);
```

每個執行緒 0 號位置指向執行緒各自資料。從此處開始分家，key 是同一個 key，但每個執行緒指向的資料各不相同（如圖 8-2 所示）。

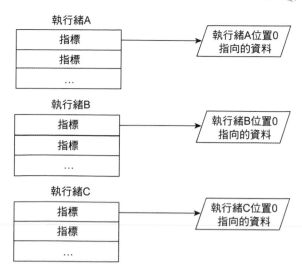

圖 8-2　同一個 key 每個執行緒指向各自的資料

執行緒如果想要使用各自的值怎麼辦？拿這個 key，去找到與 key 關聯的資料結構，這是
pthread_getspecific 函數的職責所在。

```
FILE* thread_log =(FILE *)pthread_getspecific(thread_log_key);
```

因為執行緒知道 key 關聯的資料結構是什麼類型，所以可以從 key 直接獲取 key 指向的
value。取得執行緒的特有資料之後，就可以操作了。

由於 key 屬於全域變數，因此取到的執行緒特有資料 value 就變成執行緒內部的 "全域
變數"。

1024 個 key，對於普通的應用來說已經足夠。如果一個多執行緒應用確實需要很多的執
行緒特有資料，則可以將其封裝在一個資料結構之內。

這種方法，允許的鍵值個數有限並不是問題的關鍵，問題的關鍵是它的介面太難用，介
面設計得有點違反人性。

8.2.2　使用__thread 關鍵字實作執行緒局部儲存

由於 8.2.1 節提供的介面太難用，有人想到在編譯器中增加新功能，支援特定的關鍵字
__thread，低調地建造執行緒區域變數。

它的使用方法非常簡單：

```
__thread int val = 0;
```

凡是帶有__thread 關鍵字的變數，每個執行緒都會有該變數的一個拷貝，並行不悖，互不
干擾。該區域變數一直都在，直到執行緒退出為止。

使用執行緒區域變數需要注意以下幾點：

- 如果變數生命中使用關鍵字 static 或 extern，則關鍵字 __thread 應該緊隨其後。

- 宣告時，可以正常初始化。

- 可以透過取位址操作符號（&）獲取執行緒區域變數的位址。

同樣的例子，用 __thread 關鍵字來實作就自然多了，程式碼如下：

```
#include <malloc.h>
#include <pthread.h>
#include <stdio.h>
#include <stdlib.h>

__thread FILE* thread_log = NULL ;

void write_to_thread_log(const char *message)
{
    fprintf(thread_log, "%s\n", message);
}

void *thread_function(void *args)
{
    char thread_log_filename[128];

    sprintf(thread_log_filename, "thread%ld.log",
            (unsigned long)pthread_self());

    thread_log = fopen(thread_log_filename, "w");
    write_to_thread_log("Thread starting.");

    fclose(thread_log);
    return NULL;
}

int main()
{
    int i;
    pthread_t threads[5];

    for(i = 0; i < 5; ++i)
        pthread_create(&(threads[i]), NULL, thread_function, NULL);

    for(i = 0; i < 5; ++i)
        pthread_join(threads[i], NULL);

    return 0;

}
```

執行緒局部儲存需要核心、Pthreads 實作和 C 編譯器都提供支援。若對執行緒局部儲存（Thread Local Storage）的實作感興趣，Ulrich Drepper 著有 "ELF Handling For Thread-Local Storage" 一文，是非常好的參考資料。

8.3　執行緒與信號

信號出現地要比執行緒早，所以設計信號時，尚沒有執行緒。在引入執行緒之後，如何設計信號成了一個難題。既要保證傳統的語義不變，又要設計出適用於多執行緒環境的信號模型，確實難度不小。

在第 6 章 "信號" 一章中，基本上已將多執行緒和信號的關係及核心如何實作說明清楚。在此，僅僅總結一下：

- 信號處理函數是行程層面的概念，或者說是執行緒組層面的概念，執行緒組內所有執行緒共用對信號的處理函數。

- 對於發送給行程的信號，核心會任選一個執行緒來執行信號處理函數，執行完後，會將其從掛起信號佇列中去除，其他行程不會對一個信號重複回應。

- 可以針對行程中的某個執行緒發送信號，那麼只有該執行緒能回應，執行相應的信號處理函數。

- 信號遮蔽是執行緒層面的概念，信號處理函數在執行緒組內是統一的，但是信號遮蔽是各自獨立設定的，各個執行緒獨立設定自己要阻止或放行的信號集合。

- 掛起信號（核心已經收到，但尚未遞送給執行緒的信號）既是針對行程的，又是針對執行緒的。核心維護兩個掛起信號佇列，一個是行程共用的掛起信號佇列，一個是執行緒特有的掛起信號佇列。呼叫函數 sigpending 回傳的是兩者的聯集。對於執行緒而言，優先遞送發給執行緒自身的信號。

上面這些內容，基本概括了多執行緒條件下信號的模型。核心如何做到這些模型，在第 6 章中基本都有介紹，在此處就不再贅述。

8.3.1　設定執行緒的信號遮蔽

前面已提到過，信號遮蔽是針對執行緒的，每個執行緒都可以自行設定自己的信號遮蔽。如果自己不設定，就會繼承建立者的信號遮蔽。

NPTL 實作了如下介面來設定執行緒的信號遮蔽：

```
#include <signal.h>

int pthread_sigmask(int how, const sigset_t *new, sigset_t *old);
```

how 的值用來指定如何更改信號組：

- SIG_BLOCK 向目前信號遮蔽中添加 new，其中 new 表示要阻塞的信號組。

- SIG_UNBLOCK 從目前信號遮蔽中刪除 new，其中 new 表示要取消阻塞的信號組。

- SIG_SETMASK 將目前信號遮蔽替換為 new，其中 new 表示新的信號遮蔽。

該介面的使用方式和 sigprocmask 一模一樣，在 Linux 上，兩個函數的實作是相同的。

 SIGCANCEL 和 SIGSETXID 信號被用於 NPTL 實作，因此使用者不能也不應該改變這兩個信號的行為方式。還好使用者不用操心這兩個信號，sigprocmask 函數和 pthread_sigmask 函數對這兩者都做了特殊處理。

8.3.2 向執行緒發送信號

第 6 章提到過向執行緒發送信號的系統呼叫 tkill/tgkill，無奈 glibc 並未將它們封裝成可以直接呼叫的函數。不過，幸好提供了另外一個函數：

```
int pthread_kill(pthread_t thread, int sig);
```

由於 pthread_t 類型的執行緒 ID 只在執行緒組內是唯一的，其他行程完全可能存在執行緒 ID 相同的執行緒，所以 pthread_kill 只能向同一個行程的執行緒發送信號。

除了這個介面外，Linux 還提供特有的函數將 pthread_kill 和 sigqueue 功能累加在一起：

```
#define _GNU_SOURCE
#include <pthread.h>

int pthread_sigqueue(pthread_t thread, int sig,
                      const union sigval value);
```

這個介面和 sigqueue 一樣，可以發送攜帶資料的信號。當然，只能發給同一個行程內的執行緒。

8.3.3 多執行緒程式對信號的處理

單執行緒的程式，對信號的處理已經蠻複雜的了。因為信號打斷行程的控制流，所以信號處理函數只能呼叫非同步信號安全的函數。而非同步信號安全是個很苛刻的條件。

多執行緒的引入，加劇了其複雜度。因為信號可以發送給行程，也可以發送給行程內的某一執行緒。不同執行緒還可以設定自己的遮蔽來實作對信號的遮蔽。而且，沒有一個執行緒相關的函數是非同步信號安全的，信號處理函數不能呼叫任何 pthread 函數，也不能透過條件變數來通知其他執行緒。

正如陳碩在《Linux 多線程服務器編程》中提到的，在多執行緒程式中，使用信號的第一原則就是不要使用信號。

- 不要主動使用信號作為行程間通信的手段，收益和引入的風險完全不成比例。
- 不主動改變異常處理信號的信號處理函數。用於管線和 socket 的 SIGPIPE 可能是例外，預設語義是終止行程，於很多情況下，需要忽略該信號。

- 如果無法避免，必須要處理信號，那麼就採用 sigwaitinfo 或 signalfd 的方式同步處理信號，減少非同步處理帶來的風險和引入 bug 的可能。

在第 6 章中，曾經分析如何使用 sigwaitinfo 函數和 signalfd 同步地處理信號，此處就不再贅述。

8.4 多執行緒與 fork()

多執行緒和 fork 函數的合作性非常差。對於多執行緒和 fork，最重要的建議就是永遠不要在多執行緒程式裡面呼叫 fork。

請跟我再念一遍：永遠不要在多執行緒程式裡面呼叫 fork。

Linux 的 fork 函數，會複製一個行程，對於多執行緒程式而言，fork 函數複製的是呼叫 fork 的那個執行緒，而並不複製其他的執行緒。fork 之後其他執行緒都不見了。Linux 不存在 forkall 語義的系統呼叫，無法做到將多執行緒全部複製。

多執行緒程式在 fork 之前，其他執行緒可能正持有互斥器處理臨界區的程式碼。fork 之後，其他執行緒都不見了，那麼互斥器的值可能處於不可用的狀態，也不會有其他執行緒解鎖互斥器。

下面用一個例子來描述這種場景：

```c
#include <stdio.h>
#include <signal.h>
#include <stdlib.h>
#include <unistd.h>
#include <pthread.h>
#include <sys/wait.h>

static void* worker(void* arg)
{
    pthread_detach(pthread_self());

    for (;;)
    {
        setenv("foo", "bar", 1);
        usleep(100);
    }

    return NULL;
}

static void sigalrm(int sig)
{
    char a = 'a';
    write(fileno(stderr), &a, 1);
}

int main()
```

```
{
    pthread_t setenv_thread;
    pthread_create(&setenv_thread, NULL, worker, 0);

    for (;;)
    {
        pid_t pid = fork();

        if (pid == 0)
        {
            signal(SIGALRM, sigalrm);
            alarm(1);

            unsetenv("bar");
            exit(0);
        }

        wait3(NULL, WNOHANG, NULL);
        usleep(2500);
    }

    return 0;
}
```

上述的程式碼比較簡單,建立了一個執行緒週期性地執行 setenv 函數,修改環境變數。主執行緒會 fork 子行程,子行程負責執行 unsetenv 函數,同時呼叫 alarm,一秒鐘後會收到 SIGALRM 信號。子行程透過執行 signal 函數,註冊 SIGALRM 信號的處理函數,即向標準錯誤列印字母'a'。

fork 建立的子行程在呼叫 alarm 註冊的鬧鐘之後,只執行 unsetenv 函數,然後就會呼叫 exit 退出。因此,在正常情況下子行程很快就會退出,alarm 約定的 1 秒鐘時間還未到就退出了。也就是說,信號處理函數不應該被執行,自然也就不應該列印出字母'a'。

可是實際情況是:

```
./thread_fork
aaaaaaaaaaaaaaaaaaaaaaaaaaaaaaaaa^C
```

原因何在?在某些情況下,子行程為什麼不能及時退出,以至於過了 1 秒之後,子行程還沒有退出?

選擇一個阻塞的執行緒,用 gdb 除錯,看看到底阻塞在何處。

```
(gdb) bt
#0  __lll_lock_wait_private () at ../nptl/sysdeps/unix/sysv/linux/x86_64/
lowlevellock.S:95
#1  0x00007fd5c50270f6 in _L_lock_740 () from /lib/x86_64-linux-gnu/libc.so.6
#2  0x00007fd5c5026f2a in __unsetenv (name=0x400b24 "bar") at setenv.c:325
#3  0x0000000000400a6d in main () at fork.c:41
```

可以看出呼叫 unsetenv 的時候,子行程就被卡住了。

為什麼？

現在的函式庫函數，為了做到可重入，其內部維護的變數通常會使用互斥器來保護。這些鎖對使用者來說一般是隱藏的，使用者也不關心。setenv 和 unsetenv 就是這樣。儘管上述程式碼並沒有明顯的定義出來，但是行程內部已經維護了一個互斥器。

互斥器中維護了一個鎖的值：0 表示未上鎖，1 表示已上鎖但是沒有等待中的執行緒，2 表示已上鎖，並且有執行緒等待該鎖。對於我們的例子而言，由於執行緒每 100 微秒就執行一次 setenv，很有可能在主執行緒呼叫 fork 建立子行程的瞬間，互斥器的值是 1。而這個值 1 被複製到子行程。

對於父行程而言互斥器的值是 1 自然沒有關係，因為父行程中有執行緒 worker 不停地加鎖、解鎖。但是子行程的情況就不同了，子行程中沒有 worker。子行程自建立成功開始，setenv 相關的互斥器的值就一直是 1。子行程呼叫 unsetenv 函數時，"地雷" 被引爆了。unsetenv 無法獲得互斥器，反而是透過呼叫 futex 系統呼叫深入休眠，核心將其加入對應的等待佇列。

父行程的 worker 執行緒的解鎖操作會喚醒子行程嗎？

下面是核心 get_futex_key 函數中的部分程式碼：

```
if (!fshared) {
    if (unlikely(!access_ok(VERIFY_WRITE, uaddr, sizeof(u32))))
        return -EFAULT;
    key->private.mm = mm;
    key->private.address = address;
    get_futex_key_refs(key);
    return 0;
}
```

新建立的 futex 使用 mm 結構指標和位址 address 作為 futex 的鍵值，由於父子行程之間並不共用 mm_struct，也就是說子行程的 futex 和父行程 futex 並不共用等待佇列。換句話說，父行程透過 setenv 解鎖時，根本就不會喚醒子行程。因此，子行程永遠都不可能被喚醒。

這僅僅是 setenv/unsetenv 函數，函式庫函數中類似這種的函數並不少見：

* malloc 函數的內部實作一定會有鎖。
* printf 系列的函數，其他執行緒可能持有 stdout/stderr 的鎖。
* syslog 函數內部實作也會用到鎖。

綜合上面的討論，唯一安全的做法是，fork 之後子行程立即呼叫 exec 執行另外的程式，徹底斷絕子行程與父行程之間的關係。注意是立即，不要在呼叫 exec 之前執行任何語句，哪怕是不起眼的 printf。

CHAPTER

9

行程間通信：管線

在 Linux 系統中，有時候需要多個行程相互合作，共同完成某項任務。行程之間或執行緒之間有時候需要傳遞訊息，有時候需要同步來協調彼此的工作。接下來的 3 章將講述 Linux 中的行程間通信（interprocess communication，或者 IPC）。

在第 6 章講信號時曾提到，信號也是行程間通信的一種機制，儘管其主要作用不是這個。一個行程向另外一個行程發送信號，傳遞的資訊是信號編號。當採用 sigqueue 函數發送信號時，還可以在信號上綁定資料（整型數位或指標），增強傳遞訊息的能力。儘管如此，還是不建議將信號作為行程間通信的常規手段，原因在信號那一章中已經詳細介紹過。

在第 7 章講執行緒時曾提到，執行緒在 Linux 中被實作為羽量級的行程，執行緒之間的同步手段（互斥器和條件等待），本質上也是行程間通信。

行程間通信的手段，大體可以分成以下兩類：

第一類是通訊類。這類手段的作用是在行程之間傳遞訊息、交換資料。若細分下來，通訊類也可以分成兩種，一種是用來傳遞訊息的（比如訊息佇列），另外一種是透過共用一片記憶體區域來完成資訊的交換的（比如共用記憶體），如圖 9-1 所示。

第二類是同步類。這類手段的目的是協調行程間的操作。某些操作，多個行程不能同時執行，否則可能會產生錯誤的結果，這就需要同步類的工具來協調。主要的同步類手段如圖 9-2 所示。

從歷史的角度來說，Linux 下行程間通信的手段基本上是從 Unix 平臺繼承而來的。

管線是第一個廣泛應用的行程間通信手段。日常在終端執行 shell 命令時，會大量用到管線。但管線的缺陷在於只能在有親緣關係（有共同的祖先）的行程之間使用。為了突破這個限制，後來引入具名管線。

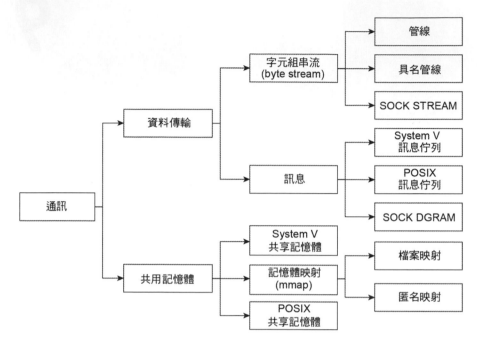

圖 9-1　通訊類工具

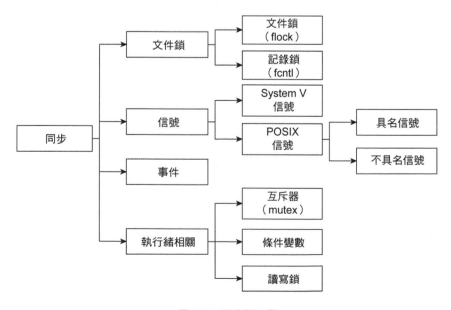

圖 9-2　同步類工具

接下來 AT&T 的貝爾實驗室和加州大學伯克利分校的伯克利軟體發佈中心（BSD）分別開發出風格迥異的行程間通信手段。前者透過對早期的行程間通信手段的改進和擴充，開發出 System V IPC，包括信號佇列、信號量和共用記憶體。但是這些方法，將行程間的通信始終局限在單機電腦的範圍之內。BSD 則走了一條完全不同的道路，開發出 socket，跳出單機的限制，可以實作不同電腦之間的行程間通信。Linux 將 System V IPC 和 BSD socket 都繼承下來，豐富了行程間通信的方法。

System V IPC 方法出現得比較早，幾乎所有的 Unix 平臺都支援 System V IPC，其可移植性較好，但是在使用過程中也暴露出一些弱點。POSIX IPC 提供和 System V IPC 相對應的工具（它也包括信號佇列、信號量和共用記憶體），它的出現晚於 System V IPC。System V IPC 廣泛的應用一段時間後，才開始設計 POSIX IPC，因此，設計者可以借鑒 System V IPC 的長處，避免其缺點。從設計的角度上來說，POSIX IPC 是優於 System V IPC 的，介面簡單，易於使用。但是 POSIX IPC 的可移植性並不如 System V IPC。

下面將分別介紹行程間通信的工具。其中的通訊端在後面會有專門的章節來介紹，就不在行程間通信部分提及了。考慮到行程間通信的內容比較多，所以一共分成三章依次介紹，本章將主要介紹管線和具名管線。

9.1 管線

9.1.1 管線概述

管線是最早出現的行程間通信手段。在 shell 中執行命令，經常會將上一個命令的輸出作為下一個命令的輸入，由多個命令配合完成一件事情。而這就是透過管線來實作的。

在圖 9-3 中，行程 who 的標準輸出，透過管線傳遞給下游的 wc 行程作為標準輸入，從而透過相互配合完成了一件任務。

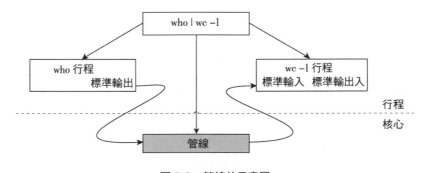

圖 9-3　管線的示意圖

管線的作用是在有親緣關係的行程之間傳遞訊息。所謂有親緣關係，是指有一個共同的祖先。所以管線並非只能用於父子行程之間，也可以用在兄弟行程之間，還可以用於祖孫行程之間甚至是叔侄行程之間。總而言之，只要共同的祖先曾經呼叫 pipe 函數，打開的管線檔案就會在 fork 之後，被各個後代行程所共用。打開的管線檔案，就像是建立一個家族私密場所，由遠祖行程來建立，家族所有成員都知曉。家族成員可以將訊息存放進該私密場所，等待另外一個接頭的家族成員來取走訊息，閱後即焚。

嚴格來說，家族裡面的多個行程都可以往同一個秘密場所裡面扔訊息，也可以都從同一個秘密場所裡面取訊息，但是若真的這麼做又會存在風險。管線實質是一個位元組串流，並非前面提到的訊息。如果多個行程發送的位元組串流混在一起，則無法辨認出各自的內容。所以一般是兩個有親緣關係的行程用管線來通信。從程式設計的角度來說，當行程呼叫 pipe 函數時，哪兩個有親緣關係的行程使用該管線來通信應是事先約定好的，其他有親緣關係的行程不應該進來攪局。其他行程想通信怎麼辦？那就建立它們之間所需要的另一個管線。

前面曾提到過，管線中的內容是閱後即焚的，這個特性指的是讀取管線內容是消耗型的行為，即一個行程讀取管線內的一些內容之後，這些內容就不會繼續留在管線之中。一般而言管線是單向的。一個行程負責往管線裡面寫內容，另外一個行程讀取管線裡的內容。若兩個有親緣關係的行程不管三七二十一，都要往管線裡面寫、都要往管線裡面讀，自然也是可以的，但是管線中的內容可能會變得混亂，從而無法完成通信的任務。如果兩個行程之間想雙向通信怎麼辦？可以建立兩個管線，如圖 9-4 所示。

管線是一種檔案，可以呼叫 read、write 和 close 等操作檔案的介面來操作管線。另一方面管線又不是一種普通的檔案，它屬於一種獨特的檔案系統：pipefs。管線的本質是核心維護一塊緩衝區與管線檔案相關聯，對管線檔案的操作，被核心轉換成對這塊緩衝區記憶體的操作。下面我們來看一下如何使用管線。

圖 9-4　利用兩個管線雙向通信

9.1.2　管線介面

在 Linux 下，可以使用如下介面建立管線：

```
#include <unistd.h>
int pipe(int pipefd[2]);
```

如果成功，則回傳值是 0，如果失敗，則回傳值是-1，並且設定 errno。需要處理的 errno 如表 9-1 所示。

表 9-1　pipe 函數的出錯情況

errno	原因
EMFILE	該行程使用的檔案控制碼已經多於 MAX_OPEN-2
ENFILE	系統中同時打開的檔案已經超過系統的限制
EFAULT	pipefd 參數不合法

成功呼叫 pipe 函數之後，會回傳兩個打開的檔案控制碼，一個是管線的讀取端結構 pipefd[0]，另一個是管線的寫入端結構 pipefd[1]。管線沒有檔案名與之關聯，因此程式沒有選擇，只能透過檔案控制碼來存取管線，只有那些能看到這兩個檔案控制碼的行程才能夠使用管線。誰能看到行程打開的檔案控制碼呢？只有該行程及該行程的子孫行程才能看到。這就限制了管線的使用範圍。

成功呼叫 pipe 函數之後，可以對寫入端結構 pipefd[1]呼叫 write，向管線裡面寫入資料，程式碼如下所示：

```
write(pipefd[1],wbuf,count);
```

一旦向管線的寫入端寫入資料後，就可以對讀取端結構 pipefd[0]呼叫 read，讀出管線裡面的內容。如下所示，管線上的 read 呼叫回傳的位元組數，會是請求位元組數和管線中目前存在的位元組數，取兩者中較小者。如果目前管線為空，則 read 呼叫會阻塞（如果沒有設定 O_NONBLOCK 旗標位元的話）。

```
read(pipefd[0],rbuf,count);
```

管線一端是寫入端（pipefd[1]），另一端是讀取端（pipefd[0]）。不應該對讀取端結構呼叫寫操作，也不應該對寫入端結構呼叫讀操作。如果我硬要向讀取端結構寫入，或者讀取寫入端結構，結果會如何？

呼叫 pipe 函數回傳的兩個檔案控制碼中，讀取端 pipefd[0]支援的檔案操作定義在 read_pipefifo_fops，寫入端 pipefd[1]支援的檔案操作定義在 write_pipefifo_fops，其定義如下：

```
const struct file_operations read_pipefifo_fops = {
    .llseek       = no_llseek,
    .read         = do_sync_read,
    .aio_read     = pipe_read,
    .write        = bad_pipe_w,
    .poll         = pipe_poll,
    .unlocked_ioctl = pipe_ioctl,
    .open         = pipe_read_open,
    .release      = pipe_read_release,
    .fasync       = pipe_read_fasync,
};
```

```
const struct file_operations write_pipefifo_fops = {
    .llseek        = no_llseek,
    .read          = bad_pipe_r,
    .write         = do_sync_write,
    .aio_write     = pipe_write,
    .poll          = pipe_poll,
    .unlocked_ioctl = pipe_ioctl,
    .open          = pipe_write_open,
    .release       = pipe_write_release,
    .fasync        = pipe_write_fasync,
};
```

我們可以看到，對讀取端結構執行 write 操作，核心就會執行 bad_pipe_w 函數；對寫入端結構執行 read 操作，核心就會執行 bad_pipe_r 函數。這兩個函數比較簡單，都是直接回傳-EBADF。因此對應的 read 和 write 呼叫都會失敗，回傳-1，並設定 errno 為 EBADF。

```
static ssize_t
bad_pipe_r(struct file *filp, char __user *buf, size_t count, loff_t *ppos)
{
    return -EBADF;
}

static ssize_t
bad_pipe_w(struct file *filp, const char __user *buf, size_t count,loff_t *ppos)
{
    return -EBADF;
}
```

我們只介紹了 pipe 函數介面，至今尚看不出來該如何使用 pipe 函數進行行程間通信。呼叫 pipe 之後，行程發生什麼事呢？請看圖 9-5。

圖中可以看到，呼叫 pipe 函數之後，系統分配了兩個檔案控制碼給行程，即

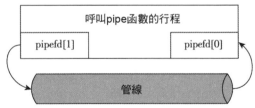

圖 9-5　行程呼叫 pipe 函數後

pipe 函數回傳的兩個結構。該行程既可以往寫入端結構寫入資訊，也可以從讀取端結構讀出資訊。可是一個行程管線，起不了任何通信的作用。這不是通信，而是自言自語。

如果呼叫 pipe 函數的行程隨後呼叫 fork 函數，建立子行程，情況就會不一樣。fork 以後，子行程複製父行程打開的檔案控制碼（如圖 9-6 所示），兩條通信的通道就會建立起來。此時，可以是父行程往管線裡寫，子行程從管線裡面讀；也可以是子行程往管線裡寫，父行程從管線裡面讀。這兩條通路都是可選的，但是不能都選。原因前面介紹過，管線裡面是位元組串流，父子行程都寫、都讀，就會導致內容混在一起，對於讀管線的一方，解析起來就比較困難。常規的使用方法是父子行程一方只能寫入，另一方只能讀出，管線變成一個單向的通道，以方便使用。如圖 9-7 所示，父行程放棄讀，子行程放棄寫，變成父行程寫入，子行程讀出，成為一個通信的通道。

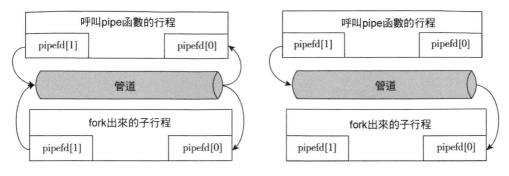

圖 9-6　fork 之後　　　　圖 9-7　fork 之後，各自關閉不用的檔案控制碼

父行程如何放棄讀，子行程又如何放棄寫？其實很簡單，父行程把 pipefd[0]檔案控制碼關閉，子行程把 pipefd[1]檔案控制碼關閉即可，範例代碼如下：

```
int pipefd[2];
pipe(pipefd);
switch(fork())
{
case -1:
    /*fork failed, error handler here*/
case 0:        /*子行程*/
    close(pipefd[1]) ; /*關閉寫入端對應的檔案控制碼*/
    /*子行程可以對 pipefd[0]呼叫 read*/

    break ;
default: /*父行程*/
    close(pipefd[0]); /*父行程關閉讀取端對應的檔案控制碼*/
    /*父行程可以對 pipefd[1]呼叫 write，寫入想告知子行程的內容*/

    break
}
```

從核心的角度看，呼叫 pipe 之後，系統給行程分配兩個檔案控制碼，呼叫 fork 之後，子行程也就有了與管線對應的兩個檔案控制碼。和普通檔案不同，這兩個檔案控制碼對應的是一塊記憶體緩衝區域，如圖 9-8 所示。

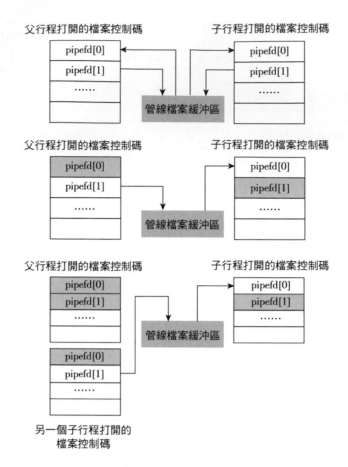

圖 9-8　有親緣關係的行程透過管線來通信

圖 9-8 也展示出如何在兄弟行程之間透過管線通信。如圖 9-8 所示，父行程再次建立一個子行程 B，子行程 B 就持有管線寫入端，這時候兩個子行程之間就可以透過管線通信了。父行程為了不干擾兩個子行程通信，很自覺地關閉自己的寫入端。從此管線成為兩個子行程之間的單向通信通道。在 shell 中執行管線命令就是這種情景，只是略有特殊之處，其特殊的地方是管線控制碼使用標準輸入和標準輸出兩個檔案結構。

從圖 9-8 可以看出，任何兩個有親緣關係的行程，只要共同的祖先打開一個管線，總能夠透過關閉不相關行程的某些管線檔案控制碼，來建立起兩者之間單向通信的管線。

9.1.3　關閉未使用的管線檔案控制碼

前面提到過，用管線通信的兩個行程，各持有一個管線檔案控制碼，不相干的行程應自覺關閉這些檔案控制碼。這麼做不僅僅是為了讓資料的流向更加清晰，也不僅僅是為了節省檔案控制碼，更重要的原因是：關閉未使用的管線檔案控制碼對管線的正確使用影響重大。

管線有如下三條性質：

- 只有當所有的寫入端結構都已關閉，且管線中的資料都被讀出，對讀取端結構呼叫 read 函數才會回傳 0（即讀到 EOF 旗標）。

- 如果所有讀取端結構都已關閉，此時行程再次往管線裡面寫入資料，寫操作會失敗，errno 被設定為 EPIPE，同時核心會向寫入行程發送一個 SIGPIPE 的信號。

- 當所有的讀取端和寫入端都關閉後，管線才能被銷毀。

由於管線具有這些特性，因此我們要及時關閉沒用的管線檔案控制碼，下面我們來細細分析這樣做的原因。

1. 關閉無用的管線寫入端

從管線讀取資料的行程，須要關閉其持有的管線寫入端結構。不參與通信的其他有親緣關係的行程也應該關閉管線寫入端結構。

管線也符合生產者－消費者模型。寫入管線，負責生產內容；讀取管線，負責消費內容。當所有的生產者都退場以後，消費者應有辦法判斷這種情況，而不是傻傻地等待已不復存在的生產者繼續生產內容，以至於深入永久的阻塞。

如何判斷？

答案是透過檔案結束旗標 EOF。當對管線讀取端呼叫 read 函數回傳 0 時，就意味著所有的生產者都已退場，作為消費者的讀取行程，就不需要再繼續等待新的內容。

什麼情況下對管線讀取端結構呼叫 read 會回傳 0 呢？

- 所有相關的行程都已經關閉管線的寫入端結構。

- 管線的中已有內容都被讀取完畢。

同時滿足上述條件，對管線讀取端呼叫 read 會回傳 0。根據這個消費者就可以判斷管線內容的生產者已經不存在，它也不必傻傻等待，可以關閉讀取端結構。

從上面的討論可以看出，如果負責讀取的行程，或者與通信無關的行程，不關閉管線的寫入端結構，就會有管線寫入端結構洩漏。當所有負責寫入的行程都關閉寫入端結構後，負責讀的行程呼叫 read 時，仍會阻塞於此（如果沒有設定 O_NONBLOCK 旗標位元的話），而且永不回傳。這是因為核心維護的引用計數發現還有行程可以寫入管線，因此 read 函數依舊會阻塞。

這個流程可以透過一個例子來驗證。

```c
#include <unistd.h>
#include <sys/types.h>
#include <errno.h>
#include <stdio.h>
#include <stdlib.h>

int main()
{
    int pipe_fd[2];
    pid_t pid;
    char r_buf[4096];
    char w_buf[4096];
    int writenum;
    int rnum;
    memset(r_buf,0,sizeof(r_buf));
    if(pipe(pipe_fd)<0)
    {
        printf("[PARENT] pipe create error\n");
        return -1;
    }

    if((pid=fork()) == 0)
    {
/*如果子行程忘記關閉管線寫入端，則即使父行程關閉了寫入端，while 迴圈也無法跳出*/
        close(pipe_fd[1]);
        while(1)
        {
            rnum = read(pipe_fd[0],r_buf,1000);
            printf("[CHILD ] readnum is %d\n",rnum);
            if(rnum == 0) /*meet EOF*/
            {
                printf("[CHILD ] all the writer of pipe are closed. break and exit.\n");
                break;
            }
        }
        close(pipe_fd[0]);
        exit(0);
    }
    else if(pid>0)
    {
        close(pipe_fd[0]);
        memset(w_buf,0,sizeof(w_buf));
        if((writenum = write(pipe_fd[1],w_buf,1024)) == -1)
            printf("[PARENT] write to pipe error\n");
        else
        {
            printf("[PARENT] the bytes write to pipe is %d \n", writenum);
        }

        sleep(15);
        printf("[PARENT] I will close the last write end of pipe.\n");
        close(pipe_fd[1]);

        sleep(2);
        return 0;
```

```
    }
}
```

在上述的例子中，父子行程透過管線進行通信，父行程關閉管線的讀取端，子行程關閉管線的寫入端。父行程寫入 1024 位元組，子行程則在迴圈中呼叫 read，每次嘗試讀取 1000 位元組。子行程很快就讀完了父行程生產的 1024 位元組。但是父行程並沒有立刻關閉管線的寫入端，而是休眠 15 秒後，才關閉管線寫入端。從子行程讀完父行程生產的 1024 位元組開始，到父行程關閉管線寫入端這段接近 15 秒的時間內，子行程實際上是阻塞在 read 函數上的。當父行程關閉管線寫入端，子行程呼叫的 read 函數才得以回傳，回傳值是 0。子行程看到回傳值 0 後，意識到碩果僅存的管線寫入端也已不復存在，所以它沒必要再繼續 read，於是子行程就跳出迴圈。

範例程式的輸出如下，與我們上面分析的一樣：

```
[PARENT] the bytes write to pipe is 1024
[CHILD ] readnum is 1000
[CHILD ] readnum is 24
[PARENT] I will close the last write end of pipe.
[CHILD ] readnum is 0
[CHILD ] all the writer of pipe are closed. break and exit
```

父子行程配合的很有默契，但是如果子行程忘記關閉管線的寫入端，（刪除上面範例程式中加粗的一行）結局就將大相逕庭。縱然父行程關閉管線的寫入端，但是因為管線仍然存在一個寫入端，所以子行程的 read 函數依舊會阻塞，無法回傳。這顯然不是我們期待的結果。

2. 關閉無用的管線讀取端

如果對管線的寫入端結構呼叫 write 函數，則會走到核心的 pipe_write 函數。在該函數中可以看到如下程式碼：

```
if (!pipe->readers) {
    send_sig(SIGPIPE, current, 0);
    ret = -EPIPE;
    goto out;
}
```

當管線的讀取端不復存在時，核心會向 write 函數的呼叫行程發送 SIGPIPE 信號，並且目前的 write 系統呼叫失敗，錯誤碼為 EPIPE。

SIGPIPE 信號預設情況下會殺死一個行程，當然我們也可以捕獲或忽略該信號。事實上大多數情況下，伺服器端的程式都會將 SIGPIPE 的信號處理函數設定成 SIG_IGN，忽略掉該信號。如此一來，write 系統呼叫就會回傳失敗，errno 是 EPIPE，透過回傳值和 errno，就可以及時獲知所有的讀取端都已關閉。

當所有的管線讀取端都不復存在時，管線的寫入操作就會失敗。為何要如此設計？

因為管線的讀取端是管線內容的消費者，管線的寫入端是管線內容的生產者。當消費者已經不復存在，生產者自然沒有繼續生產的必要。對於這個道理，電視劇《亮劍》中的山本一木都很清楚：

> 沒有了觀眾，也就沒有了表演。

所以不參與通信的行程，以及負責向管線寫入內容的行程應該及時地關閉管線的讀取端結構。只有這樣，當通信雙方中的消費者關閉管線讀取端時，管線內容的生產者才能在第一時間獲知所有消費者都已不存在的這個事實。

如果寫入管線的行程不關閉管線的讀取檔案控制碼，哪怕其他行程都已經關閉讀取端，該行程仍可以向管線寫入資料，但是只有生產者，沒有消費者，管線最終會被寫滿，當管線被寫滿後，後續的寫入請求就會被阻塞。

下面透過實例來證實：當最後一個讀取端關閉時，向管線寫入會觸發 SIGPIPE 信號，同時 write 會回傳失敗，errno 為 EPIPE。

```c
#include <stdio.h>
#include <unistd.h>
#include <stdlib.h>
#include <fcntl.h>
#include <signal.h>
#include <string.h>
#include <errno.h>

void sighandler(int signo);
int main(void)
{
    int fds[2];
    if(signal(SIGPIPE,sighandler) == SIG_ERR)
    {
        fprintf(stderr,"signal error (%s)\n",strerror(errno));
        exit(EXIT_FAILURE);
    }

    if(pipe(fds) == -1)
    {
        fprintf(stderr,"create pipe failed(%s)\n",strerror(errno));
            exit(EXIT_FAILURE);
    }

    pid_t pid;
    pid = fork();
    if(pid == -1)
    {
        fprintf(stderr,"fork error (%s)\n",strerror(errno));
        exit(EXIT_FAILURE);
    }
    if(pid == 0)
    {
        fprintf(stdout,"[CHILD ] I will close the last read end of pipe \n");
```

```
        close(fds[0]);//子行程關閉讀取端檔案控制碼
        exit(EXIT_SUCCESS);
    }

    close(fds[0]);//父行程關閉讀取端檔案控制碼
    sleep(1);//確保子行程也將讀取端關閉
    int ret;
    ret = write(fds[1],"hello",5);
    if(ret == -1)
    {
        fprintf(stderr,"[PARENT] write error(%s)\n",strerror(errno));
    }
    return 0;
}

void sighandler(int signo)
{
    printf("[PARENT] catch a SIGPIPE signal and signum = %d\n",signo);
}
```

fork 之後，父子行程都立刻關閉讀取端，這時候，管線已經不存在任何讀取端。1 秒鐘之後，父行程嘗試向管線寫入。此時按照前面的分析，父行程應該會收到 SIGPIPE 信號，write 回傳失敗，並且 errno 為 EPIPE。父行程為 SIGPIPE 安裝了信號處理函數，如果收到 SIGPIPE 信號，會有列印提示。下面來看看程式的輸出：

```
[CHILD ] I will close the last read end of pipe
[PARENT] catch a SIGPIPE signal and signum = 13
[PARENT] write error(Broken pipe)
```

透過上面的討論可以看出，正常使用管線的場景，應該只有兩個行程和管線關聯，一個行程只擁有管線的寫入端，另一個行程只擁有管線的讀取端。

如何檢驗管線是否滿足上面的情形？以如下情況為例：

```
int pipefd[2]
ret = pipe(pipefd);
fork()
```

管線是檔案的一種，在/proc/PID/fd/下可以看到打開的管線檔案，如下所示：

```
manu@manu-rush:~$ ll /proc/2889/fd
total 0
dr-x------ 2 manu manu  0 Jul 24 00:13 ./
dr-xr-xr-x 9 manu manu  0 Jul 24 00:13 ../
lrwx------ 1 manu manu 64 Jul 24 00:13 0 -> /dev/pts/0
lrwx------ 1 manu manu 64 Jul 24 00:13 1 -> /dev/pts/0
lrwx------ 1 manu manu 64 Jul 24 00:13 2 -> /dev/pts/0
lr-x------ 1 manu manu 64 Jul 24 00:13 3 -> pipe:[13870]
l-wx------ 1 manu manu 64 Jul 24 00:13 4 -> pipe:[13870]
```

可以看出檔案控制碼 3 和 4 都是管線檔案，其後面的相同數字 13870 表示它們屬於同一個管線。檔案控制碼 3 對應的檔案屬性中有 r，表示管線的讀取端，檔案控制碼 4 對應的檔案屬性中有 w 表示 4 是管線的寫入端。

還有哪些行程持有管線對應的檔案控制碼？

```
manu@manu-rush:~$ lsof | grep FIFO | grep 13870
pipe      2889      manu     3r    FIFO    0,8       0t0   13870 pipe
pipe      2889      manu     4w    FIFO    0,8       0t0   13870 pipe
pipe      2890      manu     3r    FIFO    0,8       0t0   13870 pipe
pipe      2890      manu     4w    FIFO    0,8       0t0   13870 pipe
```

從上面的輸出可以知曉，現實中管線 13870 並不符合前面的討論。在理想情況下，輸出應該只有兩行，一個行程只有管線的寫入端，另一個行程只有管線的讀取端。

9.1.4 管線對應的記憶體區大小

管線本質是一片記憶體區域，自然有大小。自 Linux 2.6.11 版本起，管線的預設大小是 65536 位元組，可以呼叫 fcntl 以獲取和修改這個值的大小，程式碼如下：

```
獲取管線的大小
pipe_capacity = fcntl(fd,?F_GETPIPE_SZ);

設定管線的大小
ret = fcntl(fd,?F_SETPIPE_SZ, size);
```

管線記憶體區域的大小，必須大於分頁大小（PAGE）和小於上限值，其上限記錄在 /proc/sys/ fs/pipe-max-size 裡，對於特權使用者，還可以修改該上限值。

```
cat /proc/sys/fs/pipe-max-size
1048576
```

管線的容量可以擴大，自然也可以縮小。縮小管線容量時會遇到一種比較有意思的場景，即目前管線中已存在的內容大於 fcntl 函式呼叫中指定的 size，此時 fcntl 函數會回傳失敗，並設定錯誤碼為 EBUSY。

管線容量有大小這個事實對於程式設計有什麼影響呢？

在使用管線的過程中要意識到：管線有大小，寫入須謹慎，不能連續地寫入大量的內容，一旦管線滿了，寫入就會被阻塞；對於讀取端，要及時地讀取，防止管線被寫滿，造成寫入阻塞。

9.1.5 shell 管線的實作

shell 程式設計會大量使用管線，我們經常看到前一個命令的標準輸出作為後一個命令的標準輸入來合作完成任務，如圖 9-9 所示。

圖 9-9　管線在 shell 中的應用

管線是如何做到的呢？

兄弟行程可以透過管線來傳遞訊息，這並不稀奇，前面已經圖示了做法。關鍵是如何使得一個程式的標準輸出被重定向到管線中，而另一個程式的標準輸入從管線中讀取呢？

答案就是複製檔案控制碼。

對於第一個子行程，執行 dup2 之後，標準輸出對應的檔案控制碼 1，也成為管線的寫入端。這時候，管線就有了兩個寫入端，按照前面的建議，需要關閉不相干的寫入端，使讀取端可以順利地讀到 EOF，所以應將剛開始分配的管線寫入端的檔案控制碼 pipefd[1] 關閉。

```
if(pipefd[1] != STDOUT_FILENO)
{
    dup2(pipefd[1],STDOUT_FILENO);
    close(pipefd[1]); }
}
```

同樣的道理，對於第二個子行程，如法炮製：

```
if(pipefd[0] != STDIN_FILENO)
{
    dup2(pipefd[0],STDIN_FILENO);
    close(pipefd[0]);
}
```

簡單來說，就是第一個子行程的標準輸出被綁定到了管線的寫入端，於是第一個命令的輸出，寫入了管線，而第二個子行程管線將其標準輸入綁定到管線的讀取端，只要管線裡面有內容，這些內容就成了標準輸入。

兩個範例程式，為什麼要判斷管線的檔案控制碼是否等於標準輸入和標準輸出呢？原因是，在呼叫 pipe 時，行程很可能已經關閉標準輸入和標準輸出，呼叫 pipe 函數時，核心會分配最小的檔案控制碼，所以 pipe 的檔案控制碼可能等於 0 或 1。在這種情況下，如果沒有 if 判斷加以保護，程式碼就變成：

```
dup2(1,1);
close(1);
```

如此一來，第一行程式碼什麼也沒做，第二行程式碼就已把管線的寫入端關閉了，於是便無法傳遞資訊。

9.1.6 與 shell 命令進行通信（popen）

管線的一個重要作用是和外部命令進行通信。在日常程式設計中，經常會需要呼叫一個外部命令，並且要獲取命令的輸出。而有些時候，需要給外部命令提供一些內容，讓外部命令處理這些輸入。Linux 提供 popen 介面來幫助程式師做這些事情。

就像 system 函數，即使沒有 system 函數，我們透過 fork、exec 及 wait 家族函數一樣也可以實作 system 的功能。但終歸是不方便，system 函數為我們提供了一些便利。同樣的道理，只用 pipe 函數及 dup2 等函數，也能完成 popen 要完成的工作，但 popen 介面給我們提供了便利。

popen 介面定義如下：

```
#include <stdio.h>

FILE *popen(const char *command, const char *type);
int pclose(FILE *stream);
```

popen 函數會建立一個管線，並且建立一個子行程來執行 shell，shell 會建立一個子行程來執行 command。根據 type 值的不同，分成以下兩種情況。

如果 type 是 r ：command 執行的標準輸出，就會寫入管線，然後被呼叫 popen 的行程讀取。透過對 popen 回傳的 FILE 類型指標執行 read 或 fgets 等操作，就可以讀取到 command 的標準輸出，如圖 9-10 所示。

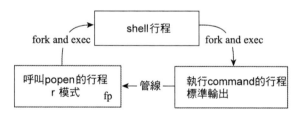

圖 9-10　r 模式呼叫 popen

如果 type 是 w ：呼叫 popen 的行程，可以透過對 FILE 類型的指標 fp 執行 write、fputs 等操作負責往管線裡面寫入，寫入的內容經過管線傳給執行 command 的行程作為命令的輸入，如圖 9-11 所示。

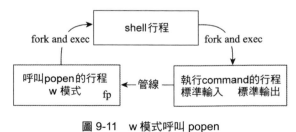

圖 9-11　w 模式呼叫 popen

popen 函數成功時，會回傳 stdio 函式庫封裝的 FILE 類型的指標，失敗時會回傳 NULL，並且設定 errno。常見的失敗有 fork 失敗、pipe 失敗，或者分配記憶體失敗。

I/O 結束後，可以呼叫 pclose 函數關閉管線，並且等待子行程退出。儘管 popen 函數回傳的是 FILE 類型的指標，也不應呼叫 fclose 函數來關閉 popen 函數打開的檔案串流指標，因為 fclose 不會等待子行程的退出。pclose 函數成功時會回傳子行程中 shell 的終止狀態。popen 函數和 system 函數類似，如果 command 對應的命令無法執行，就如同執行了 exit(127)一樣。如果發生其他錯誤，pclose 函數則回傳-1。可以從 errno 中獲取到失敗的原因。

下面為一個簡單的例子，來示範 popen 的用法：

```c
#include<stdio.h>
#include<stdlib.h>
#include<unistd.h>
#include<string.h>
#include<errno.h>
#include<sys/wait.h>
#include<signal.h>

#define MAX_LINE_SIZE 8192

void print_wait_exit(int status)
{
    printf("status = %d\n",status);
    if(WIFEXITED(status))
    {
        printf("normal termination,exit status = %d\n",WEXITSTATUS(status));
    }

    else if(WIFSIGNALED(status))
    {
        printf("abnormal termination,signal number =%d%s\n",
                WTERMSIG(status),
#ifdef WCOREDUMP
                WCOREDUMP(status)?"core file generated" : "");
#else
        "");
#endif
    }
}

int main(int argc ,char* argv[])
{
    FILE *fp = NULL ;
    char command[MAX_LINE_SIZE],buffer[MAX_LINE_SIZE];

    if(argc != 2 )
    {
        fprintf(stderr,"Usage: %s filename \n",argv[0]);
        exit(1);
    }
```

```
    snprintf(command,sizeof(command),"cat %s",argv[1]);
    fp = popen(command,"r");
    if(fp == NULL)
    {
        fprintf(stderr,"popen failed (%s)",strerror(errno));
        exit(2);
    }

    while(fgets(buffer,MAX_LINE_SIZE,fp) != NULL)
    {
        fprintf(stdout,"%s",buffer);
    }

    int ret = pclose(fp);
    if(ret == 127 )
    {
        fprintf(stderr,"bad command : %s\n",command);
        exit(3);
    }
    else if(ret == -1)
    {
        fprintf(stderr,"failed to get child status (%s)\n",
strerror(errno));
        exit(4);
    }
    else
    {
        print_wait_exit(ret);
    }
    exit(0);
}
```

將檔案名作為參數傳遞給程式，執行 cat filename 的命令。popen 建立子行程來負責執行 cat filename 的命令，子行程的標準輸出透過管線傳給父行程，父行程可以透過 fgets 來讀取 command 的標準輸出。

popen 函數和 system 有很多相似的地方，但是也有顯著的不同。呼叫 system 函數時，shell 命令的執行被封裝在函數內部，所以若 system 函數不回傳，呼叫 system 的行程就不再繼續執行。但是 popen 函數不同，一旦呼叫 popen 函數，呼叫行程和執行 command 的行程便處於並行狀態。然後 pclose 函數才會關閉管線，等待執行 command 的行程退出。換句話說，在 popen 之後，pclose 之前，呼叫 popen 的行程和執行 command 的行程是並行的，這種差異帶來了兩種顯著的不同：

- 在並行期間，呼叫 popen 的行程可能會建立其他子行程，所以標準規定 popen 不能阻塞 SIGCHLD 信號。這也意味著，popen 建立的子行程可能被提前執行的等待操作所捕獲。若發生這種情況，呼叫 pclose 函數時，已經無法等待 command 子行程的退出，這種情況下，將回傳-1，並且 errno 為 ECHILD。

- 呼叫行程和 command 子行程是並行的，所以標準要求 popen 不能忽略 SIGINT 和 SIGQUIT 信號。如果是從鍵盤產生的上述信號，則呼叫行程和 command 子行程都會收到信號。

9.2 具名管線 FIFO

上一節介紹的管線也被稱為無名管線。這種管線因為沒有實體檔案與之關聯，靠的是世代相傳的檔案控制碼，所以只能應用在有共同祖先的各個行程之間。對於沒有親緣關係的任意兩個行程之間，無名管線就愛莫能助了。

具名管線就是為了解決無名管線的這個問題而引入的。FIFO 與管線類似，最大的差別就是有實體檔案與之關聯。由於存在實體檔案，不相關的沒有親緣關係的行程也可以透過使用 FIFO 來實作行程之間的通信。

與無名管線相比，具名管線僅僅是披了一件馬甲，其核心與無名管線是一模一樣的。核心的 fs/fifo.c 檔案僅有 153 行，說白了，這簡短的程式碼只做了兩件事：

- 從外表看，我是一個 FIFO 檔案，有檔案名，任何行程透過檔案名都可以打開我。
- 我的內心與無名管線是一樣的，支援的檔案操作與無名管線也是一樣的。

9.2.1 建立 FIFO 檔案

建立具名管線的介面定義如下：

```
#include <sys/types.h>
#include <sys/stat.h>
int mkfifo(const char *pathname, mode_t mode);
```

其中，第二個參數的含義是 FIFO 檔案的讀寫執行權利，和 open 函數類似。當然真實的讀寫執行許可權，還需要按照目前行程的 umask 來取遮蔽，即：

```
real_mode = (mode & ~umask)
```

除了用 C 介面，還可以用命令來建立一個具名管線：

```
mkfifo [-m mode] pathname
```

pathname 是建立具名管線檔案的檔案名，-m mode 的使用方法和 chmod 的方法一樣。除此之外，mknod 命令也可以用來建立 FIFO 檔案，使用方法如下：

```
mknod [-m mode] pathname p
```

命令末尾的 p 表示要建立具名管線（named pipe）。

建立出來的 FIFO 檔案，用 ls－l 來查看，第一個字母是 p，表示這是具名管線檔案。

```
prw-rw-r-- 1 manu manu    0 2 月 19 23:03 myfifo2
```

在 shell 程式設計中可以使用-p file 來判斷是否為 FIFO 檔案。在 C 語言中如何判斷是否為
FIFO 檔案呢？透過 S_ISFIFO 巨集可以判斷，不過要先透過 stat 或 fstat 函數來獲取檔案
的屬性資訊，如下面的程式碼所示：

```
#include <sys/types.h>
#include <sys/stat.h>
#include <unistd.h>
int stat(const char *path, struct stat *buf);
int fstat(int fd, struct stat *buf);

S_ISFIFO(buf->st_mode)
```

9.2.2　打開 FIFO 檔案

一旦 FIFO 檔案建立好，就可以把它用在行程通信。一般的檔案操作函數如 open、read、
write、close、unlink 等都可以用在 FIFO 檔案上。

FIFO 檔案和普通檔案相比，有一個明顯的不同：程式不應該以 O_RDWR 模式打開 FIFO
檔案。POSIX 標準規定，以 O_RDWR 模式打開 FIFO 檔案，結果是未定義的。當然，
Linux 提供對 O_RDWR 的支援，在某些場景下，O_RDWR 模式的打開是有價值的（9.4
節中有一個範例）。

對 FIFO 檔案推薦的使用方法是，兩個行程一個以唯讀模式（O_RDONLY）打開 FIFO 檔
案，另一個以只寫模式（O_WRONLY）打開 FIFO 檔案。這樣負責寫入的行程寫入 FIFO
的內容就可以被負責讀取的行程讀到，從而達到通信的目的。

打開一個 FIFO 檔案和打開普通檔案相比，又有不同。在沒有行程以寫模式（O_RDWR
或 O_WRONLY）打開 FIFO 檔案的情況下，以 O_RDONLY 模式打開一個 FIFO 檔案
時，呼叫行程會深入阻塞，直到另一行程以 O_WRONY（或者 O_RDWR）的旗標位元打
開該 FIFO 檔案為止。同樣的道理，在沒有行程以讀模式（O_RDONLY 或 O_RDWR）打
開 FIFO 檔案的情況下，如果一個行程以 O_WRONLY 的旗標位元打開一個 FIFO 檔案，
呼叫行程也會阻塞，直到另一個行程以 O_RDONLY（或者 O_RDWR）的旗標位元打開
該 FIFO 檔案為止。也就是說，打開 FIFO 檔案會同步讀取行程和寫入行程。

乍看之下，O_RDONLY 模式打開不能回傳，在等寫打開，同樣 O_WRONLY 打開不能回
傳，在等讀打開，造成鎖死，誰都回傳不了。事實上並非如此。當 O_RDONLY 打開和
O_WRONLY 打開的請求都到達 FIFO 檔案時，兩者就都能回傳。

核心之中，維護有引用計數 r_counter 和 w_counter，分別記錄 FIFO 檔案兩種打開模式的引用計數。對於 FIFO 檔案，無論是讀打開還是寫打開，都會根據引用計數判斷對方是否存在，進而決定後續的行為（是阻塞、回傳成功，還是回傳失敗）。

FIFO 檔案提供 O_NONBLOCK 旗標位元，該旗標位元會顯著影響 open 的行為模式。將 O_RDONLY、O_WRONLY 及 O_NONBLOCK 三種旗標位元結合在一起考慮，共有以下四種組合方式，如表 9-2 所示。

表 9-2　打開 FIFO 檔案的不同情況

打開旗標位元	行為模式
O_RDONLY	當已存在寫打開該 FIFO 檔案的行程時，成功回傳
	當不存在寫打開該 FIFO 檔案的行程時，會深入阻塞，直到有行程以 O_WRONLY 模式（或者 O_RDWR 模式）打開該 FIFO 檔案，方能回傳
O_RDONLY+O_NONBLOCK	當已存在寫打開該 FIFO 檔案的行程時，成功回傳
	當不存在寫打開該 FIFO 檔案的行程時，亦成功回傳
O_WRONLY	當已存在讀打開該 FIFO 檔案的行程時，成功回傳
	當不存在讀打開該 FIFO 檔案的行程時，會深入阻塞，直到有行程以 O_RDONLY 模式（或者 O_RDWR 模式）打開該 FIFO 檔案，方能回傳
O_WRONLY+O_NONBLOCK	當已存在讀打開該 FIFO 檔案的行程時，成功回傳
	當不存在讀打開該 FIFO 檔案的行程時，回傳-1，並設定 errno 為 ENXIO

同樣是帶 O_NONBLOCK 旗標位元的打開，沒有寫打開行程時，讀打開請求可以成功回傳，但沒有讀打開行程時，寫打開請求卻失敗，回傳-1，並設定 errno 為 ENXIO。兩相比較，是否太不公平了？

這樣設計是有原因的：FIFO 只有讀取端，沒有寫入端，並無顯著的危害，所有嘗試從 FIFO 中讀取資料的操作都不會回傳任何資料。反之則不然。如果允許只存在寫入端，不存在讀取端，則在 open 之後，所有向 FIFO 檔案的寫入操作，都會導致 SIGPIPE 信號的產生，以及 write 呼叫回傳 EPIPE 的錯誤，所以在源頭上堵住（即讓 open 函數回傳失敗）反倒更加合理。

打開 FIFO 檔案的核心程式碼位於核心的 fs/fifo.c 檔案中，程式碼簡短，非常易懂。讀者可以透過閱讀原始程式碼，加深對打開 FIFO 檔案的理解。

9.3　讀寫管線檔案

無名管線 pipe 和具名管線 FIFO 在核心實作部分有很大的重疊，都屬於管線檔案系統（pipefs）。無名管線，分裂成讀取檔案控制碼和寫入檔案控制碼。而具名管線則將兩個控制碼合二為一，如果是讀打開，就如同獲取到無名管線的讀取檔案控制碼；如果是寫打開，就如同獲取到無名管線的寫入檔案控制碼。這種本質上的一致，造成 FIFO 的讀寫控制和無名管線的讀寫控制是一模一樣的，因此在本節一併介紹。

影響管線或 FIFO 檔案讀寫行為的因素有：

- 目前管線中存在的位元組數 p。

- 是否有 O_NONBLOCK 旗標位元。

- 管線的最大容量 PIPE_BUF 和要讀寫的位元組數 n 之關係。

- 讀寫端是否都存在。

管線檔案的讀寫中一個很重要的旗標位元是 O_NONBLOCK，該旗標位元會影響讀寫的行為模式。

對於無名管線，Linux 提供了特有的 pipe2 函數，該函數的介面如下：

```
#define _GNU_SOURCE
#include <unistd.h>

int pipe2(int pipefd[2], int flags);
```

可選的 flag 就有 O_NONBLOCK。

對於具名管線 FIFO，打開檔案時，可以帶上 O_NONBLOCK 旗標位元來控制讀寫的行為（當然，對於 FIFO 檔案，O_NONBLOCK 也會影響打開的行為）。

如果打開時，忘記帶上 O_NONBLOCK 旗標位元，該如何補救呢？答案是用 fcntl 這把檔案控制的瑞士軍刀。

透過如下程式碼，可以給管線檔案加上 O_NONBLOCK 旗標位元：

```
int flags = fcntl(fd,F_GETFL);
flags |= O_NONBLOCK;
fcntl(fd,F_SETFL,flags);
```

相反的，如果打開時，帶有 O_NONBLOCK 旗標位元，而後面又想取消該旗標位元，又該怎麼做？

```
int flags = fcntl(fd,F_GETFL);
flags &= ~O_NONBLOCK;
fcntl(fd,F_SETFL,flags);
```

花開兩朵，各表一枝。先來說說從 FIFO 或管線讀取端讀，如表 9-3 所示。

表 9-3　從一個包含 p 位元組的管線或 FIFO 讀取 n 位元組的含義

	p＝0且存在寫入端結構尚未關閉	p＝0且所有寫入端結構均已關閉	p＜n	p≥n
未啟用 O_NONBLOCK	阻塞	回傳 0（EOF）	讀取 p 位元組	讀取 n 位元組
啟用 O_NONBLOCK	失敗（EAGAIN）	回傳 0（EOF）	讀取 p 位元組	讀取 n 位元組

從表 9-3 可以看出：

- O_NONBLOCK 旗標位元影響的僅僅是當管線為空並且存在寫入端時的行為，讀取操作的行為是阻塞，還是當即回傳失敗。

- 當 read 回傳 0 時，表示已經遇到 EOF，並且所有的寫入端都已經關閉。這一般出現在管線的使命結束時，此時讀取端也可以關閉了。

說完讀，然後說寫（如表 9-4 所示）。對於管線的寫入而言，POSIX 標準規定，如果一次寫入的資料量不超過 PIPE_BUF 個位元組，必須確保寫入是原子的（atomic）。所謂原子是指：寫入的內容必須確保是連續的，縱然有多個行程同時往管線中寫入，寫入的內容也不會被其他行程寫入的內容打斷，本次寫入的內容不會混雜其他行程 write 函數寫入的內容。標準規定，PIPE_BUF 最少為 512 位元組，對於 Linux 而言，這個值是 4096，一個分頁的大小。

表 9-4　向管線寫入 n 位元組

	無 NON_BLOCK 旗標位元	有 NON_BLOCK 旗標位元
寫入位元組數 n≤PIPE_BUF（保證寫入的原子性）	當空閒區域不足以容納 n 位元組時，深入阻塞，等待讀取行程取走管線的部分內容	當管線空間區域不足以容納 n 字節時，立即回傳失敗，並設定 errno 為 EAGAIN
寫入位元組數 n＞PIPE_BUF（不保證寫入的原子性）	使命必達的策略。當空閒區域不足以容納 n 位元組時，深入阻塞，待管線空間足夠時再寫入。但成功回傳時，寫入位元組一定是 n	盡力而為的策略。當寫滿管線時，回傳，實際寫入位元組數在 1～n 之間。使用者需要判斷回傳值，來確定寫入的位元組數

關於單次寫入的長度超出 PIPE_BUF，核心不能保證其原子性這個事實，我們可以透過一個簡單的實驗來驗證，範例程式如下：

```
#include <stdio.h>
#include <stdlib.h>
#include <string.h>
#include <unistd.h>
#include <sys/types.h>
#include <errno.h>
#include <fcntl.h>

#define BUF_4K 4*1024
#define BUF_8K 8*1024
```

```
#define BUF_12K 12*1024

int main(void)
{
    char a[BUF_4K];
    char b[BUF_8K];
    char c[BUF_12K];

    memset(a, 'A', sizeof(a));
    memset(b, 'B', sizeof(b));
    memset(c, 'C', sizeof(c));

    int pipefd[2];
    int ret = pipe(pipefd);
    if (ret == -1)
    {
        fprintf(stderr,"failed to create pipe (%s)\n",strerror(errno));
        return 1;
    }

    pid_t pid;
    pid = fork();
    if (pid == 0)//第一個子行程
    {
        close(pipefd[0]);
        int loop = 0 ;
        while(loop++ < 10)
        {
            ret = write(pipefd[1], a, sizeof(a));
            printf("apid=%d write %d bytes to pipe\n", getpid(), ret);
        }
        exit(0);
    }

    pid = fork();

    if (pid == 0)//第二個子行程
    {
        close(pipefd[0]);
        int loop = 0;
        while(loop++ < 10)
        {
            ret = write(pipefd[1], b, sizeof(b));
            printf("bpid=%d write %d bytes to pipe\n", getpid(), ret);
        }
        exit(0);
    }

    pid = fork();


    if (pid == 0)//第三個子行程
    {
        close(pipefd[0]);
        int loop = 0;
```

```
            while(loop++ <10)
            {
                ret = write(pipefd[1], c, sizeof(c));
                printf("cpid=%d write %d bytes to pipe\n", getpid(), ret);
            }
            exit(0);
        }


        close(pipefd[1]);

        sleep(1);
        int fd = open("test.txt", O_WRONLY | O_CREAT | O_TRUNC, 0644);
        char buf[1024*4] = {0};
        int n = 1;
        while (1)
        {
            ret = read(pipefd[0], buf, sizeof(buf));
            if (ret == 0)
                break;
                printf("n=%02d pid=%d read %d bytes from pipe buf[4095]=%c\n", n++,
    getpid(), ret, buf[4095]);
            write(fd, buf, ret);

        }
        return 0;
    }
```

上述程式碼，建立了三個子行程，第一個子行程每次向管線寫入 4096 位元組的 A 字元，循環 10 次；第二個子行程向管線寫入 8192 位元組（4096*2）的 B 字元，迴圈 10 次；第三個子行程每次向管線寫入 12288 位元組（4096*3）的 C 字元，迴圈 10 次。父行程負責從管線裡面讀取內容，寫入 test.txt 檔案。

由於三個子行程和一個父行程是同時執行的，考慮到行程排程的因素，每次執行寫入管線和從管線讀取的時序並不完全一樣。因此每次執行，產生的 test.txt 檔案也不相同。對於每次寫入 8KB 和每次寫入 12KB 的情況，儘管管線不保證原子性，但是其內容也不是每次都必然會混入其他行程的寫入。

多次執行該程式，總會遇到某次 8KB 或 12KB 的寫入中間混雜其他字元。下面的輸出是某次執行的結果：

```
0000000 4343 4343 4343 4343 4343 4343 4343 4343
*
0003000 4242 4242 4242 4242 4242 4242 4242 4242
*
0005000 4343 4343 4343 4343 4343 4343 4343 4343
*
0008000 4141 4141 4141 4141 4141 4141 4141 4141
*
0009000 4242 4242 4242 4242 4242 4242 4242 4242
*
0010000 4141 4141 4141 4141 4141 4141 4141 4141
```

```
*
0015000 4343 4343 4343 4343 4343 4343 4343 4343
*
002d000 4242 4242 4242 4242 4242 4242 4242 4242
*
002e000 4141 4141 4141 4141 4141 4141 4141 4141
*
0030000 4242 4242 4242 4242 4242 4242 4242 4242
*
0032000 4141 4141 4141 4141 4141 4141 4141 4141
*
0033000 4242 4242 4242 4242 4242 4242 4242 4242
*
0035000 4141 4141 4141 4141 4141 4141 4141 4141
*
0036000 4242 4242 4242 4242 4242 4242 4242 4242
*
003c000
```

從位址 002d000 到位址 002e000，只有 4KB 的大小，可是裡面的內容卻是 0x42 即字元 B。從程式可以得知，字元 B 每次寫入 8KB，這裡卻只有 4KB 的內容，位址 002d000 之前是 C 字元，002e000 之後是 A 字元。唯一的解釋就是某次 8KB 的寫入內容被中途打斷，混雜了其他行程的寫入。

多次執行程式，解讀輸出的內容，從某些輸出中可以看出，8KB 的寫入和 12KB 的寫入，都不是原子的。

當寫入內容長度不超過 PIPE_BUF 時，核心確保寫入操作是原子的這條特質非常重要，尤其是在有多個行程向管線寫入的情況下。在不採取其他同步手段的情況下，訊息體小於 PIPE_BUF 時，寫入管線是安全的，即使多個行程一起寫入也沒關係，核心會保證寫入內容不會和其他行程的寫入內容混在一起。但是如果訊息體太大，長度超過 PIPE_BUF，就要警惕，需要採取必要的同步措施，來確保訊息內容不會混雜其他行程的訊息，否則會導致無法正確解析訊息的內容。

9.4 使用管線通信的範例

前文已介紹過無名管線 pipe 和具名管線 FIFO，瞭解了它們的很多性質，但是到目前為止，還沒有介紹如何利用管線來實作行程間通信。

下面以 FIFO 為例，介紹如何使用管線來實作一個使用者端／服務的應用程式，實際流程如圖 9-12 所示。

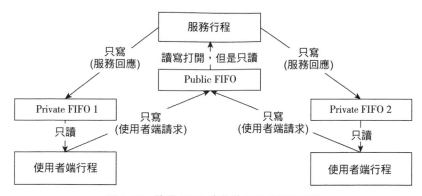

圖 9-12　使用 FIFO 實作使用者端服務通信

首先服務行程會建立一個公開的眾所周知的具名管線檔案，我們稱之為 Public FIFO，服務行程以 O_RDWR 的模式打開，但是，服務行程只會從 Public FIFO 中讀取內容而不會向該具名管線中寫入內容。之所以服務行程要以 O_RDWR 模式打開（而不是 O_RDONLY 模式打開），是因為服務行程是 daemon 行程，當所有的使用者端都關閉曾經打開的 Public FIFO，只有自身也以寫模式打開 Public FIFO，服務行程的 read 才不會回傳 0，而是繼續阻塞在管線，等待新的客戶發來請求。

```
server_fifo_fd = open(PUBLIC_FIFO_NAME,O_RDWR);
```

這個 Public FIFO 是眾所周知的，所有向服務行程發送請求的使用者端程式都應該知道該 Public FIFO 的路徑。一般而言，使用者端會將自己的請求作為訊息寫入 Public 管線之中。除此以外，使用者端會負責建立一個私有的 FIFO，用來和服務行程進行通信。服務行程從管線中讀取請求之後，就會十分有默契地將回應寫入到該使用者端建立的私有 FIFO 中。

問題來了，服務行程如何知道該往哪個私有的 FIFO 裡面寫入，對應的使用者端行程才能讀到回應資訊？方法有很多，比如使用者端可以將自己私有的 FIFO 路徑作為請求的一部分，寫入到 Public FIFO 中，服務行程可以從請求中獲得對應使用者端的私有 FIFO 路徑。還有一種方法是，私有 FIFO 有一定的命名規範，比如/tmp/fifo.client_pid，其中 client_pid 代表客戶端行程的行程 ID。只要使用者端發到 Public FIFO 的內容中包含自己的 PID，服務行程就能根據事先的約定找到對應的私有 FIFO 檔案，從而可以將回應寫入對應的私有 FIFO 中。

上述的模型解決了如何利用 FIFO 編寫使用者端/服務程式這個問題。一般來說，不會採用反覆呼叫服務的方式。因為某些客戶請求處理起來可能非常耗時，則其他使用者端發過來的請求就會被阻塞，得不到及時回應。比較常見的是提供並列執行服務，即每取出一個請求，就建立一個行程或一個執行緒來回應該請求。當然還可以提供執行緒池，讓空閒的執行緒來負責處理客戶的請求。

然而，還有一個關鍵的因素沒有討論。事實上，使用者端寫入的內容並不是結構化的訊息，寫入管線之後，使用者端行程寫入的不過就是位元組串流。那麼，多個行程都向管線寫入時，如何正確地區分內容的邊界，正確地揀出每個行程的發送內容就成為通信的關鍵。

一般來說，為了區分內容的邊界，有以下辦法：

* 寫入內容為固定長度。

* 特殊分隔字元。

* 開頭具有長度欄位。

固定長度的方法最簡單，也最容易想到，但是對管線空間的使用效率不高，如圖 9-13 所示。寫入的內容長度固定，意味著不得不採用最長訊息的長度作為固定長度。對於訊息體長度參差不齊，短訊息占大多數而最長訊息的長度又很長的情況，效率太低，大大降低了管線容納訊息的能力。

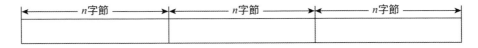

圖 9-13　固定長度的訊息

特殊分隔字元也是一種常用的方法，如圖 9-14 所示。比如事先約定訊息的最後一個字元總是分行符號。這種方法有幾個弊端：第一需要掃描資料，逐個分析位元組，直到遇到特殊分隔字元；第二是特殊字元撞車，如果訊息體中真的存在事先選定的特殊字元，那就不得不做字義轉換。

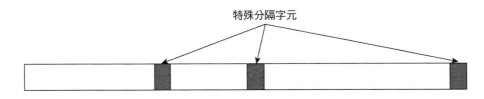

圖 9-14　特殊分隔字元為結尾的訊息

具有長度欄位的 header 是比較推薦的方法，如圖 9-15 所示。管線中取出訊息分成兩步：

1. 取出訊息的長度，由於長度欄位本身的長度是固定的，所以不會有問題。

2. 根據第一步讀取的訊息長度 len，讀取接下來的 len 位元組內容作為訊息本體。

圖 9-15　以長度欄位作為 header 的訊息

值得一提的是，從核心版本 3.4 開始，核心開始提供 Packet 模式的管線。所謂 Packet 模式，就是寫入管線的內容就像是一個 packet，或者說是一個訊息，而不是原始的位元組串流。

```
ret = pipe2(pipefd,O_DIRECT)
```

當打開管線時，帶上 O_DIRECT 旗標位元所建立的管線就是 Packet 模式的管線，程式碼如下所示。當然，老版本的 Linux 不支援 O_DIRECT 旗標位元，會回傳 EINVAL 錯誤。

當寫入 Packet 模式的管線時，如果寫入內容少於 PIPE_BUF，該內容仍然完全佔有一個分頁。後面的寫入（不管是本行程還是其他行程）不會與上一次的寫入共用一個分頁。當寫入內容大於 PIPE_BUF 時，會分成多個段。

從 Packet 模式管線中讀取時，存放讀取內容的 buffer 指定有 PIPE_BUF 大小就已足夠。如果指定的 buffer 太小，小於下一個要取出的 Packet，管線仍然是取出 Packet 大小，超出 buffer 的部分會被丟棄掉而不是仍舊留在管線的記憶體緩衝區。

這種模式從使用記憶體的角度來看有點浪費，因為不管訊息多大，都會至少佔有 1 個分頁的大小。但是從程式設計的角度來看介面更容易使用。

CHAPTER

10

行程間通信：
System V IPC

下面三種類型的行程間通信方法統稱為 System V IPC：

- System V 訊息佇列
- System V 信號
- System V 共用記憶體

這三種 IPC 機制的差別很大，之所以將它們放在一起討論，一個重要的原因是這三種機制是一同被開發出來的。它們最早出現在 20 世紀 70 年代末，1983 年三者出現在主流的 System V Unix 系統上，因此這三種機制被統稱為 System V IPC。

10.1 System V IPC 概述

System V IPC 相關的介面如表 10-1 所示。

表 10-1 System V IPC 程式設計介面

	訊息佇列	信號量	共用記憶體
標頭檔案	\<sys/msg.h\>	\<sys/sem.h\>	\<sys/shm.h\>
關聯資料結構	msqid_ds	semid_ds	shmid_ds
建立或打開物件	msgget()	semget()	shmget() + shmat()
關閉對象	無	無	無
控制操作	msgctl()	semctl()	shmctl()
執行 IPC	msgsnd() msgrcv()	semop()	存取共用記憶體區的記憶體資料

從作用上看，三種通信機制各不相同，但是從設計和實作的角度來看，還是有很多風格一致的地方。

System V IPC 未遵循 "一切都是檔案" 的 Unix 哲學，而是採用識別字 ID 和鍵值來標識一個 System V IPC 物件。每種 System V IPC 都有一個相關的 get 呼叫（表 10-1 中的 "建立或打開物件" 一行），該函數回傳一個整型識別字 ID，System V IPC 後續的函數操作都要作用在該識別字 ID 上。

System V IPC 物件的作用範圍是整個作業系統，核心沒有維護引用計數。呼叫各種 get 函數回傳的 ID 是作業系統範圍內的識別字，對於任何行程，無論是否存在親緣關係，只要有相應的許可權，都可以透過操作 System V IPC 物件來達到通信的目的。

System V IPC 物件具有核心持久性。哪怕建立 System V IPC 物件的行程已經退出、哪怕有一段時間沒有任何行程打開該 IPC 物件，只要不執行刪除操作或系統重啟，後面啟動的行程依然可以使用之前建立的 System V IPC 物件來通信。

此外，我們也無法像操作檔案一樣來操作 System V IPC 物件。System V IPC 物件在文件系統中沒有實體檔案與之關聯。我們不能用檔案相關的操作函數來存取它或修改它的屬性。所以不得不提供專門的系統呼叫（如 msgctl、semop 等）來操作這些物件。在 shell 中無法用 ls 查看存在的 IPC 物件、無法用 rm 將其刪除，也無法用 chmod 來修改它們的存取許可權。幸好 Linux 有提供 ipcs、ipcrm 和 ipcmk 等命令來操作這些物件。

由於 System V IPC 物件不是檔案控制碼，所以無法使用基於檔案控制碼的多路轉接 I/O 技術（select、poll 和 epoll 等）。這個缺點會給程式設計帶來一些不便之處。

10.1.1　識別字與 IPC Key

System V IPC 物件是靠識別字 ID 來識別和操作的。該識別字要具有系統唯一性。這和檔案控制碼不同，檔案控制碼是行程內有效的。一個行程的檔案控制碼 4 和另一個行程的檔案控制碼 4 可能毫不相干。但是 IPC 的識別字 ID 是作業系統的全域變數，只要知道該值（哪怕是猜測獲得的）且有相應的許可權，任何行程都可以透過識別字進行行程間通信。

三種 IPC 物件操作的起點都是呼叫相應的 get 函數來獲取識別字 ID，如訊息佇列的 get 函數為：

```
int msgget(key_t key, int msgflg);
```

其中第一個參數是 key_t 類型，它其實是一個整數型態的變數。IPC 的 get 函數將 key 轉換成相應的 IPC 識別字。根據 IPC get 函數中的第二個參數 oflag 的不同，會有不同的控制邏輯，如表 10-2 所示。

表 10-2　建立或打開一個 IPC 物件的邏輯

oflag 參數	key 不存在	key 已經存在
無特殊旗標	出錯回傳-1(ENOENT)	成功回傳 0，獲取到已有識別字
IPC_CREAT	成功回傳 0，建立新識別字	成功回傳 0，獲取到已有識別字
IPC_CREAT | IPC_EXCL	成功回傳 0，建立新識別字	出錯回傳-1(EEXIST)

因為 key 可以產生 IPC 識別字，所以很容易產生一種誤解，就是同一個 key 呼叫 IPC 的 get 函數總是回傳同一個整數值。實際上並非如此。在 IPC 對象的生命週期中，key 與標識符 ID 的映射是穩定不變的，即同一個 key 呼叫 get 函數，總是回傳相同的識別字 ID。但是一旦 key 對應的 IPC 物件被刪除或系統重啟後，則重新使用 key 建立的新的 IPC 物件被分配的識別字很可能是不同的。

不同行程可透過同一個 key 獲取識別字 ID，進而操作同一個 System V IPC 物件。那麼現在問題就演變成如何選擇 key。

對於 key 的選擇，存在以下三種方法。

第一種方法是隨機選擇一個整數值作為 key 值（如圖 10-1 所示）。作為 key 值的整數通常被放在一個標頭檔案中，所有使用該 IPC 物件的程式都要包含該標頭檔案。需要注意的是，要防止無意中選擇到重複的 key 值，從而導致不需要通信的行程之間意外通信，引發程式混亂。一個技巧是將專案要用到的所有 key 放入同一個標頭檔案中，這樣就可以方便地檢查是否有重複的 key 值。

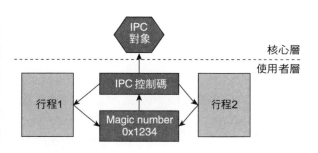

圖 10-1　使用 magic number 作為 key

第二種方法是使用 IPC_PRIVATE，使用方法如下：

```
id = msgget(IPC_PRIVATE,S_IRUSR | S_IWUSR);
```

這種方法無須指定 IPC_CREATE 和 IPC_EXCL 旗標位元，就能建立一個新的 IPC 物件。使用 IPC_PRIVATE 時總是會建立新的 IPC 物件，從這個角度看將其稱之為 IPC_NEW 或許更合理。

不過，使用 IPC_PRIVATE 來得到 IPC 識別字會存在一個問題，即不相干的行程無法透過 key 值得到同一個 IPC 識別字。因為 IPC_PRIVATE 總是建立一個新的 IPC 物件，如圖 10-2 所示。因此 IPC_PRIVATE 一般用於父子行程，父行程呼叫 fork 之前建立 IPC 物件，建立子行程後，子行程也就繼承了 IPC 識別字，從而父子行程可以通信。當然無親緣關係的行程也可以使用 IPC_PRIVATE，只是稍微麻煩一點，IPC 物件的建立者必須想辦法將 IPC 識別字共用出去，讓其他行程有辦法獲取，從而透過 IPC 識別字進行通信。

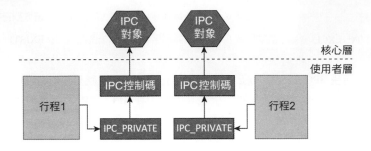

圖 10-2　IPC_PRIVATE 總是建立新的 IPC 物件

第三種方法是使用 ftok 函數，根據檔案名生成一個 key。ftok 是 file to key 的意思，多個行程透過同一個路徑名獲得相同的 key 值，進而得到同一個 IPC 識別字。其使用方法如圖 10-3 所示。

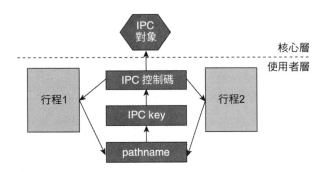

圖 10-3　根據檔案獲得 key，進而獲得 IPC 識別字

ftok 函數介面的定義如下：

```
#include <sys/types.h>
#include <sys/ipc.h>
key_t ftok(const char *pathname, int
    proj_id);
```

在 Linux 實作中，該介面把透過 pathname 獲取的資訊和傳入的第二個參數的最低 8 位元揉合在一起，得到一個整型的 IPC key 值，如圖 10-4 所示。需要注意的是，pathname 對應的檔案必須是存在的。

這個函數在 Linux 上的實作是：按照給定的路徑名獲取到檔案的 stat 資訊，從 stat 信息中取出 st_dev 和 st_ino，然後結合給出的 proj_id，按照圖 10-4 所示的演算法獲取 32 位的 key 值。

proj_id的最低8位元	檔案所在設備的次設備 號碼的最低8位元	pathname對應檔案的inode號碼的最低16位

圖 10-4　ftok 生成鍵值的演算法

可以用程式來驗證，程式碼如下：

```
#include <stdio.h>
#include <unistd.h>
#include <sys/stat.h>
#include <sys/types.h>
#include <sys/ipc.h>

int main(int argc , const char* argv[])
{
    struct stat stat_buf ;

    if(argc != 2)
    {
        fprintf(stderr,"Usage : ftok <pathname>");
        return 1;
    }

    stat(argv[1],&stat_buf);
    key_t key = ftok(argv[1],0x1234);

    printf("st_dev : %lx, st_inode : %lx , key : %x \n",
            stat_buf.st_dev,stat_buf.st_ino,key);
    return 0;
}
```

執行情況如下：

```
./ftok_test.c
st_dev : 8**01**, st_inode : 240**cb4** , key : **34010cb4**
```

觀察上面的加粗部分，可以看出 key 確實是按照圖 10-4 所示的資料來源揉合而得到的。即使是 ftok 函數的第二個參數相同，也很難出現兩個檔案映射出同一個 key 值的情況。這裡說的是 "很難" ，而不是 "絕對不會" ，因為這種情況是有可能發生的。這種衝突的出現需要同時滿足下面三個條件：

- 兩個檔案所屬檔案系統所在磁片的次設備號的最低 8 位元相同。

- 兩個檔案在各自的檔案系統上的 inode 的最低 16 位元也相同。

- 兩個行程分別選擇同一個 proj_id 來呼叫 ftok() 來獲取 key 值。

雖然理論上是存在 key 值衝突的可能，但是實際上，不同的檔案透過 ftok 函數產生出衝突的 key 值的可能性太低，除非刻意設計這種衝突，否則很難出現。因此使用 ftok 函數來獲取 key 值是程式設計中常用的方法。

10.1.2 IPC 的公共資料結構

三種 System V IPC 物件有很多共性，從程式碼層面上看也有很多公共的部分。許可權結構就是其中一個。IPC 的許可權結構至少包括如下成員：

```
struct ipc_perm{
    key_t key;
    uid_t uid;
    gid_t gid;
    uid_t cuid;
    gid_t cgid;
    mode_t mode;
      ulong_t seq ;
};
/訊息佇列控制相關的結構體/
struct msqid_ds {
    struct ipc_perm msg_perm;
    ...
}
/*信號控制相關的結構體*/
struct semid_ds {
    struct ipc_perm sem_perm;
    ...
}
/*共用記憶體控制相關的結構體*/
struct shmid_ds {
    struct ipc_perm shm_perm;
    ...
}
```

uid 和 gid 欄位用於指定 IPC 對象的所有權。cuid 和 cgid 欄位保存著建立該 IPC 物件的行程的有效所有者 ID 和有效組 ID。初始情況下，所有者 ID（uid）和建立者 ID（cuid）的值是相同的。它們都是呼叫行程的有效 ID。但是建立者 ID（cuid）是不可以改變的，而所有者 ID 則可以透過 IPC_SET 來改寫。下列的程式碼演示出如何修改共用記憶體的 uid 欄位：

```
struct shmid_ds shm_ds;
if(shmctl(id,IPC_STAT,&shm_ds)) == -1
{
    /*error handler*/
}
shm_ds.shm_perm.uid = newuid;
if(shmctl(id,IPC_SET,&shm_ds) == -1)
{
    /*error handle*/
}
```

mode 是用來控制讀寫許可權的。所有的 System V IPC 物件都不具備執行許可權，只有讀寫許可權。其中對於信號而言，寫許可權意味著修改許可權。IPC 物件的許可權控制見表 10-3。

表 10-3　IPC 物件的許可權控制

權限	旗標位元	位元
使用者讀	S_IRUSR	0400
使用者寫	S_IWUSR	0200
使用者組讀	S_IRGRP	0040
使用者組寫	S_IWGRP	0020
其他讀	S_IROTH	0004
其他寫	S_IWOTH	0002

和檔案的許可權有點類似，IPC 物件的許可權被分成三類：owner、group 和 other。建立物件時可以為各個類別設定不同的存取權限，程式碼如下所示：

```
msg_id = msgget(key,IPC_CREAT | S_IRUSR | S_IWUSR |S_IRGRP);
msg_id = msgget(key,IPC_CREAT | 0640);
```

當一個行程嘗試對 IPC 物件執行某種操作的時候，首先會檢查許可權。檢查的邏輯如下：

* 如果行程是特權行程，則行程擁有對 IPC 物件的所有權限。

* 如果行程的有效使用者 ID 與 IPC 物件的所有者或建立者 ID 匹配，則會將物件的 owner 的許可權賦給行程。

* 如果行程的有效使用者 ID 或任意一個輔助組 ID 與 IPC 物件的所有者組 ID 或建立者組 ID 匹配，則會將 IPC 物件的 group 的許可權賦予行程。

* 否則，將 IPC 物件的 other 許可權賦予行程。

資料結構 ipc_perm 中的 key 和 seq 也很有意思。key 比較簡單，就是呼叫 get 函數建立 IPC 物件時傳遞進去的 key 值。如果 key 的值是 IPC_PRIVATE，則實際的 key 值是 0。

和 key 相比，成員變數 seq 就不那麼好理解了。行程分配檔案控制碼時採用的是最小可用演算法。比如檔案控制碼 5 曾經被分配給檔案 A，但是行程很快地關閉了檔案 A。若行程嘗試打開另外一個檔案，此時如果 5 是最小可用的位置，則新打開檔案的檔案控制碼就是 5。但是 IPC 物件的識別字 ID 分配不能採用這個演算法。因為多個行程要透過識別字 ID 來通信，而識別字 ID 是整個系統內有效的。如果採用最小可用的演算法，一般而言，IPC 對象的個數不會太多，則這個數字很容易就被猜到。舉例來說，如果存在一個惡意程式要攻擊訊息佇列，它只需嘗試很小範圍內的數位，就可以猜到 IPC 物件的識別字 ID，進而偷偷取走訊息佇列裡面的資訊。

核心針為每一種 System V IPC 維護了一個 ipc_ids 類型的結構體。該結構體的組成如圖 10-5 所示。

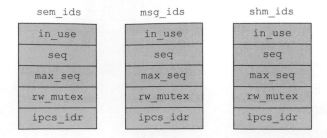

圖 10-5　System V IPC 的 ipc_ids 資料結構

上述結構體中 in_use 欄位記錄的是系統目前在用的 IPC 個數。因此建立 IPC 對象時，該值會加 1；銷毀 IPC 對象時，該值會減去 1。

結構體中 seq 欄位記錄了開機以來建立該 IPC 對象的流水號。建立時 seq 的值自加，但是銷毀的時候 seq 的值並不會自減。seq 的值隨著該種 IPC 物件的建立而單調地遞增，直到遞增到上限（max_seq），再溢位繞回，重新從 0 開始。

當需要建立新的 IPC 物件時，三種 IPC 物件的建立都會走到 ipc_addid 函數處，如圖 10-6 所示。

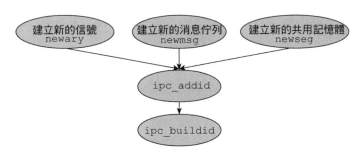

圖 10-6　為新的 IPC 物件生成識別字 ID

ipc_addid 函數會初始化 IPC 物件的很多成員變數，比如許可權相關的 uid、gid、cuid 和 cgid，也會維護該 IPC 對象的 seq 值。

```
int ipc_addid(struct ipc_ids* ids, struct kern_ipc_perm* new, int size)
{
    uid_t euid;
    gid_t egid;
    int id, err;
    /*使用者設定的 IPC 物件的上限，不能超過系統上限限制 IPCMNI，即 32768*/
    if (size > IPCMNI)
        size = IPCMNI;
    /*如果系統中已經存在的 IPC 物件超過個數上限，則回傳失敗*/
    if (ids->in_use >= size)
        return -ENOSPC;

    spin_lock_init(&new->lock);
```

```
    new->deleted = 0;
    rcu_read_lock();
    spin_lock(&new->lock);

    /*透過 idr 管理，呼叫 idr_get_new 獲得一個空閒的位置*/
    err = idr_get_new(&ids->ipcs_idr, new, &id);
    if (err) {
        spin_unlock(&new->lock);
        rcu_read_unlock();
        return err;
    }

    /*系統目前在用的 IPC 物件加 1*/
    ids->in_use++;

    /*設定建立者 ID 和 owner ID*/
    current_euid_egid(&euid, &egid);
    new->cuid = new->uid = euid;
    new->gid = new->cgid = egid;

    /*seq 的值自加，如果大於 seq_max，則溢位繞回至 0*/
    new->seq = ids->seq++;
    if(ids->seq > ids->seq_max)
        ids->seq = 0;

    new->id = ipc_buildid(id, new->seq);
    return id;
}
```

前面提到，核心分配 IPC 物件識別碼的時候，使用的並不是最小可用演算法，其使用的演算法如下：

```
#define IPCMNI 32768
#define SEQ_MULTIPLIER (IPCMIN)
static inline int ipc_buildid(int id, int seq)
{
    return SEQ_MULTIPLIER * seq + id;
}
```

上面公式中的 id 就是最小可用的位置，而 seq 是開機以來核心建立 IPC 物件的流水號。因此，回傳的 ID 是一個比較大的值。仍然以訊息佇列為例，如果開機後，訊息佇列為空，建立的第一個訊息佇列的識別字必然為 0，而建立的第二個訊息佇列和第三個訊息佇列的值則為：

```
32768 * 1 + 1 = 32769
32768 * 2 + 2 = 65538
```

根據上面的討論可知，IPC 物件的識別字 ID 雖然是透過 get 函數來獲得的，但是和 key 值並不存在永久的對應關係，即不存在公式可以透過 key 值來計算出識別字 ID。核心僅僅是關聯了兩者。重啟系統之後，或者刪除 IPC 物件之後，根據相同的 key 值再次建立，得到的識別字 ID 很可能並不相同。

核心面臨著如何根據 IPC 物件的識別字 ID，快速地找到核心中的 IPC 物件的難題，根據前面的計算公式，不難做到：

```
slot_index =識別字 ID % SEQ_MULTIPLIER
```

這個公式透漏出一個問題：整個系統內，每一種 IPC 物件的位置有限，最多有 IPCMIN 個位置。在 ipc_addid 函數中也證實這一點，系統的上限限制為 IPCMNI，即 32768。這個限制就決定了不能無限制地建立 IPC 物件。

10.2　System V 訊息佇列

第 9 章介紹的管線和 FIFO 都是位元組串流的模型，這種模型不存在記錄邊界。如果從管線裡面讀出 100 個位元組，你無法確認這 100 個位元組是單次寫入的 100 位元組，還是分 10 次每次 10 位元組寫入的，你也無法知曉這 100 個位元組是幾個訊息。管線或 FIFO 裡的資料如何解讀，完全取決於寫入行程和讀取行程之間的約定。

從這個角度上講，System V 訊息佇列和 POSIX 訊息佇列都是優於管線和 FIFO 的。原因是訊息佇列機制中，雙方是透過訊息來通信的，無需花費精力從位元組串流中解析出完整的訊息。

System V 訊息佇列比管線或 FIFO 優越的第二個地方在於每條訊息都有 type 欄位。訊息的讀取行程可以透過 type 欄位來選擇自己感興趣的訊息，也可以根據 type 欄位來實作按訊息的優先權進行讀取，而不一定要按照訊息生成的順序來依次讀取。

核心為每一個 System V 訊息佇列分配了一個 msg_queue 類型的結構體，其成員變數和各自的含義如下所示：

```
struct msg_queue {
    struct kern_ipc_perm q_perm;
    time_t q_stime;                    /*上一次 msgsnd 的時間*/
    time_t q_rtime;                    /*上一次 msgrcv 的時間*/
    time_t q_ctime;                    /*屬性變化時間*/
    unsigned long q_cbytes;            /*佇列目前位元組總數*/
    unsigned long q_qnum;              /*佇列目前訊息總數*/
    unsigned long q_qbytes;            /*一個訊息佇列允許的最大位元組數*/
    pid_t q_lspid;                     /*上一個呼叫 msgsnd 的行程 ID*/
    pid_t q_lrpid;                     /*上一個呼叫 msgrcv 的行程 ID*/
    struct list_head q_messages;
    struct list_head q_receivers;
    struct list_head q_senders;
};
```

大部分欄位的含義都是比較好理解的，後面遇到相關內容的時候會詳細講述這些欄位。

10.2.1 建立或打開一個訊息佇列

訊息佇列的建立或打開是由 msgget 函數來完成的，成功後，獲得訊息佇列的識別字 ID，函數介面定義如下：

```
#include <sys/types.h>
#include <sys/ipc.h>
#include <sys/msg.h>

int msgget(key_t key, int msgflg);
```

msgget 函數中兩個參數的含義前面已經講述過，在此就不再贅述。當呼叫成功時，回傳訊息佇列的識別字，後續的 msgsnd、msgrcv 和 msgctl 函數都透過該識別字來操作訊息佇列。當函式呼叫失敗時，回傳-1，並且設定相應的 errno。常見的 errno 如表 10-4 所示。

表 10-4　msgget 出錯情況說明

errno	說明
ENOENT	對應 key 值的訊息佇列不存在，並且沒有設定 IPC_CREAT 旗標位元
EACCES	存在 key 值對應的訊息佇列，但是沒有許可權打開訊息佇列
EEXIST	存在 key 值對應的訊息佇列，但是同時設定 IPC_CREAT 和 IPC_EXCL 旗標位元
ENOSPC	需要建立訊息佇列，但是超過系統允許建立訊息佇列的上限。上限值為 MSGMNI
ENOMEM	需要建立訊息佇列，但是系統已經沒有足夠的記憶體

關於建立訊息佇列，一個很容易想到的問題是：作業系統到底允許建立多少個訊息佇列？表 10-4 中提到，當 errno 等於 ENOSPC 時，表示建立的訊息佇列超過上限值 MSGMNI。有三種方法可以查看系統訊息佇列個數的上限，如下所示。

方法一：透過 procfs 查看。

```
cat /proc/sys/kernel/msgmni
3969
```

方法二：透過 sysctl 查看。

```
sysctl kernel.msgmni
kernel.msgmni = 3969
```

方法三：透過 ipcs 命令查看。

```
ipcs -q -l

------ Messages Limits -------
max queues system wide = 3969
max size of message (bytes) = 8192
default max size of queue (bytes) = 16384
```

作業系統會根據系統的硬體情況（主要是記憶體大小），計算出一個合理的上限值，因此不同的硬體環境下，該值是不同的。當然無論該值設定為多少，核心都存在上限限制 IPCMNI（32768）。

可以透過如下的手段，修改 msgmni 的值，從而允許建立更多的訊息佇列。

方法一：透過 procfs 來修改。

```
echo 20000 > /proc/sys/kernel/msgmni
cat /proc/sys/kernel/msgmni
20000
```

方法二：透過 sysctl -w 來修改。

```
sysctl -w kernel.msgmni=20000
```

上述兩種方法都是立即生效，但是一旦系統重啟，設定就會失效。要想確保重啟後依然有效，需要將設定寫入/etc/sysctl.conf。

```
kernel.msgmni=20000
```

注意寫入/etc/sysctl.conf 並不會立即生效，需要執行 sysctl -p 重新載入，改變方能生效。

10.2.2　發送訊息

獲取到訊息佇列的識別字之後，可以透過呼叫 msgsnd 函數向佇列中插入訊息。核心會負責將訊息維護在訊息佇列中，等待另外的行程來取走訊息，從而完成通信的全部過程。

msgsnd 函數的定義如下：

```
#include <sys/types.h>
#include <sys/ipc.h>
#include <sys/msg.h>

int msgsnd(int msqid, const void *msgp, size_t msgsz, int msgflg);
```

其中 msqid 是由 msgget 回傳的識別字 ID。

參數 msgp 指向使用者定義的緩衝區。它的第一個成員必須是一個指定訊息類型的 long 型態，後面跟著訊息文本的內容。通常其定義如下：

```
struct msgbuf {
    long mtype;        /*訊息類型，必須大於 0*/
    char mtext[1];     /*訊息，不一定是字元陣列，可以是任意結構*/
};
```

每條訊息只能存放一個字元？並非如此。事實上可以是任意結構，mtext 是由程式師定義的結構，其長度和內容都是由程式師控制的，只要發送方和接收方約定好即可。比如可以將結構體定義如下：

```
struct private_buf {
    long mtype;
    struct pirate_info {
        /*定義你需要的成員變數*/
    } info;
};
```

第三個參數 msgsz 指定 mtext 欄位中包含的位元組數。訊息佇列單條訊息的大小是有上限的，上限值為 MSGMAX，記錄在/proc/sys/kernel/msgmax 中：

```
cat /proc/sys/kernel/msgmax
8192
sysctl kernel.msgmax
kernel.msgmax = 8192
```

如果訊息的長度超過 MSGMAX，則 msgsnd 函數回傳-1，並設定 errno 為 EINVAL。

下面以發送字串訊息為例，介紹 msgsnd 函數所需的步驟：

1. 因為 glibc 並未定義 msgbuf 結構，因此首先要定義 msgbuf 結構。

2. 分配一個類型為 msgbuf，長度足以容納字串的緩衝區 mbuf。

3. 將 message 的內容複製到 mbuf->mtext 中。

4. 在 mbuf->mtype 中設定訊息類型。

5. 呼叫 msgsnd 發送訊息。

6. 釋放 mbuf。

注意兩點，即要對 msgsnd 進行錯誤檢測和及時釋放 mbuf，以防止記憶體洩漏。

最後一個參數 msgflg 是一組旗標位元的位元遮蔽，用於控制 msgsnd 的行為。目前只定義了 IPC_NOWAIT 一個旗標位元。

IPC_NOWAIT 表示執行一個無阻塞的發送操作。當沒有設定 IPC_NOWAIT 旗標位元時，如果訊息佇列滿了，則 msgsnd 函數就會深入阻塞，直到佇列有足夠的空間來存放這條訊息為止。但是如果設定 IPC_NOWAIT 旗標位元，則 msgsnd 函數就不會深入阻塞，而是立刻回傳失敗，並設定 errno 為 EAGAIN。

等一下，這裡好像提到訊息佇列滿了。什麼情況下，訊息佇列才能被稱為是滿了的？

任何一個訊息佇列，容納的位元組數是有上限的。這個上限值為 MSGMNB，該值被記錄在/proc/sys/kernel/msgmnb 中：

```
cat /proc/sys/kernel/msgmnb
16384

sysctl kernel.msgmnb
kernel.msgmnb = 16384
```

核心中訊息佇列對應的資料結構 msg_queue 中維護有目前位元組數、目前訊息數及允許的最大位元組數等資訊：

```
struct msg_queue {
    ...
    time_t q_stime;          /*最後呼叫 msgsnd 的時間*/
    unsigned long q_cbytes;  /*訊息佇列目前位元組的總數*/
    unsigned long q_qnum;    /*訊息佇列目前訊息的個數*/
    unsigned long q_qbytes;  /*訊息佇列允許的訊息最大位元組數*/
    pid_t q_lspid;           /*最後呼叫 msgsnd 的行程 ID*/
    ...
}
```

檢查訊息佇列是否滿了的邏輯非常簡單，核心判斷能否立刻發送訊息的邏輯如下：

```
if (msgsz + msq->q_cbytes <= msq->q_qbytes &&
        1 + msq->q_qnum <= msq->q_qbytes) {
    break;
}
```

如果同時滿足以下兩個條件，則可以立即發送訊息，無須阻塞：

- 目前訊息的位元組數（msgsz）加上訊息佇列目前位元組的總數（msq->q_cbytes）不大於訊息佇列允許的最大位元組數（msq->q_qbytes）。

- 訊息佇列目前訊息的個數加上 1 不大於訊息佇列容許的最大位元組數（msq->q_qbytes）。

第二個條件看起來很奇怪的，其實這個條件是用來防範空訊息的：發送的訊息只有 mtype 欄位，訊息體正文 mtext 都是空的。

若不滿足上述兩個條件，msgsnd 函數會根據是否設定 IPC_NOWAIT 旗標位元來決定是深入阻塞還是立刻回傳失敗。

如果因訊息佇列已滿而深入阻塞，msgsnd 系統呼叫則可能會被信號中斷，當這種情況發生時，msgsnd 總是回傳 EINTR 錯誤。注意，無論在建立信號處理函數的時候，是否設定 SA_RESTART 旗標位元，msgsnd 系統呼叫都不會自動重啟。

無論是否經過阻塞，只要沒有出錯回傳，呼叫 msgsnd 都需要執行下面的操作：

```
/*將最後呼叫 msgsnd 的行程 ID 更新到訊息佇列的 q_lspid 成員變數中*/
msq->q_lspid = task_tgid_vnr(current);
/*將最後呼叫 msgsnd 的時間更新到訊息佇列的 q_stime 成員變數中*/
msq->q_stime = get_seconds();

/*如果有行程正在等待該訊息，則就地消化，無須進入訊息佇列*/
if (!pipelined_send(msq, msg)) {
    /*將訊息加入訊息佇列的串列中*/
    list_add_tail(&msg->m_list, &msq->q_messages);
    /*更新訊息佇列目前訊息的位元組數*/
```

```
    msq->q_cbytes += msgsz;
    /*更新訊息佇列目前訊息的總數*/
    msq->q_qnum++;
    /*更新命名空間內，所有訊息佇列的總位元組數和訊息總個數*/
    atomic_add(msgsz, &ns->msg_bytes);
    atomic_inc(&ns->msg_hdrs);
}
```

pipelined_send 函數用於檢測是否有行程正在等待該訊息，如果有，訊息無須進入訊息佇列，而是 "就地消化"，皆大歡喜。如果沒有等待該訊息的行程，則訊息就不得不進入訊息佇列，等待 "有緣人" 來提取。

至此，msgsnd 函數的使用和流程基本介紹完畢，如果執行成功，則 msgsnd 回傳 0，如果失敗，msgsnd 則回傳-1，並設定 errno。

接下來分析一下函數的回傳值和常見錯誤。msgsnd 函數不同於檔案的 write 函數，write 函數操作的是位元組串流，存在部分成功的概念，所以成功時，回傳的是寫入的位元組個數；但是 msgsnd 函數操作的是封裝好的訊息，不成功則成仁，不存在部分成功的情況。所以其成功時，msgsnd 函數回傳 0，失敗時，msgsnd 函數回傳-1，並且設定 errno。常見的出錯情況如表 10-5 所示。

表 10-5　msgsnd 出錯情況說明

errno	說明
EACCESS	無相應許可權
EAGAIN	訊息佇列已滿，並且設定 IPC_WAIT 旗標位元
EIDRM	訊息佇列已經從系統中刪除，不復存在
EINTR	msgsnd 被信號中斷
EINVAL	識別字無效，mtype 小於 1，msgsz 小於 0 或大於上限 MSGMAX

幾乎所有的出錯情況前面都已經介紹過，除了 EIDRM。這是訊息佇列和信號的共同缺陷。當一個行程操作訊息佇列時，另外一個行程可能已經刪除該訊息佇列。對於 IPC 物件（共用記憶體除外），核心並沒有維護引用計數，刪除行為是說刪就刪，於是 msgsnd 呼叫就會收到 EIDRM 的錯誤。

刪除訊息佇列是一個程式設計難點，難就難在確定刪除的時機。多個行程需要從邏輯上確定誰是最後一個存取訊息佇列的行程，然後由它來負責刪除訊息佇列。

10.2.3　接收訊息

有發送就要有接收，沒有接收者的訊息是沒有意義的。System V 訊息佇列用 msgrcv 函數來接收訊息。

```
ssize_t msgrcv(int msqid, void *msgp, size_t msgsz,
               long msgtyp,int msgflg);
```

其中前三個參數與 msgsnd 的含義是一致的。msgrcv 呼叫行程也需要定義結構體,而結構體的定義要和發送端的定義一致,並且第一個欄位必須是 long 類型,程式碼如下所示:

```
struct private_buf {
    long mtype;
    struct pirate_info {
        /*定義你需要的成員變數*/
    } info;
};
```

對於具有固定長度的訊息而言,只要發送方和接收方的結構達成一致,就不會存在風險。但是如果訊息是可變動長度的,情況就比較複雜。因為不能預先得知收到訊息的長度,因此接收端的緩衝區要足夠大,防止訊息佇列中的訊息長度大於緩衝區的大小。

Msgrcv 函數的第 4 個參數 msgtyp 是訊息佇列的精華,取出訊息時,可以選擇行程感興趣的訊息類型。正是基於這個參數,讀取訊息的順序才無須和發送順序一致,進而可以演化出很多用法。msgtype 與取出訊息的行為關係如表 10-6 所示。

表 10-6 msgtype 與取出訊息的行為

msgtype	動作
0	從訊息佇列中取出第一條訊息
>0	有 MSG_EXCEPT 旗標位元:從訊息佇列中取出 mtype 等於 msgtyp 的第一條訊息
	無 MSG_EXCEPT 旗標位元:從訊息佇列中取出 mtype 不等於 msgtyp 的第一條訊息
<0	從訊息佇列中取出 mtype 最小,並且值小於或等於 msgtyp 絕對值的第一條訊息

msgtyp 等於 0 時,行為模式是先入先出的模式。最先進入訊息佇列的訊息被取出。

msgtyp 小於 0 時,行為模式是優先權訊息佇列。mtype 的值越低,其優先權越高,越早被取出。

當 msgtyp 的值大於 0 時,會將訊息佇列中第一條 mtype 值等於 msgtyp 的訊息取出。透過指定不同的 msgtyp,多個行程可以在同一個訊息佇列中挑選各自感興趣的訊息。一種常見的場景是各個行程取出和自己行程 ID 匹配的訊息。

第 5 個參數是可選旗標位元。msgrcv 函數有 3 個可選旗標位元。

- IPC_NOWAIT:如果訊息佇列中不存在滿足 msgtyp 要求的訊息,預設情況是阻塞等待,但是一旦設定 IPC_NOWAIT 旗標位元,則立即回傳失敗,並且設定 errno 為 ENOMSG。

- MSG_EXCEPT ：這個旗標位元是 Linux 特有的，只有當 msgtyp 大於 0 時才有意義，含義是選擇 mtype != msgtyp 的第一條訊息。

- MSG_NOERROR ：前面也提到過，在訊息長度可變動的情況下，可能事前並不知道訊息的大小，儘管要求 maxmsgsz 應盡可能地大，但是仍然存在 maxmsgsz 小於訊息大小的可能。如果發生這種情況，預設情況是回傳錯誤 E2BIG，但是如果設定了 MSG_NOERROR 旗標位元，情況就會不同，此時會將訊息體截斷並回傳。

msgrcv 函式呼叫成功時，回傳訊息體的大小；失敗時回傳-1，並且設定 errno。大部分出錯情況和 msgsnd 函數類似，比較特殊的錯誤碼是 E2BIG 和 ENOMSG，剛才都已經討論過了，這裡不再贅述。另外 msgrcv 函數和 msgsnd 函數一樣，如果被信號中斷，則不會重啟系統呼叫，哪怕安裝信號時設定了 SA_RESTART 旗標位元。

System V 訊息佇列存在一個問題，即當訊息佇列中有訊息到來時，無法通知到某行程。訊息佇列的讀取者行程，要不是以阻塞的方式呼叫 msgrcv 函數，阻塞在訊息佇列上直到訊息出現；就是以非阻塞（IPC_NOWAIT）的方式呼叫 msgrcv 函數，失敗回傳，過段時間再重試，除此以外並無好辦法。阻塞或輪詢，這就意味著一個行程或執行緒不得不無所事事，盯在該訊息佇列上，這為程式設計帶來了不便。

如果 System V 訊息佇列是檔案，能支援 select、poll 和 epoll 等 I/O 多路轉接函數，一個行程就能同時監控多個檔案（或者多個訊息佇列），提供更靈活的程式設計模式。可惜的是，System V 訊息佇列並非檔案，不支援 I/O 多路轉接函數。第 11 章中可以看到 POSIX 訊息佇列在這個方面所做的改進。

10.2.4 控制訊息佇列

msgctl 函數可以控制訊息佇列的屬性，其介面定義如下：

```
#include <sys/types.h>
#include <sys/ipc.h>
#include <sys/msg.h>

int msgctl(int msqid, int cmd, struct msqid_ds *buf);
```

該函數提供的功能取決 cmd 欄位，msgctl 支援的操作如表 10-7 所示。

表 10-7 msgctl 支援的命令

cmd	描述
IPC_STAT	獲取訊息佇列的屬性資訊
IPC_SET	設定訊息佇列的屬性
IPC_RMID	刪除訊息佇列

1. IPC_STAT

為了獲取訊息佇列的屬性資訊或設定屬性，必須要有一個使用者模式的資料結構來描述訊息佇列的屬性資訊，這個資料結構就是 msqid_ds 結構體，其大部分欄位和核心的 msg_queue 結構體相對應。注意，msqid_ds 結構體中包含下面的成員變數。在程式設計中，只要包含對應的標頭檔案，就可以直接使用該結構體。

```
#include <sys/msg.h>
struct msqid_ds {
    struct ipc_perm msg_perm;      /* Ownership and permissions */
    time_t          msg_stime;     /*最後一次呼叫 msgsnd 的時間*/
    time_t          msg_rtime;     /*最後一次呼叫 msgrcv 的時間*/
    time_t          msg_ctime;     /*屬性發生變化的時間*/
    unsigned long   __msg_cbytes;  /*訊息佇列目前的位元組總數*/
    msgqnum_t       msg_qnum;      /*訊息佇列目前訊息的個數*/
    msglen_t        msg_qbytes;    /*訊息佇列允許的最大位元組數*/
    pid_t           msg_lspid;     /*最後一次呼叫 msgsnd 的行程 ID */
    pid_t           msg_lrpid;     /*最後一次呼叫 msgrcv 的行程 ID*/
};
```

幾乎全部的欄位都和核心的 msg_queue 相對應，而其對應的欄位的含義在前面都已經介紹過，此處不再贅述。在使用時，我們可以透過下面的簡單程式碼來獲取到訊息佇列的屬性：

```
strutct msqid_ds buf ;          /*注意包含標頭檔案*/
msgctl(mid,IPC_STAT,&buf);      /*省略 error handle*/
printf( "current # of messages in queue is %d\n" ,buf.msg_qnum);
```

2. IPC_SET

訊息佇列開放出 4 個可以設定的屬性。

- msg_perm.uid

- msg_perm.gid

- msg_perm.mode

- msg_qbytes

一般設定方法首先呼叫 IPC_STAT 獲取到目前的設定，然後修改 4 個屬性中的某個或某幾個屬性，最後呼叫 IPC_SET，程式碼如下所示：

```
strutct msqid_ds buf ;          /*注意包含標頭檔案*/
msgctl(mid,IPC_STAT,&buf);      /*省略 error handle*/
buf.msg_qbytes = NEW_VALUE;
msgctl(mid,IPC_SET,&buf);
```

3. IPC_RMID

IPC_RMID 命令用於刪除與識別字對應的訊息佇列。由於 IPC 物件並無引用計數的機制，因此只要有許可權，可以說刪就刪，而且是立刻就刪。訊息佇列中的所有訊息都會被清除，相關的資料結構被釋放，所有阻塞的 msgsnd 函數和 msgrcv 函數會被喚醒，並回傳 EIDRM 錯誤。

10.3　System V 信號

10.3.1　信號概述

System V 信號又被稱為 System V 信號集，事實上信號集的叫法更符合實際情況。信號的作用和訊息佇列不太一樣，訊息佇列的作用是行程之間傳遞訊息。而信號的作用是為了同步多個行程的操作。

信號是由 E.W.Dijkstra 為互斥和同步的高級管理提出的概念。它支援兩種原子操作，wait 和 signal。wait 還可以稱為 down、P 或 lock，signal 還可以稱為 up、V、unlock 或 post。其作用分別是原子地增加和減少信號的值。

一般來說，信號是和某種預先定義的資源相關聯的。信號元素的值，表示與之關聯的資源的個數。核心會負責維護信號的值，並確保其值不小於 0。

信號上支援的操作有：

- 將信號的值設定成一個絕對值。
- 在信號目前值的基礎上加上一個數量。
- 在信號目前值的基礎上減去一個數量。
- 等待信號的值等於 0。

在上述操作中，後兩個可能會深入阻塞。在第三種情況中，當信號的目前值小於要減去的值時，操作會深入阻塞。當信號的值不小於要減去的值時，核心會喚醒阻塞行程。在第四種情況中，如果目前信號的值不為 0，該操作會深入阻塞，直到信號的值變為 0 為止。

這些操作看似沒有什麼意義，但是一旦將信號和某種資源關聯起來，就產生同步使用某種資源的功效，請參考表 10-8。

表 10-8　信號與資源管理

信號操作	語義
將信號的值設為某絕對值	初始化資源的個數為某絕對值
在信號目前值的基礎上加上一個數量 N	釋放 N 個資源

信號操作	語義
在信號目前值的基礎上減去一個數量 M	申請 M 個資源，可能因資源不夠而深入阻塞
等待信號的值變為 0	等待可用資源個數變為 0，可能會深入阻塞

使用最廣泛的信號是二位元信號（binary semaphore）。對於這種信號而言，它只有兩種合法值：0 和 1，對應一個可用的資源。若目前有資源可用，則與之對應的二位元信號的值為 1；若資源已被佔用，則與之對應的二位元信號的值為 0。當行程申請資源時，如果目前信號的值為 0，則行程會深入阻塞，直到有其他行程釋放資源，將信號的值加 1 才能被喚醒。

從這個角度看，二位元信號和互斥器所產生的作用非常類似。那信號和互斥器有何不同之處呢？

互斥器（mutex）是用來保護臨界區的，所謂臨界區，是指同一時間只能容許一個行程進入。而信號（semaphore）是用來管理資源的，資源的個數不一定是 1，可能同時存在多個一模一樣的資源，因此容許多個行程同時使用資源。

有個很有意思的廁所理論可以用來闡述互斥器和信號的區別。互斥器好比是一把廁所的鑰匙，廁所只有一個，鑰匙也只有一把。需要使用廁所時，首先要去鑰匙存放處取走鑰匙，當使用完廁所時，要將鑰匙歸還到鑰匙存放處。如果某人需要使用廁所，發現鑰匙存放處沒有鑰匙，他就需要等待，直到廁所的目前使用者將鑰匙歸還。

假設後來買了一套豪宅，家裡有 8 個一模一樣的廁所和 8 把通用的鑰匙。這時信號就會橫空出世。信號值的含義是目前可用的鑰匙數，最初有 8 把鑰匙在鑰匙存放處。當同時使用廁所的人數小於或等於 8 時，大家都可以拿到一把鑰匙，各自使用各自的廁所。但是到第 9 個人和第 10 個人要使用廁所時，發現已經沒有鑰匙，所以他們就不得不等待。

從上面的討論看，信號是互斥器的一個擴展，由於資源數目增多，增強了並列執行的功能。但是這僅僅是一個方面。更重要的區別是，互斥器和信號解決的問題是不同的。

互斥器的關鍵在於互斥、排它，同一時間只允許一個執行緒存取臨界區。這種嚴格的互斥，決定瞭解鈴還須系鈴人，即加鎖行程必然也是解鎖行程，程式碼如下所示：

```
      行程 1                                    行程 2
pthread_mutex_lock();                    pthread_mutex_lock();
/*安全地存取臨界區*/
pthread_mutex_unlock();


                                        /*安全地存取臨界區*/
                                        Pthread_mutex_unlock();
```

而信號的關鍵在於資源的多少和有無。申請資源的行程不一定要釋放資源，信號同樣可以用於生產者－消費者的場景。在這種場景下，生產者行程只負責增加信號的值，而消費者行程只負責減少信號的值。彼此之間透過信號的值來同步。

生產者行程　　　　　　　　　　　　消費者
　post　　　　　　　　　　　　　　wait

和二位元信號相比，System V 信號在兩個維度上都做了擴展。

第一，資源的數目可以是多個。資源個數超過 1 個的信號稱為計數信號（counting semaphore）。

第二，允許同時管理多種資源，由多個計數信號組成的一個集合稱為計數信號集，每個計數信號管理一種資源。比如第一種資源的總數是 5，第二種資源的總數是 10。在使用過程中可選擇申請哪種資源或哪幾種資源。

坦白說，System V 信號有點設計過度，第二種擴展並無必要，同時操作集合中的多個信號的能力是多餘的，而這種擴展導致程式設計介面過於複雜，使用不便。

10.3.2　建立或打開信號

建立或打開信號的函數為 semget，其介面定義如下：

```
#include <sys/types.h>
#include <sys/ipc.h>
#include <sys/sem.h>

int semget(key_t key, int nsems, int semflg);
```

這個介面比較簡單，第二個參數 nsems 表示信號集中信號的個數。換句話說，就是要控制幾種資源。大部分情況下只控制一種。如果並非建立信號，僅僅是存取已經存在的信號集，可以將 nsems 指定為 0。

semflg 支援多種旗標位元。目前支援 IPC_CREAT 和 IPC_EXCL 旗標位元，其含義不再贅述。

在建立信號時，需要考慮的問題是系統限制。系統的限制可以分成三個層面。

- 系統容許的信號集的上限：SEMMNI
- 單個信號集中信號的上限：SEMMSL
- 系統容許的信號的上限：SEMMNS

首先介紹下對於每種限制，系統提供的上限限制，如表 10-9 所示。

表 10-9　信號的系統上限限制

限制	說明	最大值
SEMMNI	系統容許建立的信號集的上限	32768（IPCMNI）
SEMMSL	一個信號集裡信號的最大數量	65536

限制	說明	最大值
SEMMNS	系統中所有信號集裡的信號總數的上限	2147483647（INT_MAX）

其中 SEMMSL 的上限限制是 65536，原因是 semop 函數中定義了 sembuf 結構體來操作信號集中的信號，程式碼如下所示：

```
struct sembuf{
    unsigned short sem_num;
}
```

sembuf 結構體中的成員變數 sem_num 用來指定修改集合中的哪個信號。其資料類型是不帶號短整數型（unsigned short）。我們固然可以一意孤行地將 SEMMSL 的值設定為大於 65536 的數值，但是後續將無法透過 semop 來操作它，因此它也就失去存在的意義。因此集合中信號個數的上限限制值為 65536。

之所以 SEMMNS 的上限值為 INT_MAX，原因是核心使用了 int 型態來儲存該值，程式碼如下所示：

```
struct ipc_namespace{
    ...
    int sem_ctls[4];
    ...
}
#define sc_semmsl sem_ctls[0]
#define sc_semmns sem_ctls[1]
#define sc_semopm sem_ctls[2]
#define sc_semmni sem_ctls[3]
```

在上限限制範圍內，可以透過 sysctl 來設定上限。

```
cat /proc/sys/kernel/sem
32000       1024000000      500     32000

sysctl kernel.sem
kernel.sem = 32000 1024000000    500     32000
```

其中 4 個值的含義如圖 10-7 所示。

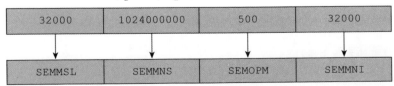

圖 10-7　信號相關的控制選項的含義

第三個值（SEMOPM）的含義將放到後面再介紹。可以透過 sysctl -w 或修改/etc/sysctl. conf 來設定控制參數。注意不要超過上限限制。

如果超過系統限制時，回傳的錯誤碼見表 10-10。

表 10-10　信號超過系統限制相關的錯誤碼

情形	相關限制	errno
因信號集的個數達到上限而失敗	SEMMNI	ENOSPC
因信號的個數達到上限而失敗	SEMMNS	ENOSPC
因單個信號集中信號的個數超過上限而失敗	SEMMSL	EINVAL

在 System V 信號的介面設計中，存在一個致命的缺陷，即建立信號集和初始化集合中的信號是兩個獨立的操作，而非一個原子操作，標準並未要求建立信號集時，將信號的值初始化為 0。當然，在 Linux 系統，semget 函數回傳的信號實際上會被初始化為 0。

但是很多情況下，信號的初始值並不希望為 0，因此需要額外呼叫一次 semctl 的 SETVAL 命令來設定初始值。由於建立和初始化之間存在一個時間視窗，因此可能會出現競態條件（race condition），見表 10-11。

表 10-11　建立和初始化分開，產生競態條件的一種情況

行程 1	行程 2
呼叫 semget 函數建立信號集	呼叫 semget 函數獲取信號集的識別字 ID
	呼叫 semop 修改信號的值
呼叫 semctl 的 SETVAL 命令初始化	

在表 10-11 這種時序條件下，信號的值尚未初始化就已經被行程 2 透過 semop 函數修改了。而後面行程 1 的初始化命令又會覆蓋行程 2 所做的更改。

W.Richard Stevens 在名著《NIX Network Programming, Volume 2: Interprocess Communications (2nd Edition)》中提出如下思路來解決這個困境。

核心與信號集相關的資料結構 sem_array 中有一個成員變數 sem_otime，如下所示：

```
struct sem_array {
    ...
    time_t              sem_otime;   /*上次執行 semop 的時間*/
    ...
};
```

信號集被建立的時候，sem_otime 被初始化成 0，在後續執行 semop 操作的時候，才會對 sem_otime 的值進行修改。因此可以利用這個屬性來消除競爭。即第二個行程要等到建立

信號的行程執行過一次修改信號值的 semop 操作後（透過判斷 sem_otime 的值是否為 0），才開始正常的流程。

《The Linux Programming Interface: A Linux and UNIX System Programming Handbook（下冊）》中也採用這個思路來解決競爭問題，並提出範例程式碼。但其範例程式適用範圍比較狹窄，只適用於將信號初始化為 0 這種場景。稍加改造，就可以適用於將信號初始化為任意值的場景。實際做法如圖 10-8 所示。

POSIX 信號作為後來者，注意到 System V 信號的這個弊端，於是將建立和初始化由一個介面來完成。詳情可閱讀第 11 章。

10.3.3　操作信號

semop 函數負責修改集合中一個或多個信號的值，其定義如下：

```
#include <sys/types.h>
#include <sys/ipc.h>
#include <sys/sem.h>

int semop(int semid, struct sembuf *sops, unsigned nsops);
```

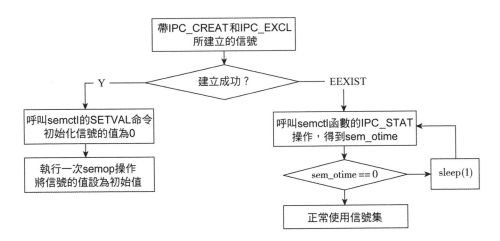

圖 10-8　信號的建立和初始化流程圖

函數的第一個參數是透過 semget 獲取到的信號的識別字 ID。第二個參數是 sembuf 類型的指標。sembuf 結構體定義在 sys/sem.h 標頭檔案中。一般來說，該結構體至少包含以下三個成員變數：

```
struct sembuf {
    unsigned short int sem_num ;
    short sem_op ;
    short sem_flg;
}
```

成員變數 sem_num 解決的是操作哪個信號的問題。因為信號集中可能存在多個信號，需要用這個參數來告知 semop 函數要操作的是哪個信號，0 表示第一個信號，1 表示第二個信號，依此類推，最大為 nsems -1，即不得超過集合中信號的個數。如果 sem_num 的值小於 0，或者大於等於集合中信號的個數，semop 呼叫則會回傳失敗，並設定 errno 為 EFBIG。

一般而言，不建議採用如下方法來初始化 sembuf：

```
struct sembuf myopsbuf = {1,-1,0}
```

因為考慮到可移植性，我們並沒有十足的把握可以確定 sembuf 結構中成員變數的順序和上面定義中給出的順序是嚴格一致的。（不過 Linux 的定義就是上面給出的定義，若不考慮可移植性，可以放心採用上述方法。）

semop 函數的典型用法如下所示：

```
struct sembuf myopsbuf[3]  ;

myopsbuf[0].sem_num = 0;          /*操作信號集中的第 0 個信號*/
myopsbuf[0].sem_op = -1;          /*信號 0 的值減去 1，即申請 1 個資源*/
myopsbuf[0].sem_flg = 0 ;

myopsbuf[1].sem_num = 1;          /*操作信號集中的第 1 個信號*/
myopsbuf[1].sem_op = 2 ;          /*信號 1 的值加上 2*/
myopsbuf[1].sem_flg = 0;

myopsbuf[2].sem_num = 2;          /*操作信號集中的第 2 個信號*/
myopsbuf[2].sem_op = 0;           /*等待第 2 個信號的值變為 0*/
myopsbuf[2].sem_flg = 0;

if(semop(semid,myopsbuf,3) == -1)
{
     /*error handler here*/
}
```

semop 函數每次會操作一組信號，每個信號由一個 sembuf 來表示，修改一個信號最好也將其定義成 struct sembuf ops[1]這樣的陣列，semop 函數的第三個參數表示要操作的信號的個數。

如果呼叫 semop 函數同時操作多個信號，則需要被原子地執行，意思是說核心要麼一次完成所有操作，要麼什麼也不做。

儘管信號集支援同時操作多個信號，但事實上這種場景是非常罕見的。大多數情況下，只會操作集合中的一個信號。更常見的是使用如下方式。

```
struct sembuf myopsbuf[1]  ;

myopsbuf[0].sem_num = 0;
myopsbuf[0].sem_op = -1; /*信號 0 的值減去 1*/
myopsbuf[0].sem_flg = 0 ;

if(semop(semid,myopsbuf,1) == -1)
```

sembuf 中的 sem_op 可以是正值、負值，還可以是 0。介紹其含義之前，首先介紹幾個相關的變數。

- semval：信號的目前值，表示目前可用的資源個數，永遠非負。
- semzcnt：正在等待信號的值變成 0 的行程個數。
- semncnt：正在等待信號的值大於目前值的行程個數。

根據 sem_op 的值和 sem_flg 值，semop 函數的行為模式如表 10-12 所示。

表 10-12　semop 的含義

sem_op	含義
>0	用於釋放資源。 將對應信號的 semval 的值加上 sem_op 的值。如有其他行程等待資源且增加後的信號值滿足其要求，則將其喚醒。
=0	用於等待信號值 semval 變成 0。 如果目前 semval 等於 0，則立即回傳成功。 semval 不等於 0 的時候： • 如果指定 IPC_NOWAIT，則立即回傳失敗，errno 為 EAGAIN。 • 如果未指定 IPC_NOWAIT，則深入阻塞。semzcnt 的值加 1。 一般有三種情況可以從阻塞中醒來： • 若信號值變成 0，則成功回傳，semzcnt 的個數減少 1 個。 • 若信號被刪除，則回傳失敗，並設定 errno 為 ERMID。 • 若 semop 系統呼叫被信號中斷，則回傳失敗，並設定 errno 為 EINTR，semzcnt 的個數減少 1 個。
<0	用於申請資源。 若信號的值不小於 sem_op 的絕對值，則表示資源足夠可用，信號的值 semval 減掉 sem_op 的絕對值，並成功回傳。 信號的值小於 sem_op 的絕對值時： • 如果指定 IPC_NOWAIT，則立即回傳失敗，errno 為 EAGAIN。 • 如果未指定 IPC_NOWAIT，則深入阻塞，semncnt 的值加 1。 一般有三種情況可以從阻塞中醒來： • 若信號的值變成不小於 sem_op 的絕對值，則成功回傳。 • 若信號被刪除，則回傳失敗，errno 為 ERMID。 • 若 semop 系統呼叫被信號中斷，則回傳失敗，並設定 errno 為 EINTR。

對於 semop 操作，也存在如下系統限制：

- 單次 semop 呼叫能夠操作的信號的最大值：SEMOPM
- 信號值的上限：SEMVMX

單次 semop 呼叫能夠操作的信號的最大個數記錄在 procfs 中：

```
sysctl kernel.sem
kernel.sem = 32000 1024000000      500      32000
```

如果 nsops 的值超過 SEMOPM，則 semop 函數回傳-1，並設定 errno 為 E2BIG。

除此之外，信號的值也是有上限的，最大值為 32767。若 semop 的增加操作導致信號的值超過了其上限 SEMVMX，則 semop 函數回傳-1，並設定 errno 為 ERANGE。

透過上面的討論，不難看出 semop 介面複雜難用。成熟的專案都會將 semop 函數封裝起來，提供更好用、語義更簡單的介面。對於程式設計者而言，不外乎申請資源（wait）和釋放資源（post），可將介面進行如下封裝：

```
int semaphore_wait (int semid, int index)
{
    struct sembuf operations[1];
    operations[0].sem_num = index;
    operations[0].sem_op = -1;
    operations[0].sem_flg = SEM_UNDO;
    return semop (semid, operations, 1);
}

int semaphore_post (int semid, int index)
{
    struct sembuf operations[1];
    operations[0].sem_num = index;
    operations[0].sem_op = 1;
    operations[0].sem_flg = SEM_UNDO;
    return semop (semid, operations, 1);
}
```

正常使用時，如果需要等待資源，就呼叫 semaphore_wait 函數：

```
semaphore_wait(semid,0)
```

釋放資源的時候，就呼叫 semaphore_post 函數：

```
semaphore_post(semid,0)
```

注意，上面的封裝僅僅是做一個簡單的示意，很多問題並未考慮（比如未考慮系統呼叫被信號中斷、收到 EINTR 錯誤碼的場景），這些封裝在專案中一般作為底層基礎函式庫，真正封裝的時候要小心謹慎，考慮各種場景。

封裝範例中使用 SEM_UNDO 旗標位元，其含義見 10.3.4 節。

10.3.4 信號撤銷值

使用信號存在這樣一種風險，即行程申請了資源，修改信號的值，卻沒來得及釋放資源就異常退出。異常退出的行程把資源帶進墳墓，而其他行程卻在苦苦等待其釋放資源。這就意味著資源洩漏，即該行程申請的資源再也無法給其他行程使用。對於二位元信號來說，資源洩漏的危害尤其大。

為了避免因這個問題而深入不可收拾的境地，核心提供一種解決方案，即核心會負責記住行程對信號施加的影響，當行程退出的時候，核心負責撤銷該行程對信號施加的影響。

呼叫 semop 函數時，可以透過如下方法設定 SEM_UNDO 旗標位元。

```
struct sembuf myopsbuf[1];

myopsbuf[0].sem_num = 0;
myopsbuf[0].sem_op = -1; /*信號 0 的值減去 1*/
myopsbuf[0].sem_flg |= SEM_UNDO ;
semop(semid,myopsbuf,1);
```

核心並不會為所有帶 SEM_UNDO 旗標位元的 semop 操作都保存一筆記錄，核心維護了一個名為 semadj 的變數，該變數記錄了一個行程在信號上使用 SEM_UNDO 操作所做的調整總和。

SEM_UNDO 旗標位元的 semop 對 semadj 的影響如表 10-13 所示。

表 10-13　semadj 與 sem_op 的關係

sem_op	semadj 的調整
> 0	$semadj = semadj - sem\_op$
< 0	$semadj = semadj + abs(sem\_op)$

當行程退出時，會將信號的目前值加上這個 semadj，來撤銷行程對信號的影響。

申請資源和釋放資源時，SEM_UNDO 旗標位元要成對地出現。切不可只在申請資源的時候使用 SEM_UNDO，或者只在釋放資源的時候使用 SEM_UNDO，這都會造成 semadj 誤動作，不能正確地反映行程對信號施加的影響。

當使用 semctl 的 SETVAL 或 SETALL 命令重新設定信號的值時，所有使用這個信號的行程中的 semadj 值都會被重置為 0。因為 SETVAL 或 SETALL 相當於開啟了上帝模式，強行將信號的值設定為某個值。

SEM_UNDO 也不是包治百病的良藥。信號是用來管理資源的，本身並無實際含義，如果行程異常退出，而資源並沒有進入一個合理且穩定的狀態，單單調整信號的值並不一定能使應用恢復到一個穩定一致的狀態。

除此以外，在某些情況下，行程終止時，也無法嚴格地按照行程的 semadj 來調整信號的值，考慮如下情景：

1. 信號的初始值是 0。

2. A 行程將信號增加 2，並且設定 SEM_UNDO 旗標位元。

3. B 行程將信號減去 1，此時信號的值變為 1。

4. A 行程退出。

按照邏輯，應該將目前信號的值減去 2。但是由於目前信號的值是 1，不可能減去 2，該怎麼辦呢。對於此困境，Linux 採用的辦法是盡可能地減小信號的值。對於本例，就是將信號的值減少為 0。

上面的情況是向下溢位，與之對應的情況是向上溢位。即如果加上撤銷量，信號的值超過上限 SEMVMX，核心會將信號的值調整為 SEMVMX。這部分邏輯在 ipc/ sem.c 的 exit_sem 函數中實現：

```
for (i = 0; i < sma->sem_nsems; i++) {
    struct sem * semaphore = &sma->sem_base[i];
    if (un->semadj[i]) {
        /*信號的值加上退出行程的對應的撤銷值*/
        semaphore->semval += un->semadj[i];

      /*向下溢位，則設置為 0*/
        if (semaphore->semval < 0)
            semaphore->semval = 0;
        /*向上溢位，則設置為SEMVMX*/
        if (semaphore->semval > SEMVMX)
            semaphore->semval = SEMVMX;
        semaphore->sempid = task_tgid_vnr(current);
    }
}
```

一般而言，SEM_UNDO 旗標位元多用於二位元信號。

10.3.5 控制信號

控制信號的函數為 semctl 函數，其定義如下：

```
#include <sys/types.h>
#include <sys/ipc.h>
#include <sys/sem.h>

int semctl(int semid, int semnum, int cmd,/* union semun arg*/);
```

某些特定的操作需要第四個參數，第四個參數是聯合體，很不幸的是這個聯合體需要程式師自己定義，程式碼如下所示：

```
union semun {
    int            val;
    struct semid_ds *buf;
    unsigned short  *array;
    struct seminfo  *__buf;  /*Linux 特有的*/
};
```

根據第三個參數 cmd 值的不同，semctl 支援以下命令：

1. IPC_RMID

semctl 函數的第二個參數被忽略。和訊息佇列的刪除一樣，核心不會維護信號集的引用計數，說刪就刪，而且是立即刪除信號集。所有阻塞在 semop 函數上的行程將被喚醒，回傳錯誤並設定 errno 為 ERMID。

刪除信號的範例程式如下：

```
int semaphore_destroy(int semid)
{
    union semun ignored_argument;
    semctl(semid, 0, IPC_RMID,ignored_argument);
}
```

2. IPC_STAT

用於獲取信號集的資訊，並存放在 union semun 中 buf 指向的結構。

每個信號集都有一個與之關聯的 semid_ds 結構（該結構無須自己定義），它至少包含以下成員：

```
struct ipc_perm sem_perm;
time_t sem_otime;
time_t sem_ctime;
unsigned long sem_nsems;
```

可以使用如下的簡單程式碼來獲取上述資訊（省略錯誤處理）：

```
struct semid_ds ds ;
union semun arg;   /*須確保 semun 聯合已經定義*/
arg.buf = &ds ;
semctl(semid,0,IPC_STAT,arg);
printf( "last op time is %s\n" ,ctime(&(ds.sem_otime)));
```

3. IPC_SET

union semun arg 的成員變數 buf，可用來設定 sem_perm.uid、sem_perm.gid 和 sem_perm.mode。

4. GETVAL

回傳集合中第 semnum 個信號的值，無需第四個參數，範例程式如下：

```
int semaphore_getval(int semid,int index)
{
    union semun ignored_argument;
    return semctl(semid, index, GETVAL, ignored_argument);
}
```

5. SETVAL

將信號集中的第 semnum 個信號的值設定為 arg.val，範例程式如下：

```
int semaphore_setval(int semid, int index, int value)
{
    union semun arg;
    arg.val = value;
    return semctl(semid, index, SETVAL,arg);
}
```

6. GETALL

將信號集中所有信號的值存放在第四個參數 arg 的成員變數 array 中。確保有足夠的空間可以存放 array 陣列。這個操作將忽略第二個參數 semnum。

7. SETALL

用第四個參數 arg 的成員變數 array 陣列中的值初始化信號集中的所有信號。一般來說這個操作用於信號的初始化，正常使用期間很少會呼叫 SETALL。

需要注意的是如果呼叫 SETVAL 或 SETALL，使用信號的所有行程的 semadj 都會被歸零。

8. GETPID

回傳上一個對第 semnum 個信號執行 semop 的行程的行程 ID，如果不存在，則回傳 0。

9. GETNCNT

回傳等待第 semnum 個信號值增大的行程的個數。

10.GETZCNT

回傳等待第 semnum 個信號值變成 0 的行程的個數。

10.4 System V 共用記憶體

10.4.1 共用記憶體概述

共用記憶體是所有 IPC 手段中最快的一種。它之所以快是因為共用記憶體一旦映射到行程的位址空間，行程之間資料的傳遞就不需要涉及核心。

回顧一下前面已經討論過的管線、FIFO 和訊息佇列，任意兩個行程之間想要交換資訊，都必須透過核心，核心在其中發揮中轉站的作用：

- 發送資訊的一方，透過系統呼叫（write 或 msgsnd）將資訊從使用者層複製到核心層，由核心暫存這部分資訊。

- 取出資訊的一方，透過系統呼叫（read 或 msgrcv）將資訊從核心層取出到使用者層。

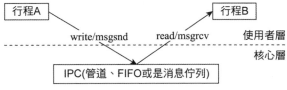

上述情景如圖 10-9 所示。

圖 10-9　管線、FIFO 和訊息佇列使用者層與核心的互動

一個通信週期內，上述過程至少牽扯到兩次記憶體拷貝（從使用者空間拷貝到核心空間和從核心空間拷貝到使用者空間）和兩次系統呼叫，這其中的開銷不容小覷。使用者層的體驗固然不佳，核心層想必也是不堪其擾，雙方的內心都是崩潰的。

於是，不堪其擾的核心提出一個新的思路：共用記憶體，這種思路可以通俗地概括為核心搭台，行程唱戲。簡單地說，核心負責構建出一片記憶體區域，兩個或多個行程可以將這塊記憶體區域映射到自己的虛擬位址空間，從此之後內核不再參與雙方通信。正所謂：

> 事了拂衣去，深藏身與名。

> ──李白《俠客行》

行程之間使用共用記憶體通訊的方式如圖 10-10 所示。

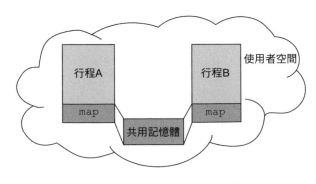

圖 10-10　共用記意體的示意圖

建立共用記憶體之後，核心完全不參與行程間的通信，這種說法嚴格來講並不是正確的。因為當行程使用共用記憶體時，可能會發生缺頁，引發缺頁中斷，這種情況下，核心還是會進行參與。

行程從此就像操作普通行程的位址空間一樣操作這塊共用記憶體，一個行程可以將資訊寫入這片記憶體區域，而另一個行程也可以看到共用記憶體裡面的資訊，用這種方法達到通信的目的。

允許多個行程同時操作共用記憶體，就不得不防範競爭條件的出現，比如有兩個行程同時執行更新操作，或者一個行程在執行讀取操作時，另外一個行程正在執行更新操作。因此，共用記憶體這種行程間通信的手段通常不會單獨出現，總是和信號、檔案鎖等同步的手段配合使用。

10.4.2　建立或打開共用記憶體

shmget 函數負責建立或打開共用記憶體段，其介面定義如下：

```
#include <sys/ipc.h>
#include <sys/shm.h>
int shmget(key_t key, size_t size, int shmflg);
```

其中第二個參數 size 必須是正整數，表示要建立的共用記憶體的大小。核心以分頁大小的整數倍來分配共用記憶體，因此，實際 size 會被向上取到分頁大小的整數倍。

第三個參數支援 IPC_CREAT 和 IPC_EXCL 旗標位元。如果沒有設定 IPC_CREAT 旗標位元，則第二個參數 size 對共用記憶體段並無實際意義，但是必須小於或等於共用記憶體的大小，否則會有 EINVAL 錯誤。

和訊息佇列及信號一樣，對於建立共用記憶體，系統也存在一些限制。

- SHMMNI：系統所能夠建立的共用記憶體的最大個數。
- SHMMIN：一個共用記憶體段的最小位元組數。
- SHMMAX：一個共用記憶體段的最大位元組數。
- SHMALL：系統中共用記憶體的分頁總數。
- SHMSEG：一個行程允許 attach 的共用記憶體段的最大個數。

系統允許建立的共用記憶體的最大個數 SHMMNI 的上限限制為 IPCMNI（32768），上限記錄在 proc 檔案系統的如下位置。

```
cat /proc/sys/kernel/shmmni
4096
```

單個共用記憶體段的最小位元組數 SHMMIN 是 1，核心並沒有提供控制選項來修改這個值。實際上共用記憶體會向上取整數到分頁大小，即共用記憶體佔用的記憶體是分頁大小的整數倍，因此，實際的限制為 4096 位元組。

單個共用記憶體段的最大位元組數為 SHMMAX。這個值預設是 32MB，可以從 procfs 中讀出該限制。但是核心並沒有設定上限限制。

```
cat /proc/sys/kernel/shmmax
33554432
```

很明顯，32MB 對某些大型的應用來說是不夠用的。最典型的就是 PostgreSQL 資料函式庫。PostgreSQL 資料庫會使用大量的共用記憶體作為其內部使用的 shared_buffer。因此須要修改該參數，方法為修改/etc/sysctl.conf，新增如下內容，並執行 sysctl -p 來重新載入。

```
kernel.shmmax = 2147483648
```

SHMALL 是一個系統級別的限制，單位是分頁。核心也沒有提供上限限制，一般預設值為 2097152，2MB 個分頁即 2MB×4096＝8GB。該限制記錄在 procfs 的如下位置。

```
cat /proc/sys/kernel/shmall
2097152
```

SHMSEG 是一個行程級別的限制，限制一個行程最多可以 attach 多少個共用記憶體段。核心事實上並沒有特別的限制，因此該限制實際上和 SHMMNI 的值一樣。

10.4.3　使用共用記憶體

shmget 函數，不過是在茫茫記憶體中建立或找到一塊共用記憶體區域，但是這塊記憶體和行程尚沒有任何關係。要想使用該共用記憶體，必須先把共用記憶體引入行程的位址空間，這就是 attach 操作。

attach 操作的介面定義如下：

```
#include <sys/types.h>
#include <sys/shm.h>

void *shmat(int shmid, const void *shmaddr, int shmflg);
```

其中，第二個參數是用來指定將共用記憶體放到虛擬位址空間的什麼位置的。大部分人都會將第二個參數設定為 NULL，表示使用者並不在意，一切交由核心做主。

當 shmaddr 的位址不是 NULL 的時候，表示行程希望將共用記憶體 attach 到該位址。但是該位址必須是系統分頁的整數倍，否則會回傳 EINVAL 錯誤。核心提供一個 shmflg 為 SHM_RND，表示該位址不是系統分頁的整數倍也沒關係，系統會在使用者給出的位址附近，就近找一個系統分頁整數倍的位址。

如果指定的 shmaddr 落在已經在用的位址範圍內，就會導致 EINVAL 錯誤。但是 Linux 提供了一個非標準的擴展 SHM_REMAP。這個旗標位元表示替換位於 shmaddr 處且長度為共用記憶體段的長度的任何記憶體映射。很明顯，設定 SHM_REMAP 旗標位元，shmaddr 參數就不能再為 NULL 了。

如果行程僅僅是讀取共用記憶體段的內容，並不修改，則可以指定 SHM_RDONLY 旗標位元。

shmat 如果呼叫成功，則回傳行程虛擬位址空間內的一個位址。如果失敗，就會回傳（void *）-1，並且設定 errno。

如何透過 shmat 回傳的位址來使用共用記憶體？答案是像使用 malloc 分配的空間一樣使用共用記憶體。我們都使用過 malloc，呼叫 malloc 時，會指定分配空間的大小，malloc 成功後，可以正常地使用回傳的位址（只要不超過分配的空間）。shmat 也是一樣，程式師可以自如地使用 shmat 回傳的位址。

使用共用記憶體和使用 malloc 分配的空間還是有區別的。共用記憶體段用於多個行程間的通信，因此，寫入共用記憶體的內容要事先約定好，讀取行程才可以正常地解析寫入行程寫入的內容。malloc 分配的記憶體區域完全歸呼叫行程所有，其他行程不可見，但共用記憶體則不然，其他行程也可能會同時操作該共用記憶體，因此使用者要有行程間同步的覺悟。

下面為一個將共用記憶體 attach 到行程位址空間的例子：

```c
#include <stdio.h>
#include <stdlib.h>
#include <sys/types.h>
#include <sys/shm.h>
#include <errno.h>
#include <string.h>
#define MYKEY 0x3333

int main()
{
    int shmid;
    void *ptr = NULL;

    shmid = shmget(MYKEY, 4096,IPC_CREAT | IPC_EXCL |0640);
    if(shmid == -1 )
    {
        if(errno != EEXIST)
        {
            fprintf(stderr,"shmget returned %d (%d: %s)\n",
                    shmid, errno,strerror(errno));
            return 1;
        }
        else
        {
```

```
        shmid = shmget(MYKEY,4096,0);
        if(shmid == -1)
        {
            fprintf(stderr,"shmget returned %d (%d: %s)\n",
                    shmid, errno, strerror(errno));
            return 2;
        }
    }
}

fprintf(stdout,"shmid = %d\n",shmid);

ptr = shmat(shmid, NULL, SHM_RND);
if(ptr == (void*)-1)
{
    fprintf(stderr,"shmat return NULL, errno (%d: %s)\n",
            errno,strerror(errno));
    return 2;
}
fprintf(stdout,"shmat returned %p\n", ptr);

sleep(1000);

shmdt(ptr) ;

return 0;
}
```

當執行上述程式時，可以看到如下輸出：

```
./shm
shmid = 131075
shmat returned 0x7f555dc5c000
```

可以看到回傳的識別字 ID 為 131075，該共用記憶體 attach 到行程的位址空間後，在行程內的位址為 0x7f555dc5c000。

透過查看行程的位址空間，也可以看出共用記憶體所在的位置，程式碼如下：

```
cat /proc/9058/maps
…
7f34c6de8000-7f34c6de9000 rw-s 00000000 00:04 131075
    /SYSV00003333 (deleted)
…
```

上述輸出中，欄位的含義如圖 10-11 所示。

圖 10-11　/proc/PID/maps 中的共用記憶體段

共用記憶體和 System V 訊息佇列及 System V 信號有不同之處，就是共用記憶體維護了 attach 該共用記憶體的行程的個數，見下面輸出的 nattach 列：

```
ipcs -m

------ Shared Memory Segments --------
key        shmid       owner      perms      bytes      nattch      status
0x07021999 196608      root       644        1712       2
...
```

存在引用計數，就不難猜出共用記憶體的刪除和訊息佇列及信號的刪除是不同的。它並不遵循說刪就刪的準則，刪除時會判斷 attach 該共用記憶體的行程個數。如果尚有行程在使用該共用記憶體，就不會真正地刪除，而是讓核心負責標記一下就回傳。

正是因為 attach 操作會影響刪除的行為，因此，使用共用記憶體的行程如果確認不再使用，應該及時地將共用記憶體分離，使其離開行程的位址空間，這就是分離操作。分離會使共用記憶體的引用計數減 1。

透過 fork 函數建立的子行程，會繼承父行程 attach 的共用記憶體。因此在 fork 之前建立共用記憶體，後面父子行程就可以使用這塊共用記憶體進行通信。

10.4.4　分離共用記憶體

分離操作的介面定義如下：

```
#include <sys/types.h>
#include <sys/shm.h>
int shmdt(const void *shmaddr);
```

shmdt 函數僅僅是使行程和共用記憶體脫離關係，並未刪除共用記憶體。shmdt 函數的作用是將共用記憶體的引用計數減 1。如前所述，只有共用記憶體的引用計數為 0 時，呼叫 shmctl 函數的 IPC_RMID 命令才會真正地刪除共用記憶體。

行程執行 exec 之後，所有 attach 的共用記憶體都會被分離。當行程終止之後，共用記憶體也會自動被分離。

10.4.5　控制共用記憶體

shmctl 函數用來控制共用記憶體，函數介面定義如下：

```
#include <sys/ipc.h>
#include <sys/shm.h>
int shmctl(int shmid, int cmd, struct shmid_ds *buf);
```

當 cmd 為 IPC_STAT 和 IPC_SET 時，需要用到第三個參數。其中 shmid_ds 結構體的定義如下：

```
struct shmid_ds {
    struct ipc_perm shm_perm;
    size_t          shm_segsz;
    time_t          shm_atime;
    time_t          shm_dtime;
    time_t          shm_ctime;
    pid_t           shm_cpid;
    pid_t           shm_lpid;
    shmatt_t        shm_nattch;
    ...
};
```

1. IPC_STAT

用於獲取 shmid 對應的共用記憶體的資訊。所謂資訊，就是上面結構的內容。

shm_perm 中的 mode 欄位有兩個比較特殊的旗標位元，即 SHM_DEST 和 SHM_LOCKED。

刪除共用記憶體時，可能由於 attach 它的行程個數不為 0，因此只能打上一個標記，表示標記刪除，待到所有 attach 該共用記憶體的行程都執行過分離（detach）操作，共用記憶體的引用計數變成 0 之後，才執行真正的刪除操作。所謂的標記指的就是 SHM_DEST 旗標位元。

對於已經標記刪除的共用記憶體，可以透過 ipcs -m 命令的 status 欄來查看，其 dest 含義是已經標記刪除的意思。

```
key         shmid       owner       perms       bytes       nattch      status
0x00000000  32768       root        666         4096        1           dest
```

可以透過 shmctl 的 SHM_LOCK 操作將一個共用記憶體段鎖入記憶體，這樣它就不會被置換出去。這樣做的好處是存取共用記憶體的時候，不會產生缺頁中斷（page fault）。

透過 ipcs -m 的輸出可以查看共用記憶體是否被鎖入記憶體，注意下面狀態中的 locked 字段，該欄位表明對應的共用記憶體已被鎖入記憶體。

```
ipcs -m

------ Shared Memory Segments --------
key         shmid       owner       perms       bytes       nattch      status
0x00003333  32768       manu        640         4096        1           locked
```

除此以外，其他欄位就顧名思義了。

- shm_segsz：共用記憶體的位元組數。

- shm_atime ：建立共用記憶體時設定成 0，當行程透過 shmat 函數 attach 共用記憶體時，將時間更新為目前時間。

- shm_dtime：建立共用記憶體時設定成 0，當行程呼叫 shmdt 分離共用記憶體時，將時間更新成目前時間。

- shm_ctime ：當建立共用記憶體時，設定該值為目前時間；當呼叫 IPC_SET 操作時，更新該值為目前時間。

- shm_nattch：attach 該共用記憶體到其位址空間的行程的個數。

2. IPC_SET

IPC_SET 也只能修改 shm_perm 中的 uid、gid 及 mode。

3. IPC_RMID

可以透過如下方式刪除共用記憶體段：

```
ret = shmctl(shmid, IPC_RMID, (struct shmid_ds *) NULL);
```

如果共用記憶體的引用計數 shm_nattch 等於 0，則可以立即刪除共用記憶體。但是如果仍然存在行程 attach 該共用記憶體，則並不執行真正的刪除操作，而僅僅是設定 SHM_DEST 標記。待所有行程都執行過分離操作之後，再執行真正的刪除操作。

值得一提的是，共用記憶體處於 SHM_DEST 狀態的情況下，依然允許新的行程呼叫 shmat 函數來 attach 該共用記憶體。

4. SHM_LOCK

可以透過如下方式將共用記憶體鎖定在記憶體之中：

```
ret = shmctl(shmid, SHM_LOCK, (struct shmid_ds *) NULL);
```

上面的程式碼會將共用記憶體鎖定在 RAM 中，而不被置換出去。這種做法可以提升共用記憶體的存取性能。因為行程在存取共用記憶體所在的分頁時，不會因缺頁中斷而導致性能下降。

注意呼叫 SHM_LOCK 並不能保證在 shmctl 函數結束時，所有的共用記憶體頁已經位於 RAM 中，當沒有駐留在 RAM 中的分頁因為存取需要，由缺頁中斷而被引入 RAM 後，該分頁就會被鎖定，而不會被交換出去。除非呼叫下面提到的 SHM_UNLOCK，否則分頁會一直駐留在記憶體中。

SHM_LOCK 設定的是共用記憶體的屬性，而不是行程的屬性，所以哪怕所有 attach 共用記憶體的行程都已終止，共用記憶體的分頁仍被鎖定在 RAM 中。故而為了防止發生資源洩漏，要及時解鎖已鎖定的共用記憶體。解鎖操作可透過 shmctl 函數的 SHM_UNLOCK 來完成。

5. SHM_UNLOCK

SHM_UNLOCK 操作和 SHM_LOCK 操作相反，是解鎖操作，即允許共用記憶體的分頁
被交換出去。可以透過如下方式解鎖共用記憶體：

```
ret = shmctl(shmid, SHM_UNLOCK, (struct shmid_ds *) NULL);
```

行程間通信：
POSIX IPC

與 System V IPC 一樣，POSIX IPC 也包含三種類型：

- POSIX 訊息佇列

- POSIX 信號（又分為命名信號和無名信號）

- POSIX 共用記憶體

POSIX IPC 的出現要比 System V IPC 晚，因此 POSIX IPC 的設計者可以從容地參照 System V IPC，吸收其設計上的長處，規避其設計上的缺點。正是由於 POSIX IPC 擁有後發優勢，所以總體來講，POSIX IPC 要優於 System V IPC。

表 11-1 匯整出 POSIX IPC 的所有函數。

表 11-1　POSIX IPC 函數清單

	訊息佇列	信號量	共享記憶體
標頭檔案	<mquque.h>	<semaphore.h>	<sys/mman.h>
建立或打開	mq_open	sem_open	shm_open+mmap
關閉	mq_close	sem_close	munmap
刪除	mq_unlink	sem_unlink	shm_unlink
執行 IPC	mq_send mq_receive	sem_post sem_wait sem_getvalue	在共用記憶體區域內操作資料
其他操作	mq_getattr mq_setattr mq_notify	sem_init（初始化未命名信號） sem_destroy（銷毀未命名信號）	無

11.1 POSIX IPC 概述

在 POSIX IPC 的模型中,對 open、close 和 unlink 等類似函數(見表 11-1 建立或打開、關閉和刪除三列)的使用與傳統的 Unix 檔案模型一致,相信理解和操作起來應該很容易。

與打開檔案一樣,POSIX IPC 物件也有引用計數,核心會負責維護 IPC 物件上的打開引用計數。它所帶來的影響是刪除 POSIX IPC 物件的操作比較簡單。刪除操作僅僅是刪除 IPC 對象的名字,等所有的行程都使用完畢,IPC 物件的引用計數變成 0 之後才真正銷毀 IPC 物件。

11.1.1 IPC 對象的名字

多個行程之間操作同一個 IPC 物件,總要有個入口點或線索,以便根據線索找到共同的 IPC 物件。

對於 System V IPC 而言,鍵值就是其線索,只要拿著相同的鍵值就能找到同一個 System V IPC 對象(如圖 11-1 所示)。

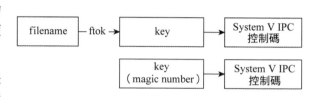

圖 11-1　System V IPC 順藤摸瓜之藤

對於 POSIX IPC 來說,可以像操作檔案一樣操作 IPC 物件。檔案有路徑名,同樣,IPC 物件也有 IPC 物件的名字。SUSv3 標準規定,唯一一種用來標識 POSIX IPC 物件的可移植方法是使用以斜線開頭後面跟著非斜線字元的名字,如/myobject。

下面三段程式碼分別負責建立 POSIX 訊息佇列、信號和共用記憶體。

```
/*建立 POSIX 訊息佇列*/
mqd_t mqd = mq_open(argv[1],O_RDWR|O_CREAT|O_EXCL,S_IRUSR|S_IWUSR,NULL);
if(mqd == -1)
{
        /*error handle*/
}

    /*建立 POSIX 信號*/
    sem_t* sem = sem_open(argv[1],O_CREAT|O_EXCL,S_IRUSR|S_IWUSR,1);
    if(sem == SEM_FAILED)
    {
        /*error handle*/
    }

    /*建立 POSIX 共用記憶體*/
    int shm_fd= shm_open(argv[1],O_RDWR|O_CREAT|O_EXCL,S_IRUSR|S_IWUSR);
    if(shm_fd == -1)
    {
        /*error handle*/
    }
```

Linux 為 IPC 物件提供檔案系統的存取介面，即可以像操作普通檔案一樣操作 IPC 對象。

對於建立出來的共用記憶體和信號，Linux 將這些物件放到掛載在/dev/shm 目錄處的 tmpfs 檔案系統中，程式碼如下所示：

```
ll /dev/shm/
total 0
drwxrwxrwt  2 root   root  40  Sep 12 05:08 ./
drwxr-xr-x 20 root   root 780  Sep 12 04:22 ../

建立名為 abc 的 POSIX 共用記憶體之後
./shm_open abc
ll /dev/shm/
total 0
drwxrwxrwt  2 root   root  60  Sep 12 05:13 ./
drwxr-xr-x 20 root   root 780  Sep 12 04:22 ../
-rw-------  1 manu   manu   0  Sep 12 05:13 abc

建立名為 abc 的 POSIX 信號之後
./sem_open abc
ll /dev/shm/
total 4
drwxrwxrwt  2 root   root  80  Sep 12  05:14 ./
drwxr-xr-x 20 root   root 780  Sep 12  04:22 ../
-rw-------  1 manu   manu   0  Sep 12  05:13 abc
-rw-------  1 manu   manu  32  Sep 12  05:14 sem.abc
```

可以看到，建立一個名為 name 的共用記憶體後，在/dev/shm 目錄下就會有一個名為 name 的檔案。如果建立一個名為 name 的信號，則在/dev/shm 目錄下就會有一個名為 sem.name 的檔案。

訊息佇列也可以展現在檔案系統中，不過要比共用記憶體和信號稍微複雜一些。需要首先將訊息佇列掛載到檔案系統中，方法如下：

```
mkdir /dev/mqueue
mount -t mqueue none /dev/mqueue
```

現在已可以建立訊息佇列。當然如果不將訊息佇列掛載到檔案系統中，並不會影響訊息佇列的建立，僅僅是無法從檔案系統查看訊息佇列的情況而已。

```
ll /dev/mqueue/
total 0
drwxrwxrwt  2 root   root    40 Sep 12  05:29  ./
drwxr-xr-x 17 root   root  4260 Sep 12  03:57  ../

建立一個名為/abc 的 POSIX 訊息佇列
./mq_open /abc
ll /dev/mqueue/
total 0
drwxrwxrwt  2 root   root    60 Sep 12  05:41  ./
```

```
drwxr-xr-x 17 root  root 4260  Sep 12  03:57  ../
-rw-------  1 manu  manu   80  Sep 12  05:41  abc
```

IPC 對象的名字有哪些限制？透過測試不難得出以下結論：

- POSIX 訊息佇列的名字必須以/開頭，而且後續字元不允許出現/，否則就回傳 EINVAL 錯誤。

- POSIX 訊息佇列的名字開頭的/字元不計入長度。

- POSIX 訊息佇列名字的最大長度為 NAME_MAX（255 個字元），若超過則回傳 ENAMETOOLONG 錯誤。

- POSIX 信號和共用記憶體的名字可以以 1 個或多個/開頭，也可以不以/開頭。

- POSIX 信號和共用記憶體的名字中，開頭的一個或多個/字元不計入長度。

- POSIX 共用記憶體名字的最大長度為 NAME_MAX，POSIX 信號名字的最大長度為 NAME_MAX-4（因為實作會在信號的名字前面添加 sem.這 4 個字元）。若超過則回傳 ENAMETOOLONG 錯誤。

注意，這些結論是從 glibc 相關函數（mq_open、sem_open 和 shm_open）的角度來分析，並不是從系統呼叫的角度來分析的。glibc 呼叫系統呼叫之前會做一些動作，比如 mq_open 函式呼叫同名系統呼叫前會去除開頭的/等。

11.1.2 建立或打開 IPC 物件

解決了 IPC 物件的名字問題，接下來就是建立 POSIX IPC 物件。建立或打開，都是由 open 系列函數來完成的。後續的操作要作用在 open 函數回傳的控制碼上。

對於 POSIX IPC 的 open 系列函數而言，一般至少包含三個參數 name、oflag 和 mode（見表 11-2）。

name 前面已經說過，就是 POSIX IPC 的名字。下面來分析第二個參數打開旗標位元。

表 11-2 POSIX IPC open 中的旗標位元

	mq_open	sem_open	shm_open
唯讀	O_RDONLY		O_RDONLY
只寫	O_WRONLY		
可讀可寫	O_RDWR		O_RDWR
若不存在則建立	O_CREAT	O_CREAT	O_CREAT
排他性建立	O_EXCL	O_EXCL	O_EXCL
非阻塞模式	O_NONBLOCK		
若已存在則截斷			O_TRUNC

如果 oflag 中指定 O_CREAT 旗標位元，則需要第三個參數 mode 來指定許可權，這個權限和檔案的許可權一樣，不外乎 S_IRUSR、S_IWUSR、S_IRGRP、S_IWGRP、S_IROTH 及 S_IWOTH 這 6 種許可權。並且和 open 函數一樣，mode 中的許可權會根據行程的 umask 取遮蔽。

打開還是建立，取決於 oflag 是否設定了 O_CREAT 及 O_EXCL 旗標位元。內在的控制邏輯和 System V IPC 一致，如表 11-3 所示。

表 11-3　POSIX IPC O_CREATE 和 O_EXCL 旗標位元的影響

oflag 旗標位元	對象不存在	對象存在
無特殊旗標	出錯，errno 為 ENOENT	成功，引用已存在對象
O_CREAT	成功，建立新對象	成功，引用已存在對象
O_CREAT | O_EXCL	成功，建立新對象	失敗，errno 為 EEXIST

11.1.3　關閉和刪除 IPC 對象

POSIX IPC 物件維護有引用計數，在用完 IPC 物件後，可以呼叫相關的 close 函數來釋放與該物件關聯的資源並使引用計數減 1。對於訊息佇列，該函數是 mq_close；對於信號該函數則是 sem_close。共用記憶體和前兩者略有不同，它透過 munmap 解除映射來解除和共享記憶體的關係。

當行程退出或執行 exec 系列函數時，IPC 物件會自動關閉。

正是因為 POSIX IPC 物件有引用計數，所以刪除的時候比較方便。對應的 unlink 操作會刪除物件的名字，直到所有行程使用完畢，關閉物件或解除映射關係之後，才會真正銷毀。

因為 Linux 提供檔案系統存取方式，因此完全可以在檔案系統中執行 ls 或 rm 操作來查看或刪除 IPC 物件。細心的讀者可以看出存放 IPC 物件的目錄都設定了粘滯 (譯按：目錄屬性中 sticky bit)，這是用來保護目錄下的檔案，即對於非特權行程只能刪除它自己擁有的 POSIX IPC 物件。

```
ll /dev/shm/
total 0
drwxrwxrwt 2 root root 40 Sep 12 07:08 ./
ll /dev/mqueue/
total 0
drwxrwxrwt 2 root root 40 Sep 12 07:08 ./
```

11.1.4 其他

與 System V IPC 相比，POSIX 有很多優勢。後面介紹 POSIX IPC 的每一種通信手段的時候，都會與 System V IPC 對應的手段進行比較。但 POSIX IPC 也有明顯的劣勢──可移植性。因為 System V 出現得早，幾乎所有的 Unix 平臺都支援 System V IPC。但是如果專注於 Linux 平臺，這個問題就不存在。2.6.6 之後的核心版本，三種 POSIX IPC 手段就已經齊備。而主流在用的 Linux 版本很少有低於 2.6.6 的。

編譯使用 POSIX IPC 的程式時需要注意以下兩點。

- 當使用訊息佇列和共用記憶體的時候，需要和即時函式庫 librt 連結起來。cc 命令中需指定-lrt。

- 當使用信號的時候，需要和執行緒函式庫 libpthread 連結起來。cc 命令中需指定-lpthread。

範例程式如下所示：

```
gcc -o mq_open mq_open.c -lrt
gcc -o shm_open shm_open.c -lrt
gcc -o sem_open sem_open.c -lpthread
```

11.2　POSIX 訊息佇列

POSIX 訊息佇列與 System V 訊息佇列有一定的相似之處，資訊交換的基本單位是訊息，但也有顯著的區別。

最大的區別當屬在 Linux 實作裡 POSIX 訊息佇列的控制碼本質是檔案控制碼。這個性質給 POSIX 訊息佇列帶來了巨大的優勢。因為是檔案控制碼，所以可以使用 I/O 多工系統呼叫（select、poll 或 epoll 等）來監控這個檔案控制碼。

其次，POSIX 訊息佇列提供通知功能，當訊息佇列中有訊息可用時，就會通知到行程。而 System V 訊息佇列沒有通知功能，所以訊息佇列上何時有訊息行程無從得知，只能阻塞（msgrcv）或輪詢（帶 IPC_NOWAIT 旗標位元的 msgrcv）。

最後，System V 訊息佇列的訊息取出要比 POSIX 訊息佇列靈活。POSIX 訊息佇列本質是個優先權佇列。而 System V 訊息中存在類型欄位，可以指定取出類型等於某值的訊息，這點 POSIX 訊息佇列是做不到的。這個優勢讓 System V 訊息佇列在與 POSIX 訊息佇列的對決中，稍稍挽回一點顏面。

11.2.1　訊息佇列的建立、打開、關閉及刪除

之所以在本節介紹三個介面，是因為 POSIX 訊息佇列的介面和操作檔案的介面非常類似。

訊息佇列的 mq_open 函數如同操作檔案的 open 函數，用於建立或打開一個訊息佇列，其介面定義如下：

```
#include <fcntl.h>
#include <sys/stat.h>
#include <mqueue.h>
mqd_t mq_open(const char *name, int oflag);
mqd_t mq_open(const char *name, int oflag, mode_t mode,
              struct mq_attr *attr);
```

oflag 允許的旗標位元包括 O_RDONLY、O_WRONLY、O_RDWR、O_CREAT、O_EXCL 及 O_NONBLOCK。

除了 O_NONBLOCK 旗標位元，其他都是老朋友，不必贅述，這裡就只提一下 O_NONBLOCK。如果打開訊息佇列時，沒有設定 O_NONBLOCK 旗標位元，後續的 mq_send 呼叫和 mq_receive 呼叫就可能會深入阻塞。反之，如果打開訊息佇列時設定了該旗標位元，發送訊息或接受訊息若不能立刻回傳，則立刻回傳失敗，並設定 errno 為 EAGAIN，而不會深入阻塞。

第三個參數 mode 和第四個參數 attr 只有在建立訊息佇列的時候才有意義。如果僅僅是打開訊息佇列，則無需這兩個參數。mode 設定的是存取權限，attr 設定的是訊息佇列的屬性。在介紹 mq_getattr 函數和 mq_setattr 函數時會展開說明。預設情況下，第四個參數可以傳遞 NULL，表示建立預設屬性的訊息佇列。

當 mq_open 呼叫成功時則回傳一個 mqd_t 類型的訊息佇列結構。對於 Linux 平臺而言，這就是一個 int 型數位，其實這個數位和 open 函數回傳的檔案控制碼本質上是一樣的，從核心的 ipc/mqueue.c 中 mq_open 系統呼叫的實作就可以看出：

```
SYSC ALL_DEFINE4(mq_open, const char __user *, u_name, int, oflag, mode_t,
    mode,struct mq_attr __user *, u_attr)
{
    ...
    fd = get_unused_fd_flags(O_CLOEXEC);
    ...
    return fd;
}
```

在/proc/PID/fd 目錄下，也可以看到訊息佇列對應的檔案控制碼：

```
./mq_open /abc
ll /proc/2925/fd
...
lrwx------ 1 manu manu 64 Sep 13 09:04 3 -> /abc
```

一個行程允許打開多少個訊息佇列？標準並沒有嚴格限定，這點是由實際的實作來決定的。SUSv3 標準要求這個限制最小為_POSIX_MQ_OPEN_MAX（8）。Linux 沒有定義這個限制。反而因為訊息結構被實作成檔案控制碼，因此其必須遵循檔案控制碼的限制。

行程允許打開的訊息佇列個數是否僅僅受限於行程打開的最大檔案個數？事實上並非如此。資源限制中有一項 RLIMIT_MSGQUEUE，用於限制使用者在 POSIX 訊息佇列中可以分配的最大位元組數。在下一節介紹 POSIX 訊息佇列的屬性時，會重點介紹該限制對允許打開的訊息佇列個數的影響。

呼叫 fork 之後，子行程也獲得訊息佇列結構的副本，這個副本會引用同樣的已打開訊息佇列。

呼叫 exec 之後，由於核心實作中訊息佇列的結構自動帶有 O_CLOEXEC 旗標位元，所以其打開的訊息佇列會被自動關閉。

當行程退出時，所有打開的訊息佇列都會被關閉。

mq_close 函數用於關閉訊息佇列結構，這個函數和關閉檔案的 close 函數十分類似：

```
#include <mqueue.h>
int mq_close(mqd_t mqdes);
```

如果行程已經註冊訊息通知，則訊息通知也會被刪除。因為任一時刻，只能有一個行程向特定訊息佇列註冊並接收訊息通知，因此刪除訊息通知後，其他行程就能註冊訊息通知。

POSIX 訊息佇列也具有核心持久性，縱然打開該訊息佇列的所有行程都執行了mq_close，訊息佇列的引用計數已變為 0，但只要不特意呼叫 mq_unlink，該佇列及佇列上的訊息依然存在。要銷毀訊息佇列，需要呼叫 mq_unlink 函數，程式碼如下：

```
#include <mqueue.h>
int mq_unlink(const char *name);
```

下面透過兩個測試程式來學習訊息佇列的建立。

第一個小程式是用來建立訊息佇列的，如果傳入-e 選項，則表示建立時要加上 O_EXCL 旗標位元：

```
#include <mqueue.h>
#include <stdio.h>
#include <sys/stat.h>
#include <stdlib.h>
#include <unistd.h>
#include <errno.h>
#include <string.h>

int main(int argc,char *argv[])
{
    int c,flags;
```

```
    mqd_t mqd;
    flags = O_RDWR|O_CREAT;

    while((c=getopt(argc,argv,"e")!=-1))
    {
        switch(c)
        {
        case 'e':
            flags |= O_EXCL;
            break;
        }
    }

    if(optind!=argc-1)
    {
        fprintf(stderr,"usage:mqcreate [-e] <name>\n");
        return -1;
    }

    mqd = mq_open(argv[optind],flags,S_IRUSR|S_IWUSR,NULL);
    if(mqd == -1)
    {
        fprintf(stderr,"mq_open failed (%s)\n",
strerror(errno));
        return -2;
    }
    mq_close(mqd);

    return 0;
}
```

第二個小程序是用來刪除 POSIX 訊息佇列的：

```
#include <mqueue.h>
#include <stdio.h>
#include <stdlib.h>
#include <errno.h>
#include <string.h>

int main(int argc,char *argv[])
{
    if(argc != 2)
    {
        fprintf(stderr,"usage mqunlink <name>\n");
        return -1;
    }

    int ret = mq_unlink(argv[1]);
    if(ret != 0)
    {
        fprintf(stderr,"mq_unlink failed (%s)\n",
                strerror(errno));
        return -2;
    }
}
```

```
        return 0;
    }
```

Linux 下 POSIX 提供了 mqueue 類型的虛擬文件系統，可以透過掛載，很方便地使用 ls 和 rm 來列出或刪除 POSIX 訊息佇列。

可以透過如下命令將訊息佇列掛載到檔案系統：

```
mount -t mqueue source target
```

其中 source 可以為 none，target 是掛載點。比如可以透過如下命令掛載訊息佇列：

```
mkdir /dev/mqueue
mount -t mqueue none /dev/queue
```

使用第一個程式編譯出 mqcreate 二進位程式，使用第二個程式編譯出 mqunlink 二進位程式，可以做如下試驗：

```
./mqcreate /abcd
ll /dev/mqueue
總用量 0
-rw------- 1 manu manu 80  3 月  9 22:26 abcd
cat /dev/mqueue/abcd
QSIZE:0          NOTIFY:0       SIGNO:0        NOTIFY_PID:0
```

可以看出，透過 mqcreate 建立出來的訊息佇列，可以透過 ls /dev/mqueue 來查看，甚至可以透過 cat /dev/mqueue/queue_name 來得到訊息佇列的資訊。

11.2.2　訊息佇列的屬性

介紹 mq_open 函數時曾提到，第四個參數是 mq_attr 類型的，表示訊息佇列的屬性。建立時可以指定訊息佇列的屬性，POSIX 訊息佇列也提供 mq_setattr 函數來改變訊息佇列的屬性。

在繼續討論之前，首先需要瞭解訊息佇列有哪些屬性，mq_attr 結構體中定義了以下成員。

```
struct mq_attr {
    long mq_flags;
     long mq_maxmsg;
    long mq_msgsize;
     long mq_curmsgs;
}
```

這個結構體定義在<mqueue.h>檔案中：

- mq_flags：0 或設定 O_NONBLOCK。

- mq_maxmsg：訊息佇列中的最大訊息個數。

- mq_msgsize：單條訊息允許的最大位元組數。

- mq_curmsgs：訊息佇列目前的訊息個數。

如果呼叫 mq_open 函數建立 POSIX 訊息佇列時，第四個參數為 NULL，則將使用默認屬性。可以使用如下程式碼來得到預設屬性：

```
int ret = mq_getattr(mqd,&attr);
if(ret !=0)
{
    fprintf(stderr,"failed to get attr(%d: %s)\n",errno,strerror(errno));
    return 2;
}

fprintf(stdout,"the default mq_maxmsg = %ld\nthe default mq_msgsize = %ld\n",
        attr.mq_maxmsg,attr.mq_msgsize);
```

其輸出如下：

```
the default mq_maxmsg = 10
the default mq_msgsize = 8192
```

從輸出可以看出，預設情況下，訊息佇列的最大訊息數為 10，單條訊息的最大位元組數為 8192 位元組。

其中訊息佇列的最大訊息數的預設值 10 記錄在如下位置：

```
cat /proc/sys/fs/mqueue/msg_default
10
```

單條訊息的最大位元組數的預設值 8192 記錄在如下位置：

```
cat /proc/sys/fs/mqueue/msgsize_default
8192
```

訊息佇列中只能存放 10 條訊息，這明顯太少了，此外單條訊息的最大位元組數 8192 可能也無法滿足我們的需要。因此建立訊息佇列的時候需要另外設定屬性，設定方法如下所示：

```
attr.mq_maxmsg = atoi(argv[2]);
attr.mq_msgsize = atoi(argv[3]);
mqd_t mqd = mq_open(argv[1],O_RDWR|O_CREAT |O_EXCL,S_IRUSR|S_IWUSR,&attr);
if(mqd == -1)
{
    fprintf(stderr,"failed to get mqueue (%d: %s)\n",errno,strerror(errno));
    return 1;
}
```

但是訊息佇列的最大訊息數和單條訊息的最大位元組數並不能被隨意指定。它受限於多個控制選項。

對於普通使用者（非特權使用者）而言，核心提供兩個控制選項：

```
cat /proc/sys/fs/mqueue/msg_max
10
cat /proc/sys/fs/mqueue/msgsize_max
8192
```

這兩個值分別是最大訊息數的上限和單條訊息最大位元組數的上限。普通使用者在設定訊息佇列屬性的時候不能超越這個上限。這兩條限制是針對普通使用者而言的，對於特權使用者而言可以忽視這兩條限制。

很明顯，這個上限值並不大，特權使用者可以調整這兩項的值：

```
sysctl -w fs.mqueue.msg_max=4096
fs.mqueue.msg_max = 4096
sysctl -w fs.mqueue.msgsize_max=65536
fs.mqueue.msgsize_max = 65536
```

但是不能隨意設定上限值，對於 /proc/sys/fs/mqueue/msg_max，系統提供上限限制 HARD_MSGMAX，見表 11-4。

表 11-4　訊息佇列最大訊息數的上限限制

核心版本	HARD_MSGMAX
低於或等於 2.6.32	131072/sizeof（void*）
2.6.33 至 3.4	（32768 * sizeof（void *）/ 4）
3.5 版本及以上	65536

對於 /proc/sys/fs/mqueue/msgsize_max，系統也提供了上限限制，見表 11-5。

表 11-5　訊息佇列中單條訊息最大位元組數的上限限制

核心版本	msgsize_max 系統上限限制
2.6.28 版本之前	INT_MAX
2.6.28 版本至 3.4 版本	1048576（1MB）
3.5 版本及以上的版本	16777216（16MB）該值對特權行程也有效

透過調整對應的控制選項，可以讓訊息佇列容納更多的訊息，或者讓每條訊息可以容納更多的內容。

可是事實上，除了上述控制選項外，還存在其他限制。如果調整 msg_max 控制選項到 4096，調整 msgsize_max 控制選項到 65536 位元組，則可以建立出能容納 4096 條訊息，每條訊息的最大長度為 64 位元組的訊息佇列；也可以建立出只容納兩條訊息，每條訊息最大長度為 65536 位元組的訊息佇列。但是無法建立出既可以容納 4096 條訊息，每條訊息的最大長度又為 65536 位元組的訊息佇列。這表明除了上述兩條控制外，還存在其他限制。

該限制就是介紹 mq_open 時提到的 RLIMIT_MSGQUEUE。RLIMIT_MSGQUEUE 屬于資源限制的範疇。它限制了使用者可以在 POSIX 訊息佇列中分配的最大位元組數。注意不是單個訊息佇列的最大位元組數，也不是一個行程能分配的最大位元組數，而是該使用者建立的所有的訊息佇列的最大位元組數。如果新建訊息佇列會導致所有訊息佇列的位元組數超出此限制，則呼叫 mq_open 函數時會回傳 EMFILE 錯誤。

 Robert Love 大師在《Linux System Programming》中提到的回傳 ENOMEM 是錯誤的。

RLIMIT_MSGQUEUE 預設為 819200 位元組，可以透過如下指令來查看：

```
ulimit -q
819200
```

我曾經遇到這樣一個問題：當我在 Ubuntu 12.04 上建立第 10 個預設屬性的 POSIX 訊息佇列時，會回傳 EMFILE 錯誤，這說明預設情況下最多只能建立 9 個訊息佇列。下面來細細分析這個場景。

預設情況下，單個訊息佇列最多有 10 條訊息，每條訊息的最大位元組數為 8192。這就意味著該訊息佇列滿載的時候，會佔用 81920 位元組。

按照 RLIMIT_MSGQUEUE 的含義，應該可以建立 10 個訊息佇列，可是為什麼卻只能建立 9 個預設屬性的訊息佇列呢？

原因是訊息佇列消耗的空間，不能僅僅計算訊息（payload），還要考慮額外的開銷。可以從核心的 mqueue_get_inode 函數中找到答案。

```
/*mq_msg_tblsz 是額外的開銷*/
mq_msg_tblsz = info->attr.mq_maxmsg * sizeof(struct msg_msg *);
        info->messages = kmalloc(mq_msg_tblsz, GFP_KERNEL);
    if (!info->messages)
        goto out_inode;

        /*mq_bytes 是訊息佇列真正消耗的空間*/
        mq_bytes = (mq_msg_tblsz +
            (info->attr.mq_maxmsg * info->attr.mq_msgsize));

        spin_lock(&mq_lock);
        if (u->mq_bytes + mq_bytes < u->mq_bytes ||
            u->mq_bytes + mq_bytes > task_rlimit(p, RLIMIT_MSGQUEUE)) {
            spin_unlock(&mq_lock);
            /* mqueue_evict_inode() releases info->messages */
            ret = -EMFILE;
            goto out_inode;
        }
```

從上面的程式碼不難看出，一個訊息佇列消耗的總空間為：

```
bytes = (attr.mq_msgsize + sizeof(struct msg_msg*))*attr.mq_maxmsg
```

因此當 RLIMIT_MSGQUEUE 的值為 819200 位元組時，單個使用者是無法建立出 10 個默認屬性的訊息佇列的。

 上述計算訊息佇列消耗空間的計算公式僅僅適用於某些核心版本，並不能當成絕對的公式。對於不同的核心版本，需要查看核心的 mqueue_get_inode 函數來確定。對這個話題感興趣的可以參閱核心開發郵寄清單中的 Document POSIX MQ/proc/sys/fs/mqueue files 話題。連結為：*https://lkml.org/lkml/2014/9/29/116*

想讓訊息佇列中容納足夠多的訊息，每條訊息也足夠大，那就需要同時修改 RLIMIT_MSGQUEUE 的值。可以透過 ulimit 命令來修改，也可以透過 setrlimit 函數來修改。

訊息佇列建立以後可以透過呼叫 mq_setattr 來修改屬性，相關介面定義如下：

```
#include <mqueue.h>
int mq_getattr(mqd_t mqdes, struct mq_attr *attr);
int mq_setattr(mqd_t mqdes, struct mq_attr *newattr,
               struct mq_attr *oldattr);
```

對於 mq_maxmsg 和 mq_msgsize 這兩個屬性，在訊息佇列建立的時候，就已經確定下來，雖然提供有 mq_setattr 函數，但是該函數並不能修改這兩個屬性。

該函數可以改變的屬性只有第一個 mq_flags，即可以透過改變 O_NONBLOCK 旗標位元來確定是否已被設置。其他的屬性均不可以修改。改變 O_NONBLOCK 屬性的方法如下：

```
mq_getattr(mqd,&attr);
attr.mq_flags |= O_NONBLOCK; /*設定 O_NONBLOCK 屬性*/
//attr.mq_flags &=(~O_NONBLOCK);/*取消 O_NONBLOCK 屬性*/
mq_setattr(mqd,&attr,NULL)
```

11.2.3 訊息的發送和接收

1. 發送訊息

POSIX 訊息佇列發送訊息和接收訊息的介面都很容易理解，從易用性的角度來講，它們要優於 System V 訊息佇列的對應介面。

發送訊息的介面定義如下：

```
#include <mqueue.h>
int mq_send(mqd_t mqdes, const char *msg_ptr,
            size_t msg_len, unsigned msg_prio);
```

第三個參數 msg_len 表示訊息的長度，長度為 0 也是合法的，最大不得超過 mq_msgsize。如果訊息太大，則會回傳失敗，並設定 errno 為 EMSGSIZE。

第四個參數為訊息的優先權，是一個非負的整數。優先權最大究竟為多少？在 Linux 中，這個上限為 32768。

```
#define MQ_PRIO_MAX  32768
```

如果訊息佇列已滿，mq_send 函數可能會阻塞。如果設定 O_NONBLOCK 旗標位元，這種情況下 mq_send 函數會回傳失敗，errno 被設定為 EAGAIN。

2. 接收訊息

接收訊息的介面定義如下：

```
ssize_t mq_receive(mqd_t mqdes, char *msg_ptr,
                   size_t msg_len, unsigned *msg_prio);
```

對於 POSIX 訊息佇列而言，總是取走優先權最高的訊息中最先到達的那個。

第二個參數 msg_ptr 指標用於存放訊息的記憶體緩衝區的位址，第三個參數 msg_len 是該記憶體緩衝區的大小。因為訊息的長度是不確定的，所以該緩衝區的大小不得小於最大訊息的長度（mq_msgsize），否則一旦訊息長度超過緩衝區的大小，就會失敗，並回傳 EMSGSIZE 錯誤。如何獲得訊息佇列的最大訊息長度？透過 mq_getattr 函數！

如果第四個參數 msg_prio 不是 NULL，系統會就將取到的訊息之優先權複製到 msg_prio 指向的整數型態變數。第四個參數如果為 NULL，則表示壓根不在乎訊息的優先權。

如果呼叫 mq_receive 函數時，訊息佇列中並沒有訊息，則函數深入阻塞。如果設定 O_NONBLOCK 旗標位元，則立即回傳失敗，並設定 errno 為 EAGIAN。

POSIX 訊息佇列的本質就是個優先權佇列。優先權高的訊息總是被優先取出。從這個角度上看，System V 訊息佇列更靈活，它可以讓各個行程選取自己感興趣的訊息。

11.2.4　訊息的通知

對於 System V 訊息佇列，當訊息佇列裡面有訊息到來時，訊息佇列卻無法通知其他行程來取。對於訊息佇列中訊息的消費者而言，只有兩條路徑：

- 呼叫 msgrev 函數，阻塞於此，直到訊息佇列裡面有訊息。
- 呼叫 msgrev 函數時設定 IPC_NOWAIT 旗標位元，週期性輪詢。

從程式設計的角度看，期待有這樣一種機制來解決上述困境：空的訊息佇列一收到訊息，就向相應行程發出通知，被通知的行程收到通知後就可以及時地處理訊息。這種機制稱為非同步通知機制。POSIX 訊息佇列就有引入這種機制。

POSIX 訊息佇列提供兩種非同步通知的方法可供選擇：

- 產生一個信號。

- 建立一個執行緒來執行一個事先指定的函數。

如果一個行程非常關心 POSIX 訊息佇列上出現的訊息，則該行程可以透過呼叫 mq_notify 函數來表示密切關注。

```
#include <mqueue.h>
int mq_notify(mqd_t mqdes, const struct sigevent *sevp);
```

mq_notify 函數的含義是呼叫行程透過該介面註冊到訊息佇列，當空訊息佇列中出現一條訊息時，訊息佇列就會通知到註冊行程，也可以透過該介面登出呼叫行程曾經的註冊。說明文件中英文描述更加準確：

```
mq_n otify() allows the calling process to register or unregister for delivery of
    an asynchronous notification when a new message arrives on the empty message
    queue referred to by the descriptor mqdes.
```

關於訊息通知，有以下幾個注意事項：

- 只能有一個行程註冊到特定的訊息佇列。如果一個訊息佇列上已經有註冊行程，則後續呼叫 mq_notify 來註冊的行程會回傳 EBUSY 錯誤。

- 只有在訊息進入空訊息佇列的情況下，才會向註冊行程發送通知。如果註冊時，訊息佇列非空，則只有當訊息佇列被清空後，又有一條訊息到達時，才會發出通知。

- 訊息佇列向註冊行程發出通知後，會刪除註冊資訊。之後任何行程都可以透過呼叫 mq_notify 函數來註冊到訊息佇列並接收通知。

- 只有在目前不存在其他行程因在該佇列上呼叫 mq_receive()而深入阻塞時，註冊行程才會收到訊息通知。否則阻塞在 mq_receive()上的行程會 "攔胡"，讀取該資訊，而註冊行程依然保持註冊狀態。

- 行程可以透過在呼叫 mq_notify 函數時傳入一個值為 NULL 的 sevp 參數來撤銷自己在訊息佇列上的註冊資訊。

前面已討論過訊息通知的基本流程，但是當訊息佇列滿足通知的條件時，又是如何通知到註冊行程的？

mq_notifiy 函數的關鍵在第二個輸入參數上，其結構體包含如下參數，若記不清成員變數，則可以透過 man sigevent 來查看說明。

```
union sigval{
    int sigval_int;
      void *sigval_ptr;
}
struct sigevent {
```

```
int sigev_notify; /*決定採用哪種通知方法，信號還是執行緒*/
    int sigev_signo; /*用於信號方式，決定發送哪個信號*/
    union sigval sigev_value; /*信號方式和執行緒方式都有其獨特含義*/
    void (*sigev_notify_function)(union sigval);
    void *sigev_notify_attributes;
}
```

結構體 sigevent 的第一個成員 sigev_notify 用於選擇採用哪種方式來通知註冊行程，其有效值有以下三個：

- **SIGEV_NONE**：當訊息到達空的訊息佇列時，不採取任何通知行動。

- **SIGEV_SIGNAL**：採用發送信號的方式通知行程。

- **SIGEV_THREAD**：透過呼叫 segev_notify_function 中指定的函數來通知行程，就如同在一個新的執行緒中啟動該函數一樣。

下面將分別介紹後兩種方法。

1. 信號通知

如果採用信號方式（SIGEV_SIGNAL），則呼叫 mq_notify 的行程需要約定好希望收到哪種信號，其實作一般如下所示：

```
struct sigevent sev;
sev.sigev_notify = SIGEV_SIGNAL;
sev.sigev_signo = SIGUSR1;
if(mq_notify(mqd,&sev) == -1) /*mqd 為訊息佇列結構*/
{
    /*error handler*/
}
```

呼叫 mq_notify 函數的行程需要考慮該如何處理隨時可能到來的信號。最容易想到的方法就是，在信號處理函數中呼叫 mq_receive 函數，並進一步處理訊息。很不幸的是，這種方法行不通。第 6 章講信號時提到過，大多數函數都不是非同步信號安全的，mq_receive 函數也不是非同步信號安全函數。更何況，還要在信號處理函數中執行複雜的邏輯，這就如同行駛在暗礁叢生的水域，很容易觸礁沉船，這種做法是不明智的。

等待信號來臨不外乎有以下三種方法：

- sigsuspend

- sigwait

- signalfd

《The Linux Programming Interface: A Linux and UNIX System Programming Handbook》中提出使用 sigsuspend 函數來等待信號並處理訊息的一個例子，而這裡我們來介紹第二種方法，使用 sigwait 函數來等待信號的來臨並處理訊息。

在第 6 章中提到過，sigwait 函數的引入，解決了信號的非同步帶來的很多問題。可以說這個函數提供一種同步的方式來等待信號的降臨。

```
#include <signal.h>
int sigwait(const sigset_t *set, int *sig);
```

將要等待的信號放置到 set 中，sigwait 函式呼叫就會被阻塞，直到 set 集合中的某個信號處於未決狀態，sigwait 函數才會回傳，信號的值記錄在 sig 指標指向的整數型態變數中。需要注意的一點是，呼叫 sigwait 函數之前，set 中的所有信號都要被阻塞，否則結果是不可預知的。

以 SIGUSR1 為例，我們呼叫 mq_notify 函數，使訊息降臨空佇列時，發送信號 SIGUSR1，主流程等待 SIGUSR1；收到信號時，去訊息佇列中取出該訊息，整個流程如下：

```
mqd_t mqd;
struct mq_attr attr ;
sigset_t newmask ;
struct sigevent sigev;

mqd = mq_open(mq_filename,O_RDONLY|O_NONBLOCK);
mq_getattr(mqd,&attr);
buffer = malloc(attr.mq_msgsize);/*確保buffer夠大*/

sigemptyset(&newmask);;
sigaddset(&newmask,SIGUSR1);
sigprocmask(SIG_BLOCK,&newmask,NULL);/*阻塞等待的信號*/

sigev.sigev_notify = SIGEV_SIGNAL;
sigev.sigev_signo = SIGUSR1;
mq_notify(mqd,&sigev);
for( ; ; )
{
    sigwait(&newmask,&signo);/*等待SIGUSR1信號*/
    if(signo == SIGUSR1)
    {
        mq_notify(mqd,&sigev); /*先重新註冊notify函數*/
        while( n = mq_receive(mqd,buffer,attr.mq_msgsize,NULL) >= 0)
        {
            /*process the message in buffer*/
        }
        if(errno != EAGAIN)
        {
            /*some error happened*/
        }
    }
}
```

需要注意的是，mq_notify 函數註冊之後，一旦發出信號完成使命，要想繼續使用這種通知機制，需要再次呼叫 mq_notify 函數重新註冊。

使用 sigsuspend 函數和 sigwait 函數雖然都可以等到信號的來臨，但是也阻塞了目前行程，這並不是明智的做法。更合理的做法是使用 signalfd 機制，配合 select、pool 或 epoll 等多工的介面，實作真正的事件驅動程式設計。

2. 透過執行緒處理訊息

POSIX 訊息佇列提供的另外一種方法就是建立執行緒，執行預先約定的函數。

在使用中，需要將 sigev.sigev_notify 設定成 SIGEV_THREAD，同時設定好執行緒應該執行的函數，即將 sigev.sigev_notify_function 設定成約定好的函數。如果執行緒函數需要輸入參數，則可以將任何變數的位址填入 sigev.sigev_value.sival_ptr 中，到達傳遞參數的目的。

建立的執行緒具有預設的屬性。如果對於執行緒有特殊的要求，則可以透過如下方法來設定：

```
pthread_attr_t thread_attr;
pthread_attr_init(&thread_attr);
pthread_attr_setdetachstate(&atttr, PTHREAD_CREATE_DETACHED);
sigev.sigev_notify_attributes = &thread_attr;
```

整體程式碼流程如下（示意程式碼，不完整）：

```
static void notify_function(union sigval sv)
{
    struct mqd_t *mqdp = sv.sival_ptr;
    mq_getattr(*mqdp,&attr);
    buffer = malloc(attr.mq_msgsize);/*確保buffer夠大*/

    notify_setup(mqdp); /*再次註冊*/
    while(n = mq_recevie(*mqdp,buffer,attr.mq_msgsize,NULL)>=0)
    {
        /*處理buffer中的訊息*/
        }
        if(errno != EAGAIN)
    {
        /*發生錯誤*/
    }
    free(buffer);
}
static void notify_setup(mqd_t* mqdp)
{
    struct sigevent sig_ev ;
    sigev.sigev_notify = SIGEV_THREAD;
    sigev.sigev_notify_function = notify_function;
    sigev.sigev_notify_attributes = NULL;
    sigev.sigev_value.sival_ptr = mqdp;
    mq_notify(*mqdp,*sigev);
}

int main()
```

```
{
    mqd = mq_open(mqfilename,O_RDONLY | O_NONBLOCK);
    notify_setup(&mqd);
    for(;;)
    {
        pause();
    }
}
```

和信號通知機制一樣，一旦建立執行緒執行完畢，通知機制就結束了，需要重新呼叫
mq_notify 函數來註冊。

11.2.5 I/O 多工監控訊息佇列

POSIX 訊息佇列的通知功能或許在其他 Unix 平臺上非常有用，但是在 Linux 平臺下用處
並不大，因為在 Linux 平臺下有更友好、更強大的方法。

在 Linux 系統中，訊息佇列結構被實作成檔案控制碼，因此完全可以使用 I/O 多路複用系
統呼叫來監控訊息佇列。這種方法非常自然。

《NIX Network Programming, Volume 2: Interprocess Communications (2nd Edition)》的
5.6.6 節中提出一個關於如何使用 select 來監 POSIX 訊息佇列的範例。由於在某些平臺
下，訊息佇列結構並不是檔案控制碼，所以不能直接使用 select。Stevens 大師給出的方
法就相當地迂迴，實際方法如下。

首先使用 mq_notify 函數來註冊，確保當空的訊息佇列中出現訊息時，行程會收到信號
SIGUSR1；其次行程打開一個管線，行程呼叫 select 監聽管線的讀取端；在 SIGUSR1 的
信號處理函數中負責往管線的寫入端寫入一個字元。這樣當訊息降臨空訊息佇列時，整
個的邏輯流程就如圖 11-2 所示。

圖 11-2　APUE 中監聽訊息佇列的流程

該方案如此麻煩絕非大師之過，在作業系統不支援的情況下，只能如此處理。因為 Linux
支援在訊息佇列上執行 select/poll/epoll，所以可以讓這條路變得一馬平川（如圖 11-3 所
示）。

圖 11-3　Linux 下監聽訊息佇列的流程

程式碼形式如下所示：

```
mqd = mq_open(argv[1],O_RDONLY | O_NONBLOCK); if(mqd == -1)
{
    fprintf(stderr,"failed to open mqueue (%d: %s)\n",errno,strerror(errno));
    return 1;
}

mq_getattr(mqd,&attr);
buffer = malloc(attr.mq_msgsize);

FD_ZERO(&rset);

for(;;)
{
    FD_SET(mqd,&rset);
    nfds = select(mqd+1,&rset,NULL,NULL,NULL);

    if(FD_ISSET(mqd,&rset))
    {
        while((n = mq_receive(mqd,buffer,attr.mq_msgsize,NULL)) >=0 )
        {
            /*在此處處理本條訊息*/
        }
        if(errno != EAGAIN)
        {
            /*發生錯誤，進行錯誤處理*/
        }
    }
}
```

注意上述的例子比較簡易，僅僅是監聽一個訊息佇列，根據實際情況，可以同時監聽多個訊息佇列和多個檔案。只需要在上述程式碼的基礎上打開其他檔案或訊息佇列，將這些檔案控制碼置於 select 的監控之下，如果有來自檔案控制碼的輸入（FD_ISSET 來判斷），添加相應的處理函數即可。

這條特性並不是標準規定的，標準並未規定將訊息佇列結構實作為檔案控制碼，因此使用 I/O 多工系統呼叫監控訊息佇列並不具備可移植性。儘管如此，個人還是認為本條性質是 POSIX 訊息佇列最重要的性質，和 System V 訊息佇列相比，本條性質給 POSIX 訊息佇列帶來了壓倒性的優勢。

11.3　POSIX 信號

POSIX 信號和 System V 信號的作用是相同的，都是用於同步行程之間及執行緒之間的操作，以達到無衝突地存取共用資源的目的。

在前面介紹 System V 信號的時候也曾介紹過，Edsger Dijkstra 提出了 PV 操作。所謂 P 操作，代表荷蘭語中的 Proberen（意思是嘗試），也被稱為遞減操作或上鎖操作。在

POSIX 術語中為等待（wait）。所謂 V 操作代表荷蘭語單次 Verhogen（意思是增加），也被稱為遞增操作、解鎖操作和發信號（signal）操作。在 POSIX 術語中為掛出（post）。

POSIX 信號的作用和 System V 信號是一樣的。但是兩者在介面上有很大的區別：

- POSIX 信號將建立和初始化合二為一，這就解決了 System V 中可能出現競爭條件的問題。

- POSIX 信號的修改信號值的介面（sem_post 和 sem_wait），一次只能修改一個信號。與之對應的 System V 信號其本質是信號集，其下的 semop 函數一次可以修改多個信號。

- POSIX 信號的修改信號值的介面（sem_post 和 sem_wait），一次只能將信號的值加 1 或減 1。與之對應的 System V 信號的 semop 函數，能夠加上或減去一個大於 1 的值。

- POSIX 信號並沒有提供一個等待信號變為 0 的介面，而 System V 信號中，semop 函數則有提供這樣的介面。

- POSIX 信號並沒有提供 UNDO 操作，而 System V 信號則有提供這樣的操作。

從表面看，System V 信號的能力完勝 POSIX 信號，事實上並非如此。System V 信號量有過度設計之嫌，在大部分場景下，System V 提供的第 2、3 和 4 條特性都沒有什麼用處，反而徒增介面的複雜程度。而 POSIX 信號提供的介面異常清晰，易於理解和使用。

POSIX 信號真正比 System V 信號優越的地方在於，POSIX 信號性能更好。對於 System V 信號而言，每次操作信號，必然會從使用者層深入核心層，可以想像當加鎖和解鎖操作比較頻繁的時候，時間上的開銷也是很可觀的。POSIX 信號則不然。只要不真實存在兩個執行緒爭奪一把鎖的情況，則修改信號就只是使用者層的操作，並不會牽扯到核心。在競爭並不激烈的情況下，POSIX 的性能要遠遠高於 System V 信號。

有得必有失。因為 POSIX 信號不會每次操作都去求助核心，所以獲得了性能上的提升，但卻因此而失去核心的強大後援。

System V 信號支援 UNDO 操作，當使用者行程異常消亡之後，核心會肩負起為行程還債的責任。但是 POSIX 信號卻沒有這個特性。

POSIX 提供兩類信號：有名信號量和無名信號。這兩種信號的本質都是一樣的，從圖 11-4 可以看出，

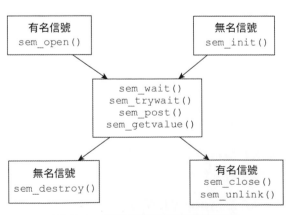

圖 11-4　有名信號和無名信號的介面

最重要的 sem_wait 介面函式和 sem_post 介面函式也都是一樣的。如此說來，兩種信號有何不同呢，各自應用在哪些場景呢？

無名信號，又稱為基於記憶體的信號，由於其沒有名字，無法透過 open 操作直接找到對應的信號，所以很難直接用於沒有關聯的兩個行程之間。無名信號多用於執行緒之間的同步。

有名信號由於其有名字，多個不相干的行程可以透過名字來打開同一個信號，從而完成同步操作，所以有名信號的操作要方便一些，適用範圍也比無名信號更廣。

下面將分別介紹這些介面。

11.3.1 建立、打開、關閉和刪除有名信號

建立或打開有名信號，需要呼叫 sem_open 函數，其介面定義如下：

```
#include <fcntl.h>
#include <sys/stat.h>
#include <semaphore.h>

sem_t *sem_open(const char *name, int oflag);
sem_t *sem_open(const char *name, int oflag,
                mode_t mode, unsigned int value);
```

第二個參數 oflag 旗標位元支援的旗標包括 O_CREAT 和 O_EXCL 旗標位元。如果帶有 O_CREAT 旗標位元，則表示要建立信號。

mode 表示建立的新信號的存取權限，旗標位元和 open 函數一樣，mode 參數的值也會根據行程的 umask 來取遮蔽。

value 是新建信號的初始值。建立和設定初值都是由一個介面來完成的，這樣就不會出現 System V 信號可能出現的初始化競爭的問題。value 的值在最小值 0 和最大值 SEM_VALUE_MAX 之間。SUSv3 要求最大值至少等於 32767，對於 Linux 而言，這個限制為 INT_MAX（在 Linux/x86 平臺上，該值是 2147483647）。

當 sem_open 函數失敗時，回傳 SEM_FAILED，並且設定 errno。

注意，不要嘗試建立 sem_t 結構體的副本，下面這段程式碼的做法是錯誤的：

```
sem_t   *sem_p,sem_dup;
sem_p = sem_open(…);
sem_dup = *sem_p;/*非法操作*/
sem_wait(&sem_dup);
```

上述定義了 sem_p 的副本 sem_dup，但在副本上執行 sem 的相關操作，行為是不可預知的，不要這樣使用。切記，後面所有的呼叫都要用透過 sem_open 回傳的 sem_t 類型的指標來進行操作，而不能使用自行備用的結構指標副本。

當一個行程打開有名信號時，系統會記錄行程與信號的關聯關係。呼叫 sem_close 時，會終止這種關聯關係，同時信號的行程數的引用計數減 1。關閉信號的介面定義如下：

```
#include <semaphore.h>
int sem_close(sem_t *sem);
```

行程終止時，行程打開的有名信號會自動關閉。當行程執行 exec 系列函數時，行程打開的有名信號會自動關閉。

但是關閉不等同於刪除，如果要刪除信號則需要呼叫 sem_unlink 函數，其介面定義如下：

```
#include <semaphore.h>
int sem_unlink(const char *name);
```

將有名信號的名字作為參數，傳遞給 sem_unlink，該函數會負責將該有名信號刪除。由於系統為信號維護了引用計數，所以只有當打開信號的所有行程都關閉之後，才會真正地刪除。

11.3.2 信號的使用

信號的使用，總是和某種可用資源聯繫在一起的。建立信號時的 value 值，其實指定了對應資源的初始個數。當申請該資源時，需要先呼叫 sem_wait 函數；當發佈該資源或使用完畢釋放該資源時，則呼叫 sem_post 函數。

1. 等待信號

sem_wait 函數用於等待信號，它會將信號的值減 1，其介面定義如下：

```
#include <semaphore.h>
int sem_wait(sem_t *sem);
```

如果呼叫 sem_wait 函數時，信號的目前值大於 0，則 sem_wait 函數立刻回傳。否則 sem_wait 函數深入阻塞，待信號的值大於 0 之後，再執行減 1 操作，然後成功回傳。

如果深入阻塞的 sem_wait 函數被信號中斷，則回傳-1，並且設定 errno 為 EINTR。使用 sigaction 註冊信號處理函數時，無論是否使用 SA_RESTART 旗標位元，都不會自動重啟系統呼叫。

如果僅僅是嘗試等待信號，而不想深入阻塞，則可以呼叫 sem_trywait 函數，其介面定義如下：

```
int sem_trywait(sem_t *sem);
```

sem_trywait 會嘗試將信號的值減 1，如果信號的值大於 0，則該函數將信號的值減 1 之後會立刻回傳。如果信號的目前值為 0，則 sem_trywait 也不會深入阻塞，而是立刻回傳失敗，並設定 errno 為 EAGAIN。

若資源目前不可得，則 sem_wait 呼叫就可能會深入無限期阻塞，而 sem_trywait 則選擇立刻回傳失敗，絕不阻塞。除了這兩種選擇，系統還提供第三種選擇：有限期等待，即 sem_timedwait 函數。

sem_timedwait 函數的介面定義如下：

```
int sem_timedwait(sem_t *sem, const struct timespec *abs_timeout);
```

第二個參數為一個絕對時間。可以使用 gettimeofday 函數得到 struct timeval 類型的目前時間，然後將 timeval 轉換成 timespec 類型的結構，最後在該值上加上想等待的時間。或者呼叫 clock_gettime 函數，直接獲得 timespec 結構體類型的變數表示目前時刻，然後在結構上加上想等待的時間，作為第二個參數傳給 sem_timedwait 函數。

如果超過等待時間，信號的值仍然為 0，則回傳-1，並設定 errno 為 ETIMEOUT。

2. 發佈信號

sem_post 函數用於發佈信號，表示資源已經使用完畢，可以歸還資源。該函數會使信號的值加 1。

sem_post 介面定義如下：

```
#include <semaphore.h>
int sem_post(sem_t *sem);
```

如果發佈信號之前，信號的值是 0，並且已經有行程或執行緒正等待在信號上，此時會有一個行程被喚醒，被喚醒的行程會繼續 sem_wait 函數的減 1 操作。如果有多個行程正等待在信號上，將無法確認哪個行程會被喚醒。

當函式呼叫成功時，回傳 0；失敗時，回傳-1，並設定 errno。當參數 sem 並不指向合法的信號時，設定 errno 為 EINVAL；當信號的值超過上限（即超過 INT_MAX）時，設定 errno 為 EOVERFLOW。

3. 得到信號的值

sem_getvalue 函數會回傳目前信號的值，並將值寫入 sval 指向的變數，程式碼如下：

```
#include <semaphore.h>
int sem_getvalue(sem_t *sem, int *sval);
```

如果信號的值大於 0，含義自不必說；但是如果信號的值等於 0，同時又有很多行程或執行緒阻塞在信號上，則應該回傳 0 還是回傳一個負值—其絕對值等於等待行程的個數？

看起來後者更有意義，因為從該值可以獲知到競爭的激烈程度，但是 Linux 還是選擇回傳 0。

當 sem_getvalue 回傳時，其回傳的值可能已經過時。從這個意義上講，該介面的意義並不大。

11.3.3　無名信號的建立和銷毀

無名信號，由於其沒有名字，所以適用範圍小於有名信號。只有將無名信號放在多個行程或執行緒都共同可見的記憶體區域時才有意義，否則合作的行程無法操作信號，達不到同步或互斥的目的。所以一般而言，無名信號多用於執行緒之間。因為執行緒會共用位址空間，所以存取共同的無名信號是很容易辦到的事情。或者將信號建立在共用記憶體內，多個行程透過操作共用記憶體的信號達到同步或互斥的目的。

1. 初始化無名信號

無名信號的初始化是透過 sem_init 函數來完成的。

```
#include <semaphore.h>
int sem_init(sem_t *sem, int pshared, unsigned int value);
```

其中，第二個 pshared 參數用於宣告信號是在執行緒間共用還是在行程間共用。0 表示在執行緒間共用，非零值則表示信號將在行程間共用。要想在行程間共用，信號必須位於共用記憶體區域內。

無名信號的生命週期是有限的，對於執行緒間共用的信號，執行緒組退出了，無名信號也就不復存在。對於行程間共用的信號，信號的持久性與所在的共用記憶體的持久性一樣。

無名信號初始化以後，就可以像操作有名信號一樣操作無名信號了。

2. 銷毀無名信號

銷毀無名信號的介面定義如下所示：

```
#include <semaphore.h>
int sem_destroy(sem_t *sem);
```

sem_destroy 用於銷毀 sem_init 函數初始化的無名信號。只有在所有行程都不會再等待一個信號時，它才能被安全銷毀。對 Linux 實作而言，省略 sem_destroy 函數，也不會帶來異常。但是為了安全性和可移植性，還是應該在合適的時機正常銷毀信號。

11.3.4 信號與 futex

使用 POSIX 信號，連結的時候需要加上-lpthread，而不是-lrt。由此可以看出 POSIX 信號與 NPTL 執行緒函式庫淵源甚深。

第 7 章講執行緒時曾提到過，互斥器是建立在快速使用者層互斥器（英文全名為 fast userspace mutex，簡稱 futex）基礎上的。POSIX 信號也是架構在 futex 基礎之上的。

快速使用者層互斥器，是一種使用者層和核心層協同工作的同步機制。同步的行程需要一段共用記憶體，futex 變數就位於這段記憶體之中。當行程嘗試進入或退出互斥區時，首先會檢查共用記憶體中的 futex 變數，如果沒有競爭發生，則原子地修改 futex 變數，無須執行系統呼叫。如果透過存取 futex 變數的值發現有競爭發生，則執行相應的系統呼叫去完成相應的處理。

對於執行緒間同步，因為同一個行程下的多個執行緒共用該行程的位址空間，所以同時操作某個 futex 變數並不是特別難以做到的事情。如果是用於行程間的同步，則首先需要一塊記憶體空間，而且要讓多個行程都可以操作該記憶體空間，這就會牽扯到共用記憶體。事實上呼叫 sem_open 函數來建立 POSIX 信號時，使用到後面會介紹的 mmap，並在多個行程之間共用檔案的內容。

下面的程式碼摘自 glibc 的 sem_open 函數：

```
/* Create the initial file content. */
union
{
    sem_t initsem;
    struct new_sem newsem;
} sem;

/*信號的初始值為value，後面會寫入檔案*/
sem.newsem.value = value;
sem.newsem.private = 0;
sem.newsem.nwaiters = 0;

memset ((char *) &sem.initsem + sizeof (struct new_sem), '\0',
        sizeof (sem_t) - sizeof (struct new_sem));

...
/*將 sem 相關的值寫入檔案，並透過 mmap 映射到行程的記憶體中*/
if (TEMP_FAILURE_RETRY (__libc_write (fd, &sem.initsem, sizeof (sem_t)))
        == sizeof (sem_t)
        /* Map the sem_t structure from the file.  */
        && (result = (sem_t *) mmap (NULL, sizeof (sem_t),
                PROT_READ | PROT_WRITE, MAP_SHARED,
                fd, 0)) != MAP_FAILED)
```

每建立一個名為 name 的信號，在/dev/shm 下就會多出一個名為 sem.name 的檔案。該檔案的內容是 sem_t 結構體：

```
#if __WORDSIZE == 64
# define __SIZEOF_SEM_T 32
#else
# define __SIZEOF_SEM_T 16
#endif

typedef union
{
  char __size[__SIZEOF_SEM_T];
  long int __align;
} sem_t;
```

x86 架構下，32 位元系統裡，該結構的大小是 16 位元組，在 x86_64 架構下，該結構的大小是 32 位元組。事實上，真實存放的內容是 new_sem 結構：

```
union
{
    sem_t initsem;
    struct new_sem newsem;
} sem;
/*new_sem 是真正使用的結構*/
struct new_sem
{
  unsigned int value; /*目前信號的值*/
  int private;
  unsigned long int nwaiters;
};
```

下面建立一個名為 res_88 的信號，建立該信號時，將信號的值初始化為 88。程式碼如下所示：

```
sem_t* sem = sem_open(argv[1],O_RDWR|O_CREAT|O_EXCL,S_IRUSR|S_IWUSR,88);
```

我們可以透過查詢/dev/shm/sem.res_88 來查看該信號的情況：

```
manu@manu-rush:~$ od -x /dev/shm/sem.res_88
0000000 0058 0000 0000 0000 0000 0000 0000 0000
0000020 0000 0000 0000 0000 0000 0000 0000 0000
0000040
```

其檔案內容的含義如圖 11-5 所示。

圖 11-5　/dev/shm/sem.name 檔案的內容

從輸出中的 0058 0000（0x58 等於 88）可知，目前信號的值是 88。

當將信號的值減少到零，並且有兩個行程在等待信號時：

```
manu@manu-rush:~$ od -x /dev/shm/sem.res_88
0000000 0000 0000 0000 0000 0002 0000 0000 0000
0000020 0000 0000 0000 0000 0000 0000 0000 0000
```

輸出中的 0002 0000 0000 0000（0x02）表示目前有兩個行程等待在該信號上。

對於 POSIX 信號而言，需要同步的行程透過 mmap 將檔案內容映射進行程的位址空間。對這段記憶體的修改，其他行程也可見。

核心提供 futex 系統呼叫，其介面定義如下：

```
#include <linux/futex.h>
#include <sys/time.h>

int futex(int *uaddr, int op, int val, const struct timespec *timeout,
          int *uaddr2, int val3);
```

第一個參數 uaddr 是使用者層的一個位址，裡面存放的是整數型態變數。

第二個參數 op 用於存放操作命令，最基本的兩個操作命令 FUTEX_WAIT 和 FUTEX_WAKE。

當 op 是 FUTEX_WAIT 時，會原子地檢查 uaddr 位址存放的 int 值是否等於 val，如果是，則核心會使行程深入休眠，同時把行程掛到 uaddr 對應的等待佇列上。

當 op 是 FUTEX_WAKE 時，最多喚醒 val 個等待在 uaddr 上的行程。

在沒有競爭的條件下，可以透過實驗來比較 System V 信號和 POSIX 信號的效率，見表 11-6。同樣是初始化一個信號的值為 1，然後交替執行 wait 和 post 操作各 100 萬次，可以看出，System V 信號花費的時間是 POSIX 信號的 40 多倍。

表 11-6　POSIX 信號和 System V 信號在無競爭情況下的性能比較

	POSIX 信號	System V 信號	System V 信號（UNDO）
real	0m0.109s	0m4.793s	0m4.934s
user	0m0.104s	0m2.472s	0m2.548s
sys	0m0.005s	0m2.303s	0m2.381s

用 strace 統計系統呼叫次數，可以看到 System V 信號共執行 200 萬次 semop 系統呼叫，而 POSIX 信號只有兩次 futex。事實上，這僅有的兩次 futex 系統呼叫，也與 sem_post 和 sem_wait 呼叫無關。

```
% time     seconds  usecs/call     calls    errors syscall
------ ----------- ----------- --------- --------- ----------------------
  0.86    0.000012           6         2         1 futex
```

```
% time     seconds  usecs/call     calls    errors syscall
------ ----------- ----------- --------- --------- ----------------
 99.99   14.265818           7   2000000           semop
```

網上有些文章認為 sem_post 無論是否存在競爭都會執行 futex 系統呼叫，很明顯這種觀點是錯誤的，透過簡單的實驗不難驗證這點。因為信號的資料結構中記錄了等待者的數量，因此不難判斷是否需要執行系統呼叫，來喚醒等待者。

至於存在競爭的情況，在互斥器相關的章節中已經介紹過，這裡就不再贅述。

11.4　記憶體映射 mmap

訊息佇列和信號都已經介紹過，按照正常的邏輯，本節應該介紹 POSIX 共用記憶體，為什麼這裡卻要介紹記憶體映射 mmap 呢？

這是因為記憶體映射 mmap 是 POSIX 共用記憶體的基礎，記憶體映射完成大量的基礎性工作，而臨門一腳交給了共用記憶體。事實上 POSIX 共用記憶體也要和 mmap 配合使用。不理解 mmap 就不能很好地理解 POSIX 共用記憶體。

更重要的是，縱然不提共用記憶體，mmap 這個系統呼叫也是非常重要的，其重要程度遠遠超過 POSIX 共用記憶體。只要你在 Linux 平臺上工作，每天就一定會執行無數次的 mmap 系統呼叫，不管是直接還是間接地。

當你執行哪怕是最簡單的 ls 命令時，mmap 系統呼叫在背後都會默默地幫你載入動態程式函式庫，當你呼叫 malloc 函數分配大於 MMAP_THRESHOLD 大小（預設是 128KB）的記憶體時，mmap 系統呼叫會躲在 malloc 背後支撐；當你呼叫 pthread_create 建立執行緒時，mmap 系統呼叫會幫你分配好執行緒堆疊；當你建立 POSIX 信號時，mmap 會默默幫你開闢一段空間存放 futex 變數……

可能迄今為止你從未在程式碼中直接使用 mmap，但它就靜靜地躺在那裡，對你的幫助不增也不減。

11.4.1　記憶體映射概述

mmap 系統呼叫的作用是在呼叫行程的虛擬位址空間中建立一個新的記憶體映射。根據記憶體背後有無實體檔案與之關聯，映射可以分成以下兩種：

* 檔案映射：記憶體映射區域有實體檔案與之關聯。mmap 系統呼叫將普通檔案的一部分內容直接映射到呼叫行程的虛擬位址空間。一旦完成映射，就可以透過在相應的記憶體區域中操作位元組來存取檔案內容。這種映射也被稱為基於檔案的映射。

* 匿名映射：匿名映射沒有對應的檔案。這種映射的記憶體區域會被初始化成 0。

一個行程映射的記憶體可以與其他行程中的映射共用實體記憶體。所謂共用是指各個行程的分頁指向 RAM 中的相同分頁。如圖 11-6 所示。

這種記憶體映射的共用，會在以下兩種情況下發生：

- 透過 fork，子行程繼承父行程透過 mmap 映射的副本。

- 多個行程透過 mmap 映射同一個檔案的同一個區域。

無論映射背後有無實體檔案與之關聯，這個行程之間共用映射的特性都是非常有用的。我們知道，行程的虛擬位址空間是彼此隔離的，一個行程不能直接操作另一個行程虛擬位址空間中的記憶體。但是 mmap 系統呼叫提供兩個辦法，讓多個行程可以共用一片記憶體區域。

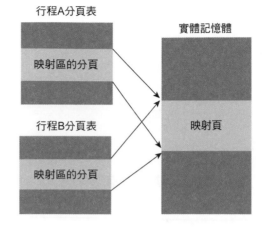

圖 11-6　行程記憶體共用映射

看到第一種方式，即透過 fork 子行程繼承父行程透過 mmap 映射的副本，大家的心中可能會隱隱有種不安。第 4 章曾提到過，雖然子行程拷貝了父行程的記憶體，但是父子行程的分頁並不是始終都指向同一實體記憶體的，一旦父子行程中有一個嘗試修改記憶體的內容時，核心就不得不發起寫時複製，分配新的實體記憶體。從此父子行程分道揚鑣，彼此再也看不到對方對記憶體的變動。

對於行程 malloc 出來的記憶體，堆疊上的變數的確如此，fork 之後父子行程並不是共用同一塊映射。但是透過 mmap 系統呼叫建立的記憶體映射卻可以做到行程之間共用同一個記憶體映射。當然行程之間要不要共用映射也是可以選擇的，這取決於該映射是私有映射還是共用映射。

- 私有映射（MAP_PRIVATE）：在映射內容上發生的變更對其他行程不可見。對於文件映射而言，變更不會同步到底層檔案中。對映射內容所做的變更是行程私有的。事實上，核心使用寫時複製技術來完成這個任務。未對映射內容進行修改操作時，分頁仍然是共用的。一旦有行程試圖修改其中一個分頁的內容時，核心首先會為該行程建立一個新的分頁，並將需要修改的分頁中的內容拷貝到新分頁中。

- 共用映射（MAP_SHARED）：在映射內容上發生的所有變更，對所有共用同一個映射的其他行程都可見。對於檔案映射而言，變更會同步到底層的檔案中。很明顯，共用映射是用於行程間通信的。

記憶體映射根據有無檔案關聯，分成檔案與匿名；根據映射是否在行程間共用，分成私有和共用。這兩個維度兩兩組合，記憶體映射共分成 4 種類型，其各自的用途如表 11-7 所示。

表 11-7　記憶體映射的分類及用途

變更可見範圍	映射類型	
	檔案	匿名
共用	記憶體映射 IO，行程間共用記憶體	行程間共用記憶體
私有	根據檔案內容初始化記憶體	記憶體分配

接下來，我們開始介紹如何利用 mmap 介面，實作這四種不同的記憶體映射。

11.4.2　記憶體映射的相關介面

mmap 函數的介面定義如下：

```
#include <sys/mman.h>

void *mmap(void *addr, size_t length, int prot, int flags,
                int fd, off_t offset);
```

這個函數的參數比較多。其中 fd、offset 和 length 這三個參數指定了記憶體映射的來源，即將 fd 對應的檔案，從 offset 位置起，將長度為 length 的內容映射到行程的位址空間。

對於檔案映射，呼叫 mmap 之前需要呼叫 open 取得對應檔案的檔案控制碼。

第一個參數 addr 用於指定將檔案對應的內容映射到行程位址空間的起始位址。一般而言為了可移植性，該參數總是指定為 NULL，表示交給核心去選擇合適的位置。

第三個參數 prot 用於設定對記憶體映射區域的保護，它的合法值及其含義如表 11-8 所示。

表 11-8　mmap 呼叫中 prot 的合法值及其含義

prot	說明
PROT_EXEC	映射的內容可以執行
PROT_READ	映射的內容可以讀取
PROT_WRITE	映射的內容可以修改
PROT_NONE	映射的內容不可存取

flags 參數用於指定記憶體映射是共用映射還是私有映射，也用於指定記憶體映射是檔案映射還是匿名映射。flags 可選的旗標位元及含義如表 11-9 所示。

表 11-9　mmap 呼叫中 flags 可選的旗標位元及含義

標誌位	說明
MAP_SHARED	請求建立共用映射
MAP_PRIVATE	請求建立私有映射
MAP_ANONYMOUS	請求建立匿名映射，fd 參數必須是-1

其中呼叫 mmap 函數時，MAP_SHARED 和 MAP_PRIVATE 旗標位元，兩者必須指定一個。

flags 中另一個可選的旗標位元是 MAP_FIXED。如果指定該旗標位元，則表示函數呼叫者鐵了心要把內容映射到對應的位址上。這種情況下，addr 一般要求按頁對齊。如果核心無法映射檔案到該指定位置，則呼叫失敗。如果位址和長度指定的記憶體區域和已有映射有重疊部分，則重疊區的原始內容將被丟棄，然後填入新的內容。使用該選項需要非常瞭解行程的位址空間，否則不建議使用。

需要注意的是 mmap 系統呼叫的操作單位是頁。參數 addr 和 offset 都必須按頁對齊，即必須是分頁大小的整數倍。在 Linux 下，分頁大小是 4096 位元組，該值可以透過 getconf 命令取得：

```
getconf PAGESIZE
4096
```

Linux 提供 sysconf 函數來得到相關設定項的值：

```
#include <unistd.h>

long sysconf(int name);
```

對於得到分頁大小而言，可以透過如下程式碼得到分頁的大小：

```
long pagesize = sysconf(_SC_PAGESIZE);
```

在行程的位址空間裡，映射區域總是分頁的整數倍。但是有些時候，mmap 傳遞的 length 值並非分頁的整數倍，比如檔案映射時，檔案的大小或要映射進記憶體的區域並非分頁的整數倍，這時候，mmap 會按照分頁的大小向上取到整數倍，多出來的記憶體區域（最後一個有效位元組到映射區域邊界）會填充 0。

當 mmap 呼叫成功時，則回傳映射區域的起始位址，如果失敗，則回傳 MAP_FAILED，並設定 errno。

如果不再需要對應的記憶體映射，可以呼叫 munmap 函數，解除該記憶體映射：

```
#include <sys/mman.h>
int munmap(void *addr, size_t length);
```

其中 addr 是 mmap 回傳的記憶體映射的起始位址，length 是記憶體映射區域的大小。執行過 munmap 後，如果繼續存取記憶體映射範圍內的位址，則行程會收到 SIGSEGV 信號，引發記憶體區段錯誤。需要注意的是，關閉對應檔案的檔案控制碼並不會引發 munmap。

如果建立記憶體映射時 flags 中帶上 MAP_PRIVATE 旗標位元，則解除該記憶體映射時，呼叫行程對記憶體映射的所有改動都會被丟棄。

介紹完基本介面，下面將分別介紹 4 種不同的映射，以及它們的應用場景。

11.4.3 共用檔案映射

1. 共用檔案映射的建立和使用

建立共用檔案映射的步驟如下所示。

1. 打開檔案，取得檔案控制碼 fd，這一步是透過 open 來完成的。

2. 將檔案控制碼作為 fd 參數，傳給 mmap 函數。

整個步驟如下面的虛擬碼所示：

```
fd = open(...);
addr = mmap(..., MAP_SHARED, fd, ...);
close(fd);    /*可選，可以關閉，也可以不關閉*/
```

第 1. 步打開檔案時設定的許可權必須要和 mmap 系統呼叫需要的許可權相匹配。實際來講就是：

- 打開時，必須允許讀取，即 O_RDONLY 和 O_RDWR 至少要指定一個。

- mmap 呼叫時，如果 prot 參數中指定 PROT_WRITE，並且 flags 中指定 MAP_SHARED，則打開時，必須帶有 O_RDWR 旗標位元。

open 時需要注意，並非所有的檔案都支援 mmap 操作，比如管線檔案就不支援 mmap 操作。

mmap 完成之後關閉檔案控制碼並不會導致記憶體映射被解除，因此，在沒有其他需要的情況下，可以呼叫 close 關閉檔案。

但在某些場景下，後續操作還會用到檔案控制碼，因此不宜關閉檔案。比如行程需要將對記憶體映射所做的修改立刻同步到底層的磁片檔案中，這可能需要對檔案控制碼 fd 呼叫 fsync 或 fdatasync；再比如多個行程間共用記憶體映射，它們都要修改記憶體映射的部分內容，這種情況可以透過檔案的記錄鎖（fcntl 函數的 F_SETLKW 命令）來同步行程的操作。因此，建立共用檔案映射之後是否關閉檔案控制碼，需要根據實際情況來做決定。

mmap 這個介面容易產生的一個誤解是，呼叫 mmap 時，真的已經把檔案對應區域的內容讀取到記憶體的對應位置。事實上並非如此，mmap 僅僅是建立兩者之間的關聯。當第一次讀取映射區的內容或修改映射區的內容時，會引發缺頁中斷（page fault），這時候才會真正地將檔案的內容載入到記憶體的對應位置。

當 mmap 呼叫成功之後，共用映射在行程位址空間中的位置，以及和對應檔案的關係如圖 11-7 所示。

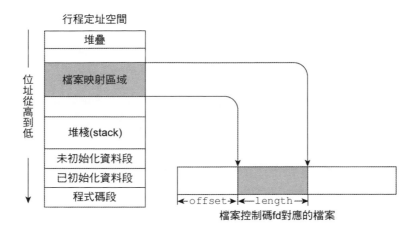

圖 11-7　行程位址空間中映射區域和檔案的關係

檔案是有長度的，所以正常情況下 offset 和 length 參數應該遵循一定的限制：offset 應小於檔案的長度，並且 offset+length 也應小於檔案的長度。很有意思的是，mmap 函數並不檢查 offset 和 size 定義的區域是否在檔案的範圍之內。範例程式如下：

```
#define MB (1024*1024)
ret = fstat(fd,&stat_buf);
if(ret < 0 )
{

}
off_t filesize = stat_buf.st_size ;
off_t offset = (filesize % PAGESIZE == 0) ? \
               filesize : (filesize/PAGESIZE + 1)*PAGESIZE;

mmap_base = mmap(NULL,stat_buf.st_size+MB,PROT_READ,MAP_SHARED,fd,offset);
if(mmap_base == MAP_FAILED)
{
    fprintf(stderr,"failed to mmap (%s)\n",strerror(errno));
    ret = 3;
    goto out ;
}
```

上面的程式碼中,將檔案結尾之後的 1M 位元組映射到行程的位址空間,映射的區域和檔案完全沒有交集。在這種情況下,mmap 也不會因 offset 和 length 參數而回傳 MAP_FAILED,而是正常地回傳。

> 此處說的是不檢查 offset 和 length 定義的範圍是否在檔案長度範圍之內,並不是說不檢查 offset 和 size 的值。mmap 呼叫要求 offset 必須為系統分頁的整數倍,這個限制始終存在。如若 offset 的值不是系統分頁的整數倍,mmap 會回傳 MAP_FAILED,並設定 errno 為 EINVAL。

儘管 mmap 不檢查對應區域是否落在檔案的長度範圍之內,但是這並不意味著隨意建立的映射也能正常使用。使用共用檔案映射需要謹慎,否則很容易觸發錯誤。

最容易想到的一種錯誤就是沒有映射某區域卻強行存取,而且無論該區域是否落在檔案的長度範圍以內(如圖 11-8 所示)。這種存取會引發記憶體區段錯誤,產生 SIGSEGV 信號。該信號的預設動作是行程終止並產生核心轉儲檔案。

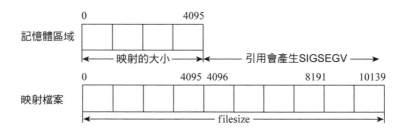

圖 11-8　存取記憶體映射的常見錯誤(1)

這種錯誤是一目了然的。但是如果呼叫 mmap 時 length 不是系統分頁大小(4KB)的整數倍時,情況就會稍稍有些複雜,如圖 11-9 所示。檔案的長度為 10KB,但是呼叫 mmap 時,將檔案的前 5KB 映射到行程的位址空間。這種情況下,真正映射的大小會被向上取捨,變成系統分頁的整數倍,對於這個例子而言,雖然 mmap 呼叫指定 5KB,但是真實映射 8KB 的大小。使用者存取 mmap 回傳基底位址偏移 8KB 之內的記憶體位址,都不會觸發 SIGSEGV 信號。存取基底位址偏移 8KB 之後的位址,才會觸發 SIGSEGV 信號。

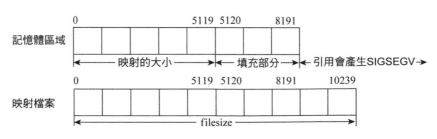

圖 11-9　存取記憶體映射的常見錯誤(2)

另外一種錯誤是存取的映射位址雖然在 mmap 映射的記憶體區域之內，但並不在檔案長度的範圍以內（如圖 11-10 所示），這種情況會導致 SIGBUS 信號的產生，該信號的預設動作也是行程終止並產生核心轉儲檔案。這種錯誤之所以會出現是因為 mmap 並不會檢查 offset 和 size 定義的區域是否落在檔案長度範圍以內。既然建立映射的時候不檢查，那麼真正存取對應記憶體位址的時候，就可能觸發錯誤。

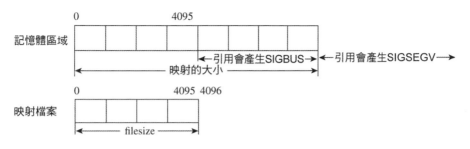

圖 11-10　存取記憶體映射的常見錯誤（3）

這種錯誤也是很明顯的。但是當檔案的大小不是系統分頁整數倍時，也會帶來一定的特殊情況，如圖 11-11 所示。

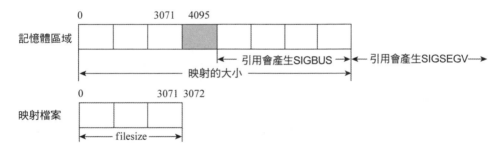

圖 11-11　存取記憶體映射的常見錯誤（4）

儘管檔案的長度是 3KB，但是 mmap 映射了一個長度為 8KB 的記憶體區域。4KB～8KB 這個範圍自不必說，超出檔案的範圍，存取時一定會觸發 SIGBUS 信號。但是比較令人費解的是 3KB～4KB 這個範圍的記憶體。因為這個範圍已經不在檔案的長度範圍之內，卻又和檔案的有效映射同處一個分頁。這種情況下允許存取，而且不會觸發 SIGBUS 信號。至於要存取 8KB 之後的記憶體，已經是嘗試存取映射範圍之外的記憶體了，將會觸發上一種錯誤，即產生 SIGSEGV 信號。

但是很有意思的是，有時候存取本映射範圍之外的記憶體卻不一定會觸發 SIGSEGV。原因是 mmap 區域可能存在多個記憶體映射，雖然超出本想存取的映射範圍，卻歪打正著地存取到相鄰的記憶體映射。注意，這種情況並不值得竊喜，而是更糟糕，因為程式已經不是按照預設的邏輯在執行，繼續執行很可能會在某個不可預知的地方崩潰，這就增大了除錯的難度。

第二種錯誤更需要程式師小心。表面看只要呼叫 mmap 時小心謹慎，不映射超出檔案長度範圍的記憶體區域，SIGBUS 信號就不會出現。其實則不然。如果記憶體映射在使用過程中呼叫 truncate 或 ftruncate 將檔案截斷，則存取檔案真實長度之外的區域，就會觸發 SIGBUS 信號（如圖 11-12 所示）。因為共用檔案映射始終和檔案相關聯，因此這種情況要小心防範。

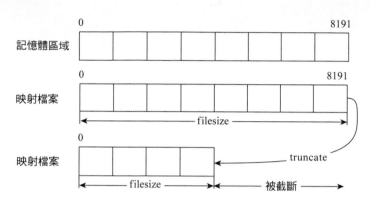

圖 11-12　truncate 檔案引起 SIGBUS 信號的產生

2. 共用檔案映射的用途

共用檔案映射主要用於兩個方面：操作檔案和行程間通信。

Linux 提供 read、write、lseek 等操作檔案的系統呼叫，透過這些介面可以操作檔案。共用檔案映射提供另外一種操作檔案的方法。

共用檔案映射將檔案的內容映射到行程的位址空間。對應區域中的內容來源於檔案，對映射內容所做的修改，都會自動反應到檔案上，核心會負責將修改最終同步到底層的區塊設備。因此共用檔案映射區域的記憶體，就等同於對檔案的讀寫。

存取過的檔案分頁，很可能還會繼續存取。不同行程很可能會存取同一檔案分頁。如果每次存取檔案的內容，都要操作底層區塊設備，其性能就會很差。因此現代的作業系統都提供了檔案緩衝，Linux 也不例外。Linux 提供頁快取記憶體（Page Cache，也稱頁緩衝）用以減少對磁片的存取。

在大部分情況下，應用程式都會透過頁快取記憶體來讀寫檔案。當讀取檔案的某一部分內容時，核心首先會從頁快取記憶體中查詢所讀取的資料是否存在對應的分頁，如果請求的分頁不在頁快取記憶體之中，核心就會負責分配分頁並添加到頁快取記憶體中，然後從磁盤上讀取對應的資料來填充它。如果實體記憶體夠大，空閒分頁夠多，則該頁將長期保留在頁快取記憶體中，使得其他行程存取該頁數據時不需要再存取磁片。當應用程式向檔案寫入時，會直接修改頁快取記憶體中的資料，但是並不會立刻寫入磁片，而是將該頁標記成髒頁，由核心負責在合適的時機將髒頁回寫到磁片中。

呼叫 read 也好，呼叫 write 也罷，事先都要準備使用者層緩衝區 buffer，如圖 11-13 所示。
讀取時，將讀到的內容複製到該 buffer 中；寫入時，再將 buffer 中的內容寫入檔案中。

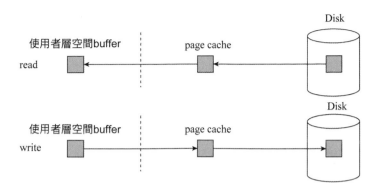

圖 11-13　read 和 write 都需要使用者空間緩衝區

對於 read 和 write 介面而言，姑且不論磁片與頁快取記憶體之間如何互動，頁快取記憶體
和使用者層緩衝區之間的資料傳輸是不可避免的。但是如果使用 mmap 來操作檔案，則
不需要這次複製。mmap 對共用檔案映射的操作，直接作用在頁快取記憶體上，節省了一
次資料傳輸。

這是不是意味使用 mmap 來操作檔案要比使用 read/write 的性能更好呢？大家很容易產生
這種想法，但這種想法有些想當然。隨著硬體的發展，記憶體複製消耗的時間已經極大
地降低，可是 mmap 存取檔案內容，會引起缺頁中斷（page fault）。相對於記憶體複製
而言，缺頁中斷的開銷更大，加上建立記憶體映射、解除記憶體映射及更新硬體記憶體
管理單元的翻譯後備緩衝器（TLB）的開銷，大部分情況下（不考慮刻意構造的場
景），mmap 的性能反而要低於 read 和 write。

共用檔案映射的第二個用途是行程間通信。行程的位址空間是彼此隔離的，一個行程一
般不能直接存取另一個行程的位址空間。透過共用檔案映射，兩個行程的映射區域指向
同一個實體記憶體（即前面提到的頁快取記憶體），這就給行程間通信提供了可能，如
圖 11-14 所示。如果兩個行程的共用檔案映射都源自同一個檔案的同一個區域，則一個行
程對映射區域的修改，對於另外那個行程是立刻可見的，同時核心會負責在合適的時機
將修改同步到底層檔案。之所以能夠做到這點，是因為兩個映射區域的對應分頁都指向
同一個頁快取記憶體（Page Cache），下一個小節將會介紹核心的相關實作。

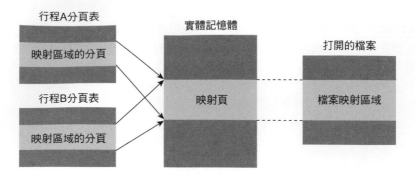

圖 11-14　行程透過共用檔案映射共用實體記憶體

所有的共用記憶體都會遇到的問題是同步。無論是 System V 信號還是 POSIX 信號，都可以用於同步對共用記憶體的操作。除此以外，記錄鎖也比較適用於操作共用檔案映射。

fcntl 函數提供記錄鎖的功能，和 flock 函數提供的檔案鎖功能相比，fcntl 提供的記錄鎖可以提供更細細微性的控制。flock 函數提供的鎖是較大範圍鎖，鎖定的是整個檔案，無法鎖定檔案的某個區域。fcntl 提供的鎖可以鎖定檔案的某個區域，如圖 11-15 所示，這樣就減少因競爭而深入阻塞的概率，從而提高性能。

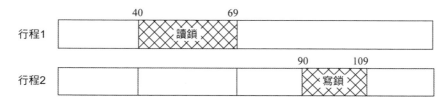

圖 11-15　記錄鎖可對檔案的特定區域上鎖

fcntl 函數介面的定義如下所示：

```
#include <unistd.h>
#include <fcntl.h>
int fcntl(int fd, int cmd, ... /* arg */ );
```

其中與記錄鎖相關的 cmd 為：

- F_SETLKW：嘗試鎖定檔案的對應區域。如果該區域已經被鎖定，則深入阻塞。

- F_SETLK：嘗試鎖定檔案的對應區域。如果該區域已經被鎖定，則立刻回傳-1。

- F_GETLK：僅僅是查詢鎖的資訊，並不會真正地對某區域加鎖。

當執行加鎖相關操作時，需要用到 flock 結構，程式碼如下：

```
struct flock {
    ...
        short l_type;
        short l_whence;
        off_t l_start;
        off_t l_len;
        pid_t l_pid;
        ...
    };
```

其中 l_type 用於指定鎖的類型，以及指定解鎖操作，其合法值及其含義如下：

- F_RDLCK：讀鎖

- F_WRLCK：寫鎖

- F_UNLCK：解鎖

l_whence 的含義和 lseek 函數的第三個參數 whence 的含義一樣，表示如何解釋偏移量，有效值有 SEEK_SET、SEEK_CUR 和 SEEK_END。l_whence 參數結合 l_start 和 l_len 參數，定義了檔案的某個區域。

使用 fcntl 對檔案的某個區域加鎖解鎖的方法如下範例程式所示：

```
struct flock fl;
int ret;
fl.l_type = F_WRLCK;
fl.l_whence = SEEK_SET;
fl.l_start = 0;
fl.l_len = 100;

/*對檔案對應區域加鎖*/
ret = fcntl(fd,F_SETLKW,&fl);

/*存取或修改[0,99]範圍內的檔案內容*/

/*對檔案對應區域解鎖*/
fl.l_type = F_UNLCK;
ret = fcntl(fd,F_SETLK,&fl);
```

透過上面的討論可以看出，fcntl 提供的記錄鎖非常適用於同步共用檔案映射的操作。可以輕易地做到讀寫請求分開，以及更細緻、更靈活的控制。

 flock 和 fcntl 都屬於勸告式鎖（Advisory Lock），如果同步的行程遵循遊戲規則，操作之前先申請鎖，就能發揮同步的作用；但是如果行程無視勸告式鎖的存在，不遵循遊戲規則，不申請鎖直接操作檔案或檔案的某個區域，核心也不會阻止這種操作。

3. 共用檔案映射的核心實作

對於共用檔案映射而言,最大的謎團是:行程位址空間彼此獨立,互不干擾,可是多個行程透過 mmap 映射同一檔案的同一區域時,卻指向同一實體分頁,修改彼此可見。核心是如何做到的?

前面已經提到過,答案是透過頁快取記憶體。在追蹤 mmap 核心實作之前,首先來簡單介紹下頁快取記憶體。

引入頁快取記憶體的目的是為了性能。現在存取的檔案的某個分頁,將來可能還會再訪問。如果不將分頁緩衝進記憶體,則每次讀取檔案,就都不得不操作慢速的區塊設備,這會極大地影響性能。

頁快取記憶體該如何組織多個分頁,以便在需要時可以快速定位到這些緩衝分頁呢?對於單個檔案而言,有些檔案系統支援 TB 級別的檔案(比如 ext4 檔案系統就已經支援 16TB 的單個檔案),4KB 一個分頁的情況下,分頁的數目是巨大的。如果不能高效地組織分頁,花費在查詢分頁上的時間就可能會很長,屆時縱然分頁已經在緩衝中,也會因查詢緩衝分頁太慢而導致性能的急劇惡化。核心使用基數樹(radix tree)來解決這個難題,如圖 11-16 所示。

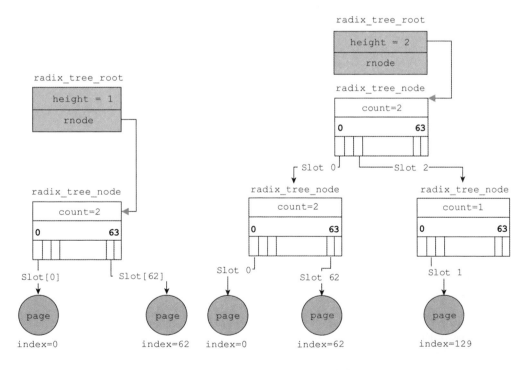

圖 11-16　透過基數樹加速分頁查詢

只要找到檔案對應的基數樹根，就可以快速定位到與檔案對應的分頁（如果它在頁高速緩衝中的話）上。現在問題就轉變成：當行程操作檔案時，如何快速找到與檔案對應的基數樹。

對於這個話題，毛德操老爺子在《Linux 核心情景分析》一書的 5.6 節中有高明的分析。核心檔案層有三個核心的資料結構：file、dentry 和 inode。雖然三種資料結構都可以透過各種指標來跳轉，找到與檔案對應的頁快取記憶體，但是 inode 是和頁快取記憶體關係最密切的資料結構。struct file 資料結構是行程層面的概念，提供的是目的檔案的一個上下文訊息。對於同一個檔案，不同行程可以在該檔案上建立不同的上下文，甚至同一個行程也可能因多次打開檔案而建立起多個上下文。換句話說，資料結構 struct file 和實體檔案並不是一對一的關係，而是多對一的關係。dentry 結構雖不是行程層面的概念，但是 dentry 和實體檔案也不是一對一的關係，透過檔案連接，可以為已存在的檔案建立別名。只有 inode 結構最適合和檔案的頁緩衝關聯，因為 inode 和實體檔案是一對一的關係。

圖 11-17 展示出核心中檔案與頁緩衝相關的資料結構。從圖 11-17 不難看出，當行程透過檔案系統介面（read/write 等），不難找到與檔案對應的 inode。Linux 核心引入位址空間 address_space 這個資料結構來管理頁快取記憶體。inode 中的 i_mmaping 成員變數指向對應的 address_space 結構體。不論多少個行程透過檔案系統 API 來操作檔案，也不論多少個行程透過 mmap 建立共用檔案映射來操作檔案，同一個檔案只對應一個 address_space 結構體。透過該資料結構就能找到與頁快取記憶體對應的基數樹，進而找到對應的緩衝頁（如果存在的話）。

透過圖 11-17 可以很清晰地看出，當透過檔案系統介面進行讀寫時，如何找到與檔案對應的緩衝分頁。但是 mmap 記憶體映射區域和頁快取記憶體如何建立聯繫卻並不明晰。下面我們追蹤 mmap 系統呼叫的實作來一探究竟。

呼叫 mmap 函數，進入核心之後首先會執行 arch/x86/kernel/sys_x86_64.c 中的如下函數：

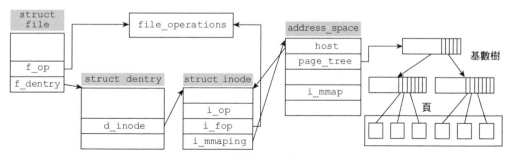

圖 11-17 檔案與頁緩衝相關的資料結構

```
SYSCALL_DEFINE6(mmap, unsigned long, addr, unsigned long, len,
        unsigned long, prot, unsigned long, flags,
        unsigned long, fd, unsigned long, off)
```

該函數非常簡單，把絕大部分工作都委託給核心的 sys_mmap_pgoff 函數。該函數定義在 mm/mmap.c 中，其原型宣告如下：

```
SYSCALL_DEFINE6(mmap_pgoff, unsigned long, addr, unsigned long, len,
        unsigned long, prot, unsigned long, flags,
        unsigned long, fd, unsigned long, pgoff)
```

這個函數是分析 mmap 實作的起點。而該函數將大部分工作都委託給 do_mmap_pgoff。該函數的總體流程如圖 11-18 所示。

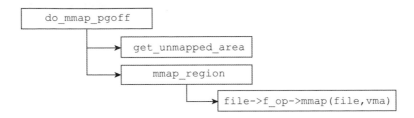

圖 11-18　核心 do_mmap_pgoff 呼叫關係

核心為了管理行程的位址空間，引入虛擬記憶體區域（virtual memory area，VMA）的資料結構。

vm_area_struct 結構體描述行程位址空間內一個獨立的記憶體範圍，如圖 11-19 所示。當透過 mmap 函數建立一個共用檔案映射（當然不僅僅是共用檔案映射）的時候，核心就會為行程分配一個新的 vm_area_struct 結構體。每一個 vm_area_struct 都對應行程位址空間中的唯一一個記憶體區間。其中成員變數 vm_start 指向區間的開始位址（vm_start 本身屬於對應記憶體區間），vm_end 指向記憶體區間的結束位址（vm_end 本身不屬於對應記憶體區間），vm_end 減去 vm_start 的值即為記憶體區間的長度。對於共用檔案映射而言，該長度為呼叫 mmap 時指定的 length 向上取整數到分頁大小的整數倍。

vm_area_struct 結構體中的 vm_flags 成員變數記錄的是該記憶體區域的 VMA 旗標位元。該旗標位元記錄了對應記憶體區域的一些屬性。比如 VM_READ 旗標位元表示對應的分頁可讀取；VM_WRITE 旗標位元表示對應的分頁可寫；VM_EXEC 旗標位元表示對應的分頁可執行；VM_LOCKED 表示對應的分頁被鎖定，等等。

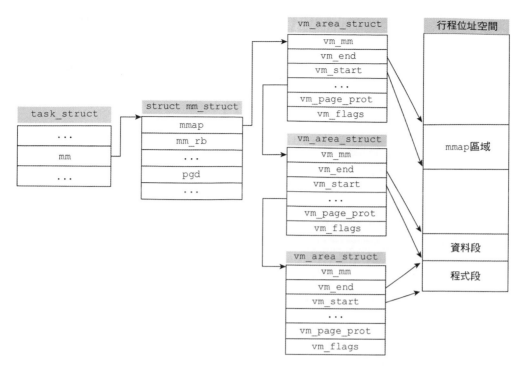

圖 11-19　行程位址空間與 VMA

如果虛擬記憶體區域和檔案相關聯，則 vm_area_struct 結構體中的 vm_file 成員變數就指向與檔案對應的 struct file 結構。透過該指標，虛擬記憶體區域就可以和檔案發生關聯。

另外一個很重要的成員變數是 vm_ops。該成員是一個指標，指向與記憶體區域相關的操作函數。

```
struct vm_operations_struct {
    ...
int (*fault)(struct vm_area_struct *vma, struct vm_fault *vmf);
int (*page_mkwrite)(struct vm_area_struct *vma, struct vm_fault *vmf);
...
}
```

因為 vm_area_struct 是一個通用的資料結構，可以代表任意類型的記憶體區域，因此不同的 VMA 就有不同的操作函數，vm_ops 也就指向不同的操作函數集合。

VMA 操作函數集合中的 fault 函數用於應對這種場景：存取的分頁並沒有出現在實體記憶體中；而 page_mkwrite 用於應對分頁為唯讀，應用程式卻嘗試寫入的情況。這兩個函數都會被缺頁中斷處理函數呼叫，以處理不同的情景。

下面以主流的 ext4 檔案系統為例，追蹤一下整個流程。ext4 檔案系統中 inode 的 i_fop 註冊成 ext4_file_operations。

ext4_file_operation 的定義位於 fs/ext4/file 中，其中與 mmap 相關的操作函式定義如下：

```
const struct file_operations ext4_file_operations = {
    .mmap        = ext4_file_mmap,
}
```

當 mmap 系統呼叫在 mmap_region 中執行 file->f_op->mmap(file,vma)時，執行的就是 ext4_file_mmap 函數。因此對於 ext4 檔案系統而言，檔案映射的呼叫路徑就變成如圖 11-20 所示的路徑。

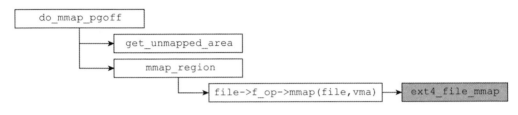

圖 11-20　核心 do_mmap_pgoff 的呼叫關係（2）

該函數異常簡單，簡單到我不介意將全函數都貼在這裡：

```
static int ext4_file_mmap(struct file *file, struct vm_area_struct *vma)
{
    struct address_space *mapping = file->f_mapping;

    if (!mapping->a_ops->readpage)
        return -ENOEXEC;
    file_accessed(file);
    vma->vm_ops = &ext4_file_vm_ops;
    vma->vm_flags |= VM_CAN_NONLINEAR;
    return 0;
}
```

這個 ext4_file_map 函數僅僅安裝了一個記憶體區操作函數，即把 vma 的 vm_ops 指標指向 ext4_file_vm_ops。

```
static const struct vm_operations_struct ext4_file_vm_ops = {
    .fault       = filemap_fault,
    .page_mkwrite  = ext4_page_mkwrite,
};
```

注意整個 mmap 呼叫的過程中並沒有對檔案的大小做過判斷。換言之，哪怕檔案的大小只有 100 個位元組，mmap 仍然可以將檔案映射到 1MB 的記憶體空間。下面的範例程式中，儘管映射了比檔案的大小還要多 1MB 的空間，但是 mmap 呼叫依然會成功。

```
/*省略 error handler*/

#define MB_1 (1024*1024)
fd = open(argv[1],O_RDONLY);
ret = fstat(fd,&stat_buf);

mmap_base = mmap(NULL,stat_buf.st_size+MB_1,PROT_READ,MAP_SHARED,fd,0);
if(mmap_base == MAP_FAILED)
{

}
```

mmap 之後，儘管行程的虛擬位址空間內已經有一塊記憶體區域和檔案相對應，但核心並沒有將檔案的內容載入到記憶體區域。將虛擬記憶體區域 vma 的 vm_ops 指向 ext4_file_vm_ops 實例，其實是埋下伏筆。一旦將來需要存取映射區域的分頁，儘管實體記憶體中沒有，但依然可以依靠 VMA 操作函數集裡的對應函數來處理這個危機。

知乎上有一個提問是"有哪些老鳥程式師知道而新手不知道的小技巧"，該提問下有一個很意思很有良心的回復：

> 把覺得不可靠的需求放到最後做。很可能到時候需求就變了。
>
> ——知乎使用者 mu mu

這個技巧在電腦科學上也被廣泛地使用著。寫時複製採用的是這種概念，接下來要介紹的請求調頁也是如此。在作業系統領域，未雨綢繆從來不是一個褒義詞，因為這往往意味著會做大量的無用功。

請求調頁是一種動態記憶體分配技術，該技術把分頁的分配推遲到不能再推遲為止。也就是說，一直推遲到行程要存取的位址不在實體記憶體為止。這項技術的核心概念是，行程開始執行時並不會存取其位址空間的所有位址，事實上，有些位址行程可能永遠都不會存取。

一旦使用者存取映射的記憶體區域，就會觸發缺頁中斷。以 arch/x86/mm/fault.c 中的 do_page_fault 為起點，其呼叫路徑如圖 11-21 所示。

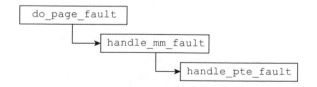

圖 11-21 缺頁中斷的函式呼叫關係

在 handle_pte_fault 中有如下程式碼：

```
entry = *pte;
if (!pte_present(entry)) {
    /*pte_none 表示分頁表沒有對應的頁，核心需要從頭開始載入該頁*/
    if (pte_none(entry)) {
        /*若是基於檔案的映射，則請求調頁*/
        if (vma->vm_ops) {
            if (likely(vma->vm_ops->fault))
                return do_linear_fault(mm, vma, address,
                    pte, pmd, flags, entry);
        }
        /*若是匿名映射，則按需求分配*/
        return do_anonymous_page(mm, vma, address,
                    pte, pmd, flags);
    }
    /*如果該頁標記不存在，但是分頁表中保存相關的資訊，則表示該頁已被換出*/
    /*非線性映射換出部分，不能像普通頁那樣換入，必須恢復非線性關聯*/
    if (pte_file(entry))
        return do_nonlinear_fault(mm, vma, address,
                pte, pmd, flags, entry);
    return do_swap_page(mm, vma, address,
                pte, pmd, flags, entry);
}
```

pte_present(entry)用於判斷分頁是否在實體記憶體中。如果分頁並不在實體記憶體中，則
處理流程如圖 11-22 所示。

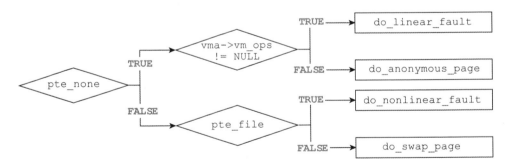

圖 11-22　分頁不在實體記憶體時的處理流程

pte_none 用於判斷分頁表中是否存在對應的分頁。如果 pte_none 為 true，則核心必須從頭
開始載入該頁。這種情況下，根據 vma 的 vm_ops 是否註冊 vm_operation_struct 而分成兩
類：如果 vm_ops 不是 NULL，則表示是基於檔案的映射，就會呼叫 do_linear_fault；如
果 vm_ops 等於 NULL，則表示是匿名映射，核心就會呼叫 do_anonymous_page 來回傳一
個匿名頁。

如果 pte_none 回傳 false，則表示分頁表中保存了相關的資訊，這就意味著該頁已經被換
出，這種情況下應該呼叫 do_swap_page 從系統的某個交換區換入該頁。

但是有一種特殊情況，即 pte_file 函數回傳 true 的情況。pte_file 函數用於檢測分頁表項目是否屬於非線性映射，如果該函數回傳 true，則表示分頁表項目屬於非線性映射。所謂非線性映射是指在 mmap 的基礎上分離的映射頁。儘管映射的內容仍然是檔案的內容，但是與映射區域對應的並不是檔案的連續區間，實際情況是每一個記憶體頁都映射的是檔案資料的隨機頁。對於應用程式而言，要想建立非線性映射，首先需要呼叫 mmap 建立常規的、連續的記憶體映射，然後呼叫 remap_file_pages 來重新映射某些分頁。對於非線性映射而言，已經換出的部分不能像普通頁一樣被換入，首先必須正確地恢復非線性關聯。這種特殊情況，是由 do_nonlinear_fault 函數負責處理的。

對於共用檔案映射，呼叫的是 do_linear_fault 函數。在該函數中會執行 vma->vm_ops->fault 函數。如果對應的檔案屬於 ext4 檔案系統，則 mmap 系統呼叫中已經將 vma 的 vm_ops 指定成 ext4_file_vm_ops，因此，vma->vm_ops->fault 指向的就是 filemap_fault 函數。

filemap_fault 函數是非常重要的，不僅僅是 ext4 檔案系統，還有很多檔案系統都使用 filemap_fault 來處理缺頁。該函數不僅可以讀入所需的資料，還實作預讀的功能。接下來，我們來分析 filemap_fault 函數。

```
int filemap_fault(struct vm_area_struct *vma, struct vm_fault *vmf)
{
    int error;
    struct file *file = vma->vm_file;
    struct address_space *mapping = file->f_mapping;
    struct file_ra_state *ra = &file->f_ra;
    struct inode *inode = mapping->host;
    pgoff_t offset = vmf->pgoff;
    struct page *page;
    pgoff_t size;
    int ret = 0;

    size = (i_size_read(inode) + PAGE_CACHE_SIZE - 1) >> PAGE_CACHE_SHIFT;
    if (offset >= size)
        return VM_FAULT_SIGBUS;

    page = find_get_page(mapping, offset);
```

當多個行程 mmap 同一檔案的某個區域時，當操作映射區域時，更多的情況是該分頁已經在頁緩衝之中。因此 filemap_fault 首先會呼叫 file_get_page 來檢查請求分頁是否已經在頁緩衝之中。

如果頁緩衝中確實不存在請求的分頁，則需要呼叫 page_cache_read 將內容從底層區塊設備中讀取，其函式定義如下：

```
static int page_cache_read(struct file *file, pgoff_t offset)
{
    struct address_space *mapping = file->f_mapping;
    struct page *page;
```

```
    int ret;

    do {
        page = page_cache_alloc_cold(mapping);
        if (!page)
            return -ENOMEM;

        ret = add_to_page_cache_lru(page, mapping, offset, GFP_KERNEL);
        if (ret == 0)
            ret = mapping->a_ops->readpage(file, page);
        else if (ret == -EEXIST)
            ret = 0; /* losing race to add is OK */

        page_cache_release(page);

    } while (ret == AOP_TRUNCATED_PAGE);

    return ret;
}
```

mapping->a_ops 是什麼？建立 ext4 inode 的 ext4_create 函數中有如下一句程式碼：

```
ext4_set_aops(inode);
```

在這個函數中我們透過上述語句設定 mapping 的 aops。對於 readpage 函數而言，最終是透過 ext4_readpage 呼叫通用函數 mpage_readpage。如圖 11-23 所示。

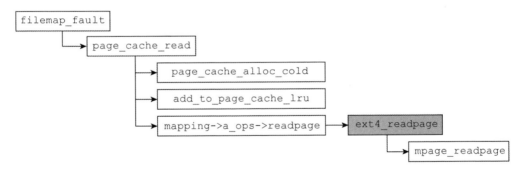

圖 11-23　缺頁中斷當 page cache 中不存在請求分頁時的呼叫路徑

正是因為頁緩衝的存在，才真正做到當多個行程 mmap 同一個檔案的某個區域時，其指向的實體記憶體是同一個分頁。

事實上，系統檔案的所有共用都是基於同一條路線的，不論你是 read、write 還是 mmap，都要遵循這條路線：系統唯一的檔案路徑到系統唯一的 inode，再到相同的 address_space，最後到相同的分頁。

我們追蹤檔案映射的核心實作，得到的結論是頁緩衝是聯繫記憶體管理系統和檔案系統的一條紐帶。使用者層無論是使用 read/write 系統呼叫還是 mmap 將檔案映射到記憶體，都是基於頁緩衝的，殊途同歸。因此透過映射得到的檔案，和透過 I/O 系統呼叫（read、write）獲得檔案的這兩種方法，概念上是一致的。

理解了這個，我們就可以討論如下這類的話題：如果 mmap 引入的共用檔案映射，修改了映射區的記憶體後，行程卻意外死亡，那麼行程對記憶體的修改能否同步到底層檔案？答案是肯定的，頁快取記憶體到底層檔案的沖刷（flush）是由核心來負責的。事實上，我們不難驗證這一點。若對這個話題感興趣，可以閱讀 stackoverflow 上的相關文章[24]。

關於共用檔案映射，另外一個很有意思的現象是：修改映射區的記憶體，哪怕是幾個字節，也可能需要花費很長的時間（比如幾百毫秒）[25]。很多人都遇到這個問題[26]，原因是核心回寫執行緒會負責將髒頁回寫，它會將正在回寫的頁設定成防寫。此時如果有使用者行程對該分頁執行寫操作，就會因為碰到防寫的分頁而走到 do_page_fault。這種情況下，最終會執行到 handle_pte_fault 中的如下語句：

```
if (flags & FAULT_FLAG_WRITE) {
    if (!pte_write(entry))
        return do_wp_page(mm, vma, address,
                pte, pmd, ptl, entry);
    entry = pte_mkdirty(entry);
    }
```

在 do_wp_page 函數中會呼叫 page_mkwrite 方法，在這裡會等待回寫執行緒寫完之後才可以完成對分頁的寫操作。參考文獻已經介紹得非常詳細，限於篇幅此處就不展開了。

11.4.4 私有檔案映射

當呼叫 mmap 時，如果將 flags 設定成 MAP_PRIVATE 旗標位元，則映射就是私有檔案映射。最常見的情況就是前面提到的載入動態共用函式庫，多個行程共用相同的程式段。

從下面執行 ls 時執行的系統呼叫中可以看出：

```
open("/lib/x86_64-linux-gnu/libc.so.6", O_RDONLY|O_CLOEXEC) = 3
read (3, "\177ELF\2\1\1\0\0\0\0\0\0\0\0\0\3\0>\0\1\0\0\0\200\30\2\0\0\0\0"..., 832) =
    832
fstat(3, {st_mode=S_IFREG|0755, st_size=1807032, ...}) = 0
mmap (NULL, 3921080, PROT_READ|PROT_EXEC, MAP_PRIVATE|MAP_DENYWRITE, 3, 0) =
    0x7fe89a1a1000
```

---

[24] *http://stackoverflow.com/questions/5902629/mmap-msync-and-linux-process-termination*。

[25] 寫 mmap 記憶體變慢的原因：*http://oldblog.donghao.org/2012/02/mmapauaeaayaooo.html*。

[26] mmap internals：*http://blog.chinaunix.net/uid-20662820-id-3873318.html*。

一般而言，程式段通常被保護成 PROT_READ | PROT_EXEC。為了防止惡意程式篡改記憶體上的保護資訊之後再篡改程式或共用函式庫的程式段，通常會直接使用私有檔案映射而不是共享檔案映射。

相對於出現得更早的靜態程式函式庫，動態函式庫有很多的優點：可執行檔案變得更小，節省磁片空間；記憶體中只需要一份共用函式庫的實例，不同行程都可以使用因而節省記憶體。

11.4.5　共用匿名映射

和檔案映射相對應的是匿名映射。這種映射並沒有檔案與之對應。一般而言建立匿名映射有兩種方法：

- 呼叫 mmap 時，在參數 flags 中指定 MAP_ANONYMOUS 旗標位元，並且將參數 fd 指定為-1。

- 打開/dev/zero 設備檔案，並將得到的檔案控制碼 fd 傳遞給 mmap。

不論採用哪種方式，得到的記憶體映射中的位元組都會被初始化成 0。

本節介紹共用匿名映射，下一節將介紹私有匿名映射。呼叫 mmap 建立匿名映射時，如果 flags 設定 MAP_SHARED 旗標位元，建立出來就是共用匿名映射。共用匿名映射的作用是讓相關行程共用一塊記憶體區域。

比如父行程建立一個共用匿名映射，然後 fork 建立子行程，這種情況下，父子行程就可以透過這塊記憶體區域來通信。這個過程的程式碼如下所示。

```
addr = mmap(NULL,length,PROT_READ|PROT_WRITE,
MAP_SHARED|MAP_ANONYMOUS,-1,0);
if(addr == MAP_FAILED)
{
    /*error handle*/
}
child_pid = fork()
```

11.4.6　私有匿名映射

當建立匿名映射時，如果 flags 中設定 MAP_PRIVATE 旗標位元，建立出來的記憶體映射就是私有匿名映射。

這種映射最典型的用途是分配行程所需的記憶體。映射出來的記憶體並沒有檔案與之關聯，對記憶體的操作也是私有的，不會影響到其他行程。該用途比較典型的例子就是glibc 中的 malloc 實作。當要分配的記憶體大於 MMAP_THREASHOLD 位元組時，glibc 的 malloc 是使用 mmap 來實作的。一般而言該臨界值是 128KB，可以透過 mallopt 函數調整該參數。

當程式碼中有如下內容時：

```
char *p = malloc(128*1024);
```

透過 strace 來追蹤程式的執行，我們可以清楚地看到程式呼叫 mmap 系統呼叫：

```
mmap(NULL, 135168, PROT_READ|PROT_WRITE, MAP_PRIVATE|MAP_ANONYMOUS, -1, 0) =
    0x7f2a29f0c000
```

若對於 malloc 的 glibc 實作感興趣，Justin N. Ferguson 的《 Understanding the heap by break it 》是一篇非常好的參考文獻。

11.5　POSIX 共用記憶體

前面曾經講述過，mmap 系統呼叫做了大量的工作，POSIX 共用記憶體和前面的共用文件映射相比，並沒有什麼特殊之處。如果非要說有差別，其差異就是，得到檔案控制碼的方式不同。

```
普通檔案映射得到 fd 的方式
fd = open(filename,...);

POSIX 共用記憶體得到 fd 的方式
fd = shm_open(name,...);

使用 mmap 映射到行程位址空間
addr = mmap(NULL,length,PROT_READ|PROT_WRITE,MAP_SHARED,fd,0);
```

POSIX 共用記憶體可以在無關的行程之間共用一個記憶體區域。和 System V 信號相比，POSIX 使用檔案系統來標識共用記憶體，並且呼叫操作檔案的介面來操作共用記憶體。每建立一個 POSIX 共用記憶體，掛載在/dev/shm 下的 tmpfs 檔案系統中就會新增一個檔案。

和 System V 共用記憶體相比，POSIX 共用記憶體的大小可以動態調整，因為 POSIX 共用記憶體是基於檔案的，所以可以很方便地透過 ftruncate 函數來調整共用記憶體的大小。共用記憶體的使用者可以透過 munmap 和 mmap 重建映射。System V 共用記憶體的大小在建立時就已經確定，無法再做調整。

總括來講，POSIX 共用記憶體要優於 System V 共用記憶體，建議使用 POSIX 共用記憶體。

11.5.1　共用記憶體的建立、使用和刪除

共用記憶體的建立本質上是兩個介面，首先是呼叫 shm_open 回傳檔案控制碼，然後是透過 mmap 將共用記憶體映射到行程的位址空間。兩個函數的搭配很像 System V 的 shmget 函數和 shmat 函數。

shm_open 函數的介面定義如下：

```
#include <sys/mman.h>
#include <sys/stat.h>
#include <fcntl.h>

int shm_open(const char *name, int oflag, mode_t mode);
```

這裡的 oflag 旗標要包含 O_RDONLY 或 O_RDWR 旗標位元，除此以外，可以選擇的旗標位元還有 O_CREAT（表示建立）、O_EXCL（配合 O_CREAT 表示排他建立）。另外一個旗標位元是 O_TRUNC，表示將共用記憶體的 size 截斷成 0。

mode 參數可配合 O_CREAT 旗標位元使用，用於設定共用記憶體的存取權限。如果僅僅是打開共用記憶體，則可以傳遞 0。mode 參數是 shm_open 必要參數。

shm_open 函式呼叫成功時，會回傳一個檔案控制碼。核心會自動設定 FD_CLOEXEC 旗標位元，即如果行程執行 exec 函數，則該檔案控制碼會被自動關閉。

因為共用記憶體是檔案，所以可以呼叫檔案相關的函數，如 fstat 函數、fchmod 函數和 fchwon 函數。其中最重要常用的函數要屬 ftruncate 函數。因為新建立的共用記憶體，預設大小總是 0。所以在呼叫 mmap 之前，需要先呼叫 ftruncate 函數，以調整檔案的大小。

```
#include <unistd.h>
int ftruncate(int fd, off_t length);
```

調整 size 之後，就可以呼叫 mmap 函數將共用記憶體映射到行程的位址空間。對於其他參與通信的行程，可能需要呼叫 fstat 介面來得到共用記憶體區的大小。

```
#include <sys/types.h>
#include <sys/stat.h>
#include <unistd.h>
int fstat(int fd, struct stat *buf);
```

透過該介面可以得到共用記憶體的大小。

在 mmap 將共用記憶體映射到行程的位址空間之後，就可以透過操作記憶體來通信。對這塊記憶體的所有修改，其他行程都可以看到。

結束通信任務後，可以透過呼叫 munmap 函數解除映射。如果徹底不需要共用記憶體了，可以透過 shm_unlink 函數來刪除。該函數的介面定義如下：

```
int shm_unlink(const char *name);
```

刪除一個共用記憶體物件，並不會影響既有的映射。核心維護有引用計數，當所有的行程都透過 munmap 解除映射之後，共用記憶體物件才會真正被刪除。

如果不執行 shm_unlink，共用記憶體物件中的資料則具有核心持久性。哪怕所有的行程都透過 munmap 解除映射，只要不呼叫 shm_unlink，其中的資料就不會丟失。當然，如果系統重啟，則其中的共用記憶體物件也就不復存在。

11.5.2　共用記憶體與 tmpfs

POSIX 共用記憶體是建立在 tmpfs 基礎之上的。事實上，System V 共用記憶體也是建立在 tmpfs 基礎上。

從 glibc 的角度來看，shm_open 的實作是非常簡單的：

```
#define SHMDIR (_PATH_DEV "shm/")

int
shm_open (const char *name, int oflag, mode_t mode)
{
    size_t namelen;
    char *fname;
    int fd;

    /*濾除使用者給出的名字中的一個或多個/字元*/
    while (name[0] == '/')
        ++name;

    if (name[0] == '\0')
    {
        /* The name "/" is not supported. */
        __set_errno (EINVAL);
        return -1;
    }

    /*這一部分是生成完整的路徑名*/
    namelen = strlen (name);
    fname = (char *) __alloca (sizeof SHMDIR - 1 + namelen + 1);
    __mempcpy (__mempcpy (fname, SHMDIR, sizeof SHMDIR - 1),
            name, namelen + 1);

    fd = open (name, oflag, mode);
    if (fd != -1)
    {
        /*給檔案控制碼設定 FD_CLOEXEC 旗標位元*/
        int flags = fcntl (fd, F_GETFD, 0);

        if (__builtin_expect (flags, 0) != -1)
        {
            flags |= FD_CLOEXEC;
            flags = fcntl (fd, F_SETFD, flags);
        }

        if (flags == -1)
        {
            /* Something went wrong. We cannot return the descriptor. */
```

```
            int save_errno = errno;
            close (fd);
            fd = -1;
            _set_errno (save_errno);
        }
    }

    return fd;
}
```

該函數就做了三件事：

1. 生成真正的檔案名：當使用者呼叫 shm_open 傳遞的檔案名為 name 時，檔案的全路徑是/dev/shm/name。

2. 建立或打開/dev/shm/name 檔案。

3. 給打開的檔案設定 FD_CLOEXEC 旗標位元。

前文曾不斷提及，mmap 才是關鍵，無論是透過 open 得到 fd 還是根據 shm_open 得到 fd，並沒有什麼本質的區別。看到 glibc 的 shm_open 實作後，我們更能夠理解這個觀點，的確沒有本質區別，shm_open，不過就是 open 披了一層外衣。

接下來可以講講 tmpfs 相關的內容了。在 shm_open 的實作中選擇/dev/shm 這個路徑並不是隨意而為之的。glibc 為了實作 POSIX 共用記憶體，需要將一個 tmpfs 掛載到/dev/shm 這個路徑下。

tmpfs 是一個記憶體檔案系統，該檔案系統可將所有的檔案內容保持在記憶體之中，而不會寫入到磁片等持久化的設備中。一旦 umount 或系統重啟，tmpfs 裡的內容就會全部丟失。

核心檔案 Documentation/filesystems/tmpfs.txt 中介紹了 tmpfs 的作用：

• 總是存在核心的內部掛載（internal mount），這個內部掛載並不相依於 CONFIG_TMPFS，哪怕 CONFIG_TMPFS 編譯選項沒有打開，也不會影響到該內部機制的存在。它的存在是為共用匿名映射和 System V 共用記憶體服務的。

• glibc 自 2.2 版本以來，為了實作 POSIX 共用記憶體的功能，需要一個掛載點為 /dev/ shm 的 tmpfs。

從文件中可以看出，無論是 POSIX 信號、System V 信號，還是共用匿名映射都是建立在 tmpfs 的基礎上的，如圖 11-24 所示。

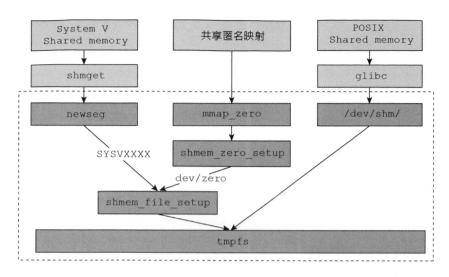

圖 11-24　共用記憶體與 tmpfs

對於 System V 共用記憶體而言，其核心是 tmpfs，外面封裝了一層用來管理 IPC 的鍵值。當呼叫 shmget 建立 System V 共用記憶體時，會呼叫 ipc/shm.c 中的 newseg 函數。該函數會呼叫位於 mm/shmem.c 檔案中的 shmem_file_setup 函數來建立一個與共用記憶體對應的 struct file。程式碼如下所示：

```
sprintf (name, "SYSV%08x", key);
if (shmflg & SHM_HUGETLB) {
    /* hugetlb_file_setup applies strict accounting */
    if (shmflg & SHM_NORESERVE)
        acctflag = VM_NORESERVE;
    file = hugetlb_file_setup(name, size, acctflag,
                    &shp->mlock_user, HUGETLB_SHMFS_INODE);
} else {
    if ((shmflg & SHM_NORESERVE) &&
            sysctl_overcommit_memory != OVERCOMMIT_NEVER)
        acctflag = VM_NORESERVE;
    file = shmem_file_setup(name, size, acctflag);
}
```

當呼叫 shmat 函數將 System V 共用記憶體 attach 到行程的位址空間時，核心會透過 do_mmap 函數，建立出基於該檔案的共用映射，提供給使用者使用。毫不意外，當使用者呼叫 shmdt 函數解除映射時，核心會呼叫 do_munmap。

在 Linux 實作中，傳統的 System V 共用記憶體雖然沒有呼叫 open-mmap-munmap 這套流程，但是內在的核心邏輯是一致的。shmget 獲得一個 tmpfs 的檔案實例，shmat 函數內部對應 mmap，而 shmdt 函數內部對應 munmap。

接下來分析共用匿名映射。建立共用匿名映射有兩條路，其中一條就是打開/dev/zero 檔案，將獲得的檔案控制碼 fd 傳遞給 mmap 函數。/dev/zero 是一個特殊的檔案，在 drivers/char/mem.c 中有如下內容：

```
static const struct memdev {
    const char *name;
    mode_t mode;
    const struct file_operations *fops;
    struct backing_dev_info *dev_info;
} devlist[] = {
    …
     [5] = { "zero", 0666, &zero_fops, &zero_bdi },
    …
}

static const struct file_operations zero_fops = {
    .llseek     = zero_lseek,
    .read       = read_zero,
    .write      = write_zero,
    .mmap       = mmap_zero,
};
```

如果打開/dev/zero 檔案，並將獲得的檔案控制碼 fd 傳給 mmap 系統呼叫，則核心中 mmap_region 函數中呼叫的 file->f_op->mmap 函數，實質上呼叫的是 mmap_zero 函數，而 mmap_zero 函數，不過是 shmem_zero_setup 函數的簡單封裝。

```
static int mmap_zero(struct file *file, struct vm_area_struct *vma)
{
#ifndef CONFIG_MMU
    return -ENOSYS;
#endif
    if (vma->vm_flags & VM_SHARED)
        return shmem_zero_setup(vma);
    return 0;
}
```

建立共用匿名映射的另外一條路是呼叫 mmap，傳遞-1 作為 fd 的值。這種情況下也會走到 shmem_zero_setup 函數。請看 mmap_region 函數中的如下程式碼：

```
if(file){
    ...
}else if (vm_flags & VM_SHARED) { /*共用匿名映射處理邏輯*/
    error = shmem_zero_setup(vma);
    if (error)
        goto free_vma;
}
```

殊途同歸，無論採用哪種方式建立共用匿名映射，最終都會呼叫 shmem_zero_setup 函數。而該函數僅僅是 shmem_file_setup 的簡單封裝。

POSIX 共用記憶體前面已經分析過，透過掛載到/dev/shm 路徑下的 tmpfs 來實作記憶體的共用。glibc 的 shm_open 用於建立一個檔案，並且透過 mmap 映射到行程的位址空間。

從上面的討論也可以看出，mmap 和 tmpfs 是隱藏在共用記憶體背後的終極 boss。無論是 System V 共用記憶體，還是 POSIX 共用記憶體，都擺脫不了 tmpfs 和 mmap。區別僅僅是 POSIX 共用記憶體很直接，就是直接在 tmpfs 下建立檔案，直接透過 mmap 使用記憶體區域，System V 共用記憶體穿了外衣，將 tmpfs 和 mmap 的相關操作隱藏到核心中。

若對 tmpfs 和共用記憶體感興趣，《淺析 Linux 共享內存和 tmpfs 》[27]是一篇不錯的參考文件。

---

[27] *http://hustcat.github.io/shared-memory-tmpfs/*。

CHAPTER

12

網路通信： 連接的建立

在網路時代，網路通訊程式設計已經是一個程式師必不可少的技能之一。幾乎所有的產品都會涉及網路操作或存取。在 Linux 程式設計環境中，系統提供 socket 為程式師提供統一的網路程式設計介面。

本書將對 socket 進行詳細的分析，由於篇幅較多，所以將內容分為三章來講述。本章主要講解與連接相關的分析，包括 socket、bind、connect、listen 和 accept 系統呼叫及相關的原始碼追蹤。這裡假設讀者有一定的 Linux 網路程式設計基礎，所以對於系統呼叫的解釋都是點到為止，只針對不常見或容易忽視的問題進行詳細說明。

12.1　socket 檔案控制碼

socket 翻譯成中文是插座、插槽的意思，而在網路程式設計中，其被翻譯為 "連線"。Linux 環境下，我們經常說 "一切皆檔案"。因此 socket 也被視為一種檔案控制碼。首先，來看看如何使用 socket 系統呼叫建立一個連線，程式碼如下：

```
#include <sys/types.h>          /* See NOTES */
#include <sys/socket.h>

int socket(int domain, int type, int protocol);
```

其中的參數解釋如下。

- domain：用於指示協定族名字，如 AF_INET 為 IPv4。
- type：用於指示類型，如基於串流通訊的 SOCK_STREAM。

- protocol：用於指示對於這種 socket 的實際協定類型。一般情況下，使用前兩個參數限定後，只會存在一種協定類型對應該情況。這時，可以將 protocol 設定為 0。但是在某些情況下，會存在多個協定類型，這時就必須指定實際的協定類型。

成功建立 socket 後，會回傳一個檔案控制碼。失敗時，該介面回傳-1。

那麼對於 Linux 核心來說，如何知道一個檔案控制碼是一個 socket，還是一個普通檔案呢？其實這個問題也可以擴展到核心如何知道一個檔案控制碼的實際類型，如何呼叫實際類型的操作函數呢？這仍然是 VFS 的魔力。

在第 1 章中，我們瞭解了檔案控制碼 fd 與核心檔案控制碼 struct file 之間的關係，後者是核心用於管理檔案的真正結構，其中的成員變數 file->f_op 為 VFS 支援的所有檔案操作。VFS 層無須關心該檔案 file 的實際類型，它會直接呼叫 file->f_op 中的操作函數（這樣的處理，與物件導向語言中的多型是類似的）。

對於 socket 來說，只要在建立 socket 時，將 file->f_op 設定為正確的 socket 操作函數即可。該操作是在 socket->sock_map_fd->sock_alloc_file 中完成的，程式碼如下：

```
static int sock_alloc_file(struct socket *sock, struct file **f, int flags)
{
    ...... ......

    /*
    申請一個 struct file，並將 socket_file_ops 作為參數來傳遞。
    在 alloc_file 中，會將 socket_file_ops 設定給 file->f_op。
    */
    file = alloc_file(&path, FMODE_READ | FMODE_WRITE,
        &socket_file_ops);
    ...... ......

    /*讓 sock->file 指向 file，完成 sock 和 file 的關聯*/
    sock->file = file;
    file->f_flags = O_RDWR | (flags & O_NONBLOCK);
    file->f_pos = 0;
    file->private_data = sock;

    *f = file;
    return fd;
}
```

儘管 Linux 核心是使用 C 語言編寫的，但是其應用了很多物件導向的設計概念。以這裡的 file 為例，核心利用 f_op（物件操作函數指標集合）指向實際物件的操作函數集合。這樣一來，對於 VFS 來說，就只須關心 struct file，而無須關心實際的對象類型了，它會在處理過程中，呼叫正確的處理函數。

12.2 綁定 IP 位址

在成功建立 socket 後，該 socket 僅僅是一個檔案控制碼，並沒有任何位址與之關聯。使用該 socket 發送資料封包時，由於該 socket 沒有任何 IP 位址，核心會根據策略自動選擇一個位址。但是，在某些情況下，我們需要手工指定 socket 使用哪個 IP 位址進行發送。這時，就需要使用 bind 系統呼叫。

12.2.1 bind 的使用

bind 系統呼叫的介面定義如下：

```
#include <sys/types.h>          /* See NOTES */
#include <sys/socket.h>

int bind(int sockfd, const struct sockaddr *addr, socklen_t addrlen);
```

其中的參數解釋如下。

- sockfd：表示要綁定位址的 socket 控制碼。
- addr：表示綁定到 socket 的位址。
- addrlen：表示綁定的位址長度。

回傳值 0 表示成功，-1 則表示錯誤。

因為 Linux 的 socket 是針對多種協定族的，而每個協定族都可以有不同的網址類別型。所以 Linux socket 關於位址的系統呼叫，統一使用了一個共用結構，並要求呼叫者將實際位址參數進行強制類型轉換，以此來避免編譯警告。

```
struct sockaddr {
    sa_family_t sa_family;
    char        sa_data[14];
}
```

因為每個協定族的網址類別型各不相同，所以需要透過參數 addrlen 來告訴核心這個位址的實際大小。

> struct sockaddr 資料類型會在 socket 涉及位址的所有介面中出現。這是因為 socket 介面要支援所有的協定族，所以涉及位址的地方都使用了一個統一的位址結構 struct sockaddr。

下面是一個簡單範例：

```
#include <stdlib.h>
#include <stdio.h>

#include <unistd.h>
```

```c
#include <sys/types.h>
#include <sys/socket.h>
#include <arpa/inet.h>

#define LOOPBACK_ADDR 0x7F000001
#define LISTEN_PORT        1234

int main(void)
{
    int sock;
    struct sockaddr_in addr;

sock = socket(AF_INET, SOCK_STREAM, 0);
    if (-1 == sock) {
        printf("Fail to create socket\n");
        goto err1;
    }

    addr.sin_family = AF_INET;
    addr.sin_addr.s_addr = htonl(LOOPBACK_ADDR);
    addr.sin_port = htons(LISTEN_PORT);

    if (0 != bind(sock, (struct sockaddr *)&addr, sizeof(addr))) {
        printf("Fail to bind\n");
        goto err2;
    }

    if (0 != listen(sock, 3)) {
        printf("Fail to listen\n");
        goto err2;
    }

    while (1) {
        sleep(3);
    }

    close(sock);
    return 0;

err2:
    close(sock);
err1:
    return -1;
}
```

在上面的範例中，我們建立了一個 TCP socket，並將 loopback 位址 127.0.0.1 和埠 1234 綁定到這個 socket 上。執行這個程式，然後透過 netstat 檢查監聽埠：

```
[fgao@ubuntu ~]#netstat -ant
Active Internet connections (servers and established)
Proto Recv-Q Send-Q Local Address  Foreign Address      State
tcp       0      0   127.0.0.1:1234     0.0.0.0:*        LISTEN
```

從上面的輸出可以看到，建立的 socket 已經成功地綁定指定的位址和埠。

12.2.2　bind 的原始碼分析

bind 原始碼入口位於 net/socket.c 中，如下所示：

```
SYSCALL_DEFINE3(bind, int, fd, struct sockaddr __user *, umyaddr, int, addrlen)
{
    struct socket *sock;
    struct sockaddr_storage address;
    int err, fput_needed;

    /*
    由檔案控制碼得到 socket 在核心中對應的結構 struct socket.
    前文已經介紹過 fd 與 struct socket 的關聯關係。
    */
    sock = sockfd_lookup_light(fd, &err, &fput_needed);
    if (sock) {
        /* umyaddr 是使用者層位址，這裡將其複製到核心空間 address 變數中*/
        err = move_addr_to_kernel(umyaddr, addrlen, (struct sockaddr *)&address);
        if (err >= 0) {
            /*對 bind 動作進行安全性檢查*/
            err = security_socket_bind(sock,
                    (struct sockaddr *)&address,
                    addrlen);
            if (!err) {
                /*呼叫對應協定的 bind 動作*/
                err = sock->ops->bind(sock,
                        (struct sockaddr *)
                        &address, addrlen);
            }
        }
        fput_light(sock->file, fput_needed);
    }
    return err;
}
```

在 bind 的呼叫中，根據不同的協定呼叫不同的實作函數（Linux 的核心程式碼中，大量使用這種物件導向的設計思路）。對於 AF_INET 協定族來說，無論是連線導向的 SOCK_STREAM 類型，還是 SOCK_DGRAM 協定類型，其實作函數均是 inet_bind。接下來看 inet_bind 的實際實作：

```
int inet_bind(struct socket *sock, struct sockaddr *uaddr, int addr_len)
{
    struct sockaddr_in *addr = (struct sockaddr_in *)uaddr;
    struct sock *sk = sock->sk;
    struct inet_sock *inet = inet_sk(sk);
    unsigned short snum;
    int chk_addr_ret;
    int err;

    /*
    如果實際協定實作 bind 函數，則呼叫協定的 bind 函數。AF_INET 協定族中，只有 IPPROTO_ICMP
    和 IPPROTO_IP 實作了自己的 bind 函數，IPPROTO_TCP 和 IPPROTO_UDP 都使用 AF_INET 通用的函
```

```
數，即這個 inet_bind。
*/
if (sk->sk_prot->bind) {
    err = sk->sk_prot->bind(sk, uaddr, addr_len);
    goto out;
}
err = -EINVAL;
/* 檢查位址長度*/
if (addr_len < sizeof(struct sockaddr_in))
    goto out;

if (addr->sin_family != AF_INET) {
    /* 本來要求位址的協定族要與 sock 相同，必須為 AF_INET，但是這裡有個相容性問題。允許協
       議族為 AF_UNSPEC 並且位址為 INADDR_ANY 的任意位址*/
    err = -EAFNOSUPPORT;
    if (addr->sin_family != AF_UNSPEC ||
        addr->sin_addr.s_addr != htonl(INADDR_ANY))
        goto out;
}

/*判斷網址類別型*/
chk_addr_ret = inet_addr_type(sock_net(sk), addr->sin_addr.s_addr);

err = -EADDRNOTAVAIL;
/*
sysctl_ip_nonlocal_bind 系統控制開關，允許 bind 非本地 IP；inet->freebind 為一個
socket 選項，允許該 socket bind 任意 IP；在上面這些變數均不成立時，指定位址又不是任意的
本地位址 INADDR_ANY，網址類別型又不是本地網址類別型，多播或廣播時，則 bind 失敗。
*/
if (!sysctl_ip_nonlocal_bind &&
    !(inet->freebind || inet->transparent) &&
    addr->sin_addr.s_addr != htonl(INADDR_ANY) &&
    chk_addr_ret != RTN_LOCAL &&
    chk_addr_ret != RTN_MULTICAST &&
    chk_addr_ret != RTN_BROADCAST)
    goto out;

snum = ntohs(addr->sin_port);
err = -EACCES;
/*如果來源埠小於 PROT_SOCK(1024)，則需要檢查使用者是否有許可權建立知名埠*/
if (snum && snum < PROT_SOCK && !capable(CAP_NET_BIND_SERVICE))
    goto out;

lock_sock(sk);

err = -EINVAL;
/*確保 socket 不會被 bind 兩次*/
if (sk->sk_state != TCP_CLOSE || inet->inet_num)
    goto out_release_sock;

/*使用參數設定 socket 的接收和發送位址*/
inet->inet_rcv_saddr = inet->inet_saddr = addr->sin_addr.s_addr;
/*如果參數位址是多播或廣播類型，則重置發送來源位址為 0，表示在發送時，使用的是設備位址*/
```

```
    if (chk_addr_ret == RTN_MULTICAST || chk_addr_ret == RTN_BROADCAST)
        inet->inet_saddr = 0;  /* Use device */

    /*
    呼叫協定自訂的操作函數 get_port，判斷該埠是否可以使用。
    雖然這裡是一個查詢的動作，但是卻會有修改的動作。
    當該埠可以使用時，會讓 inet_sk(sk)->inet_num = snum;
    這樣做，是因為查詢動作已經獲得鎖。在確定可以使用該埠時，直接修
    改 inet_num，這樣既可以保證設定埠的原子性，同時還可以提高性能
    */
    if (sk->sk_prot->get_port(sk, snum)) {
        inet->inet_saddr = inet->inet_rcv_saddr = 0;
        err = -EADDRINUSE;
        goto out_release_sock;
    }

    /*如果設定 bind 位址，則設定相應的旗標*/
    if (inet->inet_rcv_saddr)
        sk->sk_userlocks |= SOCK_BINDADDR_LOCK;
    /*如果設定來源埠，則設定相應的旗標*/
    if (snum)
        sk->sk_userlocks |= SOCK_BINDPORT_LOCK;

    /*設定 inet_sport，其為網路序*/
    inet->inet_sport = htons(inet->inet_num);
    /*重置目的位址和埠*/
    inet->inet_daddr = 0;
    inet->inet_dport = 0;
    /*重置該 socket 的路由信息*/
    sk_dst_reset(sk);
    err = 0;
out_release_sock:
    release_sock(sk);
out:
    return err;
}
```

無論是 APUE 還是 man 說明文件，在講解 bind 的時候都有點問題，或有偏差，或不夠詳盡。從上面的原始碼我們知道，透過使用系統控制開關 sysctl_ip_nonlocal_bind 或 socket 選項可以讓 socket bind 一個非本機位址。但 APUE 卻說 socket 只能綁定本機的有效位址──當然這也是由於 APUE 距現在的時間太久，而 man 說明文件都沒有提及非本機位址的事情。

12.3 使用者端連接過程

12.3.1 connect 的使用

connect 的原型為：

```
#include <sys/types.h>            /* See NOTES */
#include <sys/socket.h>

int connect(int sockfd, const struct sockaddr *addr,
                        socklen_t addrlen);
```

其中的參數解釋如下：

- int sockfd：socket 控制碼。

- const struct sockaddr *addr：要連接的位址。

- socklen_t addrlen：要連接的位址長度。

回傳值 0 表示成功，-1 表示失敗。

connect 的用途是使用指定的 socket 去連接指定的位址。對於連線導向的協定（socket 類型為 SOCK_STREAM），connect 只能成功一次（當然要如此，因為真正的連接已經建立了）。如果重複呼叫 connect，會回傳-1 表示失敗，同時錯誤碼為 EISCONN。而對於非連線導向的協定（socket 類型為 SOCK_DGRAM），則可以執行多次 connect（因為這時的 connect 僅僅是設定預設的目的位址）。

對於 TCP socket 來說，connect 實際上是要真正地進行三次握手，所以其預設是一個阻塞操作。是否可以寫一個非阻塞的 TCP connect 程式碼呢？這是一個合格的網路開發工程師的基本功，實際的實作可以參看 UNPv1 的實作。更重要的是要理解其原理，這樣才能在需要的時候，信手拈來。

12.3.2 connect 的原始碼分析

connect 的原始碼入口位於 socket.c，程式碼如下：

```
SYSCALL_DEFINE3(connect, int, fd, struct sockaddr __user *, uservaddr,
        int, addrlen)
{
    struct socket *sock;
    struct sockaddr_storage address;
    int err, fput_needed;

    /*透過 socket 檔案控制碼獲得對應的 struct socket */
    sock = sockfd_lookup_light(fd, &err, &fput_needed);
    if (!sock)
        goto out;
    /*將使用者空間位址複製到核心空間變數 address 中*/
```

```
    err = move_addr_to_kernel(uservaddr, addrlen, (struct sockaddr *)&address);
    if (err < 0)
        goto out_put;

    /*安全性檢查*/
    err =
        security_socket_connect(sock, (struct sockaddr *)&address, addrlen);
    if (err)
        goto out_put;

    /*與 bind 類似，呼叫與協定族對應的 connect 操作函數*/
    err = sock->ops->connect(sock, (struct sockaddr *)&address, addrlen,
                sock->file->f_flags);
out_put:
    fput_light(sock->file, fput_needed);
out:
    return err;
}
```

對於 AF_INET 協定族來說，連線導向的協定類型是 SOCK_STREAM，其連接函數為 inet_stream_connect，而非連線導向的協定類型 SOCK_DGRAM，其連接函數為 inet_dgram_connect。這很合理，因為從 connect 的功能實作上看，兩者的實作效果完全不同。

讓我們先從簡單的 inet_dgram_connect 入手。

```
int inet_dgram_connect(struct socket *sock, struct sockaddr * uaddr,
            int addr_len, int flags)
{
    struct sock *sk = sock->sk;

    /*長度合法性檢查*/
    if (addr_len < sizeof(uaddr->sa_family))
        return -EINVAL;
    /*如果協定族為 AF_UNSPEC，則先執行 disconnect */
    if (uaddr->sa_family == AF_UNSPEC)
        return sk->sk_prot->disconnect(sk, flags);

    /*如果該 socket 沒有指定來源埠，並且系統自動綁定埠失敗，則回傳錯誤*/
    if (!inet_sk(sk)->inet_num && inet_autobind(sk))
        return -EAGAIN;

        /*呼叫實際協定的 connect 實作函數*/
        return sk->sk_prot->connect(sk, (struct sockaddr *)uaddr, addr_len);
}
```

udp_prot 是 UDP 協定中所有自訂操作函數的集合。其 connect 的實作函數為 ip4_datagram_connect。

```
int ip4_datagram_connect(struct sock *sk, struct sockaddr *uaddr, int addr_len)
{
    struct inet_sock *inet = inet_sk(sk);
    struct sockaddr_in *usin = (struct sockaddr_in *) uaddr;
```

```
struct flowi4 *fl4;
struct rtable *rt;
__be32 saddr;
int oif;
int err;

/*位址的長度性檢查*/
if (addr_len < sizeof(*usin))
    return -EINVAL;

/*檢查是否為 AF_INET 協定族*/
if (usin->sin_family != AF_INET)
    return -EAFNOSUPPORT;
/*
因為 connect 會改變目的位址，所有 socket 中保存的路由緩衝已經無用，必須重置。
*/
sk_dst_reset(sk);

lock_sock(sk);

/*得到 socket 綁定的發送介面*/
oif = sk->sk_bound_dev_if;
saddr = inet->inet_saddr;
/*在目的位址是多播位址的情況下，
如果該 socket 沒有綁定網卡，則出口網卡為設定的多播網卡索引；
如果該 socket 沒有綁定來源 IP，則使用設定的多播來源位址；
*/
if (ipv4_is_multicast(usin->sin_addr.s_addr)) {
    if (!oif)
        oif = inet->mc_index;
    if (!saddr)
        saddr = inet->mc_addr;
}
/*判斷設定的目的位址是否存在正確的路由*/
fl4 = &inet->cork.fl.u.ip4;
rt = ip_route_connect(fl4, usin->sin_addr.s_addr, saddr,
            RT_CONN_FLAGS(sk), oif,
            sk->sk_protocol,
            inet->inet_sport, usin->sin_port, sk, true);
if (IS_ERR(rt)) {
    err = PTR_ERR(rt);
    if (err == -ENETUNREACH)
        IP_INC_STATS_BH(sock_net(sk), IPSTATS_MIB_OUTNOROUTES);
    goto out;
}

/*如果路由是廣播類型，而 socket 不是廣播類型，則出錯*/
if ((rt->rt_flags & RTCF_BROADCAST) && !sock_flag(sk, SOCK_BROADCAST)) {
    ip_rt_put(rt);
    err = -EACCES;
    goto out;
}
/*如果 socket 沒有設定發送位址或接收位址，則使用對應路由的來源位址*/
if (!inet->inet_saddr)
    inet->inet_saddr = fl4->saddr;  /* Update source address */
```

```
    if (!inet->inet_rcv_saddr) {
        inet->inet_rcv_saddr = fl4->saddr;
        if (sk->sk_prot->rehash)
            sk->sk_prot->rehash(sk);
    }

    /*設定目的位址和埠*/
    inet->inet_daddr = fl4->daddr;
    inet->inet_dport = usin->sin_port;
    sk->sk_state = TCP_ESTABLISHED;
    inet->inet_id = jiffies;
    /*重新設定路由資訊*/
    sk_dst_set(sk, &rt->dst);
    err = 0;
out:
    release_sock(sk);
    return err;
}
```

由於功能比較簡單，所以 UDP 的 connect 實作原始碼也一目了然，可以看到，只是設定目的 IP、埠和路由資訊。下面對比一下 TCP 的 connect 實作，其實作比 UDP 要複雜得多，程式碼如下：

```
int inet_stream_connect(struct socket *sock, struct sockaddr *uaddr,
            int addr_len, int flags)
{
    /*
    從 socket 結構獲得 sock 結構，後者是核心真正用於管理網路層的 socket 結構
    */
    struct sock *sk = sock->sk;
    int err;
    long timeo;
    /*位址長度檢查*/
    if (addr_len < sizeof(uaddr->sa_family))
        return -EINVAL;

    lock_sock(sk);

    /*對 AF_UNSPEC 相容性處理*/
    if (uaddr->sa_family == AF_UNSPEC) {
        err = sk->sk_prot->disconnect(sk, flags);
        sock->state = err ? SS_DISCONNECTING : SS_UNCONNECTED;
        goto out;
    }

    /*因為 STREAM 協定是有連接狀態的，所以需要對 socket 進行狀態檢查*/
    switch (sock->state) {
    default:
        err = -EINVAL;
        goto out;
    /*若連接已經建立，則回傳錯誤*/
    case SS_CONNECTED:
        err = -EISCONN;
        goto out;
```

```
                /*若連接正在進行中，則回傳錯誤*/
                case SS_CONNECTING:
                    err = -EALREADY;
                    /* Fall out of switch with err, set for this state */
                    break;
                /*目前為未連接狀態*/
                case SS_UNCONNECTED:
                    err = -EISCONN;
                    /* sock 的狀態是未連接，但是 socket 的 sk_state 卻不是關閉狀態，
                    此時無法進行連接*/
                    if (sk->sk_state != TCP_CLOSE)
                        goto out;
                    /*
                    每種實際的協定都有自己的實作，需要產生連接，所以呼叫實際協定的實作函數。
                    */
                    err = sk->sk_prot->connect(sk, uaddr, addr_len);
                    if (err < 0)
                        goto out;

                    /*將 sock 狀態更改為正在連接中*/
                    sock->state = SS_CONNECTING;

                    /* Just entered SS_CONNECTING state; the only
                     * difference is that return value in non-blocking
                     * case is EINPROGRESS, rather than EALREADY.
                     */
                    /*將錯誤碼設定為 EINPROGRESS，表示正在連接中。
                    當 connect 為非阻塞時，就會回傳這個錯誤*/
                    err = -EINPROGRESS;
                    break;
            }
            /*
            檢查是否需要連接逾時。若設定了非阻塞旗標，則 timeo 為假。
            若設定阻塞旗標，則 timeo 為真。
            */
            timeo = sock_sndtimeo(sk, flags & O_NONBLOCK);

            /*目前連接狀態為正在連接的狀態（即剛發送 syn 或收到 syn）*/
            if ((1 << sk->sk_state) & (TCPF_SYN_SENT | TCPF_SYN_RECV)){
                /*如果沒有超時旗標或連接逾時或失敗，則回傳*/
                if (!timeo || !inet_wait_for_connect(sk, timeo))
                    goto out;

                /*判斷是否由於信號導致等待連接退出*/
                err = sock_intr_errno(timeo);
                /*如果有未處理的信號，則回傳失敗，表示信號中斷連接*/
                if (signal_pending(current))
                    goto out;
            }

            /*連接被關閉了。原因可能是對端 RST、超時等*/
            if (sk->sk_state == TCP_CLOSE)
                goto sock_error;

            /*至此，連接成功*/
```

```
    sock->state = SS_CONNECTED;
    err = 0;
out:
    release_sock(sk);
return err;

sock_error:
    err = sock_error(sk) ? : -ECONNABORTED;
    sock->state = SS_UNCONNECTED;
    if (sk->sk_prot->disconnect(sk, flags))
    sock->state = SS_DISCONNECTING;
        goto out;
}
```

接下來，就需要進入 TCP 協定自訂的 connect 函數 tcp_v4_connect 了，程式碼如下：

```
int tcp_v4_connect(struct sock *sk, struct sockaddr *uaddr, int addr_len)
{
    struct sockaddr_in *usin = (struct sockaddr_in *)uaddr;
    struct inet_sock *inet = inet_sk(sk);
    struct tcp_sock *tp = tcp_sk(sk);
    __be16 orig_sport, orig_dport;
    __be32 daddr, nexthop;
    struct flowi4 *fl4;
    struct rtable *rt;
    int err;
    struct ip_options_rcu *inet_opt;

    /*位址長度檢查*/
    if (addr_len < sizeof(struct sockaddr_in))
        return -EINVAL;
    /*協定族類型檢查*/
    if (usin->sin_family != AF_INET)
        return -EAFNOSUPPORT;

    /*設定下一跳和目的位址*/
    nexthop = daddr = usin->sin_addr.s_addr;
    /*獲得 IP 選項*/
    inet_opt = rcu_dereference_protected(inet->inet_opt,
                        sock_owned_by_user(sk));
    /*如果有嚴格來源路由的 IP 選項*/
    if (inet_opt && inet_opt->opt.srr) {
        /*若位址為 0，則回傳錯誤*/
        if (!daddr)
            return -EINVAL;
        /*
        因為嚴格源路由的 IP 選項，所以下一跳要設定為選項中的第一跳位址
        */
        nexthop = inet_opt->opt.faddr;
    }

    /*設定來源埠和目的埠*/
    orig_sport = inet->inet_sport;
    orig_dport = usin->sin_port;
    fl4 = &inet->cork.fl.u.ip4;
```

```
/*查詢路由*/
rt = ip_route_connect(fl4, nexthop, inet->inet_saddr,
                RT_CONN_FLAGS(sk), sk->sk_bound_dev_if,
                IPPROTO_TCP,
                orig_sport, orig_dport, sk, true);
/*如果查詢路由失敗，則回傳錯誤*/
if (IS_ERR(rt)) {
    err = PTR_ERR(rt);
    if (err == -ENETUNREACH)
        IP_INC_STATS_BH(sock_net(sk), IPSTATS_MIB_OUTNOROUTES);
    return err;
}

/*如果路由是多播或廣播路由，則回傳錯誤*/
if (rt->rt_flags & (RTCF_MULTICAST | RTCF_BROADCAST)) {
    ip_rt_put(rt);
    return -ENETUNREACH;
}

/*如果沒有 IP 選項或沒有設定嚴格路由，那麼目的位址即為路由結果的目的位址*/
if (!inet_opt || !inet_opt->opt.srr)
    daddr = fl4->daddr;

/*如果沒有設定來源位址，則使用路由結果的來源位址*/
if (!inet->inet_saddr)
    inet->inet_saddr = fl4->saddr;
/*socket 的接收位址即為來源位址*/
inet->inet_rcv_saddr = inet->inet_saddr;

/*
若保存的 TCP 選項有時間戳記，並且目的位址與要連接的位址不同，
則需要重置時間戳記及相關變數
*/
if (tp->rx_opt.ts_recent_stamp && inet->inet_daddr != daddr) {
    /* Reset inherited state */
    tp->rx_opt.ts_recent       = 0;
    tp->rx_opt.ts_recent_stamp = 0;
    tp->write_seq              = 0;
}

/*允許快速重用 socket，並且如果上次連接的目的位址與這次相同，但沒有時間
戳資訊，則嘗試從對端 peer 中獲得時間戳記資訊*/
if (tcp_death_row.sysctl_tw_recycle &&
    !tp->rx_opt.ts_recent_stamp && fl4->daddr == daddr) {
    struct inet_peer *peer = rt_get_peer(rt, fl4->daddr);

    /*如果有對端資訊*/
    if (peer) {
        inet_peer_refcheck(peer);
        /*如果對端保存的時間戳記資訊還沒有過期*/
        if ((u32)get_seconds() - peer->tcp_ts_stamp <= TCP_PAWS_MSL) {
            /*
            利用對端保存的時間戳記資訊初始化目前 socket 的時間戳記選項
            */
            tp->rx_opt.ts_recent_stamp = peer->tcp_ts_stamp;
```

```
                    tp->rx_opt.ts_recent = peer->tcp_ts;
            }
        }
    }


    /*設定目的埠和位址*/
    inet->inet_dport = usin->sin_port;
    inet->inet_daddr = daddr;

    /*設定 IP 標頭的選項長度*/
    inet_csk(sk)->icsk_ext_hdr_len = 0;
    if (inet_opt)
        inet_csk(sk)->icsk_ext_hdr_len = inet_opt->opt.optlen;

    /*初始化 MSS */
    tp->rx_opt.mss_clamp = TCP_MSS_DEFAULT;

    /*設定 TCP 的狀態為 SYN_SENT，即發送了 SYN 封包*/
    tcp_set_state(sk, TCP_SYN_SENT);
    /*將 socket 加入到 hash 表中，並分配來源埠*/
    err = inet_hash_connect(&tcp_death_row, sk);
    if (err)
        goto failure;

    /*檢查來源埠或目的埠是否發生變化，如果發生變化則重新查詢路由*/
    rt = ip_route_newports(fl4, rt, orig_sport, orig_dport,
                inet->inet_sport, inet->inet_dport, sk);
    if (IS_ERR(rt)) {
        err = PTR_ERR(rt);
        rt = NULL;
        goto failure;
    }
    /*現在確定了路由，可以查看路由的網卡功能，來設定 GSO 功能*/
    sk->sk_gso_type = SKB_GSO_TCPV4;
    sk_setup_caps(sk, &rt->dst);

    /*如果沒有設定初始的序號，則根據雙方位址，隨機生成埠*/
    if (!tp->write_seq)
        tp->write_seq = secure_tcp_sequence_number(inet->inet_saddr,
                                                   inet->inet_daddr,
                                                   inet->inet_sport,
                                                   usin->sin_port);

    /*
    利用初始序號和目前時間，生成 inet_id，該 ID 用於生成 IP 報文的 ID 值
    */
    inet->inet_id = tp->write_seq ^ jiffies;

    /*一切準備工作完畢，tcp_connect 生成 SYN 報文並發送*/
    err = tcp_connect(sk);
    rt = NULL;
    if (err)
        goto failure;

    return 0;
```

```
failure:
    /*
     * This unhashes the socket and releases the local port,
     * if necessary.
     */
    tcp_set_state(sk, TCP_CLOSE);
    ip_rt_put(rt);
    sk->sk_route_caps = 0;
    inet->inet_dport = 0;
    return err;
}
```

下面來分析 tcp_connect，看看核心是如何發送 SYN 封包，程式碼如下：

```
int tcp_connect(struct sock *sk)
{
    struct tcp_sock *tp = tcp_sk(sk);
    struct sk_buff *buff;
    int err;

    /*初始化 TCP 連接控制結構*/
    tcp_connect_init(sk);

    /*申請報文記憶體*/
    buff = alloc_skb_fclone(MAX_TCP_HEADER + 15, sk->sk_allocation);
    if (unlikely(buff == NULL))
        return -ENOBUFS;

    /*目前我們不知道後面會填充哪些 TCP 選項，所以直接在 skb 的首部保
      留 TCP 協定的最大長度，從而保證足夠的空間，避免重新分配記憶體。*/
    skb_reserve(buff, MAX_TCP_HEADER);

    tp->snd_nxt = tp->write_seq;
    /*初始化報文*/
    tcp_init_nondata_skb(buff, tp->write_seq++, TCPHDR_SYN);
    TCP_ECN_send_syn(sk, buff);

    /*設定 TCP 控制結構相關的發送變數，並發送該 SYN 報文*/
    TCP_SKB_CB(buff)->when = tcp_time_stamp;
    tp->retrans_stamp = TCP_SKB_CB(buff)->when;
    skb_header_release(buff);
    __tcp_add_write_queue_tail(sk, buff);
    sk->sk_wmem_queued += buff->truesize;
    sk_mem_charge(sk, buff->truesize);
    tp->packets_out += tcp_skb_pcount(buff);
    err = tcp_transmit_skb(sk, buff, 1, sk->sk_allocation);
    if (err == -ECONNREFUSED)
        return err;

    /* We change tp->snd_nxt after the tcp_transmit_skb() call
     * in order to make this packet get counted in tcpOutSegs.
     */
    tp->snd_nxt = tp->write_seq;
    tp->pushed_seq = tp->write_seq;
```

```
    TCP_INC_STATS(sock_net(sk), TCP_MIB_ACTIVEOPENS);

    /*重置與該 TCP socket 對應的重傳計時器*/
    inet_csk_reset_xmit_timer(sk, ICSK_TIME_RETRANS,
        inet_csk(sk)->icsk_rto, TCP_RTO_MAX);
    return 0;
}
```

至此，TCP 的連接過程已經分析完畢，其中涉及的某些過程會在後面進行實際分析。

12.4　伺服器端連接過程

12.4.1　listen 的使用

伺服器端用 listen 來監聽埠，其原型為：

```
#include <sys/types.h>            /* See NOTES */
#include <sys/socket.h>

int listen(int sockfd, int backlog);
```

其中的參數解釋如下：

- 數 int sockfd：成功建立的 TCP socket。
- nt backlog ：定義 TCP 未處理連接的佇列長度。該佇列雖然已經完成三次握手，但伺服器端還沒有執行 accept 的連接。APUE 中說，backlog 只是一個提示，實際的數值實際上是由系統來決定的。後面會透過學習核心原始碼來確定這一點。

函數的回傳值為 0，表示成功；-1 表示失敗。

12.4.2　listen 的原始碼分析

listen 的原始碼入口位於 socket.c，程式碼如下：

```
SYSCALL_DEFINE2(listen, int, fd, int, backlog)
{
    struct socket *sock;
    int err, fput_needed;
    int somaxconn;

    /*從檔案控制碼得到 socket 結構*/
    sock = sockfd_lookup_light(fd, &err, &fput_needed);
    if (sock) {
        /*得到系統設定的最大未處理連接佇列長度*/
        somaxconn = sock_net(sock->sk)->core.sysctl_somaxconn;
        /*
        如果使用者指定的參數 backlog 大於系統最大值，則使用系統最大值
        */
        if ((unsigned)backlog > somaxconn)
```

```
            backlog = somaxconn;

    /*進行安全性檢查*/
    err = security_socket_listen(sock, backlog);
    /*透過檢查後，就呼叫指定協定族的 listen 實作函數*/
    if (!err)
        err = sock->ops->listen(sock, backlog);

        fput_light(sock->file, fput_needed);
    }
    return err;
}
```

AF_INET 協定族的 listen 實作函數為 inet_listen，程式碼如下：

```
int inet_listen(struct socket *sock, int backlog)
{
    struct sock *sk = sock->sk;
    unsigned char old_state;
    int err;

    lock_sock(sk);

    err = -EINVAL;
    /*如果 socket 狀態不是未連接或不是基於串流的 socket，則回傳錯誤*/
    if (sock->state != SS_UNCONNECTED || sock->type != SOCK_STREAM)
        goto out;

    /*得到之前的 TCP 連接狀態*/
    old_state = sk->sk_state;
    /*如果之前的狀態不是關閉或監聽，則回傳錯誤*/
    if (!((1 << old_state) & (TCPF_CLOSE | TCPF_LISTEN)))
        goto out;

    /*
    經過前面的狀態過濾，這裡只可能是關閉或監聽狀態。
    如果目前已經是監聽狀態，那麼我們只須改變 backlog 的值；
    如果是關閉狀態，則需要真正地啟動監聽操作。
    */
    if (old_state != TCP_LISTEN) {
        err = inet_csk_listen_start(sk, backlog);
        if (err)
            goto out;
    }
    /*更新 backlog 的值*/
    sk->sk_max_ack_backlog = backlog;
    err = 0;

out:
    release_sock(sk);
    return err;
}
```

接下來進入 inet_csk_listen_start，程式碼如下：

```c
int inet_csk_listen_start(struct sock *sk, const int nr_table_entries)
{
    struct inet_sock *inet = inet_sk(sk);
    struct inet_connection_sock *icsk = inet_csk(sk);
    /*為連接請求佇列申請空間*/
    int rc = reqsk_queue_alloc(&icsk->icsk_accept_queue, nr_table_entries);

    if (rc != 0)
        return rc;

    /*初始化工作*/
    sk->sk_max_ack_backlog = 0;
    sk->sk_ack_backlog = 0;
    inet_csk_delack_init(sk);

    /*
    雖然這裡是先將連接的狀態設為了監聽狀態，看似有一個競爭時間視窗。但實際上只有在 get_port
    成功以後，該 socket 才被加入到雜湊表中—從系統的角度看，socket 加入到雜湊表中後，才會真正
    處於監聽狀態，可以接受連接請求。因此實際上並沒有競爭發生
    */
    sk->sk_state = TCP_LISTEN;
    /*使用 get_port 進行埠綁定*/
    if (!sk->sk_prot->get_port(sk, inet->inet_num)) {
        /*設定來源埠*/
        inet->inet_sport = htons(inet->inet_num);
        /*清除路由緩衝*/
        sk_dst_reset(sk);
        /*將 socket 加入到雜湊表中，這時才可以接受新連接*/
        sk->sk_prot->hash(sk);

        return 0;
    }

    /*綁定埠失敗，則設定連接未關閉狀態*/
    sk->sk_state = TCP_CLOSE;
    /*釋放連接請求佇列空間*/
    __reqsk_queue_destroy(&icsk->icsk_accept_queue);
    return -EADDRINUSE;
}
```

現在伺服器端已經處於監聽狀態，可以接收使用者端的連接請求。同時，透過原始碼追蹤，也可以發現在第二個參數不超過系統限制的最大值的情況下，核心已直接使用其值作為已連接佇列的長度。

12.4.3　accept 的使用

accept 用於從指定 socket 的連接佇列中取出第一個連接，並回傳一個新的 socket 用於與使用者端進行通信，範例程式如下：

```
#include <sys/types.h>           /* See NOTES */
#include <sys/socket.h>

int accept(int sockfd, struct sockaddr *addr, socklen_t *addrlen);
int accept4(int sockfd, struct sockaddr *addr,
socklen_t *addrlen, int flags);
```

其中的參數解釋如下：

- int sockfd：處於監聽狀態的 socket。

- struct sockaddr *addr：用於保存對端的位址資訊。

- socklen_t *addrlen：是一個輸入輸出值。呼叫者將其初始化為 addr 緩衝的大小，accept 回傳時，會將其設定為 addr 的大小。

- int flags：是新引入的系統呼叫 accept4 的旗標位元；目前支援 SOCK_NONBLOCK 和 SOCK_CLOEXEC。

關於回傳值，若執行成功，則回傳一個非負的檔案控制碼；若失敗則回傳-1。

 若不關心對端位址資訊，則可以將 addr 和 addrlen 設定為 NULL。

12.4.4 accept 的原始碼分析

accept 的原始碼入口位於檔案 socket.c，程式碼如下：

```
SYSCALL_DEFINE3(accept, int, fd, struct sockaddr __user *, upeer_sockaddr,
        int __user *, upeer_addrlen)
{
    return sys_accept4(fd, upeer_sockaddr, upeer_addrlen, 0);
}
```

進入 sys_accept4，程式碼如下：

```
SYSCALL_DEFINE4(accept4, int, fd, struct sockaddr __user *, upeer_sockaddr,
    int __user *, upeer_addrlen, int, flags)
{
    struct socket *sock, *newsock;
    struct file *newfile;
    int err, len, newfd, fput_needed;
    struct sockaddr_storage address;

    /*檢查不支援的旗標*/
    if (flags & ~(SOCK_CLOEXEC | SOCK_NONBLOCK))
        return -EINVAL;

    /*保證設定的非阻塞旗標 SOCK_NONBLOCK 與 O_NONBLOCK 相同*/
    if (SOCK_NONBLOCK != O_NONBLOCK && (flags & SOCK_NONBLOCK))
        flags = (flags & ~SOCK_NONBLOCK) | O_NONBLOCK;
```

```
/*透過檔案控制碼獲得 socket 結構*/
sock = sockfd_lookup_light(fd, &err, &fput_needed);
if (!sock)
    goto out;

err = -ENFILE;
/*申請一個新的 socket 結構*/
newsock = sock_alloc();
if (!newsock)
    goto out_put;

/*新的 socket 的類型和操作函數與監聽 socket 一致*/
newsock->type = sock->type;
newsock->ops = sock->ops;

/*這裡必須增加該 socket 模組的引用計數。這是因為這個 socket 模組可能不是 Linux 核心內建的，
    為了保證在 socket 的使用過程中，該模組不會被意外卸載，所以，在建立 socket 時，需要增加相應
    的模組計數*/
__module_get(newsock->ops->owner);

/*為新的 socket 類型，申請一個新的檔案控制碼*/
newfd = sock_alloc_file(newsock, &newfile, flags);
if (unlikely(newfd < 0)) {
    err = newfd;
    sock_release(newsock);
    goto out_put;
}

/*對 accept 操作進行安全性檢查*/
err = security_socket_accept(sock, newsock);
if (err)
    goto out_fd;

/*執行協定族的 accept 操作函數*/
err = sock->ops->accept(sock, newsock, sock->file->f_flags);
if (err < 0)
    goto out_fd;

/*使用者想獲得對端位址*/
if (upeer_sockaddr) {
    /*獲得對端位址*/
    if (newsock->ops->getname(newsock, (struct sockaddr *)&address,
                    &len, 2) < 0) {
        err = -ECONNABORTED;
        goto out_fd;
    }
    /*將得到的位址複製到使用者層*/
    err = move_addr_to_user((struct sockaddr *)&address,
            len, upeer_sockaddr, upeer_addrlen);
    if (err < 0)
        goto out_fd;
}
```

```
    /*將檔案控制碼newfd和檔案管理結構newfile安裝到控制碼表中*/
    fd_install(newfd, newfile);
    /*此時，已保證accept成功執行，將newfd賦給err，並在後面回傳err */
    err = newfd;

out_put:
    fput_light(sock->file, fput_needed);
out:
    return err;
out_fd:
    fput(newfile);
    put_unused_fd(newfd);
    goto out_put;
}
```

對於 AF_INET 協定族，accept 的實作函數為 inet_accept，程式碼如下：

```
int inet_accept(struct socket *sock, struct socket *newsock, int flags)
{
    struct sock *sk1 = sock->sk;
    int err = -EINVAL;
    /*呼叫實際協定的accept操作，並得到新的sock結構*/
    struct sock *sk2 = sk1->sk_prot->accept(sk1, flags, &err);

    if (!sk2)
        goto do_err;

    /*鎖住新的sk2 */
    lock_sock(sk2);

    /*記錄RFS資訊*/
    sock_rps_record_flow(sk2);
    WARN_ON(!((1 << sk2->sk_state) &
            (TCPF_ESTABLISHED | TCPF_CLOSE_WAIT | TCPF_CLOSE)));

    /*將新的sock與呼叫者傳遞的socket關聯起來*/
    sock_graft(sk2, newsock);

    /*設定socket為連接狀態*/
    newsock->state = SS_CONNECTED;
    err = 0;
    /*釋放sk2的控制權*/
    release_sock(sk2);
do_err:
    return err;
}
```

對於 TCP 協定來說，其 accept 實作函數如下：

```
struct sock *inet_csk_accept(struct sock *sk, int flags, int *err)
{
    struct inet_connection_sock *icsk = inet_csk(sk);
    struct sock *newsk;
    int error;
```

```
    /*獲得 sk 的控制權*/
    lock_sock(sk);

    error = -EINVAL;
    /* sk，即 TCP 連接，若不是監聽狀態則報錯*/
    if (sk->sk_state != TCP_LISTEN)
        goto out_err;

    if (reqsk_queue_empty(&icsk->icsk_accept_queue)) {
    /*已連接佇列為空*/

    /*得到 sk 的超時時間*/
    long timeo = sock_rcvtimeo(sk, flags & O_NONBLOCK);

    /* If this is a non blocking socket don't sleep */
    error = -EAGAIN;
    /*如果超時為 0，即非阻塞，則報錯退出*/
    if (!timeo)
        goto out_err;

    /*以 timeo 為超時時間，等待一個新的連接*/
    error = inet_csk_wait_for_connect(sk, timeo);
    if (error)
        goto out_err;
    }

    /*得到新的 sock */
    newsk = reqsk_queue_get_child(&icsk->icsk_accept_queue, sk);
    WARN_ON(newsk->sk_state == TCP_SYN_RECV);
out:
    /*釋放 sk 的控制權，並回傳新建連接 newsk */
    release_sock(sk);
    return newsk;
out_err:
    newsk = NULL;
    *err = error;
    goto out;
}
```

12.5 TCP 三次握手的實作分析

前面兩節分別從使用者端和伺服器端的系統呼叫的角度，來分析和學習 TCP 的連接過程。本節將從 TCP 三次握手的資料封包互動過程，來研究 TCP 連接的建立。如果不熟悉 TCP 握手的三個資料封包，則請自行閱讀相關資料。

三次握手的過程如圖 12-1 所示。

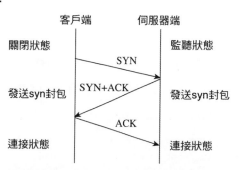

圖 12-1　TCP 三次握手的過程

12.5.1　SYN 封包的發送

SYN 封包是指使用者端主動建立一個 TCP 新連接的第一個封包，其 TCP 旗標為 SYN，表示同步 TCP 的序號。

SYN 封包的發送是在 tcp_connect 函數中完成的，下面對 SYN 封包的構建做進一步分析。在 tcp_connect 函數中，透過呼叫 tcp_init_nondata_skb(buff, tp->write_seq++, TCPHDR_SYN)來完成 SYN 封包的構建，範例程式如下：

```
static void tcp_init_nondata_skb(struct sk_buff *skb, u32 seq, u8 flags)
{
    /*設定為 CHECKSUM_PARTIAL，表示需要計算 TCP 校驗碼*/
    skb->ip_summed = CHECKSUM_PARTIAL;
    /*初始化校驗碼信息*/
    skb->csum = 0;

    /* TCP_SKB_CB 是一個巨集，用於將 skb->cb 轉換為 TCP 的控制結構*/
    /*設定 TCP 標頭旗標位元*/
    TCP_SKB_CB(skb)->tcp_flags = flags;
    /*重置控制結構的 SACK 旗標位元*/
    TCP_SKB_CB(skb)->sacked = 0;

    /*初始化 skb 的 GSO */
    skb_shinfo(skb)->gso_segs = 1;
    skb_shinfo(skb)->gso_size = 0;
    skb_shinfo(skb)->gso_type = 0;

    /*設定 TCP 的序號*/
    TCP_SKB_CB(skb)->seq = seq;
    /*如果是 SYN 或 FIN 包，則增加 TCP 序號*/
    if (flags & (TCPHDR_SYN | TCPHDR_FIN))
        seq++;
    /*設定結束序號*/
    TCP_SKB_CB(skb)->end_seq = seq;
}
```

從原始碼中可以發現，這個函數只是設定 TCP 控制結構的序號和旗標，並沒有真正構建 TCP 資料封包。那麼，讓我們回過頭來看 tcp_connect，但是在 tcp_init_nondata_skb 和 tcp_transmit_skb 之間再沒有任何與構建資料封包相關的程式碼了。如此一來，也只剩下一個可能，即在 tcp_transmit_skb 中實作資料封包的構建，這樣也合乎道理。tcp_transmit_skb 作為 TCP 發送函數的入口，統一實作了 TCP 資料封包的構建。

下面是其中用於構造 TCP 資料封包的相關程式碼：

```
/*為 TCP 報文標頭保存空間*/
skb_push(skb, tcp_header_size);
/*重置 TCP 報文頭指標*/
skb_reset_transport_header(skb);
/*設定 skb 的所有者為 sk，同時增加 sk 的寫緩衝的使用統計*/
skb_set_owner_w(skb, sk);
```

```
/*得到 TCP 報文頭的記憶體指標，開始構建 TCP 的報文標頭*/
/*這裡設定了來源埠、目的埠、序號、確認序號、封包長度及旗標位元*/
th = tcp_hdr(skb);
th->source              = inet->inet_sport;
th->dest                = inet->inet_dport;
th->seq                 = htonl(tcb->seq);
th->ack_seq             = htonl(tp->rcv_nxt);

*(((__be16 *)th) + 6)   = htons(((tcp_header_size >> 2) << 12) |
        tcb->tcp_flags);

/*如果是 SYN 封包，則 TCP 視窗不會被擴展*/
if (unlikely(tcb->tcp_flags & TCPHDR_SYN)) {
    /* RFC1323: The window in SYN & SYN/ACK segments
     * is never scaled.
     */
    th->window = htons(min(tp->rcv_wnd, 65535U));
} else {
    th->window  = htons(tcp_select_window(sk));
}
/*設定 TCP 的校驗碼與緊急指標為 0 */
th->check       = 0;
th->urg_ptr     = 0;

/*檢查是否需要設定緊急指標*/
if (unlikely(tcp_urg_mode(tp) && before(tcb->seq, tp->snd_up))) {
    if (before(tp->snd_up, tcb->seq + 0x10000)) {
        th->urg_ptr = htons(tp->snd_up - tcb->seq);
        th->urg = 1;
    } else if (after(tcb->seq + 0xFFFF, tp->snd_nxt)) {
        th->urg_ptr = htons(0xFFFF);
        th->urg = 1;
    }
}

/*構建 TCP 選項部分*/
tcp_options_write((__be32 *)(th + 1), tp, &opts);

/*計算 TCP 的校驗碼*/
icsk->icsk_af_ops->send_check(sk, skb);

/*完成了 TCP 資料封包的構建，將資料封包交給 IP 層*/
err = icsk->icsk_af_ops->queue_xmit(skb, &inet->cork.fl);
```

從上面的程式碼中，我們可以進一步領會 Linux 核心協定堆疊的資料封包傳輸機制──每一層都專注於自己的工作。對於 TCP 傳輸層來說，只須負責在 skb 中構建自己的標頭，然後將 skb 資料封包傳遞給 IP 層做進一步的處理即可。

12.5.2 接收 SYN 封包，發送 SYN+ACK 封包

為了追蹤 SYN 封包的接收流程，首先進入核心並接收發給本機資料封包的入口 ip_local_deliver_finish，程式碼如下：

```
static int ip_local_deliver_finish(struct sk_buff *skb)
{
    /*得到設備的網路空間*/
    struct net *net = dev_net(skb->dev);

    /*取走網路層報文標頭*/
    __skb_pull(skb, ip_hdrlen(skb));

    /*重置傳輸層報文標頭*/
    skb_reset_transport_header(skb);
    rcu_read_lock();
    {
        /*得到傳輸層協定*/
        int protocol = ip_hdr(skb)->protocol;
        int hash, raw;
        const struct net_protocol *ipprot;

resubmit:
        /*將資料封包傳遞給對應的原始socket */
        raw = raw_local_deliver(skb, protocol);

        /*得到協定表的桶索引*/
        hash = protocol & (MAX_INET_PROTOS - 1);
        /*得到註冊協定*/
        ipprot = rcu_dereference(inet_protos[hash]);
        if (ipprot != NULL) {
            int ret;

            if (!net_eq(net, &init_net) && !ipprot->netns_ok) {
                if (net_ratelimit())
                    printk("%s: proto %d isn't netns-ready\n",
                            __func__, protocol);
                kfree_skb(skb);
                goto out;
            }

            /*該協定是否有xfrm策略檢查*/
            if (!ipprot->no_policy) {
                if (!xfrm4_policy_check(NULL, XFRM_POLICY_IN, skb)) {
                    kfree_skb(skb);
                    goto out;
                }
                nf_reset(skb);
            }

            /*呼叫協定的處理函數*/
            ret = ipprot->handler(skb);
            if (ret < 0) {
                protocol = -ret;
```

```
                goto resubmit;
            }
            IP_INC_STATS_BH(net, IPSTATS_MIB_INDELIVERS);
        } else {
            /*沒有對應的網路通訊協定*/
            if (!raw) {
                if (xfrm4_policy_check(NULL, XFRM_POLICY_IN, skb)) {
                    /*沒有任何已註冊的網路通訊協定可以處理這個資料封包，因此回復 ICMP proto
                      unreachable */
                    IP_INC_STATS_BH(net, IPSTATS_MIB_INUNKNOWNPROTOS);
                    icmp_send(skb, ICMP_DEST_UNREACH,
                        ICMP_PROT_UNREACH, 0);
                }
            } else
                IP_INC_STATS_BH(net, IPSTATS_MIB_INDELIVERS);
            kfree_skb(skb);
        }
    }
out:
    rcu_read_unlock();

    return 0;
}
```

TCP 協定在系統初始化時，會將對應的處理函數註冊到 inet_protos 上，接下來進入 TCP 的處理函數 tcp_v4_rcv 中，程式碼如下：

```
int tcp_v4_rcv(struct sk_buff *skb)
{
    const struct iphdr *iph;
    const struct tcphdr *th;
    struct sock *sk;
    int ret;
    struct net *net = dev_net(skb->dev);

    /*如果資料封包不是發給本機的，則 drop 掉*/
    if (skb->pkt_type != PACKET_HOST)
        goto discard_it;

    /* Count it even if it's bad */
    TCP_INC_STATS_BH(net, TCP_MIB_INSEGS);

    /*資料封包至少還有一個 TCP 報文標頭長度*/
    if (!pskb_may_pull(skb, sizeof(struct tcphdr)))
        goto discard_it;

    /*得到 TCP 報文標頭*/
    th = tcp_hdr(skb);

    /*檢查 TCP 的資料偏移，至少要比標頭大*/
    if (th->doff < sizeof(struct tcphdr) / 4)
        goto bad_packet;
    /*檢查資料段長度*/
    if (!pskb_may_pull(skb, th->doff * 4))
```

```
        goto discard_it;

    /*計算校驗碼*/
    if (!skb_csum_unnecessary(skb) && tcp_v4_checksum_init(skb))
        goto bad_packet;

    /*重新得到 TCP 標頭。因為前面的程式碼可能會重新申請 skb。*/
    th = tcp_hdr(skb);
    /*得到 IP 標頭*/
    iph = ip_hdr(skb);
    /*設定 TCP 控制結構的序號，結束序號，確認序號等*/
    TCP_SKB_CB(skb)->seq = ntohl(th->seq);
    TCP_SKB_CB(skb)->end_seq = (TCP_SKB_CB(skb)->seq + th->syn + th->fin +
        skb->len - th->doff * 4);
    TCP_SKB_CB(skb)->ack_seq = ntohl(th->ack_seq);
    TCP_SKB_CB(skb)->when        = 0;
    TCP_SKB_CB(skb)->ip_dsfield = ipv4_get_dsfield(iph);
    TCP_SKB_CB(skb)->sacked     = 0;

    /*
    根據埠資訊，找到對應的 sock 結構。
    這裡先對已經連接的 sock 進行查詢，然後對監聽的 sock 進行查詢
    */
    sk = __inet_lookup_skb(&tcp_hashinfo, skb, th->source, th->dest);
    if (!sk)
        goto no_tcp_socket;

process:
    /*如果 sock 處於 TIME_WAIT 狀態，則跳轉到 do_time_wait */
    if (sk->sk_state == TCP_TIME_WAIT)
        goto do_time_wait;

    /*如果資料封包的 TTL 小於設定的 TTL 閾值，則丟棄*/
    if (unlikely(iph->ttl < inet_sk(sk)->min_ttl)) {
        NET_INC_STATS_BH(net, LINUX_MIB_TCPMINTTLDROP);
        goto discard_and_relse;
    }

    /* xfrm 策略失敗*/
    if (!xfrm4_policy_check(sk, XFRM_POLICY_IN, skb))
        goto discard_and_relse;
    /*雖然函數的名字為 reset 重置，但實際上是釋放 netfilter 的相關資源*/
    nf_reset(skb);

    /*執行 socket 篩檢程式*/
    if (sk_filter(sk, skb))
        goto discard_and_relse;

    /*重置資料封包的網卡資訊*/
    skb->dev = NULL;

    /*鎖住 sock，獲得控制權*/
    bh_lock_sock_nested(sk);
    ret = 0;
    if (!sock_owned_by_user(sk)) {
```

```
                    /*如果使用者行程沒有再使用這個 sock */

                    /*由 DMA 來做資料封包拷貝，實作 TCP receive offload*/
#ifdef CONFIG_NET_DMA
            struct tcp_sock *tp = tcp_sk(sk);
            if (!tp->ucopy.dma_chan && tp->ucopy.pinned_list)
                tp->ucopy.dma_chan = dma_find_channel(DMA_MEMCPY);
            if (tp->ucopy.dma_chan)
                ret = tcp_v4_do_rcv(sk, skb);
            else
#endif
            {
                    /*把資料封包放到 prequeue 中*/
                    if (!tcp_prequeue(sk, skb)) {
                        /*如果放到 prequeue 中失敗，則只能即時處理該資料封包*/
                        ret = tcp_v4_do_rcv(sk, skb);
                    }
            }
        /*
        else if 的時候，意味著使用者行程正在使用這個 socket。
        那麼就把資料封包保存到 backlog 中。
        */
    } else if (unlikely(sk_add_backlog(sk, skb))) {
        bh_unlock_sock(sk);
        NET_INC_STATS_BH(net, LINUX_MIB_TCPBACKLOGDROP);
        goto discard_and_relse;
    }
    bh_unlock_sock(sk);

    /*釋放 sk 的控制權*/
    sock_put(sk);

    return ret;

no_tcp_socket:
    /*若沒有找到對應的 TCP socket，並且 xfrm 策略檢測失敗，則丟棄資料封包*/
    if (!xfrm4_policy_check(NULL, XFRM_POLICY_IN, skb))
        goto discard_it;

    /*檢查是否資料封包長度出錯，或者是校驗碼出錯*/
    if (skb->len < (th->doff << 2) || tcp_checksum_complete(skb)) {
bad_packet:
        TCP_INC_STATS_BH(net, TCP_MIB_INERRS);
    } else {
        /*若資料封包未出錯，但也沒有匹配的 socket，則發送 TCP RESET */
        tcp_v4_send_reset(NULL, skb);
    }

discard_it:
    /* Discard frame. */
    kfree_skb(skb);
    return 0;

discard_and_relse:
    sock_put(sk);
```

```
        goto discard_it;

    do_time_wait:
        /*連接處於 TIME_WAIT 狀態的資料封包處理，*/
        /*在此省略這些程式碼分析*/
    }
```

根據上面的分析可知，對於 SYN 封包的處理，還需要進入函數 tcp_v4_do_rcv，程式碼如下：

```
int tcp_v4_do_rcv(struct sock *sk, struct sk_buff *skb)
{
    struct sock *rsk;
    #ifdef CONFIG_TCP_MD5SIG
    /*進行 TCP 的 MD5 檢查，是 TCP 的一個安全檢查*/
    if (tcp_v4_inbound_md5_hash(sk, skb))
        goto discard;
    #endif

    if (sk->sk_state == TCP_ESTABLISHED) { /* Fast path */
        /*處理已連接的資料封包流程*/

        /*如果資料封包與 socket 的 rxhash 不同，則重置 socket 的 rxhash*/
        sock_rps_save_rxhash(sk, skb);
        /*進入已連接 TCP 的處理函數*/
        if (tcp_rcv_established(sk, skb, tcp_hdr(skb), skb->len)) {
            rsk = sk;
            goto reset;
        }
        return 0;
    }

    /*執行到這裡，則表明該 TCP 為非連接狀態*/
    /*檢查資料封包長度和 TCP 校驗碼*/
    if (skb->len < tcp_hdrlen(skb) || tcp_checksum_complete(skb))
        goto csum_err;

    if (sk->sk_state == TCP_LISTEN) {
        /* 連接處於監聽狀態，這是我們要跟蹤的流程 */

        /*
        處理連接請求，即處理 SYN 封包。作為第一個 SYN 封包請求，服務端只有
        一個監聽 sock，所以這裡回傳的 nsk 實際上就是 sk。
        這裡就不跟蹤 tcp_v4_hnd_req 了。
        */
        struct sock *nsk = tcp_v4_hnd_req(sk, skb);
        if (!nsk)
            goto discard;

        if (nsk != sk) {
            /* 為 SYN 請求生成新的 sock 結構，自然需要重新做 RFS hash */
            sock_rps_save_rxhash(nsk, skb);
            /* 處理子 sock */
            if (tcp_child_process(sk, nsk, skb)) {
```

```
                rsk = nsk;
                goto reset;
            }
            return 0;
        }
    }
    /* 根據狀態處理資料封包 */
    if (tcp_rcv_state_process(sk, skb, tcp_hdr(skb),
        skb->len)) {
        rsk = sk;
        goto reset;
    }

    /* 省略其餘的不相干的代碼 */
}
```

進入 tcp_rcv_state_process，我們截取部分相關的程式碼：

```
switch (sk->sk_state) {
/* sock 處於監聽狀態*/
case TCP_LISTEN:
    /*監聽狀態不應收到 ack 封包*/
    if (th->ack)
        return 1;

    /*丟棄 RST 資料封包*/
    if (th->rst)
        goto discard;

    /*收到 SYN 請求封包*/
    if (th->syn) {
        /*若設定 FIN 結束旗標，則丟棄封包*/

    if (th->fin)
        goto discard;
    /*呼叫對應的處理連接請求的回呼函數*/
    if (icsk->icsk_af_ops->conn_request(sk, skb) < 0)
        return 1;

    /* SYN 封包處理完畢，釋放資料封包*/
    kfree_skb(skb);
    return 0;
}
```

對於 IPv4 的 TCP 來說，處理連接請求的函數是 tcp_v4_conn_request，程式碼如下：

```
int tcp_v4_conn_request(struct sock g*sk, struct sk_buff *skb)
{
    struct tcp_extend_values tmp_ext;
    struct tcp_options_received tmp_opt;
    const u8 *hash_location;
    struct request_sock *req;
    struct inet_request_sock *ireq;
    struct tcp_sock *tp = tcp_sk(sk);
    struct dst_entry *dst = NULL;
```

```c
    __be32 saddr = ip_hdr(skb)->saddr;
    __be32 daddr = ip_hdr(skb)->daddr;
    __u32 isn = TCP_SKB_CB(skb)->when;
    int want_cookie = 0;

    /*不接受多播或廣播的請求*/
    if (skb_rtable(skb)->rt_flags & (RTCF_BROADCAST | RTCF_MULTICAST))
        goto drop;

    /* TW buckets are converted to open requests without
     * limitations, they conserve resources and peer is
     * evidently real one.
     */
    /*接收佇列已滿，且為第一個資料封包*/
    if (inet_csk_reqsk_queue_is_full(sk) && !isn) {
        /*判斷是否使用 syn cookie，如不使用則丟棄該封包*/
        want_cookie = tcp_syn_flood_action(sk, skb, "TCP");
        if (!want_cookie)
            goto drop;
    }

    /* backlog 佇列已滿，並且佇列中已有足夠多的最近未處理的連接請求。則丟棄該封包*/
    if (sk_acceptq_is_full(sk) && inet_csk_reqsk_queue_young(sk) > 1)
        goto drop;

    /*申請一個請求 sock */
    req = inet_reqsk_alloc(&tcp_request_sock_ops);
    if (!req)
        goto drop;

#ifdef CONFIG_TCP_MD5SIG
    tcp_rsk(req)->af_specific = &tcp_request_sock_ipv4_ops;
#endif

    /*解析 TCP 選項*/
    tcp_clear_options(&tmp_opt);
    tmp_opt.mss_clamp = TCP_MSS_DEFAULT;
    tmp_opt.user_mss  = tp->rx_opt.user_mss;
    tcp_parse_options(skb, &tmp_opt, &hash_location, 0);

    /*需要做 syn cookie */
    if (tmp_opt.cookie_plus > 0 &&
        tmp_opt.saw_tstamp &&
        !tp->rx_opt.cookie_out_never &&
        (sysctl_tcp_cookie_size > 0 ||
          (tp->cookie_values != NULL &&
           tp->cookie_values->cookie_desired > 0))) {
        u8 *c;
    u32 *mess = &tmp_ext.cookie_bakery[COOKIE_DIGEST_WORDS];
    int l = tmp_opt.cookie_plus - TCPOLEN_COOKIE_BASE;

        if (tcp_cookie_generator(&tmp_ext.cookie_bakery[0]) != 0)
            goto drop_and_release;

        /* Secret recipe starts with IP addresses */
```

```
        *mess++ ^= (__force u32)daddr;
        *mess++ ^= (__force u32)saddr;

        /* plus variable length Initiator Cookie */
        c = (u8 *)mess;
        while (l-- > 0)
            *c++ ^= *hash_location++;

        want_cookie = 0; /* not our kind of cookie */
        tmp_ext.cookie_out_never = 0; /* false */
        tmp_ext.cookie_plus = tmp_opt.cookie_plus;
    } else if (!tp->rx_opt.cookie_in_always) {
        /* redundant indications, but ensure initialization. */
        tmp_ext.cookie_out_never = 1; /* true */
        tmp_ext.cookie_plus = 0;
    } else {
        goto drop_and_release;
    }
    tmp_ext.cookie_in_always = tp->rx_opt.cookie_in_always;
    /*
    若需要 syn cookie，但沒有時間戳記選項，則清除 TCP 選項
    */
    if (want_cookie && !tmp_opt.saw_tstamp)
        tcp_clear_options(&tmp_opt);

    /*初始化 request sock */
    tmp_opt.tstamp_ok = tmp_opt.saw_tstamp;
    tcp_openreq_init(req, &tmp_opt, skb);

    ireq = inet_rsk(req);
    ireq->loc_addr = daddr;
    ireq->rmt_addr = saddr;
    ireq->no_srccheck = inet_sk(sk)->transparent;
    ireq->opt = tcp_v4_save_options(sk, skb);

    if (security_inet_conn_request(sk, skb, req))
        goto drop_and_free;

    /*
    不需要 syn cookie，或者有時間戳記選項時，如果請求表示支援 ECN，則服務端也設定 ECN 旗標
    */
    if (!want_cookie || tmp_opt.tstamp_ok)
        TCP_ECN_create_request(req, tcp_hdr(skb));

    if (want_cookie) {
        /*若需要做 syn cookie，則產生一個 cookie 序號*/
        isn = cookie_v4_init_sequence(sk, skb, &req->mss);
        req->cookie_ts = tmp_opt.tstamp_ok;
    } else if (!isn) {
        struct inet_peer *peer = NULL;
        struct flowi4 fl4;

        /* VJ's idea. We save last timestamp seen
         * from the destination in peer table, when entering
         * state TIME-WAIT, and check against it before
```

```
 * accepting new connection request.
 *
 * If "isn" is not zero, this request hit alive
 * timewait bucket, so that all the necessary checks
 * are made in the function processing timewait state.    */
/*
```
檢查處於 TimeWait 狀態的 socket 是否可以重用：
1）該 socket 支援時間戳記選項。
2）打開 TimeWait 狀態 socket 重用開關。
3）透過查詢路由，獲得對端 peer 資訊。
4）目前時間與對端的上個時間戳記間隔小於 TCP_PAWS_MSL（60）秒，並且新請求時間小於對端
　　上個時間戳記 TCP_PAWS_MSL（60）秒以上。
當同時滿足上面幾個條件時，則認為該請求為非法請求
```
*/
if (tmp_opt.saw_tstamp &&
    tcp_death_row.sysctl_tw_recycle &&
    (dst = inet_csk_route_req(sk, &fl4, req)) != NULL &&
    fl4.daddr == saddr &&
    (peer = rt_get_peer((struct rtable *)dst, fl4.daddr)) != NULL) {
    inet_peer_refcheck(peer);
    if ((u32)get_seconds() - peer->tcp_ts_stamp < TCP_PAWS_MSL &&
        (s32)(peer->tcp_ts - req->ts_recent) >
                    TCP_PAWS_WINDOW) {
        NET_INC_STATS_BH(sock_net(sk), LINUX_MIB_PAWSPASSIVEREJECTED);
        goto drop_and_release;
    }
}
/*
```
下面是在關閉 syn cookie 的情況下，核心對 syn flood 做的簡單防護：
1）連接佇列已經使用了四分之三以上。
2）沒有對端資訊或對端沒有時間戳記。
3）沒有路由資訊或沒有路由的 RTT 時間。
當同時滿足以上條件時，表明佇列已接近滿佇列，同時這個新連接可能還無法正常通信，那麼
就會放棄這個請求
```
*/
else if (!sysctl_tcp_syncookies &&
        (sysctl_max_syn_backlog - inet_csk_reqsk_queue_len(sk) <
        (sysctl_max_syn_backlog >> 2)) &&
        (!peer || !peer->tcp_ts_stamp) &&
        (!dst || !dst_metric(dst, RTAX_RTT))) {
    LIMIT_NETDEBUG(KERN_DEBUG "TCP: drop open request from %pI4/%u\n",
            &saddr, ntohs(tcp_hdr(skb)->source));

        goto drop_and_release;
    }

    /*初始化本端的序號*/
    isn = tcp_v4_init_sequence(skb);
}

/*保存初始序號和 synack 發送時間*/
tcp_rsk(req)->snt_isn = isn;
tcp_rsk(req)->snt_synack = tcp_time_stamp;

/*回復 SYNACK 資料封包*/
```

```
    if (tcp_v4_send_synack(sk, dst, req,
              (struct request_values *)&tmp_ext) ||
        want_cookie)
        goto drop_and_free;

    /*將 request sock 加入到雜湊表中*/
    inet_csk_reqsk_queue_hash_add(sk, req, TCP_TIMEOUT_INIT);
    return 0;

drop_and_release:
    dst_release(dst);
drop_and_free:
    reqsk_free(req);
drop:
    return 0;
}
```

這就是服務端收到 SYN 封包，並回復 SYN+ACK 的過程。

12.5.3 接收 SYN+ACK 資料封包

使用者端接收 SYN+ACK 資料封包的流程與伺服器端類似，都要經過 ip_local_deliver_finish->tcp_v4_rcv->tcp_v4_do_rcv->tcp_rcv_state_process，這裡會根據 TCP 的不同連接狀態，進行不同的處理。對於此時的使用者端來說，其連接狀態為 TCP_SYN_SENT（即發送了 SYN 封包），其程式碼如下：

```
case TCP_SYN_SENT:
    /*處理 SYN+ACK，完成三次握手*/
    queued = tcp_rcv_synsent_state_process(sk, skb, th, len);
    if (queued >= 0)
        return queued;

    /* Do step6 onward by hand. */
    /*處理 urgent 資料*/
    tcp_urg(sk, skb, th);
    __kfree_skb(skb);
    tcp_data_snd_check(sk);
```

然後進入 tcp_rcv_synsent_state_process，程式碼如下：

```
static int tcp_rcv_synsent_state_process(struct sock *sk, struct sk_buff *skb,
                 const struct tcphdr *th, unsigned int len)
{
    const u8 *hash_location;
    struct inet_connection_sock *icsk = inet_csk(sk);
    struct tcp_sock *tp = tcp_sk(sk);
    struct tcp_cookie_values *cvp = tp->cookie_values;
    int saved_clamp = tp->rx_opt.mss_clamp;

    /*解析 TCP 選項*/
    tcp_parse_options(skb, &tp->rx_opt, &hash_location, 0);
```

```
/*設定 ACK 旗標*/
if (th->ack) {
    /* rfc793:
     * "If the state is SYN-SENT then
     *    first check the ACK bit
     *       If the ACK bit is set
     *       If SEG.ACK =< ISS, or SEG.ACK > SND.NXT, send
     *          a reset (unless the RST bit is set, if so drop
     *          the segment and return)"
     *
     *  We do not send data with SYN, so that RFC-correct
     *  test reduces to:
     */
    /*若收到的 ACK 號非法，即不等於我們下次要發的序號，則重置連接*/
    if (TCP_SKB_CB(skb)->ack_seq != tp->snd_nxt)
        goto reset_and_undo;

    /*判斷 TCP 時間戳記是否合法*/
    if (tp->rx_opt.saw_tstamp && tp->rx_opt.rcv_tsecr &&
        !between(tp->rx_opt.rcv_tsecr, tp->retrans_stamp,
            tcp_time_stamp)) {
        NET_INC_STATS_BH(sock_net(sk), LINUX_MIB_PAWSACTIVEREJECTED);
        goto reset_and_undo;
    }

    /*至此，ACK 旗標已經透過檢查。這時，如果設定 Reset 位元，則重置連接*/
    if (th->rst) {
        tcp_reset(sk);
        goto discard;
    }

    /*如果沒有設定 SYN 旗標，則丟棄該封包*/
    if (!th->syn)
        goto discard_and_undo;
    /*如果 TCP socket 設定 ECN 旗標，但是資料封包沒有設定 ECE 旗標（表示對端不支援 TCP ECN
        顯示擁塞通告），則清除掉本端的 ECN 旗標） */
    TCP_ECN_rcv_synack(tp, th);

    /*處理 ack 資料封包，設定 TCP 發送視窗*/
    tp->snd_wl1 = TCP_SKB_CB(skb)->seq;
    tcp_ack(sk, skb, FLAG_SLOWPATH);

    /* Ok.. it's good. Set up sequence numbers and
     * move to established.
     */
    tp->rcv_nxt = TCP_SKB_CB(skb)->seq + 1;
    tp->rcv_wup = TCP_SKB_CB(skb)->seq + 1;

    /* RFC1323: The window in SYN & SYN/ACK segments is
     * never scaled.
     */
    /*根據注釋，三次握手時的 TCP 視窗大小，是不考慮 scale 選項的*/
    tp->snd_wnd = ntohs(th->window);
    tcp_init_wl(tp, TCP_SKB_CB(skb)->seq);
```

```
/*如果沒有 windows scale 選項*/
if (!tp->rx_opt.wscale_ok) {
    /*將接收端和接收端的視窗擴展選項設定為 0 */
    tp->rx_opt.snd_wscale = tp->rx_opt.rcv_wscale = 0;
    /*設定視窗的最大值*/
    tp->window_clamp = min(tp->window_clamp, 65535U);
}
/*判斷是否時間戳記選項*/
if (tp->rx_opt.saw_tstamp) {
    /*設定時間戳記選項*/
    tp->rx_opt.tstamp_ok      = 1;
    tp->tcp_header_len =
        sizeof(struct tcphdr) + TCPOLEN_TSTAMP_ALIGNED;
    tp->advmss         -= TCPOLEN_TSTAMP_ALIGNED;
    tcp_store_ts_recent(tp);
} else {
    tp->tcp_header_len = sizeof(struct tcphdr);
}

if (tcp_is_sack(tp) && sysctl_tcp_fack)
    tcp_enable_fack(tp);

/* MTU 探測初始化*/
tcp_mtup_init(sk);
tcp_sync_mss(sk, icsk->icsk_pmtu_cookie);
tcp_initialize_rcv_mss(sk);

/* Remember, tcp_poll() does not lock socket!
 * Change state from SYN-SENT only after copied_seq
 * is initialized. */
/*設定未讀取的序號*/
tp->copied_seq = tp->rcv_nxt;
if (cvp != NULL &&
    cvp->cookie_pair_size > 0 &&
    tp->rx_opt.cookie_plus > 0) {
    int cookie_size = tp->rx_opt.cookie_plus
        - TCPOLEN_COOKIE_BASE;
    int cookie_pair_size = cookie_size
        + cvp->cookie_desired;
    /* A cookie extension option was sent and returned.
     * Note that each incoming SYNACK replaces the
     * Responder cookie.  The initial exchange is most
     * fragile, as protection against spoofing relies
     * entirely upon the sequence and timestamp (above).
     * This replacement strategy allows the correct pair to
     * pass through, while any others will be filtered via
     * Responder verification later.
     */
    if (sizeof(cvp->cookie_pair) >= cookie_pair_size) {
        memcpy(&cvp->cookie_pair[cvp->cookie_desired],
                hash_location, cookie_size);
        cvp->cookie_pair_size = cookie_pair_size;
        }
    }
```

```
smp_mb();
/*將連接設置為“已連接狀態” */
tcp_set_state(sk, TCP_ESTABLISHED);

security_inet_conn_established(sk, skb);

/* Make sure socket is routed, for correct metrics.  */
/*查詢路由*/
icsk->icsk_af_ops->rebuild_header(sk);

/*下面對路由的metric、TCP的阻塞控制和緩衝等進行初始化*/
tcp_init_metrics(sk);

tcp_init_congestion_control(sk);

/* Prevent spurious tcp_cwnd_restart() on first data
 * packet.
 */
tp->lsndtime = tcp_time_stamp;

tcp_init_buffer_space(sk);

/*如果使用keepalive,則初始化keepalive計時器*/
if (sock_flag(sk, SOCK_KEEPOPEN))
    inet_csk_reset_keepalive_timer(sk, keepalive_time_when(tp));

/*若發送方沒有設定視窗擴展選項,則設定TCP快速路徑預測旗標*/
if (!tp->rx_opt.snd_wscale)
    __tcp_fast_path_on(tp, tp->snd_wnd);
else
    tp->pred_flags = 0;

/*如果sock的狀態不是死亡狀態*/
if (!sock_flag(sk, SOCK_DEAD)) {
    /*改變sock狀態,喚醒等待行程*/
    sk->sk_state_change(sk);
    /*若有非同步等待佇列,則給該行程發送非同步事件*/
    sk_wake_async(sk, SOCK_WAKE_IO, POLL_OUT);
}
/*
如果該socket:
1）有寫操作等待。
2）設定了延遲accept。
3）沒有設定快速ack。
*/
if (sk->sk_write_pending ||
    icsk->icsk_accept_queue.rskq_defer_accept ||
    icsk->icsk_ack.pingpong) {
    /*滿足上面條件之一,則延時確認*/
    /* Save one ACK. Data will be ready after
     * several ticks, if write_pending is set.
     *
     * It may be deleted, but with this feature tcpdumps
     * look so _wonderfully_clever, that I was not able
     * to stand against the temptation 8)     --ANK
```

```
                */
               inet_csk_schedule_ack(sk);
               icsk->icsk_ack.lrcvtime = tcp_time_stamp;
               icsk->icsk_ack.ato = TCP_ATO_MIN;
               tcp_incr_quickack(sk);
               tcp_enter_quickack_mode(sk);
               inet_csk_reset_xmit_timer(sk, ICSK_TIME_DACK,
                           TCP_DELACK_MAX, TCP_RTO_MAX);
discard:
               __kfree_skb(skb);
               return 0;
       } else {
               /*回復確認*/
               tcp_send_ack(sk);
       }
       return -1;
}


    /*到此，表示沒有 ACK 旗標*/

    if (th->rst) {
        /*如果沒有 ACK 只有 RST，則丟棄該封包*/
        goto discard_and_undo;
    }

    /*時間戳記檢測*/
    if (tp->rx_opt.ts_recent_stamp && tp->rx_opt.saw_tstamp &&
        tcp_paws_reject(&tp->rx_opt, 0))
        goto discard_and_undo;

    if (th->syn) {
        /*
        若只有 SYN 旗標，沒有 ACK，則可能是同時發出多個 SYN 連接請求，甚至有可能是自己連接自己
        */

        /*設定連接狀態為收到 SYN 封包*/
        tcp_set_state(sk, TCP_SYN_RECV);

        /*
        後面的程式碼，與之前收到 SYN 封包的流程基本一致，在此就不做分析了
        */
        if (tp->rx_opt.saw_tstamp) {
            tp->rx_opt.tstamp_ok = 1;
            tcp_store_ts_recent(tp);
            tp->tcp_header_len =
                sizeof(struct tcphdr) + TCPOLEN_TSTAMP_ALIGNED;
        } else {
            tp->tcp_header_len = sizeof(struct tcphdr);
        }

        tp->rcv_nxt = TCP_SKB_CB(skb)->seq + 1;
        tp->rcv_wup = TCP_SKB_CB(skb)->seq + 1;

        /* RFC1323: The window in SYN & SYN/ACK segments is
         * never scaled.
```

```
           */
         tp->snd_wnd    = ntohs(th->window);
         tp->snd_wl1    = TCP_SKB_CB(skb)->seq;
         tp->max_window = tp->snd_wnd;

         TCP_ECN_rcv_syn(tp, th);

         tcp_mtup_init(sk);
         tcp_sync_mss(sk, icsk->icsk_pmtu_cookie);
         tcp_initialize_rcv_mss(sk);
         tcp_send_synack(sk);
#if 0
         /* Note, we could accept data and URG from this segment.
          * There are no obstacles to make this.
          *
          * However, if we ignore data in ACKless segments sometimes,
          * we have no reasons to accept it sometimes.
          * Also, seems the code doing it in step6 of tcp_rcv_state_process
          * is not flawless. So, discard packet for sanity.
          * Uncomment this return to process the data.
          */
         return -1;
#else
         goto discard;
#endif
     }

     /*如果既沒有 SYN 也沒有 RST 旗標，則丟掉資料封包後回傳*/

discard_and_undo:
     /*丟棄資料封包*/
     tcp_clear_options(&tp->rx_opt);
     tp->rx_opt.mss_clamp = saved_clamp;
     goto discard;

reset_and_undo:
     /*重置連接。與丟棄資料封包的區別在於回傳值。非 0 時，呼叫者會重置連接*/
     tcp_clear_options(&tp->rx_opt);
     tp->rx_opt.mss_clamp = saved_clamp;
     return 1;
 }
```

12.5.4　接收 ACK 資料封包，完成三次握手

在前文中，我們已經知道發往本機的 TCP 資料封包會進入 tcp_v4_do_rcv。但因為此時還未真正地完成三次握手，所以 TCP 仍然是未連接狀態，自然就會再次進入函數 tcp_v4_hnd_req。

```
static struct sock *tcp_v4_hnd_req(struct sock *sk, struct sk_buff *skb)
{
    struct tcphdr *th = tcp_hdr(skb);
    const struct iphdr *iph = ip_hdr(skb);
    struct sock *nsk;
```

```
        struct request_sock **prev;

        /*
上次處理 SYN 請求時，已經將對應的 request_sock 加入到佇列中，因此這次收到 ACK 答覆時，是
可以找到對應的 request_sock 的。
另外需要注意的是，這個函數還會有一個輸出值 prev，其為回傳值 req 前面的元素。之所以回傳這個
prev 值，是為了在後面的 tcp_check_req 函數中，移除 req 時，不需要進行第二次查詢
        */
        struct request_sock *req = inet_csk_search_req(sk, &prev, th->source,
                                              iph->saddr, iph->daddr);
        if (req)
                return tcp_check_req(sk, skb, req, prev);

        /*省略後面的程式碼*/
        ......
}
```

下面進入 tcp_check_req 函數：

```
struct sock *tcp_check_req(struct sock *sk, struct sk_buff *skb,
                struct request_sock *req,
                struct request_sock **prev)
{
        struct tcp_options_received tmp_opt;
        const u8 *hash_location;
        struct sock *child;
        const struct tcphdr *th = tcp_hdr(skb);
        __be32 flg = tcp_flag_word(th) & (TCP_FLAG_RST|TCP_FLAG_SYN|TCP_FLAG_ACK);
        int paws_reject = 0;

        /*重置 saw_tstamp，因為時間戳記選項相依於每個資料封包*/
        tmp_opt.saw_tstamp = 0;
        if (th->doff > (sizeof(struct tcphdr)>>2)) {
                /*若實際資料位置偏移量大於 TCP 固定標頭長度，則表明該報文一定包含 TCP 選項*/

                /*解析 TCP 選項*/
                tcp_parse_options(skb, &tmp_opt, &hash_location, 0);

                /*判斷是否有時間戳記選項*/
                if (tmp_opt.saw_tstamp) {
                        /*檢查時間戳記選項*/
                        tmp_opt.ts_recent = req->ts_recent;
                        /* We do not store true stamp, but it is not required,
                         * it can be estimated (approximately)
                         * from another data.
                         */
                        tmp_opt.ts_recent_stamp = get_seconds() - ((TCP_TIMEOUT_INIT/HZ)
                                <<req->retrans);
                        paws_reject = tcp_paws_reject(&tmp_opt, th->rst);
                }
        }
        /* Check for pure retransmitted SYN. */
        if (TCP_SKB_CB(skb)->seq == tcp_rsk(req)->rcv_isn &&
            flg == TCP_FLAG_SYN &&
            !paws_reject) {
```

```
        /*這裡判斷出該 SYN 封包為重傳的 SYN 封包，回復 SYN+ACK*/
        req->rsk_ops->rtx_syn_ack(sk, req, NULL);
        return NULL;
    }


    /*非法的 ACK 值*/
    if ((flg & TCP_FLAG_ACK) &&
        (TCP_SKB_CB(skb)->ack_seq !=
         tcp_rsk(req)->snt_isn + 1 + tcp_s_data_size(tcp_sk(sk))))
        return sk;

        /*時間戳記檢查失敗，或者序號不在視窗範圍內*/
        if ( paws_reject  ||  !tcp_in_window(TCP_SKB_CB(skb)->seq,  TCP_SKB_
            CB(skb)->end_seq,
            tcp_rsk(req)->rcv_isn + 1, tcp_rsk(req)->rcv_isn + 1 + req->rcv_
            wnd)) {
        /*若沒有重置旗標，則發送 ACK 確認*/
        if (!(flg & TCP_FLAG_RST))
            req->rsk_ops->send_ack(sk, skb, req);
        /*若時間戳記檢測失敗，則增加相應的計數*/
        if (paws_reject)
            NET_INC_STATS_BH(sock_net(sk), LINUX_MIB_PAWSESTABREJECTED);
        return NULL;
    }

    /* In sequence, PAWS is OK. */
    /*若資料封包為有序資料封包，且包含時間戳記選項，則更新已保存的最近的時間戳記*/
    if (tmp_opt.saw_tstamp && !after(TCP_SKB_CB(skb)->seq, tcp_rsk(req)->rcv_isn + 1))
        req->ts_recent = tmp_opt.rcv_tsval;

    /*若序號在接收窗口之外，則去掉 SYN 旗標*/
    if (TCP_SKB_CB(skb)->seq == tcp_rsk(req)->rcv_isn) {
        /* Truncate SYN, it is out of window starting
            at tcp_rsk(req)->rcv_isn + 1. */
        flg &= ~TCP_FLAG_SYN;
    }

    /*檢查 SYN 和 RST 旗標，若都設定了，則將目前半連接從佇列中清除*/
    if (flg & (TCP_FLAG_RST|TCP_FLAG_SYN)) {
        TCP_INC_STATS_BH(sock_net(sk), TCP_MIB_ATTEMPTFAILS);
        goto embryonic_reset;
    }

    /*若沒有設定 ACK，則丟棄該封包*/
    if (!(flg & TCP_FLAG_ACK))
        return NULL;

    /* While TCP_DEFER_ACCEPT is active, drop bare ACK. */
    /*如果設定了延遲接收，則丟棄單獨的 ACK 封包*/
    if (req->retrans < inet_csk(sk)->icsk_accept_queue.rskq_defer_accept &&
        TCP_SKB_CB(skb)->end_seq == tcp_rsk(req)->rcv_isn + 1) {
        inet_rsk(req)->acked = 1;
        NET_INC_STATS_BH(sock_net(sk), LINUX_MIB_TCPDEFERACCEPTDROP);
        return NULL;
```

```
    }
    /*
    如果設定了時間戳記選項並且有回復時間戳記，則利用收到的時間戳記更新發送 SYN+ACK 時間
    */
    if (tmp_opt.saw_tstamp && tmp_opt.rcv_tsecr)
        tcp_rsk(req)->snt_synack = tmp_opt.rcv_tsecr;
    else if (req->retrans) /* don't take RTT sample if retrans && ~TS */
        tcp_rsk(req)->snt_synack = 0;


    /*至此，TCP 的三次握手已經完成。使用 syn_recv_sock 建立真正的 socket */
    child = inet_csk(sk)->icsk_af_ops->syn_recv_sock(sk, skb, req, NULL);
    if (child == NULL)
        goto listen_overflow;

    /*新的 socket 已經建立，因此原來的 request sock 可以從佇列中刪除*/
    inet_csk_reqsk_queue_unlink(sk, req, prev);
    inet_csk_reqsk_queue_removed(sk, req);

    /*將 socket 加入到已連接的佇列中*/
    inet_csk_reqsk_queue_add(sk, req, child);
    return child;

listen_overflow:
    if (!sysctl_tcp_abort_on_overflow) {
        inet_rsk(req)->acked = 1;
        return NULL;
    }
embryonic_reset:
    NET_INC_STATS_BH(sock_net(sk), LINUX_MIB_EMBRYONICRSTS);
    if (!(flg & TCP_FLAG_RST))
        req->rsk_ops->send_reset(sk, skb);

    inet_csk_reqsk_queue_drop(sk, req, prev);
    return NULL;
}
```

這樣，當 tcp_check_req 成功回傳時，會回傳一個新建立的 sock 結構。那麼在 tcp_v4_do_rcv 中，就會進入 tcp_child_process 中。

```
int tcp_child_process(struct sock *parent, struct sock *child,
            struct sk_buff *skb)
{
    int ret = 0;
    int state = child->sk_state;

    /*檢查 sock 是否正在被使用者行程使用*/
    if (!sock_owned_by_user(child)) {
        /*使用者行程沒有佔用 sock 的情況*/
        ret = tcp_rcv_state_process(child, skb, tcp_hdr(skb),
                    skb->len);
        /* Wakeup parent, send SIGIO */
        /*喚醒阻塞在父 sock 的任務*/
        if (state == TCP_SYN_RECV && child->sk_state != state)
```

```
            parent->sk_data_ready(parent, 0);
    } else {
        /*由於使用者行程佔用著 sock，將資料封包加入 backlog，以後再處理*/
        __sk_add_backlog(child, skb);
    }

    bh_unlock_sock(child);
    sock_put(child);
    return ret;
}
```

這裡我們考慮資料封包被立刻處理的情況，即使用者行程沒有佔用 sock 結構，那麼這裡數據還是會進入 tcp_rcv_state_process。根據前面的分析，tcp_rcv_state_process 是根據 socket 的狀態來處理資料封包。而 child 是從父 sock 生成的，所以如果 child 的狀態和父 sock 的狀態一致，肯定是有問題的—因為父 sock 是監聽狀態。那麼 child 的狀態是何時改變的呢？

讓我們退回到建立 child 的函數 tcp_v4_syn_recv_sock->tcp_create_openreq_child->inet_csk_clone 中，程式碼如下：

```
struct sock *inet_csk_clone(struct sock *sk, const struct request_sock *req,
                const gfp_t priority)
{
    /*複製一個新的 sock 結構*/
    struct sock *newsk = sk_clone(sk, priority);

    if (newsk != NULL) {
        /*開始複製連線導向的 sock 資訊*/
        struct inet_connection_sock *newicsk = inet_csk(newsk);

        /*將新 sock 設定為 TCP_SYN_RECV 狀態*/
        newsk->sk_state = TCP_SYN_RECV;
        newicsk->icsk_bind_hash = NULL;

        /*後面是複製其他變數的程式碼，在此省略掉*/

    }
    return newsk;
}
```

這個函數的命名稍稍有些彆扭，名字叫做 clone（複製的意思），也就是說，所有的內容都應該保持一致。而在這個 inek_csk_clone 後，新 sock 的狀態與父 sock 的狀態並不一致。

下面來查看 tcp_rcv_state_process 處理 TCP_SYN_RECV 狀態的程式碼：

```
case TCP_SYN_RECV:
    /*
    acceptable 是 tcp_rcv_state_process 在前面對 ACK 資料封包進行的判斷。
    */
    if (acceptable) {
```

```
/*這時已經完成三次握手*/

/*初始化使用者模式未讀資料的序號是我們期待接收的下一個序號*/
tp->copied_seq = tp->rcv_nxt;
smp_mb();
/*設定連接狀態為已連接*/
tcp_set_state(sk, TCP_ESTABLISHED);
/*
sk_state_change 為一個回呼函數，預設為 sock_def_wakeup,其會喚醒 sleep 在該 socket 的行程
*/
sk->sk_state_change(sk);
/*若該 sock 有對應的使用者模式 socket，則執行非同步 I/O 通知*/
/*
這裡需要注意的是，對於我們目前的情況來說。子 sock 是從監聽 sock clone 而來的，其中
sk_sleep 和 sk_socket 都是 NULL。
那麼三次握手以後，阻塞在監聽 socket 的行程是如何被喚醒的呢？
tcp_child_process 在呼叫 tcp_rcv_state_process 後，會檢查 sock 狀態是否發生
變化。如果發生變化，則會呼叫 parent->sk_data_ready(parent, 0);這樣，就可以將事
件通知到阻塞在監聽 sock 的行程。
*/

if (sk->sk_socket)
    sk_wake_async(sk,
              SOCK_WAKE_IO, POLL_OUT);

/*初始化未確認回復的序號*/
tp->snd_una = TCP_SKB_CB(skb)->ack_seq;
/*初始化發送窗口*/
tp->snd_wnd = ntohs(th->window) <<
        tp->rx_opt.snd_wscale;
tcp_init_wl(tp, TCP_SKB_CB(skb)->seq);

/*如果有時間戳記選項，則 MSS 需要減去時間戳記所占的大小*/
if (tp->rx_opt.tstamp_ok)
    tp->advmss -= TCPOLEN_TSTAMP_ALIGNED;

/* Make sure socket is routed, for
 * correct metrics.
 */
icsk->icsk_af_ops->rebuild_header(sk);

/*後面是一系列初始化動作*/
tcp_init_metrics(sk);

tcp_init_congestion_control(sk);

/* Prevent spurious tcp_cwnd_restart() on
 * first data packet.
 */
tp->lsndtime = tcp_time_stamp;

tcp_mtup_init(sk);
tcp_initialize_rcv_mss(sk);
tcp_init_buffer_space(sk);
tcp_fast_path_on(tp);
```

```
    } else {
        return 1;
}
```

目前為止，三次握手的原始碼分析已經結束。其內部還有很多細節值得展開學習，但那就不是一兩個章節所能完成的任務了。筆者只是拋磚引玉，給出一個脈絡，關於剩下的細節大家可以自己透過閱讀程式碼來學習。

網路通信：
資料報文的發送

第 12 章學習 Linux socket 的建立、監聽和連接，並重點分析 TCP 建立連接時的三次握手過程。本章將從使用者層到核心層來研究資料封包的發送過程。

13.1　發送相關介面

Linux 核心為 socket 提供多個發送資料的介面，介面定義如下：

```
#include <sys/types.h>
#include <sys/socket.h>

ssize_t send(int sockfd, const void *buf, size_t len, int flags);

ssize_t sendto(int sockfd, const void *buf, size_t len, int flags,
               const struct sockaddr *dest_addr, socklen_t addrlen);

ssize_t sendmsg(int sockfd, const struct msghdr *msg, int flags);
```

send 只能用於處理已連接狀態的 socket（注意，從第 11 章的內容已經知道，無論是 UDP 還是 TCP，都可以進行連接）。而 sendto 可以在呼叫時，指定目的位址。如此一來，如果 socket 已經是連接狀態，則目的位址 dest_addr 與位址長度就應該為 NULL 和 0，不然就可能會回傳錯誤。sendmsg 則比較特殊，無論是要發送的資料還是目的位址，都保存在 msg 中。其中 msg.msg_name 和 msg.msg_len 用於指出目標位址，而 msg.msg_iov 則用於保存要發送的資料。這三個系統呼叫都支援設定指示旗標位元 flags。

稍微現代些的系統呼叫，一般都會擁有或保留一個指示旗標參數。透過旗標位元 flags，可以從容地為系統呼叫增加新功能，並同時相容老版本。第 1 章中介紹的 dup、dup2 和 dup3 則是這方面的一個相反的典型。在不支援 flag 的情況下，不得不一再建立新的 dup 介面，直到 dup3 加入了對 flag 的支援為止。

由於 socket 同時還是檔案控制碼，所以為檔案提供的寫操作（如 write、writev 等），也可以被 socket 直接呼叫，在此就不重複敘述。

13.2 資料封包從使用者空間到核心空間的流程

從 13.1 節可知，socket 在發送資料封包時有多個系統呼叫，既有 socket 本身的發送介面，又可以重用檔案控制碼的寫操作。這些不同的介面是否會導致資料封包從使用者空間發送到核心空間時走向不同的流程呢？下面讓我們透過閱讀原始碼來回答這個問題。

send 的核心實作程式碼如下：

```
SYSCALL_DEFINE4(send, int, fd, void __user *, buff, size_t, len,
        unsigned, flags)
{
    /*
    send 可以視為 sendto 的一種特例，即不設定目的位址的 sendto 呼叫。
    所以核心實作也是讓 send 直接呼叫 sendto。
    */
    return sys_sendto(fd, buff, len, flags, NULL, 0);
}
```

既然其核心實作是讓 send 直接呼叫 sendto，那麼，下面我們就來看一下 sendto 的核心實作，程式碼如下：

```
SYSCALL_DEFINE6(sendto, int, fd, void __user *, buff, size_t, len,
        unsigned, flags, struct sockaddr __user *, addr,
        int, addr_len)
{
    struct socket *sock;
    struct sockaddr_storage address;
    int err;
    struct msghdr msg;
    struct iovec iov;
    int fput_needed;

    /*長度合法性檢查*/
    if (len > INT_MAX)
        len = INT_MAX;
    /*從檔案控制碼獲得socket 的結構*/
    sock = sockfd_lookup_light(fd, &err, &fput_needed);
    if (!sock)
        goto out;
```

```
        /*將資料轉換為 iovec 結構，來呼叫後面的 sendmsg */
        iov.iov_base = buff;
        iov.iov_len = len;
        msg.msg_name = NULL;
        msg.msg_iov = &iov;
        msg.msg_iovlen = 1;
        msg.msg_control = NULL;
        msg.msg_controllen = 0;
        msg.msg_namelen = 0;
        /*如果設定位址，則設定 msg_name */
        if (addr) {
            /*將位址參數複製到核心變數中*/
            err = move_addr_to_kernel(addr, addr_len, (struct sockaddr *)&address);
            if (err < 0)
                goto out_put;
            msg.msg_name = (struct sockaddr *)&address;
            msg.msg_namelen = addr_len;
        }
        /*
        如果 socket 設定非阻塞，則訊息的旗標設定為 DONTWAIT（其實也是非阻塞的語義）
        */
        if (sock->file->f_flags & O_NONBLOCK)
            flags |= MSG_DONTWAIT;
        msg.msg_flags = flags;
        /*呼叫 sock_sendmsg 來發送資料封包*/
        err = sock_sendmsg(sock, &msg, len);

out_put:
        fput_light(sock->file, fput_needed);
out:
        return err;
}
```

這裡又呼叫到 sock_sendmsg，從名字上就能感覺到它可能也會被第三個介面 sendmsg 所呼叫。下面讓我們來驗證這個猜想。

```
SYSCALL_DEFINE3(sendmsg, int, fd, struct msghdr __user *, msg, unsigned, flags)
{
        int fput_needed, err;
        struct msghdr msg_sys;
        /*透過檔案控制碼獲得 socket 結構*/
        struct socket *sock = sockfd_lookup_light(fd, &err, &fput_needed);

        if (!sock)
            goto out;
        /*呼叫__sys_sendmsg 來發送資料封包*/
        err = __sys_sendmsg(sock, msg, &msg_sys, flags, NULL);

        fput_light(sock->file, fput_needed);
out:
        return err;
}
```

接下來進入__sys_sendmsg，程式碼如下：

```
static int __sys_sendmsg(struct socket *sock, struct msghdr __user *msg,
            struct msghdr *msg_sys, unsigned flags,
            struct used_address *used_address)
{
    struct compat_msghdr __user *msg_compat =
        (struct compat_msghdr __user *)msg;
    struct sockaddr_storage address;
    struct iovec iovstack[UIO_FASTIOV], *iov = iovstack;
    unsigned char ctl[sizeof(struct cmsghdr) + 20]
        __attribute__((aligned(sizeof(__kernel_size_t))));
    /* 20 is size of ipv6_pktinfo */
    unsigned char *ctl_buf = ctl;
    int err, ctl_len, iov_size, total_len;

    err = -EFAULT;
    /*從使用者空間得到使用者訊息*/
    if (MSG_CMSG_COMPAT & flags) {
        /*緊湊訊息類型*/
        if (get_compat_msghdr(msg_sys, msg_compat))
            return -EFAULT;
    } else if (copy_from_user(msg_sys, msg, sizeof(struct msghdr)))
        return -EFAULT;

    /* do not move before msg_sys is valid */
    err = -EMSGSIZE;
    /*訊息資料結構個數檢查*/
    if (msg_sys->msg_iovlen > UIO_MAXIOV)
        goto out;

    /* Check whether to allocate the iovec area */
    err = -ENOMEM;
    /*在核心空間申請訊息資料長度*/
    iov_size = msg_sys->msg_iovlen * sizeof(struct iovec);
    if (msg_sys->msg_iovlen > UIO_FASTIOV) {
        iov = sock_kmalloc(sock->sk, iov_size, GFP_KERNEL);
        if (!iov)
            goto out;
    }

    /* This will also move the address data into kernel space */
    /*前面只是將訊息頭，或者說訊息的結構體，複製到核心空間，現在是將訊息的真正內容，即iov的內
        容複製到核心空間*/
    if (MSG_CMSG_COMPAT & flags) {
        err = verify_compat_iovec(msg_sys, iov,
                    (struct sockaddr *)&address,
                VERIFY_READ);
    } else
        err = verify_iovec(msg_sys, iov,
                (struct sockaddr *)&address,
            VERIFY_READ);
    if (err < 0)
        goto out_freeiov;
```

```
total_len = err;

err = -ENOBUFS;
/*與訊息資料結構類似，複製控制訊息結構，就不詳細描述*/
 if (msg_sys->msg_controllen > INT_MAX)
     goto out_freeiov;
 ctl_len = msg_sys->msg_controllen;
 if ((MSG_CMSG_COMPAT & flags) && ctl_len) {
     err =
         cmsghdr_from_user_compat_to_kern(msg_sys, sock->sk, ctl,
                     sizeof(ctl));
     if (err)
         goto out_freeiov;
     ctl_buf = msg_sys->msg_control;
     ctl_len = msg_sys->msg_controllen;
 } else if (ctl_len) {
     if (ctl_len > sizeof(ctl)) {
         ctl_buf = sock_kmalloc(sock->sk, ctl_len, GFP_KERNEL);
         if (ctl_buf == NULL)
             goto out_freeiov;
     }
     err = -EFAULT;
     /*
      * Careful! Before this, msg_sys->msg_control contains a user pointer.
      * Afterwards, it will be a kernel pointer. Thus the compiler-assisted
      * checking falls down on this.
      */
     if (copy_from_user(ctl_buf,
             (void __user __force *)msg_sys->msg_control,
             ctl_len))
         goto out_freectl;
     msg_sys->msg_control = ctl_buf;
}
/*設定訊息旗標*/
msg_sys->msg_flags = flags;

/*如果 socket 是非阻塞的，則設定訊息旗標 MSG_DONTWAIT */
if (sock->file->f_flags & O_NONBLOCK)
    msg_sys->msg_flags |= MSG_DONTWAIT;

/*如果這次發送的目的位址與上次成功發送的目的位址一致，就可以省略安全性檢查*/
if (used_address && msg_sys->msg_name &&
    used_address->name_len == msg_sys->msg_namelen &&
    !memcmp(&used_address->name, msg_sys->msg_name,
        used_address->name_len)) {
    /*呼叫不進行安全性檢查的函數*/
    err = sock_sendmsg_nosec(sock, msg_sys, total_len);
    goto out_freectl;
}
/*呼叫 sock_sendmsg，需要安全性檢查，最終仍然會呼叫到 sock_send_msg_nosec 函數*/
err = sock_sendmsg(sock, msg_sys, total_len);

/*如果本次發送成功，則保存目前的目的位址*/
if (used_address && err >= 0) {
```

```
                used_address->name_len = msg_sys->msg_namelen;
            if (msg_sys->msg_name)
                memcpy(&used_address->name, msg_sys->msg_name,
                        used_address->name_len);
    }

out_freectl:
    if (ctl_buf != ctl)
        sock_kfree_s(sock->sk, ctl_buf, ctl_len);
out_freeiov:
    if (iov != iovstack)
        sock_kfree_s(sock->sk, iov, iov_size);
out:
    return err;
}
```

看完__sys_sendmsg，我們可以確定，無論是哪個發送資料的系統呼叫，最終都會呼叫到 sock_sendmsg。下面是 sock_sendmsg 的相關程式碼：

```
int sock_sendmsg(struct socket *sock, struct msghdr *msg, size_t size)
{
    /* kiocb 為核心通用的 IO 請求結構*/
    struct kiocb iocb;
    struct sock_iocb siocb;
    int ret;

    /*初始化同步的核心 IO 請求結構*/
    init_sync_kiocb(&iocb, NULL);
    iocb.private = &siocb;
    /*發送訊息*/
    ret = __sock_sendmsg(&iocb, sock, msg, size);
    /*回傳結果表明該訊息已經加入佇列，要等待完成事件*/
    if (-EIOCBQUEUED == ret)
            ret = wait_on_sync_kiocb(&iocb);
    return ret;
}
```

這裡的__sock_sendmsg 只是做安全性檢查，然後就呼叫__sock_sendmsg_nosec 函數。再繼續看__sock_sendmsg_nosec，程式碼如下：

```
static inline int __sock_sendmsg_nosec(struct kiocb *iocb, struct socket *sock,
                    struct msghdr *msg, size_t size)
{
    /*獲得 socket 在 sock_sendmsg 中設定的 IO 請求*/
    struct sock_iocb *si = kiocb_to_siocb(iocb);

    sock_update_classid(sock->sk);

    /*初始化 socket 的 IO 請求欄位*/
    si->sock = sock;
    si->scm = NULL;
    si->msg = msg;
    si->size = size;
```

```
    /*根據不同的 socket 類型，呼叫其發送資料函數*/
    return sock->ops->sendmsg(iocb, sock, msg, size);
}
```

目前為止，我們完成了資料封包從使用者空間到核心空間的流程追蹤。接下來的資料封包發送過程，將根據不同的協定，走不同的流程。

13.3　UDP 資料封包的發送流程

前文已經追蹤資料封包從使用者空間到核心空間的流程，本節將以比較簡單的 UDP 協定為例，繼續追蹤資料封包的發送流程—因為 UDP 是無連接狀態的協定，所以不會給我們的程式碼分析帶來額外的麻煩。

UDP 的 sendmsg 操作函數為 udp_sendmsg，程式碼如下：

```
int udp_sendmsg(struct kiocb *iocb, struct sock *sk, struct msghdr *msg, size_t len)
{
    /*從 inet 通用 socket 得到 inet socket*/
    struct inet_sock *inet = inet_sk(sk);
    /*從 inet 通用 socket 得到 UDP socket*/
    struct udp_sock *up = udp_sk(sk);
    struct flowi4 fl4_stack;
    struct flowi4 *fl4;
    int ulen = len;
    struct ipcm_cookie ipc;
    struct rtable *rt = NULL;
    int free = 0;
    int connected = 0;
    __be32 daddr, faddr, saddr;
    __be16 dport;
    u8  tos;
    int err, is_udplite = IS_UDPLITE(sk);
    /*是否有資料封包聚合：或者 UDP socket 設定了聚合選項，或者資料封包訊息指明還有更多資料*/
    int corkreq = up->corkflag || msg->msg_flags&MSG_MORE;
    int (*getfrag)(void *, char *, int, int, int, struct sk_buff *);
    struct sk_buff *skb;
    struct ip_options_data opt_copy;

    /*資料封包長度檢查*/
    if (len > 0xFFFF)
    return -EMSGSIZE;

    /*檢查訊息旗標，UDP 不支援帶外資料*/
    if (msg->msg_flags & MSG_OOB) /* Mirror BSD error message compatibility */
        return -EOPNOTSUPP;

    ipc.opt = NULL;
    ipc.tx_flags = 0;

    /*設定正確的分片函數*/
    getfrag = is_udplite ? udplite_getfrag : ip_generic_getfrag;
```

```
fl4 = &inet->cork.fl.u.ip4;
if (up->pending) {
    /*該 UDP socket 還有待發的資料封包*/
    lock_sock(sk);
    /*常見的上鎖雙重檢查機制*/
    if (likely(up->pending)) {
        /*若待發的資料不是 INET 資料，則報錯回傳*/
        if (unlikely(up->pending != AF_INET)) {
            release_sock(sk);
            return -EINVAL;
        }
        /*跳到追加資料處*/
        goto do_append_data;
    }
    release_sock(sk);
}
ulen += sizeof(struct udphdr);

if (msg->msg_name) {
    /*若指定目標位址，則對其進行校驗*/
    struct sockaddr_in * usin = (struct sockaddr_in *)msg->msg_name;
    /*檢查長度*/
    if (msg->msg_namelen < sizeof(*usin))
        return -EINVAL;
    /*檢查協定族。目前只支援 AF_INET 和 AF_UNSPEC 協定族*/
    if (usin->sin_family != AF_INET) {
        if (usin->sin_family != AF_UNSPEC)
            return -EAFNOSUPPORT;
    }

    /*若透過檢查，則設定目的位址與目的埠*/
    daddr = usin->sin_addr.s_addr;
    dport = usin->sin_port;
    /*目的埠不能為 0 */
    if (dport == 0)
        return -EINVAL;
} else {
    /*如果沒有指定目的位址和目的埠，則目前 socket 的狀態必須是已連接，即已經呼叫過 connect
      設定了目的位址*/
    if (sk->sk_state != TCP_ESTABLISHED)
        return -EDESTADDRREQ;
    /*使用之前設定的目的位址和目的埠*/
    daddr = inet->inet_daddr;
    dport = inet->inet_dport;
    /* Open fast path for connected socket.
       Route will not be used, if at least one option is set.
     */
    connected = 1;
}
ipc.addr = inet->inet_saddr;

ipc.oif = sk->sk_bound_dev_if;
/*設定時間戳記旗標*/
err = sock_tx_timestamp(sk, &ipc.tx_flags);
```

```
    if (err)
        return err;
    /*發送的訊息包含控制資料*/
    if (msg->msg_controllen) {
        /*雖然這個函數的名字叫作 send，其實並沒有任何發送動作，而只是將控制訊息設定到 ipc 中*/
        err = ip_cmsg_send(sock_net(sk), msg, &ipc);
        if (err)
            return err;
        /*設定釋放 ipc.opt 的旗標*/
        if (ipc.opt)
            free = 1;
        connected = 0;
    }
    if (!ipc.opt) {
        /*如果沒有使用控制訊息指定 IP 選項，則檢查 socket 的 IP 選項設定。如果有，則使用 socket 的
         IP 選項*/
        struct ip_options_rcu *inet_opt;
        rcu_read_lock();
        inet_opt = rcu_dereference(inet->inet_opt);
        if (inet_opt) {
            memcpy(&opt_copy, inet_opt,
                    sizeof(*inet_opt) + inet_opt->opt.optlen);
            ipc.opt = &opt_copy.opt;
        }
        rcu_read_unlock();
    }

    saddr = ipc.addr;
    ipc.addr = faddr = daddr;

    /*設定嚴格路由*/
    if (ipc.opt && ipc.opt->opt.srr) {
        if (!daddr)
            return -EINVAL;
        faddr = ipc.opt->opt.faddr;
        connected = 0;
    }
    tos = RT_TOS(inet->tos);
    /*
若有下列情況之一：
1）socket 設定了本地路由旗標。
2）發送訊息時，指明了不做路由。
3）設定了 IP 嚴格路由選項。
則設定不查詢路由旗標
    */
    if (sock_flag(sk, SOCK_LOCALROUTE) ||
        (msg->msg_flags & MSG_DONTROUTE) ||
        (ipc.opt && ipc.opt->opt.is_strictroute)) {
        tos |= RTO_ONLINK;
        connected = 0;
    }

    /*如果目的位址是多播位址*/
    if (ipv4_is_multicast(daddr)) {
        /*若未指定出口介面，則使用 socket 的多播介面索引*/
```

```
    if (!ipc.oif)
        ipc.oif = inet->mc_index;
    /*若來源位址為 0，則使用 socket 的多播位址*/
    if (!saddr)
        saddr = inet->mc_addr;
    connected = 0;
}

/*連接旗標為真，即此次發送的資料封包與上次的位址相同，則判斷保存的路由緩衝是否還可用。*/
if (connected) {
    /*從 socket 檢查並獲得保存的路由緩衝*/
    rt = (struct rtable *)sk_dst_check(sk, 0);
}

/*若目前路由緩衝為空，則需要查詢路由*/
if (rt == NULL) {
    struct net *net = sock_net(sk);
    fl4 = &fl4_stack;
    /*根據 socket 和資料封包的資訊，初始化 flowi4—這是查詢路由的 key */
    flowi4_init_output(fl4, ipc.oif, sk->sk_mark, tos,
                RT_SCOPE_UNIVERSE, sk->sk_protocol,
                inet_sk_flowi_flags(sk)|FLOWI_FLAG_CAN_SLEEP,
                faddr, saddr, dport, inet->inet_sport);

    security_sk_classify_flow(sk, flowi4_to_flowi(fl4));
    /*查詢出口路由*/
    rt = ip_route_output_flow(net, fl4, sk);
    if (IS_ERR(rt)) {
        /*查詢路由失敗*/
        err = PTR_ERR(rt);
        rt = NULL;
        if (err == -ENETUNREACH)
            IP_INC_STATS_BH(net, IPSTATS_MIB_OUTNOROUTES);
        goto out;
    }

    err = -EACCES;
    /*若路由是廣播路由，並且 socket 非廣播 socket*/
    if ((rt->rt_flags & RTCF_BROADCAST) &&
        !sock_flag(sk, SOCK_BROADCAST))
        goto out;
    if (connected) {
        /*若該 UDP 為已連接狀態，則保存這個路由緩衝*/
        sk_dst_set(sk, dst_clone(&rt->dst));
    }
}

/*如果資料封包設定 MSG_CONFIRM 旗標，則是要告訴鏈路層，對端是可達的。調到 do_confrim
    處，可以發現其實作方法是在有 neibour 資訊的情況下，直接更新 neibour 確認時間戳記為目前時
    間。*/
if (msg->msg_flags&MSG_CONFIRM)
    goto do_confirm;
back_from_confirm:

saddr = fl4->saddr;
```

```
        if (!ipc.addr)
            daddr = ipc.addr = fl4->daddr;

    /*沒有使用 cork 選項或 MSG_MORE 旗標。這也是最常見的情況。*/
    if (!corkreq) {
        /*每次都生成一個 UDP 資料封包*/
        skb = ip_make_skb(sk, fl4, getfrag, msg->msg_iov, ulen,
                sizeof(struct udphdr), &ipc, &rt,
                msg->msg_flags);
        err = PTR_ERR(skb);
        /*成功生成了資料封包*/
        if (skb && !IS_ERR(skb)) {
            /*發送 UDP 資料封包*/
            err = udp_send_skb(skb, fl4);
        }
        goto out;
    }
    lock_sock(sk);
    if (unlikely(up->pending)) {
        /*
        現在馬上要做 cork 處理，但發現 socket 已經 cork。
        因此這是一個應用程式 bug。釋放 socket 鎖，並回傳錯誤。
        */

        release_sock(sk);

        LIMIT_NETDEBUG(KERN_DEBUG "udp cork app bug 2\n");
        err = -EINVAL;
        goto out;
    }
    /*
     * Now cork the socket to pend data.
     */
    /*設定 cork 中的流資訊*/
    fl4 = &inet->cork.fl.u.ip4;
    fl4->daddr = daddr;
    fl4->saddr = saddr;
    fl4->fl4_dport = dport;
    fl4->fl4_sport = inet->inet_sport;
    up->pending = AF_INET;

do_append_data:
    /*增加 UDP 資料長度*/
    up->len += ulen;
    /*向 IP 資料封包中追加新的資料*/
    err = ip_append_data(sk, fl4, getfrag, msg->msg_iov, ulen,
                sizeof(struct udphdr), &ipc, &rt,
                corkreq ? msg->msg_flags|MSG_MORE : msg->msg_flags);
    if (err) //若發生錯誤，則丟棄所有未決的資料封包
        udp_flush_pending_frames(sk);
    else if (!corkreq) //若不在 cork 即阻塞，則發送所有未決的資料封包
        err = udp_push_pending_frames(sk);
    else if (unlikely(skb_queue_empty(&sk->sk_write_queue))) {
        /*若沒有未決的資料封包，則重置未決旗標*/
        up->pending = 0;
```

```
    }
    release_sock(sk);

out:
    /*清理工作，釋放各種資源，並增加相應的統計計數*/
    ip_rt_put(rt);
    if (free)
        kfree(ipc.opt);
    if (!err)
        return len;
    /*
     * ENOBUFS = no kernel mem, SOCK_NOSPACE = no sndbuf space.  Reporting
     * ENOBUFS might not be good (it's not tunable per se), but otherwise
     * we don't have a good statistic (IpOutDiscards but it can be too many
     * things).  We could add another new stat but at least for now that
     * seems like overkill.
     */
    if (err == -ENOBUFS || test_bit(SOCK_NOSPACE, &sk->sk_socket->flags)) {
        UDP_INC_STATS_USER(sock_net(sk),
                UDP_MIB_SNDBUFERRORS, is_udplite);
    }
    return err;

do_confirm:
    dst_confirm(&rt->dst);
    if (!(msg->msg_flags&MSG_PROBE) || len)
        goto back_from_confirm;
    err = 0;
    goto out;
}
```

一般情況下，在使用 UDP 發送資料封包時很少會使用 CORK 或 MSG_MORE 旗標，因為
我們希望在每次呼叫發送介面時，就發送一次 UDP 資料封包。因此可以不必考慮 CORK
和 MSG_MORE 的情況，而繼續追蹤 udp_send_skb 函數。

```
static int udp_send_skb(struct sk_buff *skb, struct flowi4 *fl4)
{
    struct sock *sk = skb->sk;
    struct inet_sock *inet = inet_sk(sk);
    struct udphdr *uh;
    int err = 0;
    int is_udplite = IS_UDPLITE(sk);
    int offset = skb_transport_offset(skb);
    int len = skb->len - offset;
    __wsum csum = 0;

    /*建立 UDP 報文標頭*/
    uh = udp_hdr(skb);
    uh->source = inet->inet_sport;
    uh->dest = fl4->fl4_dport;
    uh->len = htons(len);
    uh->check = 0;

    /*
    如果是羽量級 UDP 協定，則呼叫相應的校驗碼計算函數。
```

```
    想瞭解什麼是 UDP Lite，請自行 wiki。
     */
    if (is_udplite)
        csum = udplite_csum(skb);


    /*禁止 UDP 校驗碼*/
    else if (sk->sk_no_check == UDP_CSUM_NOXMIT) {
        skb->ip_summed = CHECKSUM_NONE;
        goto send;

    } else if (skb->ip_summed == CHECKSUM_PARTIAL) {
        /*硬體支援校驗碼的計算*/
        udp4_hwcsum(skb, fl4->saddr, fl4->daddr);
        goto send;

    } else {
        /*一般情況下的校驗碼計算*/
        csum = udp_csum(skb);
    }

    /*計算 UDP 的校驗碼，需要考慮偽標頭*/
    uh->check = csum_tcpudp_magic(fl4->saddr, fl4->daddr, len,
                    sk->sk_protocol, csum);
    /*如果校驗碼為 0，則需要將其設定為 0xFFFF。因為 UDP 的零校驗碼，有特殊的含義，表示沒有校驗
        碼。*/
    if (uh->check == 0)
        uh->check = CSUM_MANGLED_0;

send:
    /*發送 IP 資料封包*/
    err = ip_send_skb(skb);
    if (err) {
        if (err == -ENOBUFS && !inet->recverr) {
            UDP_INC_STATS_USER(sock_net(sk),
                    UDP_MIB_SNDBUFERRORS, is_udplite);
            err = 0;
        }
    } else
        UDP_INC_STATS_USER(sock_net(sk),
                UDP_MIB_OUTDATAGRAMS, is_udplite);
    return err;
}
```

至此，UDP 已經完成自己的工作，後面的發送工作將交由 IP 層來負責。

在沒有閱讀核心原始碼時，我相信絕大多數的讀者都會認為在使用 UDP socket 時，每一次呼叫 send 都會產生一個 UDP 報文。事實上，在一般的專案中，UDP socket 確實也是這樣使用的。然而透過閱讀原始碼，我們才發現當使用 socket 的 cork 選項或是 MSG_MORE 旗標時，UDP socket 也可以多次 send 呼叫，而只產生一個 UDP 報文。這也是我們學習核心原始碼的一個目的和收穫。Linux 核心發展變化極為迅速，任何一本 Linux 方面的書都不可能涵蓋目前核心的所有細節。所以，無論你從事的是核心開發還是應用開發堅持閱讀核心原始碼，將對你的工作和能力有極大的益處。

13.4　TCP 資料封包的發送流程

13.3 節追蹤了 UDP 資料封包的發送流程，本節要學習另外一個重要的傳輸層協定，TCP 資料封包的發送流程。

TCP 的 sendmsg 操作函數為 tcp_sendmsg，程式碼如下：

```
int tcp_sendmsg(struct kiocb *iocb, struct sock *sk, struct msghdr *msg, size_t size)
{
    struct iovec *iov;
    struct tcp_sock *tp = tcp_sk(sk);
    struct sk_buff *skb;
    int iovlen, flags;
    int mss_now, size_goal;
    int sg, err, copied;
    long timeo;

    lock_sock(sk);

    flags = msg->msg_flags;
    /*
    根據旗標，確定發送訊息的超時時間：
    如果設定 MSG_DONTWAIT，則超時時間為 0。
    若沒有設定 MSG_DONTWAIT，則使用 socket 的超時時間。
     */
    timeo = sock_sndtimeo(sk, flags & MSG_DONTWAIT);

    /*
    socket 只有處於已連接（ESTABLISHED）和等待關閉（CLOSE_WAIT）的狀態下，才能直接發送資料。
    已連接狀態不用多說。等待關閉狀態是指收到對端關閉(FIN)資料封包，但本端應用還沒有關閉連接
    時，這時仍然可以發送資料。
    在 TCP 協定中，發送 FIN，表示本端不會再發送資料。
    */
    if ((1 << sk->sk_state) & ~(TCPF_ESTABLISHED | TCPF_CLOSE_WAIT))
        /*等待連接建立。若失敗則回傳出錯*/
        if ((err = sk_stream_wait_connect(sk, &timeo)) != 0)
            goto out_err;

    /*清除 SOCK_ASYNC_NOSPACE 旗標*/
    clear_bit(SOCK_ASYNC_NOSPACE, &sk->sk_socket->flags);

    /*得到目前的 MSS 長度和資料封包的最大長度*/
    mss_now = tcp_send_mss(sk, &size_goal, flags);

    /*準備開始發送，獲得使用者的資料向量位址及長度*/
    iovlen = msg->msg_iovlen;
    iov = msg->msg_iov;
    copied = 0;

    err = -EPIPE;
    /*錯誤檢查*/
    if (sk->sk_err || (sk->sk_shutdown & SEND_SHUTDOWN))
        goto out_err;
```

```
/*判斷出口路由是否支援分散聚合功能*/
sg = sk->sk_route_caps & NETIF_F_SG;

/*逐個發送資料段*/
while (--iovlen >= 0) {
    /*得到該資料段的長度及起始位址*/
    size_t seglen = iov->iov_len;
    unsigned char __user *from = iov->iov_base;

    iov++;

    /*迴圈以保證本資料段的資料全部被發送*/
    while (seglen > 0) {
        int copy = 0;
        /*獲得資料封包的最大長度*/
        int max = size_goal;
        /*獲得發送佇列尾部的skb，查看是否還有剩餘空間*/
        skb = tcp_write_queue_tail(sk);
        if (tcp_send_head(sk)) {
            if (skb->ip_summed == CHECKSUM_NONE)
                max = mss_now;
            /*得到本次需要複製的長度*/
            copy = max - skb->len;
        }

        /*本skb的資料長度已經超過最大長度，需要申請新的skb */
        if (copy <= 0) {
new_segment:
            /*檢查發送緩衝是否已經超出限制*/
            if (!sk_stream_memory_free(sk)) {
                /*發送緩衝佔用記憶體過多，需要等待*/
                goto wait_for_sndbuf;
            }

            /*申請新的skb */
            skb = sk_stream_alloc_skb(sk,
                        select_size(sk, sg),
                        sk->sk_allocation);
            if (!skb) {
                /*若分配失敗，則需要等待*/
                goto wait_for_memory;
            }

            /*檢查硬體是否支援校驗碼*/
            if (sk->sk_route_caps & NETIF_F_ALL_CSUM)
                skb->ip_summed = CHECKSUM_PARTIAL;

        /*加入socket的發送佇列*/
        skb_entail(sk, skb);
        copy = size_goal;
        max = size_goal;
    }

    /*複製長度不能超過資料長度*/
```

```
        if (copy > seglen)
            copy = seglen;

            /*判斷 skb 的線性空間是否還有空閒*/
            if (skb_availroom(skb) > 0) {
            /*調整複製長度,不能超過空閒的空間長度*/
            copy = min_t(int, copy, skb_availroom(skb));
            /*將資料複製到 skb 的空閒空間中*/
            err = skb_add_data_nocache(sk, skb, from, copy);
            if (err)
                goto do_fault;
    } else {
            /*如果該 skb 沒有足夠的空閒的線性空間,則把資料複製到分散聚合頁中*/
            int merge = 0;
            /*獲得資料的分片個數*/
            int i = skb_shinfo(skb)->nr_frags;
            /*獲得 socket 使用的頁*/
            struct page *page = TCP_PAGE(sk);
            /*獲得該頁已使用的偏移*/
            int off = TCP_OFF(sk);

            /*判斷資料封包是否可以和最後一個分片聚合*/
            if (skb_can_coalesce(skb, i, page, off) &&
                off != PAGE_SIZE) {
                /*若可以聚合,則設定 merge 旗標*/
                merge = 1;
            } else if (i == MAX_SKB_FRAGS || !sg) {
                /* 已經達到分片上限,或者網路設備不支援分散聚合。這時不能再向分片增加任
                    何資料了。*/

                /*
                為了給新資料騰出空間,需要將老資料儘快發送出去。
                因此設定 PUSH 旗標,並更新 pushed_seq。然後跳轉到 new_segment,並申請新的
                skb。
                */
                tcp_mark_push(tp, skb);
                goto new_segment;
            } else if (page) {
                /*該頁已滿*/
                if (off == PAGE_SIZE) {
                    put_page(page);
                    TCP_PAGE(sk) = page = NULL;
                    off = 0;
                }
            } else
                off = 0;

            /*再次檢查複製長度,不能超過該頁的空閒長度*/
            if (copy > PAGE_SIZE - off)
                copy = PAGE_SIZE - off;

            /*增加發送緩衝記憶體佔用,若超出限制,則需要等待*/
            if (!sk_wmem_schedule(sk, copy))
                goto wait_for_memory;
```

```
    /*若沒有可用的頁，則申請新的頁*/
    if (!page) {
        /* Allocate new cache page. */
        if (!(page = sk_stream_alloc_page(sk)))
            goto wait_for_memory;
    }

    /*將資料複製到頁的相應位置*/
    err = skb_copy_to_page_nocache(sk, from, skb,
                        page, off, copy);
    if (err) {
        /*
        即使複製失敗，如果該頁是新申請的，也應該讓 socket 擁有該頁，以供未來使用。
        */
        if (!TCP_PAGE(sk)) {
            TCP_PAGE(sk) = page;
            TCP_OFF(sk) = 0;
        }
        goto do_error;
    }

    /* Update the skb. */
    if (merge) {
        /*
        若本次數據可以和最後一個分片合併，則更新最後一個分片的長度
        */
        skb_frag_size_add(&skb_shinfo(skb)->frags[i - 1], copy);
    } else {
        /*這是新的分片，需要為這個分片初始化一些頁資訊*/
        skb_fill_page_desc(skb, i, page, off, copy);
        if (TCP_PAGE(sk)) {
            /*該分頁是之前分配的，因此增加引用即可*/
            get_page(page);
        } else if (off + copy < PAGE_SIZE) {
            /*若該分頁是新分配的，但還未用完，則增加引用，並將其設定為 socket 的
                發送頁，以便未來使用*/
            get_page(page);
            TCP_PAGE(sk) = page;
        }
    }

    /*更新 socket 的發送偏移量*/
    TCP_OFF(sk) = off + copy;
}

/*若無須複製任何資料，則清除 PUSH 旗標*/
if (!copied)
    TCP_SKB_CB(skb)->tcp_flags &= ~TCPHDR_PSH;

/*更新各種序號*/
tp->write_seq += copy;
TCP_SKB_CB(skb)->end_seq += copy;
skb_shinfo(skb)->gso_segs = 0;

/*更新複製資訊*/
```

```
                from += copy;
                copied += copy;
                /*判斷是否完成了所有的資料複製*/
                if ((seglen -= copy) == 0 && iovlen == 0)
                    goto out;

                /*如果資料封包的長度小於限制，或者設定了 MSG_OOB 旗標，則繼續向該資料封包增加資料*/
                if (skb->len < max || (flags & MSG_OOB))
                    continue;

                /*如果目前序號超過上次 push 的序號加上通告視窗的一半，則需要將本次資料封包儘快發
                  送出去*/
                if (forced_push(tp)) {
                    /*將本資料封包設定上 PUSH 旗標，並更新 push 序號*/
                    tcp_mark_push(tp, skb);
                    /*將所有未決的資料封包全都發送出去*/
                    __tcp_push_pending_frames(sk, mss_now, TCP_NAGLE_PUSH);
                } else if (skb == tcp_send_head(sk)) {
                    /*如果 socket 上只有目前這個資料封包，就發送這一個資料封包*/
                    tcp_push_one(sk, mss_now);
                }
                continue;
/*等待發送緩衝*/
wait_for_sndbuf:
                /*設定沒有發送緩衝的旗標*/
                set_bit(SOCK_NOSPACE, &sk->sk_socket->flags);
/*等待記憶體*/
wait_for_memory:
                /*判斷是否已經複製部分資料*/
                if (copied) {
                    /*去掉 MSG_MORE 旗標，表示儘快將複製的資料發送出去*/
                    tcp_push(sk, flags & ~MSG_MORE, mss_now, TCP_NAGLE_PUSH);
                }

                /*等待空閒記憶體，可能進入休眠狀態*/
                if ((err = sk_stream_wait_memory(sk, &timeo)) != 0)
                    goto do_error;

                /*有了空閒記憶體，但 MSS 可能已經發生變化，所以需要重新得到 MSS */
                mss_now = tcp_send_mss(sk, &size_goal, flags);
            }
        }

/* out 是正常退出路徑*/
out:
    /*如果成功複製資料，則呼叫 tcp_push 將資料封包發送出去，但不保證立刻就發送*/
    if (copied)
        tcp_push(sk, flags, mss_now, tp->nonagle);
    /*釋放 socket，回傳發送的位元組數*/
    release_sock(sk);
    return copied;
    /*複製使用者資料錯誤*/
do_fault:
    /*如果目前 skb 的資料長度為 0，則需要從 socket 的發送佇列中將其刪除，並釋放該 skb */
    if (!skb->len) {
```

```
            tcp_unlink_write_queue(skb, sk);
            /* It is the one place in all of TCP, except connection
             * reset, where we can be unlinking the send_head.
             */
            tcp_check_send_head(sk, skb);
            sk_wmem_free_skb(sk, skb);
    }

do_error:
    /*若出錯時已經複製部分資料，則將已經複製的資料發送出去*/
    if (copied)
        goto out;
out_err:
    /*若沒有複製任何資料，則得到錯誤值，釋放 socket 並回傳錯誤*/
    err = sk_stream_error(sk, flags, err);
    release_sock(sk);
    return err;
}
```

因為 TCP 是一種串流協定，所以使用 tcp_sendmsg 發送資料時，核心只是將資料封包追加到 socket 的發送佇列中。真正發送資料的時刻，則是由 TCP 協定來控制的，socket 只能做出指示。tcp_sendmsg 函數是透過呼叫__tcp_push_pending_frames 來指示 TCP 協定發送數據的。所以，有必要來看一下__tcp_push_pending_frames，程式碼如下：

```
void __tcp_push_pending_frames(struct sock *sk, unsigned int cur_mss,
                        int nonagle)
{
    /*如果 socket 是關閉狀態，則直接回傳*/
    if (unlikely(sk->sk_state == TCP_CLOSE))
            return;

    /* tcp_write_xmit 用於將 TCP 報文發送到網路上*/
    if (tcp_write_xmit(sk, cur_mss, nonagle, 0, GFP_ATOMIC)) {
            /*如果沒有要發送的資料，則重置零視窗探測計時器*/
            tcp_check_probe_timer(sk);
    }
}
```

接下來進入 tcp_write_xmit，程式碼如下：

```
static int tcp_write_xmit(struct sock *sk, unsigned int mss_now, int nonagle,
        int push_one, gfp_t gfp)
{
    struct tcp_sock *tp = tcp_sk(sk);
    struct sk_buff *skb;
    unsigned int tso_segs, sent_pkts;
    int cwnd_quota;
    int result;

    sent_pkts = 0;

    /*如果不是 push_one（即只發送一個資料封包），則進行 MTU 探測*/
    if (!push_one) {
```

```
        /*進行 MTU 探測*/
        result = tcp_mtu_probe(sk);
        /*若回傳為 0，則需要等待探測結果，因此不能發送資料封包。*/
        if (!result) {
            return 0;
        } else if (result > 0) {
            sent_pkts = 1;
        }
    }

    /*將發送佇列中的資料封包，迴圈發送出去*/
    while ((skb = tcp_send_head(sk))) {
        unsigned int limit;

        /*初始化這個資料封包的 TSO 狀態。TSO 是 TCP  Segment  Offload 的縮寫。當 TCP 發送資
          料時，需要將資料拆分成 MSS 大小的資料封包（即多個 skb），然後再增加 TCP 標頭、IP 標頭
          、計算校驗和等。而當網卡支援 TSO 時，核心只需要增加 TCP 標頭即可，其餘工作都交由
          網卡來處理。*/
        tso_segs = tcp_init_tso_segs(sk, skb, mss_now);
        BUG_ON(!tso_segs);

        /*檢查擁塞視窗。若為 0，則不能發送*/
        cwnd_quota = tcp_cwnd_test(tp, skb);
        if (!cwnd_quota)
            break;

/*檢查發送視窗。若為 0，則不能發送*/
if (unlikely(!tcp_snd_wnd_test(tp, skb, mss_now)))
    break;

if (tso_segs == 1) {
    /*
    只有一個 TSO 資料段，進行 nagle 演算法檢查。若回傳 0，則不發送
    */
    if (unlikely(!tcp_nagle_test(tp, skb, mss_now,
                    (tcp_skb_is_last(sk, skb) ?
                        nonagle : TCP_NAGLE_PUSH))))
        break;
} else {
    /*多個 TSO 資料段*/
    /*如果沒有設定 push_one 旗標並且 TSO 發送演算法判斷推遲發送，則暫不發送這個資料封包*/
    if (!push_one && tcp_tso_should_defer(sk, skb))
        break;
}

limit = mss_now;
/*當 TSO 分段多於一個並且不是緊急模式,則利用 MSS 和可分段的個數（擁塞視窗和 GSO 最大分段數
  量之間的最小值）得到資料的最長限制*/
if (tso_segs > 1 && !tcp_urg_mode(tp))
    limit = tcp_mss_split_point(sk, skb, mss_now,
                    min_t(unsigned int,
                        cwnd_quota,
                        sk->sk_gso_max_segs));
/*
若資料長度大於限制，則需要分片。
```

```
若分片失敗，則暫不發送這個資料封包。
*/
if (skb->len > limit &&
    unlikely(tso_fragment(sk, skb, limit, mss_now, gfp)))
    break;

/*更新 TCP 控制結構的時間戳記*/
TCP_SKB_CB(skb)->when = tcp_time_stamp;

/*發送資料封包*/
if (unlikely(tcp_transmit_skb(sk, skb, 1, gfp)))
    break;

/*處理發送新資料事件，如調整發送佇列，則重置重傳計時器等*/
tcp_event_new_data_sent(sk, skb);

/*更新小包（即小於 MSS 大小）的發送時間*/
tcp_minshall_update(tp, mss_now, skb);
/*更新發送資料封包的數量*/
sent_pkts += tcp_skb_pcount(skb);

/*如果設定了 push_one 旗標，則只發送一個資料封包。因此可直接退出*/
if (push_one)
    break;
}

/*如果目前處於擁塞恢復的狀態下，則增加這個狀態下的發包數量*/
if (inet_csk(sk)->icsk_ca_state == TCP_CA_Recovery)
    tp->prr_out += sent_pkts;

/*如果發送了資料，則校驗發送擁塞視窗*/
if (likely(sent_pkts)) {
    tcp_cwnd_validate(sk);
    return 0;
}
return !tp->packets_out && tcp_send_head(sk);
}
```

繼續往下追蹤 TCP 的發送函數 tcp_transmit_skb，程式碼如下：

```
static int tcp_transmit_skb(struct sock *sk, struct sk_buff *skb, int clone_it,
            gfp_t gfp_mask)
{
    const struct inet_connection_sock *icsk = inet_csk(sk);
    struct inet_sock *inet;
    struct tcp_sock *tp;
    struct tcp_skb_cb *tcb;
    struct tcp_out_options opts;
    unsigned tcp_options_size, tcp_header_size;
    struct tcp_md5sig_key *md5;
    struct tcphdr *th; int err;

    BUG_ON(!skb || !tcp_skb_pcount(skb));

    /*判斷擁塞控制演算法是否需要進行時間採樣。如果需要，則得到目前時間*/
```

```
if (icsk->icsk_ca_ops->flags & TCP_CONG_RTT_STAMP)
    __net_timestamp(skb);

/*判斷是否需要複製這個資料封包*/
if (likely(clone_it)) {
    /*
    如果該資料封包已經被複製，則需要複製 SKB 的私有部分。
    如未複製，則直接複製該資料封包
    */
    if (unlikely(skb_cloned(skb)))
        skb = pskb_copy(skb, gfp_mask);
    else
        skb = skb_clone(skb, gfp_mask);
    if (unlikely(!skb))
        return -ENOBUFS;
}

inet = inet_sk(sk);
tp = tcp_sk(sk);
tcb = TCP_SKB_CB(skb);
memset(&opts, 0, sizeof(opts));

/*根據 TCP 包的類型計算 TCP 選項部分的大小*/
if (unlikely(tcb->tcp_flags & TCPHDR_SYN))
    tcp_options_size = tcp_syn_options(sk, skb, &opts, &md5);
else
    tcp_options_size = tcp_established_options(sk, skb, &opts,
                            &md5);
/*得到完整的 TCP 標頭大小*/
tcp_header_size = tcp_options_size + sizeof(struct tcphdr);

/*判斷是否有未確認的資料封包*/
if (tcp_packets_in_flight(tp) == 0) {
    /*通知開始發送事件*/
    tcp_ca_event(sk, CA_EVENT_TX_START);
    /*若設定了 ooo_okay 旗標，則表明可以改變發送佇列。參見核心的 XPS 發送機制*/
    skb->ooo_okay = 1;
} else {
    /*若清除 ooo_okay 旗標，則表示不能改變發送佇列。參見核心的 XPS 發送機制*/
    skb->ooo_okay = 0;
}

/*在 skb 中為 TCP 標頭申請空間*/
skb_push(skb, tcp_header_size);
/*設定 TCP 標頭的起始位置*/
skb_reset_transport_header(skb);
/*將資料封包加入到發送佇列中*/
skb_set_owner_w(skb, sk);

/*構建 TCP 標頭，並計算校驗碼*/
th = tcp_hdr(skb);
th->source      = inet->inet_sport;
th->dest        = inet->inet_dport;
th->seq         = htonl(tcb->seq);
```

```
    th->ack_seq         = htonl(tp->rcv_nxt);
    *(((__be16 *)th) + 6)    = htons(((tcp_header_size >> 2) << 12) |
                    tcb->tcp_flags);

    if (unlikely(tcb->tcp_flags & TCPHDR_SYN)) {
        /* RFC1323: The window in SYN & SYN/ACK segments
         * is never scaled.
         */
        th->window      = htons(min(tp->rcv_wnd, 65535U));
    } else {
        th->window      = htons(tcp_select_window(sk));
    }
    th->check       = 0;
    th->urg_ptr     = 0;

    /* The urg_mode check is necessary during a below snd_una win probe */
    if (unlikely(tcp_urg_mode(tp) && before(tcb->seq, tp->snd_up))) {
        if (before(tp->snd_up, tcb->seq + 0x10000)) {
            th->urg_ptr = htons(tp->snd_up - tcb->seq);
            th->urg = 1;
        } else if (after(tcb->seq + 0xFFFF, tp->snd_nxt)) {
            th->urg_ptr = htons(0xFFFF);
            th->urg = 1;
        }
    }

    /*構建 TCP 選項*/
    tcp_options_write((__be32 *)(th + 1), tp, &opts);
    /*如果不是 SYN 資料封包，則嘗試設定 ECN 狀態*/
    if (likely((tcb->tcp_flags & TCPHDR_SYN) == 0))
        TCP_ECN_send(sk, sk, tcp_header_size);

#ifdef CONFIG_TCP_MD5SIG
    /* 計算 TCP MD5 簽名*/
    if (md5) {
        sk_nocaps_add(sk, NETIF_F_GSO_MASK);
        tp->af_specific->calc_md5_hash(opts.hash_location,
                    md5, sk, NULL, skb);
    }
#endif

    /*計算 TCP 的校驗碼*/
    icsk->icsk_af_ops->send_check(sk, skb);

    /*如果有 ACK 旗標，則發送 ACK 事件通知*/
    if (likely(tcb->tcp_flags & TCPHDR_ACK))
        tcp_event_ack_sent(sk, tcp_skb_pcount(skb));

    /*如果資料封包長度大於 TCP 標頭，那麼自然是有 TCP 資料的，所以資料將發送事件通知*/
    if (skb->len != tcp_header_size)
        tcp_event_data_sent(tp, sk);

    /*增加 TCP 發送資料封包的統計計數*/
    if (after(tcb->end_seq, tp->snd_nxt) || tcb->seq == tcb->end_seq)
        TCP_ADD_STATS(sock_net(sk), TCP_MIB_OUTSEGS,
```

```
                        tcp_skb_pcount(skb));

    /*呼叫 ip_queue_xmit 發送資料報文*/
    err = icsk->icsk_af_ops->queue_xmit(skb, &inet->cork.fl);
    if (likely(err <= 0))
        return err;

    /*判斷是否需要進入擁塞視窗來恢復狀態*/
    tcp_enter_cwr(sk, 1);

    /*因為 NET_XMIT_CN 回傳值,不能被看作發送錯誤。所以對於發送回傳的錯誤,需要呼叫 net_
      xmit_eval 來遮蔽該錯誤*/
    return net_xmit_eval(err);
}
```

至此,TCP 也完成了自己的工作,IP 層將負責後面的資料封包發送工作。

13.5　IP 資料封包的發送流程

前面兩節分別分析學習了 UDP 和 TCP 的發送流程。它們在完成各自的工作,並構建對應的標頭以後,就將資料封包傳遞給 IP 網路層。一般情況下,UDP 和 TCP 使用不同的網路層介面函數來將資料封包傳遞給網路層。下文將分別對 UDP 和 TCP 進行詳細介紹。

13.5.1　ip_send_skb 原始碼分析

UDP 呼叫 ip_send_skb 將資料封包傳給網路層,下面是其原始碼分析:

```
int ip_send_skb(struct sk_buff *skb)
{
    struct net *net = sock_net(skb->sk);
    int err;

    /* ip_local_out 為本機發送 IP 資料封包函數*/
    err = ip_local_out(skb);
    if (err) {
        /*發送錯誤*/
        if (err > 0) {
            /*利用 net_xmit_errno 轉換發送錯誤值*/
            err = net_xmit_errno(err);
        }
        if (err)
            IP_INC_STATS(net, IPSTATS_MIB_OUTDISCARDS);
    }

    return err;
}
```

進入 ip_local_out，程式碼如下：

```
int ip_local_out(struct sk_buff *skb)
{
    int err;

    /* Linux 核心程式碼充斥大量的封裝函數，如 ip_local_out、__ip_local_out 等等*/

    /*檢查 netfilter 在本機的發送路徑*/
    err = __ip_local_out(skb);
    /*若 err 為 1，則表示透過 netfilter 檢查*/
    if (likely(err == 1)) {
        /*呼叫路由輸出函數，發送資料封包*/
        err = dst_output(skb);
    }

    return err;
}
```

進入 __ip_local_out，程式碼如下：

```
int __ip_local_out(struct sk_buff *skb)
{
    /*得到 IP 標頭*/
    struct iphdr *iph = ip_hdr(skb);

    /*計算 IP 報文的總長度*/
    iph->tot_len = htons(skb->len);
    /*計算 IP 報文的校驗碼*/
    ip_send_check(iph);
    /*檢查 netfilter 的 localout 路徑*/
    return nf_hook(NFPROTO_IPV4, NF_INET_LOCAL_OUT, skb, NULL,
                   skb_dst(skb)->dev, dst_output);
}
```

Netfilter 的原始碼並不複雜，並且由於與目前主題的相關度並不高，所以在此就不對 Netfilter 的相關程式碼進行追蹤分析。我們可以假設在沒有使用 Netfilter 或沒有對應的規則時，nf_hook 會回傳 1。這樣發送資料封包的關鍵就在於 dst_output 函數了。

dst_output 函數的實作為 skb_dst(skb)->output(skb)。其中 skb_dst(skb)為這個資料封包找到的路由緩衝，output 為其實作發送功能的函數指標。這裡面又涉及一個核心常用的程式設計技巧，利用函數指標將兩個層次或功能模組進行隔離解耦。對於核心來說，無論是要發送出去的資料封包，還是接收到的資料，在構建完 IP 報文後，都要透過查詢路由來確定下一步的流程。而透過查詢路由緩衝的 input 和 output 函數指標，就可以確定後續的處理。核心提供了幾個公共的路由輸出函數，應用於不同的場景的路由，如 dst_discard 用於失效的路由、ip_rt_bug 用於非預期的輸出、ip_mc_output 用於本機多播輸出，而 ip_output 則用於本機向外發送資料封包。

因此，對於本機發出的資料封包，其路由輸出函數即為 ip_output，它的實作非常簡單，程式碼如下：

```
int ip_output(struct sk_buff *skb)
{
    /*得到發送設備*/
    struct net_device *dev = skb_dst(skb)->dev;

    /*增加 IP 資料封包發送統計計數*/
    IP_UPD_PO_STATS(dev_net(dev), IPSTATS_MIB_OUT, skb->len);
    /*設定資料封包的出口設備*/
    skb->dev = dev;
    /*設定資料封包的協定為 IP 協定*/
    skb->protocol = htons(ETH_P_IP);

    /*進行 Netfilter 在 POST ROUTING 上的檢查*/
    return NF_HOOK_COND(NFPROTO_IPV4, NF_INET_POST_ROUTING, skb, NULL, dev,
            ip_finish_output,
            !(IPCB(skb)->flags & IPSKB_REROUTED));
}
```

透過 Netfilter 在 POST ROUTING 上的檢查後，資料封包將進入 ip_finish_output，程式碼如下：

```
static int ip_finish_output(struct sk_buff *skb)
{
#if defined(CONFIG_NETFILTER) && defined(CONFIG_XFRM)
    /*如果是路由緩衝表示需要變換*/
    if (skb_dst(skb)->xfrm != NULL) {
        /*設定上重新選路的旗標*/
        IPCB(skb)->flags |= IPSKB_REROUTED;
        return dst_output(skb);
    }
#endif
    /*如果資料封包長度超過MTU，並且資料封包不是 GSO 資料封包*/
    if (skb->len > ip_skb_dst_mtu(skb) && !skb_is_gso(skb)){
        /*執行 IP 分片，因不是本文重點，故略過*/
        return ip_fragment(skb, ip_finish_output2);
    }
    else {
        /*進入真正的三層發送函數*/
        return ip_finish_output2(skb);
    }
}
```

繼續進入 ip_finish_output2，程式碼如下：

```
static inline int ip_finish_output2(struct sk_buff *skb)
{
    struct dst_entry *dst = skb_dst(skb);
    struct rtable *rt = (struct rtable *)dst;
    struct net_device *dev = dst->dev;
    unsigned int hh_len = LL_RESERVED_SPACE(dev);
```

```
    struct neighbour *neigh;

    /*根據路由類型是多播或廣播，來增加相應的計數*/
    if (rt->rt_type == RTN_MULTICAST) {
        IP_UPD_PO_STATS(dev_net(dev), IPSTATS_MIB_OUTMCAST, skb->len);
    } else if (rt->rt_type == RTN_BROADCAST)
        IP_UPD_PO_STATS(dev_net(dev), IPSTATS_MIB_OUTBCAST, skb->len);

    /*檢查資料封包的標頭是否還有存放二層標頭的空間*/
    if (unlikely(skb_headroom(skb) < hh_len && dev->header_ops)) {
        struct sk_buff *skb2;
        /*重新申請一個足夠空間的skb */
        skb2 = skb_realloc_headroom(skb, LL_RESERVED_SPACE(dev));
        if (skb2 == NULL) {
            kfree_skb(skb);
            return -ENOMEM;
        }
        /*如果原資料封包屬於某個socket，則將新資料封包也設定成歸屬於這個socket*/
        if (skb->sk)
            skb_set_owner_w(skb2, skb->sk);
        /*釋放原資料封包的記憶體空間，讓原資料封包的skb指標指向新資料封包的記憶體空間*/
        kfree_skb(skb);
        skb = skb2;
    }
    rcu_read_lock();
    /*獲得路由的neighbour資訊*/
    neigh = dst_get_neighbour(dst);
    if (neigh) {
        /*呼叫neighbour層的輸出介面。是否能夠立刻發送，相依於neighbour的狀態*/
        int res = neigh_output(neigh, skb);

        rcu_read_unlock();
        return res;
    }
    rcu_read_unlock();

    /*若該路由沒有neighbour的資訊，則輸出報錯*/
    if (net_ratelimit())
        printk(KERN_DEBUG "ip_finish_output2: No header cache and no neighbour!\n");
    kfree_skb(skb);
    return -EINVAL;
}
```

13.5.2　ip_queue_xmit 原始碼分析

13.5.1 節的 ip_send_skb 是 UDP 呼叫的 IP 層之輸出介面，而 TCP 呼叫的 IP 層輸出介面函
式則為 ip_queue_xmit。下面來看看相應的原始碼：

```
int ip_queue_xmit(struct sk_buff *skb, struct flowi *fl)
{
    struct sock *sk = skb->sk;
    struct inet_sock *inet = inet_sk(sk);
    struct ip_options_rcu *inet_opt;
```

```
    struct flowi4 *fl4;
    struct rtable *rt;
    struct iphdr *iph;
    int res;

    /*判斷資料封包是否有路由，如果已經有了，就直接跳到 packet_routed */
    rcu_read_lock();
    inet_opt = rcu_dereference(inet->inet_opt);
    fl4 = &fl->u.ip4;
    rt = skb_rtable(skb);
    if (rt != NULL)
        goto packet_routed;

    /*從 socket 獲得合法的路由（需要檢查是否過期）*/
    rt = (struct rtable *)__sk_dst_check(sk, 0);
    if (rt == NULL) {
        __be32 daddr;

        daddr = inet->inet_daddr;
        /*如果有 IP 嚴格路由選項，則使用選項中的位址作為目的位址進行路由查詢*/
        if (inet_opt && inet_opt->opt.srr)
            daddr = inet_opt->opt.faddr;

        /*進行路由查詢*/
        rt = ip_route_output_ports(sock_net(sk), fl4, sk,
                    daddr, inet->inet_saddr,
                    inet->inet_dport,
                    inet->inet_sport,
                    sk->sk_protocol,
                    RT_CONN_FLAGS(sk),
                    sk->sk_bound_dev_if);
        if (IS_ERR(rt))
            goto no_route;
        /*根據路由的介面的特性設定 socket 特性*/
        sk_setup_caps(sk, &rt->dst);
    }
    /*給資料封包設定路由*/
    skb_dst_set_noref(skb, &rt->dst);

packet_routed:
    /*如果有 IP 嚴格路由選項*/
    if (ine_opt && inet_opt->opt.is_strictroute && fl4->daddr != rt->rt_gateway)
        gotono_route;

    /*分配 IP 標頭和選項空間*/
    skb_push(skb, sizeof(struct iphdr) + (inet_opt ? inet_opt->opt.optlen : 0));
    /*設定 IP 標頭位置*/
    skb_reset_network_header(skb);
    /*得到資料封包 IP 標頭的指標*/
    iph = ip_hdr(skb);
    /*構建 IP 標頭*/
    *((__be16 *)iph) = htons((4 << 12) | (5 << 8) | (inet->tos & 0xff));
    /*如不能分片，則在 IP 標頭設定 IP_DF 旗標*/
    if (ip_dont_fragment(sk, &rt->dst) && !skb->local_df)
        iph->frag_off = htons(IP_DF);
```

```
    else
        iph->frag_off = 0;
    iph->ttl           = ip_select_ttl(inet, &rt->dst);
    iph->protocol      = sk->sk_protocol;
    iph->saddr         = fl4->saddr;
    iph->daddr         = fl4->daddr;
    /* Transport layer set skb->h.foo itself. */

    /*構建 IP 選項*/
    if (inet_opt && inet_opt->opt.optlen) {
        iph->ihl += inet_opt->opt.optlen >> 2;
        ip_options_build(skb, &inet_opt->opt, inet->inet_daddr, rt, 0);
    }

    /*選擇合適的 IP identifier */
    ip_select_ident_more(iph, &rt->dst, sk,
                (skb_shinfo(skb)->gso_segs ?: 1) - 1);

    /*根據 socket 選項，設定資料封包的優先權和標記*/
    skb->priority = sk->sk_priority;
    skb->mark = sk->sk_mark;

    /*發送資料封包*/
    res = ip_local_out(skb);
    rcu_read_unlock();
    return res;

no_route:
    rcu_read_unlock();
    IP_INC_STATS(sock_net(sk), IPSTATS_MIB_OUTNOROUTES);
    kfree_skb(skb);
    return -EHOSTUNREACH;
}
```

ip_queue_xmit 最終也是呼叫 ip_local_out 發送本機的資料封包。該函數已經在前面追蹤分析過，所以在此就不再重複。

13.6　底層模組資料封包的發送流程

13.5 節分析了 IP 網路層的資料封包的發送流程，並最終追蹤到其呼叫鄰居模組的發送介面。為什麼核心會有一個鄰居模組呢？本質上資料封包的發送和接收都相依於資料連結層（二層）的位址即硬體位址，網卡只接受二層目的位址為自己位址的資料封包（或者多播、廣播位址）。所謂的 IP 位址（三層）只是一個邏輯位址，其實際用途是用來尋徑的。那麼核心在發送資料封包的時候，就需要填充正確的二層硬體位址才能將資料封包成功地發送出去。這裡就有了一個需求，即需要將三層網路位址"映射"為正確的二層硬體位址。對於 IPv4 來說，這是由 ARP 協定來實作的，而對於 IPv6 來說，其鄰居發現協定是由 ICMPv6 來實作的。因此，對於核心來說，一方面是為了遮蔽不同的鄰居協定的實作細節；另一方面，使用同一個鄰居模組，對外可以保證相同的鄰居狀態機和一致的介面。

13.5 節中，二層資料封包的發送介面為 neigh_output，其原始碼如下：

```
static inline int neigh_output(struct neighbour *n, struct sk_buff *skb)
{
    struct hh_cache *hh = &n->hh;
    /*
    若鄰居狀態為連接狀態：永久鄰居，不需要 ARP，可到達三種情況，
    並且存在硬體位址，則直接呼叫 neigh_hh_output 來發送。
    不然則透過鄰居的輸出函數發送—會根據鄰居狀態使用不同的介面。
    */
    if ((n->nud_state & NUD_CONNECTED) && hh->hh_len)
        return neigh_hh_output(hh, skb);
    else
        return n->output(n, skb);
}
```

先追蹤第一種情況，來查看 neigh_hh_output 的程式碼：

```
static inline int neigh_hh_output(struct hh_cache *hh, struct sk_buff *skb)
{
    unsigned seq;
    int hh_len;

    /*
    使用 seqlock 讀取硬體位址。
    seqlock 一般用在頻繁讀操作，偶爾寫操作的情況下。讀操作並不會真正地上鎖，因此不會阻塞其他讀
    操作和寫操作，並透過序號來保證讀出資料的完整性；寫操作會使用 spinlock 來保證同一時間只有一
    個寫操作。
    */
    do {
        int hh_alen;

        seq = read_seqbegin(&hh->hh_lock);
        hh_len = hh->hh_len;
        hh_alen = HH_DATA_ALIGN(hh_len);
        memcpy(skb->data - hh_alen, hh->hh_data, hh_alen);
    } while (read_seqretry(&hh->hh_lock, seq));

    /*保存硬體位址*/
    skb_push(skb, hh_len);
    /*呼叫底層發送資料封包介面*/
    return dev_queue_xmit(skb);
}
```

接下來分析鄰居在不同狀態下的發送介面，在此，以 IPv4 的 ARP 協定為例來進行分析。

首先我們來看看 NUD_NOARP 狀態，程式碼如下：

```
neigh->nud_state = NUD_NOARP;
neigh->ops = &arp_direct_ops;
neigh->output = neigh_direct_output;
```

在 NUD_NOARP 狀態下，neigh 的發送介面為 neigh_direct_output，程式碼如下。

```
int neigh_direct_output(struct neighbour *neigh, struct sk_buff *skb)
{
    return dev_queue_xmit(skb);
}
```

這個函數 "碼如其名"，就是直接呼叫底層的發送介面。

再來看看 NUD_VALID 狀態和其餘狀態，程式碼如下：

```
if (dev->header_ops->cache)
    neigh->ops = &arp_hh_ops;
else
    neigh->ops = &arp_generic_ops;

if (neigh->nud_state & NUD_VALID)
    neigh->output = neigh->ops->connected_output;
else
    neigh->output = neigh->ops->output;
```

若網卡提供標頭緩衝的功能，則鄰居的操作函數為 arp_hh_ops，不然則為 arp_generic_ops。對於 arp_generic_ops 來說，若鄰居狀態為 NUD_VALID，則輸出函數為 neigh_connected_output（與 NUD_NOARP 狀態相同），其餘狀態則為 neigh_resolve _output，程式碼如下：

```
int neigh_resolve_output(struct neighbour *neigh, struct sk_buff *skb)
{
    struct dst_entry *dst = skb_dst(skb);
    int rc = 0;

    if (!dst)
        goto discard;

    /*根據實際的鄰居發現協定，發送探測鄰居資料封包。對於 IPv4 來說，就是 ARP 請求。如果成功得
       到鄰居的位址，則回傳成功（數值 0），不然則回傳錯誤值*/
    if (!neigh_event_send(neigh, skb)) {
        /*有了鄰居即對端硬體位址，就可以發送資料封包*/
        int err;
        struct net_device *dev = neigh->dev;
        unsigned int seq;
        /*如果網卡有位址緩衝功能，並且鄰居模組沒有對應的硬體位址，則呼叫網卡功能，填充二層硬
           體位址*/
        if (dev->header_ops->cache && !neigh->hh.hh_len)
            neigh_hh_init(neigh, dst);
        /*下面的程式碼與 neigh_hh_output 類似，利用 seqlock 在無鎖的條件下，保證二層位址讀
```

```
            取的完整性。*/
        do {
            __skb_pull(skb, skb_network_offset(skb));
            seq = read_seqbegin(&neigh->ha_lock);
            err = dev_hard_header(skb, dev, ntohs(skb->protocol),
                        neigh->ha, NULL, skb->len);
        } while (read_seqretry(&neigh->ha_lock, seq));

        /*若成功讀取硬體位址,則呼叫底層發送函數,將資料封包發送出去。*/
        if (err >= 0)
            rc = dev_queue_xmit(skb);
        else
            goto out_kfree_skb;
    }
out:
    return rc;
discard:
    NEIGH_PRINTK1("neigh_resolve_output: dst=%p neigh=%p\n",
            dst, neigh);
out_kfree_skb:
    rc = -EINVAL;
    kfree_skb(skb);
    goto out;
}
```

鄰居模組除了相應的發送過程外,更為重要的是鄰居模組狀態變遷的狀態機,以及鄰居發現協定的實作。但是這兩部分與本章的主題關聯並不大,程式碼也不複雜,熟悉相關協議的讀者可以很容易看懂該部分程式碼。

鄰居模組呼叫的底層發送介面為 dev_queue_xmit,實質上資料封包會首先進入核心的 TC 模組的佇列(預設情況下,網卡使用的 TC 佇列為 PFIFO_FAST 佇列),然後根據佇列演算法,讓合適的資料封包出隊(之所以說合適的,是因為不同的 TC 佇列,其出隊的演算法不同),並呼叫網卡的發送函數,將資料封包發送到網卡。如果這時網卡滿足發送條件,則資料封包將將會被真正地發送出去。若不滿足發送條件,則將利用發送軟中斷,過段時間再進行下一輪嘗試。

網路通信：
資料報文的接收

第 13 章完成了對資料封包發送流程的分析和學習，本章則要學習資料封包的接收過程，同樣也從使用者層開始入手，然後深入到核心的實作程式碼，從而真正理解接收資料的介面。本章也是網路通信的最後一章。

14.1 系統呼叫介面

與發送類似，核心也提供多個接收資料的系統呼叫介面，介面定義如下：

```
#include <sys/types.h>
#include <sys/socket.h>

ssize_t recv(int sockfd, void *buf, size_t len, int flags);

ssize_t recvfrom(int sockfd, void *buf, size_t len, int flags,
                 struct sockaddr *src_addr, socklen_t *addrlen);

ssize_t recvmsg(int sockfd, struct msghdr *msg, int flags);
```

與 send 類似，recv 用於已連接狀態的 socket。原因在於，對未連接 socket 來說，若使用 recv 接收資料，透過該介面將不能獲得發送端的位址，也就是說不知道這個資料是誰發過來的。所以，如果使用者不關心發送端資訊，或者該資訊可以從資料中獲得，則 recv 介面同樣也可以用未連接的 socket。再來看看 recvfrom，它會透過額外的參數 src_addr 和 addrlen，來獲得發送方的位址，其中需要注意的是 addrlen，它既是輸入值又是輸出值。最後是 recvmsg，它與 sendmsg 一樣，把接收到的資料和位址都保存在 msg 中。其中 msg.msg_name 和 msg.msg_len 用於保存接收端位址，而 msg.msg_iov 用於保存接收到的資料。這三個系統呼叫與對應的發送介面一樣,都支援設定旗標位元 flags—都是比較現代的介面設計方法。

14.2　資料封包從核心空間到使用者空間的流程

第 13 章中,幾個不同的發送資料封包的系統呼叫,最終都是透過公共的函數 sock_sendmsg 來完成的。對於接收資料封包的系統呼叫,我們相信它們也是殊途同歸,最後會進入到一個公共的函數中。接下來,追蹤 14.1 節介紹的三個系統呼叫的實作,來證明我們的猜想。

首先是 recv 的原始碼:

```
asmlinkage long sys_recv(int fd, void __user *ubuf, size_t size,
         unsigned flags)
{
    return sys_recvfrom(fd, ubuf, size, flags, NULL, NULL);
}
```

程式碼很簡單,recv 完全是透過呼叫 sys_recvfrom 來實作的,僅僅是將 sys_recvfrom 的最後兩個參數設定為 0 而已。

那麼接下來就進入 recvfrom 的原始碼:

```
SYSCALL_DEFINE6(recvfrom, int, fd, void __user *, ubuf, size_t, size,
        unsigned, flags, struct sockaddr __user *, addr,
        int __user *, addr_len)
{
    struct socket *sock;
    struct iovec iov;
    struct msghdr msg;
    struct sockaddr_storage address;
    int err, err2;
    int fput_needed;

    /*限制讀取位元組長度的最大值為整數的最大值 INT_MAX */
    if (size > INT_MAX)
        size = INT_MAX;
    /*從檔案控制碼得到 socket 結構*/
    sock = sockfd_lookup_light(fd, &err, &fput_needed);
    if (!sock)
        goto out;

    /*控制資訊清零*/
    msg.msg_control = NULL;
    msg.msg_controllen = 0;
    /*設定訊息的資料段資訊*/
    msg.msg_iovlen = 1;
    msg.msg_iov = &iov;
    iov.iov_len = size;
    iov.iov_base = ubuf;
    /*設定訊息的儲存位址資訊*/
```

```
        msg.msg_name = (struct sockaddr *)&address;
        msg.msg_namelen = sizeof(address);
        /*如果 socket 設定了 O_NONBLOCK 旗標，即非阻塞旗標，則設定 MSG_DONTWAIT 旗標，表示此次接收
          訊息，無須等待*/
        if (sock->file->f_flags & O_NONBLOCK)
            flags |= MSG_DONTWAIT;
        /*呼叫 sock_recvmsg 接收資料*/
        err = sock_recvmsg(sock, &msg, size, flags);

        /*將位址資訊複製到使用者空間*/
        if (err >= 0 && addr != NULL) {
            err2 = move_addr_to_user((struct sockaddr *)&address,
                        msg.msg_namelen, addr, addr_len);
            if (err2 < 0)
                err = err2;
        }

        fput_light(sock->file, fput_needed);
out:
        return err;
}
```

後面的呼叫流程則為 sock_recvmsg → __sock_recvmsg → __sock_recvmsg_nosec。

下面追蹤第三個接收資料封包的系統呼叫 recvmsg，程式碼如下：

```
SYSCALL_DEFINE3(recvmsg, int, fd, struct msghdr __user *, msg,
            unsigned int, flags)
{
    int fput_needed, err;
    struct msghdr msg_sys;
    /*從檔案控制碼 fd 獲得 socket*/
    struct socket *sock = sockfd_lookup_light(fd, &err, &fput_needed);

    if (!sock)
        goto out;

    /* __sys_recvmsg 用於實作接收資料*/
    err = __sys_recvmsg(sock, msg, &msg_sys, flags, 0);

    /*釋放 fd 引用（如果需要的話），這也是 fput_light 與 fput 的區別*/
    fput_light(sock->file, fput_needed);
out:
    return err;
}
```

下面進入 __sys_recvmsg，程式碼如下：

```
static int __sys_recvmsg(struct socket *sock, struct msghdr __user *msg,
                    struct msghdr *msg_sys, unsigned flags, int nosec)
{
    struct compat_msghdr __user *msg_compat =
        (struct compat_msghdr __user *)msg;
    struct iovec iovstack[UIO_FASTIOV];
    struct iovec *iov = iovstack;
```

```
unsigned long cmsg_ptr;
int err, iov_size, total_len, len;
/* kernel mode address */
struct sockaddr_storage addr;

/* user mode address pointers */
struct sockaddr __user *uaddr;
int __user *uaddr_len;
```

/*將訊息標頭從使用者空間複製到核心空間*/
```
if (MSG_CMSG_COMPAT & flags) {
        if (get_compat_msghdr(msg_sys, msg_compat))
            return -EFAULT;
} else if (copy_from_user(msg_sys, msg, sizeof(struct msghdr)))
        return -EFAULT;

err = -EMSGSIZE;
```
/*檢查資料段的個數*/
```
if (msg_sys->msg_iovlen > UIO_MAXIOV)
        goto out;

/*
```
為了避免頻繁申請記憶體，核心在堆疊上申請 UIO_FASTIOV 大小的 iovec 陣列以供 iov 使用。當資料段個數超過 UIO_FASTIOV 時，就需要動態申請記憶體。*/
```
err = -ENOMEM;
iov_size = msg_sys->msg_iovlen * sizeof(struct iovec);
if (msg_sys->msg_iovlen > UIO_FASTIOV) {
        iov = sock_kmalloc(sock->sk, iov_size, GFP_KERNEL);
        if (!iov)
                goto out;
}
```

/*驗證使用者傳遞的資料段參數和位址參數*/
```
uaddr = (__force void __user *)msg_sys->msg_name;
uaddr_len = COMPAT_NAMELEN(msg);
if (MSG_CMSG_COMPAT & flags) {
        err = verify_compat_iovec(msg_sys, iov,
                                (struct sockaddr *)&addr,
                                VERIFY_WRITE);
} else
        err = verify_iovec(msg_sys, iov,
                        (struct sockaddr *)&addr,
                        VERIFY_WRITE);
if (err < 0)
    goto out_freeiov;
total_len = err;

cmsg_ptr = (unsigned long)msg_sys->msg_control;
```
/*確保訊息旗標中只有核心支援的兩個旗標*/
```
msg_sys->msg_flags = flags & (MSG_CMSG_CLOEXEC|MSG_CMSG_COMPAT);
```

/*如果 socket 為非阻塞，則設定旗標位元為不等待（非阻塞）*/
```
if (sock->file->f_flags & O_NONBLOCK)
        flags |= MSG_DONTWAIT;
```
/*根據安全檢查旗標，呼叫不同的接收函數，但最終都會呼叫到 sock_recvmsg */

```
        err = (nosec ? sock_recvmsg_nosec : sock_recvmsg)(sock, msg_sys,
                                                    total_len, flags);
        if (err < 0)
                goto out_freeiov;
        len = err;

        /*將發送端的位址複製到使用者層*/
        if (uaddr != NULL) {
                err = move_addr_to_user((struct sockaddr *)&addr,
                                    msg_sys->msg_namelen, uaddr,
                                    uaddr_len);
                if (err < 0)
                        goto out_freeiov;
        }

        ...... ......
}
```

由上面的程式碼可以看出，核心提供的三個接收資料封包的系統呼叫，最終確實如我們
所期望，都會走到一個共同的函數__sock_recvmsg_nose 裡。下面來看一下這個函數，程
式碼如下：

```
static inline int __sock_recvmsg_nosec(struct kiocb *iocb, struct socket
    *sock,struct msghdr *msg, size_t size, int flags)
{
    struct sock_iocb *si = kiocb_to_siocb(iocb);

    sock_update_classid(sock->sk);

    /*設定 socket 非同步 IO 資訊*/
    si->sock = sock;
    si->scm = NULL;
    si->msg = msg;
    si->size = size;
    si->flags = flags;

    /*根據不同的 socket 類型，呼叫不同的資料接收函數*/
    return sock->ops->recvmsg(iocb, sock, msg, size, flags);
}
```

根據上面的程式碼，後面的接收流程就要相依於實際的協定實作了。

14.3 UDP 資料封包的接收流程

首先，我們來分析一下相對簡單的 UDP 協定資料封包接收流程，程式碼如下：

```
int udp_recvmsg(struct kiocb *iocb, struct sock *sk, struct msghdr *msg,
        size_t len, int noblock, int flags, int *addr_len)
{
    struct inet_sock *inet = inet_sk(sk);
    /*讓 sin 指向 msg_name，用於保存發送端位址*/
    struct sockaddr_in *sin = (struct sockaddr_in *)msg->msg_name;
```

```
        struct sk_buff *skb;
        unsigned int ulen, copied;
        int peeked;
        int err;
        int is_udplite = IS_UDPLITE(sk);
        bool slow;

        /*若 addr_len 不為 NULL，即使用者傳遞位址長度參數。進入實際的協定層，已經可以確定位址
          的長度信息。*/
        if (addr_len)
            *addr_len = sizeof(*sin);

        /*使用者設定 MSG_ERRQUEUE 旗標，用於接收錯誤訊息。因為這個應用並不廣泛，因此在此忽略這種
          情況，不進入該函數。*/
        if (flags & MSG_ERRQUEUE)
            return ip_recv_error(sk, msg, len);

try_again:
        /*接收了一個資料報文*/
        skb = __skb_recv_datagram(sk, flags | (noblock ? MSG_DONTWAIT : 0),
                    &peeked, &err);
        /*若沒有收到報文，則直接退出*/
        if (!skb)
            goto out;

        /*得到 UDP 的資料長度*/
        ulen = skb->len - sizeof(struct udphdr);
        /*要複製的長度被初始化為使用者指定的長度*/
        copied = len;
        /*若複製長度大於 UDP 的資料長度，則調整複製長度為資料長度。若複製長度小於資料長度，則設
          定旗標 MSG_TRUNC，表示資料發生截斷。*/
        if (copied > ulen)
            copied = ulen;
        else if (copied < ulen)
            msg->msg_flags |= MSG_TRUNC;

        /*
        如果發生資料截斷，或者我們只需要部分覆蓋的校驗碼，那麼就在複製前進行校驗。
        */
        if (copied < ulen || UDP_SKB_CB(skb)->partial_cov) {
            /*進行 UDP 校驗碼校驗*/
            if (udp_lib_checksum_complete(skb))
                goto csum_copy_err;
        }

        /*判斷是否需要進行校驗碼校驗*/
        if (skb_csum_unnecessary(skb)) {
            /*若不需要進行校驗，則直接複製資料封包內容到 msg_iov 中*/
            err = skb_copy_datagram_iovec(skb, sizeof(struct udphdr),
                        msg->msg_iov, copied);
        }
        else {
            /*複製資料封包內容的同時，進行校驗碼校驗*/
            err = skb_copy_and_csum_datagram_iovec(skb,
                            sizeof(struct udphdr),
```

```
                              msg->msg_iov);

         if (err == -EINVAL)
             goto csum_copy_err;
     }
     /*複製錯誤檢查*/
     if (err)
         goto out_free;

     /*如果不是 peek 動作，則增加相應的統計計數*/
     if (!peeked)
         UDP_INC_STATS_USER(sock_net(sk),
                 UDP_MIB_INDATAGRAMS, is_udplite);

     /*更新 socket 的最新接收資料封包時間戳記及丟包訊息*/
     sock_recv_ts_and_drops(msg, sk, skb);

     /*如果使用者指定保存對端位址的參數，則從資料封包中複製位址和埠資訊*/
     if (sin) {
         sin->sin_family = AF_INET;
         sin->sin_port = udp_hdr(skb)->source;
         sin->sin_addr.s_addr = ip_hdr(skb)->saddr;
         memset(sin->sin_zero, 0, sizeof(sin->sin_zero));
     }

     /*設定接收控制訊息*/
     if (inet->cmsg_flags) {
         /*接收控制訊息如 TTL、TOS 等*/
         ip_cmsg_recv(msg, skb);
     }

     /*設定已複製的位元組長度*/
     err = copied;
     if (flags & MSG_TRUNC)
         err = ulen;

out_free:
     /*釋放接收到的這個資料封包*/
     skb_free_datagram_locked(sk, skb);
out:
     /*回傳讀取的位元組數*/
     return err;

     /*錯誤處理*/
     ......

}
```

從上面的程式碼中，我們可以得到一個大部分書中都不會涉及的資訊。先想一想，在讀取一個 UDP 資料封包時，如果傳遞給介面的緩衝空間小於 UDP 資料封包的實際大小時，結果會是什麼樣呢？對於 TCP 而言，這個問題比較簡單，因為其為串流協定，沒有資料報文邊界，所以這次未讀取的資料，會在下一次讀取時被複製。但是 UDP 是基於資料封包的，從上面的核心原始碼可以看到，當緩衝小於 UDP 報文的實際大小時，核心會將報文截斷，只複製緩衝大小的資料，同時設定 MSG_TRUNC 截斷旗標。這種情況，是很難從書本上瞭解到的，只有透過閱讀原始碼才能理解其中的奧妙。

再進入 __skb_recv_datagram 查看 UDP 是如何接收報文的，程式碼如下：

```c
struct sk_buff *__skb_recv_datagram(struct sock *sk, unsigned flags,
                  int *peeked, int *err)
{
    struct sk_buff *skb;
    long timeo;
    /*檢查 socket 是否出錯*/
    int error = sock_error(sk);

    if (error)
        goto no_packet;

    /*得到超時時間，如果設定 MSG_DONTWAIT，則超時為 0。*/
    timeo = sock_rcvtimeo(sk, flags & MSG_DONTWAIT);

    do {
        unsigned long cpu_flags;

        spin_lock_irqsave(&sk->sk_receive_queue.lock, cpu_flags);
        /*得到接收佇列的第一個資料封包*/
        skb = skb_peek(&sk->sk_receive_queue);
        if (skb) {
            *peeked = skb->peeked;
            /*如果只是查看動作，則要增加資料封包的引用計數，並不用把資料封包從佇列中移除。*/
            if (flags & MSG_PEEK) {
                skb->peeked = 1;
                atomic_inc(&skb->users);
            } else {
                /*將資料封包從接收佇列中刪除*/
                __skb_unlink(skb, &sk->sk_receive_queue);
            }
        }
        spin_unlock_irqrestore(&sk->sk_receive_queue.lock, cpu_flags);

        /*得到資料封包，直接回傳*/
        if (skb)
            return skb;

        /*若已經沒有剩餘的超時時間，則跳轉到 no_packet 並回傳 NULL */
        error = -EAGAIN;
        if (!timeo)
            goto no_packet;

        /*使 task 在 socket 上等待*/
    } while (!wait_for_packet(sk, err, &timeo));

    return NULL;
```

```
no_packet:
    *err = error;
    return NULL;
}
```

如果目前的 UDP socket 沒有資料封包，則會進入 wait_for_packet 進行等待，程式碼如下：

```
static int wait_for_packet(struct sock *sk, int *err, long *timeo_p)
{
int error;
    /*定義等待佇列和回檔案的喚醒函數*/
    DEFINE_WAIT_FUNC(wait, receiver_wake_function);

    /*初始化等待佇列，需要注意的是 TASK_INTERRUPTIBLE。這表明行程在休眠等待時，是可以被中斷的。*/
    prepare_to_wait_exclusive(sk_sleep(sk), &wait, TASK_INTERRUPTIBLE);

    /*檢查 socket 是否出錯，如被 RESET。如有錯誤，則直接退出。*/
    error = sock_error(sk);
    if (error)
        goto out_err;

    /*若接收佇列不為空，則可以直接退出*/
    if (!skb_queue_empty(&sk->sk_receive_queue))
        goto out;

    /*檢查 socket 是否已經做了接收半關閉*/
    if (sk->sk_shutdown & RCV_SHUTDOWN)
        goto out_noerr;

    /*如果 socket 是基於連接的，並且不是處於已連接狀態或監聽狀態，則報錯退出*/
    error = -ENOTCONN;
    if (connection_based(sk) &&
        !(sk->sk_state == TCP_ESTABLISHED || sk->sk_state == TCP_LISTEN))
        goto out_err;

    /*是否有未處理的信號*/
    if (signal_pending(current))
        goto interrupted;

error = 0;
/*將目前行程排程出去，直到超時，即行程已經休眠設定的超時時間。但是由於某些原因，行程被提前喚
    醒，所以需要保存回傳的時間*timeo_p，表示還剩下多少時間。*/
    *timeo_p = schedule_timeout(*timeo_p);
out:
    finish_wait(sk_sleep(sk), &wait);
return error;
interrupted:
    error = sock_intr_errno(*timeo_p);
out_err:
    *err = error;
    goto out;
out_noerr:
    *err = 0;
```

```
        error = 1;
        goto out;
    }
```

至此，UDP 資料封包的接收流程已經追蹤完畢。但是這裡遺留了一個問題：在上面的程式碼中，報文是從接收佇列中獲得的，但是資料封包又是如何被儲存到 socket 的接收佇列中的呢？這個問題留到後面再做分解討論。

14.4　TCP 資料封包的接收流程

14.3 節追蹤了 UDP 資料封包的接收流程，本節來分析一下 TCP 資料封包的接收流程。根據 TCP 協定的複雜性可想而知，其接收流程自然也比 UDP 要繁瑣得多。

```
int tcp_recvmsg(struct kiocb *iocb, struct sock *sk, struct msghdr *msg,
        size_t len, int nonblock, int flags, int *addr_len)
{
    struct tcp_sock *tp = tcp_sk(sk);
    int copied = 0;
    u32 peek_seq;
    u32 *seq;
    unsigned long used;
    int err;
    int target;            /* Read at least this many bytes */
    long timeo;
    struct task_struct *user_recv = NULL;
    int copied_early = 0;
    struct sk_buff *skb;
    u32 urg_hole = 0;

    /*對連線上鎖*/
    lock_sock(sk);

    err = -ENOTCONN;
    /*如果 socket 為監聽狀態，則跳轉到退出分支*/
    if (sk->sk_state == TCP_LISTEN)
        goto out;

    /*與 UDP 類似，得到超時時間*/
    timeo = sock_rcvtimeo(sk, nonblock);

    /*設定 MSG_OOB 旗標，即帶外資料，對於 TCP 來說，就是接收緊急資料*/
    if (flags & MSG_OOB)
        goto recv_urg;

    /*得到與預先讀取 TCP 資料相對應的序號*/
    seq = &tp->copied_seq;
    if (flags & MSG_PEEK) {
        peek_seq = tp->copied_seq;
        seq = &peek_seq;
    }

    /*
```

因為 TCP 是串流協定，資料沒有邊界，所以需要計算接收資料的最小長度。
```
1）若設定 MSG_WAITALL，則目標為使用者指定的長度；
2）不然，則選擇 socket 的低水線和使用者指定長度的最小值；
3）如果第二種情況的最小值為 0，則資料長度為 1 位元組；
*/
target = sock_rcvlowat(sk, flags & MSG_WAITALL, len);

/*
CONFIG_NET_DMA 編譯選項的含義為 TCP 接收複製卸載。
利用 DMA 來將接收到的資料複製到使用者空間，從而節省 CPU。
 */
#ifdef CONFIG_NET_DMA
    tp->ucopy.dma_chan = NULL;
    preempt_disable();
    skb = skb_peek_tail(&sk->sk_receive_queue);
    {
        int available = 0;

        /*接收佇列中有未讀的資料封包*/
        if (skb) {
            /*計算可讀的資料量*/
            available = TCP_SKB_CB(skb)->seq + skb->len - (*seq);
        }
        if ((available < target) &&
            (len > sysctl_tcp_dma_copybreak) && !(flags & MSG_PEEK) &&
            !sysctl_tcp_low_latency &&
            dma_find_channel(DMA_MEMCPY)) {
            preempt_enable_no_resched();
            /*確定 DMA 要使用的資料段*/
            tp->ucopy.pinned_list =
                    dma_pin_iovec_pages(msg->msg_iov, len);
        } else {
            preempt_enable_no_resched();
        }
    }
#endif

    do {
        u32 offset;

        /*判斷是否正在讀取緊急資料*/
        if (tp->urg_data && tp->urg_seq == *seq) {
            /*如果已經讀取一定量的資料，則結束讀取*/
            if (copied)
                break;
            /*如果有未處理的信號，也結束讀取*/
            if (signal_pending(current)) {
                copied = timeo ? sock_intr_errno(timeo) : -EAGAIN;
                break;
            }
        }

        /*遍歷接收佇列*/
        skb_queue_walk(&sk->sk_receive_queue, skb) {
            /* Now that we have two receive queues this
```

```
         * shouldn't happen.
         */
        if (WARN(before(*seq, TCP_SKB_CB(skb)->seq),
            "recvmsg bug: copied %X seq %X rcvnxt %X fl %X\n",
            *seq, TCP_SKB_CB(skb)->seq, tp->rcv_nxt,
            flags))
            break;

        /*取得在資料封包中的偏移，即上次沒有將這個資料封包讀取完畢*/
        offset = *seq - TCP_SKB_CB(skb)->seq;
        /* syn 旗標會佔用一個 sequence，所以偏移減一*/
        if (tcp_hdr(skb)->syn)
            offset--;
        /*若偏移小於資料封包長度，則這個資料封包就是要接收的資料封包*/
        if (offset < skb->len)
            goto found_ok_skb;
        /*如果目前資料封包包含FIN旗標，則跳轉到fin處*/
        if (tcp_hdr(skb)->fin)
            goto found_fin_ok;
        WARN(!(flags & MSG_PEEK),
              "recvmsg bug 2: copied %X seq %X rcvnxt %X fl %X\n",
              *seq, TCP_SKB_CB(skb)->seq, tp->rcv_nxt, flags);
}

/*若已經複製超過目標的資料並且有積壓的資料，則立刻跳出，並嘗試處理積壓資料。*/
if (copied >= target && !sk->sk_backlog.tail)
    break;


/*
這裡針對是否已經複製部分資料做了條件判斷，而且每個分支中都有相似的條件判斷，為什麼要
分兩種情況呢？因為在讀取過程中，如果發生同樣的錯誤，只取了部分資料，那麼系統呼叫的
回傳值要回傳成功讀取的位元組數；而未讀取任何資料，則回傳-1錯誤。
*/
if (copied) {
    /*
    已複製部分資料，檢查下面幾個條件：
    1）socket 出錯。
    2）連接已經關閉。
    3）socket 關閉接收端。
    4）已經超時。
    5）有待處理的信號。
    若有一個條件符合，則跳出接收資料迴圈。
    */
    if (sk->sk_err ||
        sk->sk_state == TCP_CLOSE ||
        (sk->sk_shutdown & RCV_SHUTDOWN) ||
        !timeo ||
        signal_pending(current))
        break;
} else {
    /*
    若 socket 設定 SOCK_DONE 旗標，則跳出迴圈。
    對於 TCP 來說，被動關閉時，socket 會被設定上這個旗標。這就意味著對端已經關閉，所以
    不可能再有新的資料。
    */
```

```
        if (sock_flag(sk, SOCK_DONE))
            break;
        /*判斷 socket 是否出錯*/
        if (sk->sk_err) {
            copied = sock_error(sk);
            break;
        }
        /*socket 關閉接收端*/
        if (sk->sk_shutdown & RCV_SHUTDOWN)
            break;

        /*socket 狀態為關閉狀態但又沒有設定 SOCK_DONE 旗標，這種情況只發生在使用者企圖從
          一個未連接的 socket 中讀取資料時。*/
        if (sk->sk_state == TCP_CLOSE) {
            if (!sock_flag(sk, SOCK_DONE)) {
                copied = -ENOTCONN;
                break;
            }
            break;
        }

        /*已經超時*/
        if (!timeo) {
            copied = -EAGAIN;
            break;
        }

        /*有未處理的信號*/
        if (signal_pending(current)) {
            copied = sock_intr_errno(timeo);
            break;
        }
    }

    /*清除已經讀取的資料封包*/
    tcp_cleanup_rbuf(sk, copied);

    /*要進行低延時的 TCP 處理*/
    if (!sysctl_tcp_low_latency && tp->ucopy.task == user_recv) {
        /*保存使用者行程位址*/
        if (!user_recv && !(flags & (MSG_TRUNC | MSG_PEEK))) {
            user_recv = current;
            tp->ucopy.task = user_recv;
            tp->ucopy.iov = msg->msg_iov;
        }

        tp->ucopy.len = len;

        WARN_ON(tp->copied_seq != tp->rcv_nxt &&
            !(flags & (MSG_PEEK | MSG_TRUNC)));

        /*
        處理完 receive queue，需要處理 prequeue 。
        TCP socket 有三個佇列，需要按照以下順序來處理：
        1) receive_queue;
```

```
                2 ) prequeue ;
                3 ) backlog ;
                */
                if (!skb_queue_empty(&tp->ucopy.prequeue))
                    goto do_prequeue;

                /* __ Set realtime policy in scheduler __ */
            }

#ifdef CONFIG_NET_DMA
        if (tp->ucopy.dma_chan) {
            if (tp->rcv_wnd == 0 &&
                !skb_queue_empty(&sk->sk_async_wait_queue)) {
                /*
                接收視窗已經為 0，並且有行程正在等待資料，這時就要儘快接收資料。所以這裡的 dma
                操作是同步的。
                 */
                tcp_service_net_dma(sk, true);
                tcp_cleanup_rbuf(sk, copied);
            } else
                dma_async_memcpy_issue_pending(tp->ucopy.dma_chan);
        }
#endif

        if (copied >= target) {
            /*若已經複製超過目標的資料量，則釋放該 socket*/
            release_sock(sk);
            lock_sock(sk);
        } else {
            /*等待更多的資料*/
            sk_wait_data(sk, &timeo);
        }

#ifdef CONFIG_NET_DMA
        tcp_service_net_dma(sk, false); /* Don't block */
        tp->ucopy.wakeup = 0;
#endif

        if (user_recv) {
            int chunk;

            /* __ Restore normal policy in scheduler __ */

            if ((chunk = len - tp->ucopy.len) != 0) {
                NET_ADD_STATS_USER(sock_net(sk),
                    LINUX_MIB_TCPDIRECTCOPYFROMBACKLOG, chunk);
                len -= chunk;
                copied += chunk;
            }

            /*處理完 receive_queue，再繼續處理 prequeue */
            if (tp->rcv_nxt == tp->copied_seq &&
                !skb_queue_empty(&tp->ucopy.prequeue)) {
do_prequeue:
                tcp_prequeue_process(sk);
```

```
        /*計算從 prequeue 中讀取的資料長度，並調整相應的 len 和 copied。*/
        if ((chunk = len - tp->ucopy.len) != 0) {
            NET_ADD_STATS_USER(sock_net(sk),
                LINUX_MIB_TCPDIRECTCOPYFROMPREQUEUE, chunk);
            len -= chunk;
            copied += chunk;
        }
    }
}

if ((flags & MSG_PEEK) &&
    (peek_seq - copied - urg_hole != tp->copied_seq)) {
    if (net_ratelimit())
        printk(KERN_DEBUG "TCP(%s:%d): Application bug, race in MSG_
            PEEK.\n",
                current->comm, task_pid_nr(current));
    peek_seq = tp->copied_seq;
}
continue;

found_ok_skb:
    /* Ok so how much can we use? */
    /*找到了正確的 skb，計算該 skb 未讀的可用資料長度*/
    used = skb->len - offset;
    /*如果使用者要讀取的長度小於目前的剩餘長度，則調整可用長度*/
    if (len < used)
        used = len;

    /*
    判斷是否有緊急資料。
    TCP 的緊急資料又稱帶外資料，在協定定義本身一直都有些爭議。所以其實作程式碼也比較奇怪。
    一般不推薦在日常編碼中使用緊急資料
    */
    if (tp->urg_data) {
        /*得到緊急資料的偏移*/
        u32 urg_offset = tp->urg_seq - *seq;
        /*判斷緊急資料是否在我們要讀取的資料範圍內*/
        if (urg_offset < used) {
            if (!urg_offset) {
                /*判斷緊急資料是否在普通資料流程中*/
                if (!sock_flag(sk, SOCK_URGINLINE)) {
                    /*若不在普通資料流程中，則要忽略目前這個位元組*/
                    ++*seq;
                    urg_hole++;
                    offset++;
                    used--;
                    if (!used)
                        goto skip_copy;
                }
            } else
                used = urg_offset;
        }
    }
```

```
                    /*沒有設定截斷旗標*/
            if (!(flags & MSG_TRUNC)) {
                    /*先嘗試使用DMA將資料複製到使用者空間*/
#ifdef CONFIG_NET_DMA
                if (!tp->ucopy.dma_chan && tp->ucopy.pinned_list)
                    tp->ucopy.dma_chan = dma_find_channel(DMA_MEMCPY);

                if (tp->ucopy.dma_chan) {
                    tp->ucopy.dma_cookie = dma_skb_copy_datagram_iovec(
                        tp->ucopy.dma_chan, skb, offset,
                        msg->msg_iov, used,
                        tp->ucopy.pinned_list);

                    if (tp->ucopy.dma_cookie < 0) {

                        printk(KERN_ALERT "dma_cookie < 0\n");

                        /* Exception. Bailout! */
                        if (!copied)
                            copied = -EFAULT;
                        break;
                    }

                    dma_async_memcpy_issue_pending(tp->ucopy.dma_chan);

                    if ((offset + used) == skb->len)
                        copied_early = 1;
                } else
#endif
                {
                    /*複製資料到使用者空間*/
                    err = skb_copy_datagram_iovec(skb, offset,
                            msg->msg_iov, used);
                    if (err) {
                        /* Exception. Bailout! */
                        if (!copied)
                            copied = -EFAULT;
                        break;
                    }
                }
            }

            /*調整序號*seq、已複製長度、剩餘長度*/
            *seq += used;
            copied += used;
            len -= used;

            /*因為成功讀取資料,所以要調整TCP socket的接收緩衝*/
            tcp_rcv_space_adjust(sk);

skip_copy:
                    /*如果正在讀取,並且已讀取的序號大於緊急資料,則意味著已經讀取完緊急資料,那麼就
                    要重置urg_data,並且進行TCP快速路徑檢查(如果透過檢查條件,則打開快速路徑開
                    關。打開快速路徑的時候,表示接收的資料封包是預期的資料封包,TCP接收資料封包
                    時會做比較少的檢查,因此接收更為快速) */
```

```
            if (tp->urg_data && after(tp->copied_seq, tp->urg_seq)) {
                tp->urg_data = 0;
                tcp_fast_path_check(sk);
            }
            /*使用的資料長度加上偏移若小於資料封包的長度，則該資料封包可以繼續使用*/
            if (used + offset < skb->len)
                continue;

            /*如果該資料封包有 FIN 旗標，則跳轉到 found_fin_ok */
            if (tcp_hdr(skb)->fin)
                goto found_fin_ok;
            /*如果沒有設定 MSG_PEEK 旗標，則需要從接收佇列中消耗掉這個資料封包，並根據
              copied_early 旗標，將其直接釋放，或者放置到非同步佇列*/
            if (!(flags & MSG_PEEK)) {
                sk_eat_skb(sk, skb, copied_early);
                copied_early = 0;
            }
            continue;

    found_fin_ok:
        /*這裡開始處理 FIN 資料封包*/
        /* FIN 旗標也佔用一個序號，因此要給序號加一*/
        ++*seq;
        /*與前文相同，不再重複注釋*/
        if (!(flags & MSG_PEEK)) {
            sk_eat_skb(sk, skb, copied_early);
            copied_early = 0;
        }
        /*接收到 FIN 旗標，表示對端已經關閉寫通道，那麼對於本端來說，這是最後一個可讀資料封
            包，因此退出迴圈*/
        break;
    } while (len > 0);

    if (user_recv) {
        /* prequeue 佇列中仍然有未讀取的資料封包*/
        if (!skb_queue_empty(&tp->ucopy.prequeue)) {
            int chunk;

            /*設定要讀取的長度*/
            tp->ucopy.len = copied > 0 ? len : 0;
            /*處理 prequeue 佇列*/
            tcp_prequeue_process(sk);

            if (copied > 0 && (chunk = len - tp->ucopy.len) != 0) {
                NET_ADD_STATS_USER(sock_net(sk), LINUX_MIB_TCPDIRECTCOPYFROMPREQUEUE,
                    chunk);
                len -= chunk;
                copied += chunk;
            }
        }

        tp->ucopy.task = NULL;
        tp->ucopy.len = 0;
    }
```

```
#ifdef CONFIG_NET_DMA
    tcp_service_net_dma(sk, true); /* Wait for queue to drain */
    tp->ucopy.dma_chan = NULL;

    if (tp->ucopy.pinned_list) {
        dma_unpin_iovec_pages(tp->ucopy.pinned_list);
        tp->ucopy.pinned_list = NULL;
    }
#endif

    /*釋放已經讀取的資料封包*/
    tcp_cleanup_rbuf(sk, copied);
    /*釋放 socket 控制權*/
    release_sock(sk);
    return copied;

out:
    release_sock(sk);
    return err;

recv_urg:
    /*接收緊急資料*/
    err = tcp_recv_urg(sk, msg, len, flags);
    goto out;
}
```

儘管上面的 tcp_recvmsg 已經加了大量的注釋，但是由於這個函數的邏輯過於複雜，再加上 TCP 接收佇列的多樣性，即使已經看完這個函數的實作，卻仍然無法清楚地掌握它的整體脈絡。接下來，我們會進一步分析 TCP socket 的三個佇列的用途，以便於我們進一步理解 TCP 資料封包的接收流程。

14.5　TCP socket 的三個接收佇列

在 Linux 核心中，除了錯誤佇列外，TCP socket 一共有三個接收佇列。它們分別是 struct sock 中的 sk_receive_queue 和 sk_backlog，以及 struct tcp_sock 中的 prequeue。先簡單介紹一下它們各自的用途，然後再看實際的程式碼實作。sk_receive_queue 是真正的接收佇列，收到的 TCP 資料封包經過檢查和處理後，就會保存在這個佇列中，使用者模式也是從這裡讀取資料的。sk_backlog 是 socket 正處於使用者行程上下文（即使用者正在對 socket 進行系統呼叫，如 recv），當 Linux 核心收到資料封包時，在軟體中斷的處理過程中，核心會將資料封包保存在 sk_backlog 中，然後直接回傳。而 prequeue 則是在該 socket 沒有正在被使用者行程使用時，由軟體中斷直接將資料封包保存在 prequeue 中，並回傳。從上面的說明可以看出，對於 TCP socket，它不管使用者模式是否正在使用 socket，都不做真正的處理，而是把資料封包保存在佇列中，這是為什麼呢？這是因為 TCP 協定相對複雜，核心為了儘快讓軟體中斷結束，就不進行多餘的處理，儘量在使用者行程上下文中處理資料封包。下面來看看 TCP 相關的原始程式碼。

首先，查看 TCP 的接收處理函數 **tcp_v4_rcv** 中的一部分程式碼：

```
    bh_lock_sock_nested(sk);
    ret = 0;
    if (!sock_owned_by_user(sk)) {
    /*使用者模式沒有正在使用這個 socket*/
#ifdef CONFIG_NET_DMA
        struct tcp_sock *tp = tcp_sk(sk);
        if (!tp->ucopy.dma_chan && tp->ucopy.pinned_list)
            tp->ucopy.dma_chan = dma_find_channel(DMA_MEMCPY);
        if (tp->ucopy.dma_chan)
            ret = tcp_v4_do_rcv(sk, skb);
        else
#endif
        {
            /*先嘗試保存到 prequeue 中，若失敗的話再進入 TCP 真正的處理函數中*/
            if (!tcp_prequeue(sk, skb))
                ret = tcp_v4_do_rcv(sk, skb);
        }
    /*若該 socket 正在被使用者模式使用，則將資料封包保存到 backlog 中。如果失敗，就丟棄這個包。*/
    } else if (unlikely(sk_add_backlog(sk, skb))) {
        bh_unlock_sock(sk);
        NET_INC_STATS_BH(net, LINUX_MIB_TCPBACKLOGDROP);
        goto discard_and_relse;
    }
    bh_unlock_sock(sk);
```

然後進入 **tcp_prequeue**，看看什麼時候會回傳失敗，程式碼如下：

```
static inline int tcp_prequeue(struct sock *sk, struct sk_buff *skb)
{
    struct tcp_sock *tp = tcp_sk(sk);

    /*設定低延時 TCP，或者該 socket 沒有對應的使用者模式行程，回傳失敗。讓核心直接處理 TCP 資料
      封包。*/
    if (sysctl_tcp_low_latency || !tp->ucopy.task)
        return 0;

    /*將資料封包追加到 prequeue 佇列中，並增加相應的記憶體統計。*/
    __skb_queue_tail(&tp->ucopy.prequeue, skb);
tp->ucopy.memory += skb->truesize;

if (tp->ucopy.memory > sk->sk_rcvbuf) {
    /*當超過 socket 指定的接收緩衝大小時*/
    struct sk_buff *skb1;
    BUG_ON(sock_owned_by_user(sk));

    /*將資料封包從 prequeue 轉移到 backlog 中*/
    while ((skb1 = __skb_dequeue(&tp->ucopy.prequeue)) != NULL) {
        sk_backlog_rcv(sk, skb1);
        NET_INC_STATS_BH(sock_net(sk),
                LINUX_MIB_TCPPREQUEUEDROPPED);
    }
```

```
                tp->ucopy.memory = 0;
    } else if (skb_queue_len(&tp->ucopy.prequeue) == 1) {
        /*如果該資料封包是 prequeue 中的第一個資料封包，則喚醒在該 socket 中等待接收的行程*/
        wake_up_interruptible_sync_poll(sk_sleep(sk),
                    POLLIN | POLLRDNORM | POLLRDBAND);
        /*如果 ack 計時器沒有被排程，則設定 ack 計時器*/
        if (!inet_csk_ack_scheduled(sk))
            inet_csk_reset_xmit_timer(sk, ICSK_TIME_DACK,
                        (3 * tcp_rto_min(sk)) / 4,
                        TCP_RTO_MAX);
    }
    return 1;
}
```

然後查看 sk_add_backlog，程式碼如下：

```
static inline __must_check int sk_add_backlog(struct sock *sk, struct sk_buff *skb)
{
    /*接收佇列已滿，則回傳 ENOBUFS 錯誤。所謂的接收佇列已滿，即接收緩衝的資料封包佔用的記憶體超
      過限制。*/
    if (sk_rcvqueues_full(sk, skb))
        return -ENOBUFS;

    /*將資料封包追加到 backlog 佇列中，並增加相應的記憶體統計。*/
    __sk_add_backlog(sk, skb);
    sk->sk_backlog.len += skb->truesize;
    return 0;
}
```

看完這些程式碼後，我們應該產生一個疑問。既然 prequeue 和 backlog 都是保存、未經處理的 TCP 資料封包，那麼為什麼還需要兩個不同的佇列呢？為了解答這個疑問，就需要研究核心是如何使用這兩個佇列的。前面的程式碼是這兩個佇列的寫入操作，接下來我們看一下這兩個佇列是何時被讀取的。

prequeue 佇列的處理函數是 tcp_prequeue_process，它是在 TCP 的讀取資料函數 tcp_recvmsg 中被呼叫的。在 tcp_recvmsg 的入口，核心會呼叫 lock_sock 來設定 sk->sk_lock.owned，表示該 socket 由使用者行程所佔有，然後會對 receive_queue 和 prequeue 中的資料封包進行處理。正因為 sock 被使用者行程佔用時，會存取 prequeue 佇列，所以為了避免競爭，軟體中斷在收到資料封包時就只能把資料封包保存到 backlog 中。為什麼當 sock 不被使用者行程佔用時，軟體中斷不將資料封包保存到 backlog 中，而是保存到 prequeue 中呢？

要回答這個問題，還是要繼續查看 backlog 是何時被讀取的。讓人覺得有點出乎意料的是，backlog 的資料封包居然是在 __release_sock 中被處理的。

```
static void __release_sock(struct sock *sk)
    __releases(&sk->sk_lock.slock)
    __acquires(&sk->sk_lock.slock)
{
    struct sk_buff *skb = sk->sk_backlog.head;
```

```
/*處理 backlog 佇列的資料封包*/
do {
    sk->sk_backlog.head = sk->sk_backlog.tail = NULL;
    bh_unlock_sock(sk);

    do {
        struct sk_buff *next = skb->next;

        WARN_ON_ONCE(skb_dst_is_noref(skb));
        skb->next = NULL;
        sk_backlog_rcv(sk, skb);

        /*
         * We are in process context here with softirqs
         * disabled, use cond_resched_softirq() to preempt.
         * This is safe to do because we've taken the backlog
         * queue private:
         */
        cond_resched_softirq();

        skb = next;
    } while (skb != NULL);

    bh_lock_sock(sk);
} while ((skb = sk->sk_backlog.head) != NULL);

/*
 * Doing the zeroing here guarantee we can not loop forever
 * while a wild producer attempts to flood us.
 */
sk->sk_backlog.len = 0;
}
```

不過這也解釋了對於 TCP socket，為什麼需要兩個佇列來保存未處理的資料封包。對於 socket 的使用情況，一共有兩個狀態：

- 使用者行程正在佔用該 socket。
- 使用者行程未佔用該 socket。

而核心在任何情況下，都要儘量保證儘快回傳軟體中斷，以避免資源競爭。因此，在 socket 的這兩個狀態下，都要保證軟體中斷可以毫無阻塞地將資料封包保存到未處理佇列中，自然也就需要兩個佇列。當使用者行程正在佔用 socket 時，會存取 prequeue，於軟體中斷就將資料封包保存到 backlog 中。當使用者放棄對 socket 的佔用時，會存取 backlog，而這時，軟體中斷就會將資料封包保存到 prequeue 中。

14.6　從網卡到 socket

對於一般的 socket 程式設計來說，大多是應用程式設計，所以基本上都是 UDP 或 TCP 協定的 socket。前面兩章是從應用層次的角度，自上而下地分析 UDP 和 TCP 資料封包的發送和接收流程。但同時也有一個新的問題，資料封包是如何進入對應 socket 的接收緩衝區呢？本章將從網卡接收到資料封包開始，一直追蹤到核心將資料封包放入到對應的 socket 緩衝區中為止。

14.6.1　從硬體中斷到軟體中斷

對於網卡來說，資料封包的到達是一個無法預料的事件，系統需要透過某種手段來得知該事件。一般來說，有兩種方式：輪詢和中斷。用直白的語言來描述，輪詢就是 CPU 不斷地問網卡："你那有準備好的資料封包嗎？"如果網卡回答有資料封包，CPU 就進行處理，否則不是做點別的，就是繼續問。中斷則是沒有資料封包時，CPU 就做自己的事，若網卡收到資料封包，就直接喊話"喂，該做事了"。於是 CPU 趕緊把手頭的工作保存一下，並儘快回應任務。第一種方式，毫無疑問會造成 CPU 的浪費。因為在網卡沒有資料封包的時候，CPU 還要浪費計算週期來詢問網卡。第二種中斷方式看上去很美，網卡沒有資料的時候，CPU 可以做其他的事情；有資料的時候，就可以及時處理。然而在實際應用中，中斷方式也有很大的問題。在 CPU 回應中斷時，為了不影響目前的工作，需要將目前工作的上下文保存起來，然後再進行中斷處理。試想，目前千兆、萬兆網卡已經非常普遍，若是那時網卡滿負載，那麼每秒鐘就會產生大量的中斷。除了切換過程帶來的計算代價，上下文的切換還會導致 CPU Cache 的失效—這對高性能設備來說，是一個不可忽視的問題。於是，Linux 對這兩種方式進行折衷處理，引入一個 New API，縮寫為 NAPI。簡單來說，在 CPU 響應網卡中斷時，不再僅僅是處理一個資料封包就退出，而是使用輪詢的方式繼續嘗試處理新資料封包，直到沒有新資料封包到來，或者達到設定的一次中斷最多處理資料封包個數。這個 NAPI 同時兼具輪詢和中斷兩種方式的特點。

網卡硬體中斷的處理是在網卡驅動中進行的，這個與硬體的聯繫過於緊密，我們可以忽略細節。只需要知道對於支援 NAPI 的網卡而言，其讀取資料封包的硬體中斷處理函數會呼叫__napi_schedule 將網卡加入 NAPI 的 poll list 中，程式碼如下：

```
void __napi_schedule(struct napi_struct *n)
{
    unsigned long flags;

    /*禁止本地中斷，保護添加 poll list 的臨界區*/
    local_irq_save(flags);
    /*加入到目前 CPU 的 poll 列表中*/
    ____napi_schedule(&__get_cpu_var(softnet_data), n);
    local_irq_restore(flags);
}
```

進入_____napi_schedule，程式碼如下：

```
static inline void _____napi_schedule(struct softnet_data *sd,
                        struct napi_struct *napi)
{
    /*將napi加入隊尾*/
    list_add_tail(&napi->poll_list, &sd->poll_list);
    /*觸發目前CPU接收軟體中斷（實際上是設定一個旗標位元） */
     __raise_softirq_irqoff(NET_RX_SOFTIRQ);
}
```

關於中斷處理為什麼要分為硬體中斷和軟體中斷（也經常被稱為上下部分）的解釋已經有很多。簡單地說：硬體中斷處理是一個特殊的上下文，CPU 會遮蔽掉絕大部分中斷，並且有不少的限制。所以硬體中斷應盡可能快地處理，以提高系統的回應速度，因此核心將實際的處理工作放到軟體中斷中。

14.6.2 軟體中斷處理

14.6.1 節中，我們看到硬體中斷透過設定旗標位元 "觸發" 軟體中斷。而核心又是何時處理軟體中斷的呢？目前，在以下幾種條件下，核心會檢查是否需要處理軟體中斷：

- 退出硬體中斷上下文時。

- 重新 enable 軟體中斷時。

- 每個 CPU 都有一個 ksoftirqd 的核心執行緒。當核心的軟體中斷數量過多時，就會喚醒該執行緒迴圈處理軟體中斷。

接收資料封包的軟體中斷處理函數為 net_rx_action，程式碼如下：

```
static void net_rx_action(struct softirq_action *h)
{
    /*接收資料封包的per cpu佇列*/
    struct softnet_data *sd = &__get_cpu_var(softnet_data);
    /*最長的執行時間限制為2個jiffies */
    unsigned long time_limit = jiffies + 2; /*
    一次軟體中斷最多處理的包個數。
    netdev_budget 的值為/proc/sys/net/core/netdev_budget
    */
    int budget = netdev_budget;
    void *have;

    /*因為網卡驅動會存取poll list，因此需要禁止本地硬體中斷以進行保護*/
    local_irq_disable();

    /*遍歷加入到poll串列的所有網卡*/
    while (!list_empty(&sd->poll_list)) {
        struct napi_struct *n;
        int work, weight;

        /*如果已經處理完允許的最大封包個數，或超出允許的時間限制，則退出此次處理*/
```

```
if (unlikely(budget <= 0 || time_after(jiffies, time_limit))) {
    /*這時退出此次收封包軟體中斷只是為了避免過長時間地佔用 CPU，所以跳到 softnet_break，
      再觸發一次收封包軟體中斷，以便下次繼續處理*/
    goto softnet_break;
}

/*打開本地硬體中斷*/
local_irq_enable();

/*這裡在打開硬體中斷時，雖然存取了 poll_list，但仍然是安全的。因為硬體中斷只是在往
  poll_list 的末尾插入，並不會影響第一個元素。*/
n = list_first_entry(&sd->poll_list, struct napi_struct, poll_list);

/*獲得該設備的 netpoll 鎖*/
have = netpoll_poll_lock(n);

/*得到該網卡的權重，其意義一般為在這個網卡上接收幾個資料封包*/
weight = n->weight;

/* This NAPI_STATE_SCHED test is for avoiding a race
 * with netpoll's poll_napi().  Only the entity which
 * obtains the lock and sees NAPI_STATE_SCHED set will
 * actually make the ->poll() call.  Therefore we avoid
 * accidentally calling ->poll() when NAPI is not scheduled.
 */
work = 0;
/*再次檢查該網卡是否有 NAPI 呼叫（因為與 netpoll 有競爭） */
if (test_bit(NAPI_STATE_SCHED, &n->state)) {
    /*對網卡進行查詢操作，work 值為讀取的資料封包個數*/
    work = n->poll(n, weight);
    trace_napi_poll(n);
}

WARN_ON_ONCE(work > weight);
/*更新封包預算即目前還可以讀取的資料封包個數*/
budget -= work;

local_irq_disable();

/*判斷從該網卡讀取的資料封包是否達到預算個數*/
if (unlikely(work == weight)) {
    /*判斷該網卡的 NAPI 是否被禁止*/
    if (unlikely(napi_disable_pending(n))) {
        /*若 NAPI 已經被禁止，則執行 NAPI 的完成處理*/
        local_irq_enable();
        napi_complete(n);
        local_irq_disable();
    } else {
        /*若該設備仍要繼續進行 NAPI 操作，則將其移至隊尾*/
        list_move_tail(&n->poll_list, &sd->poll_list);
    }
}

/*釋放 netpoll 鎖*/
netpoll_poll_unlock(have);
```

```
    }
out:
    /*執行 RPS 處理並打開本地硬體中斷*/
    net_rps_action_and_irq_enable(sd);

#ifdef CONFIG_NET_DMA
    /*啟動未處理的 DMA 操作*/
    dma_issue_pending_all();
#endif

    return;
softnet_break:
    /*本次沒有接收完所有的資料封包，再觸發一次軟體中斷*/
    sd->time_squeeze++;
    __raise_softirq_irqoff(NET_RX_SOFTIRQ);
    goto out;
}
```

在這個收封包軟體中斷處理函數中，CPU 會遍歷 poll 列表，呼叫掛載到 NAPI 清單上的網卡回呼函數 poll，來輪詢接收資料封包。所以，我們還需要透過驅動程式碼，來追蹤收封包流程。在此，以 Intel 的 e1000 網卡驅動為例來進行講解，在使用 NAPI 的情況下，其收封包流程為 net_rx_action→e1000_clean→e1000_clean_rx_irq→e1000_receive_skb → napi_gro_receive→netif_receive_skb。在這個呼叫鏈上，有一個函數 napi_gro_receive，其用來支援 GRO（Generic Receive Offload）。這個 GRO 則是用於減輕 CPU 處理壓力的。大家可以計算一下，對於 10GB、100GB 的網卡而言，即使每個資料封包都是 1500 位元組（乙太網的最大 MTU，暫不考慮 Jumbo 幀），那麼每秒鐘系統需要處理多少個資料封包？因此，為了減輕 CPU 的負擔，Linux 核心在驅動層引入 GRO，它會將符合條件的資料封包合併為一個資料封包再傳遞給系統協定堆疊。在此，我們只關注資料封包的接收流程，就不研究 GRO 的實作了。有興趣的讀者可以自行閱讀原始程式碼。

14.6.3 傳遞給協定堆疊流程

資料封包在脫離驅動層後，就進入 netif_receive_skb，程式碼如下：

```
int netif_receive_skb(struct sk_buff *skb)
{
    /*判斷是否在入隊前給資料封包打時間戳記*/
    if (netdev_tstamp_prequeue)
        net_timestamp_check(skb);

    if (skb_defer_rx_timestamp(skb))
        return NET_RX_SUCCESS;

    /*是否打開 RPS（Receive Packet Steering）編譯開關，其根據資料封包的 IP 位址和埠號進
       行 hash 運算，將其發送給對應的 CPU。這樣，一方面保證了 CPU 間的負載均衡，另一方面將同一特
       徵的資料封包發給相同的 CPU，可以提高 cache 的命中率。*/
#ifdef CONFIG_RPS
    {
        struct rps_dev_flow voidflow, *rflow = &voidflow;
```

```
        int cpu, ret;

        rcu_read_lock();

        /*根據 RPS 演算法，計算得到處理這個資料封包的 CPU */
        cpu = get_rps_cpu(skb->dev, skb, &rflow);

        /*當 CPU 大於等於 0 時，表示 RPS 計算得到正確的 CPU */
        if (cpu >= 0) {
            /*向其他 CPU 的接收佇列追加這個資料封包*/
            ret = enqueue_to_backlog(skb, cpu, &rflow->last_qtail);
            rcu_read_unlock();
        } else {
            /*由本 CPU 處理該資料封包*/
            rcu_read_unlock();
            ret = __netif_receive_skb(skb);
        }

        return ret;
    }
#else

    /*本 CPU 繼續處理該資料封包*/
    return __netif_receive_skb(skb);
#endif
}
```

這裡可以看出 netif_receive_skb 只是對 __netif_receive_skb 的封裝，增加了對 RPS 的支援。繼續跟進 __netif_receive_skb，程式碼如下：

```
static int __netif_receive_skb(struct sk_buff *skb)
{
    struct packet_type *ptype, *pt_prev;
    rx_handler_func_t *rx_handler;
    struct net_device *orig_dev;
    struct net_device *null_or_dev;
    bool deliver_exact = false;
    int ret = NET_RX_DROP;
    __be16 type;

    /*如果沒有打開入隊前採樣資料封包的時間戳記功能，則需要在這裡進行資料封包時間戳記採樣*/
    if (!netdev_tstamp_prequeue)
        net_timestamp_check(skb);
    trace_netif_receive_skb(skb);

    /*判斷是否由 netpoll 處理*/
    if (netpoll_receive_skb(skb))
        return NET_RX_DROP;

    /*設定網卡的入口網卡*/
    if (!skb->skb_iif)
        skb->skb_iif = skb->dev->ifindex;
    orig_dev = skb->dev;
```

```
    /*初始化資料封包的網路層標頭、傳輸層標頭，以及二層 MAC 標頭的長度*/
    skb_reset_network_header(skb);
    skb_reset_transport_header(skb);
    skb_reset_mac_len(skb);

    pt_prev = NULL;

    rcu_read_lock();

another_round:

    __this_cpu_inc(softnet_data.processed);

    /*如果是 802.1Q 協定的資料封包*/
    if (skb->protocol == cpu_to_be16(ETH_P_8021Q)) {
        /*則去掉 vlan tag */
        skb = vlan_untag(skb);
        if (unlikely(!skb))
            goto out;
    }

/*核心打開封包分類編譯選項*/
#ifdef CONFIG_NET_CLS_ACT
    /*如果資料封包被設定跳過流控，則跳過後面的流控處理*/
    if (skb->tc_verd & TC_NCLS) {
        skb->tc_verd = CLR_TC_NCLS(skb->tc_verd);
        goto ncls;
    }
#endif

    /*遍歷註冊在 ptype_all 上的所有節點。ptype_all 上的節點需要處理所有收到的乙太網資料封包*/
    list_for_each_entry_rcu(ptype, &ptype_all, list) {
        /*如果註冊節點沒有綁定網卡，或者綁定的網卡與資料封包接收的網卡相同，則這個節點符合接收
            資料封包的條件*/
        if (!ptype->dev || ptype->dev == skb->dev) {
            /*將資料封包傳遞給對應的處理函數*/
            if (pt_prev)
                ret = deliver_skb(skb, pt_prev, orig_dev);
            pt_prev = ptype;
        }
    }

/*核心打開封包分類編譯選項*/
#ifdef CONFIG_NET_CLS_ACT
    skb = handle_ing(skb, &pt_prev, &ret, orig_dev);
    if (!skb)
        goto out;
ncls:
#endif

    /*如果這個資料封包帶有 vlan 標籤*/
    if (vlan_tx_tag_present(skb)) {
        if (pt_prev) {
            /*則將資料封包傳遞給之前確定的上層協定*/
            ret = deliver_skb(skb, pt_prev, orig_dev);
```

```
            pt_prev = NULL;
    }
    /*進行 vlan 的處理*/
    if (vlan_do_receive(&skb))
        goto another_round;
    else if (unlikely(!skb))
        goto out;
}


/*
判斷該設備是否註冊接收處理函數。
設備上何時會註冊接收處理函數呢？netdev_rx_handler_register 是註冊設備接收處理函數的介面
函式。透過搜索 netdev_rx_handler_register 的呼叫者，可以發現當網卡作為 bond 加入橋接，或
者建立 macvlan 時，會註冊網卡的處理函數。使用這種方式，就做到了網卡接收處理函數與接收框架的
分離。
對於框架來說，透過這個回呼函數 (用函數指標實作的，核心中充斥著這樣的程式碼)，可以完全不用瞭
解實際的細節。未來增加更多的網卡處理函數時，只需要在該實際實作上呼叫註冊函數，而不用更改接
收框架的程式碼。
*/
rx_handler = rcu_dereference(skb->dev->rx_handler);
if (rx_handler) {
    if (pt_prev) {
        /*將資料封包傳遞給之前確定的上層協定*/
        ret = deliver_skb(skb, pt_prev, orig_dev);
        pt_prev = NULL;
    }
    /*呼叫在設備上註冊的處理函數*/
    switch (rx_handler(&skb)) {
    case RX_HANDLER_CONSUMED:
        /*處理函數已經結束處理這個資料封包，直接跳至退出*/
        ret = NET_RX_SUCCESS;
        goto out;
    case RX_HANDLER_ANOTHER:
        /*跳至 another_round，即跳至函數開頭，重新處理*/
        goto another_round;
    case RX_HANDLER_EXACT:
        /*指示必須嚴格匹配接收網卡*/
        deliver_exact = true;
    case RX_HANDLER_PASS:
        /*繼續後面的處理*/
        break;
    default:
        BUG();
    }
}

/*如果資料封包還帶有 vlan tag，則證明該資料封包是發給其他終端的*/

if (vlan_tx_nonzero_tag_present(skb))
    skb->pkt_type = PACKET_OTHERHOST;

/* deliver only exact match when indicated */
null_or_dev = deliver_exact ? skb->dev : NULL;

/*根據資料封包的類型，遍歷對應的處理函數*/
```

```
        type = skb->protocol;
        list_for_each_entry_rcu(ptype,
                &ptype_base[ntohs(type) & PTYPE_HASH_MASK], list) {
            /*如果資料封包類型匹配，並且接收周邊設備也匹配，則證明這是正確的協定處理函數。然後呼叫
                前面的回應處理函數，將資料封包傳遞給上層協定*/
            if (ptype->type == type &&
                (ptype->dev == null_or_dev || ptype->dev == skb->dev ||
                 ptype->dev == orig_dev)) {
                if (pt_prev)
                    ret = deliver_skb(skb, pt_prev, orig_dev);
                pt_prev = ptype;
            }
        }

        /*最後檢查 pt_prev 是否為真。若為真，則表示前面有匹配的處理函數，然後進行呼叫。如果為假，則
            表示對於這個資料封包，核心沒有對應的處理函數，那就直接釋放這個資料封包。*/
        if (pt_prev) {
            ret = pt_prev->func(skb, skb->dev, pt_prev, orig_dev);
        } else {
            atomic_long_inc(&skb->dev->rx_dropped);
            kfree_skb(skb);
            /* Jamal, now you will not able to escape explaining
             * me how you were going to use this. :-)
             */
            ret = NET_RX_DROP;
        }
out:
    rcu_read_unlock();
    return ret;
}
```

在上面的程式碼中，有一個地方大家一定會覺得有點奇怪。為什麼每次匹配協定時，內核都要檢查上一次的結構 pt_prev。如果 pt_prev 不為空，就呼叫上次匹配的結構；如果沒有，則使用 pt_prev 保存本次的處理函數，而不是當有匹配的處理函數時就直接呼叫呢？這樣會讓程式碼看上去有點奇怪。核心之所以這樣處理，是出於性能方面的考慮。如果不利用 pt_prev，而是直接呼叫目前匹配的處理函數，那麼核心在第一次找到對應的處理函數時，就會把資料封包傳遞給上層應用。這時，核心不知道後面是否還有應該呼叫的處理函數，還需要保證這個資料封包的內容不能被修改。因此當這個資料封包被傳遞給上層應用時，如果該處理函數有可能修改資料封包（大多數都需要修改），就必須重新申請記憶體複製這個資料封包，才能保證原資料封包內容不變。然而更多的時候，對於一個資料封包，可能只會有一個處理函數被呼叫。那麼這個記憶體的申請和複製，就是被白白浪費掉的。因此核心在這裡利用一個變數 pt_prev 來保存上次的匹配結果，暫時不做任何處理。如此一來，當有且僅有一個匹配處理函數時，核心就能避免無謂的記憶體申請和複製。即使不是只有一個匹配的處理函數，利用 pt_prev 也可以避免一次記憶體申請和複製。比如有三個匹配的處理函數，使用 pt_prev 就只需要進行兩次資料封包的申請和複製，而不使用 pt_prev 則需要進行三次申請和複製。

14.6.4 IP 協定處理流程

以 IPv4 的協定堆疊處理為例進行講解，首先來看看 IPv4 協定是如何註冊處理回呼函數的。在 inet_init 中，呼叫 dev_add_pack(&ip_packet_type) 進行 IPv4 協定的註冊。ip_packet_type 的定義為：

```
static struct packet_type ip_packet_type __read_mostly = {
    .type = cpu_to_be16(ETH_P_IP),
    .func = ip_rcv,
    .gso_send_check = inet_gso_send_check,
    .gso_segment = inet_gso_segment,
    .gro_receive = inet_gro_receive,
    .gro_complete = inet_gro_complete,
};
```

因此，ip_rcv 為 IPv4 協定資料封包的入口函數。下面來看看該函數：

```
int ip_rcv(struct sk_buff *skb, struct net_device *dev, struct packet_type *pt,
    struct net_device *orig_dev)
{
    const struct iphdr *iph;
    u32 len;

    /*
    如果該資料是發給其他終端的，則丟棄這個資料封包。
    這裡的 pkt_type 是根據二層位址來判斷是否發給本機的。
    */
    if (skb->pkt_type == PACKET_OTHERHOST)
        goto drop;

    IP_UPD_PO_STATS_BH(dev_net(dev), IPSTATS_MIB_IN, skb->len);

    /*對資料封包進行共用檢查，保證 IP 協定處理的資料封包獨享一個 skb。*/
    if ((skb = skb_share_check(skb, GFP_ATOMIC)) == NULL) {
        IP_INC_STATS_BH(dev_net(dev), IPSTATS_MIB_INDISCARDS);
        goto out;
    }

    /*檢查 IP 標頭，如果資料封包小於 IP 標頭的大小，則出錯*/
    if (!pskb_may_pull(skb, sizeof(struct iphdr)))
        goto inhdr_error;

    /*得到 IP 標頭位址*/
    iph = ip_hdr(skb);

    /*根據 RFC 標準，IP 標頭小於 20 位元組，或者版本號不是 4 的，就報錯丟棄*/
    if (iph->ihl < 5 || iph->version != 4)
        goto inhdr_error;

    /*根據 IP 標頭指定的長度，再次檢查資料封包的大小*/
    if (!pskb_may_pull(skb, iph->ihl*4))
        goto inhdr_error;
```

```
    /*重新得到 IP 標頭位址。之所以要重新得到，是因為 pskb_may_pull 可能要重新申請 skb */
    iph = ip_hdr(skb);

    /*校驗 IPv4 的校驗碼*/
    if (unlikely(ip_fast_csum((u8 *)iph, iph->ihl)))
    goto inhdr_error;

    /*對資料封包長度進行檢查*/
    len = ntohs(iph->tot_len);
    if (skb->len < len) {
        IP_INC_STATS_BH(dev_net(dev), IPSTATS_MIB_INTRUNCATEDPKTS);
        goto drop;
    } else if (len < (iph->ihl*4))
        goto inhdr_error;

    /* Our transport medium may have padded the buffer out. Now we know it
     * is IP we can trim to the true length of the frame.
     * Note this now means skb->len holds ntohs(iph->tot_len).
     */
    /*因為傳輸媒介可能會給資料封包進行補齊，現在已經根據 IP 標頭確定資料封包的長度，因此需要將
      資料包的長度變為真正的長度並改變*/
    if (pskb_trim_rcsum(skb, len)) {
        IP_INC_STATS_BH(dev_net(dev), IPSTATS_MIB_INDISCARDS);
        goto drop;
    }

    /*重置資料封包的控制結構資訊*/
    memset(IPCB(skb), 0, sizeof(struct inet_skb_parm));

    /*重置資料封包的 socket 資訊*/
    skb_orphan(skb);

    /*遍歷執行 netfilter 在 PREROUTING 點上的規則，如果資料封包沒有被丟棄，則進入
      ip_rcv_finish */
    return NF_HOOK(NFPROTO_IPV4, NF_INET_PRE_ROUTING, skb, dev, NULL,
                ip_rcv_finish);

inhdr_error:
    IP_INC_STATS_BH(dev_net(dev), IPSTATS_MIB_INHDRERRORS);
drop:
    kfree_skb(skb);
out:
    return NET_RX_DROP;
}
```

本文不分析 netfilter 的相關程式碼。資料封包經過 netfilter 的 PREROUTING 處的規則
後，進入 ip_rcv_finish，程式碼如下：

```
static int ip_rcv_finish(struct sk_buff *skb)
{
    const struct iphdr *iph = ip_hdr(skb);
    struct rtable *rt;
    /*如果資料封包沒有設定路由資訊，則進行路由查詢*/
    if (skb_dst(skb) == NULL) {
```

```
            int err = ip_route_input_noref(skb, iph->daddr,
                              iph->saddr, iph->tos, skb->dev);
        if (unlikely(err)) {
            /*若查詢路由失敗,增加相應的錯誤計數,並丟棄資料封包*/
            if (err == -EHOSTUNREACH)
                IP_INC_STATS_BH(dev_net(skb->dev),
                        IPSTATS_MIB_INADDRERRORS);
            else if (err == -ENETUNREACH)
                IP_INC_STATS_BH(dev_net(skb->dev),
                        IPSTATS_MIB_INNOROUTES);
            else if (err == -EXDEV)
                NET_INC_STATS_BH(dev_net(skb->dev),
                        LINUX_MIB_IPRPFILTER);
            goto drop;
        }
    }

#ifdef CONFIG_IP_ROUTE_CLASSID
    if (unlikely(skb_dst(skb)->tclassid)) {
        struct ip_rt_acct *st = this_cpu_ptr(ip_rt_acct);
        u32 idx = skb_dst(skb)->tclassid;
        st[idx&0xFF].o_packets++;
        st[idx&0xFF].o_bytes += skb->len;
        st[(idx>>16)&0xFF].i_packets++;
        st[(idx>>16)&0xFF].i_bytes += skb->len;
    }
#endif

    /* iph 大於 5,即標頭長度大於固定標頭長度 20 位元組。因此說明該 IP 報文具有 IP 選項,於是呼叫
       ip_rcv_options 處理 IP 選項*/
    if (iph->ihl > 5 && ip_rcv_options(skb))
        goto drop;

    /*根據路由類型,增加相應的計數*/
    rt = skb_rtable(skb);
    if (rt->rt_type == RTN_MULTICAST) {
        IP_UPD_PO_STATS_BH(dev_net(rt->dst.dev), IPSTATS_MIB_INMCAST,
            skb->len);
    } else if (rt->rt_type == RTN_BROADCAST)
        IP_UPD_PO_STATS_BH(dev_net(rt->dst.dev), IPSTATS_MIB_INBCAST,
            skb->len);

    /*呼叫路由的輸入函數*/
    return dst_input(skb);

drop:
    kfree_skb(skb);
    return NET_RX_DROP;
}
```

對於發往本機的資料封包來說,其路由輸入函數為 ip_local_deviver,程式碼如下:

```
int ip_local_deliver(struct sk_buff *skb)
{
    /*該資料封包是一個 IP 分片資料封包*/
```

```
    if (ip_is_fragment(ip_hdr(skb))) {
        /*進行 IP 分片重組處理*/
        if (ip_defrag(skb, IP_DEFRAG_LOCAL_DELIVER))
            return 0;
    }

    /*遍歷執行 netfilter 在 LOCAL_IN 上的規則，如為丟棄，則進入 ip_local_deliver_finish */
    return NF_HOOK(NFPROTO_IPV4, NF_INET_LOCAL_IN, skb, skb->dev, NULL,
        ip_local_deliver_finish);
}
```

進入 ip_local_deliver_finish，程式碼如下：

```
static int ip_local_deliver_finish(struct sk_buff *skb)
{
    struct net *net = dev_net(skb->dev);

    /*拉出 IP 報文標頭，因為馬上就要脫離 IP 層，進入傳輸層。*/
    __skb_pull(skb, ip_hdrlen(skb));

    /*設定傳輸層標頭位址*/
    skb_reset_transport_header(skb);

    rcu_read_lock();
    {
        /*得到傳輸層協定*/
        int protocol = ip_hdr(skb)->protocol;
        int hash, raw;
        const struct net_protocol *ipprot;

    resubmit:
        /*將資料封包傳遞給對應的原始 socket*/
        raw = raw_local_deliver(skb, protocol);

        /*根據傳輸協定確定對應的 inet 協定*/
        hash = protocol & (MAX_INET_PROTOS - 1);
        ipprot = rcu_dereference(inet_protos[hash]);
        if (ipprot != NULL) {
            /*找到匹配傳輸層的協定*/
            int ret;

            /*檢查名稱空間是否匹配*/
            if (!net_eq(net, &init_net) && !ipprot->netns_ok) {
                if (net_ratelimit())
                    printk("%s: proto %d isn't netns-ready\n",
                        __func__, protocol);
                kfree_skb(skb);
                goto out;
            }

            /*協定的安全性原則檢查*/
            if (!ipprot->no_policy) {
                if (!xfrm4_policy_check(NULL, XFRM_POLICY_IN, skb)) {
                    kfree_skb(skb);
                    goto out;
```

```
                  }
                  nf_reset(skb);
              }
              /*將資料封包傳遞給傳輸層處理*/
              ret = ipprot->handler(skb);
              if (ret < 0) {
                  protocol = -ret;
                  goto resubmit;
              }
              IP_INC_STATS_BH(net, IPSTATS_MIB_INDELIVERS);
          } else {
              /*沒有對應的傳輸層協定*/

              if (!raw) {
                  /*若沒有匹配的原始 socket，則進行安全性原則檢查*/
                  if (xfrm4_policy_check(NULL, XFRM_POLICY_IN, skb)) {
                      /*若沒有對應的安全性原則，則使用 ICMP 回傳不可達錯誤*/
                      IP_INC_STATS_BH(net, IPSTATS_MIB_INUNKNOWNPROTOS);
                      icmp_send(skb, ICMP_DEST_UNREACH,
                              ICMP_PROT_UNREACH, 0);
                  }
              } else
                  IP_INC_STATS_BH(net, IPSTATS_MIB_INDELIVERS);
              kfree_skb(skb);
          }
      }
  out:
      rcu_read_unlock();

      return 0;
  }
```

14.6.5　大師的錯誤？原始 socket 的接收

在 UNP1 的 28.4 "Raw Socket Input" 一節中，Stevens 大師是這樣說的：

> *Received UDP packets and received TCP packets are never passed to a raw socket. If a process wants to read IP datagrams containing UDP or TCP packets, the packets must be read at the datalink layer, as described in Chapter 29.*

根據 UNP1 的說法，普通的 raw socket 是無法收到 TCP 和 UDP 的資料封包的，除非該 socket 是從資料連結層就開始讀取資料封包的。而實際上 Linux 核心的實際行為卻不是這樣的。下面讓我們用程式碼來說明：

```
  int raw_local_deliver(struct sk_buff *skb, int protocol)
  {
      int hash;
      struct sock *raw_sk;

      /*根據傳輸層協定確定 hash 桶索引*/
      hash = protocol & (RAW_HTABLE_SIZE - 1);
      /*獲得該桶的頭結點*/
```

```
    raw_sk = sk_head(&raw_v4_hashinfo.ht[hash]);

    /*當頭結點不為空時，才進入 raw_v4_input 做進一步檢查*/
    if (raw_sk && !raw_v4_input(skb, ip_hdr(skb), hash)) {
        /*如果沒有找到匹配的原始 socket，則重置 raw_sk 為 NULL。*/
        raw_sk = NULL;
    }

    return raw_sk != NULL;
}
```

然後進入 raw_v4_input，程式碼如下：

```
static int raw_v4_input(struct sk_buff *skb, const struct iphdr *iph, int hash)
{
    struct sock *sk;
    struct hlist_head *head;
    int delivered = 0;
    struct net *net;

    /*與 raw_local_deliver 不同，因為需要使用到頭結點中的內容，所以需要對這個桶上鎖，才能保證
      在處理這個桶的過程中，所有節點都是有效的。*/
    read_lock(&raw_v4_hashinfo.lock);
    /*再次檢查頭結點*/
    head = &raw_v4_hashinfo.ht[hash];
    if (hlist_empty(head))
        goto out;

    /*獲得網路名稱空間*/
    net = dev_net(skb->dev);
    /*查詢匹配的原始 socket*/
    sk = __raw_v4_lookup(net, __sk_head(head), iph->protocol,
                iph->saddr, iph->daddr,
                skb->dev->ifindex);

    /*若找到匹配的原始 socket，則繼續處理*/
    while (sk) {
        delivered = 1;
        /*如果資料封包不是 ICMP 資料封包，或者不是被指定要過濾的 ICMP 類型*/
        if (iph->protocol != IPPROTO_ICMP || !icmp_filter(sk, skb)) {
            /*資料封包要發給該 socket，需要 clone 一個新的 skb */
            struct sk_buff *clone = skb_clone(skb, GFP_ATOMIC);
            /*若 clone 成功，則呼叫原始 socket 的接收函數*/
            if (clone)
                raw_rcv(sk, clone);
        }
        /*繼續查詢後面的 socket*/
        sk = __raw_v4_lookup(net, sk_next(sk), iph->protocol,
                iph->saddr, iph->daddr,
                skb->dev->ifindex);
    }
out:
    read_unlock(&raw_v4_hashinfo.lock);
```

```
        return delivered;
}
```

進入 __raw_v4_lookup，程式碼如下：

```
static struct sock *__raw_v4_lookup(struct net *net, struct sock *sk,
        unsigned short num, __be32 raddr, __be32 laddr, int dif)
{
    struct hlist_node *node;

    /*遍歷 socket*/
    sk_for_each_from(sk, node) {
        struct inet_sock *inet = inet_sk(sk);
        /*
        檢查如下幾個條件：
        1）檢查名稱空間。
        2）比較協定名稱。
        3）如果 socket 設定了目的位址且位址相同。
        4）如果 socket 設定了來源位址且位址相同。
        5）如果 socket 綁定了網卡，且網卡相同。
        只有當以上五個條件都匹配的時候，該 socket 才匹配。
        */
        if (net_eq(sock_net(sk), net) && inet->inet_num == num    &&
            !(inet->inet_daddr && inet->inet_daddr != raddr)    &&
            !(inet->inet_rcv_saddr && inet->inet_rcv_saddr != laddr) &&
            !(sk->sk_bound_dev_if && sk->sk_bound_dev_if != dif))
            goto found; /* gotcha */
    }
    sk = NULL;
found:
    return sk;
}
```

在上面的匹配條件中，來源位址、目的位址和綁定網卡是原始 socket 呼叫 connect、bind 等系統呼叫設定的過濾條件。增加這些過濾條件，一般是為了讓使用者層減少不必要的消耗，避免過濾不需要過濾的資料封包。可以發現，在原始 socket 的接收流程中，並沒有對 TCP 和 UDP 進行任何的限制。也就是說在 Linux 環境下，普通的原始 socket 完全可以接受 TCP 和 UDP 的資料封包，這與 UNP 的描述不符。這是怎麼回事呢？因為 Stevens 大師的 UNP 針對的是 Unix 環境的網路程式設計，而 Linux 雖然是與 Unix 相容的，但在細節的實作上必然與 Unix 有所不同。需要注意的是，Stevens 大師的另一本經典書籍 APUE，也是針對 Unix 環境的介紹，在某些細節上肯定會與 Linux 環境有一定的出入。

14.6.6　註冊傳輸層協定

在 14.5.4 節提到的 ip_local_deliver_finish 函數中，核心透過呼叫 ipprot->handler(skb)將資料封包傳遞給正確的傳輸層協定。對於 IPv4 協定來說，其傳輸層協定的處理函數的 handler 是在 inet_init 中添加的。下面是 inet_init 中的部分程式碼：

```
       /*添加 ICMP 協定*/
       if (inet_add_protocol(&icmp_protocol, IPPROTO_ICMP) < 0)
           printk(KERN_CRIT "inet_init: Cannot add ICMP protocol\n");
       /*添加 UDP 協定*/
       if (inet_add_protocol(&udp_protocol, IPPROTO_UDP) < 0)
           printk(KERN_CRIT "inet_init: Cannot add UDP protocol\n");
       /*添加 TCP 協定*/
       if (inet_add_protocol(&tcp_protocol, IPPROTO_TCP) < 0)
           printk(KERN_CRIT "inet_init: Cannot add TCP protocol\n");
   #ifdef CONFIG_IP_MULTICAST
       /*添加 IGMP 協定*/
       if (inet_add_protocol(&igmp_protocol, IPPROTO_IGMP) < 0)
           printk(KERN_CRIT "inet_init: Cannot add IGMP protocol\n");
   #endif
```

透過呼叫 inet_add_protocol 函數，傳輸層將自己的處理函數添加到 inet_protos 中，這樣就可以在 ip_local_deliver_finish 中呼叫對應的傳輸層的處理函數。

inet_init 中的另一部分程式碼如下：

```
   for (q = inetsw_array; q < &inetsw_array[INETSW_ARRAY_LEN]; ++q)
       inet_register_protosw(q);
```

這部分程式碼用於註冊 AF_INET 的各種協定，如 UDP、TCP 等。那為什麼 inet 會使用兩種不同的方式來支援傳輸層協定的註冊呢？為何不合併為一個結構呢？在筆者看來，inet_add_protocol 面向的是底層介面，而 inet_register_protosw 面對的是上層應用，所以將其分為兩個結構。

14.6.7　確定 UDP socket

UDP 協定的面向底層介面的處理結構為：

```
   static const struct net_protocol udp_protocol = {
       .handler = udp_rcv,
       .err_handler = udp_err,
       .gso_send_check = udp4_ufo_send_check,
       .gso_segment = udp4_ufo_fragment,
       .no_policy = 1,
       .netns_ok = 1,
   };
```

因此，如果是 UDP 資料封包，會依次進入 udp_rcv→__udp4_lib_rcv，下面來看看 __udp4_lib_rcv 的相關程式碼：

```
   int __udp4_lib_rcv(struct sk_buff *skb, struct udp_table *udptable,
               int proto)
   {
       struct sock *sk;
       struct udphdr *uh;
       unsigned short ulen;
       struct rtable *rt = skb_rtable(skb);
```

```
    __be32 saddr, daddr;
    struct net *net = dev_net(skb->dev);

    /*校驗資料封包至少要有 UDP 標頭大小*/
    if (!pskb_may_pull(skb, sizeof(struct udphdr)))
        goto drop;          /* No space for header. */

    /*得到 UDP 標頭指標*/
    uh = udp_hdr(skb);
    /*得到 UDP 資料封包長度、來源位址、目的位址*/
    ulen = ntohs(uh->len);
    saddr = ip_hdr(skb)->saddr;
    daddr = ip_hdr(skb)->daddr;

    /*如果 UDP 資料封包長度超過資料封包的實際長度,則出錯*/
    if (ulen > skb->len)
        goto short_packet;

    /*
    判斷協定是否為 UDP 協定。
    也許有的讀者會覺得很奇怪,為什麼在 UDP 的接收函數中還要判斷協定是否為 UDP?
    因為這個函數還用於處理 UDPLITE 協定。
     */
    if (proto == IPPROTO_UDP) {
        /*如果是 UDP 協定,則將資料封包的長度更新為 UDP 指定的長度,並更新校驗碼*/
        if (ulen < sizeof(*uh) || pskb_trim_rcsum(skb, ulen))
            goto short_packet;
        /*因為前面的操作可能會導致 skb 記憶體變化,所以需要重新獲得 UDP 標頭指標*/
        uh = udp_hdr(skb);
    }

    /*初始化 UDP 校驗碼*/
    if (udp4_csum_init(skb, uh, proto))
        goto csum_error;

    /*如果路由旗標位元廣播或多播,則表明該 UDP 資料封包為廣播或多播*/
    if (rt->rt_flags & (RTCF_BROADCAST|RTCF_MULTICAST))
        return __udp4_lib_mcast_deliver(net, skb, uh,
                saddr, daddr, udptable);

    /*確定匹配的 UDP socket*/
    sk = __udp4_lib_lookup_skb(skb, uh->source, uh->dest, udptable);

    if (sk != NULL) {
        /*找到匹配的 socket*/

        /*將資料封包加入到 UDP 的接收佇列*/
        int ret = udp_queue_rcv_skb(sk, skb);
        sock_put(sk);
        /* a return value > 0 means to resubmit the input, but
         * it wants the return to be -protocol, or 0
         */
        if (ret > 0)
            return -ret;
        return 0;
```

```
    }

    /*進行 xfrm 策略檢查*/
    if (!xfrm4_policy_check(NULL, XFRM_POLICY_IN, skb))
        goto drop;
    /*重置 netfilter 信息*/
    nf_reset(skb);

    /*檢查 UDP 核對總和*/
    if (udp_lib_checksum_complete(skb))
        goto csum_error;

    /*若不知道匹配的 UDP socket，則發送 ICMP 錯誤訊息*/
    UDP_INC_STATS_BH(net, UDP_MIB_NOPORTS, proto == IPPROTO_UDPLITE);
    icmp_send(skb, ICMP_DEST_UNREACH, ICMP_PORT_UNREACH, 0);

    /*
     * Hmm.  We got an UDP packet to a port to which we
     * don't wanna listen.  Ignore it.
     */
    kfree_skb(skb);
    return 0;

    /*錯誤處理*/
    ......
}
```

下面來看一下如何匹配 UDP socket，請看__udp4_lib_lookup_skb→__udp4_lib_lookup 函
數，程式碼如下：

```
static struct sock *__udp4_lib_lookup(struct net *net, __be32 saddr,
        __be16 sport, __be32 daddr, __be16 dport,
        int dif, struct udp_table *udptable)
{
    struct sock *sk, *result;
    struct hlist_nulls_node *node;
    unsigned short hnum = ntohs(dport);
    /*使用目的埠確定 hash 桶索引*/
    unsigned int hash2, slot2, slot = udp_hashfn(net, hnum, udptable->mask);
    struct udp_hslot *hslot2, *hslot = &udptable->hash[slot];
    int score, badness;

    rcu_read_lock();
    /*若該桶的 socket 個數多於 10 個，則需要再次定位*/
    if (hslot->count > 10) {
        /*使用目的位址和目的埠確定 hash 桶索引*/
        hash2 = udp4_portaddr_hash(net, daddr, hnum);
        slot2 = hash2 & udptable->mask;
        /*
        UDP socket 表維護了兩個 hash 表：
        ·第一個 hash 表，使用埠來索引。
        ·第二個 hash 表，使用位址+埠來索引。
        在進行 UDP socket 匹配的時候，優先使用第一個 hash 表，因為第一個 hash 表使用的是埠進行
        散列索引，那麼只要埠相同，無論是監聽的指定 IP 還是任意 IP，都可以在一個桶中進行匹配。但
```

是由於埠只有 65535 種可能，所以可能導致不夠分散，一個桶的 socket 個數會比較多。而第二個
hash 表是使用位址+埠來索引的，因此理論上 socket 的分佈會比第一個 hash 表更加分散。
因此當第一個 hash 表對應桶的 socket 多於 10 個時，核心會嘗試去第二個 hash 表中進行匹配查詢。
*/
hslot2 = &udptable->hash2[slot2];

```
        /*儘管第二個 hash 表理論上會比第一個 hash 表分散，但是如果實際上第二個表的桶中 socket 個
          數大於第一個表的桶中 socket 個數，那麼這時還是利用第一個 hash 表進行匹配*/
        if (hslot->count < hslot2->count)
            goto begin;

        /*在第二個 hash 表的桶中匹配查詢 socket*/
        result = udp4_lib_lookup2(net, saddr, sport,
                        daddr, hnum, dif,
                        hslot2, slot2);
        if (!result) {
            /* 若利用指定的 IP 和埠在該桶中沒能找到匹配的 socket，則通常使用任意 IP+埠來進行
               散列索引*/
            hash2 = udp4_portaddr_hash(net, htonl(INADDR_ANY), hnum);
            slot2 = hash2 & udptable->mask;
            hslot2 = &udptable->hash2[slot2];
            /*還是要與第一個 hash 桶中的個數進行比較*/
            if (hslot->count < hslot2->count)
                goto begin;

            /*在第二個 hash 表中使用任意 IP+埠進行匹配查詢*/
            result = udp4_lib_lookup2(net, saddr, sport,
                            htonl(INADDR_ANY), hnum, dif,
                            hslot2, slot2);
        }
        rcu_read_unlock();
        return result;
    }
begin:
    result = NULL;
    badness = -1;
    /*在第一個 hash 表的桶中進行查詢*/
    sk_nulls_for_each_rcu(sk, node, &hslot->head) {
        /*計算該 socket 的匹配得分*/
        score = compute_score(sk, net, saddr, hnum, sport,
                        daddr, dport, dif);
        /*保證匹配得分最高的 socket 為最終結果*/
        if (score > badness) {
            result = sk;
            badness = score;
        }
    }

    /*
    檢查在查詢的過程中，是否遇到某個 socket 被移到另外一個桶內的情況。
    這時，需要重新進行匹配。
    */
    if (get_nulls_value(node) != slot)
        goto begin;
```

```
    /*找到了匹配的 socket*/
    if (result) {
        /*增加 socket 引用計數*/
        if (unlikely(!atomic_inc_not_zero_hint(&result->sk_refcnt, 2)))
            result = NULL;
        /*再次計算 socket 得分，如小於最大分數，則重新匹配查詢。之所以做二次檢查，也是為了防止
          在匹配與增加引用的過程中，socket 發生變化。*/
        else if (unlikely(compute_score(result, net, saddr, hnum, sport,
                daddr, dport, dif) < badness)) {
            sock_put(result);
            goto begin;
        }
    }
    rcu_read_unlock();
    return result;
}
```

從上面的程式碼中可以看到，匹配 UDP socket 的關鍵在於對應 socket 的匹配得分。第一個 hash 表的得分計算函數為 compute_score。

```
static inline int compute_score(struct sock *sk, struct net *net, __be32 saddr,
        unsigned short hnum,
        __be16 sport, __be32 daddr, __be16 dport, int dif)
{
    int score = -1;

    /*比較名稱空間、埠等*/
    if (net_eq(sock_net(sk), net) && udp_sk(sk)->udp_port_hash == hnum &&
            !ipv6_only_sock(sk)) {
        struct inet_sock *inet = inet_sk(sk);
        /*若 socket 指明為 PF_INET，則加 1 分*/
        score = (sk->sk_family == PF_INET ? 1 : 0);
        /*socket 綁定了接收位址*/
        if (inet->inet_rcv_saddr) {
            /*如果資料封包的目的位址與綁定接收位址不符，則分數為-1，相同則增加 2 分。*/
            if (inet->inet_rcv_saddr != daddr)
                return -1;
            score += 2;
        }
        /*socket 設定對端目的位址*/
        if (inet->inet_daddr) {
            /*如果資料封包的來源位址與設定的目的位址不同，則分數為-1，相同則增加 2 分*/
            if (inet->inet_daddr != saddr)
                return -1;
            score += 2;
        }
        /*socket 設定對端目的埠*/
        if (inet->inet_dport) {
            /*如果資料封包的來源埠與設定的目的埠不同，則分數為-1，相同則增加 2 分*/
            if (inet->inet_dport != sport)
                return -1;
            score += 2;
        }
        /*socket 綁定網卡*/
```

```
        if (sk->sk_bound_dev_if) {
            /*如果接受資料封包的網卡與綁定網卡不同，則分數為-1，相同則增加 2 分*/
            if (sk->sk_bound_dev_if != dif)
                return -1;
            score += 2;
        }
    }
    return score;
}
```

對於第二個 hash，其匹配分數計算函數為 compute_score2，演算法與 compute_score 基本相同。總體來說 UDP 的 socket 匹配有以下幾個條件：

- 接收埠：必須匹配。

- 接收位址：如綁定則必須匹配，分值為 2 分。

- 對端目的位址：如設定則必須匹配，分值為 2 分。

- 對端目的埠：如設定則必須匹配，分值為 2 分。

- 網卡：如綁定則必須匹配，分值為 2 分。

- socket 設定 PF_INET 協定族，分值為 1 分。

根據上面的規則，匹配分值最高的 socket 就為選取的 UDP socket，然後核心會將這個資料封包加入到該 UDP socket 的接收佇列中。也就是說，即使資料封包可以匹配多個 UDP socket（這是很有可能的），但是最終也只有一個最匹配的 socket 會被選取，並且只有這個 socket 可以收到資料封包。

有一些開發人員想使用 socket 的 SO_REUSEADDR 選項，讓多個 socket 綁定同一個位址或埠，然後讓獨立的執行緒或行程負責一個 socket 的處理，希望利用這樣的設計來提高服務的回應速度。這裡面有個想當然的認為，當多個 socket 負責同一個位址和埠的資料封包接收時，它們可以分擔負載。然而從上面的原始碼分析中，我們可以發現這樣的設計方案是達不到預期效果的。因為核心在進行 socket 的匹配時，對於綁定相同位址和埠的多個連線，每次只會命中同一個 socket。結果在上面的設計中，只有一個 socket 會收到資料封包，也就說最後只有一個執行緒或行程在處理資料封包。

不過 Linux 核心在 3.9 版本中引入一個新的 socket 選項 SO_REUSEPORT 用於解決上述問題。當多個 socket 綁定於同一個位址和埠時，並啟用 SO_REUSEPORT 時，核心會自動在這幾個 socket 之間做負載均衡，保證對應的資料封包能儘量平均地分配到不同的 socket 上。

14.6.8　確定 TCP socket

TCP 面對底層介面的處理結構為：

```
static const struct net_protocol tcp_protocol = {
    .handler =      tcp_v4_rcv,
    .err_handler =      tcp_v4_err,
```

```
      .gso_send_check = tcp_v4_gso_send_check,
      .gso_segment =     tcp_tso_segment,
      .gro_receive =     tcp4_gro_receive,
      .gro_complete =    tcp4_gro_complete,
      .no_policy =     1,
      .netns_ok =      1,
};
```

那麼，如果是 TCP 資料封包，則會進入 tcp_v4_rcv，程式碼如下：

```
int tcp_v4_rcv(struct sk_buff *skb)
{
    const struct iphdr *iph;
    const struct tcphdr *th;
    struct sock *sk;
    int ret;
    struct net *net = dev_net(skb->dev);

    /*丟棄不是發給自己的資料封包*/
    if (skb->pkt_type != PACKET_HOST)
        goto discard_it;

    /* Count it even if it's bad */
    TCP_INC_STATS_BH(net, TCP_MIB_INSEGS);

    /*檢查資料封包至少要有 TCP 固定標頭的大小*/
    if (!pskb_may_pull(skb, sizeof(struct tcphdr)))
        goto discard_it;

    /*獲得 TCP 標頭位址*/
    th = tcp_hdr(skb);

    /*檢查 TCP 的資料偏移量是否合法，不能小於 TCP 固定標頭的大小*/
    if (th->doff < sizeof(struct tcphdr) / 4)
        goto bad_packet;

    /*檢查資料封包的大小是否滿足 TCP 指定的資料偏移位置*/
    if (!pskb_may_pull(skb, th->doff * 4))
        goto discard_it;

    /*如果需要檢查校驗碼，則進行校驗碼初始化*/
    if (!skb_csum_unnecessary(skb) && tcp_v4_checksum_init(skb))
        goto bad_packet;

    /*因為 skb 可能會重新申請，所以需要重新得到 TCP 標頭*/
    th = tcp_hdr(skb);
    iph = ip_hdr(skb);
    /*根據 TCP 報文資訊，設定 skb 的 TCP 控制結構*/
    TCP_SKB_CB(skb)->seq = ntohl(th->seq);
    TCP_SKB_CB(skb)->end_seq = (TCP_SKB_CB(skb)->seq + th->syn + th->fin + skb->
        len - th->doff * 4);
    TCP_SKB_CB(skb)->ack_seq = ntohl(th->ack_seq);
    TCP_SKB_CB(skb)->when    = 0;
    TCP_SKB_CB(skb)->ip_dsfield = ipv4_get_dsfield(iph);
    TCP_SKB_CB(skb)->sacked    = 0;
```

```
    /*查詢匹配的 TCP socket*/
    sk = __inet_lookup_skb(&tcp_hashinfo, skb, th->source, th->dest);
    if (!sk)
        goto no_tcp_socket;

    /*找到匹配的 socket 並開始處理，因為不是本文重點，因此省略後面的分析*/
process:
    ......
}
```

進入 __inet_lookup_skb->__inet_lookup。

```
static inline struct sock *__inet_lookup(struct net *net,
                    struct inet_hashinfo *hashinfo,
                    const __be32 saddr, const __be16 sport,
                    const __be32 daddr, const __be16 dport,
                    const int dif)
{
    u16 hnum = ntohs(dport);
    /*先在已連接的 socket 中進行查詢*/
    struct sock *sk = __inet_lookup_established(net, hashinfo,
                saddr, sport, daddr, hnum, dif);

    /*優先使用已連接的 socket，若沒有找到，則在監聽的 socket 中進行查詢*/
    return sk ? : __inet_lookup_listener(net, hashinfo, daddr, hnum, dif);
}
```

對於 TCP 來說，socket 的匹配分為兩部分：一個是匹配已經建立連接的，另外一個是匹配監聽狀態的 socket。我們先來看看前者，即已經建立連接的，進入 __inet_lookup_established，程式碼如下：

```
struct sock * __inet_lookup_established(struct net *net,
                struct inet_hashinfo *hashinfo,
                const __be32 saddr, const __be16 sport,
                const __be32 daddr, const u16 hnum,
                const int dif)
{
    INET_ADDR_COOKIE(acookie, saddr, daddr)
    const __portpair ports = INET_COMBINED_PORTS(sport, hnum);
    struct sock *sk;
    const struct hlist_nulls_node *node;
    /* Optimize here for direct hit, only listening connections can
     * have wildcards anyways.
     */
    /*根據目的位址、目的埠、來源位址、來源埠計算得到已經連接 hash 表的桶索引*/
    unsigned int hash = inet_ehashfn(net, daddr, hnum, saddr, sport);
    unsigned int slot = hash & hashinfo->ehash_mask;
    struct inet_ehash_bucket *head = &hashinfo->ehash[slot];

    rcu_read_lock();
begin:
    /*遍歷該桶節點*/
    sk_nulls_for_each_rcu(sk, node, &head->chain) {
        /*
```

比較來源位址、目的位址、來源埠、目的埠及接收網卡。

細心的讀者會發現這裡有兩個參數 acookie 和 ports，這兩個參數用於加速匹配。在 64 位機器上，acookie 為來源位址和目的位址合成的 64 位元整數，在 32 位元機器上 acookie 並無意義。ports 為來源端口和目的埠合成的 32 位元整數。透過直接比較組合的整數，可以加速匹配。

```
    */
    if (INET_MATCH(sk, net, hash, acookie,
            saddr, daddr, ports, dif)) {
        /*增加 socket 引用計數*/
        if (unlikely(!atomic_inc_not_zero(&sk->sk_refcnt)))
            goto begintw;
        /*
         再次檢測，防止 socket 在 INET_MATCH 和增加計數之間被改變
         */
        if (unlikely(!INET_MATCH(sk, net, hash, acookie,
            saddr, daddr, ports, dif))) {
            sock_put(sk);
            goto begin;
        }
        goto out;
    }
}
/*
 * if the nulls value we got at the end of this lookup is
 * not the expected one, we must restart lookup.
 * We probably met an item that was moved to another chain.
 */
if (get_nulls_value(node) != slot)
    goto begin;

begintw:
    /*如果在已經連接的 hash 表中找不到對應的 socket，則需要到連接為 TIME_WAIT 狀態的 hash 表中查詢
      socket，原理與上面相同。這說明 TIME_WAIT 狀態的連接如果依然存在，則會優先於監聽 socket。*/
    sk_nulls_for_each_rcu(sk, node, &head->twchain) {
        if (INET_TW_MATCH(sk, net, hash, acookie,
                saddr, daddr, ports, dif)) {
            if (unlikely(!atomic_inc_not_zero(&sk->sk_refcnt))) {
                sk = NULL;
                goto out;
            }
            /*與上面一樣，需要再次進行匹配檢查*/
            if (unlikely(!INET_TW_MATCH(sk, net, hash, acookie,
                saddr, daddr, ports, dif))) {
                sock_put(sk);
                goto begintw;
            }
            goto out;
        }
    }

    /*省略*/
    ......
}
```

如果在已經連接和 TIME_WAIT 狀態的 hash 表中，都沒有找到匹配的 socket。這時就需要到監聽 hash 表中查詢匹配的 socket，程式碼如下：

```
struct sock *__inet_lookup_listener(struct net *net,
               struct inet_hashinfo *hashinfo,
               const __be32 daddr, const unsigned short hnum,
               const int dif)
{
    struct sock *sk, *result;
    struct hlist_nulls_node *node;
    /*根據來源埠計算監聽 hash 表對應的桶索引*/
    unsigned int hash = inet_lhashfn(net, hnum);
    struct inet_listen_hashbucket *ilb = &hashinfo->listening_hash[hash];
    int score, hiscore;

    rcu_read_lock();
begin:
    result = NULL;
    hiscore = -1;
    /*遍歷該桶中的 socket，與 UDP 相似，得分最高的 socket 為匹配 socket*/
    sk_nulls_for_each_rcu(sk, node, &ilb->head) {
        /*計算 socket 的得分*/
        score = compute_score(sk, net, hnum, daddr, dif);
        if (score > hiscore) {
            result = sk;
            hiscore = score;
        }
    }
    /*
     * if the nulls value we got at the end of this lookup is
     * not the expected one, we must restart lookup.
     * We probably met an item that was moved to another chain.
     */
    if (get_nulls_value(node) != hash + LISTENING_NULLS_BASE)
        goto begin;

    /*找到匹配的 socket*/
    if (result) {
        /*增加 socket 引用計數*/
        if (unlikely(!atomic_inc_not_zero(&result->sk_refcnt)))
            result = NULL;
        /*需要再次檢查該 socket 的得分*/
        else if (unlikely(compute_score(result, net, hnum, daddr,
                dif) < hiscore)) {
            sock_put(result);
            goto begin;
        }
    }
    rcu_read_unlock();
    return result;
}
```

匹配 TCP 監聽 socket 的流程與 UDP 基本相同，都是在計算 socket 的得分。下面我們來看一下 TCP 監聽 socket 的得分計算函數 compute_score。

```
static inline int compute_score(struct sock *sk, struct net *net,
                 const unsigned short hnum, const __be32 daddr,
                 const int dif)
{
   int score = -1;
   struct inet_sock *inet = inet_sk(sk);

   /*必須匹配名稱空間和目的埠*/
   if (net_eq(sock_net(sk), net) && inet->inet_num == hnum &&
       !ipv6_only_sock(sk)) {
     __be32 rcv_saddr = inet->inet_rcv_saddr;
     /*若協定族為 PF_INET，則得分加 1 */
     score = sk->sk_family == PF_INET ? 1 : 0;
     /*
     若 socket 指定接收位址，則接收位址必須與目的位址相同。
     不同則不匹配，相同則得分加 2。
      */
     if (rcv_saddr) {
       if (rcv_saddr != daddr)
           return -1;
       score += 2;
     }
     /*
     如果 socket 綁定了網卡，則接收網卡必須相同。
     不同則不匹配，相同則得分加 2。
      */
     if (sk->sk_bound_dev_if) {
       if (sk->sk_bound_dev_if != dif)
           return -1;
       score += 2;
     }
   }
   return score;
}
```

這個函數的名字和功能均與 UDP 的相同，但是其實作程式碼卻略有不同。大家可以發現，TCP 的 compute_score 不會對來源端資訊進行任何檢查，如來源位址、來源埠等。為什麼會這樣呢？原因在於，TCP 的 compute_score 是用於監聽 socket 的匹配的。這就意味著這是 TCP 連接的第一個資料封包即 SYN 封包，屬於連接初始化階段，這時自然無須對來源端資訊進行任何的檢查和匹配。在本機回復 SYN+ACK 後，本機會建立已連接 socket 並插入到已連接 hash 表中。這樣在此連接後面的資料封包，就會在已連接的 hash 表中找到匹配的 socket，而不會再進入監聽 socket 的匹配。

編寫安全無錯程式碼

透過前面的章節,主要是學習和分析在 Linux 環境下不同方面的系統呼叫及核心實作。本章則將分享筆者多年程式設計的一些經驗,主要是從基礎概念出發,介紹一些編碼細節,這些細節看上去有些分散,有點奇技淫巧的味道,但筆者的主要目的是為了讓大家從心裡明白編寫安全無錯程式碼的不易。要對程式碼有敬畏之心,才能真正駕馭程式碼,寫出穩健的程式。

15.1 不要用 memcmp 比較結構體

比較兩個結構體時,若結構體中含有大量的成員變數,為了方便,程式師往往會直接使用 memcmp 對這兩個結構體進行比較,以避免對每個成員進行分別比較。這樣的程式碼寫起來比較簡單,然而卻很可能深藏隱患。請看下面的範例程式:

```c
#include <stdio.h>
#include <stdlib.h>
#include <string.h>

typedef struct padding_type {
    short m1;
    int m2;
} padding_type_t;

int main()
{
    padding_type_t a = {
        .m1 = 0,
        .m2 = 0,
    };
    padding_type_t b;
    memset(&b, 0, sizeof(b));
```

```
    if (0 == memcmp(&a, &b, sizeof(a))) {
        printf("Equal!\n");
    }
    else {
        printf("No equal!\n");
    }

    return 0;

}
```

大家先想一下，結果會是什麼？一起來看看最終的結果：

```
[fgao@ubuntu chapter15]#gcc -Wall 15_1_cmp_struct.c
[fgao@ubuntu chapter15]#./a.out
No equal!
```

為什麼會是這樣的結果呢？有經驗的讀者立刻就會反應過來：這是由於對齊造成的。

沒錯！就是因為 struct padding_type->m1 的類型是 short 類型，而 m2 的類型是 int 類型。根據自然對齊規則，struct padding_type 需要進行 4 位元組對齊。因此編譯器會在 m1 後面插入兩個 padding 位元組，而這兩個位元組的內容卻是 "隨機" 的。結構 b 由於呼叫 memset 對整個結構佔用的記憶體進行清零，其 padding 的值自然就為 0。這樣，當使用 memcmp 對兩個結構體進行比較時，結論就是不相同，即回傳值不為 0。

所以，除非在專案中可以保證所有的結構體都會使用 memset 來進行初始化（這個是很難保證的），否則就不要直接使用 memcmp 來比較結構體。

15.2 有符號數和無符號數的移位運算區別

在程式碼規範中一般都會要求，如果沒有符號要求，則儘量使用不帶正負號的整數，避免使用有符號整數。因為有符號整數在一些常見的操作中，將表現出與不帶正負號的整數大相逕庭的行為。本節將展示有符號整數與不帶正負號的整數在移位運算操作上的區別。來看一個範例：

```
#include <stdio.h>
#include <stdlib.h>


int main ()
{
    int a = 0x80000000;
    unsigned int b = 0x80000000;

    printf("a right shift value is 0x%X\n", a >> 1);
    printf("b right shift value is 0x%X\n", b >> 1);

    return 0;
```

```
    }
```

其輸出結果為：

```
[fgao@ubuntu chapter15]#gcc -Wall 15_2_sign_shift.c
[fgao@ubuntu chapter15]#./a.out
a right shift value is 0xC0000000
b right shift value is 0x40000000
```

為了瞭解為什麼會產生這樣的結果，請看其組語程式碼：

```
Dump of assembler code for function main:
   0x0804841d <+0>:    push   %ebp
   0x0804841e <+1>:    mov    %esp,%ebp
   0x08048420 <+3>:    and    $0xfffffff0,%esp
   0x08048423 <+6>:    sub    $0x20,%esp
   0x08048426 <+9>:    movl   $0x80000000,0x18(%esp)
   0x0804842e <+17>:   movl   $0x80000000,0x1c(%esp)
   0x08048436 <+25>:   mov    0x18(%esp),%eax
   0x0804843a <+29>:   sar    %eax
   0x0804843c <+31>:   mov    %eax,0x4(%esp)
   0x08048440 <+35>:   movl   $0x8048500,(%esp)
   0x08048447 <+42>:   call   0x80482f0 <printf@plt>
   0x0804844c <+47>:   mov    0x1c(%esp),%eax
   0x08048450 <+51>:   shr    %eax
   0x08048452 <+53>:   mov    %eax,0x4(%esp)
   0x08048456 <+57>:   movl   $0x804851d,(%esp)
   0x0804845d <+64>:   call   0x80482f0 <printf@plt>
   0x08048462 <+69>:   mov    $0x0,%eax
   0x08048467 <+74>:   leave
   0x08048468 <+75>:   ret
End of assembler dump.
```

0x80000000 在記憶體或暫存器中的內容如圖 15-1 所示。

其中第一位 "1" 即符號位元。

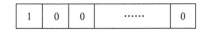

圖 15-1　0x80000000 在記憶體或暫存器中的內容

0x0804843a 位址對應的是 a>>1 的組語程式碼，sar 為算術右移，其使用符號位元補位元。對於此例，即用 1 補位。0x08048450 位址對應的是 b>>1 的組語程式碼，shr 為邏輯右移，其使用 0 補位。這就造成最終結果的不同。

15.3　陣列和指標

對於這個標題，可能很多讀者都會認為陣列和指標，幾乎沒有什麼區別。確實，在大多數的情況下，陣列和指標的區別並不大，甚至可以互換。然而，這兩者實際上是有本質區別的。而這個區別也會導致並不是所有的情況下，兩者都可以互換。同樣來看一個範例：

```
#include <stdlib.h>
#include <stdio.h>

int main()
{
    int array[4] = {0};
    int *pointer = NULL;
    int value = 0;

    value = array;
    value = &array;
    value = array[0];
    value = &array[0];
    value = point;
    value = &point;

    return 0;
}
```

對其反組譯，來分析陣列和指標的本質。分析的過程將直接寫在反組譯的程式碼中：

```
Dump of assembler code for function main:
    0x080483ed <+0>:    push    %ebp
    0x080483ee <+1>:    mov     %esp,%ebp
    0x080483f0 <+3>:    sub     $0x20,%esp
    /*
    下面 4 行對應 C 程式碼 int array[4] = {0};
    這裡說明陣列只是一個同類型變數的記憶體空間的集合。
    這個例子中，array 是在堆疊上申請 4 個整數型態變數的空間。
    */
    0x080483f3 <+6>:    movl    $0x0,-0x10(%ebp)
    0x080483fa <+13>:   movl    $0x0,-0xc(%ebp)
    0x08048401 <+20>:   movl    $0x0,-0x8(%ebp)
    0x08048408 <+27>:   movl    $0x0,-0x4(%ebp)
    /*
    這行對應的 C 程式碼為 int *pointer = NULL.
    這說明指標本身也是一個變數，同樣佔用了堆疊空間。32 位元機器上，其佔用 4 位元組。
    陣列和指標對比，其佔用的空間實際上是陣列中元素佔用的空間之和。
    本例中，即 array[0],array[1],array[2],array[3]，而 array 本身實際上更像是一個 label。
    */
    0x0804840f <+34>:   movl    $0x0,-0x18(%ebp)
    /*這行對應的 C 程式碼為 int value = 0; */
    0x08048416 <+41>:   movl    $0x0,-0x14(%ebp)
    /*
    下面兩行對應的 C 程式碼是 value = array;
    這兩行組語程式碼是指取得 array 首元素的位址並將其設定給 eax 暫存器，然後再將 eax 的值設定給
    value。
    lea 是組語中的取址操作。
    */
    0x0804841d <+48>:       lea     -0x10(%ebp),%eax
    0x08048420 <+51>:       mov     %eax,-0x14(%ebp)
```

```
        /*
        下面兩行程式碼對應的 C 程式碼為 value = &array。
        其仍然是取 array 首元素的位址設定值給 value。
        */
        0x08048423 <+54>:      lea    -0x10(%ebp),%eax
        0x08048426 <+57>:      mov    %eax,-0x14(%ebp)
        /*
        這兩行程式碼對應 value=array[0]。
        注意這裡使用的是 mov 組語指令，即將值設定給 eax。
        */
        0x08048429 <+60>:      mov    -0x10(%ebp),%eax
        0x0804842c <+63>:      mov    %eax,-0x14(%ebp)
        /*
        對應的程式碼為 value = &array[0]。
        從組語指令中可以明確看出，array、&array、&array[0]，實際上都是同一個位址。
        */
        0x0804842f <+66>:      lea    -0x10(%ebp),%eax
        0x08048432 <+69>:      mov    %eax,-0x14(%ebp)
        /*
        對應的程式碼是 value = pointer。
        注意這裡使用的是 mov 指令而不是 lea 指令。是將指標 int *pointer 的值 0 設值給 value。
        */
        0x08048435 <+72>:      mov    -0x18(%ebp),%eax
        0x08048438 <+75>:      mov    %eax,-0x14(%ebp)
        /*
        對應的程式碼是 value = &pointer；
        是將 int *pointer 的位址設值給 value。
        */
        0x0804843b <+78>:      lea    -0x18(%ebp),%eax
        0x0804843e <+81>:      mov    %eax,-0x14(%ebp)
        0x08048441 <+84>:      mov    $0x0,%eax
        0x08048446 <+89>:      leave
        0x08048447 <+90>:      ret
End of assembler dump.
```

透過上面的組語程式碼，我們可以深入地理解 C 語言中的指標和陣列的真正含義。要認識到指標其實就是一個變數，只不過這個變數是用於保存位址的（實際上也可以保存其他內容，如一個整數），或者說它保存的值可以被視為位址。因為指標類型可以合法地使用 "＊" 運算子，做提領運算。而這個提領運算，其實就是將變數的值視為一個位址，然後從這個位址中讀取值。

為了加深對指標本質的理解，請看下面的例子：

```
#include <stdlib.h>
#include <stdio.h>


int main(void)
{
        short *p1 = 0;
        int   **p2 = 0;

        ++p1;
```

```
        ++p2;

        printf("p1 = %d, p2 = %d\n", p1, p2);

        return 0;
    }
```

這是我很喜歡的一道題目。大家可以想一下，這個程式是否會崩潰？如果崩潰，原因是什麼？如果不崩潰，其輸出結果是什麼？

如果真正理解指標，看完程式碼，就可以迅速地說出最終的結果。如果你還在猶豫，那就說明你對指標的理解還不夠透徹。

其輸出結果為：

```
[fgao@ubuntu chapter14]#./a.out
p1 = 2, p2 = 4
```

簡單解釋一下。前面說過，指標其實就是一個變數，一般情況下其在 32 位元系統上佔用的空間為 4 位元組，在 64 位元系統上佔用的空間為 8 位元組。上面的程式碼中，將 0 設定給 p1 和 p2，本質上是 p1 和 p2 保存了 0 值。然後 p1 和 p2 遞增，這時要考慮指標指向的類型，其步進為 sizeof(short) 和 sizeof(int *)。所以遞增後，p1 和 p2 保存的值分別為 2 和 4。最讓人疑惑的是最後一句，實際上是將 p1 和 p2 視為整數，列印它們的值。那麼結果自然就是 2 和 4。

15.4　再論陣列首位址

15.3 節中，透過組語程式碼，我們知道 array、&array 和&array[0]的位址是相同的，那麼它們三者是否有相同的含義呢？請看下列的範例程式：

```
#include <stdio.h>
#include <stdlib.h>


int main() {
    int a[2][3];
    printf("&a[0][0] address is 0x%X\n", &a[0][0]);
    printf("&a[0][0]+1 address is 0x%X\n", &a[0][0]+1);
    printf("size of pointer step is 0x%X\n", sizeof(*(&a[0][0])));
    printf("\n");

    printf("&a[0] address is 0x%X\n", &a[0]);
    printf("&a[0]+1 address is 0x%X\n", &a[0]+1);
    printf("size of pointer step is 0x%X\n", sizeof(*(&a[0])));
    printf("\n");

    printf("a address is 0x%X\n", a);
    printf("a+1 address is 0x%X\n", a+1);
    printf("size of pointer step is 0x%X\n", sizeof(*a));
```

```
        printf("\n");

        printf("&a address is 0x%X\n", &a);
        printf("&a+1 address is 0x%X\n", &a+1);
        printf("size of pointer step is 0x%X\n", sizeof(*(&a)));
        printf("\n");

        return 0;
}
```

大家可以先想一下其執行結果是什麼，然後再看下面的結果：

```
[fgao@ubuntu chapter15]#./a.out
&a[0][0] address is 0xBF903D48
&a[0]0]+1 address is 0xBF903D4C
size of pointer step is 0x4

&a[0] address is 0xBF903D48
&a[0]+1 address is 0xBF903D54
size of pointer step is 0xC

a address is 0xBF903D48
a+1 address is 0xBF903D54
size of pointer step is 0xC

&a address is 0xBF903D48
&a+1 address is 0xBF903D60
size of pointer step is 0x18
```

從輸出上看，可以發現&a[0][0]、&a[0]、a，還有&a 的位址值都是相同的，然而其步進 1 即位址+1 的值卻完全不同。

為什麼會是這樣呢？因為儘管這幾個變數的位址相同，但是其變數類型卻是不同的：

- &a[0][0]的類型是 int *pointer，所以步長為 4 位元組。

- &a[0]的類型為 int (*pointer)[3]，所以步長為 12 位元組。

- a 的類型也為 int (*pointer) [3]，所以其步長也為 12 位元組。

- &a 的類型為 int (*pointer) [2][3]，所以其步長為 24 位元組。

15.5 "神奇" 的整數類型轉換

整數類型轉換經常被當作筆試題目之一，大家可能會覺得那樣的題目很簡單，也許同樣會覺得本節也沒什麼難度。請大家先耐心看一下下列範例：

```
#include <stdlib.h>
#include <stdio.h>


#define PRINT_COMPARE_RESULT(a, b) \
```

```
        if (a > b) { \
                printf(#a " > " #b "\n"); \
        } else if ( a < b) { \
                printf(#a " < " #b "\n"); \
        } else { \
                printf(#a " = " #b "\n"); \
        }


int main(void)
{
        signed int a = -1;
        unsigned int b = 2;
        signed short c = -1;
        unsigned short d = 2;
        PRINT_COMPARE_RESULT(a, b);
        PRINT_COMPARE_RESULT(c, d);

        return 0;
}
```

大多數同學可能都遇到過這類將 a 和 b 進行比較的題目，結果是 a>b，原因也很簡單明確：當 signed int 和 unsigned int 進行比較時，signed int 會被轉換為 unsigned int。-1 的值即 0xFFFFFFFF，就被視為不帶正負號的整數的最大值，因此 a>b。然而對於 c 和 d 來說，其類型分別是 signed short 和 unsigned short，那麼結果又會是什麼呢？請看下列的輸出：

```
[fgao@ubuntu chapter15]#./a.out
a > b
c < d
```

是不是感覺有些意外？為什麼僅僅從 int 變為 short，其結果就截然不同了呢？

原因在於 C 標準規定，當進行整數提升時，如果 int 類型可以表示原始類型的所有值時，它就被轉換為 int 類型；不然則被轉換為 unsigned int。所以當 c 和 d 進行比較時，c 和 d 的類型分別是 short 和 unsigned short，那麼它們就會被轉換為 int 類型，則實際是對（int）-1 和（int）2 進行比較，結果自然是 c<d。

15.6 小心誤解 volatile 的原子性

關於 volatile 的說明，是一個老生常談的問題。其定義很簡單，可以理解為易變的，防止編譯器對其優化。因此其用途一般有以下三種：

- 外部設備暫存器映射後的記憶體—因為外部暫存器隨時可能由於外部設備的狀態變化而改變，因此映射後的記憶體需要用 volatile 來修飾。

- 多執行緒或非同步存取的全域變數。

- 嵌入式程式設計—防止編譯器對其優化。

對第 1 種和第 3 種的用途大家基本上都不會有什麼誤解，但經常會錯誤地理解第 2 種情況：認為 int 類型的加減操作是原子的，因此在使用 volatile 後，就無須使用鎖來進行競爭保護。比如下列程式碼：

```
static volatile int counter = 0;

void add_counter(void)
{
    ++counter;
}
```

其反組譯程式碼為：

```
add_counter:
pushl %ebp
movl %esp, %ebp
movl counter, %eax
addl $1, %eax
movl %eax, counter
popl %ebp
ret
```

上面的組語程式碼，首先是將 counter 的值保存到 eax 暫存器，然後對 eax 進行加 1 操作，最後再將 eax 的值保存到 counter 中。這樣，++counter 就絕不可能是原子操作，必須使用鎖保護。

而 volatile 對於變數來說，究竟有什麼樣的效果呢？下列的程式碼對上面的程式碼進行了一些修改：

```
static int counter = 0;

void add_counter(void)
{
    for (; counter != 10;) {
        ++counter;
    }
}
```

用 gcc -S -O 15_6_volatile.c 生成對應的組語程式碼：

```
add_counter:
.LFB0:
        .cfi_startproc
        movl    counter, %eax
        cmpl    $10, %eax
        je      .L1
.L4:
        addl    $1, %eax
        cmpl    $10, %eax
        jne     .L4
        movl    $10, counter
.L1:
```

```
            rep ret
            .cfi_endproc
.LFE0:
```

從上面的組語程式碼可以清晰地看出，在進入 add_counter 後，首先會將 counter 的值設定給 eax 暫存器，然後 eax 進行加 1 操作，再與立即數 10 進行比較。也就是說，for 迴圈的 C 程式碼只涉及 eax 暫存器，而不會對 counter 進行任何存取。

接下來，對 counter 添加上 volatile 修飾符：

```
static volatile int counter = 0;

void add_counter(void)
{
    for (; counter != 10; ) {
        ++counter;
    }
}
```

然後生成組語程式碼 gcc -S -O 15_6_volatile2.c：

```
add_counter:
.LFB0:
        .cfi_startproc
        movl    counter, %eax
        cmpl    $10, %eax
        je      .L1
.L3:
        movl    counter, %eax
        addl    $1, %eax
        movl    %eax, counter
        movl    counter, %eax
        cmpl    $10, %eax
        jne     .L3
.L1:
        rep ret
        .cfi_endproc
```

與沒有 volatile 的組語程式碼相比，其差異很明顯。使用 volatile 之後，與 counter 的遞增操作對應的組語程式碼，每次都要重新從 counter 讀取值，再將其值設給 eax 暫存器。

現在對 volatile 的理解就比較深刻了。volatile 只能保證在存取該變數時，每次都是從記憶體中讀取最新值，並不會使用暫存器中緩衝的值。而對該變數的修改，volatile 並不提供原子性的保證。

15.7 有趣的問題："x == x"何時為假？

看到這個題目，大家可能會想到一些比較另類的方法，比如使用巨集定義，或者用高級語言中的運算元重載之類的。但如果說要求使用最原始的 C 語言運算式，則什麼時候"x == x"會是假呢？請看下列的程式碼：

```c
#include <stdlib.h>
#include <stdio.h>
#include <string.h>

int main(void)
{
    float x = 0xffffffff;

    if (x == x) {
        printf("Equal\n");
    }
    else {
        printf("Not equal\n");
    }

    if (x >= 0) {
        printf("x(%f) >= 0\n", x);
    }
    else if (x < 0) {
        printf("x(%f) < 0\n", x);
    }

    int a = 0xffffffff;
    memcpy(&x, &a, sizeof(x));
    if (x == x) {
        printf("Equal\n");
    }
    else {
        printf("Not equal\n");
    }
    if (x >= 0) {
        printf("x(%f) >= 0\n", x);
    }
    else if (x < 0) {
        printf("x(%f) < 0\n", x);
    }
    else {
        printf("Surprise x(%f)!!!\n", x);
    }

    return 0;
}
```

gcc -Wall 15_7_float.c 編譯並執行。輸出結果如下所示：

```
[fgao@ubuntu chapter15]#./a.out
Equal
x(4294967296.000000) >= 0
Not equal
Surprise x(-nan)!!!
```

這樣的結果是不是有些意外呢？

簡單解釋一下其中的原因：

- 當 float x = 0xffffffff 時，將整數賦值給一個浮點數，由於 float 和 int 都佔用了 4 字元組，但浮點數的儲存格式與整數不同，其需要一定的數位來作為小數位，所以 float 的表示範圍要小於 int。這裡涉及了 C 語言中的類型轉換。

- 當整數轉換為浮點數時，儘管數值會有所變化，但結果一定是一個合法的浮點值。所以 x 一定等於 x，且 x 不是大於等於 0，就是小於 0。

- 當使用 memcpy 將 0xff 填充到 x 的位址時，這時保證 x 儲存的一定是 0xffffffff，但很可惜它不是一個合法的浮點值，而是一個特殊值 NaN。

- 作為一個非法的浮點數 NaN，當它與任何數值相比較時，都會回傳假。所以就有比較意外的結果 x == x 為假，x 即不大於 0，不小於 0，也不等於 0。

15.8　小心浮點陷阱

15.7 節透過 "x ==x" 為假這個問題，引出一個特殊的浮點值 NaN。本節將挖掘出更多的浮點陷阱。

15.8.1　浮點數的精度限制

浮點數的儲存格式與整數完全不同。大部分的實作採用的是 IEEE 754 標準，float 類型是 1 個 sign bit、8 個 exponent bits 和 23 個 mantissa bits。而 double 類型是 1 個 sign bit、11 個 exponent bits 和 52 個 mantissa bits。關於浮點數是如何表示小數部分的，大家可以自行參考維基百科。簡單來說，小數部分是依靠 2 的負多少次方來近似表示的，因此浮點數存在精度的問題，對浮點數進行比較時，要使用範圍比較。

```c
#include <stdlib.h>
#include <stdio.h>

int main(void)
{
    float x = 0.123-0.11-0.013;

    if (x == 0) {
        printf("x is 0!\n");
```

```
    }

    if (-0.0000000001 < x && x < 0.0000000001) {
        printf("x is in 0 range!\n");
    }

    return 0;
}
```

編譯輸出：

```
[fgao@ubuntu chapter15]#gcc -Wall 15_8_float1.c
[fgao@ubuntu chapter15]#./a.out
x is in 0 range!
```

從數學的角度看，float x = 0.123-0.11-0.013，得到的一定是 0。但對於浮點數來說，因為其不能精確地表示小數，因此 x 最終的結果是一個趨近於 0 的值。故而不能用 0 和 x 直接進行比較，而是要使用一個範圍來確定 x 是否為 0。

15.8.2　兩個特殊的浮點值

浮點數有兩個特殊的值，除了前面的 NaN（Not a Number），還有一個 infinite 即無限。15.7 節中，使用 memcpy 構造一個 NaN 的浮點數。可能有人會問，平常有誰會用 memcpy 去填充浮點數呢？因此我不可能遇到 NaN。請看下面的範例：

```
#include <stdlib.h>
#include <stdio.h>

int main(void)
{
    float x = 1/0.0;

    printf("x is %f\n", x);

    x = 0/0.0;

    printf("x is %f\n", x);


    return 0;
}
```

其輸出結果為：

```
[fgao@ubuntu chapter15]#./a.out
x is inf
x is -nan
```

當 1 除以 0.0 時，得到的是 infinite，而用 0 除以 0.0 時，得到的就是 NaN。雖然這裡完全只是一則普通的除法運算，但也會產生 NaN 的情況。

當使用除法運算時，對除數進行檢查，保證其不為 0.0，是否就可以避免 NaN 了？再看下面的程式碼：

```
#include <stdlib.h>
#include <stdio.h>

int main(void)
{
    float x;

    while (1) {
        scanf("%f", &x);
        printf("x is %f\n", x);
    }

    return 0;
}
```

編譯執行：

```
[fgao@ubuntu chapter15]#gcc -Wall 15_8_float3.c
[fgao@ubuntu chapter15]#./a.out
inf
x is inf
nan
x is nan
```

上面的程式碼中使用 scanf 來得到使用者輸入的浮點數。令人驚訝的是，scanf 不僅接受 inf 和 NaN 的輸入，並將其視為浮點數的兩種特殊值。對於 UI 程式來說，當遇到浮點數值的時候，我們必須首先判斷其是否為合法的浮點值。筆者就遇到過一個開源函式庫回傳的浮點數為 NaN 的情況。令人高興的是，C 函式庫提供了兩個函式庫函數 isinf 和 isnan，分別用於判斷浮點數是否為 infinite 和 NaN。

15.9　Intel 移位運算指令陷阱

假設操作平臺為 32 位平臺，請看下面的範例程式：

```
#include <stdio.h>

int main()
{
#define MOVE_CONSTANT_BITS 32
    unsigned int move_step=MOVE_CONSTANT_BITS;

    unsigned int value1 = 1ul << MOVE_CONSTANT_BITS;
    printf("value1 is 0x%X\n", value1);
```

```
        unsigned int value2 = 1ul << move_step;
        printf("value2 is 0x%X\n", value2);

        return 0;
    }
```

上面的程式碼中，value1 使用立即數 32 進行左移，而 value2 使用一個變數 move_step 進行左移，且 move_step 的值也是 32。問題來了，最後 value1 和 value2 的值是什麼？我相信大部分人都會說最後兩個值是一樣的，都是 0。那麼，請看出人意料的實際結果：

```
[fgao@ubuntu chapter15]#./a.out
value1 is 0x0
value2 is 0x1
```

為了解釋這個意外的結果，我們再次祭出反組譯這一利器：

```
Dump of assembler code for function main:
   0x0804841d <+0>:     push    %ebp
   0x0804841e <+1>:     mov     %esp,%ebp
   0x08048420 <+3>:     and     $0xfffffff0,%esp
   0x08048423 <+6>:     sub     $0x20,%esp
   0x08048426 <+9>:     movl    $0x20,0x14(%esp)
   0x0804842e <+17>:    movl    $0x0,0x18(%esp)
   0x08048436 <+25>:    mov     0x18(%esp),%eax
   0x0804843a <+29>:    mov     %eax,0x4(%esp)
   0x0804843e <+33>:    movl    $0x8048510,(%esp)
   0x08048445 <+40>:    call    0x80482f0 printf@plt
   0x0804844a <+45>:    mov     0x14(%esp),%eax
   0x0804844e <+49>:    mov     $0x1,%edx
   0x08048453 <+54>:    mov     %eax,%ecx
   0x08048455 <+56>:    shl     %cl,%edx
   0x08048457 <+58>:    mov     %edx,%eax
   0x08048459 <+60>:    mov     %eax,0x1c(%esp)
   0x0804845d <+64>:    mov     0x1c(%esp),%eax
   0x08048461 <+68>:    mov     %eax,0x4(%esp)
   0x08048465 <+72>:    movl    $0x8048520,(%esp)
   0x0804846c <+79>:    call    0x80482f0 printf@plt
   0x08048471 <+84>:    mov     $0x0,%eax
   0x08048476 <+89>:    leave
   0x08048477 <+90>:    ret
End of assembler dump.
```

第 6 行組語程式碼 movl $0x0,0x18(%esp)對應的 C 程式碼為 unsigned int value1 = 1ul << MOVE_CONSTANT_BITS。也就是說，對於變數 value1，編譯器直接生成結果 0—該結果也是我們預期的結果。而對於 value2，則是真正使用左移位運算子指令 shl。那麼問題就轉變成為什麼對一個 int 整數左移 32 位，其結果不是 0 呢？

請看 Intel 的指令說明文件中關於 shl 的說明：

SAL/SAR/SHL/SHR—Shift (Continued)—32 位元機器

Description

These instructions shift the bits in the first operand (destination operand) to the left or right by the number of bits specified in the second operand (count operand). Bits shifted beyond the destination operand boundary are first shifted into the CF flag, then discarded. At the end of the shift operation, the CF flag contains the last bit shifted out of the destination operand.

The destination operand can be a register or a memory location. The count operand can be an immediate value or register CL. The count is masked to five bits, which limits the count range to 0 to 31. A special opcode encoding is provided for a count of 1.

現在真相大白了。原來在 32 位機器上，保存移位個數的指令位元只有 5 位。那麼當執行左移 32 位時，實際上就是左移 0 位，即沒有任何變化。所以 value2 左移 32 位時，其值仍然為 1。

在 32 位機器上，實際左移位數等於 "指定位數&0x1F"。

 在 64 位元機器上，要將 Value 1 和 Value 2 修改為 long 類型左移 64 位進行測試。

深入理解 Linux 程式設計：從應用到核心

作　　者：高峰 / 李彬
譯　　者：張靜雯
企劃編輯：蔡彤孟
文字編輯：江雅鈴
設計裝幀：張寶莉
發 行 人：廖文良

發 行 所：碁峰資訊股份有限公司
地　　址：台北市南港區三重路 66 號 7 樓之 6
電　　話：(02)2788-2408
傳　　真：(02)8192-4433
網　　站：www.gotop.com.tw
書　　號：ACL049300
版　　次：2017 年 06 月初版
建議售價：NT$580

國家圖書館出版品預行編目資料

深入理解 Linux 程式設計：從應用到核心 / 高峰, 李彬原著；
　張靜雯譯. -- 初版. -- 臺北市：碁峰資訊, 2017.06
　　面；　公分
　ISBN 978-986-476-416-7(平裝)
　1.作業系統
312.54　　　　　　　　　　　　　　　　　　　106007321

讀者服務

● 感謝您購買碁峰圖書，如果您
　對本書的內容或表達上有不清
　楚的地方或其他建議，請至碁
　峰網站：「聯絡我們」\「圖書問
　題」留下您所購買之書籍及問
　題。(請註明購買書籍之書號及
　書名，以及問題頁數，以便能
　儘快為您處理)
　http://www.gotop.com.tw

● 售後服務僅限書籍本身內容，
　若是軟、硬體問題，請您直接
　與軟體廠商聯絡。

● 若於購買書籍後發現有破損、
　缺頁、裝訂錯誤之問題，請直
　接將書寄回更換，並註明您的
　姓名、連絡電話及地址，將有
　專人與您連絡補寄商品。

● 歡迎至碁峰購物網
　http://shopping.gotop.com.tw
　選購所需產品。